《锅炉安全技术规程》

GUOLU ANQUAN JISHU GUICHENG
SHIYI 释义

郭元亮 等 著
贾国栋 主 审

化学工业出版社

·北京·

图书在版编目（CIP）数据

《锅炉安全技术规程》释义/郭元亮等著. —北京：化学
工业出版社，2020.11
ISBN 978-7-122-37813-2

Ⅰ.①锅…　Ⅱ.①郭…　Ⅲ.①锅炉安全-安全规程-
注释-中国　Ⅳ.①TK288-65

中国版本图书馆 CIP 数据核字（2020）第 184007 号

责任编辑：高　震　杜进祥　　　　　　　　装帧设计：韩　飞
责任校对：宋　玮

出版发行：化学工业出版社（北京市东城区青年湖南街 13 号　邮政编码 100011）
印　　刷：三河市航远印刷有限公司
装　　订：三河市宇新装订厂
787mm×1092mm　1/16　印张 25½　字数 656 千字　　2021 年 1 月北京第 1 版第 1 次印刷

购书咨询：010-64518888　　　　　　　　　　售后服务：010-64518899
网　　址：http://www.cip.com.cn
凡购买本书，如有缺损质量问题，本社销售中心负责调换。

定　　价：158.00 元　　　　　　　　　　　　版权所有　违者必究

《锅炉安全技术规程》
释　义

主要写作人员：

　　郭元亮　童有武　鹿道智　孔伯汉　陈南岭

　　钱　公　王骄凌　李　军　冷　浩　冯维君

　　黎亚洲　郭　华　张秉昌　程黎明　周　英

主　审：贾国栋

前　言

国家市场监督管理总局于 2020 年 10 月 29 日发布公告（第 45 号），正式颁布了《锅炉安全技术规程》(TSG 11—2020)，该规程于 2021 年 6 月 1 日正式实施。《锅炉安全技术规程》是以原有的《锅炉安全技术监察规程》等九个锅炉规范为基础，形成的关于锅炉的综合规范。

《锅炉安全技术规程》基本保留了原来技术规范中行之有效的主体内容；将近年来相关文件中提出的基本安全要求纳入规程；对实施过程中发现的问题进行梳理，调整了部分内容；进一步明确了锅炉范围内管道的界定和技术要求；结合近年来锅炉技术的发展，优化了电站锅炉的相关要求，补充了铸铝锅炉的基本安全要求。

本书编写组由参加本规程制定的人员组成。编写组对制定后的条款逐条解释，并将各条款内容、历史背景、制定的本意以及与该条款内容相关的国内外要求等进行系统整理，形成本释义，希望对《锅炉安全技术规程》的正确理解和贯彻执行有所帮助。

参加本规程制定工作的主要单位和人员如下：

中国特种设备检测研究院	郭元亮　钱　公　童有武　戚月娣
国家质检总局特种设备安全监察局	李　军　冷　浩
中国锅炉与锅炉水处理协会	鹿道智　郭　华　王骄凌
北京巴布科克·威尔科克斯有限公司	孔伯汉
浙江省质量技术监督局	冯维君
北京康威盛热能技术有限责任公司	陈南岭
上海焱晶燃烧设备有限公司	黎亚洲
大唐河北发电有限公司	张勋奎
广东省特种设备检测院	邱燕飞
广东省特种设备检测院东莞分院	何泾渭
江苏太湖锅炉股份有限公司	顾利平
国家电网华东电网有限公司	程黎明

中国特种设备检测研究院、中国锅炉与锅炉水处理协会、大唐江苏发电有限公司、江苏太湖锅炉股份有限公司、浙江特富发展股份有限公司、浙江音诺伟森热能科技有限公司、中国人民解放军海军锅炉供暖服务中心等单位为本次制（修）订提供了大力支持和帮助。

《锅炉安全技术规程》颁布后，为及时宣贯需要，编写组抓紧时间完成本释义。由于成书时间仓促，疏漏之处在所难免，恳请读者批评指正。

　　《锅炉安全技术规程》由国家市场监督管理总局负责解释。本释义不属于官方解释，解释内容是作者对规程的理解，不具备法律效力，仅供读者参考。

著者

2020 年 10 月

目　　录

第一部分 编制说明

第一章 修订过程

2015 年 1 月，原国家质量监督检验检疫总局（以下简称原国家质检总局）特种设备安全监察局（以下简称特种设备局）下达制定《锅炉安全技术规程》（以下简称《锅规》）的立项任务书。2015 年 5 月，中国特种设备检测研究院牵头组织有关专家成立起草工作组，召开起草工作组全体会议，制定《锅规》的起草工作方案，确定制定原则、重点内容及结构框架，并且制定起草工作时间表。起草工作组和各专业小组分别开展调研起草工作，多次召开研讨会，形成《锅规》（草案）。

2016 年 5 月，起草工作组召开第二次全体会议，形成《锅规》征求意见稿。2016 年 8 月，特种设备局以质检特函〔2016〕42 号文征求基层部门、有关单位和专家及公民的意见。

2017 年 8 月，起草工作组召开第三次全体会议，对相关意见进行讨论形成送审稿。2017 年 12 月，原国家质检总局特种设备安全与节能技术委员会对送审稿进行审议。2018 年 3 月召开起草工作组工作会议，根据审议意见形成报批稿。2019 年 5 月，《锅规》报批稿由国家市场监督管理总局向 WTO/TBT 进行通报。

2020 年 10 月 29 日，《锅规》由国家市场监督管理总局批准颁布。

本次修订将《锅炉安全技术监察规程》(TSG G0001—2012) 等九个锅炉相关安全技术规范进行整合，形成锅炉的综合技术规范。《锅规》基本保留了原来技术规范中行之有效的主体内容；将近年来相关文件中提出的基本安全要求纳入规程；对实施过程中发现的问题进行梳理，调整了部分内容；进一步明确了锅炉范围内管道的界定和技术要求；结合近年来锅炉技术的发展，优化了电站锅炉的相关要求，补充了铸铝锅炉、生物质锅炉的基本安全要求；按照《中华人民共和国大气污染防治法》的规定增加了锅炉环保的基本要求。

第二章　修订原则

本次修订将《锅炉安全技术监察规程》(TSG G0001—2012)、《锅炉设计文件鉴定管理规则》(TSG G1001—2004)、《燃油（气）燃烧器安全技术规则》(TSG ZB001—2008)、《燃油（气）燃烧器型式试验规则》(TSG ZB002—2008)、《锅炉化学清洗规则》(TSG G5003—2008)、《锅炉水（介）质处理监督管理规则》(TSG G5001—2010)、《锅炉水（介）质处理检验规则》(TSG G5002—2010)、《锅炉监督检验规则》(TSG G7001—2015)、《锅炉定期检验规则》(TSG G7002—2015)等九个锅炉相关安全技术规范进行整合，形成锅炉的综合技术规范。《锅规》基本保留了原来技术规范中行之有效的主体内容；将近年来相关文件中提出的基本安全要求纳入规程；对实施过程中发现的问题进行梳理。

第三章　主要变化

3.1　规程名字删除了"监察"二字　由原来的《锅炉安全技术监察规程》改为《锅炉安全技术规程》。

3.2　调整适用范围　根据《特种设备目录》范围，调整了《锅规》适用范围，与《特种设备目录》一致。

3.3　进一步调整了锅炉范围内管道的范围　根据我国锅炉和管道检验工作的实际情况，对检验工作技术要求进行对比分析，明确了锅炉范围内管道的检验范围，并根据实际工作需要，如果有对锅炉范围外管道与锅炉一同检验的情况，也做出了原则规定。

3.4　材料表格、监督检验以及定期检验项目以附件的形式放在规程中。

3.5　调整了对使用境外牌号材料的要求　随着我国自主生产的锅炉用材料质量的逐步提高，对境外牌号材料提出明确要求，对首次在国内锅炉上使用的材料，应当按照本规程的要求通过技术评审和批准。

3.6　增加了燃烧器型式试验以及选择、更换和改造的要求　考虑到近些年油、气体和煤粉锅炉的使用增多，出现燃烧器方面的安全问题也随之增多，对燃烧器在型式试验、选择、更换和改造等方面提出要求，减少安全隐患。锅炉制造单位应当选用满足安全、节能和环保要求的燃烧器，燃烧器的更换和改造要按规定的要求进行。

3.7　进一步严格了安全附件的要求　蒸汽锅炉装设低水位联锁保护装置的要求由 2t/h 改为所有锅炉，蒸汽超压报警和联锁保护装置的装设要求由 6t/h 改为 2t/h。

3.8　增加了锅壳锅炉安全降水时间的要求　对锅炉停止给水情况下，在锅炉额定负荷下继续运行，锅炉水位从最低安全水位下降到最高火界的时间提出要求，提高锅壳锅炉的安全性能。

3.9　锅炉水（介）质处理定期检验结合锅炉定期检验进行　考虑到锅炉水（介）质处理工作对锅炉安全和节能的重要性，本次修订结合多年的实际检验工作情况，要求锅炉水（介）质处理定期检验工作结合锅炉定期检验进行。

3.10　增加了锅炉化学清洗监督检验的内容要求　由于锅炉化学清洗不当（尤其是酸洗不规范），不仅达不到化学清洗的目的，而且容易造成锅炉严重腐蚀或者堵塞炉管，影响锅炉安全运行。因此，根据《中华人民共和国特种设备安全法》第 44 条规定，在第 9 章的监督检验中增加了锅炉化学清洗监督检验的内容及要求。

3.11　增加锅炉设计文件鉴定的工作要求　本次修订合并了原《锅炉设计文件鉴定管理规则》的内容，对锅炉设计文件鉴定工作提出原则要求。

3.12　增加了铸铝锅炉的要求　本次修订根据铸铝锅炉实际使用情况，同时参照国外规范，增加了铸铝锅炉的内容。

第二部分 条文释义

说明：在本释义中，按照新版的《锅炉安全技术规程》（以下简称本规程或《锅规》）的条文顺序对规程内容加以逐条释义，并对新版《锅规》条文均加线框，以示区分。为阅读方便，将2012年版《锅炉安全技术监察规程》（简称原《锅规》）对比列出。

第一章　总则

一、本章结构及主要变化

本章共有9节，由"1.1目的""1.2适用范围""1.3不适用范围""1.4锅炉设备级别""1.5采用境外标准的锅炉""1.6特殊情况的处理""1.7与技术标准、管理制度的关系""1.8专项要求""1.9其他要求"组成。本章的主要变化为：

➤ 完善了《锅规》制定的依据，在《特种设备安全监察条例》（以下简称《条例》）基础上增加了《中华人民共和国特种设备安全法》（以下简称《特设法》）；

➤ 根据《特种设备目录》调整了适用范围和不适用范围；

➤ 进一步明确了锅炉范围内管道的界定范围和技术要求；

➤ 增加了锅炉环保的基本要求；

➤ 删除了"国家质检总局和各地质量技术监督管理部门负责管理安全监察工作，监督本规程的执行"；

➤ 依据《特设法》增加了对锅炉销售单位的要求。

二、条款说明与解释

1.1　目的

为了保障锅炉安全运行，预防和减少事故，保护人民生命和财产安全，促进经济社会发展，根据《中华人民共和国特种设备安全法》和《特种设备安全监察条例》，制定本规程。

- **条款说明：**修改条款。
- **原《锅规》：**1.1　目的

为了加强锅炉安全监察，防止和减少事故，保障人民群众生命和财产安全，促进经济发展，根据《特种设备安全监察条例》的有关规定，制定本规程。

- **条款解释：**本条款明确了本规程的制定依据。

原《锅规》"加强锅炉安全监察"改为"保障锅炉安全运行"。加强锅炉安全监察的目的也是为了保障锅炉安全运行，运行安全是最终的目的，监察过程中其他环节的工作最终都是为了保障锅炉安全运行。

制定的依据增加了《中华人民共和国特种设备安全法》，这是原《锅规》实施后颁布的法律，也是特种设备最高层次的要求，2013年6月29日中华人民共和国主席令第4号公布，自2014年1月1日起施行。《特设法》包含特种设备生产、经营、使用、检验、检测、监督管理和事故应急救援与调查处理等方面的法律要求，共七章101条。《特设法》突出了特种设备生产、经营、使用单位的安全主体责任，明确规定在生产环节，生产企业对特种设备的质量负责。

我国特种设备法规标准体系的结构可以分成A、B、C、D、E五个层次，由A至E，文件的数量逐级增加。由E至A，法律效力逐级升高。特种设备法规标准体系的5个层次分别为：A层次：法律；B层次：行政法规；C层次：部门规章，包括国务院部门规章和地方政府规章；D层次：特种设备安全技术规范；E层次：技术标准。

《锅规》属于特种设备安全技术规范的层次，特种设备安全技术规范是对特种设备的安全性能和相应的设计、制造、安装、改造、修理、使用和检验检测等活动的强制性规定。安全技术规范是特种设备法律法规体系的重要组成部分，其作用是把与特种设备有关的法律、法规和规章的原则规定具体化。

锅炉是一种承压而具有爆炸危险的设备，一旦发生爆炸事故，不但造成经济、财产的严重损失，也造成人员的伤亡。《锅规》从锅炉的设计、材料、制造、安全附件、安装、使用等诸多环节提出要求，对锅炉事故采取防范措施，通过掌控和防范，使锅炉事故得到更有效的控制。

1960年原劳动部制定了第一个特种设备安全监察规范，即第一版的《蒸汽锅炉安全监察规程》。1983年6月3日原劳动人事部颁布了第一版的《热水锅炉安全技术监察规程》。1993年11月28日原劳动部颁布了第一版的《有机热载体锅炉安全技术监察规程》。2000年6月15日国家质量技术监督局颁布了第一版的《小型和常压热水锅炉安全监察规定》。2012年10月23日原国家质检总局颁布了《锅炉安全技术监察规程》，将蒸汽锅炉、热水锅炉、有机热载体锅炉以及特种设备监管范围内的小型锅炉合为一个规程。本次是对2012版的修订。

1.2　适用范围

本规程适用于《特种设备目录》范围内的蒸汽锅炉、热水锅炉、有机热载体锅炉。

注1-1：按照锅炉设计制造的余（废）热锅炉应当符合本规程的要求。

1.2.1　锅炉本体

锅炉本体是由锅筒（壳）、启动（汽水）分离器及储水箱、受热面、集箱及其连接管道、炉膛、燃烧设备、空气预热器、炉墙、烟（风）道、构架（包括平台和扶梯）等所组成的整体。

1.2.2　锅炉范围内管道

（1）电站锅炉，包括主给水管道、主蒸汽管道、再热蒸汽管道等（注1-2）以及第一个阀门以内（不含阀门，下同）的支路管道；

（2）电站锅炉以外的锅炉，设置分汽（水、油）缸（以下统称分汽缸，注1-3）的，包括给水（油）泵出口至分汽缸出口与外部管道连接的第一道环向焊缝以内的承压管道；不设置分汽缸的，包括给水（油）泵出口至主蒸汽（水、油）出口阀以内的承压管道。

注1-2：主给水管道指给水泵出口止回阀至省煤器进口集箱以内的管道；主蒸汽管道指末级过热器出口集箱至汽轮机高压主汽阀（对于母管制运行的锅炉，至母管前第一个阀门）以内的管道；再热蒸汽冷段管道指汽轮机排汽止回阀至再热器进口集箱以内的管道；再热蒸汽热段管道指末级再热器出口集箱至汽轮机中压主汽阀以内的管道。

注1-3：分汽缸应当按照锅炉集箱或者压力容器的相关规定进行设计、制造。

注1-4：锅炉管辖范围之外的与锅炉相连的动力管道，可以参照锅炉范围内管道要求与锅炉一并进行安装监督检验及定期检验。

1.2.3　锅炉安全附件和仪表

包括安全阀、爆破片，压力测量、水（液）位测量、温度测量等装置（仪表），安全保护装置，排污和放水装置等。

1.2.4　锅炉辅助设备及系统

包括燃料制备、水处理设备及系统等。

- **条款说明：**修改条款。
- **原《锅规》：**1.2 适用范围

本规程适用于符合《特种设备安全监察条例》范围内的固定式（注 1-1）承压蒸汽锅炉、承压热水锅炉、有机热载体锅炉，以及以余（废）热利用为主要目的的烟道式、烟道与管壳组合式余（废）热锅炉。

注 1-1：固定式锅炉是指锅炉在使用过程中是固定的。

1.2.1 锅炉本体

由锅筒、受热面及其集箱和连接管道，炉膛、燃烧设备和空气预热器（包括烟道和风道），构架（包括平台和扶梯），炉墙和除渣设备等所组成的整体。

1.2.2 锅炉范围内管道

（1）电站锅炉，包括锅炉主给水管道、主蒸汽管道、再热蒸汽管道等；

（2）电站锅炉以外的锅炉，分为有分汽（水、油）缸（注 1-2）的锅炉和无分汽（水、油）缸的锅炉；有分汽（水、油）缸的锅炉，包括锅炉给水（油）泵出口和分汽（水、油）缸出口与外部管道连接的第一道环向接头的焊缝内的承压管道〔含分汽（水、油）缸〕；无分汽（水、油）缸的锅炉，包括锅炉给水（油）泵出口和锅炉主蒸汽（水、油）出口阀以内的承压管道。

注 1-2：分汽（水、油）缸应当符合本规程对集箱的有关规定。

1.2.3 锅炉安全附件和仪表

锅炉安全附件和仪表，包括安全阀、压力测量装置、水（液）位测量与示控装置、温度测量装置、排污和放水装置等安全附件，以及安全保护装置和相关的仪表等。

1.2.4 锅炉辅助设备及系统

锅炉辅助设备及系统，包括燃料制备、汽水、水处理等设备及系统。

- **条款解释：**本条款明确了本规程的适用范围；是对原《锅规》对应条款的修改。

1. 关于锅炉范围

根据《特设法》《条例》的规定，原国家质检总局修订了《特种设备目录》，经国务院批准，2014 年 10 月 30 日予以公布施行。同时，《关于公布〈特种设备目录〉的通知》（国质检锅〔2004〕31 号）和《关于增补特种设备目录的通知》（国质检特〔2010〕22 号）予以废止。

《特种设备目录》中锅炉的范围为"锅炉，是指利用各种燃料、电或者其他能源，将所盛装的液体加热到一定的参数，并通过对外输出介质的形式提供热能的设备，其范围规定为设计正常水位容积大于或者等于 30L，且额定蒸汽压力高于或者等于 0.1MPa（表压）的承压蒸汽锅炉；出口水压高于或者等于 0.1MPa（表压），且额定功率大于或者等于 0.1MW 的承压热水锅炉；额定功率大于或者等于 0.1MW 的有机热载体锅炉。"

蒸汽锅炉、热水锅炉和有机热载体锅炉中，已经包含了余（废）热锅炉，但是由于余（废）热锅炉管理的特殊性，所以单独以注的形式进行表述。删除了原《锅规》中的"烟道式、烟道与管壳组合式"，不再以结构来划分。余（废）热锅炉可以按照锅炉设计，也可以按照容器来设计，如果是按照锅炉设计，那么就应按照《锅规》执行。关于余热锅炉管理的要求，曾经发过《关于进一步完善锅炉压力容器压力管道安全监察工作的通知》（国质检特函〔2007〕402 号）。这次仔细梳理了文件内容，如果按照锅炉管理，直接按照《锅规》执行即可；如果是按容器管理的锅炉，要按照相关文件中的要求执行。

2. 删除了"固定式"

固定式锅炉在运行时是处于固定状态的锅炉；锅炉运行时除固定以外，还有运行时锅炉本身是移动的，如船舶上的锅炉，火车机车锅炉；这些锅炉除需要满足固定式锅炉的要求外，还应考虑在运动中运行，本规程不适用于移动式锅炉。

依据《条例》第三条规定："军事装备、核设施、航空航天器、铁路机车、海上设施和船舶以及矿山井下使用的特种设备、民用机场专用设备的安全监察不适用本条例。"用于铁路机车、船舶等移动式锅炉在《条例》中已经明确不适用，所以在本规程不再赘述。如果保留"固定式"，会让人误解以为根据《条例》还有移动式锅炉的规程。这次修订虽然文字上删除了"固定式"，但是要求并没有改变，比如油田注汽（水）锅炉等仍属于本规程监察范围之内。

3. 关于锅炉本体

在原《锅规》基础上增加了启动（汽水）分离器及储水箱，这也是超临界直流锅炉主要的受压部件。删除了除渣设备。原《锅规》空气预热器后面有括号，括号内的内容为"包括烟道和风道"，烟道两个字放在空气预热器后面括号里，有局限性，锅炉有烟道的地方不仅仅只是空气预热器，这次修订将烟（风）道独立出来。

4. 关于锅炉范围内管道

原《锅炉监督检验规则》附件 E　电站锅炉范围内管道监督检验范围

E1　主给水管道

主给水管道指锅炉给水泵出口切断阀（不含出口切断阀）至省煤器进口集箱的主给水管道和一次阀门以内（不含一次阀门）的支路管道等。

E2　主蒸汽管道

主蒸汽管道指锅炉末级过热器出口集箱（有集汽集箱时为集汽集箱）出口至汽轮机高压主汽阀（不含高压主汽阀）的主蒸汽管道、高压旁路管道和一次阀门以内（不含一次阀门）的支路管道等。

E3　再热蒸汽管道

再热蒸汽管道包括再热蒸汽热段管道和再热蒸汽冷段管道。

再热蒸汽热段管道指锅炉末级再热蒸汽出口集箱出口至汽轮机中压主汽阀（不含中压主汽阀）的再热蒸汽管道和一次阀门以内（不含一次阀门）的支路管道等。

再热蒸汽冷段管道指汽轮机排汽逆止阀（不含排汽逆止阀）至再热器进口集箱的再热蒸汽管道和一次阀门以内（不含一次阀门）的支路管道等。

原《锅炉定期检验规则》附件 C　电站锅炉范围内管道定期检验范围

C1　主给水管道

主给水管道指锅炉给水泵出口切断阀（不含出口切断阀）至省煤器进口集箱的主给水管道和一次阀门以内（不含一次阀门）的支路管道等。

C2　主蒸汽管道

主蒸汽管道指锅炉末级过热器出口集箱（有集汽集箱时为集汽集箱）出口至汽轮机高压主汽阀（不含高压主汽阀）的主蒸汽管道、高压旁路管道和一次阀门以内（不含一次阀门）的支路管道等。

C3　再热蒸汽管道

再热蒸汽管道包括再热蒸汽热段管道和再热蒸汽冷段管道。

再热蒸汽热段管道指锅炉末级再热蒸汽出口集箱出口至汽轮机中压主汽阀（不含中压主汽阀）的再热蒸汽管道和一次阀门以内（不含一次阀门）的支路管道等。

再热蒸汽冷段管道指汽轮机排汽逆止阀（不含排汽逆止阀）至再热器进口集箱的再热蒸汽管道和一次阀门以内（不含一次阀门）的支路管道等。

《市场监管总局办公厅关于开展电站锅炉范围　内管道隐患专项排查整治的通知》市监特函〔2018〕515号（以下简称515号文件）关于电站锅炉范围内管道的界定

电站锅炉范围内管道包括锅炉主给水管道、主蒸汽管道、再热蒸汽管道等。

主给水管道指锅炉给水泵出口切断阀（不含阀门，下同）至省煤器进口集箱的主给水管道和一次阀门以内的支路管道。

主蒸汽管道指锅炉末级过热器出口集箱（有集汽集箱时为集汽集箱）出口至汽轮机高压主汽阀的主蒸汽管道和一次阀门以内的支路管道。对于主蒸汽母管制运行的电站锅炉，包括主蒸汽母管和一次阀门以内的支路管道。

再热蒸汽管道包括再热蒸汽冷段管道和再热蒸汽热段管道。再热蒸汽冷段管道指汽轮机排汽逆止阀至再热器进口集箱的再热蒸汽管道和一次阀门以内的支路管道。再热蒸汽热段管道指锅炉末级再热蒸汽出口集箱出口至汽轮机中压主汽阀的再热蒸汽管道和一次阀门以内的支路管道。

本规程对锅炉范围内管道的界定区分为电站锅炉的范围内管道和电站锅炉以外锅炉的范围内管道分别进行规定，并结合原《锅炉监督检验规则》、原《锅炉定期检验规则》以及515号文件的相关规定，对电站锅炉范围内管道的界定进行了细化。

A. 电站锅炉范围内管道

电站锅炉范围内管道包括主给水管道、主蒸汽管道、再热蒸汽管道等以及第一个阀门以内（不含阀门，下同）的支路管道。

主给水管道，指给水泵出口止回阀至省煤器进口集箱以内的管道以及第一个阀门以内的支路管道。主给水管道不包含给水泵出口止回阀，但包括阀后的焊缝。对于支路管道，不包括第一个阀门，但包括第一个阀门前的焊缝。

主蒸汽管道指末级过热器出口集箱至汽轮机高压主汽阀（对于母管制运行的锅炉，至母管前第一个阀门）以内的管道以及第一个阀门以内的支路管道。主蒸汽管道不包括汽轮机高压主汽阀，但包括阀前的焊缝。对于母管制运行的锅炉，主蒸汽管道不包括母管前第一个阀门，但包括此阀门前的焊缝。支路管道同上。

再热蒸汽冷段管道指汽轮机排汽止回阀至再热器进口集箱以内的管道以及第一个阀门以内的支路管道；再热蒸汽热段管道指末级再热器出口集箱至汽轮机中压主汽阀以内的管道以及第一个阀门以内的支路管道。再热蒸汽冷段管道不包括汽轮机排汽止回阀，但包括汽轮机排汽止回阀后的焊缝，再热蒸汽热段管道不包括汽轮机中压主汽阀，但包括汽轮机中压主汽阀前的焊缝。支路管道同上。主蒸汽管道指末级过热器出口集箱至汽轮机高压主汽阀（对于母管制运行的锅炉，至母管前第一个阀门）以内的管道，这就意味着本规程锅炉范围内管道范围不包含母管；

B. 电站锅炉以外锅炉的范围内管道

基本保留了原《锅规》的规定，仅进对表述方式进行了调整。

C. 分汽（水、油）缸

关于分汽（水、油）缸的管理问题，从我国的锅炉监察历史来看，也是发生了一些变化，按照现在的管理要求，持有相应的锅炉压力容器制造许可证书的企业都可以生产相应的分汽（水、油）缸，原《锅规》明确规定了分汽缸要按照锅炉集箱的技术要求执行，这次修订给出了两种渠道，也可按照压力容器的相关规定进行设计、制造。按照锅炉集箱设计、制造的分汽（水、油）缸，视同锅炉部件，与锅炉一并进行检验和使用登记。

D. 锅炉范围之外的管道

根据实际检验工作需要，锅炉范围之外的与锅炉相连的动力管道，有时会与锅炉一同进行检验。为了方便企业，通过对比压力管道和锅炉范围内管道检验技术要求，差异性不是很大，所以这些管道可以按照压力管道相关要求进行安装监督检验及定期检验，也可以参照锅炉范围内管道要求与锅炉一并进行安装监督检验及定期检验。

5. 关于锅炉安全附件和仪表

文字描述有所修改，锅炉安全附件和仪表，包括安全阀、爆破片，压力测量、水（液）位测量、温度测量等装置（仪表），安全保护装置，排污和放水装置等。在 96 版《蒸规》里，标题是"主要附件和仪表"，12 版用了"安全附件和仪表"。"装置"一词是包含"仪表"的，"仪表"是"装置"中的一个具体类别。

6. 关于锅炉辅助设备及系统

锅炉辅助设备及系统很多，但是规程只将对安全节能环保有重要影响的部分纳入监管。

1.3　不适用范围

（1）设计正常水位水容积（直流锅炉等无固定汽水分界线的锅炉，水容积按照汽水系统进出口内几何总容积计算，下同）小于 30L，或者额定蒸汽压力小于 0.1MPa 的蒸汽锅炉；

（2）额定出水压力小于 0.1MPa 或者额定热功率小于 0.1MW 的热水锅炉；

（3）额定热功率小于 0.1MW 的有机热载体锅炉。

● **条款说明：**修改条款。

● **原《锅规》：** 1.3　不适用范围

本规程不适用于以下设备：

（1）设计正常水位水容积小于 30L 的蒸汽锅炉；

（2）额定出水压力小于 0.1MPa 或者额定热功率小于 0.1MW 的热水锅炉；

（3）为满足设备和工艺流程冷却需要的换热装置。

● **条款解释：**本条款是对规程不适用的范围的规定。

根据质检总局特种设备局关于新修订的《特种设备目录》中承压设备有关问题的意见（质检特函〔2015〕32 号），锅炉和压力容器的定义、范围以《质检总局关于修订〈特种设备目录〉的公告》(2014 年第 114 号，以下简称"新目录"）为准。对设计正常水位常温下水容积小于 30L，或者额定蒸汽压力低于 0.1MPa 的蒸汽锅炉、额定出水压力低于 0.1MPa 或者额定热功率小于 0.1MW 的热水锅炉、额定热功率小于 0.1MW 的有机热载体锅炉等，因其未列入"新目录"所定义的锅炉之内，其制造单位不需要取得特种设备制造许可，其制造过程也不需要经过监督检验。

1. 蒸汽锅炉

原设计正常水位水容积小于 30L 的蒸汽锅炉；这次修订与目录一致增加了"或者额定蒸汽压力低于 0.1MPa；"；质检办特函〔2017〕1336 号对设计正常水位水容积进行了界定"直流锅炉和贯流式锅炉等无固定汽水分界线的锅炉，水容积按汽水系统进出口内几何总容积计算"。

2.热水锅炉

热水锅炉范围没有变化。额定出水压力低于0.1MPa或者额定热功率小于0.1MW，这两个条件满足其中任何一个条件都不属于锅规范围。

3.有机热载体锅炉

原《规程》关于有机热载体锅炉没有设立管理下限，主要是考虑到《条例》没有给出相应规定，虽然当时认为有机热载体锅炉也应当与蒸汽、热水锅炉一样设定管理下限。这次修订根据目录，不适用范围中增加了额定热功率小于0.1MW的有机热载体锅炉。

4.删除了"为满足设备和工艺流程冷却需要的换热装置"

这些换热装置，也就是《固定式压力容器安全技术监察规程》中"过程装置中作为工艺设备的按压力容器设计制造的余热锅炉"，不属于本规程适用范围，按照容器管理。

1.4 锅炉设备级别

锅炉设备级别按照参数分为A级、B级、C级、D级。

1.4.1 A级锅炉

A级锅炉是指 p（表压，下同，注1-5）$\geq$3.8MPa的锅炉，包括：

（1）超临界锅炉，$p \geq$22.1MPa；

（2）亚临界锅炉，16.7MPa$\leq p <$22.1MPa；

（3）超高压锅炉，13.7MPa$\leq p <$16.7MPa；

（4）高压锅炉，9.8MPa$\leq p <$13.7MPa；

（5）次高压锅炉，5.3MPa$\leq p <$9.8MPa；

（6）中压锅炉，3.8MPa$\leq p <$5.3MPa。

1.4.2 B级锅炉

（1）蒸汽锅炉，0.8MPa$< p <$3.8MPa；

（2）热水锅炉，$p <$3.8MPa，且 $t \geq$120℃（t 为额定出水温度，下同）；

（3）气相有机热载体锅炉，$Q >$0.7MW（Q 为额定热功率，下同）；液相有机热载体锅炉，$Q >$4.2MW。

1.4.3 C级锅炉

（1）蒸汽锅炉，$p \leq$0.8MPa，且 $V >$50L（V 为设计正常水位水容积，下同）；

（2）热水锅炉，0.4MPa$< p <$3.8MPa，且 $t <$120℃；$p \leq$0.4MPa，且95℃$< t <$120℃；

（3）气相有机热载体锅炉，$Q \leq$0.7MW；液相有机热载体锅炉，$Q \leq$4.2MW。

1.4.4 D级锅炉

（1）蒸汽锅炉，$p \leq$0.8MPa，且 $V \leq$50L；

（2）热水锅炉，$p \leq$0.4MPa，且 $t \leq$95℃。

注1-5：p 是指锅炉额定工作压力，对蒸汽锅炉代表额定蒸汽压力，对热水锅炉代表额定出水压力，对有机热载体锅炉代表额定出口压力。

- **条款说明：**修改条款。

- **原《锅规》：**1.4 锅炉设备级别

1.4.1 A级锅炉

A级锅炉是指 p（表压，下同，注1-3）$\geq$3.8MPa的锅炉，包括：

（1）超临界锅炉，$p \geq$22.1MPa；

（2）亚临界锅炉，16.7MPa≤p＜22.1MPa；

（3）超高压锅炉，13.7MPa≤p＜16.7MPa；

（4）高压锅炉，9.8MPa≤p＜13.7MPa；

（5）次高压锅炉，5.3MPa≤p＜9.8MPa；

（6）中压锅炉，3.8MPa≤p＜5.3MPa。

1.4.2　B级锅炉

（1）蒸汽锅炉，0.8MPa＜p＜3.8MPa；

（2）热水锅炉，p＜3.8MPa并且t≥120℃（t为额定出水温度，下同）；

（3）气相有机热载体锅炉，Q＞0.7MW（Q为额定热功率，下同）；液相有机热载体锅炉，Q＞4.2MW。

1.4.3　C级锅炉

（1）蒸汽锅炉，p≤0.8MPa，并且V＞50L（V为设计正常水位水容积，下同）；

（2）热水锅炉，p＜3.8MPa，并且t＜120℃；

（3）气相有机热载体锅炉，0.1MW＜Q≤0.7MW；液相有机热载体锅炉，0.1MW＜Q≤4.2MW。

1.4.4　D级锅炉

（1）蒸汽锅炉，p≤0.8MPa，并且30L≤V≤50L；

（2）汽水两用锅炉（注1-4），p≤0.04MPa，并且D≤0.5t/h（D为额定蒸发量，下同）；

（3）仅用自来水加压的热水锅炉，并且t≤95℃；

（4）气相或者液相有机热载体锅炉，Q≤0.1MW。

注1-3：p是指锅炉额定工作压力，对蒸汽锅炉代表额定蒸汽压力，对热水锅炉代表额定出水压力，对有机热载体锅炉代表额定出口压力。

注1-4：其他汽水两用锅炉按照出口蒸汽参数和额定蒸发量分属以上各级锅炉。

●条款解释：本条款是对锅炉设备级别的规定。

增加了"锅炉设备级别按照参数分为A级、B级、C级、D级。"这段文字。

锅炉设备级别是从危害性及失效模式出发，突出本质安全思想，对锅炉进行分级（类），以实现更为科学的分类监管的要求制定的。需要注意的是，这个分类是锅炉设备的分类，和目前制造许可证的分类是不一致的，两者不要混淆。

锅炉最危险的重大失效模式是爆炸，锅炉爆炸有承压部件爆炸和炉膛爆炸；锅炉爆炸释放的能量与锅炉介质参数和容量紧密相关。锅炉介质参数和容量越大，爆炸造成的损失和危害越大。本条款规定锅炉设备分级有：A级锅炉、B级锅炉、C级锅炉、D级锅炉；是从危害性及失效模式出发，突出本质安全思想，对锅炉进行分级，以利于实现更为科学的分类监管。

"额定工作压力"是：锅炉铭牌压力或蒸汽锅炉在规定的给水压力和负荷范围内长期连续运行时应予保证的出口蒸汽压力；额定工作压力与计算压力（设计压力）、实际工作压力之间的关系为：

计算压力≠额定工作压力≠实际工作压力；

计算压力＞额定工作压力≥实际工作压力。

式中，"计算压力"是指强度计算时用以确定锅炉受压元件厚度的压力；

"实际工作压力"是指在正常工作的实际情况下，锅炉受压元件所承受的压力。

原《锅规》D级锅炉中"仅用自来水加压的热水锅炉"改为"p≤0.4MPa"，"仅用自来水加压的热水锅炉"本意是指直接用自来水的动力来进行给水，不再额外用水泵加压。但是由于在执行过程中，各个地方的自来水供水方式不同，压力不同，经常会有疑问。这次修订把压力明确为一个数值，便于统一执行。

原《锅规》中 C 级热水锅炉为"$p<3.8\text{MPa}$，且 $t<120℃$"，涵盖了 D 级热水锅炉，这次修订修改为"热水锅炉，$0.4\text{MPa}<p<3.8\text{MPa}$，且 $t<120℃$；$p\leqslant0.4\text{MPa}$，且 $95℃<t<120℃$"，不再涵盖其他级别的热水锅炉。

原《锅规》适用于额定热功率小于 0.1MW 有机热载体锅炉，这次根据《特种设备目录》，删除了这个范围的有机热载体锅炉。0.1MW 有机热载体锅炉不再放在 D 级，一并划入 C 级锅炉范围统一管理。

原《锅规》D 级锅炉中有汽水两用锅炉，汽水两用锅炉即可用于蒸饭，又可供应开水，也可供洗澡用水的锅炉，不过汽水两用锅炉承压基本低于等于 0.04MPa，属于低于 0.1MPa 的范围，不属于《特种设备目录》范围，所以删除了，同时也删除了汽水两用锅炉对应的注 1-4。

1.5　采用境外标准的锅炉

对于采用境外标准的锅炉，其材料、设计、制造和产品检验、安全附件和仪表、出厂资料、铭牌等不得低于本规程要求，否则应当按照本规程 1.6 的要求进行技术评审和批准。

- **条款说明：** 修改条款。
- **原《锅规》：** 1.5　进出口锅炉制造及使用

（1）境外制造在境内使用的锅炉应当符合本规程的要求，如果与本规程要求不一致，应当事先征得国家质量技术监督检验检疫总局（以下简称国家质检总局）同意；

（2）境内制造在境外使用的锅炉按照合同双方约定的技术法规、标准和管理要求执行。

- **条款解释：** 本条款是对采用境外标准制造的锅炉的规定。

本条款是对原《锅规》第 1.5 条进行的修改，删除了出口锅炉的规定，出口锅炉不在中国使用，所以不在本规程管辖范围之内。对于进口锅炉和国内制造单位采用境外标准生产的锅炉，要求其锅炉产品采用的标准在材料、设计、制造和产品检验、安全附件和仪表、出厂资料、铭牌等方面不低于本规程要求，这些要求也是安全技术方面的基本要求。

由于各国的锅炉规范在技术要求尚有一定的差异，采用境外标准而最终的锅炉产品在境内使用，为了确保锅炉运行的安全，鉴于我国的使用管理要求，在材料、设计、制造和产品检验、安全附件和仪表、出厂资料、铭牌等方面提出应符合我国锅炉规程的要求是完全适宜的。如果与本规程要求不一致，应当按照本规程 1.6 的要求进行技术评审和批准。可避免只考虑局部的技术可行性，而损害了锅炉的整体安全性。

1.6　特殊情况的处理

有关单位采用新材料、新技术、新工艺，与本规程不一致，或者本规程未作要求，可能对安全性能有重大影响的，应当向国家市场监督管理总局申报，由国家市场监督管理总局委托特种设备安全与节能技术委员会进行技术评审，评审结果经国家市场监督管理总局批准后投入生产、使用。

- **条款说明：** 修改条款。

● 原《锅规》：1.6　特殊情况的处理

有关单位采用新结构、新工艺、新材料、新技术（包括引进境外技术、按照境外标准制造）等，与本规程不符时，应当将有关的技术资料提交国家质检总局特种设备安全技术委员会评审，报国家质检总局核准后，才能进行试制、试用。

● 条款解释：本条款是对采用新材料、新技术、新工艺，与本规程不一致，或者本规程未作要求，可能对安全性能有重大影响时，应如何解决的规定。

本条款是对《特设法》第十六条要求的落实"特种设备采用新材料、新技术、新工艺，与安全技术规范的要求不一致，或者安全技术规范未作要求、可能对安全性能有重大影响的，应当向国务院负责特种设备安全监督管理的部门申报，由国务院负责特种设备安全监督管理的部门及时委托安全技术咨询机构或者相关专业机构进行技术评审，评审结果经国务院负责特种设备安全监督管理的部门批准，方可投入生产、使用。"

为促进锅炉科学技术进步，对采用新材料、新技术、新工艺，与本规程不符时，提供解决问题的安全通道。鼓励创新和技术进步，但创新是有风险的，用技术委员会评审这样的安全通道为创新保驾护航，同时也回避了行政风险。

1.7　与技术标准、管理制度的关系

本规程规定了锅炉的基本安全要求，锅炉生产、使用、检验、检测采用的技术标准、管理制度等不得低于本规程的要求。

● 条款说明：修改条款。

● 原《锅规》：1.8　与技术标准、管理制度的关系

本规程规定了锅炉的基本安全要求，有关锅炉的技术标准、管理制度等不得低于本规程的要求。

● 条款解释：本条款明确了本规程与有关技术标准、管理制度的相互关系。

"不得低于本规程的要求"表明本规程是最基本的安全要求，是政府颁布的，具有强制性；当生产、使用、检验、检测采用的技术标准、管理制度等的要求与本规程不一致时，不能低于本规程的规定，只能比本规程的要求更高。一般来说，专业技术标准要求应高于锅炉规程的规定，企业标准要求应高于专业技术标准的要求。

1.8　专项要求

有关热水锅炉、有机热载体锅炉、铸铁锅炉、铸铝锅炉和D级锅炉的专项要求，按照本规程第10章的要求执行，并且优先采用。

● 条款说明：修改条款。

● 原《锅规》：1.9　章节关系说明

有关热水锅炉、有机热载体锅炉、铸铁锅炉和D级锅炉的专项要求，分别按照本规程第10章至第13章执行，并且优先采用。

● 条款解释：本条款是对第十章中四种锅炉专项产品的规定。

这次修订将锅炉专项产品要求合并为第十章，分别作为第十章的4个小节。同时随着铸铝锅炉技术的逐步成熟，在铸铁锅炉基础上增加了铸铝锅炉的内容。

本条重点是介绍了第十章专项要求的内容和其他章节的关系，当专项要求与通用要求不一致时，优先执行专项要求的内容。

1.9 其他要求

（1）锅炉的节能环保应当满足法律、法规、安全技术规范及相关标准的要求；

（2）锅炉销售单位应当建立并执行锅炉检查验收和销售记录制度，销售的锅炉应当符合安全技术规范及相关标准的要求，其设计文件、产品质量合格证明等相关技术资料和文件应当齐全；

（3）锅炉的制造、安装、改造、修理、使用单位和检验机构应当按照特种设备信息化要求及时填报信息。

● **条款说明**：修改条款。

● **原《锅规》**：1.7 监督管理

（1）锅炉的设计、制造、安装（含调试）、使用、检验、改造和修理应当执行本规程的规定；

（2）锅炉及其系统的能效，应当满足法律、法规、技术规范及其相应标准对节能方面的要求；

（3）锅炉的制造、安装（含调试）、使用、改造、修理和检验单位（机构）应当按照信息化要求及时填报信息；

（4）国家质检总局和各地质量技术监督部门（以下简称质检部门）负责锅炉安全监察工作，监督本规程的执行。

● **条款解释**：本条款是对锅炉节能环保、锅炉销售单位以及信息化工作的要求。

本次修订，删除了监管方面的要求，规程中多保留技术上的规定。原《锅规》中"（4）国家质检总局和各地质量技术监督部门（以下简称质检部门）负责锅炉安全监察工作，监督本规程的执行。"的内容按照总局要求删除。

本条所指的节能环保法律主要包括《特设法》《中华人民共和国节约能源法》《中华人民共和国大气污染防治法》等；法规主要指《条例》，部门规章主要指《高耗能特种设备节能监督管理办法》；安全技术规范包括《锅炉节能技术监督管理规程》《工业锅炉能效测试与评价规则》等；相关标准包括《火电厂大气污染物排放标准》《锅炉大气污染物排放标准》等；要求包括国家、部委（国务院、主管部门）、以及地方人民政府出台的文件，例如《大气污染防治行动计划》、《中共中央　国务院　关于全面加强生态环境保护　坚决打好污染防治攻坚战的意见》、《市场监管总局　发展改革委　生态环境部　关于加强锅炉节能环保工作的通知》等。

对锅炉销售单位的要求是落实《特设法》第二十七条"特种设备销售单位销售的特种设备，应当符合安全技术规范及相关标准的要求，其设计文件、产品质量合格证明、安装及使用维护保养说明、监督检验证明等相关技术资料和文件应当齐全。"

随着信息化进程的逐步推进，信息化工作逐步完善，锅炉的制造、安装、改造、修理、使用单位和检验机构应当按照特种设备信息化要求及时填报信息。

第二章　材料

一、本章结构及主要变化

本章共有 10 节，由 "2.1 基本要求" "2.2 性能要求" "2.3 材料选用" "2.4 材料采用及加工特殊要求" "2.5 材料代用" "2.6 新材料的研制" "2.7 锅炉受压元件采用境外牌号材料" "2.8 材料质量证明" "2.9 材料验收" "2.10 材料管理" 组成。本章的主要变化为：

- ➢ 考虑到铸钢件的工艺原因，对铸钢件的室温夏比冲击吸收能量和室温断后伸长率，采用相应的标准来进行要求；
- ➢ 对锅炉用材料的选用，正文仅进行原则规定，具体的材料选用要求调整至本规程附件 A；
- ➢ 增加了允许使用的部分钢种；
- ➢ 删除了材料制造单位制造境外牌号的材料的相关要求；
- ➢ 增加印制可以追溯的信息化标识的要求；
- ➢ 放宽了 B 级及以下锅炉用材料免于理化和相应的无损检测复验的范围。

二、条款说明与解释

> ### 2.1　基本要求
>
> 锅炉受压元件金属材料、承载构件材料及其焊接材料在使用条件下应当具有足够的强度、塑性、韧性以及良好的抗疲劳性能和抗腐蚀性能。

- **条款说明**：修改条款。
- **原《锅规》**：2.1　基本要求

锅炉受压元件金属材料、承载构件材料及其焊接材料应当符合相应国家标准和行业标准的要求，受压元件金属材料及其焊接材料在使用条件下应当具有足够的强度、塑性、韧性以及良好的抗疲劳性能和抗腐蚀性能。

- **条款解释**：本条款明确了锅炉用材料的基本要求。

1.删除了 "……应当符合相应国家标准和行业标准的要求"

锅炉受压元件金属材料、承载构件材料及其焊接材料的选用要求，已在本规程附件 A 中进行了明确的规定，包括采用的材料标准以及适用范围等。材料标准中对材料的技术要求、试验方法、检验规则以及包装、标志和质量证明书等方面均进行了明确的规定，故本次修订，删除了 "……应当符合相应国家标准和行业标准的要求" 的原则要求。

2.关于承载构件材料要求

本次修订将原《锅规》"受压元件金属材料及其焊接材料在使用条件下应当具有足够的强度、塑性、韧性以及良好的抗疲劳性能和抗腐蚀性能" 修改成 "锅炉受压元件金属材料、承载构件材料及其焊接材料在使用条件下应当具有足够的强度、塑性、韧性以及良好的抗疲劳性能和抗腐蚀性能"，对承载构件及其焊接材料提高了基本要求。

一般由梁、柱、支撑系统以及连接系统等承载构件组成钢结构，支撑、悬吊锅炉本体各部件，维持它们之间的相对位置，并承受介质、风、雪载荷和地震载荷等。按照锅炉本体部件的固定方式，可分为支撑式与悬吊式结构。支撑式结构常用于中小容量的锅炉，其特点是锅炉本体部件的绝大部分荷载都支撑在锅炉钢结构上。悬吊式结构常用于大中容量锅炉，其特点是锅炉本体主要部件通过吊杆悬吊在炉顶梁格上。这些承载构件的质量性能与锅炉的运行安全息息相关，在锅炉的安装现场也发生过此类质量事故，故要求锅炉承载构件材料在使用条件下也应当具有足够的强度、塑性、韧性以及良好的抗疲劳性能和抗腐蚀性能。

3. 关于锅炉用材料强度、塑性、韧性、抗疲劳性能和抗腐蚀性能的原则要求

（1）强度是指金属材料在外力作用下抵抗永久变形和断裂的能力，是衡量材料承载能力（或抵抗失效能力）的重要指标。评价金属材料强度的指标有很多，如室温抗拉强度、室温屈服强度、高温抗拉强度、高温屈服强度、持久强度、蠕变极限等。

（2）塑性是指材料在外力作用下产生永久变形而不破坏的能力。评价金属材料塑性的常用指标有断后伸长率和断面收缩率等。

（3）韧性是指金属材料在断裂前吸收变形能量的能力。评价金属材料韧性的常用指标有室温夏比冲击吸收能量等。

（4）疲劳是指工件在交变载荷作用下经长时间工作而发生断裂的现象。金属材料的疲劳现象，按发生条件不同，一般分为下列几种：

① 高周疲劳。高周疲劳是指在低应力（工作应力远低于材料的屈服极限，甚至远低于弹性极限）条件下，应力循环周数在100000以上的疲劳，是最常见的一种疲劳破坏。

② 低周疲劳。低周疲劳是指在高应力（工作应力接近材料的屈服极限）或高应变条件下，应力循环周数在10000～100000的疲劳。由交变应力导致的疲劳一般称为应力疲劳，由交变塑性变形导致的疲劳一般称为塑性疲劳或应变疲劳。

③ 热疲劳。热疲劳是指由于温度变化所产生热应力的反复作用，所造成的疲劳破坏。

④ 腐蚀疲劳。腐蚀疲劳是指部件在交变载荷和腐蚀介质（如酸、碱、海水、活性气体等）的共同作用下所产生的破坏。

⑤ 接触疲劳。接触疲劳是指工件的接触表面在接触应力的反复作用下，出现麻点剥落或表面压碎剥落，从而造成的工件失效破坏。

（5）腐蚀是指金属材料受周围介质的作用而损坏的现象。腐蚀过程一般通过两种途径进行：化学腐蚀和电化学腐蚀。化学腐蚀是指金属表面与周围介质直接发生化学反应而引起的腐蚀。电化学腐蚀是指金属材料（合金或不纯的金属）与电解质溶液接触，通过电极反应而产生的腐蚀。

2.2　性能要求

（1）锅炉受压元件和与受压元件焊接的承载构件钢材应当是镇静钢；

（2）锅炉受压元件用钢材（铸钢件除外）室温夏比冲击吸收能量（KV_2）应当不低于27J；

（3）锅炉受压元件用钢材（铸钢件除外）的纵向室温断后伸长率（A）应当不小于18%。

- **条款说明**：修改条款。
- **原《锅规》**：2.2　性能要求

（1）锅炉受压元件和与受压元件焊接的承载构件钢材应当是镇静钢；

（2）锅炉受压元件用钢材室温夏比冲击吸收能量（KV_2）不低于27J；

（3）锅炉受压元件用钢板的室温断后伸长率（A）应当不小于18%。

●**条款解释：**此条款是对钢的许用类别和常温力学性能的要求。

1.锅炉受压元件和与受压元件焊接的承载构件钢材应当是镇静钢

目前，锅炉受压元件和与受压元件焊接的承载构件材料主要是钢材。根据冶炼时脱氧程度的不同，钢可分为沸腾钢、镇静钢和半镇静钢。沸腾钢是指炼钢时仅加入锰铁进行脱氧，脱氧不完全的钢。沸腾钢钢液铸锭时，有大量的一氧化碳气体逸出，钢液呈沸腾状。镇静钢是指钢在精炼过程中采用锰铁、硅铁和铝锭等作为脱氧剂进行脱氧，脱氧完全的钢。镇静钢在凝固过程中没有一氧化碳气体产生。相对于沸腾钢，镇静钢冶炼成本较高，其组织致密，成分均匀，含硫量较少，性能稳定。半镇静钢是指冶炼时脱氧程度介于沸腾钢和镇静钢之间的钢。除此以外，还有一种特殊镇静钢，特殊镇静钢是指比镇静钢脱氧程度更充分彻底的钢。镇静钢的质量优于沸腾钢和半镇静钢。

本次修订仍然保留了锅炉受压元件和与受压元件焊接的承载构件钢材应当是镇静钢的要求。

2.对室温夏比冲击吸收能量和室温断后伸长率的要求

韧性是指钢材在断裂前吸收变形能量的能力，表征钢材发生脆性破坏的敏感程度，室温夏比冲击吸收能量是评价钢材韧性的重要指标，室温夏比冲击吸收能量越高，则钢材韧性越高，裂纹发生、发展速度越慢，对于脆性破坏的敏感程度就越低。室温夏比冲击吸收能量作为保证锅炉安全运行的重要材料性能指标，在规程中有所要求。

塑性是指钢材在外力作用下产生永久变形而不破坏的能力，室温断后伸长率是评价钢材塑性的重要指标，室温断后伸长率越大，钢材塑性变形能力越强，发生脆性破坏的可能性越小。室温断后伸长率作为保证锅炉安全运行的重要材料性能指标，在规程中有所要求。

铸钢件是指用铸钢制作的零部件，与铸铁性能相似，但比铸铁强度高，在锅炉中广泛使用。由于工艺原因，铸钢件存在以下缺点：

（1）组织不均匀。液态金属注入铸模后与模壁首先接触的一层液态金属因温度下降最快，因此最先凝固成为较细晶粒。随着与模壁距离的增加，模壁影响逐渐减弱，晶体沿与模壁相垂直的方向生长成彼此平行的柱状晶体。在铸钢件的中心部位，散热已无显著的方向性，且可自由地朝各个方向生长直至彼此接触，故形成等轴晶区。由此可见，铸件内的组织是不均匀的。一般说来，铸钢件晶粒比较粗大。

（2）组织不致密。液态金属的结晶以树枝生长方式进行，树枝间的液态金属最后凝固，但树枝间很难由金属液体全部填满，会造成铸钢件存在组织不致密的情况。此外，注入铸模中的液态金属在冷却及凝固过程中如果体积收缩而未获足够的补充，也可能形成疏松甚至缩孔，导致组织不致密。

如前所述，由于铸钢件的铸造工艺，其组织不可避免地会存在组织不均匀和组织不致密情况，导致其韧性、塑性相对较差，故本次修订将原来的"锅炉受压元件用钢材室温夏比冲击吸收能量（KV_2）不低于27J"修订为"锅炉受压元件用钢材（铸钢件除外）室温夏比冲击吸收能量（KV_2）应当不低于27J"，同时将原来的"锅炉受压元件用钢板的室温断后伸长率（A）应当不小于18%"修订为"锅炉受压元件用钢材（铸钢件除外）的纵向室温断后伸长率（A）应当不小于18%"，对锅炉受压元件用铸钢件的室温夏比冲击吸收能量以及室温断后伸长率按相应的标准来进行要求，符合目前的实际情况。

前面提到，室温断后伸长率是评价钢材塑性的重要指标。由于钢制锅炉受压元件（铸钢件除外），大部分采用轧制、锻造、拔制等工艺进行制造，受压元件不可避免地会存在各向异性。为此，将原来的"锅炉受压元件用钢板的室温断后伸长率（A）应当不小于18％"修订为"锅炉受压元件用钢材（铸钢件除外）的纵向室温断后伸长率（A）应当不小于18％"，更加符合实际情况。

96版《蒸规》修订时关于室温夏比冲击能量的选取参考了德国TRD规程的要求，定为27J，在这些年的实际应用中没有发生问题，本次修订也保持此数值未变。

随着我国钢材制造水平的不断提高，低合金钢、高合金钢以及不锈钢的性能稳定性也大幅提升。根据目前锅炉用钢材的实际情况，本次修订将室温断后伸长率的要求由原来的"锅炉受压元件用钢板"调整为"锅炉受压元件用钢材（铸钢件除外）"，数值与原规定保持一致。

2.3　材料选用

锅炉受压元件用钢板、钢管、锻件、铸钢件、铸铁件、紧固件以及拉撑件和焊接材料应当按照本规程附件A的要求选用。

附件 A

锅炉用材料的选用

A1　锅炉用钢板材料

锅炉用钢板材料见表A-1。

表 A-1　锅炉用钢板材料

牌号	标准编号	适用范围	
		工作压力（MPa）	壁温（℃）
Q235B Q235C Q235D	GB/T 3274	≤1.6	≤300
15,20	GB/T 711		≤350
Q245R	GB/T 713	≤5.3(注 A-2)	≤430
Q345R	GB/T 713		≤430
15CrMoR	GB/T 713	不限	≤520
12Cr2Mo1R	GB/T 713	不限	≤575
12Cr1MoVR	GB/T 713	不限	≤565
13MnNiMoR	GB/T 713	不限	≤400

注 A-1：表 A-1 所列材料对应的标准名称为 GB/T 3274《碳素结构钢和低合金结构钢　热轧钢板和钢带》、GB/T 711《优质碳素结构钢热轧钢板和钢带》、GB/T 713《锅炉和压力容器用钢板》。

注 A-2：制造不受辐射热的锅筒（壳）时，工作压力不受限制。

注 A-3：GB/T 713 中所列的其他材料用作锅炉钢板时，其选用可以参照 GB/T 150《压力容器》的相关规定执行。

A2　锅炉用钢管材料

锅炉用钢管材料见表A-2。

表 A-2　锅炉用钢管材料

牌号	标准编号	适用范围		
		用途	工作压力（MPa）	壁温（℃）（注 A-5）
Q235B	GB/T 3091	热水管道	≤1.6	≤100
L210	GB/T 9711	热水管道	≤2.5	—
10、20	GB/T 8163	受热面管子	≤1.6	≤350
		集箱、管道		≤350
	GB/T 3087	受热面管子	≤5.3	≤460
		集箱、管道		≤430
09CrCuSb	NB/T 47019	受热面管子	不限	≤300
20G	GB/T 5310	受热面管子	不限	≤460
		集箱、管道		≤430
20MnG、25MnG	GB/T 5310	受热面管子	不限	≤460
		集箱、管道		≤430
15Ni1MnMoNbCu	GB/T 5310	集箱、管道	不限	≤450
15MoG、20MoG	GB/T 5310	受热面管子	不限	≤480
12CrMoG、15CrMoG	GB/T 5310	受热面管子	不限	≤560
		集箱、管道	不限	≤550
12Cr1MoVG	GB/T 5310	受热面管子	不限	≤580
		集箱、管道	不限	≤565
12Cr2MoG	GB/T 5310	受热面管子	不限	≤600 *
	GB/T 5310	集箱、管道	不限	≤575
12Cr2MoWVTiB	GB/T 5310	受热面管子	不限	≤600 *
12Cr3MoVSiTiB	GB/T 5310	受热面管子	不限	≤600 *
07Cr2MoW2VNbB	GB/T 5310	受热面管子	不限	≤600 *
10Cr9Mo1VNbN	GB/T 5310	受热面管子	不限	≤650 *
	GB/T 5310	集箱、管道	不限	≤620
10Cr9MoW2VNbBN	GB/T 5310	受热面管子	不限	≤650 *
	GB/T 5310	集箱、管道	不限	≤630
07Cr19Ni10	GB/T 5310	受热面管子	不限	≤670 *
10Cr18Ni9NbCu3BN	GB/T 5310	受热面管子	不限	≤705 *
07Cr25Ni21NbN	GB/T 5310	受热面管子	不限	≤730 *
07Cr19Ni11Ti	GB/T 5310	受热面管子	不限	≤670 *
07Cr18Ni11Nb	GB/T 5310	受热面管子	不限	≤670 *
08Cr18Ni11NbFG	GB/T 5310	受热面管子	不限	≤700 *

注 A-4：表 A-2 所列材料对应的标准名称为 GB/T 3091《低压流体输送用焊接钢管》、GB/T 9711《石油天然气工业　管线输送系统用钢管》、GB/T 8163《输送流体用无缝钢管》、GB/T 3087《低中压锅炉用无缝钢管》、NB/T 47019《锅炉、热交换器用管订货技术条件》、GB/T 5310《高压锅炉用无缝钢管》。

注 A-5：（1）"＊"处壁温指烟气侧管子外壁温度，其他壁温指锅炉的计算壁温；

（2）超临界及以上锅炉受热面管子设计选材时，应当充分考虑内壁蒸汽氧化腐蚀。

A3　锅炉用锻件材料

锅炉用锻件材料见表 A-3。

表 A-3　锅炉用锻件材料

牌号	标准编号	适用范围	
		工作压力（MPa）	壁温（℃）
20	NB/T 47008	≤5.3（注 A-7）	≤430
25	GB/T 699		
16Mn	NB/T 47008	不限	≤430
12CrMo			≤550
15CrMo			≤550
14Cr1Mo			≤550
12Cr2Mo1			≤575
12Cr1MoV			≤565
10Cr9Mo1VNbN			≤620
06Cr19Ni10	NB/T 47010		≤670
07Cr19Ni11Ti			≤670

注 A-6：表 A-3 所列材料对应的标准名称为 GB/T 699《优质碳素结构钢》、NB/T 47008《承压设备用碳素钢和合金钢锻件》、NB/T 47010《承压设备用不锈钢和耐热钢锻件》。

注 A-7：不与火焰接触锻件，工作压力不限。

注 A-8：对于工作压力小于或者等于 2.5MPa、壁温低于或者等于 350℃ 的锅炉锻件，可以采用 Q235 进行制作。

注 A-9：表 A-3 未列入的 NB/T 47008《承压设备用碳素钢和合金钢锻件》材料用作锅炉锻件时，其适用范围的选用可以参照 GB/T 150 的相关规定执行。

A4　锅炉用铸钢件材料

锅炉用铸钢件材料见表 A-4。

表 A-4　锅炉用铸钢件材料

牌号	标准编号	适用范围	
		工作压力（MPa）	壁温（℃）
ZG200-400	JB/T 9625	≤5.3	≤430
ZG230-450			≤430
ZG20CrMo		不限	≤510
ZG20CrMoV			≤540
ZG15Cr1Mo1V			≤570

注 A-10：表 A-4 所列材料对应的标准名称为 JB/T 9625《锅炉管道附件承压铸钢件　技术条件》。

A5　锅炉用铸铁件材料

锅炉用铸铁件材料见表 A-5。

表 A-5　锅炉用铸铁件材料

牌号	标准编号	适用范围		
		附件公称通径 DN（mm）	工作压力（MPa）	壁温（℃）
不低于 HT150 灰铸铁	GB/T 9439	≤300	≤0.8	<230
	JB/T 2639	≤200	≤1.6	
KTH300-06	GB/T 9440	≤100	≤1.6	<300
KTH330-08				
KTH350-10				
KTH370-12				
QT400-18	GB/T 1348	≤150	≤1.6	<300
QT450-10	JB/T 2637	≤100	≤2.4	

注 A-11：表 A-5 所列材料对应的标准名称为 GB/T 9439《灰铸铁件》、JB/T 2639《锅炉承压灰铸铁件 技术条件》、GB/T 9440《可锻铸铁件》、GB/T 1348《球墨铸铁件》、JB/T 2637《锅炉承压球墨铸铁件 技术条件》。

A6　锅炉用紧固件材料

锅炉用紧固件材料见表 A-6。

表 A-6　紧固件材料

牌号	标准编号	适用范围	
		工作压力（MPa）	使用温度（℃）
Q235B,Q235C,Q235D	GB/T 700	≤1.6	≤350
20,25	GB/T 699		≤350
35			≤420
40Cr	GB/T 3077		≤450
30CrMo			≤500
35CrMoA			≤500
25Cr2MoVA			≤510
25Cr2Mo1VA	DL/T 439	不限	≤550
20Cr1Mo1VNbTiB			≤570
20Cr1Mo1VTiB			≤570
20Cr13,30Cr13	GB/T 1220		≤450
12Cr18Ni9			≤610
06Cr19Ni10	GB/T 1221		≤610

注 A-12：表 A-6 所列材料对应的标准名称为 GB/T 700《碳素结构钢》、GB/T 699《优质碳素结构钢》、GB/T 3077《合金结构钢》、DL/T 439《火力发电厂高温紧固件技术导则》、GB/T 1220《不锈钢棒》、GB/T 1221《耐热钢棒》。

注 A-13：表 A-6 未列入的 GB/T 150 中所列碳素钢和合金钢螺柱、螺母等材料用作锅炉紧固件时，其适用范围的选用可以参照 GB/T 150 的相关规定执行。

A7　锅炉拉撑件材料

锅炉拉撑板应当选用锅炉用钢板材料。锅炉拉撑杆材料的选用应当符合 YB/T 4155《标准件用碳素钢热轧圆钢及盘条》和 GB/T 699《优质碳素结构钢》的要求。

> **A8 焊接材料**
>
> 焊接材料的选用应当符合 NB/T 47018《承压设备用焊接材料订货技术条件》的要求。

- **条款说明：** 修改条款。
- **原《锅规》：** 2.3 材料选用以及《锅炉安全技术监察规程》(TSG G0001—2012) 第 1 号修改单

锅炉受压元件用钢板、钢管、锻件、铸钢件、铸铁件、紧固件以及拉撑件和焊接材料应当按照本条规定选用。

2.3.1 锅炉用钢板材料

锅炉用钢板材料见表 2-1。

表 2-1 锅炉用钢板材料

钢的种类	牌号	标准编号	适用范围	
			工作压力(MPa)	壁温(℃)
碳素钢	Q235B Q235C Q235D	GB/T 3274	≤1.6	≤300
	15,20	GB/T 711		≤350
	Q245R	GB 713	≤5.3(注 2-2)	≤430
合金钢	Q345R	GB 713		≤430
	15CrMoR	GB 713	不限	≤520
	12Cr1MoVR	GB 713	不限	≤565
	13MnNiMoR	GB 713	不限	≤400

注 2-1：表 2-1 所列材料的标准名称：GB/T 3274《碳素结构钢和低合金结构钢 热轧厚钢板和钢带》、GB/T 711《优质碳素结构钢热轧厚钢板和钢带》、GB 713《锅炉和压力容器用钢板》。

注 2-2：制造不受辐射热的锅筒（锅壳）时，工作压力不受限制。

注 2-3：GB 713 中所列的其他材料用作锅炉钢板时，其适用范围的选用可以参照 GB/T 150《压力容器》的相关规定。

2.3.2 锅炉用钢管材料

锅炉用钢管材料见表 2-2。

表 2-2 锅炉用钢管材料

钢的种类	牌号	标准编号	适用范围		
			用途	工作压力 (MPa)	壁温(℃) (注 2-5)
碳素钢	Q235B	GB/T 3091	热水管道	≤1.6	≤100
	L210	GB/T 9711	热水管道	≤2.5	—
	10,20	GB/T 8163	受热面管子	≤1.6	≤350
			集箱、管道		≤350
		YB 4102	受热面管子	≤5.3	≤300
			集箱、管道		≤300
		GB 3087	受热面管子	≤5.3	≤460
			集箱、管道		≤430

续表

钢的种类	牌号	标准编号	适用范围		
			用途	工作压力（MPa）	壁温（℃）（注2-5）
碳素钢	20G	GB 5310	受热面管子	不限	≤460
			集箱、管道		≤430
	20MnG、25MnG	GB 5310	受热面管子	不限	≤460
			集箱、管道		≤430
合金钢	15Ni1MnMoNbCu	GB 5310	集箱、管道	不限	≤450
	15MoG、20MoG	GB 5310	受热面管子	不限	≤480
	12CrMoG、15CrMoG	GB 5310	受热面管子	不限	≤560
			集箱、管道	不限	≤550
	12Cr1MoVG	GB 5310	受热面管子	不限	≤580
			集箱、管道	不限	≤565
	12Cr2MoG	GB 5310	受热面管子	不限	≤600*
			集箱、管道	不限	≤575
	12Cr2MoWVTiB	GB 5310	受热面管子	不限	≤600*
	12Cr3MoVSiTiB		受热面管子	不限	≤600*
	07Cr2MoW2VNbB	GB 5310	受热面管子	不限	≤600*
	10Cr9Mo1VNbN	GB 5310	受热面管子	不限	≤650*
			集箱、管道	不限	≤620
	10Cr9MoW2VNbBN	GB 5310	受热面管子	不限	≤650*
			集箱、管道	不限	≤630
	07Cr19Ni10	GB 5310	受热面管子	不限	≤670*
	10Cr18Ni9NbCu3BN	GB 5310	受热面管子	不限	≤705*
	07Cr25Ni21NbN	GB 5310	受热面管子	不限	≤730*
	07Cr19Ni11Ti	GB 5310	受热面管子	不限	≤670*
	07Cr18Ni11Nb	GB 5310	受热面管子	不限	≤670*
	08Cr18Ni11NbFG	GB 5310	受热面管子	不限	≤700*

注2-4：表2-2所列材料的标准名称：GB/T 3091《低压流体输送用焊接钢管》、GB/T 9711《石油天然气工业　管线输送系统用钢管》、GB/T 8163《输送流体用无缝钢管》、YB 4102《低中压锅炉用电焊钢管》、GB 3087《低中压锅炉用无缝钢管》、GB 5310《高压锅炉用无缝钢管》。

注2-5：（1）"＊"处壁温指烟气侧管子外壁温度，其他壁温指锅炉的计算壁温。

（2）超临界及以上锅炉受热面管子设计选材时，应当充分考虑内壁蒸汽氧化腐蚀。

（3）使用条件和技术要求符合 GB/T 16507《水管锅炉》和 GB/T 16508《锅壳锅炉》的耐硫酸露点腐蚀钢（09CrCuSb）等材料可以用于锅炉尾部受热面。

2.3.3　锅炉用锻件材料

锅炉用锻件材料见表2-3。

表 2-3 锅炉用锻件材料

钢的种类	牌号	标准编号	适用范围	
			工作压力（MPa）	壁温（℃）
碳素钢	20、25	JB/T 9626	≤5.3（注 2-7）	≤430
合金钢	12CrMo		不限	≤550
	15CrMo			≤550
	12Cr1MoV			≤565

注 2-6：表 2-3 所列材料的标准名称：JB/T 9626《锅炉锻件 技术条件》。

注 2-7：不与火焰接触锻件，工作压力不限。

注 2-8：对于工作压力低于或者等于 2.5MPa、壁温低于或者等于 350℃的锅炉锻件可以采用 Q235 进行制作。

注 2-9：表 2-3 未列入的 NB/T 47008（JB/T 4726）《承压设备用碳素钢和合金钢锻件》材料用作锅炉锻件时，其适用范围的选用可以参照 GB/T 150 的相关规定执行。

2.3.4 锅炉用铸钢件材料

锅炉用铸钢件材料见表 2-4。

表 2-4 锅炉用铸钢件材料

钢的种类	牌号	标准编号	适用范围	
			工作压力（MPa）	壁温（℃）
碳素钢	ZG200-400	JB/T 9625	≤5.3	≤430
	ZG230-450			≤430
合金钢	ZG20CrMo		不限	≤510
	ZG20CrMoV			≤540
	ZG15Cr1Mo1V			≤570

注 2-10：表 2-4 所列材料的标准名称：JB/T 9625《锅炉管道附件承压铸钢件 技术条件》。

2.3.5 锅炉用铸铁件材料

锅炉用铸铁件材料见表 2-5。

表 2-5 锅炉用铸铁件材料

铸铁种类	牌号	标准编号	适用范围		
			附件公称通径 DN（mm）	工作压力（MPa）	壁温（℃）
灰铸铁	不低于 HT150	GB/T 9439 JB/T 2639	≤300	≤0.8	<230
			≤200	≤1.6	
可锻铸铁	KTH300-06	GB/T 9440	≤100	≤1.6	<300
	KTH330-08				
	KTH350-10				
	KTH370-12				
球墨铸铁	QT400-18、QT450-10	GB/T 1348 JB/T 2637	≤150	≤1.6	<300
			≤100	≤2.5	

注 2-11：表 2-5 所列材料的标准名称：GB/T 9439《灰铸铁件》、JB/T 2639《锅炉承压灰铸铁件 技术条件》、GB/T 9440《可锻铸铁件》、GB/T 1348《球墨铸铁件》、JB/T 2637《锅炉承压球墨铸铁件 技术条件》。

2.3.6 紧固件材料

锅炉用紧固件材料见表2-6。

表 2-6 紧固件材料

钢的种类	牌号	标准编号	适用范围	
			工作压力（MPa）	使用温度（℃）
碳素钢	20、25	GB/T 699		≤350
	35			≤420
合金钢	30CrMo	GB/T 3077	不限	≤500
	35CrMo	DL/T 439		≤500
	25Cr2MoVA			≤510
	25Cr2Mo1VA			≤550
	20Cr1Mo1VNbTiB			≤570
	20Cr1Mo1VTiB			≤570
	20Cr13、30Cr13	GB/T 1220		≤450
	12Cr18Ni9			≤610

注 2-12：表 2-6 所列材料的标准名称：GB/T 699《优质碳素结构钢》、GB/T 3077《合金结构钢》、DL/T 439《火力发电厂高温紧固件技术导则》、GB/T 1220《不锈钢棒》。

注 2-13：表 2-6 未列入的 GB/T 150 中所列碳素钢和合金钢螺柱、螺母等材料用作锅炉紧固件时，其适用范围的选用可以参照 GB/T 150 的相关规定执行。

注 2-14：用于工作压力小于或者等于 1.6MPa、壁温低于或者等于 350℃的锅炉部件上的紧固件可以采用 Q235 进行制作。

2.3.7 锅炉拉撑件材料

锅炉拉撑板材料应当选用锅炉用钢板。锅炉拉撑杆材料选取应当符合 GB 715《标准件用碳素钢热轧圆钢》和 GB/T 699《优质碳素结构钢》要求。

2.3.8 焊接材料

焊接材料的选用应当符合 NB/T 47018.1～47018.7（JB/T 4747）《承压设备用焊接材料订货技术条件》的要求。

●条款解释： 本条款明确了锅炉用材料的选用要求。

锅炉受压元件用材料分为钢板、钢管、锻件、铸钢件、铸铁件、紧固件、拉撑件和焊接材料八类。这八类材料的选用应当在本条规定的范围内进行。当材料选用超出本条规定时，国内牌号材料的选用应当按照本规程1.6条规定进行评审，境外牌号材料的选用应当按照本规程2.7条规定进行。

1.锅炉用钢板材料的选用

（1）关于 Q235B、Q235C、Q235D

Q235B、Q235C、Q235D 这三种钢应采用 GB/T 3274《碳素结构钢和低合金结构钢 热轧钢板和钢带》。该标准是对 GB 912—2008《碳素结构钢和低合金结构钢热轧薄钢板和钢带》和 GB/T 3274—2007《碳素机构钢和低合金结构钢热轧厚钢板和钢带》合并修订而成，对厚度不大于 400mm 碳素结构钢和低合金结构钢热轧钢板和钢带的相关技术要求进行了规定。

对于 Q235A，其质量等级低于 Q235B、Q235C、Q235D，且标准中对冲击吸收功无要求。本规程对于锅炉用钢的室温夏比冲击吸收能量有明确要求，故在原《锅规》修订时，已取消该钢种，本次修订亦未采纳该钢种。

（2）关于15，20

15，20应采用GB/T 711《优质碳素结构钢热轧钢板和钢带》。该标准的现行版本为2017版，是对GB/T 710—2008《优质碳素结构钢热轧薄钢板和钢带》和GB/T 711—2008《优质碳素结构钢热轧厚钢板和钢带》合并修订而成，对厚度不大于100mm、宽度不小于600mm的优质碳素结构钢热轧钢板和钢带的相关技术要求进行了规定。

（3）关于Q245R、Q345R、15CrMoR、12Cr2Mo1R、12Cr1MoVR、13MnNiMoR

Q245R、Q345R、15CrMoR、12Cr2Mo1R、12Cr1MoVR、13MnNiMoR应采用GB/T 713《锅炉和压力容器用钢板》，该标准对锅炉受压元件厚度3～250mm钢板的相关技术要求进行了规定。

GB/T 713《锅炉和压力容器用钢板》标准在2014版修订时，纳入了12Cr2Mo1R牌号材料，该钢材采用氧气转炉或电炉冶炼并经炉外精炼，一般以正火加回火状态交货，其强度指标比12Cr1MoVR高，塑性指标比12Cr1MoVR稍低，本次修订，也将该钢种纳入。

（4）关于GB/T 713中所列的其他材料

GB/T 713《锅炉和压力容器用钢板》中的其他材料在锅炉上使用较少，但在压力容器制造上应用较多，根据《锅炉安全技术监察规程》(TSG G0001—2012)第1号修改单的要求，本次修订也引入了这些材料，故将原"注2-3：GB 713中所列18MnMoNbR、14Cr1MoR、12Cr2Mo1R等材料用作锅炉钢板时，其适用范围的选用可以参照GB/T 150《压力容器》的相关规定"修订为"注A-3：GB/T 713中所列的其他材料用作锅炉钢板时，其选用可以参照GB/T 150《压力容器》的相关规定执行"。

2.锅炉用钢管材料的选用

（1）关于Q235B

Q235B应采用GB/T 3091《低压流体输送用焊接钢管》。该标准对低压流体输送用焊接钢管的相关技术要求进行了规定。该标准中规定的钢材广泛应用于输送汽水管道上，允许采用焊接钢管。本规程规定，可以选用GB/T 3091《低压流体输送用焊接钢管》中的Q235B钢管用于锅炉热水管道上，但对使用压力和温度进行了限制。

（2）关于L210

L210应采用GB/T 9711《石油天然气工业　管线输送系统用钢管》。该标准对石油天然气工业管线输送系统用无缝钢管和焊接钢管的技术要求进行了规定。本规程规定，可以选用GB/T 9711《石油天然气工业　管线输送系统用钢管》中的L210钢级用于锅炉热水管道上，以满足热水锅炉发展的需要。L210钢级最小屈服强度为210MPa，最小抗拉强度为335MPa，一般交货状态为轧制、正火轧制、正火或正火成型。

（3）关于10、20钢

10、20应采用GB/T 8163《输送流体用无缝钢管》，GB/T 3087《低中压锅炉用无缝钢管》。YB 4102《低中压锅炉用电焊钢管》已于2014年5月被废止，故本次修订取消原《锅规》中适用于YB 4102《低中压锅炉用电焊钢管》的10、20钢。

GB/T 8163《输送流体用无缝钢管》对输送流体用无缝钢管的相关技术要求进行了规定。GB 3087《低中压锅炉用无缝钢管》对低压和中压锅炉用的优质碳素结构钢无缝钢管的相关技术要求进行了规定。

（4）关于09CrCuSb

随着国家对锅炉节能增效的要求越来越高，锅炉的排烟温度越来越低，锅炉尾部烟道出现硫酸露点腐蚀的情况也越来越多，锅炉尾部烟道、空预器等部位对于抵御含硫烟气露点腐蚀用钢的需求越来越大。09CrCuSb（企业代号ND钢）是上海材料研究所和兴澄特钢（原江阴钢厂）等单位在1987—1990年间共同开发的较为优秀的一种耐硫酸低温露点腐蚀用钢，采用NB/T 47019《锅炉、热交换器用管订货技术条件》，该钢耐硫酸腐蚀能力优于碳钢、日本进口同类钢、不锈钢，同时该钢还有一定的耐盐酸、耐氢氟酸、耐苛性钠、耐氯化钠以及耐氮离子腐蚀能力。

该钢的常规力学性能与20钢（GB 3087）相类似，并已用于锅炉的省煤器、空预器，故本规程规定，可以选用该钢种用于锅炉受热面管。

此外，有单位采用06Cr19Ni10（S30408）、022Cr17Ni12Mo2（316L），经安全技术委员会评定，总局已批准允许使用，但因为这些材料一般很少采用，这次修订表格没有列入。

（5）关于合金钢

近些年，大型电站锅炉，尤其是超临界及以上机组电站锅炉迅猛发展，合金钢的使用量也大幅增加，如15Ni1MnMoNbCu、07Cr2MoW2VNbB、10Cr9Mo1VNbN、10Cr9MoW2VNbBN、10Cr18Ni9NbCu3BN、07Cr19Ni10、07Cr25Ni21NbN、07Cr19Ni11Ti、07Cr18Ni11Nb、08Cr18Ni11NbFG等，常见锅炉钢管牌号与其他相近钢牌号对照表见释表2-1。

释表2-1　锅炉钢管牌号与其他相近钢牌号对照表

本标准牌号	其他标准近似的牌号			
	ISO	EN	ASME/ASTM	JIS
20G	PH26	P235GH	A-1、B	STB 410
20MnG	PH26	P235GH	A-1、B	STB 410
25MnG	PH29	P265GH	C	STB 510
15MoG	16Mo3	16Mo3	T1b	STBA 12
20MoG	—	—	T1a	STBA 13
12CrMoG	—	—	T2/P2	STBA 20
15CrMoG	13CrMo4-5	10CrMo5-5 13CrMo4-5	T12/P12	STBA 22
12Cr2MoG	10CrMo9-10	10CrMo9-10	T22/P22	STBA 24
07Cr2MoW2VNbB			T23/P23	
15Ni1MnMoNbCu	9NiMnMoNb5-4-4	15NiCuMoNb5-6-4	T36/P36	
10Cr9Mo1VNbN	X10CrMoVNb9-1	X10CrMoVNb9-1	T91/P91	STBA 26
10Cr9MoW2VNbBN	—	—	T92/P92	
07Cr19Ni10	X7CrNi18-9	X6CrNi18-10	TP304H	SUS 304H TB
10Cr18Ni9NbCu3BN	—	—	(S30432)	
07Cr25Ni21NbN	—	—	TP310HNbN	(HR3C)
07Cr19Ni11Ti	X7CrNiTi18-10	X6CrNiTi18-10	TP321H	SUS 321H TB
07Cr18Ni11Nb	X7CrNiNb18-10	X7CrNiNb18-10	TP347H	SUS 347H TB
08Cr18Ni11NbFG			TP347HFG	

（6）关于壁温

受热面管子受到烟气辐射或对流传热，通过外壁到内壁的热传导作用加热管内介质。

管壁热传导必然是外壁壁温大于内壁壁温才能实现，因此，管壁金属温度由外壁到内壁是连续递减的，即管子同一断面不同半径处的金属温度都是不同的。

电站锅炉设计时，需要通过管壁壁温计算，分别计算出外壁、中径和内壁三个金属壁温。外壁壁温用来选材，中径壁温用来作强度计算，内壁壁温用来防范蒸汽侧高温腐蚀（仅用于超临界锅炉）。

工业锅炉一般采用碳钢或低合金钢，受热面管壁较薄，金属导热系数较大，内外壁温差很小，一般在 10℃ 左右。因此，锅炉设计时习惯做法并不刻意区分管子外壁、中径和内壁三个温度，也没有必要如此明确区分，仅用一个平均壁温的概念选材和进行强度计算，即可满足锅炉设计之所需。

超临界、超超临界电站锅炉受热面管子大量使用了高合金钢、奥氏体不锈钢管材。这些钢材的导热系数较低（一般普通碳钢、低合金钢的导热系数是奥氏体不锈钢的 2～3 倍），管壁热传导的热阻大，导致受热面管子内外壁之间存在着很大的壁温差。例如 1000MW 超超临界机组锅炉的屏式过热器某些部位其内外壁温差可高达 100℃ 左右。

因此，本规程在表 A-2 锅炉用钢管材料中，对受热面壁温特意作了标注，注有 * 处的壁温为烟气侧管子外壁温度（此数据是机械行业与电力行业依据实践经验协商而确定的），没有注 * 处的壁温是指计算壁温。

3. 锅炉用锻件材料的选用

（1）关于 25 钢

25 钢应当采用 GB/T 699《优质碳素结构钢》，该标准优质碳素结构钢棒材的技术要求、试验方法、检验规则等进行了规定，适用于公称直径不大于 250mm 的热轧和锻制优质碳素结构钢棒材。

（2）关于 20、16Mn、12CrMo、15CrMo、14Cr1Mo、12Cr2Mo1、12Cr1MoV、10Cr9Mo1VNb

20、16Mn、12CrMo、15CrMo、14Cr1Mo、12Cr2Mo1、12Cr1MoV、10Cr9Mo1VNb 应当采用 NB/T 47008《承压设备用碳素钢和合金钢锻件》。该标准对承压设备用碳素钢和合金钢锻件的技术要求、试验方法和检验规则进行了规定。该标准在 2017 年修订时，替代了 JB/T 9626《锅炉锻件 技术条件》，本次修订，也根据锅炉行业当前的实际情况，相应增加、调整了部分钢号，以适应实际需要。

（3）关于 06Cr19Ni10、07Cr19Ni11Ti

06Cr19Ni10、07Cr19Ni11Ti 为新增钢种，应当采用 NB/T 47010《承压设备用不锈钢和耐热钢锻件》。该标准对承压设备用不锈钢和耐热钢锻件的相关技术要求进行了规定。本次修订，根据锅炉行业当前的实际情况，增加了这两个钢种，以适应实际需要。

4. 锅炉用铸钢件的选用

一般来说，按照化学成分，可以分为碳素钢铸钢件和合金钢铸钢件。碳素钢铸钢件是指以碳为主要合金元素并含有少量其他元素的铸钢件。含碳量小于 0.2% 的为低碳钢铸钢件，含碳量为 0.2%～0.5% 的为中碳钢铸钢件，含碳量大于 0.5% 的为高碳钢铸钢件。随着含碳量的增加，碳素钢铸钢件的强度增大，硬度提高。碳素钢铸钢件具有较高的强度、塑性和韧性。

根据合金元素总量的多少，合金钢铸钢件可分为低合金铸钢件和高合金铸钢件两类。低合金铸钢件的合金元素总量一般小于 5%，具有较大冲击韧性，并能通过热处理获得更好的机械性能。

　　铸钢件主要应用于强度、塑性和韧性要求更高的部件，其产量仅次于铸铁。一般来说，铸钢件的机械性能比铸铁件高，但其铸造性能却比铸铁差。铸钢的熔点较高，钢液易氧化、钢水的流动性差、收缩大，易产生浇不足、冷隔、缩孔和缩松、裂纹及粘砂等缺陷。二者虽然同为铁碳合金，但由于所含碳、硅、锰、磷、硫等化学元素的百分比不同，结晶后具有不同的金相组织结构，而显示出力学性能和工艺性能的许多不同。例如，在铸造状态下，铸铁的延伸率、断面收缩率、冲击韧性都比铸钢低；铸铁的抗压强度和消震性能比铸钢好；灰铸铁液态流动性比铸钢好，更适于铸造结构复杂的薄壁铸件；在弯曲试验时，铸铁为脆性断裂，铸钢为弯曲变形等。

　　为细化晶粒、均匀组织及消除内应力，铸钢件一般进行正火或退火处理。铸钢件均应在热处理后使用。

　　5.锅炉用铸铁件的选用

　　一般来说，根据其碳含量以及热处理工艺的不同，铸铁可分为灰口铸铁、白口铸铁、可锻铸铁与球墨铸铁。

　　（1）灰口铸铁

　　灰铸铁含碳量较高（为 $2.7\%\sim4.0\%$），碳主要以片状石墨形态存在，断口呈灰色，可看成是碳钢的基体加片状石墨。按基体组织的不同灰铸铁分为三类：铁素体基体灰铸铁，铁素体－珠光体基体灰铸铁，珠光体基体灰铸铁。

　　灰铸铁的力学性能与基体的组织和石墨的形态有关。灰铸铁中的片状石墨对基体的割裂严重，在石墨尖角处易造成应力集中，使灰铸铁的抗拉强度、塑性和韧性远低于钢，但抗压强度与钢相当，也是常用铸铁件中力学性能最差的铸铁。同时，基体组织对灰铸铁的力学性能也有一定的影响，铁素体基体灰铸铁的石墨片粗大，强度和硬度最低，故应用较少。珠光体基体灰铸铁的石墨片细小，有较高的强度和硬度，主要用来制造较重要铸件。铁素体-珠光体基体灰铸铁的石墨片较珠光体灰铸铁稍粗大，性能不如珠光体灰铸铁。故工业上较多使用的是珠光体基体的灰铸铁。

　　灰铸铁具有良好的铸造性能、良好的减振性、良好的耐磨性能、良好的切削加工性能、低的缺口敏感性。

　　依据 $\phi30mm$ 单铸试棒加工的标准拉伸式样所测得的最小抗拉强度值，将灰铸铁分为HT100、HT150、HT200、HT225、HT250、HT275、HT300 和 HT350 八个牌号，如HT150 单铸试棒的最小抗拉强度为 150MPa。

　　（2）白口铸铁

　　白口铸铁的碳、硅含量较低，碳主要以渗碳体形态存在，断口呈银白色。凝固时收缩大，易产生缩孔、裂纹。硬度高。脆性大，不能承受冲击载荷，多用作可锻铸铁的坯件和制作耐磨损的零部件。

　　（3）可锻铸铁

　　可锻铸铁由白口铸铁退火处理后获得。可锻铸铁因化学成分、热处理工艺而导致的性能和金相组织的不同，分为两类，第一类：黑心可锻铸铁和珠光体可锻铸铁；第二类：白心可锻铸铁。本规程中允许使用的可锻铸铁均为黑心可锻铸铁。KTH 后的两组数据，第一组表示抗拉强度值（单位为 MPa），第二组表示伸长率值（单位为%）。如 KTH300-06，表示黑心可锻铸铁，抗拉强度值为 300MPa，伸长率值为 6%。

　　（4）球墨铸铁

球墨铸铁是将灰口铸铁经球化处理后获得的，析出的石墨呈球状，比普通灰口铸铁有较高的强度、较好的韧性和塑性。QT后的两组数据，第一组表示抗拉强度值（单位为MPa），第二组表示伸长率值（单位为％）。如QT400-18，表示球墨铸铁，单铸试棒抗拉强度值为400MPa，伸长率值为18％。

6.锅炉用紧固件的选用

（1）关于Q235B、Q235C、Q235D

Q235B、Q235C、Q235D应采用GB/T 700《碳素结构钢》，该标准对碳素结构钢的相关技术要求进行了规定。

（2）20、25、35

20、25、35应采用GB/T 699《优质碳素结构钢》，该标准对优质碳素结构钢棒材的相关技术要求进行了规定。

（3）关于40Cr、30CrMo

40Cr、30CrMo应采用GB/T 3077《合金结构钢》，该标准对合金结构钢的相关技术要求进行了规定，适用于公称直径或厚度不大于250mm的热轧和锻制合金结构钢棒材。

40Cr为新增钢种，本次修订，根据锅炉行业当前的实际情况，增加了这个钢种，以适应实际需要。

（4）关于35CrMoA、25Cr2MoVA、25Cr2Mo1VA、20Cr1Mo1VNbTiB、20Cr1Mo1VTiB

35CrMoA、25Cr2MoVA、25Cr2Mo1VA、20Cr1Mo1VNbTiB、20Cr1Mo1VTiB应采用DL/T 439《火力发电厂高温紧固件技术导则》，该标准对火力发电厂高温紧固件的相关技术要求进行了规定，适用于工作温度400℃以上的汽缸、汽门、各种阀门和蒸汽管道法兰的螺栓、螺母和垫圈，对于工作温度400℃及以下的紧固件可参照执行。

（5）关于20Cr13、30Cr13、12Cr18Ni9

20Cr13、30Cr13、12Cr18Ni9应采用GB/T 1220《不锈钢棒》。该标准对不锈钢棒的相关技术要求进行了规定，适用于尺寸不大于250mm的热轧和锻制不锈钢棒。

（6）关于06Cr19Ni10

06Cr19Ni10应采用GB/T 1221《耐热钢棒》。该标准对耐热钢棒的相关技术要求进行了规定，适用于尺寸不大于250mm的热轧、锻制钢棒或尺寸不大于120mm的冷加工钢棒。06Cr19Ni10为新增钢种，本次修订，根据锅炉行业当前的实际情况，增加了这个钢种，以适应实际需要。

7.锅炉用拉撑件的选用

本规程所涉拉撑件主要指工业锅炉中用于拉撑的管、杆、板。

本规程规定拉撑件应当选用锅炉用钢，即除镇静钢外还必须符合本规程2.1、2.2的要求。

GB 715《标准件用碳素钢热轧圆钢》已被YB/T 4155《标准件用碳素钢热轧圆钢及盘条》替代，本次修订进行相应调整。

8.锅炉用焊接材料的选用

NB/T 47018《承压设备用焊接材料订货技术条件》包括7个部分，分别为采购通则、钢焊条、气体保护电弧焊钢焊丝和填充丝、埋弧焊钢焊丝和焊剂、堆焊用不锈钢焊带和焊剂、铝及铝合金焊丝和填充丝、钛及钛合金焊丝和填充丝，能够覆盖锅炉焊接的各种工艺和焊材，本规程规定，锅炉用焊接材料的选用应当按照NB/T 47018的技术要求进行。

2.4　材料选用及加工特殊要求

（1）各类管件（三通、弯头、变径接头等）以及集箱封头等元件可以采用相应的锅炉用钢管材料热加工制作；

（2）除各种形式的法兰外，碳素钢空心圆筒形管件外径不大于160mm，合金钢空心圆筒形管件或者管帽类管件外径不大于114mm，如果加工后的管件同时满足无损检测合格、管件纵轴线与圆钢的轴线平行的相应规定，可以采用轧制或者锻制圆钢加工；

（3）灰铸铁不应当用于制造排污阀和排污弯管；

（4）额定工作压力小于或者等于1.6MPa的锅炉以及蒸汽温度小于或者等于300℃的过热器，其放水阀和排污阀的阀体可以用本规程附件A中的可锻铸铁或者球墨铸铁制造；

（5）额定工作压力小于或者等于2.5MPa的锅炉的方形铸铁省煤器和弯头，可以采用牌号不低于HT200的灰铸铁制造；额定工作压力小于或者等于1.6MPa的锅炉的方形铸铁省煤器和弯头，可以采用牌号不低于HT150的灰铸铁制造。

- **条款说明：** 修改条款。
- **原《锅规》：** 2.3.9　材料选用及加工特殊要求

（1）各类管件（三通、弯头、变径接头等）以及集箱封头等元件可以采用相应的锅炉用钢管材料热加工制作；

（2）除各种形式的法兰外，碳素钢空心圆筒形管件外径不大于160mm，合金钢空心圆筒形管件或者管帽类管件外径不大于114mm，如果加工后的管件同时满足无损检测合格、管件纵轴线与圆钢的轴线平行相应规定时，可以采用轧制或者锻制圆钢加工；

（3）灰铸铁不应当用于制造排污阀和排污弯管；

（4）额定工作压力小于或者等于1.6MPa的锅炉以及蒸汽温度小于或者等于300℃的过热器，其放水阀和排污阀的阀体可以用表2-5中的可锻铸铁或者球墨铸铁制造；

（5）额定工作压力小于或者等于2.5MPa的锅炉的方形铸铁省煤器和弯头，允许采用牌号不低于HT200的灰铸铁，额定工作压力小于或者等于1.6MPa的锅炉的方形铸铁省煤器和弯头，允许采用牌号不低于HT150的灰铸铁；

（6）用于承压部位的铸铁件不准补焊。

- **条款解释：** 此条款是对锅炉材料采用及加工的特殊要求。

（1）各类管件（三通、弯头、变径接头等）以及集箱封头等元件一般应为锻件且与管子或集箱的材质相同。一方面随着锅炉参数的提高，管子或集箱的材质种类也趋于增多，另一方面，钢管的制造水平也不断提升，故本规程规定，允许选用相应的锅炉用钢管材料通过锻造、热弯、热轧等热加工工艺制作，以满足实际需要。

（2）空心圆筒形管件或者管帽类管件一般也应该锻制成型，以保证管件的性能。但对于小规格的空心圆筒形管件或者管帽类管件，可以在有限制条件的情况下，使用轧制或者锻制圆钢加工（大规格的管件实际上也不采用圆钢进行加工）。无损检测合格无需赘言，管件纵轴线与圆钢的轴线平行的目的是保证原轧制或锻制圆钢的变形织构不被破坏，尽可能地保证原轧制或锻制质量。

（3）对于铸铁件而言，由于其中碳的存在形式不同，灰铸铁、可锻铸铁、球墨铸铁的性能也存在较大差异。灰铸铁的韧性较差，不能满足排污阀和排污弯管的使用条件（存在冲击载荷），故灰铸铁不允许用于制造排污阀和排污弯管。可锻铸铁、球墨铸铁也只能是在有条件的情况下（额定工作压力低于或者等于 1.6MPa 的锅炉以及蒸汽温度小于或者等于 300℃ 的过热器）允许制造放水阀和排污阀的阀体。

（4）对于灰铸铁，由于其中的碳主要以片状石墨形态存在，对基体的割裂严重，在石墨尖角处易造成应力集中，使灰铸铁的抗拉强度较低，故对于方形铸铁省煤器和弯头，限制条件使用（额定工作压力低于或者等于 2.5MPa 的锅炉的方形铸铁省煤器和弯头，允许采用牌号不低于 HT200 的灰铸铁；额定工作压力低于或者等于 1.6MPa 的锅炉的方形铸铁省煤器和弯头，允许采用牌号不低于 HT150 的灰铸铁）。

（5）"用于承压部位的铸铁件不准补焊"的规定，已移至本规程 4.1 进行要求。

2.5 材料代用

锅炉的代用材料应当符合本规程对材料的规定，材料代用应当满足强度、结构和工艺的要求，并且经过材料代用单位技术部门（包括设计和工艺部门）的同意。

- 条款说明：保留条款
- 原《锅规》：2.4 材料代用（略）
- 条款解释：此条款是对代用材料的原则要求。

（1）必须是本规程允许使用的材料才能代用，如采用没有列入本规程的材料进行代用，应按本规程 1.6 条执行。如采用境外牌号材料进行代用，可按第 2.7 条执行。

（2）本规程要求除满足强度和结构的基础外，还应满足工艺要求，如用不锈钢替代碳钢或低合金钢，强度结构都能满足，但焊接及热处理很难实施，这样的代用也不可取。

（3）材料代用是生产过程中的一个环节，从落实安全主体责任的角度考虑，应当由企业来负责处理并承担相应的责任，故规定材料代用须经过材料代用单位技术部门（包括设计和工艺部门）的同意。

2.6 新材料的研制

研制锅炉用新材料时，研制单位应当进行系统的试验研究工作，并且按照本规程 1.6 的规定通过技术评审和批准。评审应当包括材料的化学成分、物理性能、力学性能、组织稳定性、高温性能、抗腐蚀性能、工艺性能等内容。

- 条款说明：修改条款。
- 原《锅规》：2.5 新材料的研制

采用没有列入本规程的新材料时，试制前材料的研制单位应当进行系统的试验研究工作，并且应当按照本规程 1.6 的规定通过技术评审和核准。评审应当包括材料的化学成分、物理性能、力学性能、组织稳定性、高温性能、抗腐蚀性能、工艺性能等内容。

- 条款解释：此条款是对新材料进行技术评审的要求。

本规程规定，用于锅炉制造的材料必须符合本规程的要求。采用没有列入本规程的新材料时，应当按照本规程 1.6 的规定通过技术评审。技术评审由国家特种设备安全监督管理部门委托特种设备安全与节能技术委员会进行。评审内容应根据材料的使用工况，至少包括以下方面：化学成分、物理性能、力学性能、组织稳定性、高温性能、抗腐蚀性能、工艺性能等。本规程对新材料的研制仅进行了原则规定，具体的评审方式应由特种设备安全与节能技术委员会确定。

2.7 锅炉受压元件采用境外牌号材料

（1）应当是经国家市场监督管理总局公告的境外锅炉产品标准中允许使用的材料；

（2）按照订货合同规定的技术标准和技术条件进行验收；

（3）材料使用单位首次使用前，应当进行焊接工艺评定和成型工艺试验；

（4）应当采用该材料的技术标准或者技术条件所规定的性能指标进行强度计算；

（5）首次在国内锅炉上使用的材料，应当按照本规程 1.6 的要求通过技术评审和批准。

- **条款说明**：修改条款。
- **原《锅规》**：2.6 境外牌号的材料

2.6.1 锅炉受压元件采用境外牌号的材料

（1）应当是境外锅炉用材料标准中的牌号，或者化学成分、力学性能、工艺性能与国内锅炉用材料相类似的材料牌号，或者成熟的锅炉用材料牌号；

（2）按照订货合同规定的技术标准和技术条件进行验收；

（3）首次使用前，应当进行焊接工艺评定和成型工艺试验；

（4）应当采用该材料的技术标准或者技术条件所规定的性能指标进行锅炉强度计算。

2.6.2 材料制造单位制造境外牌号的材料

材料制造单位制造境外牌号的材料，应当按照该材料境外标准的规定进行制造和验收，并且对照境内锅炉材料标准，如果缺少检验项目，应当补做所缺项目的检验，合格后才能使用，正式制造前应当按照本规程 1.6 进行技术评审和核准。

- **条款解释**：此条款是对锅炉受压元件采用境外牌号材料的要求。

（1）由于各国采用的标准体系不同，对于锅炉用材料的技术要求也存在差异，为保障我国锅炉的安全运行，对于境外牌号材料，必须是经国家市场监督管理总局公告的境外锅炉产品标准中允许使用的材料牌号方可使用。故取消了原《锅规》"境外锅炉用材料标准中的牌号，或者化学成分、力学性能、工艺性能与国内锅炉用材料相类似的材料牌号"的规定。

原《锅规》中"成熟的锅炉用钢钢号"，其本意是指 BHW35，该钢种未列入标准，但广泛应用于国内外高压及以下锅炉锅筒，事实证明也是一种成熟的锅炉用钢。目前，与 BHW35 化学成分、力学性能、工艺性能相类似的我国材料 13MnNiMoR 已列入 GB/T 713《锅炉和压力容器用钢板》，故本次修订，取消了该规定。

（2）按订货合同规定的技术标准和技术条件进行验收的规定，符合国际通用做法。

（3）焊接工艺指导书是保证焊接质量的重要的文件，指导书正确与否要通过焊接工艺评定加以确认。焊接工艺评定与诸多重要参数有关。每一种重要参数的改变均要重新进行焊接工艺评定。因此，首次使用境外牌号材料前，应进行焊接工艺评定。

（4）成型工艺试验是考察材料的冷、热加工性能的试验，对保证锅炉安全运行具有重要意义。因此，首次使用境外牌号材料前，应进行成型工艺试验。

（5）在进行强度计算时，应采用该材料的技术标准或者技术条件所规定的性能指标，更能符合标准体系的一致性，但其安全系数的选用不得低于本规程的要求。

（6）取消材料制造单位制造境外牌号的材料的相关要求。随着我国钢材制造水平的不断提高，锅炉用材料的性能稳定性也大幅提升，境内材料制造单位制造境外牌号的材料的情况也比较普遍。为了保证国内企业与境外材料制造单位之间的公平性，境内材料制造单位制造境外牌号的材料时，按本条款要求执行即可。故本次修订，取消材料制造单位制造境外牌号的材料的相关要求。

2.8 材料质量证明

（1）材料制造单位应当向材料使用单位提供质量证明书，质量证明书的内容应当齐全，并且印制可以追溯的信息化标识，加盖材料制造单位质量检验章，同时在材料的明显部位做出清晰、牢固的钢印标志或者其他标志；

（2）锅炉材料采购单位从非材料制造单位取得锅炉用材料时，应当取得材料制造单位提供的质量证明书原件或者加盖了材料经营单位公章和经办负责人签字（章）的复印件；

（3）材料使用单位应当对所取得的锅炉用材料及材料质量证明书的真实性和一致性负责。

• **条款说明**：修改条款。

• **原《锅规》**：2.7 材料质量证明

（1）材料制造单位应当按照相应材料标准和订货合同的规定，向用户提供质量证明书原件，并且在材料的明显部位作出清晰、牢固的标志或者其他标志，材料质量证明书的内容应当齐全、清晰，并且加盖材料制造单位质量检验章。

（2）锅炉用材料不是由材料制造单位直接提供时，供货单位应当提供材料质量证明书原件或者材料质量证明书复印件并且加盖供货单位公章和经办人签章。

（3）锅炉材料使用单位应当对所取得的锅炉用材料及材料质量证明书的真实性和一致性负责。

• **条款解释**：此条款是对锅炉用材料质量证明文件的要求。

（1）根据总局加强特种设备信息化管理的相关要求，增加印制可以追溯的信息化标识的要求。

（2）锅炉制造单位或安装单位从材料制造单位直接采购材料时，材料制造单位应当向用户提供质量证明书原件。实际生产中，存在锅炉用原材料采购量较少，锅炉用材料不是由材料制造单位直接提供的情况，因此直接提供质量证明书原件往往有困难。考虑到这些实际情况，本规程规定，锅炉材料采购单位从非材料制造单位取得锅炉用材料时，应当取得材料制造单位提供的质量证明书原件或者加盖了材料经营单位公章和经办负责人签字（章）的复印件，在保证质量证明真实传递的前提下，满足实际生产需要。

2.9 材料验收

锅炉材料使用单位应当建立材料验收制度。锅炉制造单位应当按照 JB/T 3375《锅炉用材料入厂验收规则》对锅炉用材料进行入厂验收（其他锅炉材料使用单位可参照执行），合格后才能使用。

符合下列情况之一的材料可以不进行理化和相应的无损检测复验：

（1）材料使用单位验收人员按照采购技术要求在材料制造单位进行验收，并且在检验报告或者相关质量证明文件上进行见证签字确认的；

（2）B级及以下锅炉用碳素钢和碳锰钢材料，实物标识清晰、齐全，具有满足本规程2.8要求的质量证明书，质量证明书与实物相符的。

• **条款说明**：修改条款。

● 原《锅规》：2.8　材料验收

锅炉制造、安装、改造、修理单位应当对锅炉用材料按照有关规定进行入厂验收，合格后才能使用。符合下列情形之一的材料可以不进行理化和相应的无损检测复验：

（1）材料使用单位验收人员按照采购技术要求在材料制造单位进行验收，并且在检验报告上进行见证签字确认的；

（2）用于B级及以下锅炉的碳素钢钢板、碳素钢钢管以及碳素钢焊材，实物标识清晰、齐全，具有满足本规程2.7要求的质量证明书，并且质量证明书与实物相符的。

● 条款解释：此条款是对材料验收的要求。

（1）锅炉用材料在使用前必须进行验收，合格后才能用于制造锅炉元件。这种做法是根据我国国情而做出的规定。国外工业发达的国家，一般是由技术检验机构在材料制造单位进行监督检验。供需双方以合同为法律依据，双方严守合同的规定，一旦发生材料质量问题，由供方全权负责，因而无需用户在使用前进行复验。目前，我国的锅炉用材料很少按照国际惯例进行材料制造单位驻厂监检。因此，我国多年来的做法一直是由锅炉材料使用单位进行入厂验收。

（2）随着我国钢材制造水平的不断提高，锅炉用材料的性能稳定性也大幅提升，为了提高生产效率，在保证安全的前提下，对符合两种情况之一的材料可以免于理化和相应的无损检测复验，即材料使用单位验收人员按照采购技术要求在材料制造单位进行验收，并且在检验报告或者相关质量证明文件上进行见证签字确认的；或者B级及以下锅炉用碳素钢和碳锰钢材料，实物标识清晰、齐全，具有满足本规程2.8要求的质量证明书，质量证明书与实物相符的。

（3）对于材料制造地验收，即由材料使用单位验收人员在制造单位进行制造地验收，并在检验报告或者相关质量证明文件上签证确认，这也是国标上通用的做法。

（4）对于碳锰钢材料，由于我国的钢材冶炼技术、制造水平、焊接水平大幅提高，近些年在原材料复验方面，除碳素钢外，碳锰钢也很少出现问题，故本次修订，对B级及以下锅炉用材料免于理化和相应的无损检测复验的范围由碳素钢钢板、碳素钢钢管以及碳素钢焊材放宽至B级及以下锅炉用碳素钢和碳锰钢材料，在实物标记与质量证明书都满足要求的前提下，可不进行理化检验。这样可有效减少锅炉制造单位的成本，缩短制造工期，符合目前国内锅炉材料制造的实际情况。

2.10　材料管理

（1）锅炉材料使用单位应当建立材料保管和使用的管理制度，锅炉受压元件用的材料应当有标记，切割下料前，应当作标记移植，并且便于识别；

（2）焊接材料使用单位应当建立焊接材料的存放、烘干、发放、回收和回用管理制度。

● 条款说明：修改条款。

● 原《锅规》：2.9　材料管理

（1）锅炉制造、安装、改造、修理单位应当建立材料保管和使用的管理制度，锅炉受压元件用的材料应当有标记，切割下料前，应当作标记移植，并且便于识别；

（2）焊接材料使用单位应当建立焊接材料的存放、烘干、发放、回收和回用管理制度。

● 条款解释：此条款是对材料管理的要求。

（1）锅炉材料使用单位（包括制造、安装、改造、修理单位等）应当建立材料保管和使用的管理制度，以防质量不合格的材料、未经验收的材料或非锅炉允许使用的材料用于锅炉。

（2）锅炉受压元件用的材料应当有标记，切割下料前，应当作标记移植，并且便于识别。这一要求是为了防止用错钢材，也是材料管理一个重要内容。

（3）焊接材料管理水平直接影响焊接接头的质量，必须重视焊接材料的管理。不但要有严格的焊接材料的存放、烘干、发放、回收和回用管理制度，而且还必须严格执行，有了制度而不认真执行，也不能保证焊接接头的质量。

第三章　设计

一、本章结构及主要变化

本章共计 25 节，由"3.1 基本要求""3.2 设计文件鉴定""3.3 强度计算""3.4 锅炉结构的基本要求""3.5 锅筒（壳）、炉胆等壁厚及长度""3.6 安全水位""3.7 主要受压元件的连接""3.8 管孔布置""3.9 焊缝布置""3.10 扳边元件直段长度""3.11 套管""3.12 定期排污管""3.13 紧急放水装置""3.14 水（介质）要求、取样装置和反冲洗系统的设置""3.15 膨胀指示器""3.16 与管子焊接的扁钢""3.17 喷水减温器""3.18 锅炉启动时省煤器的保护""3.19 再热器的保护""3.20 吹灰及灭火装置""3.21 尾部烟道疏水装置""3.22 防爆门""3.23 门孔""3.24 锅炉钢结构""3.25 直流电站锅炉特殊规定"组成。本章主要变化为：

➢ 在基本要求中增加了环保要求，同时还增加了对燃烧器安全、节能和环保的要求；

➢ 进一步明确和肯定了也可以采用试验或者其他计算方法确定锅炉受压元件强度，不再要求按照本规程"1.6 特殊情况的处理"的规定执行；

➢ 在炉膛和燃烧设备的结构以及布置、燃烧方式的要求中，增加了防止火焰直接冲刷受热面的要求；

➢ 在 T 型接头的连接有关规定和要求中，增加了锅壳式余热锅炉。明确指出除受烟气直接冲刷的部位的连接之外，在满足一定要求的情况下，可以采用 T 型接头的连接；

➢ 增加了对水（介）质的质量要求；

➢ 对于原条款中一些不够规范、不够严谨的用词用语作了修改。

二、条款说明与解释

3.1　基本要求

锅炉的设计应当符合安全、节能和环保的要求。锅炉制造单位对其制造的锅炉产品设计质量负责。锅炉及其系统设计时，应当综合能效和大气污染物排放要求进行系统优化，并向锅炉使用单位提供大气污染物初始排放浓度（注 3-1）等相关技术参数。

注 3-1：电加热锅炉、余热锅炉、垃圾焚烧锅炉不要求提供大气污染物初始排放浓度数据。

- **条款说明**：修改条款。
- **原《锅规》**：3.1　基本要求

锅炉的设计应当符合安全、可靠和节能的要求。取得锅炉制造许可证的单位对锅炉产品设计质量负责。

- **条款解释**：本条款是关于锅炉设计的原则要求。

锅炉设计首先要保证安全、可靠，同时结合当前节能减排降耗的基本国策，还要求尽可能满足节能和环保的要求。

我国锅炉行业的锅炉设计工作，是由具有相应资质的锅炉制造单位负责完成的。因此，锅炉制造单位即锅炉设计者必须要对其锅炉产品设计质量负责。

锅炉及其系统设计时，应当综合能效和大气污染物排放要求进行系统优化，以求获取最佳的设计效果。锅炉设计制造单位应当向使用单位提供大气污染物初始排放浓度等相关技术参数，以便锅炉运行时对运行效果实时监控。

电加热锅炉没有污染物排放问题，余热锅炉污染物排放决定于其所用余热的热源，而非余热锅炉本身。垃圾焚烧锅炉排放物与常规锅炉有所不同，其所排放的有毒有害物质成因也较复杂，目前尚难以作出定量规定。因此，本规程注3-1对于电加热锅炉、余热锅炉、垃圾焚烧锅炉不要求提供大气污染物初始排放浓度数据。

锅炉及其系统设计时，应当兼顾其能效与大气污染物排放要求，在满足大气污染物排放要求的前提下，通过技术路线优化，提高能源利用效率，从本质上实现节能减排；锅炉生产企业应当向使用单位提供大气污染物排放浓度等相关技术参数，例如烟尘排放浓度、SO_2排放浓度、NO_x排放浓度等，使用单位根据生产单位提供的初始排放浓度优化尾部大气污染物治理技术措施。

在至少达到锅炉热效率限定值条件下，同时需要满足在设计文件中承诺的大气污染物初始排放浓度。

注3-1：余热锅炉、垃圾焚烧锅炉不要求提供大气污染物初始排放浓度数据，但其最终大气污染物排放应满足环保要求。

3.2 设计文件鉴定

锅炉的设计文件应当按照本规程第9章的要求经过鉴定。

- **条款说明**：修改条款。
- **原《锅规》**：3.2 设计文件鉴定

锅炉本体的设计文件应当经过国家质检总局核准的设计文件鉴定机构鉴定合格后方可投入生产。

- **条款解释**：本条款是关于锅炉设计文件的规定。

设计质量与锅炉的安全运行息息相关，因此，对于设计质量的监督审查就十分必要。

《特设法》第二十条规定，锅炉、气瓶、氧舱、客运索道、大型游乐设施的设计文件，应当经负责特种设备安全监督管理的部门核准的检验机构鉴定，方可用于制造。

因此，按照《特设法》的规定，本规程规定了锅炉的设计文件应当经过鉴定。

3.3 强度计算

3.3.1 安全系数选取

强度计算时，确定锅炉承压件材料许用应力的最小安全系数，见表3-1。其他设计方法和部件材料安全系数的确定应当符合相关产品标准的规定。

表 3-1 强度计算的安全系数

材料（板、锻件、管）	安全系数			
	室温下的抗拉强度 R_m	设计温度下的屈服强度 R_{eL}^t ($R_{p0.2}^t$)	设计温度下经 $10^5 h$ 断裂的持久强度平均值 R_D^t	设计温度下 $10^5 h$ 蠕变率为1% 蠕变极限平均值 R_n^t
碳素钢和合金钢	$n_b \geq 2.7$	$n_s \geq 1.5$	$n_d \geq 1.5$	$n_n \geq 1.0$

- **条款说明**：修改条款。
- **原《锅规》**：3.3.1 安全系数的选取

强度计算时，确定锅炉承压件材料许用应力的最小安全系数，见表3-1规定。其他设计方法和部件材料安全系数的确定应当符合相关产品标准的规定。

表 3-1　强度计算的安全系数

材料 （板、锻件、管）	安全系数			
	室温下的 抗拉强度 R_m	设计温度下的 屈服强度 R_{eL}^t（$R_{p0.2}^t$） （注 3-1）	设计温度下持久强度 极限平均值 R_D^t （注 3-2）	设计温度下蠕变极限平均值 （每 1000h 蠕变率为 0.01%的）R_n^t
碳素钢和低合金钢	$n_b \geq 2.7$	$n_s \geq 1.5$	$n_d \geq 1.5$	$n_n \geq 1.0$
高合金钢	$n_b \geq 2.7$	$n_s \geq 1.5$	$n_d \geq 1.5$	$n_n \geq 1.0$

注 3-1：如果产品标准允许采用 $R_{p1.0}^t$，则可以选用该值计算其许用应力。

注 3-2：R_D^t 指 1.0×10^5h 持久强度极限值。

●条款解释：本条款是关于确定锅炉承压件材料许用应力时选取材料安全系数的规定。

锅炉承压件材料许用应力是锅炉承压件强度计算所依据的基础数据，而材料许用应力的确定又直接和所选用的材料安全系数有关。安全系数是考虑各种不确定性因素的影响，确定锅炉材料许用应力的系数，其重要性不言而喻。本规程作为政府法规，有必要对材料安全系数作出规定，不允许随意选用。

本规程作为锅炉受压元件强度计算标准的上位法，对材料安全系数作出规定，也为锅炉受压元件强度计算标准所规定的材料安全系数提供了出处和法理依据。

本条款删除了原条款表 3-1 下的"注 3-1"和"注 3-2"。

原条款"注 3-1"是关于钢材屈服强度取值条件的规定。屈服强度是金属材料发生屈服现象时的屈服极限，亦即抵抗微量塑性变形的应力。对于无明显屈服的金属材料，我国现行锅炉受压元件强度计算标准取用以产生 0.2% 残余变形的应力值为其屈服极限，称为条件屈服极限或屈服强度，大于此极限的外力作用，将会使锅炉零部件产生永久变形。为方便锅炉设计人员工作，强度计算标准以列表形式分别给出了不同材料在不同温度下的许用应力值。原条款"注 3-1"规定，如果产品标准允许采用 $R_{p1.0}^t$，即以产生 1.0% 残余变形的应力值来确定屈服强度，则可以选用该值计算其许用应力。如上所述，我国锅炉产品强度计算标准所取用的屈服强度是以产生 0.2% 残余变形的应力值来确定的，即 $R_{p0.2}^t$ 而非 $R_{p1.0}^t$。再则，即便是某些产品标准允许采用 $R_{p1.0}^t$，即以产生 1.0% 残余变形的应力值来确定屈服强度，也无需专门加此备注，因为本条款已经说得很清楚了，"其他设计方法和部件材料安全系数的确定应当符合相关产品标准的规定"，因此本条款将其删除。

原条款"注 3-2"的内容已经纳入本条款表 3-1 之中，不再以备注形式给出。

3.3.2　许用应力

许用应力取室温下的抗拉强度 R_m、设计温度下的屈服强度 R_{eL}^t（$R_{p0.2}^t$）、设计温度下持久强度极限平均值 R_D^t、设计温度下蠕变极限平均值 R_n^t 除以相应安全系数后的最小值。

对奥氏体高合金钢，当设计温度低于蠕变温度范围并且允许有微量的永久变形时，可以适当提高许用应力至 $0.9 R_{p0.2}^t$，但不得超过 $\dfrac{R_{p0.2}}{1.5}$（此规定不适用于法兰或者其他有微量永久变形就产生泄漏或者故障的场合）。

● **条款说明**：新增条款。

● **条款解释**：本条款是确定锅炉用材料许用应力的基本原则要求。原《锅规》只明确了安全系数的选取原则。确定安全系数的目的是确定材料的许用应力，以便进行受压元件强度计算，根据强度计算结果选取金属材料并确定受压元件壁厚。

一般情况下钢种的许用应力值，常温下由抗拉强度控制，中温下由屈服强度控制，高温下由持久强度控制。常用的钢材为碳钢与低合金钢，屈强比都在 0.5 左右，即材料屈服强度值仅是抗拉强度值的 1/2。当用屈服强度除以安全系数 1.5 时，所得到的许用应力值则为抗拉强度的 1/3。

对于碳素钢和一般合金钢，许用应力的取值为室温下的抗拉强度、设计温度下的屈服强度、设计温度下持久强度极限平均值、设计温度下蠕变极限平均值分别除以相应安全系数后取其计算结果中的最小值。

对于奥氏体高合金钢，分为两种情况，设计温度位于蠕变范围和设计温度低于蠕变范围，当设计温度低于蠕变范围时，可以适当提高许用应力至 $0.9R_{p0.2}^{t}$。

设计温度低于蠕变温度范围，表明材料破坏是由抗拉强度或屈服强度所控制。通常情况下，许用应力提高到 0.9 倍的屈服强度，不会导致材料发生塑性变形，因此是安全的。

奥氏体高合金钢的屈强比，相对于碳钢与低合金钢就小得多了，一般屈强比可小至 0.25，即材料的屈服强度仅是抗拉强度的 1/4。当用屈服强度除以安全系数 1.5 时，所得到的许用应力值则为抗拉强度的 1/6。此时若用基于屈服强度所得到的许用应力进行强度计算，金属材料的安全裕度明显偏大。

因此，本条款对于奥氏体高合金钢适当提高了其许用应力，规定"当设计温度低于蠕变范围时，可以适当提高许用应力至 $0.9R_{p0.2}^{t}$"，有利于锅炉设计选材和用材更加科学合理。

> ### 3.3.3 强度计算标准
> 锅炉本体受压元件的强度可以按照 GB/T 16507《水管锅炉》或者 GB/T 16508《锅壳锅炉》进行计算和校核，也可采用试验或者其他计算方法确定锅炉受压元件强度。
> 锅炉范围内管道强度可以按照国家或者行业相关标准进行计算和校核。

● **条款说明**：修改条款。

● **原《锅规》**：3.3.2 强度计算标准

锅炉本体受压元件的强度可以按照 GB/T 9222《水管锅炉受压元件强度计算》或者 GB/T 16508《锅壳锅炉受压元件强度计算》进行计算和校核。当采用试验或者其他计算方法确定锅炉受压元件强度时，应当按照本规程 1.6 的规定执行。

A 级锅炉范围内管道强度可按照 DL/T 5054《火力发电厂汽水管道设计技术规定》进行计算；B 级及以下锅炉范围内管道强度可按照 GB 50316《工业金属管道设计规范》进行计算。

● **条款解释**：本条款是关于设计所依据的强度计算标准的规定。

目前，我国的锅炉受压元件的强度计算标准分为水管锅炉和锅壳锅炉两种。两种强度计算标准中，相同的受压元件的计算公式完全一样，仅仅是在一些系数的选取上有些差异。这些差异也是技术政策的规定，而不是理论上的差异。

由于本规程的适用范围包括主给水管道、主蒸汽管道、再热蒸汽管道等，因此，本条款规定了锅炉范围内管道强度可以按照国家或者行业相关标准进行计算和校核。

本条款所列强度计算时所用试验方法或其他计算方法，包括有限元计算、爆破验证法等。随着锅炉技术水平的不断发展，各种强度计算的核定方法都有了较快的发展。许多强度核定方法比传统的核定方法更加精准可靠，允许采用这些方法进行强度校核，并且不再要求按照本规程第1.6条特殊情况的处理规定执行。

3.4 锅炉结构的基本要求

（1）各受压元件应当有足够的强度；

（2）受压元件结构的形式、开孔和焊缝的布置应当尽量避免或者减少复合应力和应力集中；

（3）锅炉水（介）质循环系统应当能够保证锅炉在设计负荷变化范围内水（介）质循环的可靠性，保证所有受热面得到可靠的冷却；受热面布置时，应当合理地分配介质流量，尽量减少热偏差；

（4）锅炉制造单位应当选用满足安全、节能和环保要求的燃烧器；炉膛和燃烧设备的结构以及布置、燃烧方式应当与所设计的燃料相适应，防止火焰直接冲刷受热面，并且防止炉膛结渣或者结焦；

（5）非受热面的元件，壁温可能超过该元件所用材料的许用温度时，应当采取冷却或者绝热措施；

（6）各部件在运行时应当能够按照设计预定方向自由膨胀；

（7）承重结构在承受设计载荷时应当具有足够的强度、刚度、稳定性及防腐蚀性；

（8）炉膛、包墙及烟道的结构应当有足够的承载能力；

（9）炉墙应当具有良好的绝热和密封性；

（10）便于安装、运行操作、检修和清洗内外部。

- **条款说明**：修改条款。
- **原《锅规》**：3.4 锅炉结构的基本要求

（1）各受压部件应当有足够的强度；

（2）受压元件结构的形式、开孔和焊缝的布置应当尽量避免或者减小复合应力和应力集中；

（3）锅炉水循环系统应当能够保证锅炉在设计负荷变化范围内水循环的可靠性，保证所有受热面都得到可靠的冷却。受热面布置时，应当合理地分配介质流量，尽量减小热偏差；

（4）炉膛和燃烧设备的结构以及布置、燃烧方式应当与所设计的燃料相适应，并且防止炉膛结渣或者结焦；

（5）非受热面的元件，当壁温可能超过该元件所用材料的许用温度时，应当采取冷却或者绝热措施；

（6）各部件在运行时应当能够按照设计预定方向自由膨胀；

（7）承重结构在承受设计载荷时应当具有足够的强度、刚度、稳定性及防腐蚀性；

（8）炉膛、包墙及烟道的结构应当有足够的承载能力；

（9）炉墙应当具有良好的绝热和密封性；

（10）便于安装、运行操作、检修和清洗内外部。

- **条款解释**：本条款是对锅炉结构的基本要求。

本条款主要修改内容：

对原条款"（3）锅炉水循环……"文字修改为"锅炉水（介质）循环……"，锅炉工质除水之外，还有有机热载体等，仅仅说"水循环"，显然用词不够严谨，所以添加了"介质"两字；

对原条款（4）补充了"锅炉制造单位应当选用满足安全、节能和环保的燃烧器"以及"防止火焰直接冲刷受热面"的要求。

其他内容和文字未作变化，下面按照本条款内容逐一进行解释：

（1）锅炉受压部件应该有足够的强度。锅炉是承受内压的特种设备，若锅炉设计、运行和使用不当，锅炉就可能发生事故。锅炉受压部件应有足够的强度，是保证锅炉安全运行和使用的基本要求。所谓受压部件有足够的强度，就是在锅炉设计时，必须按照国家现行的锅炉强度计算标准和规范进行锅炉受压元件的强度计算，选取合适的受压元件材料及其厚度，确保锅炉在设计条件下安全运行和使用。目前，世界各国根据自己的国情，都制定有相应的锅炉强度计算标准或方法。

同一锅炉受压元件，在相同的工作状态下，由于设计时使用的强度计算标准或方法不同，尽管所选用的材质相同，但受压元件的厚度却有所不同。因此，所谓受压部件有足够的强度，是相对于锅炉设计时所选用的强度计算标准或方法而言的，符合所选用的强度计算标准或方法的规定和要求，即谓之受压部件有足够的强度。

（2）锅炉的结构形式应尽量减小复合应力或应力集中。由于锅炉结构的原因，锅炉受压元件出现应力的叠加（复合应力）和应力集中是难以避免的。如常见的受压元件开孔，由于结构连续性遭到破坏，在孔边必然要产生应力集中现象。因此，在锅炉设计和制造时，应采取必要措施尽可能减小应力集中。为了防止开孔产生的附加应力与其他应力叠加，本规程和有关标准都对锅炉受压元件的开孔位置作出了规定和限制。同样，为了防止焊接残余应力与其他应力叠加，本规程和有关标准关于锅炉受压元件焊缝的布置也有相应的规定和限制。

（3）锅炉水（介质）循环系统应当能够保证锅炉在设计负荷变化范围内水（介质）循环的可靠性，保证所有受热面得到可靠的冷却；受热面布置时，应当合理地分配介质流量，尽量减小热偏差；

可靠的锅炉水（介质）循环系统，能够使锅炉运行时各受热面得到可靠而有效的冷却，这是保证锅炉安全运行的前提。为了保证受热面得到可靠冷却，锅炉设计时要使各受热面内介质有足够的流速，以便加强介质对受热面的冷却效果，从而将金属壁温控制在材料允许的适用温度之内。

锅炉运行时，同一受热面烟气侧、工质侧必然存在一定的热偏差，这是难以彻底避免的。锅炉设计时应当合理分配介质流量，尽量减小热偏差，以利于锅炉安全运行。

锅炉设计时还要注意选取适当的烟气流速。提高烟气流速虽然可以增强烟气对受热面管壁的对流传热效果，但也不宜过高。过高的烟气流速不仅增加了管壁的磨损，同时也会导致管壁金属温度的升高，不利于锅炉安全运行。

对于一些小型水管锅炉和火管锅炉，设计时还要保证其最高火界低于最低安全水位，以保证受热面始终得到可靠冷却。

如果受热面金属未能得到可靠的冷却，将会导致受热面金属管壁温超出其适用温度范围，金属材料将会因壁温过热而导致材料金相组织发生变化，力学性能下降，从而影响锅炉使用寿命，甚至发生锅炉事故。

（4）锅炉制造单位应当选用满足安全、节能和环保的燃烧器；炉膛和燃烧设备的结构以及布置、燃烧方式应当与所设计的燃料相适应，防止火焰直接冲刷受热面，并且防止炉膛结渣或者结焦；

锅炉燃烧器性能与安全、节能和环保息息相关。电站锅炉燃烧器一般由锅炉制造单位根据燃料及环保要求自行设计制造，应具有良好的安全、节能和环保性能。小型锅炉一般配置外购燃烧器，应当注意一定要选用满足安全、节能和环保的燃烧器。

本条款主要是针对煤粉锅炉，提出的关于燃烧方式、炉膛及燃烧器结构和布置要与所用燃料相匹配的原则要求。同时燃用煤粉的锅炉还要防止炉膛结焦或结渣，而火焰直接冲刷受热面，也是导致炉膛结焦或结渣的主要原因之一。因此，锅炉设计和运行时要注意防止火焰直接冲刷受热面。

该条款是基于 1993 年 3 月 10 日，浙江宁波某电厂 600MW 锅炉机组发生特大锅炉爆炸伤亡事故而制定的。该起事故造成 23 人死亡，8 人重伤，直接经济损失 780 多万，导致华东地区一段时期供电紧张。究其原因，就是因为所用燃料与燃烧方式、炉膛及燃烧器结构和布置不相匹配，造成炉膛严重结焦，炉膛上部屏式过热器处结焦后巨大焦块坠落，将炉底冷灰斗水冷壁管子砸破，大量高温高压水蒸气瞬间急速喷出，造成重大人身伤亡事故。就在同一电厂，其他锅炉厂家设计制造的相同运行参数的锅炉，由于炉膛结构和燃烧器布置不同，对燃煤煤种的适应性较强，锅炉运行状况正常，就没有严重的结渣和结焦问题发生。由此可知，炉膛和燃烧设备的结构以及布置、燃烧方式应当与所设计的燃料相适应，是多么的重要，锅炉设计时必须要给予充分重视。鉴于此事故，在 1996 版《蒸汽锅炉安全技术监察规程》中特意增加了此项条款并一直保留至今。

（5）锅炉本体中除了受热面元件外，还有许多非受热面元件，如水冷壁的吊架，过热器的吊架和梳形板、省煤器的支撑梁、燃油锅炉尾部吹灰器等，在锅炉运行时也会受到火焰或高温烟气的加热。这些非受热面元件的壁温如果超过所用材料的适用温度，不仅会影响这些元件的使用寿命，而且因这些非受热面元件的损坏也会导致受热面元件发生事故。锅炉运行时，这些元件不可能直接得到锅炉工质的冷却，金属材料壁温也有可能会超过材料的适用温度。因此，对于这些受热的非受热面元件，应当尽可能对其采取冷却或绝热措施。

（6）物体热胀冷缩，是其基本特性之一。锅炉运行时，炉内部件将会受到火焰、高温烟气的加热，炉外部件虽然不会接触到火焰或者烟气，但是如炉外管道等部件仍然会受到管内介质的加热而壁温升高。因此，在进行锅炉结构设计时必须要考虑各部件受热膨胀的问题，而且应当明确设定其膨胀方向。当锅炉受压元件热膨胀受阻时，因其自由膨胀受到限制，受压元件中将会产生一个附加热应力，从而改变了受压元件的工作状态。在锅炉受压元件强度设计计算时，必须要考虑这一附加热应力。锅炉设计时，应当明确设定受压元件的膨胀方向，尽可能使其受热后能够自由膨胀或者尽量减少对其热膨胀的限制，以便降低附加热应力。锅炉受压元件受热时很难做到完全的自由膨胀，电站锅炉设计时一般还要进行受热面和管道系统受热后的应力分析计算，以确保锅炉安全运行。1980 年版及以前的锅炉规程均是规定受热自由膨胀，显然是难以真正做到的。1987 年版及以后的锅炉规程才明确了按设计预定方向自由膨胀，此规定一直延续至今。

（7）锅炉承重结构，如钢结构是锅炉的重要组成部分，目前大型电站锅炉的钢结构已是近百米之高的庞然大物，锅炉本体总重已达万吨，全部要悬吊于锅炉钢架之上，必须要具有足够的强度、刚度、稳定性及防腐蚀性，其重要性不言而喻。

（8）炉膛、包墙及烟道结构应有足够的承载能力。炉膛，尤其是由水冷壁管组成的煤粉锅炉炉膛，必须要有足够的承载能力，以防炉膛在非正常燃烧工况下，一旦发生煤粉爆燃，可以减轻对炉膛的破坏程度。由包墙过热器管所组成的锅炉侧墙及锅炉顶棚，当炉膛出现爆燃事故时，也将受到巨大冲击力，当然也应具有足够的承载能力。随着锅炉环保要求的日益严格，电站锅炉尾部还要加装脱硫和脱硝装置等设备。这些环保装置运行时，将会给锅炉炉膛和烟道形成较大的负压，这一情况也要求炉膛、包墙和烟道具有足够的承载能力，承受因炉内负压而产生的炉外压力。炉膛设计承压能力应按有关规程和技术标准确定。对于机组容量大于等于 300MW 的电站锅炉，炉膛设计承压能力一般应高于等于 5.8kPa，瞬间最大承压能力一般为 ±8.7kPa。

（9）炉墙应有良好的绝热和密封性。炉墙具有良好的绝热性，可有效地减少锅炉散热损失，降低其对锅炉热效率的影响。炉墙具有良好的密封性，对于负压运行状态的锅炉尾部烟道，可有效防止炉外空气向炉内漏风，避免或降低炉内漏风对锅炉热效率的影响。对于正压运行状态下的炉膛和炉墙，因密封性能不好可能导致高温火焰或烟气向炉外泄漏，将会危及锅炉运行人员的人身安全。因此，炉墙必须要具有良好的绝热和密封性。

（10）锅炉的结构应便于安装、运行操作、检修和清洗内外部。为此，需要设置尺寸规格合适的、数量足够的各类门孔，设置运行操作平台和扶梯。设计时尤其要注意锅炉管道和锅炉钢架的梁、柱、平台等的布置不要妨碍各类门孔的正常使用。

3.5 锅筒（壳）、炉胆等壁厚及长度

3.5.1 水管锅炉锅筒壁厚

锅筒的取用壁厚应当不小于 6mm。

3.5.2 锅壳锅炉壁厚及炉胆长度

（1）锅壳内径大于 1000mm 时，锅壳筒体的取用壁厚应当不小于 6mm；当锅壳内径不大于 1000mm 时，锅壳筒体的取用壁厚应当不小于 4mm；

- **条款说明：** 保留条款。
- **原《锅规》：** 3.5 锅筒（锅壳）、炉胆等壁厚及长度（略）
- **条款解释：** 本条款是对锅炉锅筒（壳）筒体最小取用壁厚的规定。

最小壁厚的限制主要考虑筒体失稳的问题，同时也兼顾加工和腐蚀裕量的要求。如果锅筒工作压力较低，筒体强度计算的结果得出设计所需壁厚可能很薄，虽然筒体强度没有问题，但是，如果筒体壁厚太薄，将导致筒体整体稳定性不好，也会影响锅炉的安全正常运行。因此，本条款对筒体最小壁厚作出了限制。当强度计算结果所得壁厚小于本条款规定时，设计取用壁厚也不得小于本条款所规定的最小壁厚。最小壁厚数值为经验数值，同时与国外规范基本一致。

对原条款个别词语作了修改，使其更加规范，如：3.5 标题中的"锅筒（锅壳）……"修改为"锅筒（壳）……"；3.5.2（1）中的"当锅壳内径不超过……"修改为"当锅壳内径不大于……"。

（2）锅壳锅炉的炉胆内径应当不大于 1800mm，其取用壁厚应当不小于 8mm，并且不大于 22mm；炉胆内径不大于 400mm 时，其取用壁厚应当不小于 6mm；

（3）卧式内燃锅炉的回燃室筒体的取用壁厚应当不小于 10mm，并且不大于 35mm；

（4）卧式锅壳锅炉平直炉胆的计算长度应当不大于 2000mm，如果炉胆两端与管板扳边对接连接，平直炉胆的计算长度可以放大至 3000mm。

- **条款说明：** 保留条款。
- **原《锅规》：** 3.5.2（2）、（3）（略）
- **条款解释：** 本条款是对锅壳锅炉高温区部件主要几何尺寸的规定。

本条款限制了高温区部件的最大、最小壁厚，关于限制最小壁厚的原因前面已经讲过，主要考虑部件失稳的问题，而最大壁厚的限制，主要是考虑了高温区温差应力过大的问题。锅炉运行时，炉胆内壁由于直接和火焰或高温烟气接触，壁温较高，而炉胆外壁由于介质的冷却作用，壁温相对较低。随着炉胆壁厚的增大，这种存在于炉胆内外壁之间的壁温差也将随之增大，将会不可避免地在筒壁上产生过大的温差应力，造成部件损坏。本条款参考了英国标准 BS2790、德国 TRD 和 IS05730，规定了承受外压的炉胆其最大壁厚应不大于 22mm，回燃室不大于 35mm。

考虑到炉胆直径越大，其稳定性越差；同时，在相同的工作状态下，炉胆直径越大，强度计算其所需筒体厚度也就越大，其厚度有可能超过最大壁厚的限制。再考虑到保证燃烧稳

定的需要，燃烧器与炉胆尺寸应相互匹配，本条款参考了英国标准 BS2790、德国 TRD 和 IS05730，本条款规定炉胆的最大内径不大于 1800mm。

根据经验数值，本条款规定：对于承受外压的炉胆、回燃室的最小壁厚分别应不小于 8mm 和 10mm。当炉胆内径不大于 400mm 时，最小壁厚应不小于 6mm。

炉胆长度的有关规定主要是考虑热膨胀的问题，炉胆直接和火焰接触，相应的金属壁温和受热伸长量也较大，将在炉胆与管板连接处产生附加热应力。为避免该附加热应力过大，对炉胆的计算长度应当予以限制。

国外有关锅炉规范对平直炉胆的计算长度也有限制，具体规定也不完全一样。如：英国标准 BS 2790 和 ISO 5730 规定，除了回燃式平直炉胆外，其计算长度不大于 3000mm。根据我国国情提出了平直炉胆的计算长度不大于 2000mm，如果炉胆两端与管板扳边对接连接时，平直炉胆的计算长度不大于 3000mm 的限制要求。

本条款对原条款个别词语作了修改，使其更加规范，如："不超过"修改为"不大于"，"小于或者等于"修改为"不大于"。同时，将原条款（2）中的"卧式内燃锅炉的回燃室筒体的取用壁厚应当不小于 10mm，并且不大于 35mm"单独列为现条款的（3），内容未作变化。

> **3.5.3　胀接连接**
> （1）胀接连接的锅筒（壳）的筒体、管板的取用壁厚应当不小于 12mm；
> （2）胀接连接的管子外径应当不大于 89mm。

- **条款说明**：保留条款。
- **原《锅规》**：3.5.3　胀接连接的锅筒（锅壳）的筒体、管板（略）
- **条款解释**：本条款是对胀管管径及筒体壁厚的规定。

（1）管子胀接时，管壁将会出现塑性变形，但管孔产生的却是弹性变形。胀管结束后，发生弹性变形的管孔要恢复原位，而发生塑性变形的管壁则不能复位，致使管孔和管壁间存留了较大的径向残余应力，因此二者间也就产生了足够大的摩擦力，将管子牢牢固定在管孔中。

当然，摩擦力的大小与径向残余应力大小有关，同时也与管板的厚度有关。在孔径相同的条件下，管板厚度越大，自然摩擦力也就越大，管子胀接也就更加牢固。反之，管板太薄，所产生的摩擦力过小，将难以保证胀接质量。所以，根据生产实际经验，本条款规定，当管子与筒体或管板采用胀接连接时，筒体或管板的厚度应不小于 12mm。

（2）原条款参考了苏联 1973 年版锅炉规程的规定，其规定管子外径大于 102mm 时不宜采用胀接方法。管子外径越大，所需要的胀接力也就越大，不易保证胀接质量。鉴于我国国情，采用胀接方法的低、中压锅炉罕见使用外径等于 102mm 的管子，也缺乏这一规格的管材，因此原条款在不改变苏联规程本意的前提下，以常见的外径 89mm 的管子划界，规定"外径大于 89mm 的管子不应当采用胀接。"本条款沿用了原条款的规定，但文字描述将"外径大于 89mm 的管子不应采用胀接"改写为"胀接连接的管子外径应当不大于 89mm"。

本条款将原条款标题"3.5.3　胀接连接的锅筒（锅壳）的筒体、管板"改写为"3.5.3 胀接连接"，更加简单明了。

> **3.6　安全水位**
> （1）水管锅炉锅筒的最低安全水位，应当保证下降管可靠供水；
> （2）锅壳锅炉的最低安全水位，应当高于最高火界 100mm；锅壳内径不大于 1500mm 的卧式锅壳锅炉，最低安全水位应当高于最高火界 75mm；

> （3）锅壳锅炉的安全降水时间（指锅炉停止给水情况下，在锅炉额定负荷下继续运行，锅炉水位从最低安全水位下降到最高火界的时间）一般应当不低于 7min，对于燃气（液）锅炉一般应当不低于 5min；
>
> （4）锅炉的最低及最高安全水位应当在图样上标明；
>
> （5）直读式水位计和水位示控装置上下开孔位置，应当包括该锅炉最高、最低安全水位的示控范围。

- **条款说明**：修改条款。
- **原《锅规》**：3.6　安全水位

（1）水管锅炉锅筒的最低安全水位，应当能够保证下降管可靠供水；

（2）锅壳锅炉的最低安全水位，应当高于最高火界 100mm；对于内径小于或者等于 1500mm 卧式锅壳锅炉的最低安全水位，应当高于最高火界 75mm；

（3）锅炉的最低及最高安全水位应当在图样上标明；

（4）直读式水位计和水位示控装置开孔位置，应当保证该装置的示控范围包括最高、最低安全水位。

- **条款解释**：本条款是对安全水位的规定。确定最低安全水位是为了保证锅炉受热面在锅炉运行时能够得到可靠的冷却，避免由于冷却不足造成金属材料过热而危及锅炉运行安全。

（1）对于水管锅炉，锅筒最低安全水位在下降管管口上方应保持有足够的高度。主要是考虑下降管管口的抽吸作用，可能导致蒸汽带入下降管中，降低锅炉水循环回路压差，水循环局部受阻，严重时，可导致水冷壁传热恶化，甚至发生水冷壁爆管事故。

根据锅炉设计规范，锅筒最低安全水位至下降管入口处的高度计算公式：

$$h \geqslant 1.5 W_0^2 / 2g$$

式中　　h——最低安全水位至下降管入口处的高度，m；

W_0——下降管中水的流速，m/s；

g——重力加速度，9.8m/s^2。

原条款中的"应当能够保证……"修改为"应当保证……"。

（2）对于锅壳式锅炉，锅炉安全水位需要考虑两个方面的因素，一是最低安全水位，二是足够的锅水容量。在限定最低安全水位的同时，要考虑到对安全降水时间进行控制，二者是相互关联的有机整体。最低安全水位是对水位下降直线距离控制要求，而安全降水时间则是对水位下降的容积控制要求。对锅壳锅炉仅限定最低安全水位是不完整的，锅炉水容积太小，运行中锅炉水位会频繁波动，锅炉受热面易产生热疲劳损伤；如突发停止给水故障，水容积太小，运行锅炉水位瞬间会迅速下降，而锅炉操作人员又难以获得应急响应所需时间，锅炉易因缺水而烧坏受热面。近年来发现一些锅炉锅壳直径太小，水容积不足，造成安全隐患。根据锅炉易发生恶性事故的情况分析，本条款修订时，为进一步降低锅壳锅炉事故风险，结合实际操作经验并参照国际上成熟的规定——TRD 标准，在对锅壳锅炉最低安全水位作出规定的同时，增加了对锅壳锅炉安全降水时间的具体要求。条文中：

① 本条款（2）是对锅壳锅炉的最低安全水位距离提出要求。

② 本条款（3）是对锅壳锅炉安全降水时间即水容量提出要求。

③ "锅壳锅炉安全降水时间"是与本条款（2）最低安全水位相互关联的新增加条款。根据锅炉易发生恶性事故的情况分析，对锅壳锅炉仅限定最低安全水位是不完整的，还须考虑有足够的安全水容积。因此，本条款修订时，为进一步降低锅壳锅炉事故风险，结合实际操作经验并参照国际上的规定——TRD 标准，在对锅壳锅炉最低安全水位做出规定的同时，增加了

对安全降水时间的具体要求。

水位示意图见释图 3-1。

安全降水时间计算公式：

$$t = \frac{V}{D\nu}$$

式中　D——设计蒸发量额定值，kg/min；

　　　V——最低允许水位与受热面最高点之间的锅炉水量，m³；

　　　ν——水的比容，m³/kg；

　　　t——安全降水时间，min。

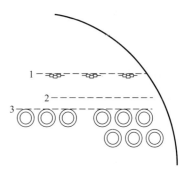
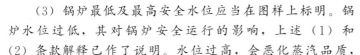

释图 3-1　水位示意图
1—正常水位；2—最低允许水位
（最低安全水位）；3—受热面最高点
（最高火界）

（3）锅炉最低及最高安全水位应当在图样上标明。锅炉水位过低，其对锅炉安全运行的影响，上述（1）和（2）条款解释已作了说明。水位过高，会恶化蒸汽品质，不仅影响锅炉安全、经济运行，而且电站锅炉蒸汽品质恶化还会对汽轮机的正常运行带来危害。因此，本条款要求锅炉的最低及最高安全水位应当在图样上标明，以便于锅炉运行操作管理。

（4）直读式水位仪表的开孔位置应当能保证该装置的示控范围包括最高、最低安全水位，即上开孔位置要高于最高安全水位，下开孔位置要低于最低安全水位，确保最高、最低安全水位都能够在仪表上显露出来，以避免造成假水位。

3.7　主要受压元件的连接

3.7.1　基本要求

（1）锅炉主要受压元件包括锅筒（壳）、启动（汽水）分离器及储水箱、集箱、管道、集中下降管、炉胆、回燃室以及封头（管板）、炉胆顶和下脚圈等；

（2）锅炉主要受压元件的主焊缝〔包括锅筒（壳）、启动（汽水）分离器及储水箱、集箱、管道、集中下降管、炉胆、回燃室的纵向和环向焊缝，封头（管板）、炉胆顶和下脚圈等的拼接焊缝〕应当采用全焊透的对接焊接；

（3）锅壳锅炉的拉撑件不应当拼接。

- **条款说明**：修改条款。
- **原《锅规》**：3.7　主要受压元件的连接

3.7.1　基本要求

（1）锅炉主要受压元件的主焊缝〔包括锅筒（锅壳）、集箱、炉胆、回燃室以及电站锅炉启动（汽水）分离器、集中下降管、汽水管道的纵向和环向焊缝，封头、管板、炉胆顶和下脚圈等的拼接焊缝〕应当采用全焊透的对接接头。

（2）锅壳锅炉的拉撑件不应当采用拼接。

- **条款解释**：本条款是对锅炉主要受压元件主焊缝以及拉撑件拼接的规定。

（1）本次修订，新增了本项内容，对锅炉主要受压元件所包含的范围作了详细说明；

（2）对主焊缝形式的规定，即主要受压部件的主要焊缝应采用全焊透的对接接头。

明确指出主焊缝包括纵向和环向焊缝以及拼接焊缝。

锅炉主要受压部件是组成锅炉的最重要的部件，必须要保证这些部件的主要焊缝的焊接质量。对接接头主要承受拉应力，受力状况较好，加之焊缝得以全焊透，更进一步增强了锅炉运行的安全性。采用对接接头形式也便于对焊缝的无损检测，利于确保焊接质量。

（3）锅壳式锅炉的拉撑件，包括板拉撑、杆拉撑及管拉撑等。拉撑件是强度计算中重要的承载元件，如果拉撑件采用拼接，容易发生质量问题，历史上也发生过此类事故。因此，规定拉撑件不得采用拼接。

本条款对原条款3.7.1（1）条文中关于主要受压部件的范围和罗列顺序作了调整，基本内容未作变化。

3.7.2 T型接头的连接

对于额定工作压力不大于2.5MPa的卧式内燃锅壳锅炉、锅壳式余热锅炉以及贯流式锅炉，除受烟气直接冲刷的部位（见图3-1）的连接处以外，在符合以下要求的情况下，其管板与炉胆、锅壳可采用T型接头的对接连接，但是不得采用搭接连接：

（1）采用全焊透的接头型式，并且坡口经过机械加工；

（2）管板与筒体的连接采用插入式的结构（贯流式锅炉除外）；

（3）T型接头连接部位的焊缝计算厚度不小于管板（盖板）的壁厚，并且其焊缝背部能够封焊的部位均应当封焊，不能够封焊的部位应当采用氩弧焊或者其他气体保护焊打底，并且保证焊透；

（4）T型接头连接部位的焊缝应当进行超声检测。

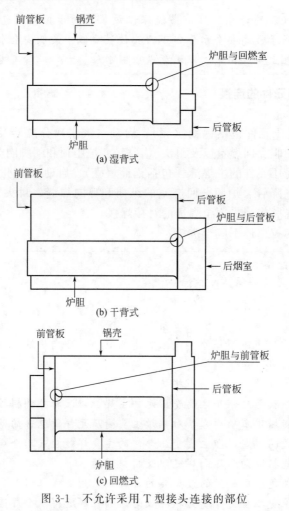

图 3-1　不允许采用 T 型接头连接的部位

- **条款说明**：修改条款。

- **原《锅规》**：3.7.2　T型接头的连接

对于额定工作压力不大于2.5MPa的卧式内燃锅炉以及贯流式锅炉，工作环境烟温小于等于600℃的受压元件连接，在满足下列条件下可以采用T型接头的对接连接，但不得采用搭接连接：

（1）焊缝采用全焊透的接头型式，并且坡口经过机械加工；

（2）卧式内燃锅炉锅壳、炉胆的管板与筒体的连接应当采用插入式结构；

（3）T型接头连接部位的焊缝厚度不小于管板（盖板）的壁厚，并且其焊缝背部能够封焊的部位均应当封焊，不能够封焊的部位应当采用氩弧焊打底，并且保证焊透；

（4）T型接头连接部位的焊缝按照NB/T 47013（JB/T 4730）《承压设备无损检测》的有关要求进行超声检测。

- **条款解释**：本条款是对采用T型接头连接的规定。

T型接头连接由于其制造工艺要求简单，制造成本较低，因此在国外锅炉生产中应用较为广泛。有的国家锅炉规范，如美国的ASME CODE，英国的BS 2790，国际标准ISO 5730等对这种连接形式所适用部位并未限制，但对结构尺寸都有严格的规定，以确保在锅炉运行中这些部位得到可靠的冷却。考虑到我国的实际制造需要以及与国际接轨，1996版《蒸汽锅炉安全技术监察规程》曾经规定了工作压力不超过1.6MPa的卧式内燃锅炉可以采用T型接头连接。

经过多年的实践，我国对卧式内燃锅炉、锅壳式余热锅炉以及贯流式锅炉烟温较低（一般不高于600℃）的连接部位采用T型接头焊接的经验和技术已经趋于成熟，因此原条款将适用压力范围在1996版《蒸汽锅炉安全技术监察规程》基础上提高至2.5MPa，同时增加了贯流式锅炉，本条款又进一步增加补充了锅壳式余热锅炉。但考虑到高温烟区热负荷较大，产生的热应力也较大，T型接头处应力状态复杂，二次应力较大，加上其相对于对接接头焊接质量较难控制，特别是我国锅炉的具体使用状况，因此高温烟区仍不允许采用这种接头型式。原条款允许采用T型接头连接的受压元件部位的限定条件为"工作环境温度小于或者等于600℃的受压元件连接"。

"600℃"这一严格而又具体的数值要求，在锅炉设计或运行中难以操作和掌握，因此，本条款将限定条件修改为"除受烟气直接冲刷的部位（见图3-1）的连接处以外"，同时用图3-1的形式给以明确，更加方便了对本条款规定的理解和执行。

采用T型接头形式应满足的条件：

（1）必须采用全焊透的接头形式，且坡口需机械加工。T型接头形式的受力状态比对接接头受力状态要差，主要承受的是弯曲应力，而弯曲应力对连接处应力疲劳的影响远比拉应力、剪切应力的影响大的多。如果T型接头采用了非全焊透的形式，在反复弯曲应力作用下，接头处容易产生裂纹并逐渐扩展，最终导致锅炉事故。机械加工的焊接坡口，几何尺寸和形状标准统一，有利于保证焊接质量。

（2）锅壳、炉胆的管板与筒体的连接应当采用插入式的结构，利于保证焊接质量，使得连接更加牢固可靠。

（3）连接部位焊缝的计算厚度应不小于管板的厚度，这是为了保证焊缝与管板等强度。焊缝背部能封焊的部位均要封焊，不能封焊的部位应采用氩弧焊或混合气体保护焊打底，以保证焊透。背部封焊以减小焊缝根部的应力，不能封焊的部位采用氩弧焊或者其他气体保护焊打底，保证焊透，提高焊缝承受弯曲应力的能力。原条款仅仅强调了采用氩弧焊打底一种方式，本条款又增添了其他气体保护焊打底，同样可以保证焊接质量。

（4）由于受结构的限制，T型接头只适合采用超声波探伤方法进行检验其焊接质量。

原条款要求T型接头连接部位的焊缝应按照NB/T 47013《承压设备无损检测》有关规定进行超声波检测，本次修订时删除了此项标准。锅炉设计制造时，由于所采用的标准体系不同，相应的无损检测标准也不尽相同，因此，本规程不宜对无损检测标准的选取作出规定。

3.7.3　管接头与锅筒（壳）、集箱、管道的连接

锅炉管接头与锅筒（壳）、集箱、管道的连接，在以下情况下应当采用全焊透的接头型式：

（1）强度计算要求全焊透的加强结构型式；

（2）A级高压及以上（含高压、下同）锅炉管接头外径大于76mm时；

（3）A级锅炉集中下降管管接头；

（4）下降管或者其管接头与集箱连接时（外径小于或者等于108mm，并且采用插入式结构的下降管除外）。

● **条款说明**：修改条款。

● **原《锅规》**：3.7.3　管接头与锅筒（锅壳）、集箱、管道的连接

管接头与锅筒（锅壳）、集箱、管道的连接，在以下情况下应当采用全焊透的接头型式：

（1）强度计算中，开孔需要以管接头进行强度补强时；

（2）A级高压及以上锅炉管接头外径大于76mm时；

（3）A级锅炉集中下降管管接头；

（4）下降管或者其管接头与集箱连接时（外径小于或者等于108mm，且采用插入式结构的下降管除外）。

● **条款解释**：本条款是对管子（管接头）与筒体和集箱连接结构形式的规定。

（1）强度计算标准规定，管接头可以用作对筒体和集箱的开孔补强，但对管接头与筒体和集箱的连接型式有一定要求，即强度计算标准所称的孔的补强结构型式，并附有详图予以说明，这也就是本条款所要求采用的全焊透接头型式。管接头采用全焊透结构，有利于管接头与筒体连接成一个整体。

锅炉设计时特意将管接头实际取用壁厚较多地大于强度计算结果所需壁厚，两者之壁厚差，即满足强度计算所需壁厚之外多余的壁厚，按强度计算标准规定，可视同为缩小了管接头在筒体上的开孔直径，因此可以适当减小筒体壁厚，强度计算标准将这种情况称之为管接头开孔补强。

对于非补强用的管接头，其角焊缝按JB/T 6734《锅炉角焊缝强度计算方法》进行强度验算合格即可，并不强求管接头和筒体开孔一定要采用补强结构型式，即不强求采用全焊透结构型式。

本条款对原条款文字作了调整，将"（1）强度计算中，开孔需以管接头进行强度补强时"改写为"（1）强度计算要求全焊透的加强结构型式"。

（2）对于A级高压及以上锅炉，要求外径大于76mm的管接头采用全焊透的接头型式。对于集箱上成排密集排列的外径小于或等于76mm的小直径管接头，若要求采用全焊透的接头型式，无论采用手工氩弧焊或内孔自动氩弧焊，现有的装备和技术能力均难以完全满足要求。

20世纪90年代以来,A级高压及以上电站锅炉在我国开始大量生产,由于当时焊接水平和工艺控制等问题,曾经出现集箱管接头泄漏现象。为此1996版《蒸汽锅炉安全技术监察规程》在要求在管端开全焊透坡口,以利焊透,同时考虑到受热面集箱采用了长管接头结构时管接头如果开了坡口将无法定位施焊,因此,特意强调了"长管接头除外"。经过多年的生产实践,现在我国这个问题已经得到了有效的解决,一些新结构(也包括当时提到长管接头在内)虽不属于全焊透结构形式,但只要加强焊接工艺保障仍然可以保证焊接质量。此外国际上ASME规范和欧洲标准并不强求必须采用全焊透的接头型式。

基于上述实际情况,原2012版《锅规》制定时,就将1996版《蒸规》相应的条款修改为要求外径大于76mm的管接头采用全焊透的接头型式。不再对所有小管径焊接提出要求。本条款保留了原《锅规》条款的这项规定。

(3)A级锅炉下降管是极为重要的受压部件,并且其外径都较大,也便于对其实施全焊透。因此,下降管管接头与锅筒、集箱连接的接头型式应当采用全焊透的接头型式。

(4)对于低压锅炉,下降管与锅筒的连接,一般采用插入式,可以进行双面焊接。对于集箱,当采用插入式时无法进行双面焊接,所以要求在集箱上开全焊透型坡口。当下降管的外径小于或者等于108mm时,如采用插入式,由于管径较小,在集箱上可不开全焊透型坡口,实践证明,这样也是安全可靠的。在任何情况下,当下降管与集箱采用骑座式连接时,必须采用全焊透的接头型式。

3.7.4 小管径管接头

A级锅炉外径小于32mm的排气、疏水、排污和取样管等管接头与锅筒、集箱、管道相连接时,应当采用厚壁管接头。

● **条款说明:** 修改条款。

● **原《锅规》:** 3.7.4 小管径管接头

A级锅炉外径小于32mm的排气、疏水、排污和取样管等管接头与锅筒(锅壳)、集箱、管道相连接时,应当采用厚壁管接头。

● **条款解释:** 本条款是对非受热面小口径管接头结构的规定。

A级锅炉外径小于32mm的排气、疏水、排污和取样管等管接头,因其管径较小,强度计算所需壁厚较薄,刚性较差,且大多单独处于筒体或集箱的某一位置,在制造、运输及安装过程中稍有不慎就容易发生碰撞变形。此外,由于此类小口径管子管线较长,柔性很大,致使锅炉运行时管线频繁振动,很容易造成管接头根部疲劳损坏。为了避免锅炉运行时发生此类事故,因此在锅炉设计时,需要采用厚壁(相对于强度计算所需壁厚而言)管接头以提高其刚性。

本条款将原条款"……管接头与锅筒(锅壳)……"括号里的"锅壳"两字删除,因为锅壳式锅炉没有此类问题发生。

3.8 管孔布置

3.8.1 胀接管孔

(1)胀接管孔间的净距离应当不小于19mm;

(2)胀接管孔中心与焊缝边缘以及管板扳边起点的距离应当不小于$0.8d$(d为管孔直径),并且不小于$0.5d+12$mm;

（3）胀接管孔不应当开在锅筒筒体的纵向焊缝上，并且避免开在环向焊缝上；对于环向焊缝，如果结构设计不能够避免，在管孔周围 60mm（如果管孔直径大于 60mm，则取孔径值）范围内的焊缝经过射线或者超声检测合格，并且焊缝在管孔边缘上不存在夹渣缺陷，对开孔部位的焊缝内外表面进行磨平且将受压元件整体热处理后，可以在环向焊缝上开胀接管孔。

3.8.2　焊接管孔

集中下降管的管孔不应当开在焊缝及其热影响区上，其他焊接管孔也应当避免开在焊缝及其热影响区上。如果结构设计不能够避免，在管孔周围 60mm（如果管孔直径大于 60mm，则取孔径值）范围内的焊缝经过射线或者超声检测合格，并且焊缝在管孔边缘上不存在夹渣缺陷，管接头焊后经过热处理（额定出水温度小于 120℃的热水锅炉除外）消除应力的情况下，可以在焊缝及其热影响区上开焊接管孔。

- **条款说明**：修改条款。
- **原《锅规》**：3.8　管孔布置

3.8　管孔布置

3.8.1　胀接管孔

（1）胀接管孔间的净距离不小于 19mm；

（2）胀接管孔中心与焊缝边缘以及管板扳边起点的距离不小于 0.8d（d 为管孔直径，mm），并且不小于 0.5d＋12mm；

（3）胀接管孔不应当开在锅筒筒体的纵向焊缝上，同时亦应当避免开在环向焊缝上。对于环向焊缝，如果结构设计不能够避免时，在管孔周围 60mm（若管孔直径大于 60mm，则取孔径值）范围内的焊缝经过射线或者超声检测合格，并且焊缝在管孔边缘上不存在夹渣缺陷，对开孔部位的焊缝内外表面进行磨平且将受压部件整体热处理后，方可在环向焊缝上开胀接管孔。

3.8.2　焊接管孔

集中下降管的管孔不应当开在焊缝上。其他焊接管孔亦应当避免开在焊缝及其热影响区上。如果结构设计不能够避免时，在管孔周围 60mm（若管孔直径大于 60mm，则取孔径值）范围内的焊缝经过射线或者超声检测合格，并且焊缝在管孔边缘上不存在夹渣缺陷，管接头焊后经过热处理消除应力的情况下，方可在焊缝及其热影响区上开焊接管孔。

- **条款解释**：本条款是对管孔布置的规定。

1. 胀接管孔的布置

（1）胀接管孔间的净距离应当不小于 19mm，主要考虑两个胀接管孔之间保持足够的距离，防止胀接相邻两孔之间残余应力互相干扰，影响胀接质量，19mm 是经验数值。1996版《蒸汽锅炉安全技术监察规程》第 124 条的规定是"胀接管孔间的距离不小于 19mm"。由于"孔间的距离"没有明确是指孔中心之间距还是孔边缘之间距，因此原条款特意明确是"孔间的净距离"。本条款基本保留了原条款的内容，仅在"不小于 19mm"之前增加了"应当"两字。

（2）胀接管孔中心与焊缝边缘、管板扳边起点要有一定的距离，可避免胀接形成的残余应力与焊缝、管板扳边起点处因焊接或加工所引起的附加应力叠加。胀接是利用在胀接过程中形成的径向残余应力而将管子与筒体（管板）牢牢固定，如果径向残余应力与其他附加应力叠加，就可能影响胀接质量。胀接管孔与焊缝边缘留有一定距离，也是为了避开焊缝热影响区。距离不小于 $0.8d$ 且不小于 $0.5d+12mm$ 是我国锅炉行业多年来行之有效的经验数值。本条款基本保留了原条款的内容，仅在"不小于 $0.8d$"之前增加了"应当"两字。同时还删除了"（d 为管孔直径，mm）"括号里的单位"mm"。

（3）原则上不主张在筒体环焊缝上开胀接管孔，如果结构设计无法避免，由于筒体工作时环焊缝应力远小于纵焊缝应力，所以允许在一定条件下可以在环焊缝上开胀接管孔。

这条规定起源于北京巴威公司引进 FM 锅炉（双锅筒纵置 D 形布置）技术。由于该锅炉后部布置有大量的受热面管子，这种结构条件下，无论从设计到实际工艺，都无法避免焊缝上开胀接管孔。当时按照引进技术的工艺要求，进行了相应的试验验证，证明是可行的，因此，1996 版《蒸汽锅炉安全技术监察规程》增加了焊缝上开胀接管孔的内容，同时提出了相应的附加条件。原《锅规》修订时增加了在开孔前对胀接管孔周围进行无损检测时，也可以采用超声检测的方法。主要是考虑超声检测技术水平已经有了大幅度提高，只要能达到相应的检测目的，采用射线和超声检测都是可行的。考虑到焊接和胀接应力的叠加，所以原条款规定需要在环焊缝上开胀接管孔时，应将筒体进行整体热处理。

本条款基本保持了原条款（3）的内容，仅将文字"同时亦应当"修改为"并且"，文字叙述更加流畅。

2. 焊接管孔的布置。

（1）集中下降管是锅炉重要的承压部件，其管孔直径较大，开在焊缝上，容易造成安全隐患，并且在设计、制订工艺时，集中下降管避开焊缝及其热影响区布置也是完全可行的。因此本条款规定集中下降管的管孔不得开在焊缝及其热影响区上。同理，其他焊接管孔也应当避免开在焊缝及其热影响区上。

本条款在原条款"集中下降管的管孔不应当开在焊缝"这段文字之后又补充了"及其热影响区"上，显然是很有必要，解决了原条款的疏漏问题。

（2）在受压部件上开孔，致使筒体结构的连续性遭到破坏，在孔边产生应力集中，同时，筒体上开孔也削弱了其承载能力。焊缝是受压元件的薄弱部位，如在焊缝上开焊接管孔，除了焊缝本身存在的残余应力外，又新增了管接头的焊接附加应力，残余应力两者叠加，不利于筒体的安全使用。由于焊缝热影响区金属晶粒变粗，力学性能和塑性可能会低于母材，焊接管孔当然也应该避免开在焊缝热影响区上。

（3）如果由于结构限制，焊缝上需要开设焊接管孔，应当保证管孔周围焊缝无缺陷且焊后要进行消除应力的热处理。具体的技术要求主要是参照了 ISO/R831 的相关规定。

本条款基本保留了原条款的内容，但在要求管接头焊后热处理的规定后面，增加了括号内容，即"额定出水温度低于 120℃ 的热水锅炉除外"。原《锅规》之前的《热水锅炉安全技术监察规程》关于管接头焊后热处理的要求，就是将额定出水温度低于 120℃ 的热水锅炉除外的。原《锅规》制定时，参考了《热水锅炉安全技术监察规程》这项规定，但却删除了"额定出水温度低于 120℃ 的热水锅炉除外"这段文字。原《锅规》颁布执行后，有关锅炉企业对此反映强烈，认为对于低温热水锅炉没有必要如此严格要求管接头焊后热处理。多年来的实践证明，按照原《热水锅炉安全技术监察规程》的规定执行，锅炉运行也是安全可靠的。因此，本条款又恢复了原《热水锅炉安全技术监察规程》将额定出水温度低于 120℃ 的热水锅炉除外的规定。

3.9　焊缝布置

3.9.1　锅筒（壳）、炉胆等对接焊缝

锅筒（筒体壁厚不相等的除外）、锅壳和炉胆上相邻两筒节的纵向焊缝，以及封头（管板）、炉胆顶或者下脚圈的拼接焊缝与相邻筒节的纵向焊缝，都不应当彼此相连，其焊缝中心线间距离（外圆弧长）至少为较厚钢板厚度的3倍，并且不小于100mm。

- **条款说明**：保留条款。但是将原条款3.9.1标题名称由"相邻主焊缝"更改为"锅筒（壳）、炉胆等焊缝"。

- **原《锅规》**：3.9　焊缝布置、3.9.1　相邻主焊缝（略）

- **条款解释**：此条款是对相邻两个筒节纵向焊缝以及纵向焊缝与其相邻的拼接焊缝相互位置的要求。

（1）相邻两个筒节的纵向焊缝以及封头、管板等的拼接焊缝与相邻筒节的纵向焊缝不能彼此相连，因为焊接时要在相连处焊接起弧或收弧，不易保证焊接质量。若对接处存在较大的尺寸偏差，也将会形成应力集中，不利于筒体安全运行。

（2）若采用不等壁厚的锅筒，相邻两个筒节的纵向焊缝必然相连。一般锅炉的锅筒基本上都是等壁厚的。强度计算设计时，按照筒体开孔减弱最大之处，计算出局部区域满足强度计算所需的壁厚，以此作为整个锅筒的壁厚。显然，对于锅筒大部分区域而言，并不需要这样的厚度，可以更薄一些。一般锅筒大量开孔均处于下半部，因此锅筒下半部取用壁厚可以比锅筒上半部壁厚更大一些。对于高参数、大容量锅炉而言，如采用不等厚锅筒，则可更加科学合理地使用材料，降低钢材耗量，节省锅炉制造成本。由于不等厚相邻筒节的纵向焊缝无法错开，必然彼此相连，因此对不等厚相邻筒节不可能要求纵向焊缝相互错开。

本条款对原条款"……不应彼此相连。其焊缝中心线……"中的句号改为逗号，仅此而已。因此，仍将此条款称作了保留条款。

3.9.2　受热面管子及管道对接焊缝

3.9.2.1　对接焊缝中心线间的距离

锅炉受热面管子（异种钢接头除外）以及管道直段上，对接焊缝中心线间的距离（L）应当符合以下要求：

（1）外径小于159mm时，$L \geqslant 2$倍外径；

（2）外径大于或者等于159mm时，$L \geqslant 300$mm。

当锅炉结构无法满足（1）、（2）的要求时，对接焊缝的热影响区不应当重合，并且 $L \geqslant 50$mm。

3.9.2.2　对接焊缝

（1）受热面管子及管道（盘管及成型管件除外）对接焊缝应当位于管子直段上；

（2）受热面管子的对接焊缝中心线至锅筒（壳）及集箱外壁、管子弯曲起点、管子支吊架边缘的距离至少为50mm，对于A级锅炉此距离至少为70mm（异种钢接头除外）；管道此距离应当不小于100mm。

- **条款说明**：修改条款。

- **原《锅规》**：3.9.2　锅炉受热面管子及管道对接焊缝

3.9.2.1　对接焊缝中心线间的距离（保留条款，略）

3.9.2.2　对接焊缝位置（修改条款）

（1）受热面管子及管道（盘管及成型管件除外）对接焊缝应当位于管子直段上；

（2）受热面管子的对接焊缝中心线至锅筒（锅壳）及集箱外壁、管子弯曲起点、管子支、吊架边缘的距离至少为50mm，对于A级锅炉距离至少为70mm；对于管道距离应当不小于100mm。

● **条款解释：** 此两条款是对管件的对接焊缝布置的规定。

1.对接焊缝中心线间的距离的规定主要是为了避免焊后热应力叠加。原《锅规》之前有关规程规定"锅炉受热面管子直段上，对接焊缝间的距离应不小于150mm"，未涉及管道。原《锅规》制定时，将管道直段上对接焊缝间的距离也纳入其中。原《锅规》之前有关规程未考虑管子外径大小而笼统规定了应不小于150mm，也是欠妥的。原条款以管子外径159mm为界，结合锅炉制造时管子（管道）直段拼接实际情况，作出了规定，（1）外径小于159mm，$L \geqslant 2$ 倍外径；（2）外径大于或者等于159mm，$L \geqslant 300$mm。本条款保留了原条款的规定。

A级高压以上锅炉由于锅炉结构的原因，难以满足原条款以管子外径159mm为界所规定的对接焊缝中心线间的距离要求，所以原条款参照之前有关规程关于对接焊缝位置的要求，提出了"当锅炉结构难以满足本条（1）、（2）要求时，对接焊缝的热影响区不应当重合，并且 $L \geqslant 50$mm"。此外，进入21世纪以来，我国超临界、超超临界电站锅炉陆续投入运行，这些锅炉的过热器、再热器管组和集箱连接时，有些耐高温高压的奥氏体合金钢异种钢接头因结构需要以及空间位置的限制，无论如何其长度也满足不了 $L \geqslant 50$mm 的要求。因此，原条款在涉及受热面管子对接焊缝中心线间的距离要求时，特意强调了"异种钢接头除外"，本条款也保留了此项规定。

2.受热面管子及管道（盘管及成型管件除外）对接焊缝应当位于管子直段上，显然也是为了尽可能避免对接焊缝热影响区应力和管子（管道）加工所致的弯曲应力相互叠加。由于盘管及成型管件本身弯头就没有直段或直段很短，难于满足此项规定，所以将盘管及成型管件除外。

3.在管子弯曲起点附近残留有附加的弯曲加工应力，在管件的支、吊架边缘存在着局部膜应力，锅筒、集箱的外壁上开孔边缘也会存在因焊接管接头而产生的焊后热应力。管件对接焊缝中心与这些部位离开一段距离，就是为了防止多种应力的相互叠加。本条款虽然保留了原条款"3.9.2.2对接焊缝位置（2）"的内容，但增加了括号内容"异种钢接头除外"，以便与3.9.2.1对接焊缝中心线间的距离所规定的"异种钢接头除外"保持一致。同时对原条款个别文字作了修改，如："当锅炉结构难以满足本条（1）、（2）要求时"句中的"本条"修改为"前款"；"锅筒（锅壳）"修改为"锅筒（壳）"；"对于A级锅炉距离"修改为"对于A级锅炉此距离"；"对于管道距离"修改为"对于管道此距离"，用词更加严谨。

3.9.3 其他要求

受压元件主焊缝及其邻近区域应当避免焊接附件。如果不能够避免，则附件的焊缝可以穿过对接焊缝，而且不应当在对接焊缝及其邻近区域终止。

● **条款说明：** 修改条款。

● **原《锅规》：** 3.9.3 受压元件主要焊缝

受压元件主要焊缝及其邻近区域应当避免焊接附件。如果不能够避免，则焊接附件的焊缝可以穿过主要焊缝，而不应当在主要焊缝及其邻近区域终止。

● **条款解释：** 本条款是对主要受压元件的对接焊缝及其邻近区域焊接零件的规定。

1. 主要受压元件的对接焊缝，它的应力状况与受压元件的安全密切相关。对接焊缝焊后将产生焊接残余应力，如在这些对接焊缝上再施焊其他零件，将会产生应力叠加，对接焊缝的安全性可能会受到影响。

2. 如果焊接附件的焊缝终止于主要受压元件对接焊缝处，由于焊接起弧或收弧处，易产生焊接缺陷，加之焊接应力重叠，不利于保证焊接质量。因此，本条款规定，在主要受压元件的对接焊缝及其邻近区域焊接附件不能避免时，附件焊缝要穿过对接焊缝，而不要在对接焊缝处终止。

本规程基本保留了原条款的内容，将原条款"3.9.3 受压元件主要焊缝"修改为"3.9.3 其他焊缝"，条款标题更加贴近条款内容。同时将原条款中的"主要焊缝"修改为"对接焊缝"，表达更为清晰明确。

3.10　扳边元件直段长度

除了球形封头以外，扳边的元件（例如封头、管板、炉胆顶等）与圆筒形元件对接焊接时，扳边弯曲起点至焊缝中心线均应当有一定的直段距离。扳边元件直段长度应当符合表3-2的要求。

表3-2　扳边元件直段长度

扳边元件内径（mm）	直段长度（mm）
≤600	≥25
>600	≥38

- **条款说明**：保留条款。
- **原《锅规》**：3.10 扳边元件直段长度（略）
- **条款解释**：本条款是对扳边元件与圆筒形元件连接时，扳边直段长度的规定。

除了球形封头以外，扳边的元件（例如封头、管板、炉胆顶等）与圆筒形元件对接焊接时，扳边弯曲起点至焊缝中心线均应当有一定的直段距离，以利于扳边元件与筒体的焊接连接。

1. 国外主要国家和地区标准的相关规定

（1）美国2007版ASME卷Ⅰ《动力锅炉建造规则》

PW篇《焊接制造锅炉的要求》中关于"设计"部分PW—13"封头扳边直段的要求"规定如下：

除了球形封头以外，其他凹面受压对接焊接的凸形封头、用角焊缝连接的扳边封头或炉胆的扳边连接件，均应有一直段。当封头外径或炉胆连接件的孔径不大于24in（约600mm）时，直段的长度不小于1in（约25mm）；大于24in（约600mm）时，不小于1.5in（约38mm）。

（2）欧洲标准 EN12952-3：2001（E）

欧洲标准对准球形封头及半椭球形封头均规定了封头扳边直段大于等于50mm，并对封头的一些几何尺寸作出了限制。

（3）联邦德国国家标准《蒸汽锅炉技术规程》（1986年）

联邦德国国家标准《蒸汽锅炉技术规程》（1986年）对封头扳边直段规定尺寸较大，具体规定如下：

蝶形封头的圆筒形裙边的高度必须大于等于$3.5S_k$，对椭圆形封头则必须大于等于$3.0S_k$，但不需超过释表3-1所给定的尺寸（S_k为凸形封头扳边处无附加量时的要求壁厚）。

释表 3-1　裙边高度 h_B 与壁厚 S_k 的关系

壁厚 S_k（mm）	裙边高度 h_B（mm）
$S_k \leqslant 50$	150
$50 < S_k \leqslant 80$	120
$80 < S_k \leqslant 100$	100
$100 < S_k \leqslant 120$	75
$S_k > 120$	50

主要受静内压载荷时，裙边高度可以稍短，但相连接焊缝应经过无损检测，打磨至无缺口，并满足焊缝系数 $V_N = 1$ 的要求。不要求进行焊接试板检验。

半球形封头不需要带圆筒形裙边。

2.薄壁圆筒端部的边界效应

（1）薄壁圆筒

国内外锅炉圆筒形受压件的强度计算公式均是建立在薄壁圆筒的假设基础之上推导出的，即假设环向及纵向应力都是沿壁厚均匀分布，且径向力为零。

因此，锅炉锅筒等圆筒形受压件均属薄壁圆筒的范畴，实际设计时通过对筒体外径与内径比值 β 的限制，使锅筒等圆筒形受压元件符合薄壁圆筒几何尺寸的要求。不同国家的相关标准对于锅炉不同的圆筒形受压元件，根据它的重要性及实际工作条件对其 β 值都规定了不同的限制，如我国规定锅筒 $\beta \leqslant 1.2$；水、汽水混合物或饱和蒸汽集箱 $\beta \leqslant 1.5$；过热蒸汽集箱 $\beta \leqslant 2.0$；管子或管道 $\beta \leqslant 2.0$ 等等。

总之，锅炉锅筒等受压元件均属于薄壁圆筒。

（2）薄壁圆筒端部作用力偶及剪力时的边界效应

薄壁圆筒在端部作用力偶或剪力时，它们的影响只是在端部较大，离端部稍远处就会很快地衰减。一般将这种内力很快衰减的分布规律称为圆筒体的"边界效应"。

3.封头起弯点处局部弯曲应力及直段的边界效应

经计算分析可知，带有直段的扳边元件如封头与圆筒形的元件焊接后，工作时在介质内压作用下，筒体在封头起弯点处要向外发生位移，而与此相反，封头在起弯点处则要向内发生位移，但此处的实际位移应该是连续变化的。为了保持位移的连续性，在封头扳边起弯点处将产生附加弯矩和附加剪力。由上述薄壁圆筒端部作用力偶及剪力时的边界效应问题分析可知，这种附加弯矩和附加剪力将在以封头起弯点为起始点的筒体端部一段范围内产生很大的附加弯曲应力，这一附加弯曲应力要比内压作用下产生的膜应力大得多。

经分析计算，对于平封头（平管板），最大弯曲应力发生在扳边起点处；对于标准椭圆球形封头，最大弯曲应力则发生在距扳边起点 $0.433\sqrt{D_p S}$ 处。D_p 为扳边元件平均直径，S 为扳边元件壁厚。

由上述分析结果可知，扳边元件直段长度选择不当时，如直段长度等于或接近 0.433 $\sqrt{D_p S}$ 计算值，将会使扳边元件和圆筒形元件对接焊缝处于最高应力区，形成焊接残余应力与上述边界效应产生的局部弯曲应力的叠加。

4.扳边元件直段长度

（1）留有直段以便于加工、装配和无损检测

除球形封头外，其他扳边元件一般都要留有一定长度的直段，这也是便于加工装配和无损检测的需要。对于椭球形封头，如果仅从焊缝中心线远离最大弯曲应力区考虑，根据上述

薄壁圆筒端部作用力偶及剪力时的边界效应问题分析结果，直段长度取大于 $Z=\sqrt{D_p S}$ 最好，焊缝处附加弯曲应力等于零。但过长的直段将给扳边元件的加工带来一定困难，显然无此必要。

（2）直段长度应避开边界效应最大弯曲应力发生的区域

由上述可知，直段长度取大于 $Z=\sqrt{D_p S}$ 最好，这样焊缝处附加弯曲应力等于零。但是，直段长度太大将会给扳边元件的加工制造造成很大的困难。比较实际的作法应是将直段长度避开边界效应最大弯曲应力发生的区域。

由力学计算分析可知，椭球形封头起弯点到最大弯曲应力区的距离为 $0.433\sqrt{D_p S}$。由此式可以看出，最大弯曲应力发生的位置不但与壁厚有关，而且也与扳边元件平均直径有关。

5. 不同标准对封头直段长度规定的比较

（1）1996 版《蒸汽锅炉安全技术监察规程》

1996 版《蒸汽锅炉安全技术监察规程》先将扳边元件厚度 S 分为四类，然后再根据扳边元件厚度 S 分别计算出相应的扳边直段长度 L。

扳边元件厚度 $S \leqslant 10mm$，$L \geqslant 25mm$。由取不同 D_p 计算结果可知，在 D_p 比较小时，如 $D_p=600mm$ 及以下，25 与 $0.433\sqrt{D_p S}$ 算出来的值非常接近。

扳边元件厚度 $10 < S \leqslant 20$，$L \geqslant S+25$。由取不同 D_p 计算结果可知，在 D_p 比较小时，如 $D_p=300$，$L \geqslant S+25$ 计算值与 $0.433\sqrt{D_p S}$ 在各种厚度下都非常接近。

扳边元件厚度 $20mm < S \leqslant 50mm$，$L \geqslant 0.5S+25$。由取不同 D_p 计算结果可知，在 D_p 比较小时，如 $D_p=300mm$，$L \geqslant 0.5S+25$ 计算与 $0.433\sqrt{D_p S}$ 计算值在各种厚度下也都非常接近。但在实际生产中，厚度 S 超过 20mm 以上而且直径在 300mm 左右的扳边元件是不太多的。

扳边元件厚度 $S > 50mm$，$L \geqslant 50mm$，对于锅炉包括超高参数的电站锅炉，壁厚超过 50mm 而直径又小于 600mm 的受压件是很少有的。此时按 $0.433\sqrt{D_p S}$ 计算出的直段数值都较大，规定 $L \geqslant 50mm$ 是无问题的。

（2）美国 ASME

当封头的外径或炉胆连接件的孔径不大于 24in（约 600mm）时，直段的长度不小于 1in（约 25mm）；大于 24in（约 600mm）时，直段的长度不小于 1.5in（约 38mm）。对照表 3-1 可知，在 $D_p=600mm$ 及以下时，尤其是在扳边元件厚度 $S=20mm$ 及以下时，ASME 关于扳边元件直段长度的规定与 1996 版《蒸汽锅炉安全技术监察规程》相比，可以更多地避免与 $0.433\sqrt{D_p S}$ 相接近。

在 $D_p > 600mm$ 时，ASME 规定扳边元件直段 $L \geqslant 38mm$。此时在不同壁厚范围内都可避免直段长度与 $0.433\sqrt{D_p S}$ 相接近的问题。

（3）欧洲标准 EN12952-3:2001(E)

欧洲标准不区分封头直径和壁厚大小，将封头直段长度一律规定为等于或大于 50mm，的确比较简单，但对于直径和壁厚较小的封头，此直段长度又嫌较大了一些，封头的加工制造难度增加。

（4）原联邦德国国家标准

原联邦德国国家标准《蒸汽锅炉技术规程》（TRD）关于扳边元件直段长度的规定显然

比较保守，直段长度过长了。也许考虑尽可能将此长度超出前述之 $Z=\sqrt{D_\mathrm{p}S}$ 边界效应的影响范围，这样虽然可有效避免了与 $0.433\sqrt{D_\mathrm{p}S}$ 计算值相接近，但过长的直段会给封头的加工制造带来麻烦。

6.扳边元件直段长度的规定

美国 ASME 相对于 1996 版《蒸汽锅炉安全技术监察规程》而言，关于扳边元件直段长度的规定更加简单明了，而且可以更多地避免直段长度与 $0.433\sqrt{D_\mathrm{p}S}$ 计算值相接近问题。用筒体直径大于或不大于 600mm 一个数值来作为扳边元件直段长度的分界点，更客观也更直观。因为筒体直径一般远大于筒体壁厚，筒体直径对于 $0.433\sqrt{D_\mathrm{p}S}$ 计算值的影响更大，可见 ASME 的封头直段长度规定已经能考虑了筒体端部边界效应问题。我国引进大量国外技术都是按照 ASME 规范生产的，多年实践证明也是安全的。因此在 2012 版《锅规》制定时吸纳借鉴了 ASME 的有关规定。

本条款保留了原《锅规》条款 3.10 扳边元件直段长度的内容。

3.11 套管

B 级以上（含 B 级）蒸汽锅炉，凡能够引起锅筒（壳）壁或者集箱壁局部热疲劳的连接管（如给水管、减温水管等），在穿过锅筒（壳）壁或者集箱壁处应当加装套管。

- 条款说明：保留条款。
- 原《锅规》：3.11 加装套管（略）
- 条款解释：本条款是为了防止产生锅筒（壳）壁或集箱壁局部热疲劳，对给水管、减温水管等穿过锅筒（壳）壁或集箱壁处应加装套管所作出的规定。

给水管、减温水管等穿过锅筒（壳）壁或集箱壁处，由于管内水温和锅筒（壳）壁或集箱壁的壁温存在较大温差，将会因产生温差应力而引起热疲劳。特别是中、高压锅炉的锅筒或减温器集箱其壁厚较厚，如果给水或减温水的水温与壁温温差较大，在给水管孔处或喷水管孔处将产生较大的温差应力，锅炉长期运行后将可能在管孔四周产生辐射状的疲劳裂纹。给水管或减温水管加装保护套管之后，由于给水管或减温水管与锅筒壁或减温器集箱壁不直接接触，避免了温差应力的发生，从而也就有效防止和避免了锅筒或减温器集箱管孔四周出现疲劳裂纹，确保锅炉安全运行。

本条款基本保留了原条款的相关规定，仅作了一些文字上的修改。如：原条款"3.11 加装套管"改写为"3.11 套管"；"B 级及以上蒸汽锅炉"改写为"B 级以上（含 B 级）蒸汽锅炉"；"锅筒（锅壳）"改写为"锅筒（壳）"等，用语更加规范。

3.12 定期排污管

（1）锅炉定期排污管口不应当高出锅筒（壳）或者集箱内壁的最低表面；

（2）小孔式排污管用作定期排污时，小孔应当开在排污管下部，并且贴近筒体底部。

- 条款说明：保留条款。
- 原《锅规》：3.12 定期排污管（略）
- 条款解释：本条款是对排污管口位置的规定。

锅炉排污的目的，是排掉含盐浓度较高的锅水以及锅水中的腐蚀物及沉淀物，使锅水含盐量维持在规定的范围之内，以防范、减小锅水的膨胀及出现泡沫层，从而可降低蒸汽湿度及含盐量，保证良好的蒸汽品质。同时，排污还可避免或减轻蒸发受热面管内结垢。锅炉定期排污又叫间断排污或底部排污，定期排污是每隔一定时间排放一次，其主要作用是排除积聚在锅筒下部的、因加入锅筒的磷酸盐药剂与锅水中的钙、镁离子生成的水渣，当然也带出溶于锅水中的盐分。为了最大限度地排出炉水杂质，定期排污的排放位置当然应该是沉淀水渣较多的锅筒（壳）的最低部位，排污口就应设置在锅筒（壳）或集箱的内壁最低表面。电站锅炉的定期排污大多从水冷壁下集箱排放。定期排污持续时间很短，但排出锅筒内沉淀物的能力很强。

本规程对原《锅规》条款仅作了个别文字修改，如："锅筒"改写为"锅筒（壳）"，"集箱的内壁"改写为"集箱内壁的"。

3.13　紧急放水装置

电站锅炉锅筒应当设置紧急放水装置，放水管口应当高于最低安全水位。

- **条款说明：**保留条款
- **原《锅规》：**3.13　紧急放水装置（略）
- **条款解释：**本条款是对锅筒设置紧急放水装置的规定。

锅筒设置紧急放水装置的目的是一旦锅筒发生满水事故，可迅速降低锅筒水位，以保证蒸汽品质。电站锅炉所用的蒸汽均为过热蒸汽，锅筒满水后将会使饱和蒸汽的干度下降，湿度过大的饱和蒸汽进入过热器后继续蒸发，将会造成过热器内壁结垢，影响过热器的传热和使用寿命。同时也会影响过热蒸汽品质，进而影响到汽轮机的安全运行。紧急放水管口应当高于最低安全水位，主要是为了避免在紧急放水时造成水位降低到最低安全水位之下。但是紧急放水管口也不应高于正常水位，如紧急放水管口接在正常水位之上，当汽水共腾时，不易将水迅速放出。

3.14　水（介）质要求、取样装置和反冲洗系统的设置

应当根据锅炉结构、运行参数、蒸汽质量要求等因素，明确水（介）质标准及质量指标要求。取样点的设置应当保证所取样品具有代表性。取样器和反冲洗系统设置要求如下：

（1）A级锅炉的省煤器进口（或者给水泵出口）、锅筒、饱和蒸汽引出管、过热器、再热器、凝结水泵出口等应当设置水汽取样装置；

（2）A级锅炉的过热器一般需要设置反冲洗用接口，反冲洗的介质也可以通过主汽阀前疏水管路引入；

（3）B、C级蒸汽锅炉给水泵出口和蒸汽冷凝回水系统应当设置取样装置，锅水（直流锅炉除外）和热力除氧器出水应当设置具有冷却功能的取样装置，对蒸汽质量有要求时，应当设置蒸汽取样装置；热水锅炉应当在循环泵出口设置锅水取样装置。

- **条款说明：**修改条款。
- **原《锅规》：**3.14　水汽取样器和反冲洗系统的设置

锅炉应当按照以下情况配置水汽取样器和反冲洗系统，并且在锅炉设计时，选择有代表性位置设置取样点：

（1）A级直流锅炉的给水泵出口设置给水取样点；

（2）A级锅炉的省煤器进口、锅筒、饱和蒸汽引出管、过热器、再热器等部位，配置水汽取样器；

（3）A级锅炉的过热器一般需要设置反冲洗系统，反冲洗的介质也可以通过主汽阀前疏水管路引入；

（4）B、C级锅炉需要配置锅水取样器，对蒸汽质量有要求时，设置蒸汽取样器。

● **条款解释：** 本条款是对水（介）质的要求及设置水、汽取样器和反冲洗系统的规定。

1.本条款在原条款的基础上作了补充修改，补充了"应当根据锅炉结构、运行参数、蒸汽质量要求等因素，明确水（介）质标准及质量指标要求。"的规定。

为满足锅炉安全运行、节能等有关要求，必须要对水（介）质的质量有所要求。本规程前言指出，本规程的制定是以现有的《锅炉安全技术监察规程》、《锅炉化学清洗规则》、《锅炉水（介）质处理监督管理规则》、《锅炉水（介）质处理检验规则》等九个规范为基础，整合形成了关于锅炉的综合技术规范，即本规程。因此，本条款新增了关于水（介质）方面的内容。原则上强调了在锅炉设计、运行时应当明确水（介）质标准及质量指标要求。

本规程第3章是对锅炉设计作出规定。锅炉设计包含性能设计和结构设计两个方面的内容，因此要求锅炉制造单位和管道系统设计单位设计时必须要求设置水汽取样点，以保证锅炉运行时的水汽质量监控。

现行锅炉水（介质）质量要求及质量指标的相关标准如下：

额定工作压力低于3.8MPa的蒸汽锅炉和热水锅炉，水质应当符合GB/T 1576《工业锅炉水质》标准。

额定工作压力高于等于3.8MPa的A级锅炉，水汽质量应符合GB/T 12145《火力发电机组及蒸汽动力设备水汽质量》标准。

有机热载体锅炉介质应符合GB/T 24747《有机热载体安全技术条件》标准。

有时虽然锅炉参数相同，但有可能因锅炉结构、用途等某些因素影响，锅炉所需控制的水（介质）汽质量有所不同。因此锅炉设计应当根据锅炉结构、运行参数、蒸汽质量要求等因素，明确水（介）质标准及质量指标要求。

有的锅炉对水汽（介质）质量另有要求时，应当在设计资料中明确提出。例如GB/T 1576《工业锅炉水质》标准允许工作压力低于等于1.0MPa的自然循环锅炉采用锅内水处理。但有些结构的锅炉采用锅内水处理很容易结垢，需要采用锅外水处理。有的不用作发电的A级无过热器锅炉对蒸汽质量要求不高（例如油田注水用小型直流锅炉，工作压力可达9.8MPa或更高），其水汽质量没有必要而且也难以达到GB/T 12145标准的要求，锅炉设计时可根据锅炉结构和用途，有针对性地提出具体的水汽质量指标要求。

2.锅炉水汽取样装置的合理设置是保证水汽样品具有代表性及检测准确性的重要前提。因此本条款规定了从锅炉给水至热力系统流程各部位取样器的设置要求。

（1）本条款合并和修改了原条款的（1）和（2），并增加了凝结水泵出口设置取样装置的要求。凝结水是锅炉给水的主要来源，通过检测凝结水可以及时发现并处理凝汽系统的腐蚀或泄漏问题，确保给水质量。A级锅炉的水汽取样装置应当符合DL/T 5068《发电厂化学设计规范》的设置要求。水（介质）、蒸汽样品的采集是保证分析结果准确的一个重要步骤，因此需要从锅炉及其热力系统的各个部位取出具有代表性的水（介质）和蒸汽样品。本条款明确指出，A级锅炉的省煤器进口（或者给水泵出口）、锅筒、饱和蒸汽引出管、过热器、再热器、凝结水泵出口等应当设置水汽取样装置。

（2）本条款由原条款的（3）修改而来，仅作了个别文字修改。A级锅炉一般均布置有垂直管圈过热器，其蛇形管底部易堆积沉积物，因此需要对过热器实施反冲洗，为了实施反冲洗，也就需要设置反冲洗接口。本条款将原条款条文中的"反冲洗系统"修改为"反冲洗用接口"，更符合实际情况。

反冲洗的介质也可以通过主汽阀前疏水管路引入，此时过热器就无需设置反冲洗用接口了。

（3）本条款在原条款（4）条文基础上作了补充修改，增加了B、C级锅炉给水泵出口、蒸汽冷凝回水系统应当设置取样装置，要求锅水和热力除氧器出水应当设置具有冷却功能的取样装置。也增加了热水锅炉应当在循环泵出口设置锅水取样装置。之前有些B、C级锅炉给水无取样点，大多取交换器出口的补给水作为给水进行测定，并不能真实反映锅炉给水质量。因此本条款增加了在给水泵出口设置取样点的要求。

蒸汽冷凝水回用具有十分显著的节能节水效果，但如果蒸汽及回水系统管道产生腐蚀或受到污染，将直接影响给水质量。因此，蒸汽冷凝回水系统应当设置取样装置。

工业用直流锅炉没有锅筒和集箱，给水进入螺旋形盘管后随着连续加热而蒸发浓缩，通过汽水分离器分离后的浓缩水，少部分经排污管路而排放，大部分则通过疏水器返回至除氧给水箱，与补给水、蒸汽冷凝返回水一起进入锅炉。所以，除氧给水箱中的给水相当于普通工业锅炉锅筒中的锅水，因此GB/T 1576《工业锅炉水质》标准也对工业用直流锅炉仅规定了给水质量要求，通常在除氧给水箱出口取样，不需另行设置锅水取样器。

有机热载体锅炉的介质取样要求在本规程第10章10.2.4.9条款中作出了规定。

3.15 膨胀指示器

A级锅炉的锅筒和集箱应当设置膨胀指示器。悬吊式锅炉本体设计确定的膨胀中心应当予以固定。

- **条款说明：** 保留条款。
- **原《锅规》：** 3.15 膨胀指示器（略）
- **条款解释：** 本条款是对A级锅炉设置膨胀指示器和悬吊式锅炉膨胀中心应予以固定的规定。

1.本规程条款3.4锅炉结构的基本要求（6），规定了锅炉各部件在运行时应当能够按照设计预定方向自由膨胀，这是对锅炉各部件受热膨胀的原则要求，对于A级锅炉的锅筒和集箱，其膨胀问题仅满足这一要求还远远不够。A级锅炉的锅筒及集箱都是主要受压元件，是否能按设计预定方向自由膨胀，是一个关系到锅炉安全运行的重要问题，装设膨胀指示器可有效显示、监控膨胀方向和膨胀位移量，保证锅炉运行安全。

2.明确了悬吊式锅炉本体设计的膨胀中心应予固定。高参数、大容量电站锅炉的本体基本上均采用悬吊式结构，即整个锅炉本体的荷载通过吊杆悬吊在锅炉顶部几根钢结构的大梁上，然后再通过锅炉钢柱将锅炉荷载传递于地基之上。锅炉的这种悬吊形式，在锅炉运行时保证了锅炉各个部件按照设计预定方向膨胀，即向下和前后左右都能自由膨胀。

（1）锅炉膨胀中心固定后，就明确了锅炉各部件膨胀位移的计算零点。锅炉设计时就可以计算出各种工况下的锅炉部件膨胀方向和膨胀位移量。在此基础上就可以进行受热面和管道系统应力分析和锅炉整体密封设计。锅炉设计时，除按照国家强度计算标准进行强度计算外，还必须进行锅炉整体系统的应力分析，确定系统所有部位的应力状况，以便采取相应措施，保证锅炉运行安全。计算锅炉密封部位的膨胀方向和位移量，也便于锅炉密封设计时采取相应措施，确保锅炉运行时锅炉本体和烟风道各部位密封，避免烟风向炉内外泄漏。

（2）膨胀中心的位置。悬吊式锅炉的膨胀中心是根据各种不同型式的锅炉运行的实际经验加以确定的。这个膨胀中心是人为设置的，而不是锅炉各部分膨胀的自然中心。要确定锅炉的一个自然膨胀中心十分困难，几乎是不可能的。国内外大量锅炉设计资料表明，膨胀中心的位置是根据经验按炉型来确定的。常见的单炉膛Ⅱ型锅炉，膨胀中心的位置一般设定在炉膛左右侧中心线上、选择在炉膛后水冷壁前方一定距离与炉顶顶棚过热器的交点处。膨胀中心的固定靠设置于锅炉不同标高处钢结构梁柱上的导向或限位装置来实现。

3.16 与管子焊接的扁钢

膜式壁等结构中与管子焊接的扁钢，其膨胀系数应当和管子相近，扁钢宽度的确定应当保证在锅炉运行中不超过其金属材料许用温度，焊缝结构应当保证扁钢有效冷却。

- **条款说明：** 保留条款。
- **原《锅规》：** 3.16 与管子焊接的扁钢（略）
- **条款解释：** 本条款是对膜式壁管间扁钢的规定。

1.膜式壁扁钢与管子材料的膨胀系数应相近，可避免扁钢和管子间因相对膨胀量过大而产生的附加应力，防止扁钢与管子焊接处撕裂。

2.扁钢宽度的限制。本规程对扁钢的宽度只是一个原则要求，即锅炉运行时扁钢的各部位的温度不应超过其金属材料许用温度。锅炉运行时，扁钢受到火焰或高温烟气加热后，通过扁钢自身的热传导作用，将热量传导给管壁，再经管壁传送给管内介质。因此，扁钢自身也得到了有效冷却而不至于金属材料过热。扁钢宽度越大，扁钢宽度中心部位因为距离管壁较远而得不到有效冷却，其金属壁温也就更高，有可能超出扁钢金属的许用温度。因此，对于扁钢宽度应有一定的限制。

3.焊缝结构应当保证扁钢有效冷却。如上所述，扁钢受热后，将以热传导方式向管壁传热，从而扁钢自身也就得到了冷却。若扁钢和管子间的连接焊缝有脱焊、虚焊等熔合质量问题或焊缝高度过低，将会直接影响到扁钢和管壁间的热传导，致使扁钢金属壁温升高，得不到有效冷却。因此，本条款要求"焊缝结构应当保证扁钢有效冷却"。

3.17 喷水减温器

（1）喷水减温器的集箱与内衬套之间以及喷水管与集箱之间的固定方式，应当能够保证其相对膨胀，并且能够避免产生共振；

（2）喷水减温器的结构和布置应当便于检修；在减温器或者减温器进（出）口管道上应当设置一个内径不小于80mm的检查孔，检查孔的位置应当便于对减温器内衬套以及喷水管进行内窥镜检查。

- **条款说明：** 修改条款。
- **原《锅规》：** 3.17 喷水减温器

（1）喷水减温器的集箱与内衬套之间以及喷水管与集箱之间的固定方式，应当能够保证其相对膨胀，并且能够避免产生共振；

（2）喷水减温器的结构和布置应当便于检修；应当设置一个内径不小于80mm的检查孔，检查孔的位置应当便于对减温器内衬套以及喷水管进行内窥镜检查。

- **条款解释：** 本条款是对喷水减温器结构布置的规定。

1.减温器集箱与套管、喷水管与集箱的固定方式要保证其相对膨胀。喷水减温这种减温方式是将减温水以雾状喷入减温器内的过热蒸汽中，因减温水的汽化而降低过热蒸汽温度。通过调节喷水量，达到调节过热蒸汽温度的目的。为了防止减温器集箱因喷进相对温度较低的减温水而引起的减温器筒体金属热疲劳，除了减温器喷水管应加装保护套管外，在减温器内还要加装内衬套，以防止相对较冷的减温水直接喷洒到减温器内壁上。无论是喷水减温器的筒体与内衬套，还是筒体与喷水管，由于金属温度不同，受热后膨胀量也不一样，因此它们之间的固定方式要能够使其相对膨胀，以防止产生附加热应力。锅炉运行时，减温器喷水管或喷水头因结构尺寸固有频率等问题，可能导致在蒸汽流中发生共振现象，引发喷水管或喷水头脱落事故，影响锅炉安全运行。因此，本条款要求减温器筒体与内衬套之间以及喷水管与筒体之间的固定方式，要保证其相对膨胀并能够避免产生共振现象。

2. 减温器的结构应便于检修。喷水减温器的内衬套因反复接触较冷的喷水而产生热疲劳问题，易发生热疲劳损坏，所以减温器的结构设计应便于更换内衬套。

3. 锅炉大量检验案例说明，由于减温器工作条件恶劣，内部元件极易损坏，特别是内部套管和固定装置，时常会出现疲劳裂纹甚至发生断裂。因此，需要在适当位置设置检查孔，以便于使用内窥镜检查喷水减温器内部情况。本条款保留了原条款对检查孔的内径尺寸不小于80mm的要求。由于减温器喷水管及喷头一般都位于减温器端部，其附近很难再有增设检查孔的合适位置，因此，本条款进一步明确了检查孔的设置位置，既可以设置在减温器上，也可以设置在与减温器相连接的进出口管道上。

3.18　锅炉启动时省煤器的保护

设置有省煤器的蒸汽锅炉，应当设置旁通水路、再循环管或者采取其他省煤器启动保护措施。

- **条款说明**：修改条款。
- **原《锅规》**：3.18　锅炉启动时省煤器的保护

设置有省煤器的锅炉，应当设置旁通水路、再循环管或者采取其他省煤器启动保护措施。

- **条款解释**：本条款是锅炉启动时对省煤器保护的规定。

1. 省煤器"水击"问题

锅炉启动初期，由于没有向锅炉补充给水，省煤器中的水处于静止状态。随着烟温的逐渐升高，省煤器中的水有可能会产生蒸汽，这些蒸汽以汽泡形式封存在省煤器中，直到锅炉开始供水，汽泡才连同给水一起流入锅筒。

如果在锅炉启动时省煤器有蒸汽产生，在开始给水时可能会使锅筒水位调节滞后。同时，省煤器内的汽泡由于与温度相对较低的给水接触而骤然凝结，形成局部真空，从而产生水击现象，严重时可导致省煤器损坏。

2. 锅炉启动时省煤器的保护措施

一些工业锅炉在省煤器进出口之间设置有旁通水路，锅炉启动时切断省煤器与锅筒的联系，省煤器和旁通水路之间形成水的自然循环流动，达到保护省煤器的目的。

还有个别工业锅炉在省煤器烟道进出口间设置有旁通烟道，锅炉启动时打开旁通烟道，原本流经省煤器烟道的烟气经旁通烟道直接短路到省煤器之后的烟道，省煤器烟道没有烟气流通，省煤器自然就得到了保护。

电站锅炉一般在集中下降管或锅筒至省煤器入口集箱之间设置有省煤器再循环管，再循环管与省煤器形成一个自然循环回路。锅炉启动时，省煤器中即使有汽泡产生，汽泡也会因自然循环的存在而随同循环水流进入锅筒，就不会在省煤器中聚集。没有汽泡聚集，开始给水时就不会发生水击现象，省煤器因此而得到保护。

3. 防"水击"的重点在于保护铸铁式省煤器

铸铁式省煤器的强度不高，一般只用于工作压力低于 2.2MPa 的锅炉中。铸铁耐腐蚀性好，常用于给水未经除氧处理的小型锅炉中，使其不至于因省煤器管壁腐蚀而很快损坏。但是，由于铸铁性脆，不能承受冲击，因此在锅炉启动初期，防止水击现象发生从而保护铸铁式省煤器是非常必要的。

4. 再热机组电站锅炉不需要装设省煤器再循环管。

再热机组电站锅炉高温高压蒸汽由锅炉高温过热器出口进入汽轮机高压缸作功后，又被引入锅炉再次加热，然后进入汽轮机中压缸再次作功。

锅炉点火启动时，由于汽轮机没有回汽进入到锅炉再热器受热面之中，此时再热器处于干烧状态，金属壁温将会急剧上升，这是不允许的。为此，锅炉炉膛出口装设有烟温探针，严格限制锅炉启动时的炉膛出口烟气温度。亚临界自然循环锅炉启动时炉膛出口烟温一般限定为低于 538℃，相当于高温再热器管组材料等级最低的 15CrMo 合金钢管许可的使用温度。

省煤器布置于锅炉尾部，其烟温远低于高温再热器烟温，锅炉启动时控制了炉膛出口烟温，就不存在所谓避免"烧坏"省煤器的保护问题了。

5. 省煤器再循环管对锅炉的不良作用

一般电站锅炉，省煤器再循环管将锅筒和省煤器入口相连通，管路上设置有截止阀，锅炉点火启动时将此阀打开，锅炉启动后再将此阀关闭。也就是说锅炉正常运行时此阀应始终处于关闭状态。

然而，阀门关闭不严而漏流是十分常见的问题。对截止阀而言，即使截止阀处于正常关闭状态也会有一定的漏流量，更不必讲截止阀本身难免处于非正常状态了。锅炉正常运行时，当省煤器再循环管路上的阀门漏流时，一部分给水将会由省煤器入口不经省煤器而由再循环管直接进入锅筒，给水温度相对锅筒内的饱和水温而言是低温"冷水"，直接进入锅筒而危及锅筒的安全，也将干扰锅炉的正常水循环，对于锅炉安全运行显然是不利的。

锅炉实际运行时也发生过一部分"冷水"（给水）不经省煤器而由再循环管直接进入锅筒、导致锅筒内壁出现裂纹的问题。因此，早在 20 世纪 90 年代，许多 300~600MW 亚临界电站锅炉机组陆续取消了省煤器再循环管。实践证明，这样不仅不会损坏省煤器，反而更加有利于锅炉的安全运行。

综上所述，关于锅炉启动时省煤器保护问题，对于中低压锅炉，尤其是装有铸铁式省煤器的锅炉，应当装设旁通水路、旁通烟道或省煤器再循环管。

再热机组电站锅炉，锅炉启动时保护的重点是处于干烧状态的再热器而不是省煤器。装设炉膛出口烟温探针的直接目的虽然是保护再热器，当然也客观上保护了省煤器。尽管省煤器无需保护，若一定要为了"保护"而保护，炉膛出口装设烟温探针也就是本条款所说的"采取其他省煤器启动保护措施"了。

对非再热机组而言，从防止或抵御锅炉启动时可能发生的省煤器水击问题而言，只要选用了钢管式省煤器，也就可以说是从省煤器选材角度已经考虑"采取其他省煤器启动保护措施"了。

对于直流电站锅炉而言，均设置有锅炉启动系统，在锅炉点火启动前就必须不间断地向锅炉供水，而锅炉供水首先要流经省煤器，即省煤器中始终就存在水的流动，根本就不再有所谓的省煤器启动保护问题了。

　　本条款保留了原条款全部文字内容，仅仅增添了"蒸汽"两个字，将原条款"设置有省煤器的锅炉"修改为"设置有省煤器的蒸汽锅炉"，用词更加严谨。非蒸汽锅炉，也可以有省煤器，但并无本条款所说的锅炉启动时的省煤器保护问题。

3.19　再热器的保护

　　电站锅炉应当装设蒸汽旁路或者炉膛出口烟温监测等装置，确保再热器在启动及甩负荷时的冷却。

- **条款说明：** 保留条款。
- **原《锅规》：** 3.19 再热器的保护（略）
- **条款解释：** 本条款是关于再热器保护的规定。

　　再热器的保护就是防止再热器壁温超温的问题，保证再热器在锅炉启动或甩负荷时不会因壁温超温而损坏，即保证了锅炉安全、经济运行。本条款规定，应当装设蒸汽旁路或者炉膛出口烟温监测等装置，确保再热器在锅炉启动或甩负荷时的冷却，以防止管壁金属超温。

　　正如上述要求锅炉启动时省煤器保护的条款解释所言，对于再热器，无论是锅炉启动还是汽轮机甩负荷时，都不会有蒸汽从汽轮机抽回进入再热器将其再次加热，此时再热器内没有介质流动，处于干烧状态，有可能造成再热器的损坏。锅炉启动时，由于炉膛出口烟温探针严格限制了炉膛出口烟温，尽管此时再热器处于干烧状态，但仍然是安全的。当汽机甩负荷时，锅炉出口主蒸汽先后流经高压旁路和低压旁路，经再热器排出，再热器因获得了足够的冷却而得到了可靠的保护。

3.20　吹灰及灭火装置

　　装设油燃烧器的 A 级锅炉，尾部应当装设可靠的吹灰及空气预热器灭火装置。燃煤粉或者水煤浆锅炉、生物质燃料锅炉以及循环流化床锅炉在炉膛和布置有过热器、再热器和省煤器的对流烟道，应当装设吹灰装置。

- **条款说明：** 修改条款。
- **原《锅规》：** 3.20　吹灰及灭火装置

　　装设油燃烧器的 A 级锅炉，尾部应当装设可靠的吹灰及空气预热器灭火装置。燃煤粉或者水煤浆锅炉在炉膛和布置有过热器、再热器的对流烟道，应当装设吹灰装置。

- **条款解释：** 本条款是对设置吹灰及灭火装置的规定。

　　1. 装设油燃烧器的 A 级锅炉，锅炉尾部应装有空气预热器吹灰与灭火装置。在锅炉启动或调整燃烧时，如果氧气供应不充分或不及时，喷入炉膛内的油雾因燃烧不完全所形成的细小炭黑将被烟气带到尾部空气预热器并粘结在空气预热器上。这些油污如果得不到及时清理，炭黑越积越多，尤其在锅炉启动运行时，将会起火燃烧，烧毁空气预热器。为了防止锅炉尾部发生二次燃烧事故，本条款规定要装设吹灰及灭火装置。装设有点火油枪的煤粉电站锅炉，也应属于装设油燃烧器的锅炉之列，锅炉启动阶段及低负荷投油稳燃时，也会发生油污聚集于尾部空气预热器上的问题。因此，锅炉尾部也应当装有空气预热器吹灰及灭火装置。

　　2. 燃煤粉或者水煤浆锅炉、生物质燃料锅炉以及循环流化床锅炉，在炉膛和布置有过热器、再热器和省煤器的对流烟道应装设吹灰装置。锅炉运行时，炉内水冷壁或布置于对流烟道内的过热器、再热器、省煤器上会出现结焦或沾污积灰现象，导致水冷壁、过热器、再热器和省煤器传热恶化。为了保证锅炉蒸汽参数达到设计规定值，保证锅炉效率，应当在炉膛或布置有过热器、再热器和省煤器的对流烟道装设吹灰装置，以便及时清理这些受热面上的焦与灰。

3. 本条款增加了对生物质燃料锅炉和循环流化床锅炉的要求，其受热面结焦或沾污积灰问题本质上是和燃煤粉锅炉相同的，生物质燃料锅炉受热面粘污积灰往往还会导致管壁腐蚀问题，因此也要对其提出同样的吹灰要求。锅炉对流烟道不仅布置有过热器、再热器，也布置有省煤器，因此本条款也增加了对省煤器的吹灰要求。

3.21　尾部烟道疏水装置

B 级及以下燃气锅炉和冷凝式锅炉的尾部烟道应当设置可靠的疏水装置。

- **条款说明**：保留条款。
- **原《锅规》**：3.21　尾部烟道疏水装置（略）
- **条款解释**：本条款是对尾部烟道设置疏水装置的规定。

工业锅炉排烟温度一般在 $160 \sim 250 ℃$，烟气中的水蒸气仍处于过热状态，不会凝结成液态的水而释放汽化潜热。冷凝式锅炉就是利用高效的烟气冷凝余热回收装置来吸收锅炉尾部排烟中的显热和水蒸气凝结所释放的潜热，以达到提高锅炉热效率的目的。冷凝式锅炉能够回收烟气中水蒸气潜热的多少与锅炉所使用的燃料种类和锅炉的出水温度有关。当无冷凝回收装置的普通锅炉燃烧天然气时，如果锅炉的热效率按燃料低位发热量计算为 90%，采用冷凝式余热回收装置后，排烟温度降到 $30 \sim 50 ℃$，其热效率将会提高到 107% 左右（这是计算热效率的方法不同，而非违背能量守恒定律）。当锅炉尾部受热面金属壁温低于烟气露点温度时，烟气中的水蒸气将被冷凝而成为凝结水。B 级及以下燃气锅炉和冷凝式锅炉尾部烟道烟气侧易形成冷凝水，而且容易短时间内形成大量冷凝水，这些冷凝水对金属腐蚀性很强，必须设置可靠的疏水装置将其及时排出，以保证锅炉的正常运行。

本条款对原条款仅仅增加了一个"的"字，即"锅炉尾部"修改为"锅炉的尾部"，所以仍称其为保留条款。

3.22　防爆门

额定蒸发量小于或者等于 75t/h 的燃用煤粉、油、气体及其他可能产生爆燃的燃料的水管锅炉，未设置炉膛安全自动保护系统的，炉膛和烟道应当设置防爆门，防爆门的设置不应当危及人身安全。

- **条款说明**：修改条款。
- **原《锅规》**：3.22　防爆门

额定蒸发量小于或者等于 75t/h 的燃用煤粉、油或者气体的水管锅炉，未设置炉膛安全自动保护系统时，炉膛和烟道应当设置防爆门，防爆门的设置不应当危及人身安全。

- **条款解释**：本条款是对炉膛和烟道设置防爆门的规定。

1. 燃用煤粉、油、气体及其他可能产生爆燃的燃料的水管锅炉，其炉膛在非正常燃烧工况下，如煤粉混合浓度过高等等，一旦具备合适的条件，如炉温等符合煤粉爆燃条件，将会发生炉膛爆炸事故。一般大型电站锅炉燃烧自动化控制程度很高，都设置有炉膛安全保护系统装置。该装置在锅炉启动、运行及停炉的各个阶段，连续实时监测锅炉有关运行参数，根据防爆规程规定的安全条件，不间断地进行逻辑判断和运算，通过相应联锁装置使燃烧设备按照既定程序完成必要操作。避免可能导致炉膛爆炸的空气-燃料混合物在炉膛、烟道内聚积，并在出现危及锅炉安全的状况时，迅速切断进入炉膛的所有燃料和空气，可有效预防炉膛发生爆炸事故。

2.额定蒸发量小于或者等于75t/h的燃用煤粉、油、气体及其他可能产生爆燃的燃料的水管锅炉，才要求在炉膛和烟道合适部位装设防爆门。防爆门的作用不在于防止炉膛发生爆炸，而是一旦发生炉膛爆炸，防爆门可以自行开启，起到炉膛泄压作用，降低炉膛破坏程度。对于水管锅炉炉膛装设防爆门的必要性，国内外锅炉业界认识尚不完全一致。国内也有锅炉技术人员提出防爆门不防爆的看法。随着锅炉容量的增加，炉膛容积越来越大，一旦炉膛发生爆炸，防爆门根本就来不及起到炉膛泄压的作用。国内大型电站锅炉早已不再装设防爆门，考虑到我国的习惯，对于容量较小的锅炉，一般还是要求装设防爆门。锅壳锅炉本身结构有足够的防爆能力，所以不要求装设防爆门。

3.防爆门的装设位置要考虑到锅炉运行操作人员通行的安全，以免防爆门一旦打开，伤及操作人员。

水管锅炉所用燃料除煤粉、油、气体之外，本条款又补充了燃用"其他可能产生爆燃的燃料"，锅炉也需要装设防爆门。

3.23　门孔

3.23.1　门孔的设置和结构

（1）锅炉上开设的人孔、头孔、手孔、清洗孔、检查孔、观察孔的数量和位置应当满足安装、检修、运行监视和清洗的需要；

（2）集箱手孔孔盖与孔圈采用非焊接连接时，应当避免直接与火焰接触；

（3）微正压燃烧的锅炉，炉墙、烟道和各部位门孔应当有可靠的密封，看火孔应当装设防止火焰喷出的联锁装置；

（4）锅炉受压元件人孔圈、头孔圈与筒体、封头（管板）的连接应当采用全焊透结构，人孔盖、头孔盖、手孔盖、清洗孔盖、检查孔盖应当采用内闭式结构；对于B级及以下锅炉，其受压元件的孔盖可以采用法兰连接结构，但是不得采用螺纹连接；炉墙上人孔门应当装设坚固的门闩，保证炉墙上监视孔的孔盖不会被烟气冲开；

（5）锅筒内径大于或者等于800mm的水管锅炉和锅壳内径大于1000mm的锅壳锅炉，均应当在筒体或者封头（管板）上开设人孔，由于结构限制导致人员无法进入锅炉时，可以只开设头孔；对锅壳内布置有烟管的锅炉，人孔和头孔的布置应当兼顾锅壳上部和下部的检修需求；锅筒内径小于800mm的水管锅炉和锅壳内径为800mm～1000mm的锅壳锅炉，应当至少在筒体或者封头（管板）上开设一个头孔；

（6）立式锅壳锅炉（电加热锅炉除外）下部开设的手孔数量，应当满足清理和检验的需要，其数量不少于3个。

- **条款说明**：修改条款。
- **原《锅规》**：3.23　门孔

3.23.1　门孔的设置和结构

（1）锅炉上开设的人孔、头孔、手孔、清洗孔、检查孔、观察孔的数量和位置应当满足安装、检修、运行监视和清洗的需要；

（2）集箱手孔孔盖与孔圈采用非焊接连接时，应当避免直接与火焰接触；

（3）微正压燃烧的锅炉，炉墙、烟道和各部位门孔应当有可靠的密封，看火孔应当装设防止火焰喷出的联锁装置；

（4）锅炉受压元件人孔圈、头孔圈与筒体、封头（管板）的连接应当采用全焊透结构；人孔盖、头孔盖、手孔盖、清洗孔盖、检查孔盖应当采用内闭式结构；对于B级及以下锅炉，其受压元件的孔盖可以采用法兰连接结构，但不得采用螺纹连接；炉墙上人孔门应当装设坚固的门闩，炉墙上监视孔的孔盖应当保证不会被烟气冲开；

（5）锅筒内径大于或者等于800mm的水管锅炉和锅壳内径大于1000mm的锅壳锅炉，均应当在筒体或者封头（管板）上开设人孔，由于结构限制导致人员无法进入锅炉时，可以只开设头孔；对锅壳内布置有烟管的锅炉，人孔和头孔的布置应当兼顾锅壳上部和下部的检修需求；锅筒内径小于800mm的水管锅炉和锅壳内径为800～1000mm的锅壳锅炉，应当至少在筒体或者封头（管板）上开设一个头孔；

（6）立式锅壳锅炉下部开设的手孔数量应当满足清理和检验的需要，其数量应当不少于3个。

● **条款解释**：本条款是对各种门孔设置和结构的规定。

本条款主要修改内容：保留了原条款（1）～（5）的全部内容（个别文字作了调整），对原条款（6）修改补充了一段文字"电加热锅炉除外"。下面按照本条款内容逐条进行解释：

1.锅炉上开设门孔的种类和作用。锅炉上开设门孔的种类包括人孔、头孔、手孔、清洗孔、检查孔和观察孔等等。这些孔的位置和数量要满足安装、检修、运行监视和清洗的要求。

锅筒上的人孔主要是为了安装、检修的需要。散装出厂的水管锅炉的锅筒内的部件一般是在安装工地进行安装，而锅壳式锅炉锅壳内的一些元件，如拉撑件与锅壳、管板的焊接也需要在锅壳内进行。锅炉检修时，检验人员和修理人员均需进入锅筒内，没有人孔无法完成上述工作。头孔是开在锅筒（锅壳）上，主要是为了检验之用。有些锅炉容积较小。锅筒直径较小，无法开设人孔，需要开设头孔，检验时检验人员虽然不能进入锅筒内，但头部可以伸入锅筒内察看其内部情况。

2.当集箱上的手孔盖与孔圈采用非焊接方式连接时，应避免与火焰直接接触。如果手孔直接与火焰接触，将会因得不到足够冷却而极易发生变形，同时孔盖与孔圈间的密封垫圈也极易老化，导致孔盖与孔圈失去了严密性，容易发生泄漏事故。

如果孔盖与孔圈采用焊接连接方式形成了一个整体，也就不存在孔盖与孔圈之间密封垫片的受热老化问题。孔盖在锅炉运行时也可以得到较好的冷却，也就可以与火焰直接接触了。

3.微正压燃烧的锅炉，炉膛内的压力稍高于炉外的大气压力，如果炉膛密封不住，火焰或高温烟气会从炉膛或烟道内自动向外喷出。不但恶化了操作环境，威胁操作人员的人身安全，同时也会降低锅炉热效率，缩短锅炉使用寿命。

看火孔应有防止火焰喷出的联锁装置。联锁装置的主要作用是，当打开看火孔的孔盖时，看火孔可同时自动向炉内吹射压缩空气，以防止火焰喷出伤人。

4.人孔圈、头孔圈与筒体、封头的连接应当采用全焊透结构，主要是考虑到这些焊缝对锅炉安全至关重要，大量锅炉事故也证明了这些部位是薄弱环节。受压件上的人孔盖、头孔盖和手孔盖等应采用内闭式结构，主要是考虑到内闭式结构在承压状态下密封效果更好，同时在承压情况下内闭式孔盖由于系统压力的作用不易打开，可防止汽水喷出伤人。B级及以下锅炉受压元件的孔盖可采用法兰连接结构是96版规程增加的条款。当时主要是考虑电加热锅炉结构的需要，后来热水锅炉下集箱采用法兰结构也便于清理集箱内部。螺纹连接因其无法长期保证密封性所以不得采用。

当锅炉处于正压燃烧状态时，为防止火焰喷出伤人，炉墙上的人孔门和监视孔的孔盖应当保证不会被烟气冲开。

5. 为了满足锅炉内部构件组装、维护、检验、修理等需要，锅炉应当在筒体或封头上开设人孔，以便人员能够进入内部空间作业。对于水管锅炉锅筒内径大于或等于800mm，对于锅壳锅炉的锅壳内径大于1000mm，均应当在筒体或者封头（管板）上开设人孔。由于结构原因，人员无法进入内部时，开设人孔已经没有实际意义可只开设头孔，以便于人员察看内部。

6. 以往发生锅炉爆炸事故较多的就是立式锅壳锅炉，究其原因，使用维护不当是事故发生的主要原因之一。特别是立式锅壳锅炉下脚圈由于原始设计制造缺陷加之清理维护不足，是此种类型锅炉事故的主要起爆点。立式锅壳锅炉下部开设手孔是为了满足泥垢清理和检验的需要，因此，本条款规定其下部开设的手孔数量不得少于3个。手孔数量分布应当满足整个下脚圈的周向检查和清理的需要。立式电加热锅炉由于拆除电极棒法兰后，即可对锅炉检查清理，本条款在要求立式锅炉下部开设手孔时，将电加热锅炉除外。

3.23.2　门孔的尺寸（注3-2）

（1）锅炉受压元件上，椭圆人孔应当不小于280mm×380mm，圆形人孔直径应当不小于380mm，人孔圈的密封平面宽度应当不小于19mm，人孔盖凸肩与人孔圈之间总间隙应当不超过3mm（沿圆周各点上不超过1.5mm），并且凹槽的深度应当能够完整地容纳密封垫片；

（2）锅炉受压元件上，椭圆头孔应当不小于220mm×320mm，颈部或者孔圈高度不应当超过100mm，头孔圈的密封平面宽度应当不小于15mm；

（3）锅炉受压元件上，手孔短轴应当不小于80mm，颈部或者孔圈高度不应当超过65mm，手孔圈的密封平面宽度应当不小于6mm；

（4）锅炉受压元件上，清洗孔内径应当不小于50mm，颈部高度不应当超过50mm；

（5）炉墙上椭圆人孔一般不小于400mm×450mm，圆形人孔直径一般不小于450mm，矩形门孔一般不小于300mm×400mm。

注3-2：如果因结构原因，颈部或者孔圈高度超过本条规定，门孔的尺寸应当适当放大。

- **条款说明**：保留条款。
- **原《锅规》**：3.23.2　门孔的尺寸（略）
- **条款解释**：本条款是对门孔几何尺寸的规定。

各种门孔几何尺寸的大小，既要兼顾门孔不同功能的需要，又要尽量减少因开孔尺寸过大而造成开孔部位强度减弱过多，增加制造成本。限制人孔的最小几何尺寸是为了方便工作人员进入筒体等锅炉不同部位内部；限制头孔、手孔的最小几何尺寸是为了便于检修人员的头（手）部能自如伸入筒体内。由于孔圈或颈部高度会妨碍检修人员头（手）部进入筒体内部后自由运动，因此对孔圈或颈部高度也规定了上限值，按此道理，当孔圈或颈部高度超过规定值时，孔的尺寸应当适当放大。

人孔圈、头孔圈和手孔圈密封面的尺寸是为了保证人孔、头孔和手孔的密封。本条款人孔圈最小的密封平面宽度为19mm，这与GB/T 16508—1996《锅壳锅炉受压元件强度计算》标准的规定一致。

3.24　锅炉钢结构

3.24.1　基本要求

支承式和悬吊式锅炉钢结构的设计，应当符合相关标准的要求。

- **条款说明**：修改条款。
- **原《锅规》**：3.24　锅炉钢结构

3.24.1　基本要求

支承式和悬吊式锅炉钢结构的设计应当符合 GB/T 22395《锅炉钢结构设计规范》的要求。

- **条款解释**：本条款是对锅炉钢结构设计的规定。

锅炉钢结构是锅炉的重要组成部分。目前大型电站锅炉的钢结构已是近百米之高的庞然大物，其重要性不言而喻，有必要对其基本设计要求进行规定。锅炉钢结构设计应当贯彻执行国家现行标准，符合相关标准的要求即可，做到技术先进、经济合理、安全适用。

3.24.2　平台、扶梯

作业人员立足地点距离地面（或者运转层）高度超过 2000mm 的锅炉，应当装设平台、扶梯和防护栏杆等设施。锅炉的平台、扶梯应当符合以下规定：

(1) 扶梯和平台的布置能够保证作业人员顺利通向需要经常操作和检查的地方；

(2) 扶梯、平台和需要操作及检查的炉顶周围设置的栏杆、扶手以及挡脚板的高度满足相关规定；

(3) 扶梯的倾斜角度一般为 45°～50°，个别位置布置有困难时，倾斜角度可以适当增大；

(4) 水位表前的平台到水位表中间的铅直高度宜为 1000mm～1500mm。

- **条款说明**：保留条款（仅将"操作人员"修改为"作业人员"，其他内容未作修改）。
- **原《锅规》**：3.24.2　平台、扶梯（略）
- **条款解释**：本条款是对锅炉扶梯和平台的规定。

本条款的规定主要是为了方便锅炉作业人员进行操作、检验、维修等日常活动。同时也是为了保证作业人员在工作中的人身安全，防止发生人身跌落事故。

平台、扶梯广泛应用于工业、建筑等各行各业。不同行业间的相关标准规定难免有所不同。原《锅规》制定时参考了这些不同的标准规定，经综合考虑后，形成了原条款。本条款保留了原条款的全部内容。

3.25　直流电站锅炉特殊规定

(1) 直流电站锅炉应当设置启动系统，其容量应当与锅炉最低直流负荷相适应；

(2) 直流电站锅炉采用外置式启动（汽水）分离器启动系统的，隔离阀的工作压力应当按照最大连续负荷下的设计压力考虑，启动（汽水）分离器的强度按照锅炉最低直流负荷的设计参数设计计算；采用内置式启动（汽水）分离器启动系统时，各部件的强度应当按照锅炉最大连续负荷的设计参数计算；

(3) 直流电站锅炉启动系统的疏水排放能力应当满足锅炉各种启动方式下发生汽水膨胀时的最大疏水流量；

(4) 直流电站锅炉水冷壁管内工质的质量流速在任何运行工况下都应当大于该运行工况下的最低临界质量流速。

- **条款说明**：保留条款。
- **原《锅规》**：3.25　直流电站锅炉特殊规定（略）
- **条款解释**：本条款是对直流电站锅炉的规定。

1.直流电站锅炉的启动特点是在锅炉点火前就必须不间断地向锅炉进水，建立足够的启动流量，确保给水连续不断地强制流经受热面，使其得到有效冷却。这就需要设置启动系统来实现，以使锅炉在启动、停炉和低负荷运行期间水冷壁管内工质的质量流速不小于最小直流负荷点（本生点）的质量流速。

2.直流锅炉采用外置式汽水分离器启动系统时，在锅炉由启动阶段转为纯直流运行后，汽水分离器即从系统中切除，因此仅隔离阀需按照最大连续负荷下的设计压力考虑，汽水分离器的强度按照锅炉最低直流负荷的设计参数设计计算即可。对于高参数大容量直流电站锅炉，为减少系统中的阀门数量、简化操作，避免切除汽水分离器时带来较大的汽温扰动以及考虑到调峰运行、机组频繁启停的要求，均采用内置式汽水分离器启动系统。汽水分离器在锅炉全部运行负荷范围内均在系统中不解列，因此其强度应当按照锅炉最大连续负荷的设计参数计算。

3.直流电站锅炉启动初期，锅炉蒸发受热面中会有汽水膨胀现象，且以热态启动时的膨胀流量最大，启动系统的疏水排放能力应大于这个膨胀流量，以避免过热器进水。

4.直流电站锅炉水冷壁管内工质的质量流速与负荷成正比。在任何运行工况下，管内工质的质量流速都必须超过该工况下的最低极限临界流速，以保证水冷壁管有足够的冷却能力，避免水冷壁管金属超温。为此，在省煤器进口处应设有流量测量装置，在给水流量低于启动所需流量时将发出报警信号，甚至炉膛安全保护系统动作。

第四章 制造

一、本章结构及主要变化

本章共有 6 节，分别由 4.1 "基本要求" 4.2 "胀接" 4.3 "焊接" 4.4 "热处理" 4.5 "焊接检验及相关检验" 4.6 "出厂资料、金属铭牌和标记" 组成。

本章主要变化为：

➢ 本章主体是保留条款；将《锅炉安全技术监察规程》更改为《锅炉安全技术规程》，在条款文字上做了相应的修改。

二、条款说明与解释

> ### 4.1 基本要求
>
> （1）锅炉制造单位对出厂的锅炉产品的安全节能环保性能和制造质量负责，不得制造国家明令淘汰的锅炉产品；
>
> （2）锅炉用材料下料或者坡口加工、受压元件加工成形后不应当产生有害缺陷，冷成形应当避免产生冷作硬化引起脆断或者开裂，热成形应当避免因成形温度过高或者过低而造成有害缺陷；
>
> （3）用于承压部位的铸铁件不准补焊；
>
> （4）对于电站锅炉范围内管道，减温减压装置、流量计（壳体）、工厂化预制管段等元件组合装置，应当按照锅炉部件或者压力管道元件组合装置的要求进行制造监督检验；管件应当按照锅炉部件的相关要求实施制造监督检验或者按压力管道元件的相关要求实施型式试验；钢管、阀门、补偿器等压力管道元件，应当按照压力管道元件的相关要求实施型式试验。

● **条款说明**：修改条款。

● **原《锅规》**：4.1 基本要求

（1）锅炉制造单位应当取得相应产品的特种设备制造许可证，方可从事批准范围内的锅炉产品制造，锅炉制造单位对出厂的锅炉产品性能和制造质量负责；

（2）锅炉用材料下料或者坡口加工、受压元件加工成形后不应当产生有害缺陷，冷成形应当避免产生冷作硬化引起脆断或者开裂，热成形应当避免因成形温度过高或者过低而造成有害缺陷。

● **条款解释**：本条款是对锅炉制造的基本要求。其中：

1. 第 4.1（1）条，将原条款修改为 "锅炉制造单位对出厂的锅炉产品的安全、节能、环保性能和制造质量负责，不得制造国家明令淘汰的锅炉产品；"

这是对锅炉制造厂出厂的锅炉产品性能和制造质量负责的原则要求。条款内容是根据《特设法》（2013 年）第十三条 "特种设备生产、经营、使用单位及其主要负责人对其生产、经营、使用的特种设备安全负责。" 和《条例》第十条 "特种设备生产单位对其生产的特种设备的安全性能和能效指标负责"、第十四条 "锅炉……的制造、改造单位，应当经国务院特种设备安全监督管理部门许可，方可从事相应的活动" 和《产品质量法》第二十六条 "生产者应当对其生产的产品质量负责" 的要求编制本款条文。

TSG 07—2019《特种设备生产和充装单位许可规则》已公布实施，对制造许可进行了系统的规定，故在本条款内容中，删除了 "锅炉制造单位应当取得制造许可证的规定"。

国家明令淘汰的锅炉产品规定源自《中华人民共和国节约能源法》第十七条，"禁止生产、进口、销售国家明令淘汰或者不符合强制性能源效率标准的用能产品、设备；禁止使用国家明令淘汰的用能设备、生产工艺"。《中华人民共和国节约能源法》第十六条规定了明令淘汰产品的发布部门："国家对落后的耗能过高的用能产品、设备和生产工艺实行淘汰制度。淘汰的用能产品、设备、生产工艺的目录和实施办法，由国务院管理节能工作的部门会同国务院有关部门制定并公布"。

　　2. 第4.1（2）条内容是保留条款。

　　本条款是对锅炉在制造加工过程中不应产生有害缺陷的规定。

　　（1）锅炉用材料下料或坡口加工，经常采用热切割、锯切、剪切、机加工或这些方法的组合；筒节、封头、端盖等元件常用钢板轧制、压制或整体锻制而成；集箱、管配件常用管子经机加工、挤压、拉拔或整体锻制而成；管件加工常用弯制、挤压、镦粗、缩颈、扩口等工序制作，或用由以上几种方法组合制成；锅炉制造加工方法不应损害锅炉用材料的冶金和力学性能、降低材料性能或产生有害缺陷。

　　（2）冷成形应避免冷作硬化引起脆断或开裂，必要时，成形前后应采取热处理措施。

　　（3）热成形应避免过热而晶粒粗化或成形温度过低而硬化，因此工艺应规定工件加热速率、温度、保温时间、成形最终温度以及成形后热处理要求等。

　　以上规定，在国际上，各主要锅炉安全规范都有相应的要求：

　　如：《97/23/EC欧共体承压设备指令》附录Ⅰ基本安全要求中，规定："在零部件的准备工作（例如成形和坡口加工）中，不得引起危及承压设备安全的缺陷、裂纹，也不得改变零部件材料的力学性能"，"永久性连接接头及其附近区域，不得有危及承压设备安全的表面缺陷或内部缺陷"；

　　ASME第1卷 动力锅炉建造规则中PG-75至PG-81是对制造的要求，表PG-19后冷加工成型应变范围和热处理要求；PW-29.2当采用热切割时，应考虑对母材的力学性能和金相组织有何影响。

　　3. 第4.1（3）条款是对承压部位的铸铁件不准补焊的规定。

　　这是原《锅规》第12.4.5条款的主要规定内容；铸件上焊接质量难以保证，因此受压铸件特别是高温区和应力集中区域产生缺陷后不应当进行焊接补焊；受压铸件如果有裂纹、缩松或者分散性夹砂（渣）缺陷时就不是某一点的问题，而是局部一片的问题，补焊不能消除此类缺陷，因此也不能进行焊接补焊。这和国外相关规定基本一致，实际制造过程中，出现此类问题，将原材料重新回炉是简单可行方法。

　　4. 第4.1（4）条款是新增加的内容；"对于电站锅炉范围内管道、减温减压装置、流量计（壳体）、工厂化预制管段等元件组合装置，应当按照锅炉部件或者压力管道元件组合装置的要求进行制造监督检验；管件应当按照锅炉部件的相关要求实施制造监督检验或者按压力管道元件的相关要求实施型式试验；钢管、阀门、补偿器等压力管道元件，应当按照压力管道元件的相关要求实施型式试验。"

4.2　胀接

4.2.1　胀接工艺

　　胀接施工单位应当根据锅炉设计图样和试胀结果制定胀接工艺规程。胀接前应当进行试胀。在试胀中，确定合理的胀管率。需要在安装现场进行胀接的锅炉出厂时，锅炉制造单位应当提供适量同牌号的胀接试件。

- **条款说明：**保留条款。
- **原《锅规》：**4.2.1 胀接工艺（略）
- **条款解释：**本条款是对胀接前应制定胀接工艺规定；

胀接是利用胀管器挤压伸入管板孔中的管子端部，使管端发生塑性变形，管板孔同时产生弹性变形，在取出胀管器后，管板孔弹性收缩，管板与管子就产生一定的挤紧压力（径向残余应力），紧密地贴在一起，以达到密封紧固连接。

1.胀接前应进行试胀工作；其目的是：（1）检查胀管器的质量，胀管器的质量直接关系到胀接的质量；（2）检查管子的胀接性能，通过试胀检查的结果对管材胀接性能加以评定；（3）通过对试件比较性检查结果确定合理的胀管率，也就是选取一个最佳的胀管率值。

2.制定胀接工艺；采用胀接方法将管子与管板（或锅筒）牢固地固定住，主要是利用在胀接过程中管壁和管孔壁不均匀变形而产生的残余径向应力，达到管子和管板牢固紧密的连接。为保持胀接质量的稳定性，减少人为的随意性，胀接工作应按胀接工艺规程进行。胀接工艺规程则是依据设计图样和试胀结果制定的，通过对试件进行比较性检查，确定合理的胀管率，编制胀接工艺规程，按工艺规程胀接，以保证胀接质量。

对于"要对试样进行比较性检查，检查胀口部分是否有裂纹，胀接过渡部分是否有剧烈变化，喇叭口根部与管孔壁的结合状态是否良好等，然后检查管孔壁与管子外壁的接触表面的印痕和啮合状况。"和"胀管操作人员应经过培训，并严格按照胀接工艺规程进行胀管操作"；这些具体要求可由相应的工艺或技术标准来确定。

3.要求锅炉制造单位为现场安装的锅炉提供试胀用的胀接试件（胀接试板应有管孔）。在锅炉安装现场，往往没有钢号相同厚度相同的管子和板材，给安装现场进行试胀工作带来一定的难度，有时还会引起不必要的争议。为此，自1987版规程以来一直保留此条款。

4.2.2 胀接管子材料

胀接管子材料宜选用低于管板（锅筒）硬度的材料。如果管端硬度大于管板（锅筒）硬度，应当进行退火处理。管端退火不应当用煤炭作燃料直接加热，管端退火长度应当不小于100mm。

- **条款说明：**保留条款。
- **原《锅规》：**4.2.2 胀接管子材料（略）
- **条款解释：**本条是对胀管的管子硬度和技术处理要求；

1.对管材选用的要求，管端的硬度应低于管板（锅筒）的硬度。管端的硬度低于管板（锅筒）的硬度是胀接基本原理所确定的。选用管端的硬度低于管板（锅筒）硬度的材料，有利于保证胀接质量。若管端硬度大于管板硬度或管端布氏硬度HB大于170，应进行退火处理。

2.明确了管端退火不允许采用煤作燃料直接加热的方法。这种方法使管端加热不均匀，影响退火效果。其次，加热温度不易控制，也难以达到退火所期望的效果。间接加热方法不与火焰直接接触，不会产生过多的氧化皮，也不会改变金属组织。按照锅炉规程的历史传承，同时规定了加热长度，管端退火长度应不小于100mm。确保管端退火部分的硬度不超过管板（锅筒）的硬度。

4.2.3 胀管率计算方法

4.2.3.1 内径控制法

当采用内径控制法时，胀管率一般控制在 1.0%～2.1% 范围内。胀管率按照公式（4-1）计算：

$$H_n = \left(\frac{d_1 + 2\delta}{d} - 1 \right) \times 100\%　\qquad (4-1)$$

式中：

H_n——内径控制法胀管率；

d_1——胀完后的管子实测内径，mm；

δ——未胀时的管子实测壁厚，mm；

d——未胀时的管孔实测直径，mm。

● **条款说明：** 根据征求意见将"未胀时的管子实测壁厚 t"改为"δ"，主体内容为保留条款。

● **原《锅规》：** 4.2.3 胀管率计算方法（略）

4.2.3.1 内径控制法（略）

● **条款解释：** 本条款是对采用内径控制法的控制胀管质量的规定。

1. 胀管率是控制胀接质量一个重要指标，胀管率过小、过大都不好；

当胀管率太小时，管壁还未进入塑性变形状态，胀管器取出后，管壁回弹，管壁和管孔壁之间形不成径向残余应力，或径向残余应力较小，难以保证胀接质量。当胀管率过大时，除管壁进入塑性变形状态外，管孔壁也出现部分弹塑性变形状态，消失或部分消失了弹性变形，取出胀管器后使管壁和管孔壁之间形成的径向残余应力降低，同样影响胀接质量。而且由于胀管率过大而引起的胀口渗漏，一般无法进行补胀，再继续胀接只会进一步增加塑性变形层的厚度，减小径向残余应力。

胀管率本意为：管孔的胀大率。按这一意义，胀管率的计算公式为：

$$H = \frac{d_2 - d_1}{d_1} \times 100\%$$

公式中　H——胀管率，%；

d_1——未胀时的管孔直径，mm；

d_2——胀完后的管孔直径，mm。

但采用这个公式时，d_2 无法测定。所以，本规程推荐了第 4.2.3.1 款内径控制法、第 4.2.3.2 款外径控制法、第 4.2.3.3 款管子壁厚减薄率控制法几个计算公式。

本条款规定了内径控制法的胀管率一般在 1.0%～2.1% 范围内。在胀接过程中，该公式中没有考虑管壁减薄，所以计算出来的胀管率比实际的胀管率大。

通过多年的胀接实践和试验证明，本公式的胀管率，最佳值为 1.8%～2.4%。另外，对胀管率的控制有"一般"二字；在规程历史上（包括：1980 年版规程部分条文修改、1987 年版规程、1996 年版规程和 2012 年版规程），主要考虑到一台锅炉特别是水管锅炉，有上百个甚至几百个胀口，保证每个胀口的胀管率在 1.0%～2.1% 范围内有一定的难度。"一般"的含义是做了有条件的放宽，也就是允许少量胀口的胀管率在控制范围之外，但水压试验要通过。

2. 内径控制法的胀管率计算公式是由下式（即 1987 年版规程的胀管率计算公式）演变过来的：

$$H = \frac{d_1 - d_2 - \delta}{d} \times 100\%$$

式中　　H——胀管率，%；

　　　　d_1——胀完后的管子实测内径，mm；

　　　　d_2——未胀时的管子实测内径，mm；

　　　　d——未胀时的管孔实测直径，mm；

　　　　δ——未胀时管孔实测直径与管子实测外径之差，mm。

公式中的 δ 为：

$$\delta = d - (d_2 + 2t)$$

t 为管壁厚度，代入公式化简即得本条款推荐的公式。1987 年版规程的胀管率计算公式与本条款推荐的公式相比：公式中组成的实测数据由 4 个数据变为 3 个数据，减少胀接时的测量工作量；另外，壁厚 t 的测量比测量间隙 δ 容易。

4.2.3.2 外径控制法

对于水管锅炉，当采用外径控制法时，胀管率一般控制在 1.0%～1.8% 范围内。胀管率可以按照公式（4-2）计算：

$$H_W = \frac{D - d}{d} \times 100\% \tag{4-2}$$

式中　　H_W——外径控制法胀管率；

　　　　D——胀管后紧靠锅筒外壁处管子的实测外径，mm；

　　　　d——未胀时的管孔实测直径，mm。

- **条款说明**：保留条款。
- **原《锅规》**：4.2.3.2 外径控制法
- **条款解释**：本条款是对采用外径控制法的控制胀管质量的规定。

1983 年对湖北省工业安装公司经多年采用外径控制法的胀接实践摸索出来的胀管率计算公式，原劳动人事部锅炉局以 ［1983］26 号文的形式加以确认：

$$H_W = \frac{D - d}{d} \times 100\%$$

式中　　H_W——胀管率，%；

　　　　D——胀后锅筒外壁处管子的实测外径，mm；

　　　　d——未胀时管孔直径的实测值，mm。

该公式只适用于水管锅炉管子与锅筒的胀接，管子与锅筒的材质均为碳钢。

4.2.3.3 管子壁厚减薄率控制法

（1）在胀管前的试胀工作中，应当对每一种规格的管子和壁厚的组合都进行扭矩设定；

（2）扭矩设定是通过试管胀进试板的管孔来实现的，试管胀接完毕后，打开试板，取出试管测量管壁减薄量，然后计算其管壁减薄率，管子壁厚减薄率一般控制在 10%～12% 范围内；扭矩设定完毕后，应当将扭矩记录下来，并且将其应用于施工；胀接管子壁厚减薄率应当按照公式（4-3）计算：

$$壁厚减薄率 = \frac{胀接前管壁厚 - 胀接后管壁厚}{胀接前管壁厚} \times 100\% \tag{4-3}$$

（3）为保证胀管设备的正常运行，在施工中每班工作之前，操作人员都应当进行一次试胀，同时检验部门应当核实用于施工的扭矩是否与原设定的扭矩完全相同。

- **条款说明**：保留条款。
- **原《锅规》**：4.2.3.3 管子壁厚减薄率控制法（略）
- **条款解释**：本条款是对采用管子壁厚减薄率控制法的控制胀管质量的规定。

以前锅炉规程对胀接，只叙述了内径控制法；生产的实践经监察部门批准出现了外径控制法。随着技术引进，出现了 FM 锅炉（frequency modulation boiler 调频锅炉）（双锅筒纵向布置的 D 型快装锅炉），如释图 4-1 所示。其对流管束采用密节距，管子上、下端和锅筒的连接采用胀接方法。此锅炉可燃油、天然气及油气混燃，体积紧凑。由于胀接工作量大，过去规定的胀管的控制方法不能适用于这种锅炉制造的需要，制造单位提出管子壁厚减薄率控制法，此种方法已在 FM 锅炉（调频锅炉）实际制造中被广为采用。

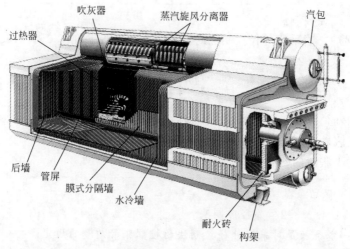

释图 4-1 FM 锅炉

按内径控制法胀接管子，在胀接中需要对胀接前的管子壁厚和管孔进行实测，胀接后对管子内径也要进行实测，胀接一台炉子需要测量的数据有几千个。这样不仅需要耗费很多时间，延长制造周期，而且由于环境，人员等不同因素给数据的准确性带来不利的影响。

内径控制法的胀接质量完全靠操作者的手感掌握，即依靠操作者的经验控制胀接质量。因此，对胀接操作者的操作水平要求很高，否则容易产生胀接质量问题，人为因素很大。

而用管子壁厚减薄率控制法，只需在扭矩设定时，测量少量数据；扭矩设定之后，在胀管过程中不需要对每一根管子和管孔进行测量。可以省去大量的时间，缩短生产周期，提高生产效益。

管子壁厚减薄率控制法的胀接质量主要是靠设备保证，人为因素的影响很小。在胀管过程中，当胀接扭矩达到预先设定的扭矩时，胀管设备就会自动停止，不会出现过胀等质量问题。因此生产中只要胀管设备运行正常，操作方法正确，胀管质量就能有可靠保证。

4.2.4 胀接质量

（1）胀接管端伸出量以 6～12mm 为宜，管端喇叭口的扳边应当与管子中心线成 12°～15°角，扳边起点与管板（筒体）表面以平齐为宜；

（2）对于锅壳锅炉，直接与火焰（烟温800℃以上）接触的烟管管端应当进行90°扳边，扳边后的管端与管板应当紧密接触，其最大间隙应当不大于0.4mm，并且间隙大于0.05mm的长度应当不超过管子周长的20%；

（3）胀接后，管端不应当有起皮、皱纹、裂纹、切口和偏斜等缺陷；在胀接过程中，应当随时检查胀口的胀接质量，及时发现和消除缺陷。

- **条款说明**：保留条款。
- **原《锅规》**：4.2.4 胀接质量（略）
- **条款解释**：本条是对管子胀后，管端扳边的限定和胀接管端表面质量的技术要求；

1.胀接管端几何尺寸（见释图4-2）

（1）管端伸出量以6～12mm为宜，过短无法进行12°～15°扳边，与800℃以上烟温接触的烟管管端更无法进行90°扳边；太长无必要，烟管易于烧坏，水管则局部介质流动阻力大。

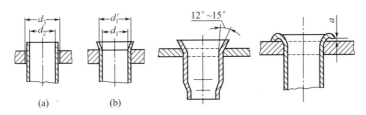

释图4-2 胀接管端几何尺寸

（2）喇叭口扳边应与管子中心线成12°～15°角，主要是防止锅炉运行中将管子拉脱。

（3）喇叭口扳边起点与管板（锅筒）表面宜平齐。

2.胀后扳边管端与管板产生间隙的限定

与火焰直接接触的管端必须进行90°扳边。扳边后的管端与管板接触的紧密程度，在定性上要求为应紧密接触，以保证管端足够的冷却。但是，在定量上要求100%紧密接触是难以办到的，根据规程执行的历史实践，允许有小量间隙。其间隙小于或等于0.1mm，可忽略不计，因小于0.1mm的间隙无法计量。间隙只计大于0.1mm，而小于或等于0.4mm不超过管子周长的20%，间隙不得大于0.4mm。

胀接后管端缺陷有：管端起皮、皱纹、裂纹、切口、偏斜等。这些缺陷有的是由于管材质量问题造成的，有的是由于工艺或胀接操作不当造成的，这些缺陷都将影响锅炉安全运行。本规程规定，在胀接过程中，应随时检查胀口的胀接质量，及时发现和消除这些缺陷，以保证胀接质量。

4.2.5 胀接记录

胀接施工单位应当根据实际检查和测量结果，做好胀接记录，以便于计算胀管率和核查胀管质量。

- **条款说明**：保留条款。
- **原《锅规》**：4.2.5 胀接记录（略）
- **条款解释**：本条款是对胀接施工中做好检查和记录的规定。

胀接中一些数据的测量和检查是一项重要的工作，数据的测量和记录是核查胀接质量的基础数据，胀管率的计算公式中的参量就是实际测量值。

4.2.6 胀接水压试验

胀接全部完毕后，应当进行水压试验，检查胀口的严密性。

- **条款说明**：保留条款。
- **原《锅规》**：4.2.6 胀接水压试验（略）
- **条款解释**：本条款是对胀接工作后的检验要求；

胀接后的水压试验，主要是检查胀口的严密性。水压试验压力、试验操作以及合格标准按本规程第 4.5.6.2 条（水压试验压力和保压时间）、4.5.6.3 条（水压试验过程控制）和 4.5.6.4 条（水压试验合格要求）的规定。

4.3 焊接

4.3.1 焊接作业人员

（1）焊工应当按照焊接工艺规程施焊，并且做好施焊记录；

（2）锅炉受压元件的焊缝附近应当打焊工代号钢印，对不能打钢印的材料应当有焊工代号的详细记录；

（3）施焊单位应当建立焊工技术档案，并且对施焊的实际工艺参数和焊缝质量以及焊工遵守工艺纪律情况进行检查评价。

- **条款说明**：修改条款。
- **原《锅规》**：4.3 焊接

4.3.1 焊接操作人员管理

（1）焊接锅炉受压元件的焊接操作人员（以下简称焊工），应当按照《特种设备焊接操作人员考核细则》(TSG Z6002) 等有关安全技术规范的要求进行考核，取得《特种设备作业人员证》后，方可在有效期内从事合格项目范围内的焊接工作；

（2）焊工应当按照焊接工艺施焊并且做好施焊记录；

（3）锅炉受压元件的焊缝附近应当打焊工代号钢印，对不能打钢印的材料应当有焊工代号的详细记录；

（4）制造单位应当建立焊工技术档案，并且对施焊的实际工艺参数和焊缝质量以及焊工遵守工艺纪律情况进行检查评价。

- **条款解释**：本条款是对焊接操作人员管理的规定；具体内容未发生变化，主要是文字修改。

条款标题"焊接操作人员管理"修改为"焊接作业人员"；

删除了原《锅规》4.3.1（1）条对焊接作业人员的管理内容，将 4.3.1（1）修改为：焊工应当按照焊接工艺规程施焊，并且做好施焊记录；

在条文中将"焊接单位"、"施焊单位"统一为"施焊单位"。

1. 焊接是锅炉设备的制造主要工艺，焊接质量直接影响整体设备的质量，而焊接质量又取决于焊接工艺评定的质量、焊接作业人员执行焊接工艺的能力和技术水平。因此，各个国家的锅炉规范或标准都明确规定，从事锅炉受压元件焊接工作的作业人员必须按照一定的标准或规则考试合格才能进行。我国锅炉焊工考试规则已经颁发过五个版本：即 20 世纪 60 年代的《锅炉、受压容器焊工考试规则》，1980 年《锅炉压力容器焊工考试规则》（试行）、1988 年《锅炉压力容器焊工考试规则》、2002 年《锅炉压力容器压力管道焊工考试与管理规则》、TSG Z6002—2010《特种设备焊接操作人员考核细则》。已有完整的管理要求。

2.对焊接操作人员除了要求进行考试外，规程还强调了必须是在考试合格项目的范围内进行施焊。根据 TSG Z6002—2010《特种设备焊接操作人员考核细则》的规定，焊接技能考试项目由：焊接方法、试件材料、焊接材料及试件形式组成。技能考试的难易程度相差较大，有些考试合格项目可以替代，有些合格项目不能替代。因此，作业人员从事的焊接工作应在考试合格项目范围内。从事的焊接项目超出了考试合格项目，即为超项施焊，应确定为"无证"操作行为。已有完整的管理要求，本规程不再赘述。

3."低应力钢印"问题；自 1987 年版以来，规程均明确规定打低应力钢印。所谓低应力钢印是指钢印底部形状为 U 形或一系列点组成。这种形状的钢印在受压元件处于承压时，形成的附加应力很小，但这种钢印打起来困难。过去钢印的底部形状多为 V 形，这种钢印打起来虽然方便，但在锅炉运行时，形成的附加应力高，影响锅炉的疲劳寿命。在本次修改中，认为这些具体要求，不要在规程中作强制规定，可由相应的工艺或技术规范来确定。

4.关于规程历史上，删除了"焊接设备的电流表、电压表、气体流量计等仪表、仪器以及规范参数调节装置应定期进行检定。上述表、计、装置失灵时，不得进行焊接。"的规定。编写中，认为原条文规定的内容是对的，但对其检定的具体要求，应由计量部门按规定执行，或由相应的技术规范和标准中来确定。

5.焊工应按焊接工艺规程（WPS）或焊接工艺卡进行施焊。焊接工艺规程（WPS）是经焊接工艺评定而确认的，按工艺要求进行施焊，就能焊出符合要求的焊接接头；施焊中应杜绝人为的随意性，才能保证施焊质量的稳定性。在遵守焊接工艺的同时，增加了做好施焊记录的规定。

6.焊接后，在焊缝附近打焊工代号钢印，是对施焊焊工焊接工作的职责要求，以便加强对焊接工作质量控制。一台锅炉由几个甚至几十个焊工进行焊接，焊接的质量需要多道程序的检查，一旦发现焊接质量问题，便可迅速查出质量责任者。在焊缝附近打焊工代号钢印，国外锅炉规范或标准均有类似的要求，也是本规程首选的方法。对于不能打钢印的材料在焊接记录中记录施焊焊工代号也是等效的可以追溯的记录方法，由制造单位视具体情况选择。

7.施焊单位应当建立焊工技术档案，既属于生产管理的问题和质量保证体系中不可缺少的内容，也是锅炉制造高质量发展需要、控制产品安全风险、消除设备隐患及事故的预防措施。实施中，一方面可以评价一个施焊单位的生产技术和管理水平，同时也是进行分析焊接质量、严肃工艺纪律、对安全风险和隐患及事故分析的技术依据。

4.3.2 焊接工艺评定

焊接工艺评定应当符合 NB/T 47014《承压设备焊接工艺评定》和本条的要求。

4.3.2.1 焊接工艺评定范围

锅炉产品焊接前，施焊单位应当对以下焊接接头进行焊接工艺评定：

（1）受压元件之间的对接焊接接头；

（2）受压元件之间或者受压元件与承载的非受压元件之间连接的要求全焊透的 T 型接头或者角接接头。

- **条款说明**：修改条款。
- **原《锅规》**：

4.3.2 焊接工艺评定

焊接工艺评定应当符合 NB/T 47014（JB/T 4708）《承压设备焊接工艺评定》的要求，并且满足本条要求。

4.3.2.1 焊接工艺评定范围

锅炉产品焊接前，施焊单位应当对下列焊接接头进行焊接工艺评定：

(1) 受压元件之间的对接焊接接头；

(2) 受压元件之间或者受压元件与承载的非受压元件之间连接的要求全焊透的 T 型接头或者角接接头。

● **条款解释**：第 4.3.2 条是对锅炉焊接工艺评定依据的规定，第 4.3.2.1 条是对焊接工艺评定范围的要求；

1. 第 4.3.2 条进行了文字修改，主体内容未变。

本条款明确要求"焊接工艺评定应当符合 NB/T 47014《承压设备焊接工艺评定》的要求"；其意即应理解为已被本规程采纳和引用。对 NB/T 47014 中已有的内容，无需在本规程中用文字重复规定。

2. 在满足 NB/T 47014 同时，还要符合"本条的要求"，为什么？

鉴于 NB/T 47014 标准中焊接工艺评定的试验项目和内容表述不能完整地满足锅炉焊接工艺评定的特定要求，所以并列提出了符合"本条要求"的规定；即针对锅炉焊接工艺评定内容的缺欠而补充的附加要求（见本规程的"4.3.2.1 焊接工艺评定范围"、"4.3.2.2 试件（试样）附加要求"、和"4.3.2.3 试验结果评定附加要求"）；

3. 现行 NB/T 47014—2011 内容的缺欠主要有：

(1) 对接焊缝工艺试件的评定中，无金相检验项目。

(2) 现行 NB/T 47014 中虽然规定了拉伸试验和弯曲试验；但对冲击试验添加了实施的前提条件，即，规定冲击试验仅在"当规定进行冲击试验时"和"当试件采用两种或两种以上焊接方法（或焊接工艺）时"才要求进行冲击试验。

(3) 对当锅筒（壳）纵缝的母材厚度大于 70mm 时，全焊缝金属没有明确规定取两个拉力试样及其试验方法和取样位置。

所以本规程必须对 NB/T 47014 中未完整表述锅炉焊接工艺评定内容，做有针对性的补充规定。这样既考虑了特种设备焊接工艺评定中的共性，又兼顾了锅炉行业的特殊性。

4. 关于"T 形"或"T 型"用语问题的讨论：

查字典："形"是指物体的形状，"型"则指物体的类型。

查词典："形状"的释义为："物体或图形由外部的面或线条组合而呈现的外表。""类型"的释义为："具有共同特征的事物所形成的种类。"形状侧重于个体事物区别于其他事物的不同特征，而类型侧重于同类事物中共同具有的特征，是人们对个体事物特征的一种归类。可以简单地理解为，U 形管是指管子的外形特征，U 型管是指管子的类别是 U 型。一个重在指外在，一个重在指类型。

查焊接方面的标准：GB 3375—94《焊接术语》用"T 形接头"；而 GB/T 19869.1—2005/ISO 15614-1；2004《钢、镍及镍合金的焊接工艺评定试验》用"T 型接头"；GB 4675.3《T 型接头焊接裂纹试验方法》用"T 型接头"。

根据征求意见：本《锅规》统一采纳"T 型接头"。

5. 规程编制中，兼顾《锅规》的连续性、充分吸纳我国电力和机械行业的成熟经验，参考了国外规范，形成与国际通行做法基本一致的并适合我国国情的锅炉安全技术规范条文。

吸纳我国行业的经验有：我国电力系统 DL/T 868《焊接工艺评定规程》、DL/T 1117《核电厂常规岛焊接工艺评定规程》保持的评定项目：外观、射线或超声、拉伸、面弯、背弯、侧弯、硬度、冲击、金相、晶间腐蚀或 δ 铁素体含量测定等。还有 NBT 47056—2017

《锅炉受压元件焊接接头金相和断口检验方法》。

参考的国外规范有：ISO15614《金属材料焊接工艺规范和鉴定，焊接工艺试验》；欧共体 EN12952-5《水管锅炉和辅助设备安装》、EN ISO 15607-2003《焊接工艺评定通用准则》（替代 EN 288《金属材料焊接程序的技术规范和鉴定》EN 288-1—1992 第 1 部分：焊接总则）、美国 ASME 规范Ⅸ《焊接和钎接评定标准》第Ⅰ章"焊接的一般要求"、美国 ASMEⅠ卷《动力锅炉建造规则》：PW-28.1 焊接工艺、焊工和焊接操作工合格评定的要求等。国际上锅炉安全规范或标准中，各国都对锅炉焊接工艺评定有自己的规定。

6.焊接工艺评定的目的

（1）评定施焊单位是否有能力焊出符合规程、标准和产品技术条件所要求的焊接接头；

（2）验证施焊单位事前所编制的焊接工艺指导书是否正确；

（3）为制定正式的焊接作业文件（焊接工艺卡）提供可靠的技术依据。

但是，不是锅炉上所有的焊接接头都要进行焊接工艺评定，而是只对重要的焊接接头，包括主要受压部件主焊缝的对接接头以及要求焊透的 T 型接头和角接接头，见释图 4-3。"全焊透"其含义就是焊接接头的截面应全焊满，焊缝深度要焊透。

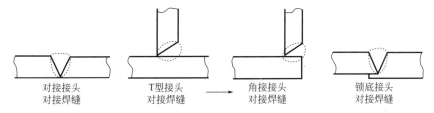

| 对接接头
对接焊缝 | T型接头
对接焊缝 | 角接接头
对接焊缝 | 锁底接头
对接焊缝 |

释图 4-3　受压部件主焊缝的对接接头以及要求焊透的 T 型接头和角接接头

4.3.2.2　试件（试样）附加要求

（1）A 级锅炉锅筒以及集箱类部件的纵向焊缝，当板厚大于 20mm 且小于或者等于 70mm 时，应当从焊接工艺评定试件（试板）上沿焊缝纵向切取全焊缝金属拉伸试样 1 个；当板厚大于 70mm 时，应当取全焊缝金属拉伸试样 2 个；试验方法和取样位置可以按照 GB/T 2652《焊缝及熔敷金属拉伸试验方法》执行；

（2）A 级锅炉锅筒、合金钢材料集箱类部件和管道的对接焊缝，如果双面焊壁厚大于或者等于 12mm（单面焊壁厚大于或者等于 16mm）应当做焊缝金属及热影响区夏比 V 型缺口室温冲击试验；

（3）焊接试件的材料为合金钢（碳锰钢除外）时，A 级锅炉锅筒的对接焊缝，工作压力大于或者等于 9.8MPa 或者壁温大于 450℃的集箱类部件、管道的对接焊缝，A 级锅炉锅筒、集箱类部件上管接头的角焊缝，在焊接工艺评定时应当进行金相检验。

● 条款说明：修改条款。

● 原《锅规》：4.3.2.2　试件（试样）附加要求

（1）A 级锅炉锅筒的纵向及集箱类部件的纵向焊缝，当板厚大于 20mm 但小于或者等于 70mm 时，应当从焊接工艺评定试件（试板）上沿焊缝纵向切取全焊缝金属拉力试样一个；当板厚大于 70mm 时，应当取全焊缝金属拉力试样 2 个。试验方法和取样位置可以按照 GB/T 2652《焊缝及熔敷金属拉伸试验方法》执行。

（2）A 级锅炉锅筒、合金钢材料集箱类部件和管道，如果双面焊壁厚大于或者等于

12mm（单面焊壁厚大于或者等于 16mm）应当做焊缝熔敷金属及热影响区夏比 V 形缺口室温冲击试验。

（3）焊接试件的材料为合金钢时，A 级锅炉锅筒的对接焊缝，工作压力大于或者等于 9.8MPa 或者壁温高于 450℃ 的集箱类部件、管道的对接焊缝；A 级锅炉锅筒、集箱类部件上管接头的角焊缝，在焊接工艺评定时应当进行金相检验。

● 条款解释：本条款在采用 NB/T 47014《承压设备焊接工艺评定》的基础上，对锅炉焊接工艺评定内容发生不完整的三个试验项目的补充，故为"试件（试样）的附加要求"；

1. 修改内容

根据征求意见，将 4.3.2.2（1）中"A 级锅炉锅筒及集箱类部件的纵向焊缝，当板厚大于 20mm……"欲改为"A 级锅炉锅筒及集箱类部件的纵向焊缝，当板厚大于 16mm……"。以便尽可能与 NB/T 47014《承压设备焊接工艺评定》一致起来，方便使用。但是，如采纳该意见，将会发生脱离锅炉行业管理现状和产品生产实际情况，造成条文的虚设；故该条款保持原条款不变。

NB/T 47014《承压设备焊接工艺评定》标准没有将"全焊缝金属拉力试样和制取"列入工艺评定的内容；而却在 NB/T 47016《承压设备产品焊接试件的力学性能检验》验证产品焊缝质量的"产品焊接试件"中，规定了全焊缝金属拉伸试验。这种方法是与本规程"4.3.1（1）焊工应当按照焊接工艺规程施焊"，"（4）焊工遵守工艺纪律情况进行检查评价"；"4.3.2.4……经过焊接工艺评定试验合格……后，方能进行焊接；"和"4.5.5.1 焊制产品焊接试件的基本要求：为检验产品焊接接头的力学性能，应当焊制产品焊接试件，焊接质量稳定的制造单位，经过技术负责人批准，可以免做焊接试件。……"的放宽要求是相悖的。

2.4.3.2.2（1）条款是对全焊缝金属拉力试样数量和制取的附加要求（见释图 4-4）。是《锅规》历史条款的传承。针对 NB/T 47014 内容的缺欠，对 A 级锅炉锅筒及集箱类部件的纵向焊缝，补充规定了"当板厚大于 70mm 时，应当取全焊缝金属拉伸试样 2 个；"的要求。同时对其在锅炉行业实际运用的试验方法和取样位置存在缺欠，也做出了规定，即"试验方法和取样位置可以按照 GB/T 2652《焊缝及熔敷金属拉伸试验方法》执行"。

本规程的全焊缝金属拉力试验仅是对 A 级锅炉锅筒及集箱类部件的纵向焊缝检查试板提出的要求，环向检查试板是模拟试件，本规程未对此提出要求。

在贯彻"与国际接轨"修订原则方面，在国际上，现行各国锅炉安全规范普遍重视全焊缝金属拉力试验。我国自 1980 年版《蒸规》起增加该试验项目的内容。当时也综合参考国外一些国家的锅炉规范，主要有：

美国 ASME［第 Ⅰ 卷 PW-53.8.4 和 PW-53.8.5 要求板厚大于 16mm（5/8 in）制作全焊缝金属拉力试样］；欧盟 EN 12952-6-6.批准的焊接工艺规程　6.2.1 a）汽包：对于壁厚大于 20mm 汽包纵、环向焊接接头，焊接程序批准试验将包括焊缝金属的纵向拉伸试验。b）集箱：对于壁厚大于 20mm 集箱纵向焊接接头，程序批准试验将包括焊缝金属的纵向拉伸试验；英国 BS2790、日本的锅炉构造规程等都要求做全焊缝金属的拉力试验。

全焊缝金属拉力试验不仅可以检查焊缝金属的强度、焊缝金属与母材匹配的屈强比、而且可以检查其塑性。对于锅炉受压部件，焊缝的强度和塑性都是重要的性能指标。同时，通过全焊缝金属的拉力试验还可以有利于发现焊接材料用错或焊接质量不稳定情况。全焊缝金属拉力试验试样的制取（见释图 4-5）。

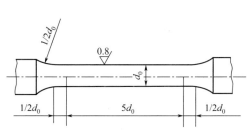

释图 4-4 全焊缝金属拉力试样

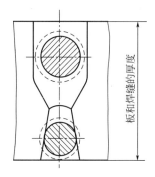

释图 4-5 厚板焊缝金属取样部位

3. 4.3.2.2（2）条款是对冲击试验的附加规定。针对 NB/T 47014 冲击试验表述缺欠*，本规程对 A 级锅炉锅筒、合金钢材料集箱类部件和管道的对接焊缝，如果双面焊壁厚大于或者等于 12mm（单面焊壁厚大于或者等于 16mm）规定"应当做焊缝金属及热影响区夏比 V 形缺口室温冲击试验"的要求；

注＊ GB 47014 "6.4.1.3 b) 当规定进行冲击试验时，仅对钢材和含镁量超过 3％的铝镁合金焊接接头进行夏比 V 形缺口冲击试验，铝镁合金焊接接头只取焊缝区冲击试样；"

冲击试验试样的形式、尺寸、加工和试验方法、评定标准，在 NB/T 47014 中已有规定，本规程无需重复规定。

保留冲击试验，在我国锅炉规程中已有很长的历史过程。我国第一个版本的锅炉安全监察规程（即 1960 年版规程）就规定了需做冲击试验的条件。1980 年、1987 年、1996 年版规程均进一步明确做冲击试验规定。

目前国际上的主要规范仍要求进行冲击试验，如欧共体 EN12952-6-6 第 6.2.2.1 条和 6.2.2.4 条都规定了 Charpy V-notch impact tests 夏比冲击试验。

鉴于安全规程的历史和国际上主要规范的现实，编写组认为保留冲击试验的要求是必要的。

4. 4.3.2.2（3）条款是对金相检验的附加规定。规定了"在焊接工艺评定时应当进行金相检验"的要求。根据征求意见，将"焊接试件的材料为合金钢时"修改为"焊接试件的材料为合金钢（碳锰钢除外）时"。但是，本规程在编制中秉持如下理念，在产品的检查试件上，取消了切取金相试样的规定；而在焊接工艺评定时，必须进行金相检验要求。

5. 本规程删除了断口检验项目和"断口检验的合格标准"的硬性规定。因为在规程的历史上已有"100％探伤合格或氩弧焊焊接（含氩弧焊打底手工电弧焊盖面）的对接接头可免做断口检验"的规定，为删除断口检验的开启了先例。

6. 关注"附加要求"。"附加要求"不是焊接工艺评定的全部要求；除本条款规定涉及的内容以外，其他焊接工艺评定检验项目的全过程，在 NB/T 47014《承压设备焊接工艺评定》中已作具体规定；如：拉伸试验和弯曲试验的试件（试样）等要求。据此，本规程无需重复规定，本规程的"附加要求"只是 NB/T 47014 的补充要求。

关注"删除了断口检验和产品焊接接头金相检验的硬性规定"。规程修改工作贯彻了"安全与节能并重"修订原则，在保证安全的前提下，适应技术发展的需要，调整和简化一些过多的检验要求，降低企业的制造成本，不等于规程消除这些检验方法。

根据本规程第 1 章第 1.7 条"本规程规定了锅炉的基本安全要求，锅炉生产、使用、检验、检测采用的技术标准、管理制度等不得低于本规程的要求"的规定，有关锅炉的技术规范和标准的要求，只能比本规程的要求高，不允许比本规程的要求低。本条款虽然删除了断口检验和产品焊接接头金相检验的硬性规定，但是，这不等于规程不允许采用断口检验和产品焊接接头金相检验。其理由如下：

（1）随着锅炉参数提高，承压件用材料复杂化，热强钢已涉及下贝氏体、马氏体、奥氏体（过去基本都是珠光体），甚至镍基合金，排列组合后异种钢接头也日益增多。焊接结构和接头型式也多样化，如螺旋上升膜式壁、小角度斜接管组合焊缝等等。

（2）对接头内在缺陷（尤其微裂纹及金相组织缺陷），由于焊接结构和接头型式多样化，单靠无损检测来判别，鉴别难度日益提高，有时需借用断口和金相检验给予验证，以弄清真相、提高鉴别率和可信度。

（3）有些焊接接头目前尚无法用无损检测进行检验，如盆座式管接头全焊透组合焊缝、膜式壁的管子与鳍片焊缝、其熔合状况只能用宏观剖面检查。

（4）如对马氏体热强钢的焊缝，要求得到完全的回火马氏体组织，需检查有否残余铁素体存在；或如对细晶奥氏体热强钢，需检查焊缝晶粒度或铁素体含量；或如对异种钢接头热处理后，需检查有否碳迁移现象等等都需用微观金相检验。

（5）从锅炉安全性检验来说，好的试验、检验方法是多多益善，可互相弥补不足，确保检验的可靠性。

（6）从可行性来说，金相和断口检验取样可从产品焊缝的余量切取或从其延长部分切取或做模拟代试样，是可行的。

> **4.3.2.3** 试验结果评定附加要求
>
> （1）全焊缝金属拉力试样的试验结果应当满足母材规定的抗拉强度（R_m）、下屈服强度（R_{eL}）或者规定塑性延伸强度（$R_{p0.2}$）；
>
> （2）金相检验发现有裂纹、疏松、过烧和超标的异常组织之一者，即为不合格。

- **条款说明**：修改条款。
- **原《锅规》**：4.3.2.3 试验结果评定附加要求

（1）全焊缝金属拉力试样的试验结果应当满足母材规定的抗拉强度（R_m）或者屈服强度（$R_{p0.2}$）；

（2）金相检验发现有裂纹、疏松、过烧和超标的异常组织之一者，即为不合格；仅因有超标的异常组织而不合格者，允许检查试件再热处理一次，然后取双倍试样复验（合格后仍须复验力学性能），全部试样复验合格后才为合格。

- **条款解释**：本条款是对焊接工艺评定的试验结果的附加要求。即对全焊缝金属拉力试验结果评定、金相检验结果评定的要求。本条款没有描述冲击试验结果评定要求，因在NB/T 47014中已有规定，本规程无需重复规定。

修改内容：将"屈服强度（$R_{p0.2}$）"改为现行标准的"下屈服强度（R_{eL}）或规定塑性延伸强度（$R_{p0.2}$）"。根据征求意见，删除了"仅因有超标的异常组织而不合格者，允许检查试件再热处理一次，然后取双倍试样复验（合格后仍须复验力学性能），全部试样复验合格后才为合格。"内容。

1. 全焊缝金属拉力试验方面，保留了《锅规》历史上的延续，即将全焊缝金属试样的"屈服点不低于母材规定值的下限。……"，改为"全焊缝金属拉伸试样的试验结果应当满足母材规定的抗拉强度（R_m）、下屈服强度（R_{eL}）或规定塑性延伸强度（$R_{p0.2}$）"；R_m、R_{eL} 或 $R_{p0.2}$ 的选择由设计计算基本许用应力而定。

同时，也保留了对"全焊缝金属试样的伸长率不小于母材伸长率（δ₅）规定值的80%"的删除。因我国现行的碳素钢焊接材料的塑性已不存在"全焊缝金属的伸长率不小于母材规定值的80%"这样的问题。

2. 金相检验方面，在判定中，由于材料使用的发展，出现马氏体热强钢的焊缝，得到完全的回火马氏体组织；"没有淬硬性马氏体组织"的合格判定显然对马氏体热强钢的焊缝是不适宜的，这就促使金相检验合格标准用语的改变，故定为"超标的异常组织"。

"超标的异常组织"：

(1) 金相检验中"超标的异常组织"起草组认为主要是指：

珠光体热强钢：淬硬性马氏体组织；

马氏体热强钢（要求得到完全的回火马氏体组织）：残余铁素体；

细晶奥氏体热强钢：焊缝晶粒度或铁素体含量；

异种钢接头：碳迁移现象；等。

(2) NBT 47056—2017《锅炉受压元件焊接接头金相和断口检验方法》

6.3.3 显微组织的合格标准如下：

① 无显微裂纹；

② 无过烧组织；

③ 无超标的异常组织（淬硬性马氏体组织、δ-铁素体、α-铁素体、σ相、魏氏组织）。

(3) DLT868《焊接工艺评定规程》

金相合格标准：焊接接头微观检验应符合下列标准规定：

① 应无裂纹、无过热组织、无淬硬性马氏体组织；

② 9%～12%Cr马氏体型耐热钢的焊缝金相微观组织应为回火马氏体/回火索氏体，焊缝金相组织中δ-铁素体的含量应不超过8%，最严重的视场中δ-铁素体的含量应不超过10%。

(4) DLT 1117《核电厂常规岛焊接工艺评定规程》

金相合格标准：微观检验：

① 无裂纹、无过烧组织等非正常组织，高合金钢无网状析出物和网状组织。

② 金相组织符合评定用母材金属的相关技术条件要求。

③ 微观金相检验宜选取200倍或以上倍数。

3. 冲击试验方面，冲击试验结果和评定要求，在NB/T 47014中已有规定；但缺少锅炉常用材料的冲击试验的合格标准，应积极建议NB/T 47014补充完善。

4.3.2.4 焊接工艺评定文件

(1) 施焊单位应当按照产品焊接要求和焊接工艺评定标准编制用于评定的预焊接工艺规程（pWPS），经过焊接工艺评定试验合格，形成焊接工艺评定报告（PQR），制订焊接工艺规程（WPS）后，方能进行焊接；

(2) 焊接工艺评定完成后，焊接工艺评定报告和焊接工艺规程应当经过制造单位焊接责任工程师审核，技术负责人批准后存入技术档案，保存至该工艺评定失效为止，焊接工艺评定试样至少保存5年。

• **条款说明**：保留条款。

• **原《锅规》**：4.3.2.4 焊接工艺评定文件（略）

• **条款解释**：本条款是对焊接工艺评定过程文件和其管理的规定；

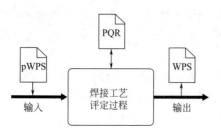

释图 4-6 焊接工艺评定过程

1. 焊接工艺评定是一个工作过程：由输入、利用资源进行的活动、输出组成。焊接工艺评定过程如释图 4-6 所示。

2. 焊接工艺评定过程产生的文件分为：输入文件——预焊接工艺规程（pWPS），过程中文件——焊接工艺评定报告（PQR），输出文件——焊接工艺规程（WPS）。

3. pWPS、PQR、WPS 的区别

预焊接工艺规程 pWPS（Preliminary welding procedure specification），即预先准备的焊接工艺规程方案；其内容应包含 WPS 中规定的全部焊接细则，是未进行试验验证的 WPS 文件。在以往的规程中，对 pWPS 和 WPS 未加以区别，统称为"焊接工艺指导书"、"焊接工艺规程"或"WPS"。以上两者的相同点是在相同的焊接工艺评定过程中，具有相同规定的全部焊接细则；不同点是：pWPS 是焊接工艺评定的输入文件，也是焊接工艺评定的基础文件；而 WPS 是焊接工艺评定的输出文件，是经过验证试验合格的，用于指导生产施焊的工艺文件。它们在相同焊接工艺评定过程中，是各自在不同阶段上形成的文件，应予以区别。

焊接工艺评定报告 PQR（procedure qualification record）是记载验证性试验及其检验结果，对拟定焊接工艺规程（预焊接工艺规程 pWPS）进行评价的报告。

焊接工艺规程 WPS（welding procedure specification）是经验证性试验评定合格所拟定的、用于指导产品施焊的焊接工艺评定文件。在以往的规程中，统称为"焊接工艺指导书"、"焊接工艺规程"或"WPS"；而在生产实践中，尤其是大锅炉制造厂或大量的翻译技术文件中称为"焊接工艺规程"或"WPS"。本规程为与 pWPS 加以区别，规定为"焊接工艺规程"或"WPS"。

4. 焊接工艺评定文件和评定试样的管理

本规程规定"焊接工艺评定完成后，焊接工艺评定报告和焊接工艺规程应当经过制造单位焊接责任工程师审核，技术负责人批准"；规定在存入技术档案后，文件"保存至该工艺评定失效为止"，焊接工艺评定试样"至少保存 5 年"。焊接工艺评定试样保存时间太长，施焊单位存放困难。保存 5 年以便度过许可制度评审的一个周期。

4.3.3 焊接作业
4.3.3.1 基本要求

（1）受压元件焊接作业应当在不受风、雨、雪等影响的场所进行，采用气体保护焊施焊时应当避免外界气流干扰，当环境温度低于 0℃时应当有预热措施；

（2）焊件装配时不应当强力对正，焊件装配和定位焊的质量符合工艺文件的要求后，方能进行焊接。

- **条款说明：** 保留条款。

- **原《锅规》：** 4.3.3 焊接作业（略）

- **条款解释：** 本条款是焊接作业的基本要求。

（1）为兼顾锅炉安装、修理现场情况，删除了硬性规定，将"下雨、下雪时不得露天焊接"改为"受压元件焊接作业应当在不受风、雨、雪等影响的场所进行"。

（2）如在受雨、雪影响的环境下甚至露天施焊，易发生雨或雪直接落入焊缝熔池，在焊缝中易于形成气孔；受风、雨、雪等影响易使焊缝金属冷却速度过快，导致焊缝形成淬硬性组织。

（3）当"采用气体保护焊施焊时，应当避免外界气流干扰"。外界气流的干扰易使施焊的保护气体吹散，使施焊的气体保护作用失效，易使焊缝产生焊接缺陷。

（4）当"当环境温度低于0℃时，应当有预热措施"。在焊接过程中，焊接环境温度对于焊接质量的影响较大，尤其是工艺可焊性较差的钢材，当焊接环境温度较低时，如低于0℃，焊接形成的熔池及周围金属冷却速度快，焊缝金属容易形成淬硬性组织。焊缝金属组织存在淬硬性组织，会使焊缝及其附近金属的力学性能变差，硬度明显上升，而塑性和韧性下降。同时，如果周围环境温度过低，还会使焊接接头形成焊接裂纹，特别是对锅筒、集箱、厚壁管以及合金钢的焊接接头质量影响较大。

（5）焊件装配时不得强力对正。焊件装配时如进行强力对正，焊后会在焊接接头中形成附加的残余应力，影响焊件的使用强度。在实际装配中常发现，由于装配部件几何尺寸的偏差，在焊件装配时采取强力对正的方法，如筒节与筒节、筒节与封头（或管板）对接，由于椭圆度或棱角度过大，为了防止对接后对接边缘偏差超差，则采取强力对正的方法；这种做法是不对的，这样做将会产生新的附加应力，如相邻筒节装配，当边缘偏差超过规定值，则会产生附加弯曲应力。因此，焊件装配和定位焊的质量应有相应的工艺文件加以保证。

（6）关注"冷拉焊接接头"易产生的误解。

因设计规定的焊接接头冷拉装配也产生残余应力，但是会被锅炉运行时受热膨胀产生的热应力所补偿，会改善锅炉运行时的受力状况。这样的装配是正常的，是符合设计要求和装配工艺支撑的装配行为。不要与违背工艺的"强力对正"产生误解。

4.3.3.2　氩弧焊打底

以下部位应当采用氩弧焊打底：

（1）立式锅壳锅炉下脚圈与锅壳的连接焊缝；

（2）有机热载体锅炉管子、管道的对接焊缝；

（3）油田注汽（水）锅炉管子的对接焊缝。

A级高压以上锅炉，锅筒和集箱、管道上管接头的组合焊缝，受热面管子的对接焊缝、管子和管件的对接焊缝，结构允许时应当采用氩弧焊打底。

- 条款说明：保留条款。

- 原《锅规》：4.3.3.2　氩弧焊打底（略）

- 条款解释：本条款是针对锅炉事故多发生的连接焊缝，提出的采用氩弧焊打底规定。

（1）氩弧焊易于保证焊接质量的原因

① 由于电弧受到氩气（惰性气体）流的压缩作用，电弧集中，焊接熔池较小，焊接速度快，热影响区窄；

② 电弧在氩气压缩作用下，电弧稳定，焊接时飞溅少，焊缝较为致密；

③ 电弧保护气体（氩气）中基本没有氢气，可以减少发生裂纹的倾向。

自1980年规程增加了采用氩弧焊打底的规定以来，实践证明，采用氩弧焊打底能有效防止焊缝发生泄漏事故。

（2）根据近几年特种设备事故年报分析：小型立式锅炉恶性爆炸事故占锅炉爆炸事故的比例最高，且呈上升趋势，主要发生在服装加工、食品加工、造纸、木材加工等中小型轻工行业，热水锅炉事故主要发生在宾馆、洗浴中心等服务业。分析原因，使用管理是主要原因之一，另一重要原因即是锅炉制造缺陷。

该条款对锅炉事故多发生的连接焊缝，如立式锅壳锅炉下脚圈与锅壳的连接焊缝（见释图 4-7）；锅炉泄漏后易发生次生灾害。对接焊缝，如有机热载体锅炉管子、管道的对接焊缝和油田注汽（水、油）锅炉管子的对接焊缝，有必要提出应当采用氩弧焊打底的规定，以保证焊缝的焊接质量。

（3）根据本规程第 1 章中"锅炉设备级别"的要求将"工作压力大于或等于 9.8MPa 的锅炉"改为"A 级高压以上锅炉"。

（4）条款中的"组合焊缝"（见释图 4-8）：是由对接焊缝与角焊缝组合而成的焊缝。

（5）将"应采用氩弧焊打底或其他能保证焊透的焊接方法"硬性规定，表述为"结构允许时应当采用氩弧焊打底"，增加了条文的柔性。

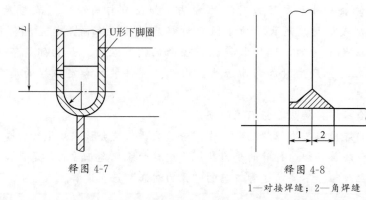

释图 4-7　　　　　　　　　　释图 4-8
1—对接焊缝；2—角焊缝

近年来，我国大机组高参数、超超临界锅炉发展迅速，锅炉产品生产量大，管子对接焊缝的质量得不到保证，焊缝根部未焊透缺陷的存在较为普遍，焊缝返修率高，运行中泄漏事故多。在现场检验中，查出大型电站锅炉爆管中由于焊接质量不合格的占 30%，我国 1 台超超临界百万千瓦级机组的锅炉受监焊口总数超过 76000 道，差不多相当于 2 台 600MW 亚临界机组锅炉焊口的总和。在设备焊口抽查中发现，省煤器管排的焊口合格率只有 82%，低温过热器的焊口也有部分不合格。

考虑到个别结构原因，确实不能采用氩弧焊打底执行困难，本规程延用 2012 版规程，修改为"结构允许时应采用氩弧焊打底"。

4.3.3.3　受压元件对接

（1）锅筒（壳）纵（环）缝两边的钢板中心线一般应当对齐，锅筒（壳）环缝两侧的钢板不等厚时，也允许一侧的边缘对齐；

（2）名义壁厚不同的两元件或者钢板对接时，两侧中任何一侧的名义边缘厚度差值如果超过本规程 4.3.3.4 规定的边缘偏差值，则厚板的边缘应当削至与薄板边缘平齐，削出的斜面应当平滑，并且斜率不大于 1：3，必要时，焊缝的宽度可以计算在斜面内，见图 4-1。

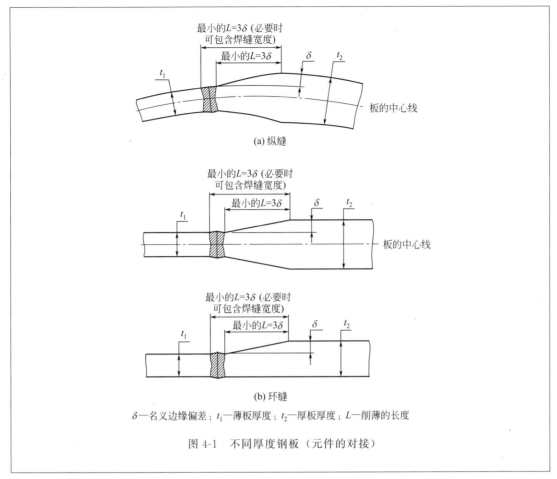

δ—名义边缘偏差；t_1—薄板厚度；t_2—厚板厚度；L—削薄的长度

图 4-1　不同厚度钢板（元件的对接）

- **条款说明**：保留条款。
- **原《锅规》**：4.3.3.3　受压元件对接（略）
- **条款解释**：本条款是对受压元件钢板对接的要求。

规程对不同壁厚钢板对接时，厚板削薄斜率的规定是有一个历史过程的。早在 1987 年版《蒸汽锅炉安全技术监察规程》编制说明中有"按 1：4 斜率将厚板削薄，主要参照了 ISO/R 831 和 ISO/DIS 5730。"的规定。2012 年版《锅规》考虑当前我国大锅炉制造厂生产的高参数、大机组的锅炉均采用引进技术和引进标准，要求规程采用 1：3 斜率已成现实的需要。

斜率由 1：4 修改为 1：3，对锅炉安全性影响是：斜率越大，应力集中严重；斜率越小，应力集中轻微。斜率的大小将影响锅炉连接处的应力集中情况。

应力集中情况用应力集中系数表示，不同的斜率有不同的应力集中系数。按理论推导公式计算：斜率 1：3 和 1：4 的应力集中系数分别为 1.07 和 1.04；采用光弹方法测出：斜率 1：3 和 1：4 的应力集中系数分别为 1.27 和 1.20。由此可见，采用斜率 1：4 是更好，但斜率 1：3 也在可取的安全范围之内。

斜率改为 1：3，既可与压力容器制造要求一致，也可与 ASME 规范相一致。

4.3.3.4　焊缝边缘偏差

锅筒（壳）纵（环）向焊缝以及封头（管板）拼接焊缝或者两元件的组装焊缝的装配应当符合以下规定：

（1）纵缝或者封头（管板）拼接焊缝两边钢板的实际边缘偏差值不大于名义板厚（注 4-1）的 10％，且不超过 3mm；当板厚大于 100mm 时，不超过 6mm；

（2）环缝两边钢板的实际边缘偏差值（包括板厚差在内）不大于名义板厚的 15％ 加 1mm，并且不超过 6mm；当板厚大于 100mm 时，不超过 10mm；

注 4-1：不同厚度的两元件或者钢板对接并且边缘已削薄的，按照钢板厚度相同对待，名义板厚指薄板厚度；不削薄的，名义板厚指厚板厚度。

- 条款说明：保留条款。
- 原《锅规》：4.3.3.4　焊缝边缘偏差（略）
- 条款解释：本条是对焊缝对接或拼接的边缘偏差的技术规定。条款文字做了修改，将 4.3.3.4（3）改为注 4-1。

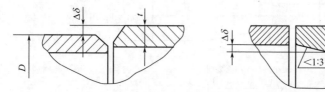

释图 4-9　焊缝边缘偏差示意图

无论是由板厚差、还是由工艺、装配形成的实际边缘差（见释图 4-9），都将引起附加的弯曲应力，应加以限定。在规程制定征求意见过程中，没有收到反馈意见，说明本条款的规定是适当的、可行的。

4.3.3.5　圆度和棱角度

锅筒（壳）的任意同一横截面上最大内径与最小内径之差应当不大于名义内径的 1％。锅筒（壳）纵向焊缝的棱角度应当不大于 4mm。

- 条款说明：保留条款。
- 原《锅规》：4.3.3.5　圆度和棱角度（略）
- 条款解释：本条款是对锅筒（壳）椭圆度和棱角度的规定。锅筒（壳）筒节在卷板和焊接过程中，形成椭圆度（见释图 4-10）和棱角度（见释图 4-11）是不可避免的，而椭圆度和棱角度的存在将产生附加应力。随着锅筒（壳）椭圆度或棱角度的增加，引起的附加应力也越大，附加应力大到一定值的时候，将会影响锅炉的使用强度。

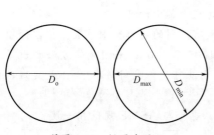

释图 4-10　椭圆度图示

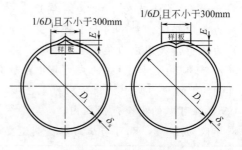

释图 4-11　棱角度图示

据推算：当椭圆度 $u=0.5\%$ 时，附加应力为 152kgf/cm^2＝1.52kgf/mm^2；当 $u=1.5\%$ 时，附加应力为 460 kgf/cm^2＝4.6kgf/mm^2。当棱角度 $\delta=3.8$mm（即 5％S＋3）、筒体直

径 $d_n = 1600\text{mm}$、筒体厚度 $S = 16\text{mm}$、压力 $p = 13\text{kgf/cm}^2$ 时，计算出的最大弯曲应力 $\sigma_{max} = 926\text{kgf/cm}^2 \approx 9\text{kgf/mm}^2$（注：$1\text{kgf/cm}^2 = 9.8 \times 10^4\text{Pa}$，$1\text{kgf/mm}^2 = 9.8 \times 10^6\text{Pa}$）。

从上面示例中可以看出，仅将椭圆度和棱角度看作一般的制造偏差问题是不够的，实质上椭圆度和棱角度是强度上的一个问题，是锅炉安全上的问题。环视外国锅炉规程，大部分都对此作了规定。并指明圆筒体的计算公式只有在椭圆度和棱角度符合规定的情况下才能应用。因此，本规程对此做出了限制。

有关圆度和棱角度具体的测量方法，可由行业工艺或技术规范来确定。本规程是安全的最低要求，行业技术规范要求比本规程高是正常的。该条款是规程的传统条款，在实际执行中经过长期验证是适当的、也是可行的。

4.3.3.6 焊缝返修

（1）如果受压元件的焊接接头经过检测发现存在超标缺陷，施焊单位应当找出原因，制订可行的返修方案，才能进行返修；

（2）补焊前，缺陷应当彻底清除；补焊后，补焊区应当做外观和无损检测检查；要求焊后热处理的焊缝，补焊后应当做焊后热处理；

（3）同一位置上的返修不宜超过 2 次，如果超过 2 次，应当经过单位技术负责人批准，返修的部位、次数、返修情况应当存入锅炉产品技术档案。

- **条款说明**：保留条款。
- **原《锅规》**：4.3.3.6 焊缝返修（略）
- **条款解释**：本条款是对焊缝返修的规定。

焊缝返修是难以避免的，我国几个版本的规程中均对焊缝返修做了规定。

1."经过检测发现存在超标缺陷"，检测包含了外观和无损检测检查等内容，无损检测是对超标缺陷的评定，不是对无缺陷的评定，这样文字表述是合理的。

2."同一位置上的返修不宜超过 2 次，如果超过 2 次，应当经过单位技术负责人批准"，这是对焊缝返修次数的限定。这表明在安全技术法规和技术政策上，规程不仅不推崇多次返修，而且要努力抑制多次返修的行为。与以往相比，在返修次数上没有明显的差别，但明确了责任人员的职责，与单位技术负责人的职责。

施焊中产生多次返修不是一件好事，这种生产方式，制造不出高质量产品。多次返修也不是个案的技术问题，它可能表明：工艺可行性差，或工艺不稳定，或作业技术水平落后，或技术管理粗放，或工艺纪律不严，或以上情况均有。返修增加了材料消耗、工时消耗、能源消耗，打乱了正常的工艺秩序，增加了生产成本，增加了质量管理的内耗，降低了产品的安全性和可靠性，失去了市场对产品的声誉和信任，给用户和国家安全带来隐患。制造难、返修更难。返修能做好的事，为什么不放在制造中一次做好呢。本规程的修订，表明应加强控制、尽可能地减少或杜绝多次返修。

3."返修的部位、次数、返修情况应当存入锅炉产品技术档案。"的规定，是要对返修进行记录在案，以便发生安全事故时进行追踪和持续改进。

4.4 热处理

4.4.1 需要进行热处理的范围

（1）碳素钢受压元件，其名义壁厚大于 30mm 的对接接头或者内燃锅炉的筒体、管板的名义壁厚大于 20mm 的 T 型接头，应当进行焊后热处理；

（2）合金钢受压元件焊后需要进行热处理的厚度界限按照相应标准规定执行；

（3）除焊后热处理以外，还应当考虑冷、热成形对变形区材料性能的影响以及该元件使用条件等因素进行热处理。

- **条款说明：**保留条款。
- **原《锅规》：**4.4 热处理（略）

4.4.1 需要进行热处理的范围（略）

- **条款解释：**本条款是对焊后热处理范围的规定。

1.焊后热处理的目的：一是消除焊接残余应力，二是细化晶粒，三是防止延迟裂纹的产生。

在对受压元件进行焊接过程中，由于钢板局部受到了不均匀加热，从而产生了不均匀变形，形成了焊接残余应力。这种焊接残余应力随着钢板厚度的增加而增大，残余应力越大，对锅炉安全使用影响越大。

经过焊后热处理（常用高温回火方法），金属发生塑性变形产生松弛而使焊接残余应力减弱或消失。焊后热处理的温度，对碳素钢一般为 600～650℃，过高的温度会引起锅筒变形，在 600～650℃时热处理，不可能全部消除焊接残余应力，一般认为焊后通过高温回火热处理可将 80%～90% 的焊接残余应力消除，提高焊接接头的抗疲劳性能。

2.过去，我国曾在焊制中、高压锅炉锅筒的纵向焊缝时采用电渣焊。这种焊接方法生产效率高，但由于焊件比较厚，焊缝及热影响区在高温下停留的时间较长，从而使金属组织的晶粒变得粗大，同时也易产生过热的魏氏组织，降低了钢材的力学性能。通过热处理（正火热处理）可以将粗大的晶粒细化，改善焊缝金属的力学性能。此方法国内已很少采用。

3.本条款对焊后需要进行热处理厚度界限的规定：碳素钢受压元件的对接接头，当名义壁厚超过 30mm 时，焊后必须进行消除焊接残余应力的热处理；

内燃式锅炉的筒体或管板的名义厚度大于 20mm 的 T 型接头，应进行焊后热处理。这种接头焊缝所受应力主要是弯曲应力，应力状况不如对接接头的焊缝，为了改善 T 型接头处焊缝的性能，提高其抗疲劳性，应对其进行焊后热处理，而且焊后热处理的厚度界限比对接接头小。

为减小焊缝中存在的焊接残余应力，在各国的锅炉规程、标准中对焊接热处理厚度都有规定：如：R831 材料厚度等于或大于 20mm，应进行焊后消除残余应力的热处理；DIS 5730：锅炉任何焊接的壁厚超过 30mm，须进行焊后热处理；BS 2790：锅炉任何焊接的壁厚超过 20mm，须进行焊后热处理；BS 1113：碳钢，最大含碳量 0.25%，壁厚不超过 30mm，不要求热处理；ASME：都要求焊后热处理。

TRD：不进行焊后热处理的条件：

① 部件加工成形已满足热处理要求。

② 焊缝接头处允许的最大公称壁厚为 30mm。

③ 化学成分不超过下列数值（%）：

碳	硅	锰	铬	铜	钼	镍	钒
0.22	0.50	1.20	0.30	0.30	0.50	0.30	0.30

此外，铬加镍不大于 0.30%，锰加钼不大于 1.6%。

④ 冷成形纤维伸长不超过 5%。

JIS 8201：焊后应进行热处理（碳钢管子，集箱的环缝，碳钢管纵缝，壁厚小于等于 19mm 的除外）。

由此可见，焊后热处理的厚度界限，各国规定的差距较大。其原因是多方面的。焊后热处理主要是为消除残余应力，而残余应力的大小主要决定于材料化学成分，焊件厚度，焊接工艺。如：焊缝咬边引发的应力集中也可用焊后热处理来减轻。所以确定焊后热处理厚度界限，要进行综合比较。各国热处理综合比较见释表 4-1。

释表 4-1　各国热处理综合比较表（对锅筒主焊缝）

规程	厚度界限	含碳量	允许咬边	安全阀动作时最高压力	许用应力
R831	≥20mm	≤0.25%①	0	1.1 设计压力	$\dfrac{\sigma_b}{2.7}, \dfrac{\sigma_s^t}{1.6}$
DIS 5730	>30②	≤0.23%③	0.5mm	1.1 设计压力	$\dfrac{\sigma_b}{2.4}, \dfrac{\sigma_s^t}{1.5}$
BS 2790	>20		0.5mm	1.1 设计压力	$\dfrac{\sigma_b}{2.4}, \dfrac{\sigma_s^t}{1.5}$
BS 1113	>30	≤0.25%		1.1 设计压力	$\dfrac{\sigma_b}{2.7}, \dfrac{\sigma_s^t}{1.5}$
ASME	全部	≤0.35%	0.8mm, 0.1S	1.06 设计压力	$\dfrac{\sigma_b}{4}, \dfrac{\sigma_s^t}{1.6}$
TRD	>30	≤0.22%		1.1 设计压力	$\dfrac{\sigma_b}{2.4}, \dfrac{\sigma_s^t}{1.5}$
日本	全部			1.06 设计压力	$\dfrac{\sigma_b}{4}, \dfrac{\sigma_s^t}{1.6}$

① 经检验，制造单位和用户协商，可达 0.35%。

② 仅对 P7 材料。对 P11，全部热处理。

③ 经协商允许达 25%，但焊接工艺特殊考虑。

从释表 4-1 中可以看出：美国的安全系数最大，部件壁厚，ASME 规定的含碳量上限较高，咬边规定较松，所以要求全部进行热处理以及安全阀动作时允许压力升高最小；TRD 对钢材含碳量规定较严，安全系数小，而放松热处理的要求。

4. 对于低合金珠光体耐热钢，如 12CrMo、15CrMo、12Cr1MoV、12Cr2MoWVTiB、12Cr3MoVSiTiB 等，这些钢材在焊接过程中容易形成淬硬性组织，而且氢富集于焊缝之中，再加上焊接形成的残余应力，焊后几天甚至几小时将会在焊缝及附近产生裂纹，称为延迟裂纹。产生延迟裂纹的主要原因是氢的富集，因此对这些钢材焊后应立即进行消氢处理。

合金钢焊后热处理厚度按专业标准的规定。对于合金钢来说，由于合金元素的存在，其可焊性一般都较差。不但焊前要求进行预热，而且焊后都要求进行热处理，具体要求可由技术规范来确定。

5. 冷卷、冷压成形件，通常变形率大于 5% 后（TRD：冷成形纤维伸长不超过 5%；不进行热处理。），需要随后作去应力处理，适用时可与焊后热处理一起进行。ISO R831 和 EN 欧共体：钢板冷弯后直径与板厚之比小于 20，对冷弯的钢板须加以消除残余应力热处理。ASME-Ⅰ-表 PG-19 冷加工成型应变范围和热处理要求。（表中列举的冷加工成形应变范围为 15%～20%）。这项消除应力热处理可在焊接之前或焊接后进行。

4.4.2　热处理设备

热处理设备应当配有自动记录热处理的时间与温度曲线的装置，测温装置应当能够准确反映工件的实际温度。

- **条款说明**：保留条款。
- **原《锅规》**：4.4.2 热处理设备（略）
- **条款解释**：本条款是对热处理的测量装置应当能够准确反映工件的实际温度的规定。本条款使规程在热处理规定中更具有逻辑性。

热处理测量装置广义上应包括：热处理设备、测量装置和测温装置。

热处理炉的性能是否能满足工艺要求，直接关系到热处理的效果和质量；热处理设备应按 GB/T 9452《热处理炉有效加热区测定方法》进行有效温度场测定，以保证热处理设备性能能够满足热处理工艺要求；热处理测量装置应是自动记录热处理的时间与温度曲线的装置；热处理测温装置应能准确反映工件的实际温度，确保热处理工艺的执行。

热处理后应检验热处理温度自动记录图，是否符合工艺要求，随炉试件的性能是否符合产品技术要求；当热处理温度自动记录图显示异常时，可按标准或技术要求，对该记录图监视的焊接接头或成形件进行硬度或金相组织检查。

对炉内热处理用温度自动记录图，内容应利于产品追踪，应表明：工程项目号或工作令号、部件图号、热处理工艺编号、走纸前进速度、记录者按焊缝位置布置测量点所分配的记录颜色等，以及处理日期、操作者、核查人签名。

用其他热处理方式的记录至少应有对应热处理工件（如焊接接头、成形件）的图样号、工作令号、热处理工艺编号、保温温度和时间及操作日期和核查人签名；具体内容应由相应的技术标准作出规定。

要求进行热处理，一般为 A 级锅炉。目前，A 级锅炉制造厂一般已具备自动记录热处理的时间与温度曲线的装置，实施本条款的规定，在资源上具有现实性和可行性。

4.4.3 热处理前的工序要求

受压元件应当在焊接（包括非受压元件与其连接的焊接）工作全部结束并且经过检验合格后，方可进行焊后热处理。

- **条款说明**：修改条款。
- **原《锅规》**：4.4.3 热处理前的工序要求

需要焊后热处理的受压元件应当在焊接（包括非受压元件与其连接的焊接）工作全部结束并且经过检验合格后，方可进行焊后热处理。

- **条款解释**：本条款是对受压元件实施热处理前应完成的工序要求。本条款主要是进行了文字修改，主体内容未发生变化。明确规定受压元件本身的全部焊接工作结束并检验合格后，方可进行焊后的热处理。

已经热处理过的受压元件不能在其上再进行焊接。否则，又会形成新的焊接残余应力或裂纹，再进行热处理是困难的，甚至不可能。这就要求受压元件热处理前应完成全部焊接及其检验工作。

4.4.4 热处理工艺

热处理前应当根据有关标准及图样要求编制热处理工艺。需要进行现场热处理的，应当提出具体现场热处理的工艺要求。

焊后热处理工艺至少符合以下要求：

（1）异种钢接头焊后需要进行消除应力热处理时，其温度应当不超过焊接接头两侧任一钢种的下临界点（A_{c1}）；

（2）焊后热处理宜采用整体热处理，如果采用分段热处理，则加热的各段至少有1500mm的重叠部分，并且伸出炉外部分有绝热措施；

（3）局部热处理时，焊缝和焊缝两侧的加热带宽度应当各不小于焊接接头两侧母材厚度（取较大值）的3倍或者不小于200mm。

- **条款说明**：修改条款。
- **原《锅规》**：4.4.4 热处理工艺

热处理前应当根据有关标准及图样要求编制热处理工艺，需要进行现场热处理的，应当提出具体现场热处理的工艺要求。

焊后热处理工艺至少满足以下要求：

（1）异种钢接头焊后需要进行消除应力热处理时，其温度应当不超过焊接接头两侧任一钢种的下临界点（A_{c1}）；

（2）焊后热处理宜采用整体热处理，如果采用分段热处理则加热的各段至少有1500mm的重叠部分，并且伸出炉外部分有绝热措施；

（3）补焊和环缝局部热处理时，焊缝和焊缝两侧的加热宽度应当各不小于焊接接头两侧钢板厚度（取较大值）的3倍或者不小于200mm。

- **条款解释**：本条款是对热处理前应编制热处理工艺的规定。

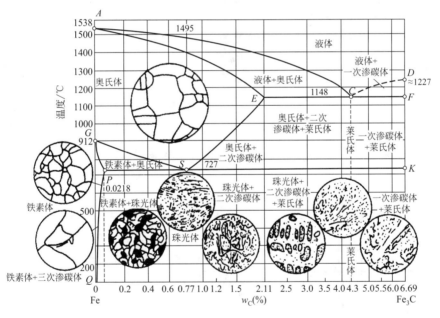

释图 4-12 简化的 Fe-Fe₃C 相图

PSK 水平线 共析线（727℃），又称A1线	加热时珠光体向奥氏体转变的开始温度	Ac1
	冷却时奥氏体向珠光体转变的开始温度	Ar1
GS线 又称A3线	加热时游离铁素体全部转变为奥氏体终了温度	Ac3
	冷却时奥氏体开始析出游离铁素体的温度	Ar3
ES线 又称Acm线，是碳在奥氏体中的溶解度曲线。	加热时二次渗碳体全部溶入奥氏体的终了温度	Accm
	冷却时奥氏体开始析出二次渗碳体的温度	Arcm

1.修改内容：将"补焊和环缝局部热处理时，焊缝和焊缝两侧的加热宽度应当各不小于焊接接头两侧钢板厚度（取较大值）的3倍或者不小于200mm。"修改为"局部热处理时，焊缝和焊缝两侧的加热宽度应当各不小于焊接接头两侧母材厚度（取较大值）的3倍或者不小于200mm。"，表述更准确。

有关"对于焊后有产生延迟裂纹倾向的钢材，焊后应及时进行后热消氢或热处理"规定的内容，因为本规程有编制热处理工艺要求，故条款中无需赘述。

2.下临界点（A_{c1}）是钢材加热时，珠光体向奥氏体转变的开始温度，见释图4-12。

3.本条款明确"热处理前应当根据有关标准及图样要求编制热处理工艺；需要进行现场热处理的，应当提出具体现场热处理的工艺要求"的规定。

4.将局部热处理明确为焊缝和焊缝两侧的加热宽度（见释图4-13）应当各不小于焊接接头两侧母材厚度（取较大值）的3倍或者不小于200mm，见释图4-14。

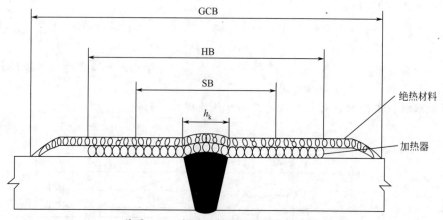

释图 4-13 焊缝和焊缝两侧的加热宽度

h_k—焊缝最大宽度；SB—均热带宽度；HB—加热带宽度；GCB—隔热带宽度

5.分析《锅规》、GB 30583—2014《承压设备焊后热处理规程》、ASME PW-39.5.2、EN12952—5-10.4.2.3对局部热处理加热（均热）宽度要求的对比。

（1）几种关键用语

①《锅规》的用语：加热宽度；

② GBT 30583—2014用语：均热带、加热带、隔热带；

③ ASME PW-39.5.2 用语：the soak band 均热（温）带；

④ EN12952—5-10.4.2.3 用语：The heated band width 加热带宽度。

（2）几种局部加热宽度的表述

①《锅规》：焊缝两侧的加热宽度应当各不小于焊接接头两侧母材厚度（取较大值）的3倍或者不小于200mm。

② GBT 30583：均温带边缘离返修焊缝边界至少为焊后热处理厚度δ_{PWHT}或50mm，取两者较小值。加热带尺寸需足够大。

加热带和隔热带的推荐宽度；

释图 4-14 局部热处理加热宽度

a. 壳体名义厚度 $\delta_n \leqslant 50\text{mm}$ 时，$HB = 7nh_k$；

$$GCB = HB + 2a = HB + 2(200 \sim 350\text{mm})。$$

式中　n——条件系数，$1 < n < 3$；

　　　h_k——焊缝最大宽度，mm；

　　　a——隔热附加值，$200 \sim 350\text{mm}$。

b. 壳体名义厚度 $\delta_n > 50\text{mm}$ 时，焊后热处理前应进行验证性试验。

③ ASME：均热带应为圆形，其半径等于管接头或连接件与筒体连接焊缝上最大的焊缝宽度加上筒体（或封头）厚度或 2in（约 50mm）两者中的较小值。

④ EN12952：焊缝在中间，加热的宽度不得小于 $5 \times \sqrt{r_{is} e_s}$。

式中，r_{is} 为部件内半径；e_s 为焊缝厚度。

（3）实例验证

【例1】　以管子（$\phi 133\text{mm} \times 12\text{mm}$）为例；焊缝厚度 $\delta_n = t_s = 12\text{mm}$；管子外半径 $r_i = 66.5\text{mm}$；焊缝宽度按 $h_k = 25\text{mm}$ 或 $h_k = 13\text{mm}$（窄间隙焊缝）分别验证。

【例2】　以集箱（$\phi 273\text{mm} \times 45\text{mm}$）为例；焊缝厚度 $\delta_n = t_s = 45\text{mm}$；集箱外半径 $r_i = 136.5\text{mm}$；焊缝宽度按 $h_k = 25\text{mm}$ 或 $h_k = 13\text{mm}$（窄间隙焊缝）分别验证。

验证结果：

宽度	《锅规》	GB 30583	ASME PW-39.5.2	EN12952-5-10.4.2.3
	加热带	加热带	均温带	加热带
结果	$97 \sim 425\text{mm}$	$182 \sim 437.5\text{mm}$	$> 37 \sim 50\text{mm}$	$141.3 \sim 392\text{mm}$

（4）验证分析

① 宽度：加热带＞均热带

均热带＝焊缝宽度＋2 筒体（或封头）厚度或 50mm。

加热带＝$7n$ 焊缝宽度。

Δ＝加热带－均热带＝$7n$ 焊缝宽度－（焊缝宽度＋2 筒体厚度或 50mm）

② 宽度比较：隔热带＞加热带＞均热带

隔热带＝加热带＋2（$200 \sim 350\text{mm}$）；

隔热带－加热带＝2（$200 \sim 350\text{mm}$）。

③ 从以上验证实例对比，加热带宽度比较如下：《锅规》＜GB 30583＝ASME PW-39.5.2；而 EN12952 的加热宽度比较适中。

④ 从以上内容可以看出，局部热处理不适宜对厚壁焊件进行热处理，适用范围不能无限制地延伸。尽管各自规定的内容也不尽一样，但共同点是以工程建造经验为主，是由各国的国情和行业运用的历史经验所决定；必要时，需要技术验证。

⑤ GB 30583 强调焊后热处理前应进行验证性试验。

⑥ 从节约能源和企业利益出发，对《锅规》提出修改意见者希望限定条件越小越好，这想法是可以理解的。但不能牺牲产品的传统安全和产品质量。应在保证产品高质量和产品使用安全的框架下统筹考虑。制定标准时，仅靠"拿来为我所用"是不科学的，应有验证性试验作为技术支持。轻易否定行业传统的经验也是不可取的。

6. 抓好锅炉热处理工艺控制很重要。锅炉焊缝热处理过程是由加热、保温和冷却三个阶段组成的，热处理通常分为：退火、正火、淬火、回火等工艺方法。为了满足锅炉承压部件的工作需要，确保符合锅炉设计和使用要求，对锅炉承压部件的焊缝进行必要的热处理，使其具有良好的组织结构、理想的力学性能，消除承压部件焊后产生的应力，提高产品质量和使用寿命。热处理在锅炉整个加工过程中占有十分重要的地位。

热处理对充分发挥金属材料潜在性能是极为有效的工艺方法，进行热处理的目的就是为了获得所期望的组织和性能。了解热处理对锅炉承压部件焊缝的组织和性能的影响，确保热处理工艺的稳定性，避免人为的随意性。编制正确有效、可操作性强、能保证产品质量的热处理工艺十分重要。

根据各电站锅炉制造单位生产实践，最后确定为"焊缝和焊缝两侧的加热宽度应当各不小于焊接接头两侧母材厚度（取较大值）的 3 倍或者不小于 200mm"。

4.4.5 热处理记录

焊后热处理过程中，应当详细记录热处理规范的各项参数。热处理后有关责任人员应当详细核对各项记录指标是否符合工艺要求。

- **条款说明**：保留条款。
- **原《锅规》**：4.4.5 热处理记录（略）
- **条款解释**：本条款是对热处理记录及其管理的要求。

"热处理后有关责任人员应当详细核对各项记录指标是否符合工艺要求。"强调了执行热处理工艺的严肃性，确保锅炉承压部件热处理的质量。

锅炉焊缝热处理是一种复杂的特殊过程。影响热处理质量的因素很多，包括：人、机、料、法、环和检验等；如热处理不当，易使锅炉承压部件和焊缝产生裂纹、变形、腐蚀、热处理缺陷等缺陷，使承压部件失效而失去工作能力；也造成人力、物力、财力的巨大浪费。本条款强调执行热处理工艺的严肃性，也有利于热处理失效分析，采取纠正和预防措施，以及发生事故后的追踪。

4.4.6 热处理后的工序要求

本规程 4.4.1 要求进行热处理的受压元件，热处理后应当避免直接在其上面焊接元件。如果不能避免，在同时满足以下条件时，焊后可以不再进行热处理，否则应当再进行热处理：

(1) 受压元件为碳素钢或者碳锰钢材料；

(2) 角焊缝的计算厚度不大于 10mm；

(3) 按照评定合格的焊接工艺施焊；

(4) 角焊缝进行 100% 表面无损检测。

- **条款说明**：修改条款。
- **原《锅规》**：4.4.6 热处理后的工序要求

已经过热处理的锅炉受压元件，应当避免直接再在其上面焊接元件。如果不能够避免，但在同时满足以下条件时，焊后可以不再进行热处理，否则应当再进行热处理：

(1) 受压元件为碳素钢或者碳锰钢材料；

(2) 角焊缝的计算厚度不大于 10mm；

(3) 按照评定合格的焊接工艺施焊；

(4) 对角焊缝进行 100% 表面无损检测。

- **条款解释**：本条款是对受压元件热处理后施焊的规定。

根据征求意见，将"已经过热处理的锅炉受压元件"改为"本规程4.4.1要求进行热处理的受压元件"，使规程的本意表述更准确。

热处理过的受压元件，应当避免直接再在其上焊接元件，如不能避免，应满足一定的条件，焊后可不再进行热处理。这一规定，是避免形成较大的焊接残余应力。

在锅炉安装过程中多次发生在已经热处理过的受压元件又进行焊接一些零部件，如锅筒与滑动底座的枕座、锅筒与隔板、锅筒与密封板等均在安装现场进行焊接，而且焊后又无法进行热处理。为了解决这一问题，原劳动人事部锅炉局以劳人锅函〔1984〕71号做过答复，原则上对已经热处理过的受压元件，尽量避免直接在其上焊接零件或附件。如果要在汽包、集箱焊接零件或附件，应在结构设计、工艺要求加以考虑，在最终热处理之前完成。

总的原则是，对在已经热处理过的受压元件上施焊不可避免的情况，规程作了有条件的允许；既保证了焊接质量，又解决了不可避免的问题。

4.5 焊接检验及相关检验

锅炉受压元件及其焊接接头质量检验，包括外观检验、通球试验、化学成分分析、无损检测、力学性能检验、水压试验等。

- **条款说明**：保留条款。
- **原《锅规》**：4.5 焊接检验及相关检验（略）
- **条款解释**：本条款是对焊接接头质量检查项目的规定。

焊接接头的质量检查目的：是检查其是否存在超标缺陷，是否具有可接受的力学性能和严密性，是否发生碳钢与合金钢材料的误用。

缺陷有宏观缺陷和微观缺陷两种。

在焊接接头中存在的宏观缺陷，如裂纹、未焊透、未熔合、咬边、弧坑、气孔、夹渣等，其检测方法是外观检查、无损检测；

微观缺陷，如过烧组织、超标的异常组织和显微裂纹，其检测方法是金相检验。

检查受热面管子内部是否畅通、清理管内腔因施工造成的杂物、检查管内径值是否符合要求，其检查方法是通球试验。

接头和焊缝金属的力学性能，如强度、韧性和延伸性，其检测方法是力学性能试验。

碳钢与合金钢材料的误用，其检测方法是合金钢焊缝及母材化学成分的光谱验证检验。

水压试验既可以检查接头存在的缺陷，也可以检验接头的强度。

以上六项检查合格，焊接接头的质量才算达到了规定的要求。

4.5.1 受压元件焊接接头外观检验

受压元件焊接接头（包括非受压元件与受压元件焊接的接头）应当进行外观检验，并且至少满足以下要求：

（1）焊缝外形尺寸符合设计图样和工艺文件的规定；

（2）对接焊缝高度不低于母材表面，焊缝与母材平滑过渡，焊缝和热影响区表面无裂纹、夹渣、弧坑和气孔；

（3）锅筒（壳）、炉胆、集箱的纵（环）缝及封头（管板）的拼接焊缝无咬边，其余焊缝咬边深度不超过0.5mm，管子焊缝两侧咬边总长度不超过管子周长的20%，并且不超过40mm。

- **条款说明**：保留条款，个别文字做了修改。

- 原《锅规》：4.5.1 受压元件焊接接头外观检验（略）
- 条款解释：本条款是对焊接接头外观检验的规定；

对焊缝外观检验有三条要求：

（1）外形尺寸应符合设计图样和工艺文件的规定。这是三按（按设计、按工艺、按标准）施工的基本要求，也是保证产品质量的基本要求，是在产品质量检查中首先要注意的事项。

（2）焊缝高度和表面缺陷。焊缝高度不低于母材表面，是保证焊缝的强度不低于母材的强度。随着焊接材料与焊接技术的发展，焊缝金属的强度一般不低于母材的强度，只要不低于母材表面，焊缝金属的厚度也就不小于母材的厚度，其强度也就不低于母材的强度。但是焊缝的高度也不是越高越好，焊缝高度越高焊缝疲劳效率越低（见释图4-15）。焊缝与母材应平滑过渡。避免焊缝与母材连接处形成形状突变，产生应力集中。

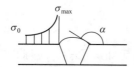

α	140°	160°	180°
η%	40	70	100

释图4-15 焊缝高度与焊缝疲劳效率的关系

焊缝及热影响区不允许存在的缺陷，如裂纹、夹渣、弧坑和气孔。

锅炉的寿命除强度问题以外，主要是疲劳问题。裂纹直接影响锅炉寿命，对于锅炉受压元件裂纹是绝对不允许的；表面的夹渣、弧坑和气孔也是一种疲劳裂纹源，因此焊缝（包括热影响区）表面对缺陷的控制严于焊缝内部对缺陷的控制。

（3）对焊缝咬边的要求。主要受压部件的主焊缝不允许咬边，实际上咬边也是一种疲劳裂纹源。据德国专家介绍，对ST52钢，厚度为20mm，开坡口双面焊焊接接头进行的试验，得到如下结果：

咬边（mm）	无咬边	1	2	3
疲劳强度（%）	100	68	60	50

表明咬边对疲劳强度的影响甚大，因咬边过长导致锅炉爆炸事故在我国时有所发生的。

咬边深度不超过0.5mm，管子焊缝两侧咬边长度不超过管子周长的20%，且不超过40mm。1980年版规程规定，所有焊缝无咬边。在执行中不允许所有焊缝咬边，在工艺上难度较大，除主要焊接外，其他焊缝的应力远低于主焊缝，且对锅炉疲劳的影响要小得多。1983年对1980年版规程进行部分条文修改时，对焊缝咬边的规定做了调整，将所有焊缝无咬边，改为主要焊缝［即：锅筒（锅壳），炉胆，集箱的纵、环缝及封头（管板）的拼接焊缝］无咬边，其余焊缝咬边深度不超过0.5mm，进行了有条件的放宽，利于规程的执行。

4.5.2 受热面管子通球试验
对接焊接的受热面管子，应当按照相关标准进行通球试验。

- 条款说明：修改条款。
- 原《锅规》：4.5.2 对接焊接的受热面管子通球试验

对接焊接的受热面管子，应当按照相应标准规定进行通球试验。

- 条款解释：本条款是对受热面管子进行通球试验的规定。

修改内容：根据征求意见，将标题"对接焊接的受热面管子通球试验"改为"受热面管子通球试验"。

管子对接前，受热面用管，由于切割下料不当，管内壁易留有铁屑；当管子对接焊时，形成内毛刺而又无法去除；当管子对接成型时，因管子截面积缩小等原因，锅炉运行中，就会影响管内介质的流动，会影响循环回路中的锅炉水循环。对于强制循环的系统中将增加水循环阻力，泵的压头增加，浪费能源。管子内腔因施工杂物造成堵塞，不仅破坏了水循环，还会造成锅炉停炉事故。为了检查受热面管子管内部是否畅通、清理管内腔因施工造成的杂物、控制管内径的减小，特对通球试验做出了规定。对通球试验更具体的要求可由技术规范来确定。

> ### 4.5.3　化学成分分析
> 合金钢管、管件对接接头焊缝和母材应当进行化学成分光谱分析验证。

- **条款说明**：保留条款。
- **原《锅规》**：4.5.3　化学成分分析（略）
- **条款解释**：本条款是对合金钢管、管件对接接头焊缝和母材应当进行化学成分光谱验证的规定。在锅炉制造和安装中，由于管理不当，管材混用时有发生；大型电站锅炉现场检验中，查出由于金属过热造成爆管的事故占爆管事故的30%，其中材料误用是一个重要原因。如某电厂1000MW机组锅炉爆管中，发现过热器屏和过热器连接管发生材料错用。某电厂4号炉应该用合金钢的高温过热器出口联箱管座错用碳钢，使碳钢管座长期过热爆破。本条款规定用光谱分析验证，区别碳钢与合金钢材料（包括母材、焊材），避免不应该发生的材料混用。

> ### 4.5.4　无损检测
> #### 4.5.4.1　无损检测基本方法
> 无损检测方法主要包括射线、超声、磁粉、渗透、涡流等检测方法。制造单位应当根据设计、工艺及其相关技术条件选择检测方法，并且制订相应的检测工艺。
> 当选用超声衍射时差法（TOFD）时，应当与脉冲回波法（PE）组合进行检测，检测结论以TOFD与PE方法的结果进行综合判定。

- **条款说明**：修改条款。
- **原《锅规》**：4.5.4　无损检测

4.5.4.1　无损检测人员资格

无损检测人员应当按照相关安全技术规范进行考核，取得资格证书后，方可从事相应方法和技术等级的无损检测工作。

4.5.4.2　无损检测基本方法

无损检测方法主要包括射线（RT）、超声（UT）、磁粉（MT）、渗透（PT）、涡流（ET）等检测方法。制造单位应当根据设计、工艺及其相关技术条件选择检测方法并且制定相应的检测工艺。

当选用超声衍射时差法（TOFD）时，应当与脉冲回波法（PE）组合进行检测，检测结论以TOFD与PE方法的结果进行综合判定。

- **条款解释**：本条款是对无损检测基本方法的规定。

删除了"4.5.4.1　无损检测人员资格

无损检测人员应当按照有关安全技术规范进行考核，取得资格证书后，方可从事相应方法和技术等级的无损检测工作。"内容。人员资质管理内容已在《特种设备无损检测人员考核与监督管理规则》内作出规定。

在《锅规》修订中，本条款完善了对无损检测基本方法的描述。一般来说，射线和超声检测主要用于承压设备的内部缺陷的检测；磁粉检测主要用于铁磁性材料制承压设备的表面和近表面缺陷的检测；渗透检测主要用于非多孔性金属材料和非金属材料制承压设备的表面开口缺陷的检测；涡流检测主要用于导电金属材料制承压设备表面和近表面缺陷的检测。由于各种检测方法都具有一定的特点，为提高检测结果可靠性，应根据设备材质、结构、制造方法、工作介质、使用条件和失效模式，预计可能产生的缺陷种类、形状、部位和取向，选择适宜的无损检测方法，正确选用适当的无损检测方法是重要的。

将无损检测方法的选择和具体操作，用文件进行规范化、系统化、标准化，这就是制定相应的检测工艺。

无损检测工艺包括：通用工艺规程和工艺卡。无损检测通用工艺规程应根据相关法规、产品标准、有关的技术文件和 NB/T 47013 的要求，并针对本单位的特点和检测能力进行编制。无损检测通用工艺规程应涵盖本单位产品的检测范围；无损检测通用工艺规程的编制、审核和批准应符合相关法规或标准的规定。

无损检测工艺卡：实施无损检测的人员，应按无损检测工艺卡进行操作。无损检测工艺卡应根据无损检测通用工艺规程、具体产品标准、有关的技术文件和 NB/T 47013 的要求进行编制。无损检测工艺卡的编制、审核应符合相关法规或标准的规定。

条款中，明确允许锅炉受压部件采用 TOFD 方法进行检测，并规定了使用方法及条件。但此方法仅限于全焊透的对接接头检测。

TOFD（Time of Flight Diffraction）是利用超声波衍射波的一种检测方法，历经国质检特函（2007）402 号文（2007.6.7 实施）规定、质检特函〔2009〕89 号关于《固定式压力容器安全技术监察规程》的实施意见，现在已列入 NB/T 47013 标准。

> **4.5.4.2** 无损检测标准
> 锅炉受压元件无损检测方法应当符合 NB/T 47013《承压设备无损检测》的要求。

- **条款说明**：修改条款。
- **原《锅规》**：4.5.4.3 无损检测标准

锅炉受压部件无损检测方法应当符合 NB/T 47013（JB/T 4730）《承压设备无损检测》的要求。管子对接接头 X 射线实时成像，应当符合相应技术规定。

- **条款解释**：本条款是对无损检测标准的规定。

修改内容：删除了"管子对接接头 X 射线实时成像，应当符合相应技术规定"。因实时成像已列入 NB/T 47013 标准。

> **4.5.4.3** 无损检测技术等级及焊接接头质量等级
> （1）锅炉受压元件焊接接头的射线检测技术等级不低于 AB 级，焊接接头质量等级不低于 II 级；
> （2）锅炉受压元件焊接接头的超声检测技术等级不低于 B 级，焊接接头质量等级不低于 I 级；
> （3）锅炉受压元件焊接接头的衍射时差法超声检测技术等级不低于 B 级，焊接接头质量等级不低于 II 级；
> （4）表面检测的焊接接头质量等级不低于 I 级。

- **条款说明**：保留条款。

• 原《锅规》：4.5.4.4　无损检测技术等级及焊接接头质量等级（略）

• 条款解释：本条款是对无损检测技术等级及焊接接头质量等级的规定。

在 NB/T 47013 中：

射线检测技术分为三级：A 级——低灵敏度技术；AB 级——中灵敏度技术；B 级——高灵敏度技术。

根据对接接头中存在的缺陷性质、数量和密集程度，其质量等级可划分为Ⅰ、Ⅱ、Ⅲ、Ⅳ级；

超声检测技术分为 A、B、C 三级；焊接接头质量等级分为：Ⅰ、Ⅱ、Ⅲ级；

表面检测的焊接接头质量等级分为Ⅰ、Ⅱ、Ⅲ、Ⅳ级。

这种对无损检测技术等级及焊接接头质量等级的规定的思路，是 80 版、87 版、96 版《蒸规》和 12 版《锅规》历史的延续，锅炉行业已习惯而无异议。如改变，易引起不必要的混乱，故仍保留原来的规定。

4.5.4.4　无损检测时机

焊接接头的无损检测应当在形状尺寸和外观质量检查合格后进行，并且遵循以下原则：

（1）有延迟裂纹倾向材料的焊接接头应当在焊接完成 24h 后进行无损检测；

（2）有再热裂纹倾向材料的焊接接头，应当在最终热处理后进行表面无损检测复验；

（3）封头（管板）、波形炉胆、下脚圈的拼接接头的无损检测应当在成型后进行；如果成型前进行无损检测，则应当于成型后在小圆弧过渡区域再次进行无损检测。

• 条款说明：修改条款。

• 原《锅规》：4.5.4.5　无损检测时机

焊接接头的无损检测应当在形状尺寸和外观质量检查合格后进行，并且遵循以下原则：

（1）有延迟裂纹倾向的材料应当在焊接完成 24h 后进行无损检测；

（2）有再热裂纹倾向材料的焊接接头，应当在最终热处理后进行表面无损检测复验；

（3）封头（管板）、波形炉胆、下脚圈的拼接接头的无损检测应当在成型后进行，如果成型前进行无损检测，则应当于成型后在小圆弧过渡区域再做无损检测；

（4）电渣焊焊接接头应当在正火后进行超声检测。

• 条款解释：本条款是对焊接接头进行无损检测的时机的规定。

1. 修改内容：鉴于国内锅炉制造厂已不采用电渣焊，修改中删除了"电渣焊焊接接头应当在正火后进行超声检测"的规定；将"有延迟裂纹倾向的材料"改为"有延迟裂纹倾向的材料的焊接接头"。

2. 延迟裂纹是在焊接冷却后延迟一段时间再出现的裂纹，是冷裂纹中的一种。主要出现在焊缝的热影响区，且多数与熔合线平行。常见的延迟裂纹 3 种状态：（1）焊趾裂纹；（2）焊道下裂纹；（3）焊缝根部裂纹。

材料的淬硬倾向、焊接接头的含氢量、拘束应力状态，这是中高强度低合金钢产生延迟裂纹的 3 个要素。其中关键性的是含氢量。焊缝中的氢是在潮湿气氛中焊接时在高温下氢以原子状态溶入焊缝金属的，冷却后，钢对氢的溶解度变小，氢原子聚集成分子，已无法逸出焊缝，便形成巨大的内应力，致使裂纹开裂。断面上常有白色斑点，称为氢白点。因此延迟裂纹也称为氢致裂纹。焊接接头的无损检测时机，对有延迟裂纹倾向的材料应当在焊后一段时间不再出现裂纹的情况进行。如 12CrMo、15CrMo、12Cr1MoV、12Cr2MoWVTiB、12Cr3MoVSiTiB……等低合金耐热钢，在焊接过程中容易形成淬硬性组织，而且氢富集于焊缝之中，再加上焊接形成的残余应力，焊后几天甚至几小时将会在焊缝及附近产生裂纹，称为延迟裂纹。一般经验认为：当 $C_{当量}$ >

0.6%时，钢材的淬硬倾向强，属于较难焊的材料，需采取较高的预热温度和严格的工艺措施。此外，还要受钢板厚度，焊后残余应力，氢含量等因素的影响。

3.再热裂纹为焊后焊件在一定温度范围内再次加热而产生的裂纹。焊后焊件在一定温度范围内再次加热（消除应力热处理或其他加热过程）而产生的裂纹称为再热裂纹。再热裂纹通常发生在熔合线附近的粗晶区中，从焊趾部位开始，延向细晶区停止。钢中Cr、Mo、V、Nb、Ti等元素会促使形成再热裂纹，焊接接头的无损检测时机，对有再热裂纹倾向材料的焊接接头，应当在最终热处理后进行表面无损检测复验。

4.对于封头（管板）、波形炉胆、下脚圈的拼接接头应在加工成型后进行。因管板等冲压之前在弯曲部位的拼接焊缝中，如有气孔可能未超标，但在冲压之后，气孔将被拉长就可能超过标准。焊缝的缺陷应以最终缺陷做为评定质量。如在加工成型前进行，成型后应在小圆弧过渡区域再做无损检测，防止漏检。

4.5.4.5 无损检测选用方法和比例

（1）蒸汽、热水锅炉受压元件焊接接头的无损检测方法及比例应当符合表4-1的要求；

表4-1 蒸汽、热水锅炉无损检测方法及比例

检测部位	锅炉设备分类					
	A级	B级	C级		D级	
	汽、水	汽、水	汽	水	汽	水
锅筒(壳)、启动(汽水)分离器及储水箱的纵向和环向对接接头，封头(管板)、下脚圈的拼接接头以及集箱的纵向对接接头	100%射线或者超声检测（注4-2）		20%射线检测	10%射线检测	10%射线检测	—
炉胆的纵向和环向对接接头（包括波形炉胆）、回燃室的对接接头及炉胆顶的拼接接头	—	20%射线检测		10%射线检测		
锅壳锅炉，其管板与锅壳的T型接头，贯流式锅炉集箱筒体T型接头	—	100%超声检测		10%超声检测		
内燃锅壳锅炉，其管板与炉胆、回燃室的T型接头		50%超声检测		10%超声检测		
集中下降管角接接头	100%超声检测		—			
外径大于159mm或者壁厚大于等于20mm的集箱、管道和其他管件的环向对接接头	100%射线或者超声检测（注4-2）			—		
其他集箱、管道、管子环向对接接头(受热面管子接触焊除外)	(1)$p \geqslant 9.8$MPa，100%射线或者超声检测（安装工地：接头数的50%）；(2)$p < 9.8$MPa，50%射线或者超声检测（安装工地：接头数的25%）		10%射线检测（热水锅炉管道除外）（注4-3）	—		
锅筒、集箱上管接头的角接接头		外径大于108mm的全焊透结构的角接接头，100%超声检测；其他管接头的角接接头应当按照不少于接头数的20%进行表面无损检测		—		

注4-2：壁厚小于20mm的焊接接头应当采用射线检测方法；壁厚大于或者等于20mm时，可以采用超声检测方法。超声检测宜采用可记录的超声检测仪，否则应当附加20%局部射线检测。

注4-3：水温低于100℃的省煤器受热面管可以不进行无损检测。

注4-4：水温低于100℃的给水管道可以不进行无损检测。

（2）有机热载体锅炉承压本体及承压部件无损检测比例及方法应当符合表 4-2 的要求；

表 4-2　有机热载体锅炉无损检测方法及比例

接头部位	无损检测方法及比例	
	气相	液相
锅筒、闪蒸罐的纵（环）缝和封头的拼接对接接头	100% 射线检测	50% 射线检测
锅壳锅炉，其管板、炉胆、回燃室与锅壳的 T 型接头	100% 超声检测	50% 超声检测
承压集箱、冷凝液罐、膨胀罐和储罐的对接接头	20% 射线检测	
外径大于或者等于 159mm 管子、管道的对接接头	接头数的 20% 射线检测	
外径小于 159mm 管子、管道的对接接头	接头数的 10% 射线检测	

（3）蒸汽锅炉、B 级以上（含 B 级）热水锅炉和承压有机热载体锅炉的管子或者管道与无直段弯头的焊接接头，应当进行 100% 射线或者超声检测。

- **条款说明**：修改条款。
- 原《锅规》：4.5.4.6　无损检测选用方法和比例

（1）蒸汽锅炉受压部件焊接接头的无损检测方法及比例应当符合表 4-1 的要求；

表 4-1　蒸汽锅炉无损检测方法及比例

锅炉设备分类 检测部位	A 级	B 级	C 级	D 级
	检测方法及比例			
锅筒（锅壳）、启动（汽水）分离器的纵向和环向对接接头，封头（管板）、下脚圈的拼接接头以及集箱的纵向对接接头	100% 射线或者 100% 超声检测（注 4-1）	100% 射线或者 100% 超声检测（注 4-1）	每条焊缝至少 20% 射线检测	10% 射线检测
炉胆的纵向和环向对接接头（包括波形炉胆）、回燃室的对接接头及炉胆顶的拼接接头	—	20% 射线检测		—
内燃锅壳锅炉，其管板与锅壳的 T 形接头，贯流式锅炉集箱筒体 T 型接头		100% 超声检测		
内燃锅壳锅炉，其管板与炉胆，回燃室的 T 型接头		50% 超声检测		
集中下降管角接接头	100% 超声检测			
外径大于 159mm 或者壁厚大于或者等于 20mm 的集箱、管道和其他管件的环向对接接头	100% 射线或者 100% 超声检测（注 4-1）			
外径小于或者等于 159mm 的集箱、管道、管子环向对接接头（受热面管子接触焊除外）	（1）$p \geqslant 9.8$MPa，100% 射线或者 100% 超声检测（安装工地：接头数的 50%）；（2）$p < 9.8$MPa，50% 射线或者 50% 超声检测（安装工地：接头数的 25%）	10% 射线检测		
锅筒、集箱上管接头的角接接头	（1）外径大于 108mm，100% 超声检测；（2）外径小于或者等于 108mm，至少接头数的 20% 表面检测	—		

注 4-1：壁厚小于 20mm 的焊接接头应当采用射线检测方法，壁厚大于或者等于 20mm 时可以采用超声检测方法，超声检测仪宜采用数字式可记录仪器，若采用模拟式超声检测仪，应当附加 20% 局部射线检测；

注 4-2：水温低于 100℃ 的给水管道可以不进行无损检测。

（2）B 级及以上热水锅炉无损检测比例及方法应当符合表 4-1 中相应级别蒸汽锅炉要求，C 级热水锅炉主要受压元件的主焊缝应当进行 10% 的射线或者超声检测；

（3）承压有机热载体锅炉的无损检测比例及方法应当符合表 4-2 要求，非承压有机热载体锅炉可以不进行无损检测。

表 4-2　承压有机热载体锅炉无损检测方法及比例

接头部位	无损检测方法及比例	
	气相	液相
锅筒、闪蒸罐的纵(环)缝和封头的拼接对接接头	100% 射线检测	50% 射线检测
受压部件 T 形接头	100% 超声检测	50% 超声检测
冷凝液罐、膨胀罐和储罐的焊接接头	20% 射线检测	
外径大于或者等于 159mm 管子的对接接头	接头数的 20% 射线检测	
外径小于 159mm 管子的对接接头	接头数的 10% 射线检测	

（4）蒸汽锅炉、B 级及以上热水锅炉和承压有机热载体锅炉的管子或者管道与无直段弯头的焊接接头应当进行 100% 射线或者超声检测。

● **条款解释**：本条款是对焊接接头进行无损检测选用方法和比例的规定。

修改的内容：

1. 将原《锅规》表 4-1 "蒸汽锅炉无损检测方法及比例"改为"蒸汽、热水锅炉无损检测方法及比例"，原来文字规定的描述，统一改为列表形式的描述；原《锅规》表 4-2 "承压有机热载体锅炉无损检测方法及比例"改为"有机热载体锅炉无损检测方法及比例"进行表述，以利于便捷使用。对于"C 级热水锅炉主要受压元件的主焊缝应当进行 10% 的射线或者超声检测"内容已列入表 4-1 中，对未能列入表中的锅炉的管子或者管道与无直段弯头等的焊接接头无损检测方法和比例，用文字进行了补充描述。

2. 将"额定蒸汽压力大于或等于 3.8MPa 的锅炉"、"额定蒸汽压力大于或等于 2.5MPa 但小于 3.8MPa 的锅炉"、"额定蒸汽压力大于 0.4MPa 但小于 2.5MPa 的锅炉"、"额定蒸汽压力大于 0.1MPa 但小于或等于 0.4MPa 的锅炉"、"额定蒸汽压力小于或等于 0.1MPa 的锅炉"分类，按照本规程第 1 章"锅炉设备级别"的规定，将蒸汽锅炉和热水锅炉划分为"A 级"、"B 级"、"C 级"、"D 级"；并对无损检测比例按级别作了适当调整。

3. 将原《锅规》表 4-1 中"锅筒（锅壳）、启动（汽水）分离器的纵向和环向对接接头，封头（管板）、下脚圈的拼接接头以及集箱的纵向对接接头"改为"锅筒（壳）、启动（汽水）分离器及储水箱的纵向和环向对接接头，封头（管板）、下脚圈的拼接接头以及集箱的纵向对接接头"。增加了"储水箱的纵向和环向对接接头"。

4. 将原《锅规》表 4-1 中"管子环向对接接头（受热面管子接触焊除外）"，对其中"（受热面管子接触焊除外）"，主要是采用接触焊（电阻焊、螺柱焊、摩擦焊）方法形成的对接接头，无法进行探伤。

5. 本条款表 4-1 和表 4-2 对无损检测比例按级别作了适当调整；在表外用文字强调了"蒸汽锅炉、B 级及以上热水锅炉和承压有机热载体锅炉的管子或者管道与无直段弯头的焊接接头应当进行 100% 射线或者超声检测"的规定。

6. 锅筒、集箱上管接头的角接接头"外径大于 108mm 的全焊透结构的角接接头，100% 超声检测；其他管接头的角接接头应当按照不少于接头数的 20% 表面无损检测"。主要是考虑到大型电站锅炉的管接头质量控制应当加强，另一方面，各大锅炉厂实际上也已经对这些管接头进行了无损检测。

7. 根据本章第 4.1 条"锅炉制造单位对出厂的锅炉产品性能和制造质量负责"和第4.5.4.7 条"进行局部无损检测的锅炉受压元件，制造单位也应当对未检测部分的质量负责"的要求，总体是保持了放宽无损检测比例。

4.5.4.6 局部无损检测

锅炉受压元件局部无损检测部位由制造单位确定，但是应当包括纵缝与环缝的相交对接接头部位。

经局部无损检测的焊接接头，如果在检测部位任意一端发现缺陷有延伸可能，应当在缺陷的延长方向进行补充检测。当发现超标缺陷时，应当在该缺陷两端的延伸部位各进行不少于 200mm 的补充检测，如仍然不合格，则应当对该条焊接接头进行全部检测。对不合格的管子对接接头，应当对该焊工当日焊接的管子对接接头进行抽查数量双倍数目的补充检测，如果仍然不合格，应当对该焊工当日全部接管焊接接头进行检测。

进行局部无损检测的锅炉受压元件，制造单位也应当对未检测部分的质量负责。

- **条款说明**：保留条款。
- **原《锅规》**：4.5.4.7　局部无损检测（略）
- **条款解释**：本条款是对局部无损检测作出的规定。

1. 锅炉受压部件局部无损检测部位由制造单位确定，但应当包括纵缝与环缝的相交对接接头部位。

2. 对板-板对接焊缝，经局部检测"当发现超标缺陷时，应当在该缺陷两端的延伸部位各进行不少于 200mm 的补充检测"，取代过去"该条焊缝应做抽查数量的双倍数目的补充探伤检查"的规定；200mm 的选取主要考虑常规片子长度是 250mm，有效长度一般情况不低于 200mm，因而用一张片子补探就可以了。

3. 对管道与管子对接焊缝，局部无损检测查出不合格的管子对接接头，"应当对该焊工当日焊接的管子对接接头进行抽查数量双倍数目的补充检测"，如仍不合格，"应当对该焊工当日全部接管焊接接头进行检测"。

第一，板-板对接焊缝

（1）局部无损检测时，只要无损检测部位任意一端存在缺陷延伸的可能，应在缺陷延长方向部补充无损检测，以防止不允许缺陷的漏检。在无损检测部位的端部，有的缺陷按标准判断可能没有超标，但缺陷有延伸的可能，与端部相连的没有进行无损检测部分仍可能存在此种缺陷，像连续的气孔和连续夹渣，补充无损检测时，原未无损检测部分中的缺陷就有可能超标。因此，要在延长方向做补充无损检测。原无损检测方法是超声检测，补充无损检查时仍采用超声检测；原无损检测方法是射线检测，补充无损检测时仍采用射线检测。

（2）在缺陷延长方向做补充无损检测时，如发现有超标缺陷，说明焊接质量存在问题，需要加大无损检测比例，应在该缺陷两端的延伸部位各进行不少于 200mm 的补充检测。

（3）如仍有不合格，要对该条焊缝全部进行无损检测检查。说明此条焊缝的焊接质量问题较多，只好进行 100% 无损检测。

第二，管道与管子对接焊缝

做无损检测抽查发现不合格时的处理：不合格，首先对该焊工当日焊接的管子对接接头取抽查数目的双倍的补充检测；如仍发现不合格，则对焊工当日所焊的全部接管焊接接头进行无损检测检查。抽查的接头数量不管多少，只要有一个接头无损检测不合格（即不允许缺陷），则要取原抽查数量的双倍，而不是不合格接头数量的双倍。

局部无损检测虽然减少了无损检测的工作量，但并不意味着可以降低焊缝质量的要求；局部无损检测是对焊缝的抽查，并不免除焊缝存在质量问题的责任。制造单位应保证焊缝的100％的质量。

> **4.5.4.7　组合无损检测方法合格判定**
> 锅炉受压元件如果采用多种无损检测方法进行检测，则应当按照各自验收标准进行评定，均合格后，方可认为无损检测合格。

- **条款说明：** 保留条款。
- **原《锅规》：** 4.5.4.8　组合无损检测方法合格判定（略）
- **条款解释：** 本条款是对采用多种无损检测方法的组合判定的规定。

锅炉受压部件如果采用多种无损检测方法进行检测，组合判定时，应按各自验收标准均合格者，方可认为焊缝探伤合格。即：都合格才算焊缝质量合格。

NB/T47013《承压设备无损检测》也规定，当采用两种或两种以上的检测方法对承压设备的同一部位进行检测时，应按各自的方法评定级别。采用同种检测方法按不同检测工艺进行检测时，如果检测结果不一致，应以危险度大的评定级别为准。

> **4.5.4.8　无损检测报告的管理**
> 制造单位应当妥善保管无损检测的工艺卡、原始记录、报告、检测部位图、射线底片、光盘或者电子文档等资料（含缺陷返修记录），其保存期限不少于7年。

- **条款说明：** 修改条款。
- **原《锅规》：** 4.5.4.9　无损检测报告的管理

制造单位应当如实填写无损检测记录，正确签发无损检测报告，妥善保管无损检测的工艺卡、原始记录、报告、检测部位图、射线底片、光盘或者电子文档等资料（含缺陷返修记录），其保存期限不少于7年。

- **条款解释：** 本条款是对无损检测报告的管理的规定；

修改内容有：本条款着重对无损检测档案的要求，根据征求意见删除了"如实填写无损检测记录，正确签发无损检测报告"用语。

"保存期限不少于7年"，与NB/T 47013的"检测记录和报告等保存期不得少于7年"要求一致起来。

无损检测报告的内容包括检测方法、检测比例、检测的位置、检测结果和质量分级情况，无损检测记录和报告是产品焊接质量重要的原始技术资料，一方面可以评价一个生产企业的生产技术和管理水平，同时也是进行分析焊接质量事故的技术依据。

> **4.5.5　力学性能检验**
> **4.5.5.1　焊制产品焊接试件的基本要求**
> 为检验产品焊接接头的力学性能，应当焊制产品焊接试件。焊接质量稳定的制造单位，经过技术负责人批准，可以免做焊接试件。但属于下列情况之一的，应当制作纵缝焊接试件：
> （1）制造单位按照新焊接工艺规程制造的前5台锅炉；
> （2）用合金钢（碳锰钢除外）制作并且工艺要求进行热处理的锅筒或者集箱类部件；
> （3）设计要求制作焊接试件。

• **条款说明**：条款中修改了文字，仍然保持了原条款的主体内容。

• **原《锅规》**：4.5.5 力学性能检验

4.5.5.1 焊制产品焊接试件的基本要求

为检验产品焊接接头的力学性能，应当焊制产品焊接试件，对于焊接质量稳定的制造单位，经过技术负责人批准，可以免做焊接试件。但属于下列情况之一的，应当制作纵缝焊接试件：

（1）制造单位按照新焊接工艺制造的前5台锅炉的；

（2）用合金钢制作的以及工艺要求进行热处理的锅筒或者集箱类部件的；

（3）锅炉设计图样要求制作焊接试件的。

• **条款解释**：本条款是对焊制产品焊接试件的基本要求。

修改的内容：将"用合金钢制作的以及工艺要求进行热处理的锅筒或者集箱类部件的"，修改为"用合金钢（碳锰钢除外）制作并且工艺要求进行热处理的锅筒或者集箱类部件的"；将"锅炉设计图样要求制作焊接试件的"，修改为"设计要求制作焊接试件的"。由于碳锰钢材料焊接性能整体较好，多年来产品试板质量稳定，在确保锅炉产品质量的前提下减少碳锰钢产品焊接试板。

4.5.5.2 焊接试件制作

（1）每个锅筒（壳）、集箱类部件纵缝应当制作一块焊接试件，纵缝焊接试件应当作为产品纵缝的延长部分焊接；

（2）产品焊接试件应当由焊接该产品的焊工焊接，试件材料、焊接材料和工艺条件等应当与所代表的产品相同，试件焊成后应当打上焊工和检验员代号钢印；

（3）需要热处理时，试件应当与所代表的产品同炉热处理；

（4）焊接试件的数量、尺寸应当满足检验和复验所需要试样的制备。

• **条款说明**：内容是保留条款，文字上删除了电渣焊（国内已不用）。

• **原《锅规》**：4.5.5.2 焊接试件制作

（1）每个锅筒（锅壳）、集箱类部件纵缝应当制作一块焊接试件，纵缝焊接试件应当作为产品纵缝的延长部分焊接（电渣焊除外）；

（2）产品焊接试件应当由焊接该产品的焊工焊接，试件材料、焊接材料和工艺条件等应当与所代表的产品相同，试件焊成后应当打上焊工和检验员代号钢印；

（3）需要热处理时，试件应当与所代表的产品同炉热处理；

（4）焊接试件的数量、尺寸应当满足检验和复验所需要试样的制备。

• **条款解释**：本条款是对产品焊接试件制备的要求。

1. 产品的纵向焊接试件的制取应是纵向焊缝的延长部分，也就是与纵向焊缝连续焊下来，使其试件的力学性能代表产品接头的力学性能。制备时，可将检查试板，放在纵向焊缝的起弧端，或放在纵向焊缝的收弧端。采用单独焊制纵向检查试板，不能代表产品接头的力学性能。纵向焊接试件与锅筒（壳）连接示意图见释图4-16。

2. 产品焊接试件，应由焊制产品的焊工进行焊接，而且试件材料、焊接材料、焊接设备和工艺条件应与所代表的产品相同；试件焊成后应当打上焊工和检验员代号钢印；以利于产品质量的追踪。

3. 热处理设备和规范对焊接接头力学性能有直接的影响。因此修改为试件应当与所代表的产品同炉热处理，即满足同热处理设备和同规范的要求。

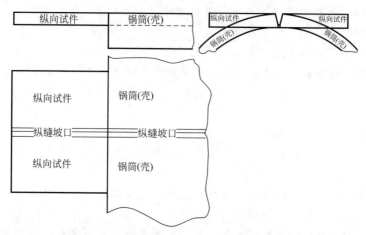

释图 4-16 纵向焊接试件与锅筒（壳）连接示意图

4.焊接试件的数量、尺寸应当满足检验和复验所需要试样的制备。这是一个原则要求，更具体的技术要求，应由相应技术规范作出规定。

4.5.5.3 试样制取和性能检验

（1）焊接试件经过外观和无损检测检查后，在合格部位制取试样；

（2）焊接试件上制取试样的力学性能检验类别、试样数量、取样和加工要求、试验方法、合格指标及复验应当符合 NB/T 47016《承压设备产品焊接试件的力学性能检验》，同时锅筒、集箱类部件纵缝还应当按照本规程 4.3.2.2、4.3.2.3 的有关规定进行全焊缝拉伸检验和冲击试验。

- **条款说明：** 修改条款。
- **原《锅规》：** 4.5.5.3 试样制取和性能检验

（1）焊接试件经过外观和无损检测检查后，在合格部位制取试样；

（2）焊接试件上制取试样的力学性能检验类别、试样数量、取样和加工要求、试验方法、合格指标及复验应当符合 NB/T 47016（JB/T 4744）《承压设备产品焊接试件的力学性能检验》，同时锅筒、集箱类部件纵缝还应当按照本规程 4.3.2.2、4.3.2.3 的有关规定进行全焊缝拉伸检验。

- **条款解释：** 本条款是对产品焊接试样制取和性能检验的规定。

修改内容：根据征求意见，增加了"冲击试验"的要求。

修改中仍然坚持遵循，"对接焊缝工艺试件各评定项目的合格标准，应与产品焊缝相同"精神，强调了"焊接试件上制取试样的力学性能检验类别、试样数量、取样和加工要求、试验方法、合格指标及复验应当符合 NB/T 47016《承压设备产品焊接试件的力学性能检验》，同时锅筒、合金钢材料集箱类部件和管道纵缝还应当按照本规程 4.3.2.2、4.3.2.3 的有关规定进行全焊缝拉伸检验和冲击试验"规定。

1.在条文中规定产品焊接试件"在合格部位制取试样"，以合格的要求作为试验的前提条件。产品的焊接试件与焊接工艺评定试件以及焊工考试试件是有区别的。由于目的不一样，其要求也不一样。产品焊接试件的目的是验证检查产品焊缝性能能否达到规定的要求。焊接工艺评定试件的目的是评定适用的合格焊接工艺。焊工考试试件的目的是经考试，评定出能正确执行焊接工艺的合格焊接操作人员。

对以上焊接试件均需进行破坏性试验，以检查焊接接头材料力学性能是否达到规定的要求。对于产品焊接试件，为避免试件焊缝缺陷的存在影响试验结果，造成对焊缝的力学性能难以判断，故应对试件焊缝进行外观和无损探伤检查，如存在不合格部位，可以返修，也可以不返修。不返修时，制取试样时应避开不合格部位。

2. NB/T 47016《承压设备产品焊接试件的力学性能检验》适用范围包括：承压设备（锅炉、压力容器和压力管道）产品焊接试件准备、试样制备、检验方法和合格指标。适用于钢制、铝制、钛制、铜制和镍制承压设备产品焊接试件的力学性能检验。产品焊接试件包含产品焊接试板、产品焊接试件，模拟环和鉴证环。但是，现有 NB/T 47016 标准的相关内容不能满足本《锅规》4.3.2.2"试件（试样）附加要求"的规定；尤其是"当板厚大于70mm 时，应当取全焊缝金属拉力试样 2 个。试验方法和取样位置可以按照 GB/T 2652《焊缝及熔敷金属拉伸试验方法》执行"。试验结果评定应符合本《锅规》4.3.2.3 的规定，即"全焊缝金属拉力试样的试验结果应当满足母材规定的抗拉强度（R_m）、下屈服强度（R_{eL}）或规定塑性延伸强度（$R_{p0.2}$）"。

为什么"当板厚大于70mm 时，应当取全焊缝金属拉力试样 2 个"？

（1）是《锅规》历史的延续。自从有此规定以来，在锅炉制造历史上从未出现过空窗期。

（2）当板厚增加时，结构刚度变大，焊后残余应力也增大，焊缝中心将出现三向拉应力，这时，为避免产生焊接缺陷，需采取较高的预热温度和严格的工艺措施。

（3）由于厚度的增加，试样从 1 个，增加到 2 个；实施起来不是困难的事。

3. 冲击试验

（1）4.5.5.1　焊制产品焊接试件的基本要求

"……应当制作纵缝焊接试件：……"本《锅规》取消了环向焊缝的产品控制试板的要求。

（2）"管道"施焊应作对接焊缝的工艺评定，但对管道产品焊接试样没有规定，故条款不应对管道焊缝提出进行冲击试验的要求。

（3）NB/T 47016《承压设备产品焊接试件的力学性能检验》中对"冲击试验"设置了条件，即"5.1　当承压设备相关规范、标准和设计文件对焊接接头有冲击试验要求时，产品焊接试件应进行冲击试验。"故在条款中应增加进行"冲击试验"规定。对冲击试样的制取和合格评定在 NB/T 47016 中已做规定。

（4）对征求意见中提出标准中"缺少锅炉常用材料的冲击试验的合格标准"，积极建议 NB/T 47016 补充完善。

故将 4.5.5.3（2）修改为："焊接试件上制取试样的力学性能检验类别、试样数量、取样和加工要求、试验方法、合格指标及复验应当符合 NB/T 47016《承压设备产品焊接试件的力学性能检验》，同时锅筒、集箱类部件纵缝还应当按照本规程 4.3.2.2、4.3.2.3 的有关规定进行全焊缝拉伸检验和冲击试验。"

4. 本规程在产品焊接试样制取中，未规定金相检验。其考虑是：

（1）电站锅炉的主体用户——电力系统在焊接接头抽样检查要求中，对金相检验的要求已弱化；DL/T 869—2004《火力发电厂焊接技术规程》的第 6.5.4 条规定为"当合同或设计文件规定或验证需要时，应进行焊接接头的金相检验"；

（2）NB/T 47016《承压设备产品焊接试件的力学性能检验》无金相检验规定；

（3）在进行焊接工艺评定时进行了金相检验，如无金相缺陷，那么，按照相应的焊接工艺规范参数焊接的产品一般也不应出现金相缺陷；

（4）编制中，考虑到实际合金钢产品的焊接接头金相检验多为模拟试件，实际意义不大。

4.5.6 水压试验

4.5.6.1 基本要求

（1）锅炉受压元件应当在无损检测和热处理后进行水压试验；

（2）水压试验场地应当有可靠的安全防护设施；

（3）水压试验应当在环境温度高于或者等于5℃时进行，低于5℃时应当有防冻措施；

（4）水压试验所用的水应当是洁净水，水温应当保持高于周围露点温度以防表面结露，但也不宜温度过高以防止引起汽化和过大的温差应力；

（5）合金钢受压元件的水压试验水温应当高于所用钢种的脆性转变温度，一般为20℃～70℃；

（6）奥氏体受压元件水压试验时，应当控制水中的氯离子含量不超过25mg/L，如不能满足要求，水压试验后应当立即将水渍去除干净。

- **条款说明**：主体内容是保留条款。
- **原《锅规》**：4.5.6 水压试验（略）
- **条款解释**：本条款是对进行水压试验的基本要求。

"水压试验"整个内容分为：

（1）基本要求（4.5.6.1）；

（2）水压试验试验压力和保压时间（4.5.6.2）；

（3）水压试验过程控制（4.5.6.3）；

（4）水压试验合格要求（4.5.6.4）。

本条款规定的水压试验是对焊接质量检查的最后一个项目，应当在无损检测和热处理后进行。通过水压试验可以发现涉及影响锅炉的安全运行的焊接缺陷，检查焊缝严密性和强度。对于出厂的焊制锅炉，应在制造单位进行水压试验；除本规程第4.5.6.2.2条款中注4-6（在制造单位内可以不单独进行水压试验）的规定外，对于散装出厂的焊制锅炉部件均应在无损检测和热处理后进行水压试验。

水压试验场地，应当有可靠的安全防护设施，很重要。水压试验远没有一般人们想象的那样安全。国内出现过很多起水压试验过程中发生的设备损坏和人身伤亡事故。事故说明水压试验是有风险的，为了最大程度地减少风险，水压试验的场地，对人和周围环境应当有可靠的安全防护设施。

水压试验周围气温的要求，一般不低于5℃，如低于5℃应有防冻措施。周围气温太低，除防止设备受冻而损坏外，更重要的是在水压试验检查渗漏时，渗漏出（特别是微渗）的水极易结冻，检查时不易发现，所以当周围气温低于5℃时应有防冻措施。

水压试验水温低，要防止金属表面结露，结露易造成焊缝渗漏的假象，影响对水压试验的检查。结露就是指物体表面温度低于附近空气露点温度（空气中的水蒸气变为露珠时候的温度叫露点温度）时，表面出现冷凝水的现象。如在夏季，我们可看到有的水管道在天热时会出汗的现象。水压试验时，水温度低，造成锅炉的金属表面温度低于周围空气露点温度时，空气中的水蒸气遇冷，易凝结在金属表面上，造成结露，金属表面"出汗"。但是，水温不宜过高，主要是，防止产生过大的温差应力。再次是，防止因水温过高渗漏出的水易迅速蒸发汽化，影响对水压试验的检查与评定。

合金钢受压元件水压试验水温应高于所用钢种的脆性转变温度。钢材在低于某一温度时，其冲击功急剧下降的现象称为钢材冷脆现象。发生冷脆现象的温度称之为冷脆转变温度。我国曾经发生过在冬天进行水压试验时锅筒爆破的事故。同一钢种，因情况不同，冷脆转变温度也不同。冷脆转变温度与下列因素有关：缺陷的尖角越尖，转变温度越高；加载速度越快，转变温度越高；受压件越厚，转变温度越高；合金钢中的磷（P）含量越高，转变温度越高。冷脆转变温度越高，要求水压试验用水的温度相对要高。水压时，用水温度低于所用钢种的脆性转变温度则易造成锅炉设备的损坏。本条款增加了"一般为 $20\sim70℃$"的具体技术规定。

水压试验所用的水应当是洁净水，这是对水质的要求。奥氏体钢一般有较高的抗晶体腐蚀能力，但是，水中氢氧化钠（NaOH）和氯离子（Cl^-）含量较高时，在应力作用下也将产生腐蚀裂纹。所以规程规定，应当控制水中的氯离子含量不超过 $25mg/L$。水压试验合格后，应当立即将水渍去除干净。

4.5.6.2　水压试验压力和保压时间

水压试验时，受压元件的薄膜应力应当不超过元件材料在试验温度下屈服点的90%。水压试验压力及保压时间应当符合本条要求。

4.5.6.2.1　整体水压试验

整体水压试验保压时间为20min，试验压力按照表4-3的规定执行。

表4-3　水压试验压力

名　称	锅筒(壳)工作压力（MPa）	试验压力（MPa）
锅炉本体	<0.8	1.5倍锅筒(壳)工作压力，但不小于0.2
锅炉本体	0.8～1.6	锅筒(壳)工作压力加0.4
锅炉本体	>1.6	1.25倍锅筒(壳)工作压力
直流锅炉本体	任何压力	介质出口工作压力的1.25倍，并且不小于省煤器进口工作压力的1.1倍
再热器	任何压力	1.5倍再热器的工作压力
铸铁省煤器	任何压力	1.5倍省煤器的工作压力

注4-5：表4-3中的锅炉本体的水压试验，不包括本表中的再热器和铸铁省煤器。

- **条款说明**：保留条款。
- **原《锅规》**：4.5.6.2　水压试验压力和保压时间（略）
- **条款解释**：本条款是对锅炉整体水压试验中的试验压力和保压时间的规定。

1.修改内容：文字修改，将"锅筒（锅壳）"改为"锅筒（壳）"。根据大锅炉制造厂的反馈修改意见，将直流锅炉本体的试验压力，由"介质出口压力的1.25倍，且不低于省煤器进口压力的1.1倍。"修改为"介质出口工作压力的1.25倍，且不低于省煤器进口工作压力的1.1倍。"

2.水压试验时，受压元件的薄膜应力不得超过元件材料在试验温度下屈服点的90%。这一规定主要是对受压元件强度的考核。水压试验时，锅炉承压元件不得发生屈服现象。我国早在60年版规程和65年版规程中，就规定为受压元件应力不超过在试验温度下屈服点的

80%；80年版至96版规程根据国外一些国家的规定改为不超过屈服点的90%。本条款保留此规定。

3. 参考国外一些规范，在试验压力下保压时间均比我国规程现行规定的时间长。德国TRD《蒸汽锅炉技术规程》为30分钟；ISO5730《焊接结构固定式锅壳锅炉》也为30分钟，欧共体为30分钟，前苏联为10分钟。本条款对水压试验压力和保压时间保留了历史的连续性，基本未做变动。

4. 本规定对水压试验压力的分挡，各分挡相互之间保持连续性，如下表所示。

工作压力	试验压力	最小、最大值
<0.8MPa	1.5p 但不低于0.2MPa	最低：0.2MPa；最高：<1.2MPa
0.8～1.6MPa	p+0.4MPa	最低：1.2MPa；最高：2.0MPa
>1.6MPa	1.25p	最低：>2.0MPa

> **4.5.6.2.2** 零部件水压试验
> （1）以部件型式出厂的锅筒、启动（汽水）分离器及其储水箱，为其工作压力的1.25倍，并且不低于其所对应的锅炉本体水压试验压力，保压时间至少为20min；
> （2）散件出厂锅炉的集箱类部件，为其工作压力的1.5倍，保压时间至少为5min；
> （3）对接焊接的受热面管子及其他受压管件，为其工作压力的1.5倍，保压时间至少为10s～20s；
> （4）受热面管与集箱焊接的部件为其工作压力的1.5倍，保压时间至少为5min。
> 注4-6：敞口集箱（含带有三通的集箱）、无成排受热面管接头以及内孔焊封底的成排管接头的集箱、启动（汽水）分离器及储水箱、管道、减温器、分配集箱等部件，其所有焊缝经过100%无损检测合格，以及对接焊接的受热面管及其他受压管件经过氩弧焊打底并且100%无损检测合格，能够确保焊接质量，在制造单位内可以不单独进行水压试验。

- **条款说明**：修改条款，条款标题"零、部件水压试验"改为"零部件水压试验"。将"受热面组件"明确改为"受热面管与集箱焊接的部件"。

- **原《锅规》**：4.5.6.2.2 零、部件水压试验

（1）以部件型式出厂的锅筒、启动（汽水）分离器和汽水分离器为其工作压力的1.25倍，保压时间至少为20min；

（2）散件出厂锅炉的集箱类部件为其工作压力的1.5倍，保压时间至少为5min；

（3）对接焊接的受热面管子及其他受压管件为其工作压力的1.5倍，保压时间至少为10～20s；

（4）受热面组件为其工作压力的1.5倍，保压时间至少为5min。

注4-3：敞口集箱、无成排受热面管接头以及内孔焊封底的成排管接头的集箱、启动（汽水）分离器、管道、储水箱、减温器、分配集箱等部件，其所有焊缝经过100%无损检测合格，以及对接焊接的受热面管及其他受压管件经过氩弧焊打底并且100%无损检测合格，能够确保焊接质量，在制造单位内可以不单独进行水压试验。

- **条款解释**：本条款是对锅炉零部件水压试验的规定。

（1）修改内容有：将"以部件型式出厂的锅筒……为其工作压力的1.25倍，保压时间

至少为 20min；"，改为"以部件型式出厂的锅筒……为其工作压力的 1.25 倍，并且不低于其所对应的锅炉本体水压试验压力，保压时间至少为 20min；"，增加了"并且不低于其所对应的锅炉本体水压试验压力"的要求。

理由：如 1.25MPa 的锅炉，整装出厂时锅炉水压试验是 $p_T = 1.25 + 0.4 = 1.65$MPa；而以部件型式出厂锅筒试验压力为 $p_T = 1.25 \times 1.25 = 1.56$MPa。这样会发生以部件型式出厂锅筒的试验压力 1.56MPa，低于锅炉整体安装后的试验压力 1.65MPa，这种不合理情况，修改后的条文纠正了这种不合理的情况。

（2）在《锅规》历史上，"对接焊接的受热面管子及其他受压管件，应在制造单位逐根逐件进行水压试验，试验压力应为元件工作压力的 2 倍"，而对于"额定蒸汽压力大于或等于 13.7MPa 的锅炉，此试验的压力可为 1.5 倍"，造成超高压锅炉与超压锅炉的焊接的受热面管子及其他受压管件水压试验要求不统一的局面，故根据征求意见统一改为"对接焊接的受热面管子及其他受压管件为其工作压力的 1.5 倍"。

（3）4.5.6.2.2 "注 4-6"是新规程进一步作出有条件的适当放宽。即所有焊缝经过 100% 无损检测合格，能够确保焊接质量；对接焊接的受热面管及其他受压管件还要求经过氩弧焊打底；在制造单位内可以不单独进行水压试验，到安装现场应与锅炉本体同时进行水压试验。

（4）不能满足本条款规定的锅炉受压元件均应在制造单位内逐根或逐件地完成水压试验。

4.5.6.3 水压试验过程控制

进行水压试验时，水压应当缓慢地升降。当水压上升到工作压力时，应当暂停升压，检查有无漏水或者异常现象，然后再升压到试验压力，达到保压时间后，降到工作压力进行检查。检查期间压力应当保持不变。

- **条款说明**：保留条款。
- **原《锅规》**：4.5.6.3　水压试验过程控制

进行水压试验时，水压应当缓慢地升降。当水压上升到工作压力时，应当暂停升压，检查有无漏水或者异常现象，然后再升压到试验压力，达到保压时间后，降到工作压力进行检查。检查期间压力应当保持不变。

- **条款解释**：本条款是对水压试验过程进行控制的要求；

条款规定：缓慢升压，在水压试验中，主要防止受压元件应力上升太快，易使锅炉的使用性能受到损伤。升到工作压力后，需暂停升压，检查各个连接部位有无渗漏，特别是关注法兰连接处；然后，再升到试验压力，达到保压时间 [锅炉整体水压试验保压时间为 20min；以部件出厂的锅筒、启动（汽水）分离器和汽水分离器保压时间至少为 20min；集箱类部件保压时间至少为 5min；对接焊接的受热面管子及其他受压管件保压时间至少为 10～20s；受热面管与集箱焊接的部件保压时间至少为 5min] 后，降到工作压力进行检查。检查期间，如未发生渗漏，则锅炉压力应当保持不变。

4.5.6.4 水压试验合格要求

（1）在受压元件金属壁和焊缝上没有水珠和水雾；

（2）当降到工作压力后胀口处不滴水珠；

（3）铸铁锅炉、铸铝锅炉锅片的密封处在降到额定工作压力后不滴水珠；

（4）水压试验后，没有发现明显残余变形。

- **条款说明**：保留条款。仅将原条款中"铸铁锅炉锅片"改为"铸铁锅炉、铸铝锅炉锅片"。
- **原《锅规》**：4.5.6.4 水压试验合格要求（略）
- **条款解释**：本条款是对水压试验合格标准的规定。

水压试验合格标准包括各种连接部位的密封性能和受压元件的强度。在金属表面主要是在焊缝处附近，没有水珠或水雾，或胀口部位不滴水珠，说明连接部位是严密的。水压试验后受压元件没有发现残余变形，也就是说在水压试验时受压元件产生的薄膜应力未超过材料的屈服点。

4.6 出厂资料、金属铭牌和标记

4.6.1 出厂资料

产品出厂时，锅炉制造单位应当提供与安全有关的技术资料，资料至少包括以下内容：

(1) 锅炉图样（包括总图、安装图和主要受压元件图）；

(2) 受压元件的强度计算书或者计算结果汇总表；

(3) 安全阀排放量的计算书或者计算结果汇总表；

(4) 热力计算书或者热力计算结果汇总表；

(5) 烟风阻力计算书或者计算结果汇总表；

(6) 锅炉质量证明书，包括产品合格证（含锅炉产品数据表，见附件B及附表b）、金属材料证明、焊接质量证明和水（耐）压试验证明等；

(7) 锅炉安装说明书和使用说明书；

(8) 受压元件与设计文件不符的变更资料；

(9) 热水锅炉的水流程图及水动力计算书或者计算结果汇总表（自然循环的锅壳式锅炉除外）；

(10) 有机热载体锅炉的介质流程图和液膜温度计算书或者计算结果汇总表。

产品合格证上应当有检验责任工程师、质量保证工程师签章和产品质量检验专用章（或单位公章）。

4.6.2 A级锅炉出厂资料

对于A级锅炉，除满足本规程4.6.1有关要求外，还应当提供以下技术资料：

(1) 过热器、再热器壁温计算书或者计算结果汇总表；

(2) 热膨胀系统图；

(3) 高压以上锅炉水循环（含汽水阻力）计算书或者计算结果汇总表；

(4) 高压以上锅炉汽水系统图；

(5) 高压以上锅炉各项安全保护装置整定值。

电站锅炉机组整套启动验收前，锅炉制造单位应当提供完整的锅炉出厂技术资料。

- **条款说明**：修改条款。

根据征求意见将"单位公章"改为"产品质量检验专用章（或单位公章）"；出厂资料包含的内容增加"附表b"的描述。

根据节能环保的要求，出厂资料增加如下两条："热力计算书或者热力计算结果汇总表"和"烟风阻力计算书或者计算结果汇总表"。

- **原《锅规》**：4.6 出厂资料、金属铭牌和标记

4.6.1　出厂资料

产品出厂时，锅炉制造单位应当提供与安全有关的技术资料，资料至少包括以下内容：

（1）锅炉图样（包括总图、安装图和主要受压部件图）；

（2）受压元件的强度计算书或者计算结果汇总表；

（3）安全阀排放量的计算书或者计算结果汇总表；

（4）锅炉质量证明书，包括产品合格证（含锅炉产品数据表，见附件A）、金属材料证明、焊接质量证明和水（耐）压试验证明等；

（5）锅炉安装说明书和使用说明书；

（6）受压元件与设计文件不符的变更资料；

（7）热水锅炉的水流程图及水动力计算书或者计算结果汇总表（自然循环的锅壳式锅炉除外）；

（8）有机热载体锅炉的介质流程图和液膜温度计算书或者计算结果汇总表。

产品合格证上应当有检验责任工程师和质量保证工程师签章和单位公章。

4.6.2　A级锅炉出厂资料

对于A级锅炉，除满足本规程4.6.1有关要求外，还应当提供以下技术资料：

（1）锅炉热力计算书或者热力计算结果汇总表；

（2）过热器、再热器壁温计算书或者计算结果汇总表；

（3）烟风阻力计算书或者计算结果汇总表；

（4）热膨胀系统图；

（5）高压及以上锅炉水循环（包括汽水阻力）计算书或者计算结果汇总表；

（6）高压及以上锅炉汽水系统图；

（7）高压及以上锅炉各项安全保护装置整定值。

电站锅炉机组整套启动验收前，锅炉制造单位应当提供完整的锅炉出厂技术资料。

● **条款解释**：本条款是对锅炉产品出厂资料的规定。

（1）锅炉出厂时所带的技术资料是与安全有关的技术资料，这些资料是锅炉登记建档所必须的。有了这些技术资料，既可以检查锅炉的设计、制造是否符合有关规程、规范和标准以及节能环保的要求，也便于锅炉的安装与使用管理。锅炉在运行中一旦发生故障或事故，这些技术资料有助于故障或事故原因的分析。

根据锅炉额定蒸汽压力不同，对锅炉出厂所带的技术资料也有不同的要求；

对热水锅炉应提供水流程图及水动力计算书，以便建立供热系统的水压图；

对有机热载体锅炉应提供介质流程图和液膜温度计算书；

对于中压锅炉、低压锅炉所应带的技术资料，还应有热力计算、烟风阻力计算等资料；

对于高压及以上的锅炉，除中、低压锅炉所带的技术资料外，还应有过热和再热器的壁温计算、水循环计算资料、热膨胀系统图、汽水系统图及安全保护装置的整定值。

这些技术资料对于锅炉的安全质量至关重要。

（2）计算项目除要求计算书外，还允许采用计算结果汇总表代替。近年来，由于IT行业的迅速发展，计算机在锅炉设计中应用越来越广泛。过去，锅炉设计中的计算基本是人工进行的。现在，许多计算标准都开发成了计算软件，将所需数据录入计算机，具体计算工作由计算机完成。计算机打出来的仅是计算结果，一般不给出具体计算过程。对这种由计算机计算出来的计算结果应以法规的形式予以确认。

（3）产品合格证上应当有检验责任工程师、质量保证工程师签章和锅炉产品质量检验专用章（或单位公章）。

4.6.3 产品铭牌

锅炉产品应当在明显的位置装设金属铭牌,铭牌上至少载明下列项目:

(1)制造单位名称;

(2)锅炉型号;

(3)设备代码(见附件C);

(4)产品编号;

(5)额定蒸发量(t/h)或者额定热功率(MW);

(6)额定工作压力(MPa);

(7)额定蒸汽温度(℃)或者额定出口、进口水(油)温度(℃);

(8)再热蒸汽进口、出口温度(℃)及进口、出口压力(MPa);

(9)锅炉制造许可证级别和编号;

(10)制造日期(年、月)。

铭牌上应当留有打制造监督检验标志的位置。

4.6.4 受压元件出厂标记

散件出厂的锅炉,应当在主要受压元件的封头、端盖或筒体适当位置上标注产品标记。

- **条款说明**:主体内容是保留条款,文字做了修改。
- **原《锅规》**:4.6.3 产品铭牌

锅炉产品应当在明显的位置装设金属铭牌,铭牌上至少应当载明下列项目:

(1)制造单位名称;

(2)锅炉型号;

(3)设备代码(见附件B);

(4)产品编号;

(5)额定蒸发量(t/h)或者额定热功率(MW);

(6)额定工作压力(MPa);

(7)额定蒸汽温度(℃)或者额定出口、进口水(油)温度(℃);

(8)再热蒸汽进口、出口温度(℃)及进口、出口压力(MPa);

(9)锅炉制造许可证级别和编号;

(10)制造日期(年月)。

铭牌的右上角应当留有打制造监督检验标志的位置。

4.6.4 受压部件出厂标记

散件出厂的锅炉,应当在锅筒、过热器集箱、再热器集箱、水冷壁集箱、省煤器集箱以及减温器和启动(汽水)分离器等主要受压部件的封头或者端盖上标记该部件的名称(或者图号)、产品编号。

- **条款解释**:第4.6.3、4.6.4条款分别是对锅炉产品铭牌和受压部件出厂标记的规定。

修改了"铭牌的右上角应当留有打制造监督检验标志的位置。"的强制限定要求;改为"铭牌上应当留有打制造监督检验标志的位置。"

根据征求意见,"受压元件出厂标记"中,删除了"锅筒、过热器集箱、再热器集箱、水冷壁集箱、省煤器集箱以及减温器和启动(汽水)分离器等"描述。条文修改为"散件出厂的锅炉,应当在主要受压元件的封头、端盖或筒体适当位置上标注产品标记"。

第五章　安全附件和仪表

一、本章结构及主要变化

本章共有六节，由"5.1 安全阀"、"5.2 压力测量装置"、"5.3 水位测量与示控装置"、"5.4 温度测量装置"、"5.5 排污和放水装置"和"5.6 安全保护装置"组成，本章的主要变化如下。

➤ 删除了额定工作压力小于 0.1MPa 的蒸汽锅炉可以采用静重式安全阀或者水封式安全装置的规定；

➤ 直流蒸汽锅炉各部位安全阀最高整定压力应当不高于 1.1 倍安装位置工作压力，修改为由锅炉制造单位在设计计算的安全裕量范围内确定；

➤ 再热器的安全阀整定压力为装设地点工作压力的 1.1 倍，修改为应当不高于其计算压力；

➤ 删掉了油燃烧器的燃油（轻油除外）入口应当装设温度测点的规定；

➤ 增加了有可靠壁温联锁保护装置的贯流式工业锅炉可以只装设一个直读式水位表的规定；

➤ 蒸汽锅炉要求装设低水位联锁保护装置，由额定蒸发量大于或者等于 2t/h 的锅炉修改为所有蒸汽锅炉；

➤ 蒸汽锅炉要求装设蒸汽超压报警和联锁保护装置，由额定蒸发量大于或者等于 6t/h 的锅炉修改为大于或者等于 2t/h 蒸汽锅炉；

➤ 明确了安置在多层或者高层建筑物内的锅炉，蒸汽锅炉应当配备超压联锁保护装置，热水锅炉应当配备超温联锁保护装置；

➤ 热水锅炉应自动切断燃料供应的内容移到了第 10 章"专项要求""10.1 热水锅炉及系统"中；

➤ 在点火程序控制中，增加了 0.5t/h（350kW）以下的液体燃料锅炉通风时间至少持续 10s，锅壳锅炉、贯流锅炉和非发电用直流锅炉的通风时间至少持续 20s，由于结构原因不易做到充分吹扫时，应当适当延长通风时间；

➤ 单位时间通风量增加了对额定功率较大的燃烧器，单位时间通风量可以适当降低但不能低于额定负荷下燃烧空气量的 50%；

➤ 液体、气体和煤粉锅炉燃烧器安全时间与启动热功率的内容移到了第 6 章"燃烧设备、辅助设备及系统""6.7 液体和气体燃料燃烧器"中。

二、条款说明与解释

5.1　安全阀

5.1.1　基本要求
安全阀的产品型式试验等要求应当符合《安全阀安全技术监察规程》的规定。

- **条款说明**：修改条款。
- **原《锅规》**：6.1　安全阀
6.1.1　基本要求

安全阀制造许可、产品型式试验及铭牌等技术要求应当符合《安全阀安全技术监察规程》(TSG ZF001) 规定。

● **条款解释**：本条款是对安全阀产品型式试验等要求的规定。

2006 年 10 月 27 日国家颁布了《安全阀安全技术监察规程》(TSG ZF001—2006)，其中第四条规定，安全阀制造单位应当取得《特种设备制造许可证》。对安全阀制造单位许可条件方面的具体要求，应按《特种设备生产和充装单位许可规则》(TSG 07—2019) 附件 F 安全附件生产单位许可条件的规定执行。

《安全阀安全技术监察规程》(TSG ZF001—2006) 第五条规定，安全阀产品应进行型式试验，附件 D 规定了型式试验的内容和要求。

《安全阀安全技术监察规程》(TSG ZF001—2006) 附录 B "安全阀技术要求" 中规定了安全阀铭牌标志的内容，包括以下项目：

(1) 安全阀制造许可证编号及标志；

(2) 制造单位名称；

(3) 安全阀型号；

(4) 制造日期及其产品编号；

(5) 公称压力（压力级）；

(6) 公称通径；

(7) 流道直径或者流道面积；

(8) 整定压力；

(9) 阀体材料；

(10) 额定排量系数或者对某一流体保证的额定排量。

既然安全阀铭牌的技术要求在《安全阀安全技术监察规程》(TSG ZF001) 附录 B 中有要求，这次修订就不再单独提及。

5.1.2 设置

5.1.2.1 一般要求

每台锅炉至少应当装设两个安全阀（包括锅筒和过热器安全阀）。符合下列规定之一的，可以只装设一个安全阀：

(1) 额定蒸发量小于或者等于 0.5t/h 的蒸汽锅炉；

(2) 额定蒸发量小于 4t/h 并且装设有可靠的超压联锁保护装置的蒸汽锅炉；

(3) 额定热功率小于或者等于 2.8MW 的热水锅炉。

● **条款说明**：保留条款。

● **原《锅规》**：6.1.2 设置（略）

● **条款解释**：本条款是对锅炉安全阀数量的规定。

安全阀的数量一般情况下每台锅炉至少装两个安全阀，包括锅筒（汽包）和过热器出口处的安全阀，至少安装两个目的是为确保安全运行，万一有一个安全阀发生故障，另一个安全阀还可以泄放一部分压力，不至于导致锅炉内压力上升至锅炉爆炸程度，此时锅炉操作人员可以采取措施把锅炉压力降下来。

允许装一个安全阀各国规定不同，美国 ASME 第 1 卷规定，蒸发量小于或等于 1800kg/h 的锅炉允许装一个安全阀；英国 BS2790 规定，蒸发量小于等于 3700kg/h 的锅炉允许装一个安全阀；德国 TRD 无规定，日本 JIS 规定受热面积在 $50m^2$ 以下（约相当于

2.5t/h）可以安装一个安全阀。这是由于各国的工业水平不同，技术政策也不同。

5.1.2.2 其他要求

除满足本规程5.1.2.1的要求外，以下位置也应当装设安全阀：

（1）再热器出口处，以及直流锅炉的外置式启动（汽水）分离器；

（2）直流蒸汽锅炉过热蒸汽系统中两级间的连接管道截止阀前；

（3）多压力等级余热锅炉，每一压力等级的锅筒和过热器。

- **条款说明：** 修改条款。
- **原《锅规》：** 6.1.3 装设安全阀的其他要求

除满足本规程6.1.2要求外，下列位置也应当装设安全阀：

（1）再热器出口处，以及直流锅炉的外置式启动（汽水）分离器上；

（2）直流蒸汽锅炉过热蒸汽系统中两级间的连接管道截止阀前；

（3）多压力等级余热锅炉，每一压力等级的锅筒和过热器上。

- **条款解释：** 本条款是对蒸汽锅炉其他位置应安装安全阀的规定。

安全阀的安装位置，除了锅筒（汽包）与过热器外，明确了再热器出口处必须安装安全阀，因为这里的安全阀在锅炉超压时不起泄压作用，只起保护再热器和汽轮机的作用。另外直流锅炉的外置式启动（汽水）分离器上也应安装安全阀，直流锅炉的外置式启动（汽水）分离器相当于一般锅炉的锅筒，所以也应安装安全阀。

在《电力行业锅炉压力容器安全监督规程》DL/T 612 10.1.2条中规定"当直流锅炉采用截止阀分段或隔离过热器工质主流系统时，该截止阀前的系统区段也应装设安全阀"，以确保当连接管上截止阀关闭时，截止阀前的过热系统仍处于安全阀保护的状态。

燃气轮机余热锅炉与常规单一过热蒸汽系统的蒸汽锅炉不同，为提高燃气余热的利用效率，同一余热锅炉上装设多个压力等级不同的锅筒及过热蒸汽系统，彼此独立，本条款明确规定，每一压力等级的锅筒和过热器上均应分别装设至少一个安全阀。

5.1.3 安全阀选用

（1）蒸汽锅炉的安全阀应当采用全启式弹簧安全阀、杠杆式安全阀或者控制式安全阀（脉冲式、气动式、液动式和电磁式等），选用的安全阀应当符合《安全阀安全技术监察规程》和相应技术标准的规定；

- **条款说明：** 保留条款。
- **原《锅规》：** 6.1.4 安全阀选用（略）
- **条款解释：** 本条款是对蒸汽锅炉安全阀选用形式的规定。

对于蒸汽锅炉应选用全启式弹簧安全阀、杠杆式安全阀和控制式安全阀。实际应用中根据压力参数不同选用的安全阀也不一样。弹簧式安全阀主要应用于工作压力低于等于2.5MPa的低压锅炉，全启式弹簧式安全阀是指阀瓣启跳高度为$d/4$，（d为安全阀的流道直径，单位为mm）。选用全启式弹簧式安全阀是因为安全阀泄放率滞后于锅炉产汽率，希望安全阀阀芯启跳后，蒸汽压力能尽快降下来。杠杆式安全阀也可用于蒸汽锅炉。对于高压以上电站锅炉，多采用控制式安全阀。

安全阀有一些技术标准，例如GB/T 12241《安全阀 一般要求》、GB/T 12243《弹簧直接载荷式安全阀》、NB/T 47063《电站安全阀》和DL/T 959《电站锅炉安全阀技术规程》

等，所以锅炉选用的安全阀应当符合 TSG ZF001《安全阀安全技术监察规程》和有关的安全阀技术标准的规定。

> （2）额定工作压力为 0.1MPa 的蒸汽锅炉，可以采用静重式安全阀或者水封式安全装置，热水锅炉上装设有水封安全装置的，可以不装设安全阀；水封式安全装置的水封管内径应当根据锅炉的额定蒸发量（额定热功率）和额定工作压力确定，并且不小于25mm；水封管应当有防冻措施，并且不得装设阀门。

- **条款说明**：修改条款。
- **原《锅规》**：5.1.4　安全阀选用

（2）对于额定工作压力小于或者等于 0.1MPa 的蒸汽锅炉可以采用静重式安全阀或者水封式安全装置，热水锅炉上装设有水封安全装置时，可以不装设安全阀；水封式安全装置的水封管内径应当根据锅炉的额定蒸发量（额定热功率）和额定工作压力确定，并且不小于25mm，不应当装设阀门，有防冻措施。

- **条款解释**：本条款是对额定蒸汽压力等于 0.1MPa 蒸汽锅炉采用静重式安全阀或者水封式安全装置以及热水锅炉上选用水封安全装置的规定。

根据原国家质检总局《关于修订〈特种设备目录〉的公告》（2014 年第 114 号）规定，低于 0.1MPa 蒸汽锅炉不属于目录规定的锅炉范围，所以删掉了低于 0.1MPa 蒸汽锅炉的有关内容。

额定蒸汽压力等于 0.1MPa 蒸汽锅炉可以采用静重式安全阀。静重式安全阀装置由于受到重锤重量的限制，只能用在压力比较低的锅炉上，但比较灵敏。额定蒸汽压力等于 0.1MPa 蒸汽锅炉和热水锅炉也可以采用水封安全装置，只要水封管的管径满足要求，有防冻措施，又没有安装阀门，是可以保证锅炉安全运行的。热水锅炉上设有水封安全装置时，可以不装安全阀。水封管的高度应根据锅炉工作压力确定，水封管的内径应当根据锅炉额定蒸发量（额定热功率）和额定工作压力确定，水封管内径不应小于 25m。水封管内径我国没有统一的计算标准。水封管有防冻措施，又不许安装阀门，这是事故教训的总结，否则就有可能导致锅炉超压，引起爆炸事故。

> **5.1.4　蒸汽锅炉安全阀的总排放量**
> 蒸汽锅炉锅筒（壳）上的安全阀和过热器上的安全阀的总排放量，应当大于额定蒸发量，对于电站锅炉应当大于锅炉最大连续蒸发量，并且在锅筒（壳）和过热器上所有的安全阀开启后，锅筒（壳）内的蒸汽压力应当不超过设计时计算压力的 1.1 倍。再热器安全阀的排放总量应当大于锅炉再热器最大设计蒸汽流量。

- **条款说明**：保留条款。
- **原《锅规》**：6.1.5　蒸汽锅炉安全阀的总排放量（略）
- **条款解释**：本条款是对蒸汽锅炉安全阀排放能力的规定。

锅筒和过热器上安全阀的总排放能力应大于锅炉额定蒸发量，且锅筒和过热器上所有安全阀开启后，锅炉内的压力上升不得超过计算压力的 1.1 倍。

我国中间再热发电机组多为单元制，一机配一炉。目前电站锅炉蒸汽参数中，与汽轮机额定负荷匹配的锅炉蒸发量一般定义为锅炉额定蒸发量，锅炉在额定蒸汽参数、额定给水温度和使用设计燃料，长期连续运行时所能达到的最大蒸发量，称之为锅炉最大连续蒸发量。锅炉最大连续蒸发量大于锅炉额定蒸发量。所以本规程明确规定电站锅炉锅筒的安全阀和过热器上的安全阀的总排放量必须大于锅炉最大连续蒸发量。

再热蒸汽系统是锅炉中与过热器系统并列的重要受压系统，对其安全阀排放总量明确要求大于锅炉再热器最大设计蒸汽流量，不仅可以保证在该排汽量下，再热器有足够的冷却，不至于烧坏，更重要的是能确保再热器不致超压。

DL/T 612《电力行业锅炉压力容器安全监督规程》10.1.7条中规定，"再热器安全阀的排放量应大于再热器的最大设计蒸汽流量"。ASME中也对此有明确的规定："每台再热器上应装设一个或多个安全阀，其总排放量至少等于再热器的最大设计流量"。所以本规程中，明确要求再热器安全阀的排放总量应大于锅炉再热器最大设计蒸汽流量。

5.1.5　锅筒以外安全阀的排放量

过热器和再热器出口处安全阀的排放量应当保证过热器和再热器有足够的冷却。直流蒸汽锅炉外置式启动（汽水）分离器的安全阀排放量应当大于直流蒸汽锅炉启动时的产汽量。

- **条款说明**：保留条款。
- **原《锅规》**：6.1.7　锅筒以外安全阀的排放量（略）
- **条款解释**：本条款是对过热器、再热器、直流蒸汽锅炉外置式启动（汽水）分离器的安全阀排放量的要求。

过热器和再热器出口处的安全阀的排放量必须保证过热器和再热器有足够的冷却。对过热器而言，有两种情况须保证对其冷却，一是超压排放时，二是启动时和甩负荷时。锅炉启动时和甩负荷时，高温烟气流过过热器，此时的蒸汽要么没达到设计参数无法使用，要么用户已不需要了，在这种情况下也必须有蒸汽通过过热器。也就是说，要保证两点，一是保证过热器的安全阀优先于锅筒先启跳，二是保证过热器安全阀足够的排放量。

对于再热器的冷却，也是在锅炉启动和汽轮机甩负荷时，因为在此时均无蒸汽通过再热器，再热器易超温损坏。为了避免这种现象发生，一般采用蒸汽旁通管路，从过热器出口接出管路进入再热器入口，在锅炉启动和汽轮机甩负荷时，有一定量的蒸汽流过再热器，然后从再热器出口处安全阀排放。

直流锅炉的启动（汽水）分离器相当于自然循环锅炉的锅筒，其作用是扩容和进行汽水分离。直流锅炉在启动过程中，排出的是热水、汽水混合物、饱和汽以及过热度不足的过热蒸汽，此时的介质不能进入汽轮机，为了减少锅炉启动时的热损失和凝结水的消耗，以及冷却过热器和再热器，直流锅炉必须有启动（汽水）分离器。汽水混合物从直流锅炉蒸发段进入启动（汽水）分离器进行汽水分离，一部分蒸汽进入过热器或再热器，冷却过热器或再热器，一部分蒸汽送入除氧器加热除氧水进行除氧。在启动（汽水）分离器中分离出的水既可以送回冷凝器，也可以送入除氧器，然后继续供给直流锅炉。为了保证直流锅炉启动（汽水）分离器的运行安全，直流锅炉启动（汽水）分离器的安全阀的排放量应大于锅炉启动时的产汽量。

5.1.6　蒸汽锅炉安全阀排放量的确定

蒸汽锅炉安全阀流道直径应当大于或者等于20mm。排放量应当按照下列方法之一进行计算：

（1）按照安全阀制造单位提供的额定排放量；

（2）按照公式（5-1）进行计算；

$$E = 0.235A(10.2p+1)K \tag{5-1}$$

式中：

E——安全阀的理论排放量，kg/h；

p——安全阀进口处的蒸汽压力（表压），MPa；

A——安全阀的流道面积，可用 $\dfrac{\pi d^2}{4}$ 计算，mm^2；

d——安全阀的流道直径，mm；

K——安全阀进口处蒸汽比容修正系数，按照公式（5-2）计算：

$$K = K_p \cdot K_g \tag{5-2}$$

式中：

K_p——压力修正系数；

K_g——过热修正系数；

K、K_p、K_g 按照表 5-1 选用和计算。

表 5-1　安全阀进口处各修正系数

p（MPa）		K_p	K_g	$K = K_p \cdot K_g$
$p \leqslant 12$	饱和	1	1	1
	过热	1	$\sqrt{\dfrac{V_b}{V_g}}$	$\sqrt{\dfrac{V_b}{V_g}}$
$p > 12$	饱和	$\sqrt{\dfrac{2.1}{(10.2p+1)V_b}}$	1	$\sqrt{\dfrac{2.1}{(10.2p+1)V_b}}$
	过热		$\sqrt{\dfrac{V_b}{V_g}}$	$\sqrt{\dfrac{2.1}{(10.2p+1)V_g}}$

注 5-1：$\sqrt{\dfrac{V_b}{V_g}}$ 亦可以用 $\sqrt{\dfrac{1000}{(1000+2.7T_g)}}$ 代替。

表中：

V_g——过热蒸汽比容，m^3/kg；

V_b——饱和蒸汽比容，m^3/kg；

T_g——过热度，℃。

（3）按照 GB/T 12241《安全阀一般要求》或者 NB/T 47063《电站安全阀》中的公式进行计算。

- **条款说明：**（1）（2）保留条款，（3）修改条款。
- **原《锅规》：** 6.1.6　蒸汽锅炉安全阀排放量的确定

（1）（2）保留条款（略）

（3）按照 GB/T 12241《安全阀一般要求》或者 JB/T 9624《电站安全阀技术条件》中的公式进行计算。

- **条款解释：** 本条款是对蒸汽锅炉安全阀排放量的规定。

本条款用 NB/T 47063《电站安全阀》代替 JB/T 9624《电站安全阀技术条件》，其他文字没有改动。

蒸汽锅炉安全阀的流道直径应当大于或者等于 20mm，是对安全阀最小流道直径的规定，这是一个经验数据，但对 D 级锅炉不受其限制，D 级锅炉的最小流道直径是 10mm。

本条款规定了安全阀排放能力的计算方法，推荐了三种方法：

① 安全阀制造厂提供的额定排放量数据。

② 规程中推荐的计算公式。

③ GB/T 12241《安全阀一般要求》或者 NB/T 47063《电站安全阀》中的公式进行计算。

首选安全阀制造厂提供的额定排放量数据，把它放在选取方法第一位，主要是考虑制造厂提供的数据一般是经过型式试验的，其排放数据是最接近实际状况，工业发达国家基本采取这种方式，因此作为首选。GB/T 12241《安全阀一般要求》中理论排放量的计算公式是：

1. 干饱和蒸汽的理论排量计算

这里干饱和蒸汽是指最小干度为 98％或最大过热度为 10℃的蒸汽。

当压力为 0.1MPa～11MPa 时：

$$W_{ts} = 5.25 A p_d$$

当压力大于 11MPa～22MPa 时：

$$W_{ts} = 5.25 A p_d \left(\frac{27.664 p_d - 1000}{33.242 p_d - 1061} \right)$$

式中　W_{ts}——理论排量，kg/h；

　　　A——流道面积，mm^2；

　　　p_d——实际排放压力，MPa（绝压）。

2. 过热蒸汽的理论排量计算

这里过热蒸汽是指过热度大于 10℃的蒸汽。

当压力为 0.1MPa～11MPa 时：

$$W_{tsh} = 5.25 A p_d K_{sh}$$

当压力大于 11MPa～22MPa 时：

$$W_{tsh} = 5.25 A p_d \left(\frac{27.664 p_d - 1000}{33.242 p_d - 1061} \right) K_{sh}$$

式中　W_{tsh}——理论排量，kg/h；

　　　A——流道面积，mm^2；

　　　p_d——实际排放压力，MPa（绝压）；

　　　K_{sh}——过热修正系数。

2017 年 12 月 27 日国家能源局 2017 年 13 号公告发布了 NB/T 47063《电站安全阀》，代替 JB/T 9624《电站安全阀技术条件》。

NB/T 47063《电站安全阀》中排放量的计算公式如下：

当介质压力低于或等于 10.3MPa 时，安全阀的额定排量计算公式：

$$W_{CS} = 5.25 A (p + 0.101) 0.9 K_d K_{sh}$$

式中　W_{CS}——蒸汽的额定排量，kg/h；

　　　A——安全阀流道面积，mm^2；

　　　p——排放压力，MPa；

K_d——排量系数；

K_{sh}——过热修正系数，饱和蒸汽时 $K_{sh}=1$。

当介质压力高于 10.3MPa，且低于或等于 22.1MPa 时，安全阀的额定排量计算公式：

$$W_{ts}=5.25A(p+0.101)0.9K_d\left(\frac{27.6p-1000}{33.2p-1061}\right)K_{sh}$$

当介质压力高于 22.1MPa 时，安全阀的额定排量公式：

$$W_{ts}=5.25A(p+0.101)0.9K_dK_{sc}$$

K_{sc}——超临界修正系数。

《电站安全阀》的计算方法与《安全阀一般要求》过热器部分计算方法基本一致。

5.1.7　热水锅炉安全阀的泄放能力

热水锅炉安全阀的泄放能力应当满足所有安全阀开启后锅炉内的压力不超过设计压力的 1.1 倍。安全阀流道直径按照以下原则选取：

（1）额定出口水温小于 100℃ 的锅炉，可以按照表 5-2 选取；

表 5-2　小于 100℃ 的锅炉安全阀流道直径选取表

锅炉额定热功率（MW）	$Q\leq1.4$	$1.4<Q\leq7.0$	$Q>7.0$
安全阀流道直径（mm）	≥20	≥32	≥50

（2）额定出口水温大于或者等于 100℃ 的锅炉，其安全阀的数量和流道直径应当按照公式（5-3）计算：

$$ndh=\frac{35.3Q}{C(p+0.1)(i-i_j)}\times10^6 \tag{5-3}$$

式中：

n——安全阀数量，个；

d——安全阀流道直径，mm；

h——安全阀阀芯开启高度，mm；

Q——锅炉额定热功率，MW；

C——排放系数，按照安全阀制造单位提供的数据，或者按照以下数值选取：

当 $h\leq\dfrac{d}{20}$ 时，$C=135$；当 $h\geq\dfrac{d}{4}$ 时，$C=70$；

p——安全阀的开启压力，MPa；

i——锅炉额定出水压力下饱和蒸汽焓，kJ/kg；

i_j——锅炉进水的焓，kJ/kg。

• **条款说明**：保留条款。

• **原《锅规》**：6.1.8　热水锅炉安全阀的泄放能力（略）

• **条款解释**：本条款是对热水锅炉安全阀泄放能力和流道直径选取的规定。

本条款规定了安全阀的泄放能力应能满足所有安全阀开启后锅炉内的压力不得超过设计压力的 1.1 倍，其原因是现行强度计算标准决定的。泄放能力不仅与安全阀数量和流道直径有关，而且与安全阀的性能例如开启高度有关。

对于额定出口热水温度高于或等于 100℃ 的锅炉的安全阀数量和流道直径按本条款提供的公式计算，此公式是按安全阀开启时向大气排放蒸汽计算的，与蒸汽锅炉的安全阀计算公式相同。

对于额定出口热水温度低于100℃的锅炉，本规程规定了安全阀流道直径的下限值。该种锅炉的安全阀在开启和排放过程中主要是在放水，所以安全阀的流道直径比较小。下限数值的确定是采用了日本的《锅炉压力容器构造规范》附录中泄放阀的计算公式，结合GB/T 3166《热水锅炉参数系列》和目前锅炉市场实际确定的。

日本《锅炉压力容器构造规范》附录中规定当热水温度低于100℃时，泄放阀的计算公式如下：

$$Q = 2575D^2\sqrt{p+0.2}$$

式中　Q——热水锅炉的输出热量，kcal/h；

　　　D——阀座口直径，mm；

　　　p——热水锅炉压力，kgf/cm^2。

如果 Q 的单位改为 MW，则 p 的单位改为 MPa，

则公式为 $d = 18.2\sqrt{\dfrac{Q}{\sqrt{10p+0.2}}}$

式中　d——热水锅炉安全阀流道直径，mm；

　　　Q——热水锅炉额定热功率，MW；

　　　p——热水锅炉出口热水压力 MPa。

5.1.8 安全阀整定压力

安全阀整定压力确定原则如下：

（1）蒸汽锅炉安全阀整定压力按照表5-3的规定进行调整和校验，锅炉上有一个安全阀按照表中较低的整定压力进行调整；对有过热器的锅炉，过热器上的安全阀按照较低的整定压力调整，以保证过热器上的安全阀先开启；

表5-3　蒸汽锅炉安全阀整定压力

额定工作压力（MPa）	安全阀整定压力	
	最低值	最高值
$p \leqslant 0.8$	工作压力加 0.03MPa	工作压力加 0.05MPa
$0.8 < p \leqslant 5.3$	1.04 倍工作压力	1.06 倍工作压力
$p > 5.3$	1.05 倍工作压力	1.08 倍工作压力

注5-2：表中的工作压力，是指安全阀装设地点的工作压力，对于控制式安全阀是指控制源接出地点的工作压力。

（2）再热器安全阀最高整定压力应当不高于其计算压力；

（3）直流蒸汽锅炉各部位安全阀最高整定压力，由锅炉制造单位在设计计算的安全裕量范围内确定；

（4）热水锅炉上的安全阀按照表5-4规定的压力进行整定或者校验。

表5-4　热水锅炉安全阀的整定压力

最低值	最高值
1.10 倍工作压力但是不小于工作压力加 0.07MPa	1.12 倍工作压力但是不小于工作压力加 0.10MPa

● 条款说明：修改条款。

● **原《锅规》**：6.1.9　安全阀整定压力

安全阀整定压力应当按照下述原则确定：

（1）蒸汽锅炉安全阀整定压力应当按照表6-3的规定进行调整和校验，锅炉上有一个安全阀按照表中较低的整定压力进行调整；对有过热器的锅炉，过热器上的安全阀应当按照较低的整定压力调整，以保证过热器上的安全阀先开启；

表6-3　蒸汽锅炉安全阀整定压力

额定工作压力（MPa）	安全阀整定压力	
	最低值	最高值
≤0.8	工作压力加0.03MPa	工作压力加0.05MPa
0.8＜p≤5.9	1.04倍工作压力	1.06倍工作压力
＞5.9	1.05倍工作压力	1.08倍工作压力

注6-2：表中的工作压力，系指安全阀装置地点的工作压力，对于控制式安全阀是指控制源接出地点的工作压力。

（2）直流蒸汽锅炉过热器系统安全阀最高整定压力不高于1.1倍安装位置过热器工作压力；

（3）再热器、直流蒸汽锅炉外置式启动（汽水）分离器的安全阀整定压力为装设地点工作压力的1.1倍；

（4）热水锅炉上的安全阀按照表6-4规定的压力进行整定或者校验。

表6-4　热水锅炉安全阀的整定压力

最低值	最高值
1.1倍工作压力但是不小于工作压力加0.07MPa	1.12倍工作压力但是不小于工作压力加0.10MPa

● **条款解释**：本条款是对安全阀整定压力的规定。

1.锅炉上只有一个安全阀按照表中较低的整定压力进行调整。过热器出口处的安全阀必须按照低的整定压力进行整定，以保证锅炉内蒸汽泄压时过热器出口处的安全阀先开启，过热器有足够的蒸汽流过过热器，冷却过热器，防止将过热器过热而损坏。过热器出口处安全阀的排放能力应计入安全阀总排放能力之中。

2.再热器的安全阀整定压力为装设地点工作压力的1.1倍修改为再热器安全阀最高整定压力应当不高于其计算压力，原因是：

再热器的安全阀整定压力根据装设地点工作压力来确定，定压值比较高，其目的是不希望该处安全阀经常开启，但最高整定压力也不应当高于再热器计算压力。

3.直流蒸汽锅炉过热器系统安全阀最高整定压力不应当高于1.1倍安装位置过热器工作压力和再热器、直流蒸汽锅炉外置式启动（汽水）分离器的安全阀整定压力为装设地点工作压力的1.1倍，修改为"直流蒸汽锅炉各部位安全阀最高整定压力，由锅炉制造单位在设计计算的安全裕量范围内确定"，原因如下：

由于直流蒸汽锅炉没有锅筒，其运行特性决定了各种运行参数的扰动对汽压的影响要远远大于有锅筒的锅炉，其工质压力波动的幅度和上升速度都要大得多。若整定压力值设置的较低，将导致安全阀频繁启跳。尤其是超临界、超超临界锅炉其本身工质压力数值就很大，安全阀的频繁启跳将导致阀座密封损坏，致使蒸汽严重泄漏。

超临界、超超临界锅炉，除设置安全阀之外，过热蒸汽出口设置有动力驱动泄压阀，其燃烧管理控制系统的主燃料跳闸（MFT）装置包含同时切断燃料和给水供应的功能，形成了锅炉超压三级保护。

当过热蒸汽出口压力达到设计计算压力时，在燃烧管理控制系统总燃料跳闸（MFT）装置动作之前，动力驱动泄压阀即开始先行放汽泄压，从而实现超压保护作用。同时也避免了过热器系统安全阀可能的频繁启跳，进而保护了安全阀密封免于因频繁启跳而损坏。

当蒸汽压力继续升高，一般达到过热蒸汽出口设计计算压力的 1.06 倍时，燃烧管理控制系统中总燃料跳闸（MFT）装置立即动作，同时切断锅炉燃料和给水的供应，去掉蒸汽压力可能继续升高的物质能量基础。

因此，为避免安全阀不必要的频繁启跳，锅炉安全阀整定压力就需要适当提高。ASME标准规定，安全阀整定压力最大值不大于过热蒸汽出口设计计算压力的 1.17 倍。由于不同标准其计算压力的基准不同，不宜规定固定数值，所以本规程规定直流蒸汽锅炉各部位安全阀最高整定压力，由锅炉制造单位在设计计算的安全裕量范围内确定。

4.本条款还对热水锅炉安全阀整定压力做了规定。热水锅炉的安全阀启跳压力定的比较高，低启压力为 1.1 倍工作压力但不低于工作压力加 0.07MPa，安全阀启闭压差一般应当为整定压力的 4%～7%，最大不超过 10%。这样在最大启闭压差情况下，一般能保证安全阀回座压力不低于锅炉的工作压力，防止安全阀启跳后锅水发生汽化。本条款中的工作压力对于在用锅炉可以用锅炉实际运行的压力。

5.1.9　安全阀启闭压差

一般为整定压力的 4%～7%，最大不超过 10%。当整定压力小于 0.3MPa 时，最大启闭压差为 0.03MPa。

- **条款说明：**保留条款。
- **原《锅规》：**6.1.10　安全阀的启闭压差（略）
- **条款解释：**本条款是对安全阀启闭压差的要求。

安全阀的启闭压差是指整定压力与回座压力之差。启闭压差的大小直接影响锅炉热损失和汽轮机的出力。如果安全阀的回座压力与整定压力相等或相差很小，安全阀开启后阀芯无法回座而出现浮动状态，会使锅炉的热损失增加。如果安全阀启闭压差过大，安全阀泄放时间长，一方面锅炉热损失增大，另一方面对于电站锅炉，由于锅炉出口处蒸汽压下降过大，影响汽轮机出力。因此本条款要求安全阀要有一定的启闭压差，以使安全阀泄压后，安全阀的阀芯及时回座，本规程规定启闭压差为整定压力的 4%～7%，最大不超过 10%，对于整定压力不超过 0.3MPa 时，最大启闭差为 0.03MPa。

5.1.10　安全阀安装

（1）安全阀应当铅直安装，并且安装在锅筒（壳）、集箱的最高位置，在安全阀和锅筒（壳）之间或者安全阀和集箱之间，不应当装设阀门和取用介质的管路；

- **条款说明：**修改条款。
- **原《锅规》：**6.1.11　安全阀安装

（1）安全阀应当铅直安装，并且应当安装在锅筒（锅壳）、集箱的最高位置，在安全阀和锅筒（锅壳）之间或者安全阀和集箱之间，不应当装设有取用蒸汽或者热水的管路和阀门；

- **条款解释：**本条款是对安全阀安装的要求。

安全阀座装在锅筒和集箱的最高位置，而且应铅直安装，铅直安装是指安全阀的阀杆与水平面垂直，而不是与阀座的法兰垂直。安全阀的安装位置以及正确安装对于安全阀在规定的压力下开启有着重要作用。在安全阀与锅筒（集箱）连接的短管上不得装有取用蒸汽或者热水出汽管和阀门，本规程把取用"蒸汽或者热水"修改为取用"介质"，如果有取用介质的管路将会降低安全阀入口侧的介质压力，从而影响安全阀在规定的压力下开启。在安全阀与锅筒（集箱）连接短管上不得安装阀门，主要是防止在锅炉运行中将阀门关闭，使锅炉在无安全阀的情况下运行，造成事故隐患。

> （2）几个安全阀如果共同装在一个与锅筒（壳）直接相连的短管上，短管的流通截面积应当不小于所有安全阀的流通截面积之和；

- **条款说明**：保留条款。

原《锅规》：6.1.11　（2）（略）

- **条款解释**：本条款是对几个安全阀共同装在一个短管上，短管流通截面积的要求。

两个安全阀与短管采用 Y 形连接时，为了不影响安全阀的排放能力，短管的流通截面积应不小于两个安全阀流通截面积之和，这种安装方法目前已很少采用。

> （3）采用螺纹连接的弹簧安全阀时，应当符合 GB/T 12241《安全阀一般要求》的要求；安全阀应当与带有螺纹的短管相连接，而短管与锅筒（壳）或者集箱筒体的连接应当采用焊接结构。

- **条款说明**：保留条款。

原《锅规》：6.1.11　（3）（略）

- **条款解释**：本条款是对弹簧安全阀采用螺纹连接的要求。

GB/T 12241《安全阀一般要求》对安全阀的端部连接型式等设计和性能要求及试验做出了明确的规定，锅炉上采用螺纹连接的弹簧安全阀时，应该符合 GB/T 12241《安全阀一般要求》的规定。采用螺纹连接的安全阀时，不能将安全阀连接与锅筒连接，只能与带螺纹的短管连接，而短管与锅筒应当是焊接。

> **5.1.11**　安全阀上的装置
> **5.1.11.1**　基本要求
> （1）静重式安全阀应当有防重片飞脱的装置；
> （2）弹簧式安全阀应当有提升手把和防止随便拧动调整螺钉的装置；
> （3）杠杆式安全阀应当有防止重锤自行移动的装置和限制杠杆越出的导架。

- **条款说明**：保留条款。
- **原《锅规》**：6.1.12　安全阀上的装置

6.1.12.1　基本要求（略）

- **条款解释**：本条款是对各种安全阀的装置的要求。

静重式安全阀是靠重片的重量来确定其整定压力的，所以必须有防止重片飞脱的装置。

弹簧式安全阀是靠调整螺杆来调整弹簧压紧力而改变安全阀整定压力值的，顺时针方向旋转调整螺杆时，增加弹簧的压紧力，提高整定压力值，反之则相反。安全阀的整定压力值一旦确定，不能再随便调整安全阀螺杆，一般都是加铅封的。至于提升手把，是在运行中防止阀芯粘住，做手动排放用的。

杠杆式安全阀的整定压力是靠安全阀的重锤和支点间的距离确定的。一旦整定工作结束，重锤的位置不能随便移动，否则整定值会变化。因此要求杠杆式安全阀要有防止重锤移动的装置，也就是将重锤锁住。

5.1.11.2　控制式安全阀

控制式安全阀应当有可靠的动力源和电源，并且符合以下要求：

（1）脉冲式安全阀的冲量接入导管上的阀门保持全开并且加铅封；

（2）用压缩空气控制的安全阀有可靠的气源和电源；

（3）液压控制式安全阀有可靠的液压传送系统和电源；

（4）电磁控制式安全阀有可靠的电源。

- **条款说明**：保留条款。
- **原《锅规》**：6.1.12.2　控制式安全阀（略）
- **条款解释**：本条款是对控制式安全阀装置的要求。

控制式安全阀是依靠信号来控制的，控制的动力源有气动、液动、蒸汽驱动和电动，因而控制系统包括动力源的可靠性直接关系到安全阀能否可靠起跳。本规程对几种不同型式的安全阀及控制系统提出了原则要求。脉冲式安全阀的冲量接入导管上的阀门必须保持全开，且加以铅封，实际上是保证可靠的动力源，因为主安全阀是靠脉冲式安全阀的冲量控制的。用压缩空气控制的安全阀应当有可靠的气源和电源；液压控制式安全阀应当有可靠的液压传送系统和电源；电磁控制式安全阀应当有可靠的电源。

5.1.12　蒸汽锅炉安全阀排汽管

（1）排汽管应当直通安全地点，并且有足够的流通截面积，保证排汽畅通，同时排汽管应当予以固定，不应当有任何来自排汽管的外力施加到安全阀上；

（2）安全阀排汽管底部应当装有接到安全地点的疏水管，在疏水管上不应当装设阀门；

（3）两个独立的安全阀的排汽管不应当相连；

（4）安全阀排汽管上如果装有消音器，其结构应当有足够的流通截面积和可靠的疏水装置；

（5）露天布置的排汽管如果加装防护罩，防护罩的安装不应当妨碍安全阀的正常动作和维修。

- **条款说明**：保留条款。
- **原《锅规》**：6.1.13　蒸汽锅炉安全阀排汽管（略）
- **条款解释**：本条款是对蒸汽锅炉安全阀排汽管的要求。

1.排汽管应直通到安全地点，是指排出口远离人活动的地方，以防止安全阀排放时高温蒸汽伤人。直通安全地点，是指排汽管应尽量减少转弯。排汽管应有足够的流通截面积，以保证排放畅通。排汽管应予固定，主要是考虑在安全阀排放时，会产生很大的震动，以防因震动而形成的疲劳断裂。不得有任何来自排汽管的外力施加到安全阀上，是为了保证安全阀的运行安全可靠。

2.排汽管底部应有疏水管，其目的是及时将蒸汽冷凝水排出，以免发生水冲击现象。

3.两个独立的安全阀的排汽管不应相连，是为了防止一个启跳后，产生背压，影响另一个安全阀启跳。

4.排汽管上如装有消音器，消音器也应有足够的流通截面积，以免因为背压过高而影响安全阀启跳，同时应注意检查消音器上是否有水垢，如有应及时清理，以免减少排汽的流通截面积。

5.如露天布置的排汽管影响安全阀正常动作时，排汽管口处应加防护罩。露天布置的排汽管主要是指排汽管的管口露天布置，因刮风、下雨而影响安全阀正常动作时，应在排汽管管口处加防护罩，但防护罩的安装不应当妨碍安全阀的正常动作和维修，排汽管露天布置时在寒冷地区还应有防冻措施。

> **5.1.13** 热水锅炉安全阀排水管
>
> 热水锅炉的安全阀应当装设排水管，排水管应当直通安全地点，并且有足够的排放流通面积，保证排放畅通。在排水管上不应当装设阀门，并且应当有防冻措施。

- **条款说明**：修改条款。
- **原《锅规》**：6.1.14 热水锅炉安全阀排水管

热水锅炉的安全阀应当装设排水管（如果采用杠杆安全阀应当增加阀芯两侧的排水装置），排水管应当直通安全地点，并且有足够的排放流通面积，保证排放畅通。在排水管上不应当装设阀门，并且应当有防冻措施。

- **条款解释**：本条款是对热水锅炉的安全阀应设排水管的规定

热水锅炉的安全阀应设排水管，排水管尽量减少弯头，直通排水地点，以免烫伤人。排水管要有足够的排放面积，排水管上不允许安装阀门，以保证排放通畅。冬天要注意检查，不能冻结。

删除了"如果采用杠杆安全阀应当增加阀芯两侧的排水装置"的规定，因为很少采用。

> **5.1.14** 安全阀校验
>
> (1) 在用锅炉的安全阀每年至少校验1次，校验一般在锅炉运行状态下进行；
>
> (2) 如果现场校验有困难或者对安全阀进行修理后，可以在安全阀校验台上进行，校验后的安全阀在搬运或者安装过程中，不能摔、砸、碰撞；
>
> (3) 新安装的锅炉或者安全阀检修、更换后，应当校验其整定压力和密封性；
>
> (4) 安全阀经过校验后，应当加锁或者铅封；
>
> (5) 控制式安全阀应当分别进行控制回路可靠性试验和开启性能检验；
>
> (6) 安全阀整定压力、密封性等检验结果应当记入锅炉安全技术档案。

- **条款说明**：修改条款。
- **原《锅规》**：6.1.15 安全阀校验

(1) 在用锅炉的安全阀每年至少校验一次，校验一般在锅炉运行状态下进行，如果现场校验有困难时或者对安全阀进行修理后，可以在安全阀校验台上进行；

(2) 新安装的锅炉或者安全阀检修、更换后，校验其整定压力和密封性；

(3) 安全阀经过校验后，应当加锁或者铅封，校验的安全阀在搬运或者安装过程中，不能摔、砸、碰撞；

(4) 控制式安全阀应当分别进行控制回路可靠性试验和开启性能检验；

(5) 安全阀整定压力、密封性等检验结果应当记入锅炉技术档案。

- **条款解释**：本条款是对锅炉安全阀校验的要求。

本条款与原《锅规》比，内容没有变，文字做了调整，更加突出了应该进行现场校验的重要性。

在用锅炉安全阀校验周期是每年至少一次。校验地点应在锅炉运行状态下进行，因为此时的校验情况与锅炉运行工况是一致的，校验的误差较小，如果在校验台上进行，用空气而且是冷态，有一定误差。但规程上也允许在安全阀校验台上进行。安全阀校验的项目为整定压力、回座压力、密封性。在安全阀校验台上校验时，用压缩空气做介质，很难测出回座压力，只能测定整定压力和密封性。国外一般是在安全阀修理时，先在校验台上进行预校验，然后在锅炉上进行热态校验。

新安装的锅炉或者安全阀检修、更换后，校验其整定压力和密封性，是为了保证在用锅炉运行安全。安全阀经过校验后，应当加锁或者铅封，校验的安全阀在搬运或者安装过程中，不能摔、砸、碰撞，是为了保证校验的安全阀校验结果不变。控制式安全阀的启跳是由控制回路控制的，所以应当分别对控制回路可靠性进行试验和开启性能检验。把安全阀整定压力、密封性等检验结果记入锅炉技术档案，是为了锅炉一旦发生事故便于分析事故原因。

5.1.15 锅炉运行中安全阀使用

（1）锅炉运行中安全阀应当定期进行排放试验，电站锅炉安全阀每年进行一次，对控制式安全阀，使用单位应当定期对控制系统进行试验。

- **条款说明**：修改条款。
- **原《锅规》**：6.1.16 锅炉运行中安全阀使用

（1）锅炉运行中安全阀应当定期进行排放试验，电站锅炉安全阀的试验间隔不大于1个小修间隔，对控制式安全阀，使用单位应当定期对控制系统进行试验；

- **条款解释**：本条款是对安全阀在锅炉运行中应定期进行排放试验的规定。

锅炉运行中由于种种原因可能造成安全阀的阀瓣与阀座锈死或卡死，一旦锅炉蒸汽压力达到整定压力，安全阀不启跳，使锅炉内的压力继续上升，以至于发生锅炉爆炸事故，我国有这样的事故教训。因此，对非电站锅炉，应定期手动对安全阀做排放试验。在进行手动排放试验时，蒸汽压力一般应在整定压力的75%，一是提升手柄时省力，二是减小阀瓣对阀座的冲撞力，保护安全阀的密封。

电站锅炉安全阀的试验间隔不大于一个小修间隔修改为电站锅炉安全阀每年进行一次，因为现在发电企业已不再使用大修、中修、小修的说法，而采用分级，即分A、B、C、D级。按照DL/T 838《燃煤火力发电企业设备检修导则》中关于检修分级和间隔的规定，C级及以上的级别的检修间隔均大于或等于12个月，因此，电站锅炉安全阀的排汽试验间隔应不大于一个C级检修间隔，并且一般结合C级及以上检修停炉阶段进行，以避免发生在进行排汽试验后阀瓣卡住，不能及时回座，造成蒸汽大量泄漏，蒸汽压力难以维持的故障。

对采用外力源控制的控制式安全阀，使用单位应当定期对控制系统进行试验，如控制回路模拟动作试验等，以确保控制源可靠。按照电力行业惯例，控制回路试验一般每月进行一次，最长不超过一个季度。

此外，目前引进技术生产的电站锅炉上一般配备有动力泄放阀，又称PCV阀。该类阀门有在锅炉发生超压时自动排汽的功能，是为了防止锅炉运行中压力波动造成安全阀频繁启动而设置，在ASME中对该类型阀门按照安全阀进行要求。因此，在电站锅炉使用的日常管理中，应当按照控制式安全阀的要求对该类阀门的控制回路进行定期试验。

（2）锅炉运行中安全阀不允许解列，不允许提高安全阀的整定压力或者使安全阀失效。

● **条款说明**：保留条款。

原《锅规》：6.1.16 （2）（略）

● **条款解释**：本条款是对安全阀在锅炉运行中不得解列的规定。

安全阀校验后，在锅炉运行中不得解列安全阀，以免使安全阀失效，不能保证锅炉安全运行。也不得任意提高安全阀的整定压力，或其他操作使安全阀失效，例如随意挪动杠杆式安全阀的重锤，以至于使锅炉超压时安全阀不能及时启跳泄压，而影响锅炉运行安全。

5.2 压力测量装置

5.2.1 设置

锅炉的以下部位应当装设压力表：

（1）蒸汽锅炉锅筒（壳）的蒸汽空间；

（2）给水调节阀前；

（3）省煤器出口；

（4）过热器出口和主汽阀之间；

（5）再热器出口、进口；

（6）直流蒸汽锅炉的启动（汽水）分离器或其出口管道上；

（7）直流蒸汽锅炉省煤器进口、储水箱和循环泵出口；

（8）直流蒸汽锅炉蒸发受热面出口截止阀前（如果装有截止阀）；

（9）热水锅炉的锅筒（壳）上；

（10）热水锅炉的进水阀出口和出水阀进口；

（11）热水锅炉循环水泵的出口、进口；

（12）燃油锅炉、燃煤锅炉的点火油系统的油泵进口（回油）及出口；

（13）燃气锅炉、燃煤锅炉的点火气系统的气源进口及燃气阀组稳压阀（调压阀）后。

● **条款说明**：保留条款。

● **原《锅规》**：6.2 压力表

6.2.1 设置（略）

● **条款解释**：本条款是对锅炉装设压力表位置的规定。

压力表是锅炉的重要安全附件，蒸汽锅炉蒸汽空间和热水锅炉出口是锅炉压力变化的源头，所以必须装设压力表，以便监视锅炉运行中压力的变化情况。除此之外，本条款还规定锅炉的其他部位也应装设压力表，以监视该部位的压力变化情况。

5.2.2 压力表选用

（1）压力表应当符合相应技术标准的要求；

（2）A级锅炉压力表精确度应当不低于1.6级，其他锅炉压力表精确度应当不低于2.5级；

（3）压力表的量程应当根据工作压力选用，一般为工作压力的1.5倍～3.0倍，最好选用2倍；

（4）压力表表盘大小应当保证锅炉操作人员能够清楚地看到压力指示值。

● **条款说明**：修改条款。

● **原《锅规》**：6.2.2　压力表选用

选用的压力表应当符合下列规定：

(1) 压力表应当符合有关技术标准的要求；

(2) 压力表精确度应当不低于2.5级，对于A级锅炉，压力表的精确度应当不低于1.6级；

(3) 压力表的量程应当根据工作压力选用，一般为工作压力的1.5倍～3.0倍，最好选用2倍；

(4) 压力表表盘大小应当保证锅炉操作人员能够清楚地看到压力指示值，表盘直径应当不小于100mm。

● **条款解释**：本条款是对选用压力表的要求。

(1) 压力表的精度要求，实际上是指压力表误差的要求。A级锅炉压力比较高，为了减小测量误差，压力表的精度数值是1.6级。也就是说，其误差应不大于1.6%。其含意有二种，一是在任何量程情况下，其误差为全量程的1.6%，另一种是为所量量程的1.6%。对于额定工作压力低于3.8MPa的锅炉，压力表的精确度应不低于2.5级，

(2) 压力表的盘刻度极限值应为工作压力的1.5～3倍，最好2倍。这一规定主要是为了所测压力的准确性。压力表的准确性除了与本身的精度有关外，还与压力表量程有关。一般来说，从零刻度到1/3刻度处以及从满刻度到倒转1/3范围处，误差要比压力表精度大一些。而在中间1/3量程范围内压力表的误差不会大于精度范围内的误差，当量程是工作压力的2倍时，压力表的指针正好位于表盘中间1/3量程范围内。

(3) 压力表表盘大小应当保证锅炉操作人员能够清楚地看到压力指示值，删除了压力表表盘直径应不小于100mm的规定，修改为便于观察能够清楚地看到压力指示值。

5.2.3　压力表校验

压力表应当定期进行校验，刻度盘上应当划出指示工作压力的红线，注明下次校验日期。压力表校验后应当加铅封。

● **条款说明**：修改条款。

● **原《锅规》**：6.2.3　压力表校验

压力表安装前应当进行校验，在刻度盘上应当划出指示工作压力的红线，注明下次校验日期。压力表校验后应当加铅封。

● **条款解释**：本条款是对压力表校验的规定。

压力表应当进行校验的要求改为"应当定期进行校验"，这是国家计量标准JJG 52—2013《弹性元件式一般压力表、压力真空表及和真空表检定规程》中规定的。校验后应当封印，装用前应注明下次校验期，是为了避免超期使用。画红线指示工作压力是为了防止锅炉超压。本次修改取消了安装前进行校验的规定，主要考虑到出厂前已经进行校验，避免重复校验。

5.2.4　压力表安装

压力表安装应当符合以下要求：

(1) 装设在便于观察和吹洗的位置，并且防止受到高温、冰冻和震动的影响；

(2) 锅炉蒸汽空间设置的压力表应当有存水弯管或者其他冷却蒸汽的措施，热水锅炉用的压力表也应当有缓冲弯管，弯管内径不小于10mm；

(3) 压力表与弯管之间装设三通阀门，以便吹洗管路、卸换、校验压力表。

- 条款说明：保留条款。
- 原《锅规》：6.2.4 压力表安装（略）
- 条款解释：本条款是压力表安装要求。

1.压力表装设位置要便于锅炉操作人员的观察和便于对压力表进行冲洗，防止压力表的弹簧管及连接管路堵塞。同时，压力表的安装位置要防止压力表受到高温、冷冻和震动影响，高温会使压力表弹簧管的弹性受到影响，不能真实反映锅炉的压力，冷冻会使压力表无法指示锅炉的压力，震动不能准确反映锅炉的压力。

2.压力表应有存水弯管，对于汽空间的压力表使蒸汽在存水弯管中冷凝，形成一个水封，避免蒸汽直接通到压力表的弹簧管内，使弹簧管损坏。热水锅炉用的压力表也应当有缓冲弯管，避免热水直接通到压力表的弹簧管内，以免使弹簧管受热变形，影响压力表读数的准确性和使用寿命。另外有存水弯管可以减小因介质波动对压力表指示值的影响。

3.本条款对存水弯管钢管直径和在压力表和弯管之间安装三通阀门做了规定，装设三通阀门的目的是为了吹洗管路，卸换、校验压力表。

5.2.5 压力表停止使用情况

压力表有下列情况之一时，应当停止使用：

(1) 有限止钉的压力表在无压力时，指针转动后不能回到限止钉处；没有限止钉的压力表在无压力时，指针离零位的数值超过压力表规定的允许误差；

(2) 表面玻璃破碎或者表盘刻度模糊不清；

(3) 封印损坏或者超过校验期；

(4) 表内泄漏或者指针跳动；

(5) 其他影响压力表准确指示的缺陷。

- 条款说明：保留条款。
- 原《锅规》：6.2.5 压力表停止使用情况（略）
- 条款解释：本条款是对压力表停止使用的规定。

1.无压力时指针不能回到规定的位置，有限止钉的不能回到限止钉处，无限止钉的与零位的数值超压了压力表精度的允许值。这一情况的出现，可能是弹簧管失去了弹性，或游丝失去弹性或脱钩，或连接管路或三通堵塞，或指针弯曲或卡住，应对压力表进行修理或更换。

2.封印损坏或超过校验期，很难确认压力表的指示值是否准确，应停止使用。

3.表内泄漏或指针跳动，表内泄漏是弹簧管发生开裂，指针跳动可能是游丝损坏，弹簧管的自由端与连杆等连接螺钉活动，弹簧管疏导压力扩展移动时，扇形齿轮发生抖动，此时需要对压力表进行校验、修理。

4.表面玻璃破碎或表盘刻度不清，操作人员无法从压力表上监视锅炉压力变化，应予更换。

5.其他影响压力表准确指示的缺陷，都应停止使用。

5.3 水位测量与示控装置

5.3.1 设置

5.3.1.1 基本要求

每台蒸汽锅炉锅筒（壳）应当装设至少2个彼此独立的直读式水位表，符合下列条件之一的锅炉可以只装设1个直读式水位表：

(1) 额定蒸发量小于或者等于0.5t/h的锅炉；

（2）额定蒸发量小于或者等于 2t/h，并且装有 1 套可靠的水位示控装置的锅炉；

（3）装设 2 套各自独立的远程水位测量装置的锅炉；

（4）电加热锅炉；

（5）有可靠壁温联锁保护装置的贯流式工业锅炉。

- **条款说明**：修改条款。
- **原《锅规》**：6.3　水位测量与示控装置

6.3.1　设置

每台蒸汽锅炉至少应当装设两个彼此独立的直读式水位表，符合下列条件之一的锅炉可以只装一个直读式水位表：

（1）额定蒸发量小于或等于 0.5t/h 的锅炉；

（2）额定蒸发量小于或等于 2t/h，且装有一套可靠的水位示控装置的锅炉；

（3）装有两套各自独立的远程水位测量装置的锅炉；

（4）电加热锅炉。

- **条款解释**：本条款是对装设直读式水位表数量的要求。

两只彼此独立的水位表是指两只水位表的汽水连管分别直接接到锅筒（壳）上。直读式水位表数量的规定，一是考虑我国锅炉使用管理水平，二是根据锅炉自动控制水平的程度。我国的工业锅炉的使用单位管理水平相对比较低，燃煤锅炉数量又比较多，而燃煤锅炉的自动控制比燃油、燃气锅炉要困难得多，所以我国规程规定要有两只彼此独立的直读式水位表。

允许装一只直读式水位表的条件，即额定蒸发量小于或等于 0.5t/h 的锅炉；额定蒸发量小于或等于 2t/h 且装有一套可靠的水位示控装置的锅炉；装有两套各自独立的远程水位测量装置的锅炉和电加热锅炉。

本规程修订时又增加了有可靠壁温联锁保护装置的贯流式工业锅炉可以只装一个直读式水位表。主要是考虑到贯流式锅炉水位是个相对的概念，而壁温的控制对锅炉安全更加重要。因此，有可靠壁温联锁保护装置的贯流式锅炉可以只装一个直读式水位表。

5.3.1.2　特殊要求

（1）多压力等级余热锅炉每个压力等级的锅筒应当装设 2 个彼此独立的直读式水位表；

（2）直流蒸汽锅炉启动系统中储水箱和启动（汽水）分离器应当分别装设远程水位测量装置。

- **条款说明**：保留条款。
- **原《锅规》**：6.3.1.2　特殊要求（略）
- **条款解释**：本条款是关于多压力等级余热锅炉每个压力等级的锅筒应装设水位表和直流蒸汽锅炉启动系统中储水箱和并联布置的汽水分离器应装设远程水位测量装置的规定。

如前所述，余热锅炉装设有多个压力等级不同的锅筒，彼此独立，故每个压力等级的锅筒，应装设两个彼此独立的水位计。

直流锅炉在启动或低负荷时采用再循环运行方式，一般设置 2～4 只并联的汽水分离器，在分离器下面设置一只储水箱，均为立式布置。在锅炉启动初期，从水冷壁出来的汽水混合物进入分离器进行汽水分离，分离出来的饱和蒸汽进入到过热器系统，而分离下来的水进入储水箱通过再循环管路或疏水管路排掉，在再循环管路上或疏水管路上设置有调节阀。根据装设在储水箱上的远程水位测点测出的水位来控制调节阀的开度及疏水量，保证水位在设定范围内。根据分离器和储水箱水位设置原则，当分离器承担部分储水箱功能时（即分离器与储水箱有部分高度重合），在分离器上也设置一套就地水位测量装置，用于确定分离器水位与储水箱水位的一致性。

5.3.2 水位表的结构、装置

（1）水位表应当有指示最高、最低安全水位和正常水位的明显标志，水位表的下部可见边缘应当比最高火界至少高 50mm，并且比最低安全水位至少低 25mm，水位表的上部可见边缘应当比最高安全水位至少高 25mm；

（2）玻璃管式水位表应当有防护装置，并且不妨碍观察真实水位，玻璃管的内径应当不小于 8mm；

（3）锅炉运行中能够吹洗和更换玻璃板（管）、云母片；

（4）用 2 个以上（含 2 个）玻璃板或者云母片组成的一组水位表，能够连续指示水位；

（5）水位表或者水表柱和锅筒（壳）之间阀门的流道直径应当不小于 8mm，汽水连接管内径应当不小于 18mm，连接管长度大于 500mm 或者有弯曲时，内径应当适当放大，以保证水位表灵敏准确；

（6）连接管应当尽可能短，如果连接管不是水平布置，汽连管中的凝结水能够流向水位表，水连管中的水能够自行流向锅筒（壳）；

（7）水位表应当有放水阀门和接到安全地点的放水管；

（8）水位表或者水表柱和锅筒（壳）之间的汽水连接管上应当装设阀门，锅炉运行时，阀门应当处于全开位置；对于额定蒸发量小于 0.5t/h 的锅炉，水位表与锅筒（壳）之间的汽水连管上可以不装设阀门。

- **条款说明**：保留条款。
- **原《锅规》**：6.3.2 水位表的结构、装置（略）
- **条款解释**：本条款是对水位表标志和水位表结构及装置的规定。

（1）水位表上要有最低、最高安全水位和正常水位的明显标志，以便使锅炉操作人员监视水位的变化。最低安全水位比水位表下部可见边缘至少高 25mm，而水位表下部可见边缘比最高火界高 50mm。这样一来，水位表的最低安全水位比最高火界至少要高 75mm 以上。水位表的上部可见边缘比最高水位至少高 25mm，一旦锅炉满水接近水位表上部可见边缘，锅炉操作人员应及时处理，以防止发生蒸汽带水或汽水共腾事故。

（2）玻璃管式水位表上的防护装置包括护罩、快关阀、闭锁珠等，主要是在水位表损坏时，快关阀或自动闭锁珠迅速关闭或自动关闭汽水连管，防止汽水喷出伤人，但防护装置不应妨碍观察真实水位。

（3）水位表的结构应能够在锅炉运行中冲洗水位表和更换玻璃板（管）、云母片。为了保持水位表清晰，应定期对水位表进行冲洗，水位表的冲洗实际上是对汽水造管上阀门的开与关的操作。在锅炉运行中水位表的玻璃板（管）以及云母片损坏情况时有发生，水位表结构应能够在锅炉运行状态下进行更换，如在汽水连接管装有阀门即可达到此要求。

（4）两个及两个以上玻璃板或云母片组成的一组水位表，应能够连续指示水位，这种形式的水位表适用于中压及以上压力锅炉。

（5）水位表或水表柱和锅筒（壳）之间的汽水连接管内径不得小于18mm，阀门的流道直径及玻璃管的内径都不得小于8mm，对汽水连接管的内径以及阀门流道、玻璃管的内径的规定，主要是为了减小阻力，防止杜塞，保证汽水流动畅通。

（6）对汽水连管的要求。一是连接管尽可能地短，减小连接管的阻力，水位表显示的水位就准确。二是连接管布置方向的要求，当汽水连接管不是水平布置时，汽连管的凝结水能自动流向水位表，水连管中的水能自动流回锅筒（壳），以防出现假水位。

有些锅炉制造单位为方便加工，将水位表的连接管开径向孔，导致弯管连接，这种结构不符合本规程要求。

（7）水位表设有放水阀门和放水管，是为了冲洗水位表时使用，或在锅炉发生满水时放水用。放水管接到安全地点，是为了防止排出的热水烫伤人。

（8）在汽水连接管上装设阀门作用有三：一是进行水位表冲洗时要开关阀门；二是锅炉在运行状态下，可以更换水位表的玻璃板（管）、云母片；三是装有水位示控装置的锅炉，在进行示控装置检查校验时，将水表柱与锅筒的汽水连管上的阀门关闭，打开水位表的排水管的阀门，制造人为缺水现象，以判断水位示控装置的灵敏可靠情况。所以水位表（或者水表柱）和锅筒（壳）之间的汽水连接管上应当装有阀门，锅炉运行时，阀门应当处于全开位置。

考虑到额定蒸发量小于0.5t/h的锅炉启停方便，一旦水位表出现问题，可以立即停炉进行检修，因此水位表和锅筒（壳）之间的汽水连接管上可以不装阀门。

5.3.3 安装

（1）水位表应当安装在便于观察的地方，水位表距离操作地面高于6000mm时，应当加装远程水位测量装置或者水位视频监视系统；

- **条款说明**：保留条款。
- **原《锅规》**：6.3.3 安装（略）
- **条款解释**：本条款是水位表装设位置和远程水位测量装置的要求。

水位表应装在便于观察的地方。水位表是直接反映锅炉水位变化的一次仪表，锅炉操作人员根据水位情况，进行给水调节，燃烧调节，所以要安装在便于观察的地方。便于观察的地方也包括水位表与操作地面之间的高度，当高度超过6000mm时，用肉眼很难看清水位，所以要求加装远程水位显示装置或水位视频监视系统，以便操作人员观察水位。随着科学技术的发展，有很多企业采用了水位视频监视系统监视距离地面较高位置的锅筒的水位。

（2）用远程水位测量装置监视锅炉水位时，信号应当各自独立取出；在锅炉控制室内至少有2个可靠的远程水位测量装置，同时运行中应当保证有1个直读式水位表正常工作；

- **条款说明**：主体为保留条款，仅文字修改，删除了"单个或者多个"。

原《锅规》：6.3.3 （2）

用单个或者多个远程水位测量装置监视锅炉水位时，其信号应当各自独立取出；在锅炉控制室内应当有两个可靠的远程水位测量装置，同时运行中应当保证有一个直读式水位表正常工作；

- **条款解释**：本条款是对远程水位测量装置的要求。

水位远程测量装置（原称显示装置）的信号不能取自一次仪表（即直读式水位表），而应直接取自锅筒，以防止一次仪表信号发生问题，出现假水位，远程测量的水位也是假水位。用两套远程水位测量装置监视锅炉运行水位情况时，仍需有一个直读式水位表正常工作，主要是防止远程水位测量装置发生故障，造成操作室内装置显示的是假水位。为了判断两套装置中哪一套发生了问题，将两套测量装置的水位与直读式水位表进行比较校验即可。

（3）亚临界锅炉水位表安装调试时，应当对由于水位表与锅筒内液体密度差引起的测量误差进行修正。

- 条款说明：保留条款。
- 原《锅规》：6.3.3 （3）（略）
- 条款解释：本条款是对亚临界锅炉水位表安装时须对由于水位表与锅筒内液体密度差引起的测量误差进行修正的规定。

锅筒水位表中的水在水位表中冷却后，其温度低于锅筒内饱和锅水的温度，水位表中水的密度大于锅筒内锅水的密度，水位表中水柱显示的水位与锅筒内炉水的实际水位有所差异。对于亚临界锅炉，锅筒工作压力接近19MPa，此时水位表显示水位与锅筒内炉水实际水位的差异随着压力升高而明显加大。为保证水位表指示的准确性，需要对水位表与锅筒内液体密度引起的测量差进行修正。

5.4 温度测量装置
5.4.1 设置
在锅炉相应部位应当装设温度测点，测量以下温度：
（1）蒸汽锅炉的给水温度（常温给水除外）；
（2）铸铁省煤器和电站锅炉省煤器出口水温；
（3）热水锅炉进口、出口水温；
（4）再热器进口、出口汽温；
（5）过热器出口和多级过热器的每级出口的汽温；
（6）减温器前、后汽温；
（7）空气预热器进口、出口空气温度；
（8）空气预热器进口烟温；
（9）排烟温度；
（10）有再热器的锅炉炉膛的出口烟温；
（11）A级高压以上的蒸汽锅炉的锅筒上、下壁温（控制循环锅炉除外），过热器、再热器的蛇形管的金属壁温；
（12）直流蒸汽锅炉上下炉膛水冷壁出口金属壁温，启动系统储水箱壁温。

- 条款说明：修改条款。
- 原《锅规》：6.4 温度测量装置

6.4.1 设置
在锅炉相应部位应当装设温度测点，测量如下温度：
（1）蒸汽锅炉的给水温度（常温给水除外）；
（2）铸铁省煤器和电站锅炉省煤器出口水温；
（3）再热器进口、出口汽温；
（4）过热器出口和多级过热器的每级出口的汽温；
（5）减温器前、后汽温；
（6）油燃烧器的燃油（轻油除外）进口油温；

（7）空气预热器进口、出口空气温度；

（8）锅炉空气预热器进口烟温；

（9）排烟温度；

（10）A级高压及以上的蒸汽锅炉的锅筒上、下壁温（控制循环锅炉除外），过热器、再热器的蛇形管的金属壁温；

（11）有再热器的锅炉炉膛出口的烟温；

（12）热水锅炉进口、出口水温；

（13）直流蒸汽锅炉上下炉膛水冷壁出口金属壁温，启动系统储水箱壁温。

• **条款解释**：本条款是对在用锅炉应装设测量温度仪表位置的规定。

与原《锅规》比较，本条款删掉了"油燃烧器的燃油（轻油除外）入口油温"，主要是考虑目前燃重油的锅炉数量比较少，其他内容没有变。

锅炉运行时对蒸汽锅炉给水温度、蒸汽温度、热水锅炉进水温度、供水温度以及烟气温度等进行测量与监视，对保证锅炉安全经济运行是非常重要的。所以说，测温的部位应装设测量温度的仪表。

> 在蒸汽锅炉过热器出口、再热器出口和额定热功率大于或者等于7MW的热水锅炉出口，应当装设可记录式温度测量仪表。

• **条款说明**：保留条款。

原《锅规》：（略）

• **条款解释**：本条款是对锅炉应安装可记录式温度仪表的规定

本条款规定蒸汽锅炉过热器出口、再热器出口和额定热功率大于或者等于7MW的热水锅炉出口应当装设可记录式的温度测量仪表，其目的为了便于对供热情况进行跟踪。

> **5.4.2 温度测量仪表量程**
>
> 表盘式温度测量仪表的温度测量量程应当根据工作温度选用，一般为工作温度的1.5倍～2倍。

• **条款说明**：保留条款。

• **原《锅规》**：6.4.2 温度测量仪表量程（略）

• **条款解释**：本条款是对有表盘的测温仪表量程的规定。

有表盘的温度测量仪表的量程应当为工作温度1.5～2倍，其目的是为了减小测量误差，其原理与压力表量程的规定相同。

> **5.5 排污和放水装置**
>
> 排污和放水装置的装设应当符合以下要求：
>
> （1）蒸汽锅炉锅筒（壳）、立式锅炉的下脚圈和水循环系统的最低处都需要装设排污阀；B级及以下锅炉采用快开式排污阀门；排污阀的公称通径为20mm～65mm；卧式锅壳锅炉锅壳上的排污阀的公称通径不小于40mm；
>
> （2）额定蒸发量大于1t/h的蒸汽锅炉和B级热水锅炉（工业用直流和贯流式锅炉除外），排污管上装设2个串联的阀门，其中至少有1个是排污阀，并且安装在靠近排污管线出口一侧；

（3）过热器系统、再热器系统、省煤器系统的最低集箱（或者管道）处装设放水阀；

（4）有过热器的蒸汽锅炉锅筒装设连续排污装置；

（5）每台锅炉装设独立的排污管，排污管尽量减少弯头，保证排污畅通并且接到安全地点或者排污膨胀箱（扩容器）；

（6）多台锅炉合用1根排放总管时，需要避免2台以上的锅炉同时排污；

（7）锅炉的排污阀、排污管不宜采用螺纹连接。

- **条款说明：** 修改条款。
- **原《锅规》：** 6.5 排污和放水装置

排污和放水装置的设置应当符合以下要求：

（1）蒸汽锅炉锅筒（锅壳）、立式锅炉的下脚圈和水循环系统的最低处都应当装设排污阀；B级及以下锅炉应当采用快开式排污阀门；排污阀的公称通径为20mm～65mm；卧式锅壳锅炉锅壳上的排污阀的公称通径不小于40mm；

（2）额定蒸发量大于1t/h的蒸汽锅炉和B级热水锅炉，排污管上装设两个串联的阀门，其中至少有一个是排污阀，且安装在靠近排污管线出口一侧；

（3）过热器系统、再热器系统、省煤器系统的最低集箱（或者管道）处装设放水阀；

（4）有过热器的蒸汽锅炉锅筒装设连续排污装置；

（5）每台锅炉装设独立的排污管，排污管尽量减少弯头，保证排污畅通并且接到安全地点或者排污膨胀箱（扩容器）；如果采用有压力的排污膨胀箱，排污膨胀箱上需要安装安全阀；

（6）多台锅炉合用一根排放总管时，需要避免两台以上的锅炉同时排污；

（7）锅炉的排污阀、排污管不宜采用螺纹连接。

- **条款解释：** 本条款是对锅炉排污和放水装置的规定。

（1）本条款规定在锅炉受压部件容易堆积水渣的部位，如蒸汽锅炉锅筒（壳）、立式锅炉的下脚圈和水循环系统的最低处应安装排污阀，以便定期排除这些部位堆积的水渣。

对于B级及以下锅炉排污阀应当采用快开式阀门的要求，主要为了定期排污时排污畅通，减小排污的阻力，闸阀、扇形阀、斜截止阀的通道是直通的，属快开式阀门，阻力小。对排污阀公称通径的要求，也是保证排污时畅通。卧式锅壳式锅炉的下部容易结生水渣而沉积在锅壳，因此要求通径大一些，保证排污效果好一些。

（2）额定蒸发量大于或等于1t/h的蒸汽锅炉以及额定出口热水温度高于等于120℃的热水锅炉（工业用直流和贯流式锅炉除外），排污管上应串联安装两只安全阀，其目的是为了保证排污阀的严密性。因为如果排污阀关闭不严密，会造成热水锅炉汽化，发生蒸汽锅炉缺水现象，严重时导致受热面烧毁变形，以至发生锅炉损坏。

如果两个阀门中只有一个是排污阀，应安装在靠近排污管线出口一侧，如释图5-1所示的阀门2。其目的是一旦阀门2泄漏或损坏，在锅炉运行的情况下，可以关闭阀门1，修理或更换阀门2，因为阀门2是排污阀经常开关，容易泄漏和损坏。

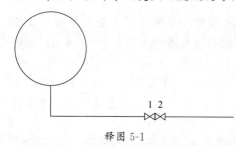

1 2

释图 5-1

工业用直流和贯流式锅炉对锅炉水质控制比

较严格，所以可以不受此条款的限制。

（3）过热器系统、再热器系统最低集箱处应当装放水阀，放水阀主要作用是将受热面中的冷凝水及时排除，以防止发生水冲击现象。省煤器系统的最低集箱（或者管道）处装设放水阀，是为了省煤器需要修理时，放水用。

（4）对于有过热器的锅炉在锅筒中应装有连续排污装置，排除锅水中过剩的碱量、盐量和锅水表面的油质和泡沫，保证蒸汽品质。

（5）每台锅炉要有独立的排污管，如果不是独立的排污管会影响排污效果。排污管应接到安全地点或排污膨胀箱（扩容器），以免伤人。减少弯头是为了减小阻力，保证排污畅通。

采用排污膨胀箱（扩容器）的作用是减少热量和水的损失，排污水膨胀汽化，蒸汽冷凝后进入锅炉给水箱，作为锅炉给水用。删掉了"如果采用有压力的排污膨胀箱时，排污膨胀箱上应当安装安全阀"的要求。

（6）如果几台锅炉的定期排污管共用一根总排污管（指两只排污阀之后的排污管路），不能有两台及以上锅炉同时排污，以防止相干扰，影响排污效果。

（7）排污管与锅筒（集箱、立式锅炉下脚圈）、排污阀与排污管的连接处，不断受到浓缩锅水的腐蚀作用，而且在排污时会受到排污水的冲击，为了保证这些连接部位的严密性和牢固性，本不应采用螺纹连接。"不宜"，主要是考虑到许多国家生产的容量小的锅炉进口到我国，排污阀、排污管的连接有不少是采用螺纹连接。

5.6 安全保护装置
5.6.1 基本要求
（1）蒸汽锅炉应当装设高、低水位报警和低水位联锁保护装置，保护装置最迟应当在最低安全水位时动作，无锅筒（壳）并且有可靠壁温联锁保护装置的工业锅炉除外；

- 条款说明：修改条款。
- 原《锅规》：6.6 安全保护装置

6.6.1 基本要求

（1）蒸汽锅炉应当装设高、低水位报警（高、低水位报警信号应当能够区分），额定蒸发量大于或者等于2t/h的锅炉，还应当装设低水位联锁保护装置，保护装置最迟应当在最低安全水位时动作；

- 条款解释：本条款是对蒸汽锅炉应装设水位报警和联锁保护装置的规定。

锅炉运行中，监视锅筒中的水位的变化，对锅炉安全运行至关重要。

近几年来，由于锅炉缺水而导致锅炉爆炸的事故屡见不鲜。例如2009年1月30日凌晨1时38分，湖南省衡阳市祁东县兴旺营养米粉厂一台型号为LSG0.5-0.7-A锅炉，锅炉运行时锅内发生严重缺水，司炉人员在未了解锅炉内水位情况下，向锅炉内加水，水在锅炉内遇到高温炉胆，瞬间汽化，使锅炉内压力骤然升高，发生锅炉爆炸，死亡一人，锅炉本体和烟囱倒塌，砸倒锅炉房一面砖墙。

2019年7月5日23点04分，湖北省黄冈市蕲春县蕲春路路通泡沫制品有限公司一台DZL-4-1.25-S2锅炉在严重缺水干烧的情况下，司炉人员违章给锅炉进水后，导致锅炉发生爆炸。

多年来的实践证明，由于各种原因锅炉缺水事故经常发生，其主要原因是没有低水位联锁保护装置，遇到缺少情况锅炉操作人员操作错误。为了避免人为因素的失控，为了杜绝类似事故的发生。本规程规定除安装直读式水位表外，还要求安装低水位报警和联锁保护装置。把蒸汽锅炉装设低水位联锁保护装置的要求由2t/h改为所有蒸汽锅炉。

事实证明凡是安装了水位示控装置（包括高低水位报警和低水位联锁）的锅炉，只要装置灵敏可靠，没有因缺水而发生事故。

无锅筒且有可靠壁温联锁保护装置的工业锅炉，可以用可靠壁温联锁保护装置控制锅炉水位，以保证水位正常。当水位到达最低安全水位时自动停炉，是因为锅炉水位低于最低安全水位时，锅炉处于不安全状态。

> （2）额定蒸发量大于或者等于2t/h的锅炉，应当装设蒸汽超压报警和联锁保护装置，超压联锁保护装置动作整定值应当低于安全阀较低整定压力值；

- **条款说明**：修改条款。

原《锅规》：（2）

额定蒸发量大于或者等于6t/h的锅炉，应当装设蒸汽超压报警和联锁保护装置，超压联锁保护装置动作整定压力值应当低于安全阀较低整定压力值；

- **条款解释**：本条款是对蒸汽锅炉应装设超压报警和联锁保护装置的规定。

锅炉上安装超压报警和联锁装置，是为了形成人机互补关系，锅炉作业人员监视压力表，随时调整锅炉运行，防止超压。超压报警和联锁保护装置则可以弥补锅炉操作人员失控时的不足，防止超压，保证锅炉安全运行。锅炉一旦发生爆炸事故，均会造成严重的后果，而且随着锅炉容量的增大，爆炸时释放的能量越大，后果越严重。本规程将原条款规定6t/h及以上的锅炉才要求装超压报警装置，修改为额定蒸发量大于或者等于2t/h的锅炉，都应当装设蒸汽超压报警和联锁保护装置，要求更加严格，以避免锅炉超压事故的发生。

超压联锁保护装置动作的整定值应低于安全阀较低整定值，对于锅炉压力的调控有三级，第一级是压力调节，第二级是安全联锁保护，第三级是安全阀动作，是锅炉超压的最终保护。本规程规定超压联锁保护装置先动作，安全阀后动作。

> （3）锅炉的过热器和再热器，应当根据机组运行方式、自控条件和过热器、再热器设计结构，采取相应的保护措施，防止金属壁超温；再热蒸汽系统应当设置事故喷水装置，并且能自动投入使用；

- **条款说明**：保留条款。
- **原《锅规》**：6.6.1（3）（略）
- **条款解释**：本条款规定了锅炉过热器和再热器应当根据机组运行方式、自控条件和过热器、再热器设计结构，采取相应的保护措施，防止金属壁超温；再热蒸汽系统应当设置事故喷水装置，并且能自动投入使用。

锅炉运行工况的变化，直接影响着金属壁温和汽温的变化，需要随时对汽温进行调节。影响汽温变化的因素很多，例如高加解列工况，给水高压加热器停止使用，导致给水温度大幅度降低，要想保持锅炉运行参数，必然大幅度增加燃料量，烟气量随之增加，对流传热加强，金属壁温、汽温都将会大幅度提高。这是有可能导致管子金属壁超温的恶劣运行工况，所以锅炉设计时对高加解列工况时的汽温壁温给予重点关注。

锅炉设计时，壁温和汽温是相互关联相互对应的，只要汽温控制在设计范围之内，管子金属壁就不会超温。所以，对锅炉过热器和再热器出口汽温和设计汽温的偏差都有明确的限制。例如，大容量电站锅炉过热器汽温的允许偏差不大于正负5℃，再热器汽温允许偏差在−10℃～5℃之内。

锅炉运行时可以分别从烟气侧和蒸汽侧调节汽温。比如，烟气侧汽温调节可以调节直流燃烧器的上下仰角，改变炉膛出口烟温，从而调节过热器的汽温。比如，调节锅炉尾部竖井再热器侧烟气挡板开度，改变再热器所在烟道内的烟气流量，从而达到调节再热器汽温的目的。

蒸汽侧调节过热器汽温可以通过调节喷水减温器的喷水量，达到调节过热器汽温的目的。

中参数锅炉的汽温调节大多数用蒸汽侧调节，而高参数大型电站锅炉为了得到良好的调节性能，减少喷水过程的用水量，都把喷水减温和烟气侧调温手段结合起来使用。

大型电站锅炉根据管子金属壁温计算结果，设计时对过热器和再热器不同部位分别设置有管壁壁温监测点并事先确定各监测点的超温报警值，锅炉运行时可通过超温报警装置在线实时监测管子壁温。

过热器和再热器汽温的调节，使汽温始终处于设计许可的范围之内，就是满足了本条款采取相应的保护措施的要求，有效地防止了管子金属壁超温。

需要特别强调的是，由于再热器蒸汽工作压力远低于过热器，机组处于低压热循环状态，再热器喷水减温将明显降低机组热循环效率。因此再热器汽温的调节不可使用喷水减温器作为正常的调温手段。比如，再热器喷水量为 1% 时，将使机组热循环效率降低 $0.1\%\sim$ 0.2%，所以本条款规定了再热蒸汽系统应当设置事故喷水装置，仅仅在锅炉事故状态下使用。

> （4）安置在多层或者高层建筑物内的锅炉，蒸汽锅炉应当配备超压联锁保护装置，热水锅炉应当配备超温联锁保护装置。

● **条款说明**：修改条款。

● **原《锅规》**：

（4）安置在多层或者高层建筑物内的锅炉，每台锅炉应当配备超压（温）联锁保护装置和低水位联锁保护装置。

● **条款解释**：本条款是对安置在多层或高层建筑物内的蒸汽锅炉应当配备超压联锁保护装置和热水锅炉应当配备超温联锁保护装置的要求。

随着我国经济建设和城市规划的发展，土地价格越来越高，在有的城市，单独建造锅炉房的难度越来越大，锅炉设在多层或高层建筑内的情况越来越多，例如上海市，国外也有类似情况，而我国锅炉自控技术近来也发展很快，也在客观上具备了可能。在多层或高层建筑中设置锅炉，不需另行建独立锅炉房和烟囱，不需设室外管路，减少投资，美化环境。但是安置在多层或高层建筑物内的锅炉一旦发生爆炸事故，危害极大，后果不堪设想。为了保证安置在多层或高层建筑物内的锅炉的运行安全，本条款规定安置在多层或高层建筑物内的蒸汽锅炉应当配备超压联锁保护装置，热水锅炉应当配备超温联锁保护装置的要求，比原条款表述得更清楚。与原条款比，删掉了配备低水位联锁保护装置的内容，因为在本章 5.6.1 条款中已有明确规定，所有蒸汽锅炉都应装设水位联锁保护装置。

> **5.6.2　控制循环蒸汽锅炉**
> 控制循环蒸汽锅炉应当装设以下保护和联锁装置：
> （1）锅水循环泵进出口差压保护；
> （2）循环泵电动机内部水温超温保护；
> （3）锅水循环泵出口阀与泵的联锁装置。

● **条款说明**：保留条款。

- 原《锅规》：6.6.2 控制循环蒸汽锅炉（略）
- 条款解释：本条款是关于控制循环锅炉的规定。

我国电站锅炉工质流动方式有以下四种：自然循环、控制循环、直流式和复合循环，如释图 5-2 所示。

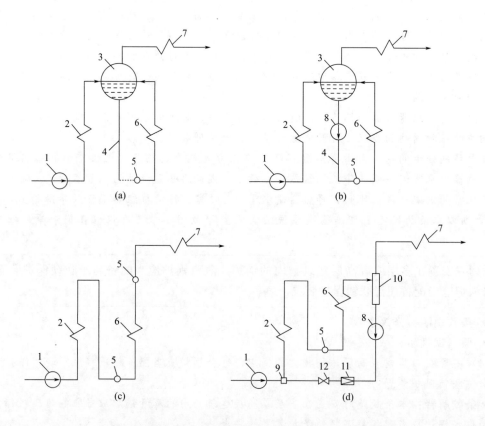

释图 5-2 我国电站锅炉工质流动方式

（a）自然循环；（b）控制循环；（c）直流式；（d）复合循环系统

1—给水泵；2—省煤器；3—汽包；4—下降管；5—下联箱；6—蒸发受热面；

7—过热器；8—锅炉水循环泵；9—混合器；10—汽水分离器；11—止回阀；12—调节阀

所谓控制循环［释图 5-2 中（b）］是在下降管加装循环泵，下集箱水冷壁入口处加装节流圈，依靠循环泵压头推动水循环的锅筒锅炉控制并联管流量。锅水循环泵及锅水循环泵出口闸阀是控制循环锅炉水循环系统中重要组件。在锅水循环泵发生故障，循环水量减少时，循环泵进出口压差也会降低，为保证水冷壁受热面有足够的循环水量，锅水循环泵必须设进出口差压保护。另外，锅水循环泵的电动机采用与泵直接连接，电动机线圈浸泡在洁净的密封水中，为防止高温锅水进入电动机（影响线圈绝缘水平），应设电动机水温过高保护。为防止误操作，防止通过停用的锅炉水循环泵形成锅水倒流，锅炉水循环泵与出口阀门应有联锁。当水泵停用时，出口阀门自动关闭；水泵启动时，出口阀先开启，待阀门全齐后，才能开泵。出口阀门因故障不能自动打开时，则锅水循环泵闭锁，拒绝启动。为保证锅炉水循环系统运行的可靠和安全，对锅水循环泵进、出口差压值、对锅水循环泵湿式电动机内部水的工作温度以及锅水循环泵出口闸阀与循环泵的联锁，必须有严格的要求。

5.6.3　A级直流锅炉

A级直流锅炉应当装设以下保护装置：

（1）在任何情况下，当给水流量低于启动流量时的报警装置；

（2）锅炉进入纯直流状态运行后，工质流程中间点温度超过规定值时的报警装置；

（3）给水的断水时间超过规定时间时，自动切断锅炉燃料供应的装置；

（4）亚临界及以上直流锅炉上下炉膛水冷壁金属温度超过规定值的报警装置；

（5）设置有启动循环的直流锅炉，循环泵电动机内部水温超温的保护装置。

- **条款说明：** 保留条款。
- **原《锅规》：** 6.6.3　A级直流锅炉（略）
- **条款解释：** 本条款是对直流锅炉保护装置的要求

所谓直流锅炉是依靠水泵的压头，工质按顺序一次通过加热段、蒸发段和过热段各级受热面而产生额定参数的蒸汽锅炉。对直流锅炉的保护要求是：

1.直流锅炉的启动特点是从锅炉开始点火就必须不间断向锅炉进水，建立足够的工质流速和压力，以保证给水连续流经所有受热面，使其得到冷却。因此，直流锅炉在启动之前就要建立起一定的启动流量，因为刚点火蒸发量小，水流量也小，一般为额定蒸发量的25%～30%。任何情况下，如果直流锅炉的给水低于此值，难以保证所有受热面得到可靠的冷却，所以在任何情况下，给水流量低于启动流量时应予报警。

2.直流锅炉由于没有锅筒，水的加热、蒸发、过热没有明显的分界线，从给水泵给水到过热蒸汽的形成过程是连续完成的，中间没有缓冲阶段。因此直流锅炉要求给水和燃料必须紧密匹配，以保持汽水行程中各处的湿度和温度一定。如果中间点的温度超过规定值，说明在之前给水或燃烧发生了问题，会导致受热面过热。所以锅炉进入纯直流状态运行后，中间点的温度超过规定值应予报警。

3.直流锅炉没有可以储存一定水容量的锅筒，必须不间断地供水，当给水间断时间超过规定值时，为了防止各受热面烧坏，应有自动切断燃料供应的装置。

4.亚临界及以上直流锅炉上下炉膛水冷壁金属温度超过规定值装设报警装置，是为了防止水冷壁爆管，以免发生事故，影响锅炉安全运行。

5.设置有启动循环的直流锅炉，循环泵电动机内部装设水温超温保护装置，是为了保证循环泵可靠运转，以免影响锅炉供水。

5.6.4　循环流化床锅炉

循环流化床锅炉应当装设风量与燃料联锁保护装置，当流化风量低于最小流化风量时，能够切断燃料供给。

- **条款说明：** 保留条款。
- **原《锅规》：** 6.6.4　循环流化床锅炉（略）
- **条款解释：** 本条款是对循环流化床锅炉流化风量控制的保护措施。

目前我国已有大量循环流化床锅炉运行，循环流化床锅炉应当设置风量与燃料联锁保护装置，当流化风量低于最小流化风量时，炉内灰煤混合体无法形成流化状态，燃料难以燃烧。故循环流化床锅炉运行规程中，均明确规定，此时应停止燃料的输入。所以本规程规定循环流化床锅炉流化风量低于最小流化风量时，应切断燃料供给。

5.6.5　室燃锅炉

室燃锅炉应当装设具有以下功能的联锁装置：

(1) 全部引风机跳闸时，自动切断全部送风和燃料供应；

(2) 全部送风机跳闸时，自动切断全部燃料供应；

(3) 直吹式制粉系统一次风机全部跳闸时，自动切断全部燃料供应；

(4) 燃油及其雾化工质的压力、燃气压力低于规定值时，自动切断燃油或者燃气供应。

A级高压以上锅炉，除符合 (1)~(4) 要求外，还应当有炉膛高低压力联锁保护装置。

- **条款说明**：修改条款。

- **原《锅规》**：6.6.5　室燃锅炉

室燃锅炉应当装设有下列功能的联锁装置：

(1) 全部引风机跳闸时，自动切断全部送风和燃料供应；

(2) 全部送风机跳闸时，自动切断全部燃料供应；

(3) 直吹式制粉系统一次风机全部跳闸时，自动切断全部燃料供应；

(4) 燃油及其雾化工质的压力、燃气压力低于规定值时，自动切断燃油或者燃气供应；

(5) 热水锅炉压力降低到会发生汽化或者水温升高超过了规定值时，自动切断燃料供应；

(6) 热水锅炉循环水泵突然停止运转，备用泵无法正常启动时，自动切断燃料供应。

A级高压及以上锅炉，除符合前款 (1)~(4) 要求外，还应当有炉膛高低压力联锁保护装置。

- **条款解释**：本条款是为了防止室燃锅炉炉膛爆炸和对A级高压及以上锅炉装设炉膛高低压力联锁保护装置的规定。

本条第一款至第四款的规定是为了防止室燃炉炉膛爆炸。炉膛爆炸的三个条件是：燃料以气态存在于炉膛中；燃料与空气的混合比达到了爆炸极限；炉膛温度达到了燃料燃烧的温度。只有室燃锅炉的燃料才可能以气态存在与炉膛中，所以本条款的前提是对以煤粉、油或气体为燃料的锅炉，才要求装设防止炉膛爆炸的联锁装置。发生炉膛爆炸的情况有两种，一是点火启动时，如果炉膛内的可燃气体未吹扫干净，点火时会发生炉膛爆炸，另一是锅炉在运行中突然灭火，如未立即停止燃料供应也会发生炉膛爆炸。因此在全部引风机跳闸时，全部送风机跳闸时，直吹式制粉系统一次风机全部跳闸时，燃油及其雾化工质的压力、燃气压力低于规定值时，都会引起炉膛灭火，从而导致炉膛发生爆炸事故，所以必须装设切断燃料供应的联锁装置，其中全部引风机跳闸时，还应自动切断全部送风。

A级高压及以上锅炉应当有炉膛高低压力联锁保护装置，A级高压及以上锅炉炉膛爆炸可分为炉膛外爆和内爆两种。

炉膛外爆是当积聚在炉膛内的可燃混合物与空气以一定的比例充分混合，此时遇到火源而导致快速或不可控的燃烧，从而产生巨大的爆炸力，致使炉膛损坏。发生炉膛外爆的原因大多与运行控制有关，主要包括：燃料或空气或点火源中断导致瞬间全炉膛火焰失去火焰时，立即或延时对炉内积聚物点火；部分燃烧器失去火焰或不完全燃烧导致燃料和空气的混合物在炉内积聚时，立即或延时对炉内积聚物点火；没有充分吹扫而重复不成功的点火导致燃料与空气混合物的积聚，立即或延时对炉内积聚物点火；燃料因不确定泄漏入停运的炉膛，用电火花或其他点火源对炉内积聚物点火等。

炉膛内爆是指因烟气侧压力大大低于炉膛环境压力而导致炉膛损坏的现象。炉膛内爆的原因主要包括：调节锅炉气体流量的设备（包括空气供给、烟气排除）误动作导致炉膛承受过大的引风压头；燃料输入快速减少，炉内气体温度和压力急剧下降等。因此，A级高压及以上锅炉膛应设置炉膛高低压力报警和联锁保护装置。

"热水锅炉压力降低到会发生汽化或者水温升高超过了规定值时，自动切断燃料供应"和"热水锅炉循环水泵突然停止运转，备用泵无法正常启动时，自动切断燃料供应"的内容移到了第10章专项要求"10.1热水锅炉及系统"中。

5.6.6　点火程序控制与熄火保护

室燃锅炉应当装设点火程序控制装置和熄火保护装置，并且符合以下要求：

（1）在点火程序控制中，点火前的总通风量应当不小于3倍的从炉膛到烟囱进口烟道总容积；0.5t/h（350kW）以下的液体燃料锅炉通风时间至少持续10s，锅壳锅炉、贯流锅炉和非发电用直流锅炉的通风时间至少持续20s，水管锅炉的通风时间至少持续60s，电站锅炉的通风时间一般应当持续3min以上；由于结构原因不易做到充分吹扫时，应当适当延长通风时间；

（2）单位时间通风量一般保持额定负荷下的燃烧空气量，对额定功率较大的燃烧器，可以适当降低但不能低于额定负荷下燃烧空气量的50%；电站锅炉一般保持额定负荷下25%～40%的燃烧空气量；

（3）熄火保护装置动作时，应当保证自动切断燃料供给，并进行充分后吹扫。

● **条款说明**：修改条款。

● **原《锅规》**：6.6.6　点火程序控制与熄火保护

室燃锅炉应当装设点火程序控制装置和熄火保护装置，并且满足下列要求：

（1）在点火程序控制中，点火前的总通风量应当不小于3倍的从炉膛到烟囱入口烟道总容积；锅壳锅炉、贯流锅炉和非发电用直流锅炉的通风时间至少持续20s，水管锅炉的通风时间至少持续60s，电站锅炉的通风时间一般应当持续3min以上；

（2）单位时间通风量一般保持额定负荷下的总燃烧空气量，电站锅炉一般保持额定负荷下的25%～40%的总燃烧空气量；

（3）熄火保护装置动作时，应当保证自动切断燃料供给，对A级锅炉还应当对炉膛和烟道进行充分吹扫。

● **条款解释**：本条款是对室燃锅炉装设点火程序控制和熄火保护装置的要求。

用煤粉、油或气体作燃料的室燃锅炉，易发生炉膛爆炸事故，一般发生在锅炉点火和熄火时。如果在点火前没有充分吹扫炉膛内存积的可燃物可能发生爆燃；锅炉运行中突然灭火，而未立即停止燃料供应，进入炉膛的燃料达到一定数量，就会发生炉膛爆炸事故，为防止发生炉膛爆炸事故，必须设置点火程序控制和熄火保护装置。

2004年9月23日，河北邯郸某公司一台75t燃焦炉煤气锅炉，发生严重炉膛爆炸事故，造成锅炉设备整体损坏，死亡13人，8人受伤，经济损失惨重。该事故主要原因就是锅炉安装调试中点火程序控制没有投入使用，多次点火失败后造成从炉膛到烟道聚集大量煤气，在最后一次点火尝试时发生重大炉膛爆炸事故。

点火程序控制中预吹扫对于防止在点火时发生炉膛爆炸是非常重要的，通风总量足够才能是保证预吹扫效果，点火前的总通风量不小于炉膛烟囱入口处烟道总容积的3倍，这是参考了 TRD 规范制定的。但是通风总量不好考量，因而一般都是以单位通风量和通风时间来保证总通风量。对于锅壳锅炉、水管锅炉的通风时间是参照国外一些规范做出了规定，根据国内实际本规程又增加了 0.5t/h（350kW）以下的液体燃料锅炉通风时间的规定。对于电站锅炉的通风时间是参照 DL/T 435《火电厂煤粉锅炉燃烧室防爆规程》的规定，并结合地方电站锅炉的情况，做出吹扫 3min 的规定。

与原《锅规》比较，本条款增加了"0.5t/h（350kW）以下的液体燃料锅炉通风时间至少持续 10s""由于结构原因不易做到充分吹扫时，应当适当延长通风时间"的规定。

单位通风量（即通风强度），其意为单位时间的通风量，原则上预吹扫应该在锅炉满负荷时通风状态下进行效果最佳。对于工业锅炉应保持额定负荷下总燃烧空气量，对额定功率较大的燃烧器（一般 7MW 及以上），可以适当降低但不能低于额定负荷下燃烧空气量的 50%。对于电站锅炉，考虑到实际操作困难，规定为保持额定负荷下的 25%~40% 的总燃烧空气量，这是参照 DL/T 435《电站锅炉炉膛防爆规程》做出的规定。额定负荷下的燃料燃烧空气量等于燃料燃烧所需理论空气量乘以过剩空气系数，为了保证可靠通风，本规程又增加了在降低燃烧空气量吹扫时应保证足够的通风时间的规定。

熄火保护装置的功能包括检测燃烧器或炉膛火焰、防止炉膛内爆或外爆、进行炉膛吹扫并具有相应声、光等报警显示功能。一旦熄火保护装置动作，应当自动切断燃料供给。对 A 级锅炉，考虑到炉膛容量较大且燃料切断时间相对较长，因而还应当对炉膛和烟道进行充分后吹扫，以防止发生炉膛爆炸事故。

与原《锅规》比较，增加了"对额定功率较大的燃烧器，吹扫风量可以适当降低但最低不能低于额定负荷下燃烧空气量的 50%"，"在降低燃烧空气量吹扫时应保证足够的通风时间"。

5.6.7 其他要求

（1）由于事故引起主燃料系统跳闸，灭火后未能及时进行炉膛吹扫的应当尽快实施补充吹扫，不应当向已经熄火停炉的锅炉炉膛内供应燃料；

- **条款说明**：保留条款。
- **原《锅规》**6.6.8（1）其他安全要求（略）
- **条款解释**：本条款是对电站锅炉由于事故引起主燃料系统跳闸应采取措施的规定。

电站锅炉运行中，由于事故原因使主燃料系统跳闸，造成锅炉熄火，此时未经充分燃烧的燃料大量聚集在炉膛和锅炉尾部受热面和烟道空间内，在故障排除后应及时对炉膛进行充分吹扫，防止发生尾部再燃烧和重新点火过程中发生炉膛爆炸事故。不论由于任何原因（如给粉系统关闭不严等）造成电站锅炉熄火后，都不能向已经熄火的锅炉炉膛内供应燃料，以防止因电火花或者其他点火源造成自燃甚至炉膛爆炸事故。

（2）锅炉运行中联锁保护装置不应当随意退出运行，联锁保护装置的备用电源或者气源应当可靠，不应当随意退出备用，并且定期进行备用电源或者气源自投试验。

- **条款说明**：保留条款。
- **原《锅规》**：6.6.8（2）（略）
- **条款解释**：本条款是对锅炉联锁装置可靠性的要求。

锅炉运行中联锁保护装置不得随意退出，以免影响锅炉的安全运行。电站锅炉配置多重联锁保护装置，以确保锅炉长期安全运行。鉴于联锁保护装置的重要性，故对其电源和气源均设置备用供电或供气系统应当可靠，并要求对备用系统定期试投，备用系统不得随意退出备用状态。

5.7 电加热锅炉的其他要求

按照压力容器相应标准设计制造的电加热锅炉的安全附件应当符合本规程的设置规定及其要求。

电加热锅炉的电气元件应当有足够的耐压强度。

- **条款说明**：修改条款。
- **原《锅规》**：6.6.8 其他安全要求

（3）电加热锅炉的电气元件应当有可靠的电气绝缘性能和足够的电气耐压强度。

6.7 电加热锅炉的其他要求

按照压力容器相应标准设计制造的电加热锅炉的安全附件应当符合本规程的设置规定及其要求。

- **条款解释**：本条款是对电加热锅炉的规定。

电加热锅炉是利用电能加热给水以获得规定参数的蒸汽或热水的设备，电热锅炉品种很多，其分类一般按电热元件的形式来划分，有电阻式、电极式、电膜式、和电磁加热等。电加热锅炉是锅炉的一种形式，用电加热的锅炉与其他能源加热的锅炉在整体结构上无大的区别，主要区别在于能源形式不同；但在我国很长一段时间却将电加热锅炉作为压力容器进行管理。1982年原劳动人事部锅炉局与机械部石化通用总局以（82）通技字159号函答复广东省劳动局、机械厅时明确规定，"电蒸汽发生器，是符合《压力容器安全监察规程》第3条的容器，且根据第4条划分原则，属于二类容器。"由于将电加热锅炉划为压力容器范畴，给工作带来诸多不便。1992年原劳动部锅炉局，以〔1992〕劳锅局字第35号文重新将电加热锅炉划回锅炉范畴，明确规定电加热锅炉的设计、制造、安装及使用管理等工作均按照锅炉的有关规定执行。在96版《蒸规》修改前，也曾做过专题调研，总体讲，除连接结构可以采用法兰连接外（主要是电加热管与筒体的连接），没有其他特殊之处，锅炉的相应技术规定完全适用。

原质检总局质检特函〔2005〕20号《关于电热蒸汽发生器设计、制造、使用等有关问题的意见》要求"设计、制造可以分别按照锅炉或容器，安全附件、使用登记和定期检验按照锅炉"。质检办特函2017年1336号《关于承压特种设备安全监察工作有关问题意见的通知》要求"对外输出蒸汽且蒸汽压力与容积参数符合《特种设备目录》的电加热蒸汽发生器，可以按锅炉或者压力容器的相应标准和安全技术规范进行设计制造。按压力容器设计的产品，其安全附件的要求还应当满足《锅规》的规定。制造单位应当持有相应级别的锅炉制造许可证或压力容器制造许可证。电加热蒸汽发生器应当按锅炉办理使用登记。"

考虑到历史管理的连续性，锅炉本体可以按照锅炉或压力容器相应标准设计制造，但它毕竟是锅炉产品，运行安全要求不同，所以锅炉配置的安全附件以及后面的运行管理应当符合本规程的要求。

电加热锅炉的电气元件应有足够的电气耐压强度，保证使用安全和使用寿命。

第六章 燃烧设备、辅助设备及系统

一、本章结构及主要变化

本章由 2012 年版《锅规》的第七章改写而来，由原"7.1 基本要求"、"7.2 燃烧设备及系统"、"7.3 制粉系统"、"7.4 汽水系统"、"7.5 锅炉水处理系统"、"7.6 管道阀门和烟风挡板"等六节，改为"6.1 基本要求"、"6.2 燃烧设备及系统"、"6.3 制粉系统"、"6.4 汽水管道系统"、"6.5 锅炉水处理系统"、"6.6 管道阀门和烟风挡板"、"6.7 液体和气体燃料燃烧器"。

本章主要变化为：

➢ 增加了"6.7 液体和气体燃料燃烧器"的要求；

➢ 将"汽水系统"改为"汽水管道系统"的要求。

二、条款说明与解释

> #### 6.1 基本要求
>
> 锅炉的燃烧设备、辅助设备及系统的配置应当和锅炉的型号规格相匹配，满足锅炉安全可靠、经济运行、方便检修的要求，并且具有良好的环保特性。新建锅炉大气污染物初始排放浓度不能满足环境保护标准和要求的，应当配套环保设施。

- **条款说明**：修改条款。
- **原《锅规》**：7.1 基本要求

锅炉的燃烧设备、辅助设备及系统的配置应当和锅炉的型号规格相匹配，满足锅炉安全、经济运行的要求，并且具有良好的环保特性。

- **条款解释**：本条款是对锅炉的燃烧设备、辅助设备及系统配置提出的总体要求。内容包括：基本要求、燃烧设备及系统、制粉系统、汽水管道系统、锅炉水处理系统、管道阀门和烟风挡板、液体和气体燃料燃烧器等设备及系统。其配置的原则是：首先强调了与锅炉型号规格相匹配，在满足锅炉性能的前提下，应保证运行安全、节约能源〔即：节约燃料（包括点火稳燃用）、降低系统自身电耗〕。其烟尘、二氧化硫、氮氧化物等污染物排放应符合国家环保有关规定。

《中华人民共和国节约能源法》所称节约能源，是指加强用能管理，采取技术上可行、经济上合理以及环境和社会可以承受的措施，从能源生产到消费的各个环节，降低消耗、减少损失和污染物排放，制止浪费，有效、合理地利用能源。该法同时指出"节约资源是我国的基本国策。国家实施节约与开发并举、把节约放在首位的能源发展战略"。

我国行业标准 NB/T 47061—2017《工业锅炉系统能源利用效率指标及分级》于 2018 年 6 月 1 日开始执行。

国家已颁布 GB 13271—2014《锅炉大气污染物排放标准》、GB 13223—2011《火电厂大气污染物排放标准》。2018 年 6 月，国务院印发《打赢蓝天保卫战三年行动计划》，提出开展燃煤锅炉综合整治。2018 年 11 月，三部委印发《市场监管总局国家发展改革委生态环境部关于加强锅炉节能环保工作的通知》。2019 年 9 月出台的《工业锅炉污染防治可行技术指南（征求意见稿）》规定了锅炉大气污染排放物的控制指标，对大气污染物基准含氧量、颗粒度、二氧化硫、氮氧化物控制要求越来越高，指标要求越来越严。

一般情况，燃油气锅炉如果通过燃烧控制和优化等能够满足大气污染物排放要求，则不需要再配备大气污染物治理设施；其他锅炉应该按照环保要求，配套相应的环保设施。

6.2　燃烧设备及系统

（1）锅炉的燃烧系统应当根据锅炉设计燃料选择适当的锅炉燃烧方式、炉膛型式、燃烧设备和燃料制备系统；

- **条款说明**：保留条款。
- **原《锅规》**：7.2　燃烧设备及系统（1）（略）

解释解释：本条款是对锅炉燃烧系统应当根据锅炉设计燃料进行配置的规定。

锅炉燃烧系统包括：燃烧方式、炉膛型式、燃烧设备和燃料制备系统。不同的燃料有不同的燃烧特性，锅炉燃烧系统不与燃料相匹配，将导致燃料燃烧困难、不易燃尽、能耗增加、污染排放、恶化生态环境，锅炉设备损坏甚至酿成灾害事故和爆炸事故。

原《锅规》"7.2（2）燃油（气）锅炉燃烧器应当符合《燃油（气）燃烧器安全技术规则》（TSG ZB001）的要求，按照《燃油（气）燃烧器型式试验规则》（TSG ZB002）的要求进行型式试验，取得型式试验合格证书，方能投入使用"内容规定移到第9章。

（2）应当在燃料母管上靠近燃烧器部位安装一个手动快速切断阀；

- **条款说明**：修改条款。
- **原《锅规》**：7.2　燃烧设备及系统

（3）燃油（气）燃烧器燃料供应母管上主控制阀前，应当在安全并且便于操作的地方设有手动快速切断阀；

- **条款解释**：本条是对燃烧器与上游的燃料供应母管上主控制阀前，应设置手动快速切断阀的规定。当需要时，可以用手动的方法切断燃料，切断阀的设置地点应便于操作并能防止误触、误碰、误操作。删除了仅对"燃油（气）"的限定。

（3）燃气锅炉炉前燃气主管路上，应当设置放散阀，其排空管出口必须直接通向室外；

- **条款说明**：修改条款。
- **原《锅规》**：7.2　燃烧设备及系统

（4）具备燃气系统的锅炉，其炉前燃气系统在燃气供气主管路上，应设置具有联锁功能的放散阀组；

- **条款解释**：本条款是对具备燃气系统的锅炉，在燃气供气主管路上，应当装置具有联锁功能的放散阀组的规定，并考虑排放的安全，增加了"其排空出口必须直通向室外"的要求。

供气主管路：如释图6-1所示，锅炉房主管路为入室母管和干管，支管为单一终端设备管路。

放散阀是一种当因某种暂时原因使控制点的压力超过设定值时，即排放一定量气体的阀。燃气安全放散阀用于监视整体设备各级调压器的出口压力，当超压时可自动开启，泄放超压燃气，达到保护下游设备的作用，保证用户的安全用气。放散阀主要有三个作用：①超压泄放（超压放散）；②管路吹扫气置换泄放（吹扫放散）；③管路内泄漏泄放（泄漏放散）。

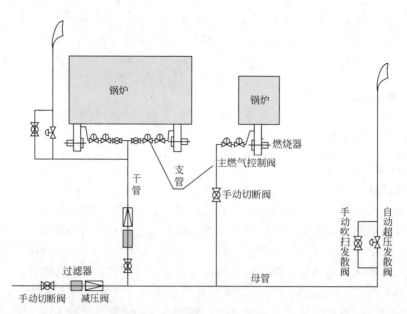

释图 6-1　供气主管路

泄放出的气体均通过泄放管排到安全区域。

1. 对于超压放散

（1）在燃气主管道上设置放散阀，但这种放散阀是安全作用的放散。在燃气主管道上，燃气调压站出口管路上必须设置自动安全放散阀，因为燃烧器配套的安全切断阀及二级调压阀一般均为低压阀，需要保护，如果超压导致安全阀及二级调压阀失灵，有极大的安全隐患。另外在运行中，如果燃气调压站超压，会导致燃烧器的运行不稳定，甚至出现不安全事故。因此，自动放散阀对管路和设备具有高压自动保护的功能。当压力高于设定值时，放散阀自动开启，气体泄放到放散管排出泄压。当压力低于设定值时，放散阀关闭。

（2）在进燃烧器前的各分支管路上，燃烧器主燃气控制阀系统上游至少设置一只压力控制装置，且该压力控制装置联锁主燃气控制阀。该要求实现了对设备（燃烧器）的超压保护（支管管路超压由主管超压泄放保护系统进行保护），因此没有必要在支管路上再增加一层起安全作用的具有联锁功能的放散保护。

2. 对于吹扫放散和泄漏放散

吹扫放散目的是在检修或点火前，将管道内的空气/燃气混合物吹扫干净。一般在管道的盲端设置放散管，在放散管根部设置手动切断阀，用于在吹扫过程中，实现放散管的关闭和打开。但对于吹扫放散，目前只在技术手册上有这种做法，尚未见各种规范和标准的强制要求。实际情况也表明，一些中小功率燃烧器的燃气管道上也未设置吹扫放散，因此此处也不做要求。

泄漏放散是为了预防管道内泄漏，保护下游设备而采取的措施。一般在被保护设备安全切断阀上游管段设置自动放散阀，自动放散阀与安全切断阀形成互锁方式使用。

在投产、停炉、检修时要对管道进行试压、吹扫、气体置换等作业，进行此类作业时，对自动放散阀上游法兰进行盲板封堵后，通过旁通手动阀开启进行作业气体的放散。此时为防止管路终端设备损坏，均在支管路手动切断阀上游法兰处进行盲板封堵。支管手动切断阀下游不参与主管路的试压、吹扫和气体置换。

综上所述：只对锅炉房燃气主管要求设置具有联锁功能的放散阀组。支管路如果具备调压功能，从安全可靠性出发，建议也应配置具有联锁功能的放散阀组。

本条款也适用于具备燃气系统的使用燃气点火锅炉。

> （4）醇基燃料燃烧器的管道上应当安装排空阀，确保管路运行过程中无空气；

- **条款说明**：新增条款。
- **条款解释**：醇基燃料在常温下极易挥发，由液态变为气态，在燃料输送管道中形成气塞，降低了燃料泵的效率，不利于燃料的供给。因此，应在燃料输送管道上安装排空阀，当出现燃料压力波动时，及时打开排空阀进行排空，将管道中的气体及时排除，保证醇基燃料燃烧器正常运行。

条款中删除了原《锅规》"7.2（5）燃用高炉煤气、焦炉煤气等气体燃料的锅炉，燃气系统要安装一氧化碳等气体在线监测装置，燃气系统的设计应当符合相应的国家和行业安全的有关规定"。

理由：燃用高炉煤气、焦炉煤气等气体燃料的锅炉通常都是钢铁企业用于尾气发电的锅炉，安装在露天的环境中，在炉前燃烧器处安装一氧化碳在线监测装置，即使发生一氧化碳泄漏，由于一氧化碳的密度比空气小，一氧化碳迅速在空气中扩散，在露天的敞开环境中，一氧化碳在线监测装置不能有效地发挥作用，实际效果不明显。燃气泄漏通常发生在管道法兰连接处，一般用燃气泄漏检测仪进行定期巡检，并且燃气泄漏检测仪应进行定期校准，确保监测数据准确可靠。

> （5）煤粉锅炉应当采用性能可靠、节能高效的点火装置，点火装置应当具有与煤种相适应的点火能量；点火装置应当设有火焰监测装置，能够验证火焰是否存在，并且点火火焰不能影响主火焰的检测；

- **条款说明**：修改条款。
- **原《锅规》**：7.2　燃烧设备及系统

（6）煤粉锅炉应当采用性能可靠、节能高效的点火装置，点火装置应当具有与煤种相适应的点火能量；

- **条款解释**：本条款是对煤粉锅炉点火装置的要求。新增加了"点火装置应当设有火焰监测装置，能够验证火焰是否存在，并且点火火焰不能影响主火焰的检测"的规定。

由于我国石油资源相对贫乏和国际石油价格上涨，节约燃煤锅炉点火、稳燃用油对降低运行成本十分重要。近年来等离子点火装置、微油点火装置等节油燃烧技术已很成熟，并广泛应用于大型火电机组锅炉，取得了良好的节能效果。该项技术的应用，符合国家的能源政策。在使用过程中要注意锅炉与点火设备的配合，防止燃烧器的结焦、烧损，控制好锅炉的升负荷速率，加强锅炉尾部受热面的吹灰，注意再热器的保护等。对于不采用上述节油点火装置的锅炉，也应使点火装置具有适当的调节特性。煤粉锅炉的点火设备应具有足够的容量，防止由于点火输入能量小，不足以维持正常着火的情况下继续投入燃料，引起爆燃。

点火装置应当设有火焰监测装置，能够验证火焰是否存在，并且点火火焰不能影响主火焰的检测。

> （6）具有多个燃烧器的锅炉，炉膛火焰监测装置的设置，应当能够准确监控炉膛燃烧状况；

- **条款说明**：新增条款。

• **条款解释**：在出力较大的锅炉上，根据炉膛结构布置，经常安装多个能够独立运行的燃烧器。燃烧器的布置有四角布置和对冲布置等形式，每只燃烧器都有独立的火焰监测装置，监控火焰是否存在。如果火焰熄灭，火焰监测装置将立即向自动控制器发出信号，在安全时间内切断燃料供给，确保燃料不能进入炉膛。

由于安装了多只燃烧器，因此要求每只燃烧器的火焰监测装置的安装位置不能受任何无关信号的干扰，并且不能出现相互干扰的情况。每只燃烧器的火焰监测装置只能监控自己的火焰，不能受其他燃烧器运行时火焰的影响，否则锅炉无法稳定运行。

> （7）循环流化床锅炉的炉前进料口处应当有严格密封措施，循环流化床锅炉启动时宜选用适当的床料；

• **条款说明**：修改条款。

• **原《锅规》**：7.2 燃烧设备及系统

（7）循环流化床锅炉的炉前进料口处应当有严格密封措施，循环流化床锅炉启动时宜选用适当的床料，防止炉床结焦。

• **条款解释**：本条款是对循环流化床锅炉的炉前进料口处密封措施和启动床料的规定。条文内容是保留内容，文字中删除了"防止炉床结焦"的目的用语。

由于循环流化床锅炉入炉给煤点通常位于炉膛床压较高的部位，为防止烟气反窜烧毁给煤机，需在每段给煤机的入口处，引入风压高于给煤点的床压的二次风（或一次风），对给煤系统加以密封。

当循环流化床锅炉用床砂启动时，若 Na_2O 和 K_2O 过多（国外提供的数据用床砂启动时，床砂中 Na_2O 含量应小于 2‰，K_2O 含量应小于 3‰。用原床料启动时碳含量应小于 2‰），因其熔点较低易造成床料结块，甚至结焦。当用原床料启动时，碳含量大也易造成床面结焦。

循环流化床（CFB）锅炉具有高脱硫效率、低 NO_x 排放、高碳燃尽率、燃料停留时间长、强烈的颗粒返混、均匀的床温、燃料适应性广等优点，被公认为是一种具有发展前景的洁净煤燃烧技术。随着 CFB 锅炉燃烧技术的不断发展，CFB 锅炉容量也在快速增大，大型化高参数已成为 CFB 锅炉发展的主要方向。目前国外已完成 600MW 级及 800MW 级的超临界大型 CFB 锅炉设计，300 MW CFB 锅炉已进入商业化阶段。循环流化床锅炉一般由循环流化床燃烧室、高（中）温分离器、固体物料循环系统、给料系统、尾部受热面等组成。

我国循环流化床锅炉电站总装机容量已突破 1 亿 kW，总装机容量居世界第一，运行的流化床锅炉达 3000 多台；已完成 10 多台 300MW 级设计生产，正在设计生产 600MW 级的 CFB 锅炉。

> （8）以生物质为燃料的锅炉，应当防止排渣口处灰渣堆积和受热面高温腐蚀；燃料仓与燃烧室之间的给料装置应当与锅炉风机联锁；额定蒸发量大于 4t/h 或者额定热功率大于 2.8MW 的锅炉应当设置炉膛负压报警装置，燃烧室上部应当设置具有联锁功能的放散装置。

• **条款说明**：新增条款。

• **条款解释**：生物质燃料的特性是挥发分高，含碳量低，易着火，燃烧速度快，火焰温度较高，但是燃尽率低，燃烧产物灰渣的重量轻，不易排除，在排渣口处易堆积。给料装置与锅炉风机联锁的目的是为了防止风机发生故障后，炉膛内缺少助燃空气时，生物质燃料大量进入炉膛，在炉膛的高温下迅速气化产生大量的可燃性气体发生爆燃。因此生物质锅炉宜负压运行，应设置炉膛负压报警装置，保持炉膛维持一定的负压。在燃烧室上部设置放散装置，一旦炉膛产生正压，立即打开放散阀，将未燃尽的可燃气体排除，防止炉膛发生爆燃。

6.3　制粉系统

（1）煤粉管道中风粉混合物的实际流速，在锅炉任何负荷下均不低于煤粉在管道中沉积的最小流速；必要时在燃烧器区域和磨煤机出口处增加温度测点，加强监控，避免因风速和煤种变化造成煤粉管道内的着火；

- 条款说明：修改条款。
- 原《锅规》：7.3　制粉系统

（1）煤粉管道中风粉混合物的实际流速，在锅炉任何负荷下均不低于煤粉在管道中沉积的最小流速；

- 条款解释：本条款是对煤粉管道中风粉混合物流速的限定；新增加了"必要时在燃烧器区域和磨煤机出口处增加温度测点，加强监控，避免因风速和煤种变化造成煤粉管道内的着火；"的规定。

为了避免在煤粉管道中，发生煤粉沉积而引起煤粉爆燃。按照电力行业的规定，原则上，直吹式制粉系统从磨煤机分离器出口至煤粉燃烧器的管道中，风粉混合物流速应不低于18m/s。煤粉管道中风粉混合物的流速可通过冷态调整来确认。

（2）制粉系统同一台磨煤机出口各煤粉管道间应当具有良好的风粉分配特性，各燃烧器（或者送粉管）之间的燃料量偏差不宜过大；

- 条款说明：修改条款。
- 原《锅规》：7.3　制粉系统

（2）制粉系统同一台磨煤机出口各煤粉管道间应当具有良好的风粉分配特性，各燃烧器（或者送粉管）之间的偏差不宜过大；

- 条款解释：本条款是对煤粉管道间应当具有良好的风粉分配特性的原则要求；条款进行了文字修改，明确了燃料量的偏差不宜过大。

良好的风粉分配特性是锅炉高效、清洁燃烧的必要条件，也是锅炉安全运行的保证。良好的风粉分配特性可以使锅炉沿宽度方向温度场分布均匀，避免产生热力偏差。

根据电力行业的要求，各燃烧器（或者送粉管）之间的燃料量偏差不宜大于下列要求：

1. 风量偏差不大于5%。

2. 直吹式制粉系统的粉量偏差不大于10%，贮仓式制粉系统的粉量偏差不大于5%。

（3）发电煤粉锅炉制粉系统应当执行相应标准中防止制粉系统爆炸的有关规定，工业煤粉锅炉制粉系统参照发电锅炉相关要求执行；

- 条款说明：修改条款。
- 原《锅规》：7.3　制粉系统

（3）煤粉锅炉制粉系统应当严格执行DL/T 5203《火力发电厂煤和制粉系统防爆设计技术规程》等相应规程、标准中防止制粉系统爆炸的有关规定。

- 条款解释：本条款是防止制粉系统爆炸的规定。条文中删除了"DL/T 5203《火力发电厂煤和制粉系统防爆设计技术规程》"，新增加"工业煤粉锅炉制粉系统参照发电锅炉相关要求执行"的规定。

我国电力行业长期以来在防止制粉系统爆炸方面做了许多工作，在 DL/T 435—2004《电站锅炉炉膛防爆规程》和 DL/T 5203—2005《火力发电厂煤和制粉系统防爆设计技术规程》中对防爆要求做了详细规定，应严格执行。

目前，工业煤粉锅炉制粉系统没有相应的防止制粉系统爆炸的规定，工业煤粉锅炉制粉系统参照发电锅炉相关要求执行。

> （4）锅炉煤粉管道的弯头处应采取合适的防磨措施。

- **条款说明：** 新增条款。
- **条款解释：** 本条款是对锅炉煤粉管道的弯头处应采取合适的防磨措施的规定。

锅炉煤粉管道内气体的流动属气固两相流动，由于所含固体颗粒质量和浓度不同，流动遵循流体力学规律，在管道磨损上表现出气固两相输送的特征。

1）管道的磨损与固体的颗粒质量、风速、固体颗粒碰撞、管道壁面的材质、摩擦系数等有关。管道的磨损其实就是固体颗粒碰撞的积累。在风速一定的情况下，固体颗粒在管道弯头处改向后，在离心力的作用下对弯头背部处壁面的磨损最大。

2）管道磨损是固体粉尘颗粒物对壁面的碰撞冲刷造成的，有相对运行就有磨损。可以两个方面防止磨损，提高设备的安全可靠性：即防磨、耐磨；

防磨，使固体颗粒与管壁面减少接触；

耐磨，利用结构和材料特性以增加管道壁面的整体耐磨强度水平。

6.4 汽水管道系统

> （1）锅炉的给水系统应当保证对锅炉可靠供水，给水系统的布置、给水设备的容量和台数按照设计规范确定；配备壁温联锁保护装置的贯流式和非发电直流锅炉可以不设置备用给水系统；

- **条款说明：** 修改条款。
- **原《锅规》：** 7.4 汽水系统

（1）锅炉的给水系统应当保证对锅炉可靠供水，给水系统的布置、给水设备的容量和台数按照设计规范确定；

- **条款解释：** 本条款是对锅炉给水系统的安全要求。条文内容未发生变化，仅对文字做了修改，将系统明确为"管道系统"。

锅炉的给水系统，应保证可靠地向锅炉供水。给水系统包括水源（软水箱）、给水泵（包括备用给水泵）、给水管和有关阀门。给水系统必须处于正常状态，才能保证锅炉运行时连续不断地向锅炉供水。

锅炉给水泵的数量和容量的规定。给水泵的总流量应能满足所有运行锅炉在额定蒸发量时所需给水量的 110%。给水量应包括锅炉蒸发量和排污量。是否需要备用给水泵以及其数量和形式，可按照锅炉房设计规范确定。

配备壁温联锁保护装置的贯流式和非发电直流锅炉，这些锅炉容量相对较小，并且配备壁温联锁保护，当给水发生异常时，即可立即停炉；安全风险和事故隐患可控，可以不设置备用给水系统。

（2）额定蒸发量大于 4t/h 的蒸汽锅炉应当装设自动给水调节装置，并且在锅炉作业人员便于操作的地点装设手动控制给水的装置；

- **条款说明：** 保留条款。
- **原《锅规》：** 7.4　汽水系统（2）（略）
- **条款解释：** 本条款是对锅炉应当装设自动给水调节装置的规定。锅炉运行中要不断向锅炉内进水。由于锅炉负荷的变化，向锅炉内的进水量不是均衡的。根据锅筒内水位变化、蒸汽流量等信号驱使自动给水调节器动作，加大或减小向锅炉内进水。给水调节系统分为单冲量、双冲量和三冲量三种形式。单冲量调节器仅是根据水位一个信号而改变调节阀的开度；双冲量调节器是根据水位信号和蒸汽流量信号改变调节阀的开度，双冲量调节器的调节效果和准确性要优于单冲量调节器；三冲量调节器是根据水位信号、蒸汽流量信号和给水流量信号改变调节阀的开度。锅炉进水量的调节，除自动给水调节器外，还应在便于操作的地点装设手动控制的给水装置，一旦自动给水调节器发生故障，能够及时对锅炉进水。

对于额定蒸发量多少才要求装自动给水调节器，自 1987 年版规程规定额定蒸发量大于 4t/h 的锅炉应装自动给水调节器以来，是可行的，有利于锅炉保持正常水位，防止发生缺水造成事故。

（3）工作压力不同的锅炉应当分别有独立的蒸汽管道和给水管道；如果采用同一根蒸汽母管，较高压力的蒸汽管道上应当有自动减压装置，较低压力的蒸汽管道应当有防止超压的止回阀；

- **条款说明：** 修改条款。
- **原《锅规》：** 7.4　汽水系统

（3）工作压力不同的锅炉应当分别有独立的蒸汽管道和给水管道；如果采用同一根蒸汽母管，较高压力的蒸汽管道上应当有自动减压装置，较低压力的蒸汽管道应当有防止超压的止回阀；给水压力差不超过其中最高工作压力的 20% 时，可以由总给水系统向锅炉给水；

- **条款解释：** 本条款是对工作压力不同的锅炉配置相同蒸汽母管的安全要求。条文是保留内容，文字上删除了"给水压力差不超过其中最高工作压力的 20% 时，可以由总给水系统向锅炉给水；"的规定。

工作压力不同的锅炉，应有各自独立的蒸汽管道和给水管道，以便锅炉运行相互不干扰。若采用蒸汽母管，在压力较高的蒸汽管道上应装有自动减压装置，以防止造成蒸汽母管超压，也避免影响压力较低的锅炉的正常运行。在工作压力较低的蒸汽管道侧应装防止超压装置，使母管中压力较高的蒸汽不能进入低压侧。

（4）外置换热器的循环流化床锅炉应当设置紧急补给水系统；

- **条款说明：** 保留条款。
- **原《锅规》：** 7.4　汽水系统（4）（略）
- **条款解释：** 本条款是对带有外置换热器的循环流化床锅炉（见释图 6-2）应设置紧急补给水系统的规定。循环流化床锅炉炉内热回路内有大量的热物料，其蓄热量很大。当电厂失电时给水泵停运，锅炉给水中断。此时，这些高温物料将放出蓄热传递给水冷壁、过热器、再热器等受热面，水冷壁中的存水继续蒸发，锅筒水位下降。对于有外置换热器的循环流化床锅炉，由于外置换热器中的过热器和再热器被热物料淹没，其传热量很大，因此更为危险。为保证有足够的蒸汽冷却和维持正常的锅筒水位，对带有外置换热器的循环流化床锅炉应设置紧急补给水系统。

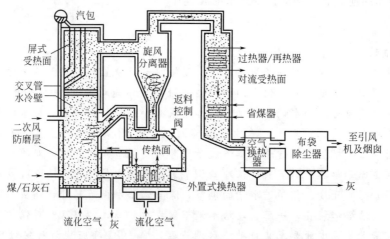

释图 6-2 带有外置换热器的循环流化床锅炉示意图

（5）给水泵出口应当设置止回阀和切断阀，应当在给水泵和给水切断阀之间装设给水止回阀，并与给水切断阀紧接相连；单元机组省煤器进口可不装切断阀和止回阀，母管制给水系统，每台锅炉省煤器进口都应装设切断阀和止回阀；铸铁省煤器的出口也应当装设切断阀和止回阀；

- **条款说明**：保留条款。
- **原《锅规》**：7.4　汽水系统（5）（略）
- **条款解释**：本条款是对锅炉给水管上装设给水切断阀和给水止回阀及其相互位置的规定。本条款对"单元机组省煤器进口可不装切断阀和止回阀"的规定，是因为单元式机组锅炉的给水泵的出口处均装有止回阀和切断阀。

"给水切断阀应装在锅筒（锅壳）（或省煤器入口集箱）和给水止回阀之间，"的思路，是1960年版规程以来的保留条款，其安装位置是按水的流动方向，切断阀在止回阀之后（见释图6-3）。

止回阀 切断阀

释图 6-3　切断阀在止回阀之后

给水管上装切断阀和止回阀，一方面可以切断或调节（切断阀有调节流量的作用）进入省煤器的给水，同时一旦给水泵发生故障可防止省煤器中的水倒流。

（6）主汽阀应装在靠近锅筒（壳）或者过热器集箱的出口处；单元机组锅炉的主汽阀可以装设在汽机进口处；立式锅壳锅炉的主汽阀可以装在锅炉房内便于操作的地方；多台锅炉并联运行时，锅炉与蒸汽母管连接的每根蒸汽管道上，应当装设两个切断阀，切断阀门之间应当装有通向大气的疏水管和阀门，其内径不得小于18mm，锅炉出口与第一个切断阀（主汽阀）间应当装设放汽管及相应的阀门；

- **条款说明**：保留条款。
- **原《锅规》**：7.4　汽水系统（6）（略）

● 条款解释：本条款是对主汽阀设置的规定以及对锅炉与蒸汽母管连接时的安全要求。

主汽阀的位置主要是考虑操作方便，一般情况下是装在靠近锅筒或过热器集箱出口处。

锅炉与蒸汽母管连接的每根蒸汽管上应装两个切断阀，这是对多台锅炉并联于同一根蒸汽母管的要求，既能保证严密切断锅炉与蒸汽母管的通路，同时又能防止运行锅炉对停用锅炉的影响。切断阀包括截止阀和闸阀。截止阀不仅有切断蒸汽通路的作用，还有调节蒸汽流量的作用。闸阀只有切断通路的作用，而无调节流量的作用。

两个切断阀之间应有通向大气的疏水管和阀门、锅炉启动前打开疏水管上的阀门，放出两个阀门间的冷凝水，防止锅炉启动后发生水击现象。锅炉启动后，应将疏水管上的阀门关闭。

主汽阀前应当设置放汽管及相应的阀门是原《锅规》新增的内容。多台锅炉并联运行时，在每台锅炉的主汽阀前应当设置放汽管及相应的截止阀。对母管制的电厂或用户，当一台锅炉停炉检修时，在关闭锅炉主汽门后应先开启放汽管的手动截止阀，确认未发现蒸汽流出后，方可启动检修程序，以防蒸汽泄漏伤人。

> （7）A级高压以上电站锅炉，未设置可回收蒸汽的旁路系统的，应当装设远程控制向空排汽阀（或者动力驱动泄放阀）；

● 条款说明：保留条款。
● 原《锅规》：7.4 汽水系统（7）（略）
● 条款解释：本条款是对装设远程控制排汽阀或者动力驱动泄放阀的规定。

对于A级高压及以上锅炉（额定蒸发量大于或等于220t/h的锅炉）基本上都是用于发电（配50MW或及其以上发电机组）。当由于某种原因汽轮机甩负荷时，如锅炉没有设置可回收蒸汽的旁路系统，锅炉不可能与汽轮机同步停炉，为了防止锅炉超压，必须及时采取向空排汽措施。由于锅炉锅筒（或过热器出口集箱）的位置较高，锅炉操作人员从操作室到锅筒上直接排汽时间来不及。因此要求在锅炉操作室内装设远程控制向空排汽阀或者动力驱动泄放阀。以便在紧急情况时将锅炉内的蒸汽排出，防止锅炉超压。排汽阀的排放能力应不小于额定蒸发量的10%。

> （8）在锅筒（壳）、过热器、再热器和省煤器等可能聚集空气的地方都应当装设排气阀。

● 条款说明：保留条款。
● 原《锅规》：7.4 汽水系统（8）（略）
● 条款解释：本条款是对有聚集空气处应装设排气阀的规定。

在锅炉一些易于聚集空气的位置应设置排气阀，以便锅炉启动前顺利上水。

6.5 锅炉水处理系统

（1）锅炉水处理系统应当根据锅炉类型、参数、水源水质和水汽质量要求进行设计，满足锅炉供水和水质调节的需要，锅炉水处理设计应当符合相关标准的规定；

● 条款说明：修改条款。

删除了具体标准，将"工业锅炉水处理设计应当符合GB/T 50109《工业用水软化除盐设计规范》，电站锅炉水处理设计应当符合DL/T 5068《火力发电厂化学设计技术规程》相关规定；"修改为"锅炉水处理设计应当符合相关标准的规定；"在设计中，增加了根据"水源水质"要求。

• 原《锅规》：7.5 锅炉水处理系统

（1）锅炉水处理系统应当根据锅炉类型、参数、水汽质量要求进行设计，满足锅炉供水和水质调节的需要，工业锅炉水处理设计应当符合 GB/T 50109《工业用水软化除盐设计规范》，电站锅炉水处理设计应当符合 DL 5068《发电厂化学设计规范》相关规定；

• 条款解释：本条款是对锅炉配置水处理系统的要求。

锅炉水处理系统设计增加"水源水质"考虑因素，因为水源水质对水处理系统配置的影响很大。例如，我国南方地区地表水硬度通常不太高，采用一级软化处理可达到给水硬度要求，而北方地区大多数水源水硬度很高，需采用二级软化处理才能达到给水硬度要求。又如有些水源水含盐量很高，采用传统的软化处理或锅内加药处理，即使在锅炉排污率很高情况下锅水浓度仍很高，难以保证蒸汽质量，宜采用反渗透降盐处理或大量回用蒸汽冷凝水作给水，因此水处理系统设计必须考虑水源水因素。

由于锅炉参数、类型、水源水和水汽质量要求不同，需要采取不同的水处理方式，规程中不便——列出水处理设备和加药处理装置的配置，只能作出原则性规定。为了规范水处理系统设计，工业锅炉和电站锅炉应分别执行 GB/T 50109《工业用水软化除盐设计规范》和 DL 5068《发电厂化学设计规范》的相应规定。

（2）A 级高压以上的电站锅炉应当根据锅炉类型、参数和化学监督的要求设置在线化学仪表，连续监控水汽质量；

• 条款说明：修改条款。将"A 级高压及以上锅炉"修改为"A 级高压以上的电站锅炉"，其余整体内容未变。

• 原《锅规》：7.5 锅炉水处理系统

（2）A 级高压及以上锅炉应当根据锅炉类型、参数和化学监督的要求配备在线化学仪表，连续监控水汽质量；

• 条款解释：本条款是对 A 级高压及以上的电站锅炉应配备连续监控水汽质量的规定。

高压及高压以上的电站锅炉对水汽质量要求很高，为了确保锅炉安全运行和稳定生产，需要对水汽质量进行连续的监测，而且由于纯度很高的水汽接触空气易影响测定准确性，不宜采用人工取样测定，因此需配备在线检测仪表来连续监控水汽质量。一般高压及以上锅炉至少需设置 pH、电导率、氢电导率、溶解氧在线检测仪表，高压以上的锅炉还应设置钠离子、二氧化硅、磷酸根等在线检测仪表。随着科技发展和仪器智能化水平提高，国产在线检测仪表测定的准确性、可靠性和稳定性有了很大提高，仪器购置成本有所降低，因此不仅高压及以上锅炉具备了设置在线检测仪表的可行性条件，有条件的还可配置微机自动监控和网络传输监管，而且高压以下的 A 级锅炉也有条件尽量设置在线检测仪表，以确保水汽质量稳定合格。

条款中增加了"电站"二字是强调高压及以上的发电锅炉都应配备在线化学监测仪表。对于不用于发电的 A 级高压及以上锅炉，原则上也应配备在线化学监测仪表。对于蒸汽质量要求不高的，蒸汽质量可不连续监控，但需每 4h 一次定时监测。

（3）水处理设备制造质量应当符合国家和行业标准中的相关规定，水处理设备应当按照相关标准的技术要求进行调试，出水质量及设备出力应当符合设计要求。

• 条款说明：保留条款。

- 原《锅规》：7.5 锅炉水处理系统（3）（略）
- 条款解释：本条款是对水处理设备制造质量和安装调试的原则规定。

各类水处理设备的制造质量应当符合 JB/T 2932《水处理设备 技术条件》、GB/T 18300《自动控制钠离子交换器技术条件》、GB/T 19249《反渗透水处理设备》、JB/T 10325《锅炉除氧器 技术条件》、DL/T 543《电厂用水处理设备验收导则》等相应标准的规定。

水处理设备安装后，应按照 GB/T 13922《水处理设备性能试验》、DL/T 951《火电厂反渗透水处理装置验收导则》、DL/T 561《火力发电厂水汽化学监督导则》等相关标准的技术要求进行调试和记录，确保出水质量及出力符合设计要求，并满足锅炉给水需要。

6.6 管道阀门和烟风挡板

（1）2 台以上（含 2 台）锅炉共用 1 个总烟道的，在每台锅炉的支烟道内应当装设有可靠限位装置的烟道挡板；

- 条款说明：修改条款，条文仅做了文字的修改，整体内容未变。
- 原《锅规》：7.6 管道阀门和烟风挡板

（1）几台锅炉共用一个总烟道时，在每台锅炉的支烟道内应当装设有可靠限位装置的烟道挡板；

- 条款解释：本条款对几台锅炉共用总烟道的要求。

本条款是自 1980 年版规程以来一直保留的内容。主要是根据 1979 年大港电厂 300MW 发电机组亚临界锅炉运行中发生炉膛爆炸事故的教训提出来的。此台锅炉烟道内的挡板既无操作装置，也无固定装置，运行中，烟道有一定程度的振动，加上烟气流动时对挡板产生一个关闭的力矩，造成挡板关闭。炉膛爆炸事故的直接原因是烟道内的挡板在锅炉运行时自行关闭导致炉膛内压力升高，燃烧恶化，引起熄火，发生炉膛爆炸。

几台锅炉共用一个总烟道时，在每台锅炉支烟道内装设有可靠限位装置的烟道挡板，防止运行锅炉的烟气串入到停用锅炉的炉膛或烟道内；以保证停运锅炉支烟道内的挡板应处于关闭状态；运行锅炉的烟道挡板处于全开启的位置。

（2）锅炉管道上的阀门和烟风系统挡板均应当有明显标志，标明阀门和挡板的名称、编号、开关方向和介质流动方向，主要调节阀门还应当有开度指示；

（3）阀门、挡板的操作机构均应当装设在便于操作的地点。

- 条款说明：保留条款。
- 原《锅规》：7.6 管道阀门和烟风挡板 （2）（3）（略）
- 条款解释：本条款是对锅炉管道阀门和烟气挡板的标识规定。锅炉管道上的阀门和烟风系统挡板有明显标志规定，有利于操作人员正确判断调节阀门的状态，避免将阀门的关闭状态误认为是开启状态，将关闭状态误认为是开启状态，防止误操作造成不良后果。装设在便于操作的地点，目的是便于操作。

6.7 液体和气体燃料燃烧器

6.7.1 基本要求

锅炉用液体和气体燃料燃烧器应当由锅炉制造单位选配。燃烧器的制造或者供应单位应当提供有效的燃烧器型式试验证书。

• 条款说明：新增条款。

• 条款解释：燃烧器是锅炉的核心设备，是一种集成了燃烧、热工、流体、控制与监测等技术的机电一体化产品，其安全性能、热工性能和环保性能关系到锅炉的安全运行，以及锅炉节能、燃烧产物的排放是否达标。

燃烧器的安全性能（包括前吹扫风量、安全时间、点火和熄火保护装置的配置）决定了锅炉是否发生炉膛爆燃；其热工性能（包括燃烧稳定性和工作曲线等指标）与锅炉的结构及烟风阻力相关，火焰的长度和直径应与锅炉炉膛的尺寸相匹配；其环保性能（一氧化碳和氮氧化物的排放）决定了锅炉的污染物的排放。因此，锅炉制造单位应根据锅炉结构和燃料特性等因素设计或者选配燃烧器，这样才能保证锅炉安全经济运行，污染物的排放指标达到要求。近几年由使用或者销售单位自己选配燃烧器，由于选配不当发生多起锅炉事故，因此应杜绝此类不合理的现象发生。此外，燃烧器的生产商或者供应商应当提供有效的燃烧器型式试验证书。

6.7.2　燃烧器安全与控制装置

燃烧器应当设有自动控制器、安全切断阀、火焰监测装置、空气压力监测装置、燃料压力监测装置和气体燃料燃烧器的阀门检漏装置。

• 条款说明：新增条款。

• 条款解释：燃烧器的运行必须保证安全，应该配置必备的安全保护装置，实现点火安全保护和熄火安全保护，燃烧器启动过程中发生点火失败，运行期间发生熄火以及空气流量不足，燃料压力波动造成燃烧不稳定时都应停止燃料供给，并安全联锁。

自动控制器是燃烧程序控制的中央处理器，控制燃烧时序和安全时间，负责处理阀门检漏装置、火焰监测装置、空气压力监测装置和燃料压力监测装置反馈的信号，及时向安全切断阀发出指令，控制燃料的供给，防止发生炉膛爆燃。

安全切断阀控制燃料的供给，要求密封性好，零泄漏，并且在规定的时间完成开启和关闭。火焰监测装置负责监测火焰是否存在，如果火焰熄灭，自动控制器将切断安全切断阀的电源，防止燃料进入炉膛。空气压力监测装置负责监测助燃空气的流量，若空气流量低于设定值，自动控制器将切断安全切断阀的电源，防止炉膛内燃料过多发生爆燃。燃料压力监测装置负责监测燃料的供给压力，若燃料压力发生波动，低于或高于设定值，发生燃烧不稳定的现象，自动控制器将切断安全切断阀的电源，安全切断阀关闭，防止燃料进入炉膛。气体燃料的阀门检漏装置负责在燃烧器点火前对安全切断阀的密封性进行监测，若发现安全切断阀存在泄漏，自动控制器将立即停止点火程序，并安全联锁。

6.7.2.1　液体燃料燃烧器安全切断阀布置

（1）额定输出热功率小于或者等于 400kW 的压力雾化燃烧器，每一个喷嘴前都应当设置 1 个安全切断阀；采用回流喷嘴的，在回流管路上也应当设置 1 个安全切断阀，可用喷嘴切断阀代替安全切断阀；

（2）额定输出热功率大于 400kW 的压力雾化燃烧器，每一个喷嘴前都应当设置 2 个串联布置的安全切断阀；采用回流喷嘴的，在回流管路上也应当设置 2 个串联布置的安全切断阀，可用喷嘴切断阀代替安全切断阀，还应当在回流管路上的输出调节器和安全切断阀之间设置 1 个压力监测装置。

• 条款说明：新增条款。

●**条款解释**：液体燃料燃烧器的安全切断阀的布置要求根据输出热功率分为两种情况：输出热功率小于等于400kW的和大于400kW的，其区别在于安全切断阀的配置数量不同。

（1）额定输出功率小于或者等于400kW的机械压力雾化的燃烧器，燃料消耗量少，安全危险性也较小，每一个供油管线上应配置一个安全切断阀；对回流式的，在回流管路上也应设置一个安全切断阀，如果回流喷嘴具有切断功能，回流管路上可以不再设置安全切断阀。

（2）额定输出功率大于400kW的机械压力雾化的燃烧器，燃料消耗量大，安全风险大，因此在每一个供油管线上应设置两个串联布置的安全切断阀；对于回流式的，在回流管路上也应设置两个串联布置安全切断阀，如果回流喷嘴具有切断功能，在回流管路上可以只设置一个安全切断阀。

对于回流式的燃烧器，还应在回流管路上的回流调节阀和安全切断阀之间设置一个压力监测装置，防止因回流管道堵塞，导致回流压力超过设定值，燃料回流量减少，喷入炉膛的燃料量增多，发生爆燃事故。

喷嘴切断阀系统示意图见释图6-4；油路系统见释图6-5。

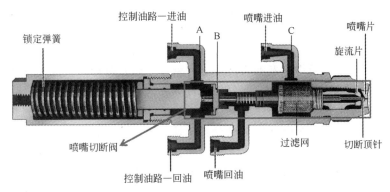

释图6-4 喷嘴切断阀系统

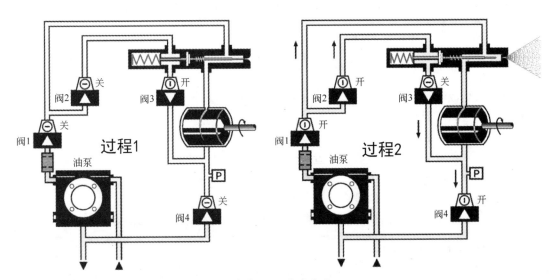

释图6-5 油路系统

过程1：在燃烧器未运转以及前吹扫期间，系统关闭阀1、阀2、阀4，开启阀3，此时A室没有油压，C室也没有油压，阀座里的切断顶针在弹簧的作用力下，使喷嘴关闭。

过程2：在前吹扫结束后，系统准备点火，此时打开阀1、阀2、阀4，关闭阀3，此时A室有油压，C室也充满了油，A室的油压足以推动锁定弹簧，使连接的中轴被往后拉开，从而切断顶针也跟着拉开，致使油从C室经过过滤网，直至喷嘴片喷出，喷嘴被打开。

系统关闭过程：当回油压力高或系统停机时，系统回复至过程1状态，即关闭阀1、阀2、阀4，开启阀3，阀座里的切断顶针在弹簧的作用力下，使喷嘴关闭，起到安全切断的作用。因此，结合阀1、阀4及阀座中的安全切断装置可起到双保险的作用。

6.7.2.2 气体燃料燃烧器安全切断阀布置

（1）主燃气控制阀系统应当设置2只串联布置的自动安全切断阀或者组合阀；

（2）额定输出热功率大于1200kW的燃烧器，主燃气控制阀系统应当设置阀门检漏装置；

（3）安全切断阀上游应当至少设置1只压力控制装置。

● **条款说明：**新增条款。

● **条款解释：**气体燃料易燃易爆，是很危险的燃料，无论燃烧器的输出热功率的大小，在主燃气控制阀系统中都必须安装两只串联布置的自动安全切断阀或将两只自动安全切断阀组合在一起的组合阀，装两只自动安全切断阀的目的是为了双保险作用，确保燃气不漏进炉膛。

自动安全切断阀为常闭阀，在有驱动力（得电或气动）时开启，失去驱动力（掉电或没有气动）时应快速自动关闭，防止燃烧器停止运行时气体燃料进入炉膛；

额定输出热功率大于1200kW的气体燃料燃烧器，在主燃气控制阀系统中还应设置阀门检漏装置，在点火前对自动安全切断阀进行密封性检测，防止燃气进入炉膛，若自动安全切断阀存在泄漏，自动控制器将立即停止点火程序，并安全联锁。

在自动安全切断阀的上游应当至少设置一只燃气压力控制装置，燃烧器在运行中，当燃气压力低于设定值时，燃烧状况不稳定，自动控制器将切断安全切断阀的电源，安全切断阀关闭，防止燃料进入炉膛，燃烧器停止工作，当燃气压力满足要求时，燃烧器重新启动。

6.7.2.3 联锁保护

燃烧器在启动和运行过程中，出现以下情况，应当在安全时间内实现系统联锁保护：

（1）火焰故障信号；

（2）燃气高压保护信号；

（3）空气流量故障信号；

（4）设有位置验证的燃烧器，位置验证异常；

（5）燃气阀门检漏报警信号；

（6）液体燃料温度超限信号；

（7）本规程规定的与锅炉有关的控制，如压力、水位、温度等参数超限。

● **条款说明：**新增条款。

● **条款解释：**燃烧器在启动过程中，出现火焰故障信号、空气流量故障信号、燃气阀门泄漏信号及设有位置验证的燃烧器的位置验证异常时，在安全时间内，自动控制器终止燃烧控制程序，并且系统联锁保护，只有查明故障原因后，人工复位才能重启燃烧器；

燃烧器在运行过程中，出现燃气高压保护信号、液体燃料的温度超限信号，锅炉的压力、水位和温度等参数超限以及系统出现停电时，在安全时间内，自动控制器终止燃烧控制程序，并且系统联锁保护，只有故障排除或控制参数满足要求后，人工复位才能重启燃烧器。

6.7.3　液体、气体和煤粉锅炉燃烧器安全时间与启动热功率

6.7.3.1　燃烧器点火、熄火安全时间（注 6-1）

用液体、气体和煤粉作燃料的锅炉，其燃烧器必须保证点火、熄火安全时间符合表6-1、表 6-2 和表 6-3 的要求。

注 6-1：燃烧器启动时，从燃料进入炉膛点火失败到燃料快速切断装置开始动作的时间称为点火安全时间；燃烧器运行时，从火焰熄灭到快速切断装置开始动作的时间称为熄火安全时间。

表 6-1　液体燃料燃烧器安全时间（s）要求

主燃烧器额定输出热功率 Q_F（kW）	主燃烧器在额定功率下直接点火安全时间	主燃烧器在降低功率下直接点火安全时间	主燃烧器通过点火燃烧器点火		熄火安全时间
			点火燃烧器的点火安全时间	主燃烧器的主火安全时间	
≤400	≤10		≤10	≤10	≤1
400<Q_F≤1200	≤5		≤5	≤5	≤1
1200<Q_F≤6000	不允许	≤5	≤5	≤5	≤1
>6000	不允许	≤5	≤5	≤5	≤1

表 6-2　气体燃料燃烧器安全时间（s）要求

主燃烧器额定输出热功率 Q_F（kW）	主燃烧器在额定功率下直接点火安全时间	主燃烧器在降低功率下直接点火安全时间	带有旁路启动燃气的主燃烧器降低功率直接点火安全时间	主燃烧器通过点火燃烧器点火		熄火安全时间
				点火燃烧器的点火安全时间	主燃烧器的主火安全时间	
Q_F≤70	≤5			≤5	≤5	≤1
70<Q_F≤120	≤3			≤5	≤5	≤1
Q_F>120	不允许	≤3		≤3	≤3	≤1

表 6-3　燃煤粉燃烧器安全时间（s）要求

点火安全时间	熄火安全时间
—	≤5

● **条款说明**：修改条款。

● 原《锅规》：6.6.7　油、气体和煤粉锅炉燃烧器安全时间与启动热功率

6.6.7.1　燃烧器点火、熄火安全时间（注 6-3）

用油、气体和煤粉作燃料的锅炉，其燃烧器必须保证点火、熄火安全时间符合表 6-5、表 6-6 和表 6-7 要求。

注 6-3：燃烧器启动时，从燃料进入炉膛点火失败到燃料快速切断装置开始动作的时间

称为点火安全时间；燃烧器运行时，从火焰熄灭到快速切断装置开始动作的时间称为熄火安全时间。

表 6-5　燃油燃烧器安全时间要求

额定燃油量(kg/h)	点火安全时间(s)	熄火安全时间(s)
≤30	≤10	≤1(注 6-4)
>30	≤5	≤1(注 6-4)

注 6-4：若燃油在 50℃时的运动黏度大于 $20mm^2/s$，此值可以增至 3s。

表 6-6　燃气燃烧器安全时间要求

点火安全时间(s)	熄火安全时间(s)
≤5	≤1

表 6-7　燃煤粉燃烧器安全时间要求

点火安全时间(s)	熄火安全时间(s)
—	≤5

●**条款解释**：本条款是对锅炉燃烧器安全时间的规定。条款内容是从原《锅规》第六章安全附件和仪表的安全保护装置中调出，移到本章节中来。

炉膛在无火焰情况下，投入能量达到一定的极限值，就会发生炉膛爆燃。对于既定的锅炉，配备的燃烧器热功率是一定的，安全时间实际上就体现了投入能量的多少，因而安全时间是燃油、燃气燃烧器一个非常重要的安全技术指标。按照点火和运行中的意外，可分为点火安全时间和熄火安全时间。点火安全时间是指无点火火焰形成时，到点火燃料控制阀开始动作的最长时间，熄火安全时间是指燃烧器运行过程中火焰熄灭时，从火焰熄灭起至主燃料控制阀开始关闭的时间间隔。各个国家有关燃烧器法规标准中均对其作了明确要求，本条参考欧洲标准 EN267《强制鼓风燃油燃烧器——定义，要求，测试，标志》，EN676《全自动强制鼓风燃气燃烧器》制定。

6.7.3.2　燃烧器启动热功率
用液体或者气体作燃料的锅炉，应当严格限制燃烧器点火时的启动热功率。

●**条款说明**：修改条款。

●**原《锅规》**：6.6.7.2　燃烧器启动热功率

用油或者气体作燃料的锅炉，应当严格限制燃烧器点火时的启动热功率。

●**条款解释**：本条款是对锅炉燃烧器启动热功率的规定。条款内容是从原《锅规》第六章安全附件和仪表的安全保护装置中调出，移到本章节中来。

限制燃烧器启动热功率，亦即点火功率，是为了避免安全点火时间内释放到炉膛的燃料量过多，从而可能导致炉膛爆燃。同时，点火功率过大会造成锅炉承压部件在启动时产生较大的温差应力。对额定输出热功率大于或者等于 120kW 的燃气燃烧器，其安全时间 t_s 与最大允许启动热功率占额定输出热功率比例 Q，国际上普遍采用 $t_s \times Q = 100$ 的关系式，本条参考欧洲标准 EN267《强制鼓风燃油燃烧器——定义、要求、测试、标志》，EN676《全自动强制鼓风燃气燃烧器》制定。

6.7.4 燃烧器改造

燃烧器燃料种类、内部结构、燃烧方式发生重大变化时，应当由燃烧器的制造单位或者其授权的单位进行，改造后按照国家相关标准进行燃烧器性能测试。

- **条款说明**：新增条款。
- **条款解释**：本条款是对锅炉燃烧器进行改造做出的规定。

随着国家对大气污染物排放标准的提高，全国绝大多数省市都制定了《锅炉大气污染物排放标准》的地方标准，对锅炉烟气中的颗粒物、二氧化硫和氮氧化物的排放浓度进行了高于国家标准的严格限制。例如，北京市地方标准要求烟气中颗粒物排放浓度小于 $5mg/m^3$，NO_x 排放浓度小于 $30mg/m^3$；上海市地方标准要求烟气中颗粒物排放浓度小于 $10mg/m^3$，NO_x 排放浓度小于 $50mg/m^3$ 等。因此，许多在用的燃油、燃气锅炉的排放浓度都不能满足现行的标准要求，必须对在用的燃烧器进行改造或更换，将在用的燃油燃烧器改造为低氮燃气燃烧器，将在用的常规排放的燃气燃烧器改造为低氮或超低氮燃烧器。众所周知，燃油燃烧器在使用的燃料特性、内部结构（燃烧头）和燃烧方式上与燃气燃烧器不同，常规燃气燃烧器必须采取低氮燃烧技术才能满足排放标准的要求。如果为了节省成本，利用原来的壳体和风机，将燃油燃烧器改造为低氮燃气燃烧器，必须将燃油燃烧头更换为燃气燃烧头，安全控制装置（程控器、安全切断阀、火焰监测器和安全时间设置）也必须更换。同理，常规燃气燃烧器改造为低氮燃气燃烧器需要运用低氮燃烧技术，必须对原燃烧头的结构和燃烧方式（例如：将扩散式燃烧改为预混式燃烧）进行改变，或采用外部烟气再循环（FGR-External flue gas recirculation）等技术，所有这些改变都将影响燃烧器的安全性能和运行性能。

燃烧器是锅炉等热能设备的核心部件，是一种集成了燃烧、热工、流体、控制与监测等技术的机电一体化产品。其安全性能、热工性能和环保性能关系到锅炉的安全运行，以及锅炉节能、燃烧产物的排放是否达标等至关重要的敏感问题，专业性很强。近年来燃烧器引发的锅炉事故说明，当燃烧器燃料种类、内部结构、燃烧方式发生重大变化时，没有控制的改造，将会带来安全风险和事故隐患，带来的损失也是惨重。因此，在本次《锅规》修订中，加强了锅炉燃烧器改造的技术控制要求，明确规定燃烧器的改造应当由专业制造单位或者其授权的、具有能力的单位进行，才能保证燃烧器的性能满足国家相关标准的要求。改造后按照 GB/T 36699《锅炉用液体和气体燃料燃烧器技术条件》进行燃烧器性能测试。

第七章 安装、改造、修理

一、本章结构及主要变化

本章共有 6 节，由"7.1 基本要求"、"7.2 安装"、"7.3 锅炉改造"、"7.4 锅炉修理"和"7.5 竣工资料"组成。本章主要变化为：

➢ 删除了锅炉安装、改造和修理单位资质和施工前告知的要求；

➢ 新增锅炉安装、改造和修理单位应当对其安装、改造和修理的施工质量负责；

➢ 新增集成锅炉（指锅炉本体和辅助设备及系统由锅炉制造单位集成在一个底盘或者框架上的锅炉）安装就位时不需要安装资质，安装过程不需要安装监督检验；

➢ 新增安装、改造和修理后的锅炉应当符合大气污染物排放要求，锅炉大气污染物初始排放浓度不能满足环境保护标准和要求的，应当配套环保设施；

➢ 删除了锅炉安装位置的规定；

➢ 删除了锅炉及锅炉范围内管道安装具体标准的规定，改写为除了符合本规程的规定外，还应当符合相应的国家标准、行业标准的有关规定；

➢ 新增电站锅炉水压试验用水质应当满足相关行业标准的要求；

➢ 新增亚临界及以上电站锅炉主蒸汽管道和再热蒸汽管道的水压试验按照相关标准执行的规定；

➢ 对电站锅炉及系统的清洗、冲洗和吹洗内容进行了改写，使其内容更加完整、更符合实际；

➢ 锅炉改造的含义进行了修改，表述为锅炉改造是指改变锅炉本体承压承载结构或者燃烧方式的行为；

➢ 删除了锅炉改造后不应当提高额定工作温度的规定；

➢ 明确了 A 级锅炉重大修理整组受热面的更换是指管子根（屏、片）数 50% 以上的更换；

➢ 新增液（气）体燃料燃烧器的更换为锅炉重大修理的规定；

➢ 锅炉修理技术要求中删除了"若采用方形补板，四个角应当为半径不小于 100mm 的圆角（若补板的一边与原焊缝的位置重合，此边的两个角可以除外）"的内容；

➢ 采用堆焊修理时，对于电站锅炉删除了具体标准，改写为应当符合相关标准的技术规定。

二、条款说明与解释

7.1 基本要求

（1）锅炉安装、改造和修理单位应当对其安装、改造和修理的施工质量负责；

（2）集成锅炉（注 7-1）安装就位时不需要安装资质，安装过程不需要进行安装监督检验；

（3）安装、改造和修理后的锅炉应当符合大气污染物排放要求，锅炉大气污染物初始排放浓度不能满足环境保护标准和要求的，应当配套环保设施

注 7-1：集成锅炉是指锅炉本体和辅助设备及系统由锅炉制造单位集成在一个底盘或者框架上的锅炉。

● **条款说明**：新增条款。

● **原《锅规》**：

5.1 基本要求

(1) 锅炉制造单位可以安装本单位制造的整（组）装锅炉，也可以修理改造本单位制造的锅炉；从事其他锅炉的安装、改造和重大修理单位，应当取得特种设备安装改造维修许可证，方可从事许可证允许范围内的锅炉安装改造修理工作；

(2) 锅炉安装、改造、修理的施工单位应当在施工前，将拟进行的锅炉安装、改造、重大修理情况按照规定办理告知并申请监督检验后，即可施工。

● **条款解释**：本条款是对锅炉安装、改造和修理单位应当对其安装、改造和修理的施工质量负责，集成锅炉安装就位时不需要安装资质，安装过程不需要进行安装监督检验和锅炉安装、改造和修理后应当符合大气污染物排放环保要求的规定。

本条款删除了锅炉安装、改造和修理单位资质和施工前告知的规定，因为《特设法》和《条例》都有相关规定，这里不再要求。

(1) 根据《特设法》第13条规定"特种设备生产、经营、使用单位及其主要负责人对其生产、经营、使用的特种设备安全负责"，和《条例》第10条规定"特种设备生产单位对其生产的特种设备的安全性能和能效指标负责"，制定了本条款。

(2) 所谓集成锅炉是指锅炉本体和辅助设备及系统由锅炉制造单位集成在一个底盘或者框架上的锅炉，也就是俗称的撬装锅炉，安装比较简单。为了简化管理，所以做了不需要安装资质，安装过程不需要进行安装监督检验的规定。

(3) 2014年5月16日原环境保护部和国家质检总局颁布了《锅炉大气污染物排放标准》(GB13271)对锅炉大气污染物（颗粒物、二氧化硫、氮氧化物、汞及其化合物和烟气林格曼黑度）排放标准做了明确规定，锅炉安装、改造和修理后应当符合这个大气污染物排放标准。

(4) 安装、改造和修理后的锅炉应当符合大气污染物排放要求；燃油气锅炉安装、改造和修理后，如果大气污染物初始排放能够满足排放要求，则不需要再配备大气污染物治理设施；其他锅炉，安装、改造和修理后应该按照环保要求，配套相应的环保设施。

7.2 安装

7.2.1 一般要求

锅炉及锅炉范围内管道的安装除了符合本规程的规定外，还应当符合相应的国家、行业标准的有关规定。

● **条款说明**：修改条款。

● **原《锅规》**：

5.2 安装

5.2.1 安装位置

锅炉一般应当安装在单独建造的锅炉房内。锅炉的安装位置和锅炉房应当满足 GB 50041《锅炉房设计规范》、GB 50016《建筑设计防火规范》以及 GB 50045《高层民用建筑设计防火规范》的有关规定。

5.2.2 安装标准

锅炉安装除了符合本规程的规定外，还应当符合以下相应标准：

(1) 锅炉的安装，对于 A 级锅炉应当符合 DL 5190.2《电力建设施工技术规范第2部分：锅炉机组》的有关技术规定；对于 B 级及以下锅炉应当符合 GB 50273《锅炉安装工程施工及验收规范》及相关标准的规定，热水锅炉还应当符合 GB 50242《建筑给水排水及采暖工程施工质量验收规范》的有关规定；

（2）锅炉范围内管道的安装，对于 A 级锅炉应当符合 DL 5190.5《电力建设施工技术规范第 5 部分：管道及系统》和 DL/T 869《火力发电厂焊接技术规程》的有关技术规定；对于 B 级及以下锅炉应当符合 GB 50235《工业金属管道工程施工规范》和 GB 50236《现场设备、工业管道焊接工程施工规范》的有关技术规定。

5.2.3 燃料管路与燃气报警装置

安置在多层或者高层建筑物内的锅炉，燃料供应管路应当采用无缝钢管，焊接时应当采用氩弧焊打底；用气体作燃料时，应当有燃气检漏报警装置。

● **条款解释**：本条款是对锅炉及锅炉范围内管道安装标准的规定。

删除了锅炉安装位置的条款，删除了"锅炉一般应当安装在单独建造的锅炉房内"。另外删掉了对安置在多层或者高层建筑物内锅炉的燃料管路与燃气报警装置的规定。

本规程适用范围是依据《特设法》、《条例》以及《特种设备目录》等制定的，锅炉房、锅炉安装位置不属于监管范围，因此取消对锅炉房、锅炉安装位置的相应要求。

关于锅炉房和锅炉安装位置，建筑行业有 GB 50041《锅炉房设计规范》、消防部门有 GB 50016《建筑设计防火规范》等标准，因此删除相关内容。关于燃气管道在 GB 50016《建筑设计防火规范》中已有规定，所以删除燃料管路与燃气报警装置相关内容。

其次对锅炉及锅炉范围内管道安装标准依据的标准的写法进行了修改，由具体标准改写为"除了符合本规程的规定外，还应当符合相应的国家标准、行业标准的有关规定"。

对于工业锅炉，这些标准主要有 GB 50273《锅炉安装工程施工及验收规范》、GB 50231《机械设备安装工程施工及验收规范》、GB 50275《风机压缩机、泵安装工程施工及验收规范》、GB 50270《输送设备安装工程施工及验收规范》、GB 50276《破碎粉磨设备安装工程施工及验收规范》、GB 50242《建筑给水排水及采暖工程施工质量验收规范》、GB 50235《工业金属管道工程施工规范》、GB 50184《工业金属管道工程施工质量验收规范》、GB 50236《现场设备、工业管道焊接工程施工规范》、GB50683《现场设备、工业管道焊接工程施工质量验收规范》等。

对于电站锅炉主要有 DL5190.2《电力建设施工技术规范 锅炉机组》，DL5190.4《电力建设施工技术规范 热工仪表及控制装置》；DL5190.5《电力建设施工技术规范 管道及系统》；DL5190.6《电力建设施工及技术规范 水处理及制氢设备和系统》、DL/T 869《火力发电厂焊接技术规程》、DL/T 819《火力发电厂焊接热处理技术规程》等。

7.2.2 焊接

锅炉安装工程中焊接工作除符合本规程第 4 章的相关规定外，还应当符合以下要求：

（1）锅炉安装环境温度低于 0℃或者其他恶劣天气时，有相应保护措施；

（2）除设计规定的冷拉焊接接头以外，焊件装配时不得强力对正，安装冷拉焊接接头使用的冷拉工具在整个焊接接头焊接及热处理完毕后方可拆除。

● **条款说明**：保留条款。

● **原《锅规》**：5.2.4 焊接（略）

● **条款解释**：本条款是对锅炉安装工程中的焊接工作的要求。对焊接操作人员、焊接工艺评定、焊接作业等已在本规程第 4 章《制造》"4.3 焊接"、"4.5 焊接检验及相关检验"中做了规定，锅炉安装工程对上述焊接工作的要求与此相同。这里的要求是安装现场对焊接工作的要求。

1.是对焊接环境的要求

锅炉安装环境温度低于0℃时，焊接形成的熔池及周围金属会快速冷却，焊缝金属容易形成淬硬性马氏体组织，使焊缝及其附近的力学性能变差，硬度明显上升，而塑性和韧性下降。另外，如果周围环境温度过低，会使焊接接头形成裂纹，尤其是对厚壁金属和合金钢。而锅炉安装现场低于0℃是会经常遇到的，必须在焊接工艺文件中规定应采取的措施，例如采取预热措施等，以保证焊接质量。

恶劣天气是指下雨下雪和大风，在这种天气里进行露天焊接，第一对焊工不安全，第二会影响焊接质量，容易使焊缝金属快速冷却产生马氏体组织，并使焊缝形成气孔，所以下雨下雪和大风天不采取相应保护措施不得露天焊接。

2.是对焊件不得强力对正的规定

因为强力对正焊后会在焊接接头形成残余应力，而影响焊件的使用强度。至于有些时候采取强力对正是为了改善锅炉运行中产生的附加应力则属例外。但安装冷拉焊接接头使用的冷拉工具在整个焊接接头焊完并且热处理完毕后应予拆除。电站锅炉四大管道由于管径大、管壁厚，管子自重也较大，在安装过程中经常需要运用一些简单起重设备（如手动葫芦等），或其他支、吊挂装置进行临时固定，这些临时固定装置都应该在整个焊接接头焊完并且热处理完毕后才能拆除。

7.2.3 胀接、热处理和无损检测

锅炉安装工程中的胀接、热处理和无损检测工作要求应当符合本规程第4章的有关规定。

● **条款说明**：保留条款。

● **原《锅规》**：5.2.5（略）

● **条款解释**：本条款是对锅炉安装工程中锅炉受压元件胀接、焊后热处理和无损检测工作的规定。

锅炉受压元件胀接、焊后热处理和无损检测工作的内容已分别在第4章制造"4.2胀接"、"4.4热处理"和"4.5焊接检验及相关检验"中有了规定，锅炉安装工程的上述工作也应符合相应规定，不再赘述。

7.2.4 水压试验

（1）锅炉安装工程的水压试验应当符合本规程第4章的有关规定，电站锅炉水压试验用水质应当满足相关行业标准的要求；

（2）亚临界及以上电站锅炉主蒸汽管道和再热蒸汽管道的水压试验按照相关标准执行；

（3）锅炉整体水压试验时试验压力允许压降应当符合表7-1的规定。

表 7-1　锅炉整体水压试验时试验压力允许压降

锅炉类别	允许压降 Δp（MPa）
高压及以上 A 级锅炉	$\Delta p \leqslant 0.60$
次高压及以下 A 级锅炉	$\Delta p \leqslant 0.40$
>20t/h（14MW）B 级锅炉	$\Delta p \leqslant 0.15$
≤20t/h（14MW）B 级锅炉	$\Delta p \leqslant 0.10$
C、D 级锅炉	$\Delta p \leqslant 0.05$

- **条款说明**：修改条款。
- **原《锅规》**：5.2.6 水压试验

（1）锅炉安装工程的水压试验要求应当符合本规程第 4 章的有关规定；

（2）锅炉整体水压试验时试验压力允许的压降应当符合表 5-1 规定。

表 5-1 锅炉整体水压试验时试验压力允许压降

锅炉类别	允许压降 Δp
高压及以上 A 级锅炉	$\Delta p \leqslant 0.60\text{MPa}$
次高压及以下 A 级锅炉	$\Delta p \leqslant 0.40\text{MPa}$
＞20t/h(14MW)B 级锅炉	$\Delta p \leqslant 0.15\text{MPa}$
≤20t/h(14MW)B 级锅炉	$\Delta p \leqslant 0.10\text{MPa}$
C、D 级锅炉	$\Delta p \leqslant 0.05\text{MPa}$

- **条款解释**：本条款是对锅炉安装工程中水压试验和压力降的规定。

水压试验的要求在本规程第四章制造 4.5.6 水压试验中已有了规定，应按此规定执行。本规程新增加了电站锅炉水压试验用水质应当满足相关行业标准的要求和亚临界及以上电站锅炉主蒸汽管道和再热蒸汽管道的水压试验按照相关标准执行的条款。

电站锅炉水压试验用水质应当满足 DL/T 889《电力基本建设热力设备化学监督导则》的有关规定，其内容如下：

汽包锅炉水冷壁和省煤器的单体或组件应进行除盐水冲洗并能分组单体进行水压试验；锅炉整体水压试验应采用除盐水；锅炉整体水压试验时，除盐水中应加一定剂量的氨，调节 pH 值 10.5 以上，过热器、再热器溢出液体中的氯离子含量应小于 0.2mg/L。

亚临界及以上电站锅炉主蒸汽管道和再热蒸汽管道的水压试验按照 DL5190.5《电力建设施工技术规范 管道及系统》的要求进行，包括以下内容：

（1）严密性试验应以水压试验为主。当管道的设计压力小于等于 0.6MPa 时，试验介质可采用气体，但应采取防止超压的安全措施。

（2）不宜做水压试验的管道，可增加无损检验比例，按 DL/T 869《火力发电厂焊接技术规程》的规定无损检验合格，可免做水压试验。

（3）严密性试验采用水压试验时，水质应符合规定，充水时应保证将系统内空气排尽。试验压力应符合设计图纸的要求。如设计无规定，试验压力宜为设计压力的 1.25 倍，但不得高于任何非隔离元件如系统内容器、阀门或泵的最高允许试验压力，且不得低于 0.2MPa。

（4）管道系统在严密性试验前不得保温，焊口部位不得涂漆。

（5）水压试验宜在水温与环境温度 5℃以上，或根据厂家说明书的要求进行，否则应根据具体情况，采取防冻及防止金属冷脆折裂等措施，但水温不宜高于 70℃，水的加热应在进入系统前完成。

（6）试验前应拆卸安全阀或采取其他措施防止起跳。加置堵板的部位应有明显标记和记录。

（7）管道与容器作为一个系统进行水压试验时，应符合下列规定：

1）管道的试验压力低于等于容器的试验压力时，管道可与容器一起按管道的试验压力进行试验；

2）管道的试验压力超过容器的试验压力，且管道与容器无法隔断时，管道和容器一起按容器的试验压力进行试验。

（8）不锈钢管道严密性试验介质氯离子含量不得大于 0.2mg/L。

（9）管道系统水压试验时，应缓慢升压，达到试验压力后应保持 10min，然后降至工作压力，对系统进行全面检查，无压降、无渗漏为合格。

（10）试验结束后，应及时排净系统内的全部存水，并拆除所有临时支吊架、堵板及加固装置。

（11）主蒸汽管道、再热蒸汽管道、高压给水管道系统焊口检验应符合 DL/T 869《火力发电厂焊接技术规程》的规定，如焊口经 100%检验合格，可不做水压试验。

由于锅炉安装的水压试验与锅炉制造不同，主要是锅炉安装工程中与锅炉相连的汽水管道及其阀门参与水压试验，且水温在水压试验过程中肯定会发生变化，这些因素导致不可能不产生压降，从实际可行性出发应该允许有一定压降值。以前在 99 版《锅炉定期检验规则》制定过程中，曾经对此进行了大量的调研，并形成了当时的压降值表格。原《锅规》修订时又与电力行业进行了充分的交流，形成目前的允许压降值表格，使水压试验更具有可操作性。

7.2.5 电站锅炉安装特殊要求

7.2.5.1 锅炉及系统的清洗、冲洗和吹洗

电站锅炉在启动点火前，应当进行化学清洗；锅炉热力系统应当进行冷态水冲洗和热态水冲洗；锅炉范围内的管道应当进行吹洗。锅炉及系统的清洗、冲洗和吹洗应当符合国家和相关行业标准的规定。

- 条款说明：修改条款。

- 原《锅规》：

5.2.7　电站锅炉安装的特殊要求

5.2.7.1　热力系统水冲洗

电站锅炉热力系统应当进行冷态水冲洗和热态水冲洗，并且控制冲洗水的 pH 值为 9.0～9.5。锅炉的冷态水冲洗及热态水冲洗的水质控制应当符合 DL/T 889《电力基本建设热力设备化学监督导则》中的有关技术规定。

- 条款解释：本条款是关于电站锅炉点火前应对锅炉及热力系统应进行清洗、冲洗和吹洗的规定。

为了使电站锅炉及热力系统清洁，防止锅炉受热面腐蚀，保证锅炉和汽轮机正常运行，锅炉在启动点火前，应当按照 GB/T 34355《蒸汽和热水锅炉化学清洗规则》的要求进行化学清洗。锅炉热力系统应当进行冷态水冲洗和热态水冲洗，DL/T 612《电力行业锅炉压力容器安全监督规程》第 17.7.6 条规定"锅炉热力系统进行冷、热态水冲洗水质符合 DL/T 889 的有关规定并且将冲洗水的 pH 值控制在 9.0～9.5 之间"。锅炉范围内的管道应当进行吹洗。锅炉及系统的清洗、冲洗和吹洗应当符合 DL/T 889《电力基本建设热力设备化学监督导则》"7.化学清洗"、"8.机组整套启动前的水冲洗"、"9.蒸汽吹管"有关的规定。原条款只规定了冷态水冲洗及热态水冲洗，本规程对电站锅炉化学监督的内容进行了补充，包括锅炉及热力系统的化学清洗、冲洗和吹洗。

7.2.5.2　锅炉调试

电站锅炉调试过程中的操作，应当在调试人员的监护、指导下，由经过培训并且按照规定取得相应特种设备作业人员证书的人员进行。首次启动过程中应当缓慢升温升压，同时要监视各部分的膨胀值在设计范围内。

- **条款说明：** 保留条款。
- **原《锅规》：** 5.2.7.2　锅炉调试（略）
- **条款解释：** 本条款是对电站锅炉调试和首次启动过程操作的规定。

根据 DL/T 5437《火力发电建设工程启动试运及验收规程》第 3.1.2 条规定，机组的试运行一般分为分部试运（包括单机试运和分系统试运）和整套启动试运（包括空负荷试运、带负荷试运和满负荷试运）两个阶段。其中分系统试运和整套启动试运中的调试工作必须由具有相应调试能力资格的单位来承担。因此，电站锅炉安装后的启动和调试工作一般由专门的调试单位来承担。为了在完成锅炉启动和调试后，使用单位的运行人员能够尽快熟悉和掌握锅炉的运行控制，实现顺利移交，在启动过程中的运行操作和设备操作，都是在调试人员的现场指导下，由使用单位经过培训和考试合格后取得相应资格证书的操作人员来担任，避免了启动和调试过程中的人员无证操作。

电站锅炉的首次启动应严格按照锅炉制造单位提供的启动曲线进行，实现锅炉压力和温度的缓慢升高。启动初期，过热器、再热器处于无蒸汽冷却状态，即使有少量蒸汽流过，流量也很不均匀，炉膛内烟气温度和流量也不均匀，管壁金属的温度很快就会接近流过的烟气温度。因此，启动初期投入的燃料不能太多，以控制烟温不超过管壁金属允许的最高温度。同时全程记录各部件的热膨胀方向和膨胀值，并与设计值进行校对，发生异常应查明原因后再升压，避免发生应膨胀不畅或者预留膨胀方向错误造成部件损坏。

7.2.5.3　锅炉机组启动

电站锅炉整套启动时，以下热工设备和保护装置应当经过调试，并且投入运行：
(1) 数据采集系统；
(2) 炉膛安全监控系统；
(3) 有关辅机的子功能组和联锁；
(4) 全部远程操作系统。

- **条款说明：** 保留条款。
- **原《锅规》：** 5.2.7.3　锅炉机组启动（略）
- **条款解释：** 本条款是对电站锅炉整套启动时热工设备和保护装置应当经过调试并且投入运行的规定。

DL/T 612《电力行业锅炉压力容器安全监督规程》第 12.7.5 条规定，"锅炉及压力容器带介质运行时，数据采集系统、炉膛安全监控系统、有关辅机的子功能组和联锁、全部远程操作系统等应调试并投入运行"。这一规定是为了保证设备安全和吸取事故教训而制定的。现代化电站锅炉的自动化程度非常高，需要调节和控制的要素目标很多，其运行过程已经难以实现人为控制，而自动化的实现需要整个自动化系统，包括数据采集、数据传输和数据显示以及自动控制等。另外，炉膛安全监控系统是锅炉启动阶段实现对锅炉炉膛进行安全保护的重要手段，大量的炉膛爆炸事故发生在锅炉启动阶段。为了有效预防炉膛爆炸事故的发生，需要对炉膛安全监控系统的投入提出要求，要求炉膛安全监控系统在锅炉的运行过程中全程投入。

7.2.5.4 验收

锅炉安装完成后，由锅炉使用单位负责组织验收，并且符合以下要求：

（1）300MW 及以上机组电站锅炉经过 168h 整套连续满负荷试运行，各项安全指标均达到相关标准；

（2）300MW 以下机组电站锅炉经过 72h 整套连续满负荷试运行后，对各项设备做一次全面检查，缺陷处理合格后再次启动，经过 24h 整套连续满负荷试运行无缺陷，并且水汽质量符合相关标准。

- **条款说明：** 保留条款。
- **原《锅规》：** 5.2.7.4 验收（略）
- **条款解释：** 本条款是关于电站锅炉试运行的规定。

根据 DL/T 5437《火力发电建设工程启动试运及验收规程》第 2.0.1 条的规定，300MW 及以上的火力发电机组应当在完成 168h 满负荷试运行后即移交锅炉使用单位。机组移交后，必须办理移交签字手续，并应进行工程的竣工验收。因此，电站锅炉的整体验收应当在机组完成 168h 满负荷试运行并且各项指标达到相关标准后即为合格。另外，根据 DL5190.2《电力建设施工技术规范 锅炉机组》13.7.4 条的规定，对于 300MW 以下的火力发电机组一般分 72h 和 24h 两个阶段进行。连续完成 72h 满负荷试运行后，停机进行全面的检查和消缺。消缺完成后再开机，连续完成 24h 满负荷试运行，如无必须停机消除的缺陷，亦可连续运行 96h。因此本条款规定电站锅炉整体验收的时间是火力发电机组整套启动试运完成的时间。

7.3 锅炉改造

7.3.1 锅炉改造的含义

锅炉改造是指改变锅炉本体承压结构或者燃烧方式的行为。

- **条款说明：** 修改条款。
- **原《锅规》：**

5.3 锅炉改造

5.3.1 锅炉改造的含义

锅炉改造是指锅炉受压部件发生结构变化或者燃烧方式发生变化的改造。

- **条款解释：** 本条款是对锅炉改造含义的规定。

由于各种原因而导致改变锅炉的承压结构，例如改变循环方式（指介质流动方式的改变），蒸汽锅炉自然循环改为控制循环，热水锅炉自然循环改为机械循环等；蒸汽锅炉提高锅炉额定蒸发量，或者热水锅炉提高额定热功率，蒸汽锅炉改为热水锅炉等，使锅炉受压部件锅筒（壳）、封头、炉胆、炉胆顶、集箱及受热面管子等受压部件、元件及其连接方式发生改变。另外，改变燃烧方式，例如层燃改室燃，称为改造。本规程对原条款锅炉改造的含义进行了修改使其更加准确。

7.3.2 锅炉改造设计

（1）锅炉改造的设计应当由有相应资质的锅炉制造单位进行；

（2）锅炉改造后不应当提高额定工作压力；

（3）不应当将热水锅炉改造为蒸汽锅炉；

（4）锅炉改造方案应当包括必要的计算资料、设计图样和施工技术方案；蒸汽锅炉改为热水锅炉或者热水锅炉受压元件的改造还应当有水流程图、水动力计算书；安全附件、辅助装置和水处理措施应当进行技术校核。

- **条款说明**：修改条款。
- **原《锅规》**：

5.3.2 改造设计

（1）锅炉改造的设计应当由有相应资质的锅炉制造单位进行；

（2）锅炉改造后不应当提高额定工作压力和额定工作温度；

（3）不应当将热水锅炉改为蒸汽锅炉；

（4）锅炉改造方案应当包括必要的计算资料，设计图样和施工技术方案；蒸汽锅炉改为热水锅炉或者热水锅炉受压元件的改造还应当有水流程图、水动力计算书；安全附件、辅助装置和水处理措施应当进行技术校核。

- **条款解释**：本条款是关于锅炉改造的设计资质及不允许的改造项目的规定。

扩大锅炉容量、蒸汽锅炉改为热水锅炉等改造的设计只能由有相应资质的锅炉制造厂进行，因为锅炉制造厂有相应的技术力量，有能力设计，不具有相应资质的锅炉制造厂不能进行锅炉改造的设计。另外规定绝不允许随意将热水锅炉改为蒸汽锅炉。因为热水锅炉在从设计、材料选取、制造工艺要求、检验要求等都比蒸汽锅炉要求要低，因此如果将热水锅炉改为蒸汽锅炉，就会存在一系列的问题。同理，提高锅炉额定工作压力也是不允许的，因为锅炉出厂时是按额定工作压力设计的。

删掉了锅炉改造后不应当提高额定工作温度的规定。主要考虑到锅炉在压力不变情况下，提高蒸汽温度，提高效率，经过设计校核后对锅炉安全没有影响的情况，应当是允许的，所以删除相关内容。

锅炉改造必须进行必要的计算，应有设计图样和施工中的技术方案，安全附件和水处理措施应与改造后的情况相匹配。蒸汽锅炉改为热水锅炉或热水锅炉本身的改造应该有水流程图、水动力计算书，锅炉的安全附件、定压装置、循环水泵、补水泵及水处理措施应与改造后的热水锅炉相匹配。如果锅炉结构和运行参数改变，其安全附件、辅助装置和水处理措施也应当进行技术校核。

7.3.3 锅炉改造技术要求

锅炉改造技术要求参照相关标准和有关技术规定。

- **条款说明**：修改条款。
- **原《锅规》**：5.3.3 锅炉改造施工技术要求

参照锅炉专业技术标准和有关技术规定。

本条款是对锅炉改造技术标准的要求。

明确了锅炉改造应依据的技术标准，是参照锅炉专业技术标准。施工的技术要求应符合锅炉制造、安装的相关技术标准的规定。

7.4 锅炉修理

7.4.1 锅炉重大修理含义

7.4.1.1　A级锅炉重大修理

（1）锅筒、启动（汽水）分离器及储水箱、减温器和集中下降管的更换及其纵向、环向对接焊缝的补焊；

（2）整组受热面管子根（屏、片）数50％以上的更换；

（3）外径大于273mm的集箱、管道和管件的更换；

（4）大板梁主焊缝的补焊；

（5）液（气）体燃料燃烧器的更换。

7.4.1.2　B级及以下锅炉重大修理

（1）筒体、封头（管板）、炉胆、炉胆顶、回燃室、下脚圈和集箱的更换、挖补；

（2）受热面管子的更换，数量大于该类受热面管（分为水冷壁、对流管束、过热器、省煤器、烟管等）的10％，并且不少于10根；直流、贯流锅炉本体整组受热面更换；

（3）液（气）体燃料燃烧器的更换。

- **条款说明：**修改条款。
- **原《锅规》：**

5.4　锅炉修理

5.4.1　锅炉重大修理含义

5.4.1.1　A级锅炉重大修理

（1）锅筒、启动（汽水）分离器、减温器和集中下降管的更换以及主焊缝的补焊；

（2）整组受热面50％以上的更换；

（3）外径大于273mm的集箱、管道和管件的更换、挖补以及纵环焊缝补焊；

（4）大板梁焊缝的修理。

5.4.1.2　B级及以下锅炉重大修理

（1）筒体、封头、管板、炉胆、炉胆顶、回燃室、下脚圈和集箱等主要受压元件的更换、挖补；

（2）受热面管子的更换，数量大于该类受热面管（其分类分为水冷壁、对流管束、过热器、省煤器、烟管等）的10％，并且不少于10根；直流、贯流锅炉整组受热面更换。

- **条款解释：**本条款是对锅炉重大修理含义进行了补充和完善。

电站锅炉的系统复杂、设备较多、修理工作量大，同时对修理人员的素质的要求也相对较高，所以重大修理主要定义为影响锅炉安全运行的主要承压部件的修理。本规程明确了整组受热面管子根（屏、片）数50％以上，整组受热面管对过热器、再热器是按屏计，水冷壁是按片计。大板梁是重要的承载部件，对锅炉安全运行影响很大，所以把大板梁焊缝的修理规定为锅炉重大修理。电站锅炉重大修理是根据当前电站锅炉使用单位的工作实际情况而制定的。

2012年版《锅炉安全技术监察规程》对B级及以下锅炉的重大修理，是参照原《蒸汽锅炉安全技术监察规程》第17条和原《热水锅炉安全技术监察规程》第16条及国家质检总局（2005）质检特便字3064号文规定经修改而制定的。

本次修订把液（气）体燃料燃烧器的更换列为重大修理，其他内容没有变化。

7.4.2　锅炉修理技术要求

（1）锅炉修理技术要求参照相关标准和有关技术规定，重大修理应当制定技术方案，锅炉受压元（部）件更换应当不低于原设计要求；

- 条款说明：保留条款。
- 原《锅规》：5.4.2　锅炉修理技术要求（略）
- 条款解释：本条款规定了锅炉修理技术要求和依据。

明确了锅炉修理技术要求参照锅炉的专业技术标准，这里说的锅炉的专业技术标准是指锅炉制造的专业标准，由于修理与制造不同，因而只能是参照。为了保证修理后的锅炉整体是安全的，所以锅炉受压部件、元件更换应当不低于原设计要求。

（2）不应当在有压力或者锅水温度较高的情况下修理受压元（部）件；

- 条款说明：保留条款。
- 原《锅规》：（2）（略）
- 条款解释：本条款是为保证焊接质量和人身安全而做的规定。

锅炉有压力时修理很难保证焊接质量，应在锅炉泄压放水后修理。蒸汽锅炉有压力时喷出的蒸汽都超过100℃，极易将人烫伤。热水锅炉有压力时喷出的水，当水温超过70℃时，高于人的体温很多，喷出的水也会烫伤人的皮肤。为保证焊接质量和人身安全，防止发生人身伤亡事故，所以本条款做此规定。

（3）在锅筒（壳）挖补和补焊之前，修理单位应当进行焊接工艺评定，工艺试件应当由修理单位焊制；锅炉受压元（部）件采用挖补修理时，补板应当是规则的形状；

- 条款说明：修改条款。
- 原《锅规》：

（3）在锅筒（锅壳）挖补和补焊之前，修理单位应当进行焊接工艺评定，工艺试件应当由修理单位焊制；锅炉受压元（部）件采用挖补修理时，补板应当是规则的形状；若采用方形补板时，四个角应当为半径不小于100mm的圆角（若补板的一边与原焊缝的位置重合，此边的两个角可以除外）；

- 条款解释：本条款是对锅炉挖补和补焊修理的基本要求。

首先，锅炉修理单位在对锅筒（壳）挖补和补焊前，为了保证焊接质量，必须按NB/T 47014《承压设备焊接工艺评定》的规定进行焊接工艺评定。如果修理单位没有试件检测能力，可以分包，但焊评试件必须由修理单位焊制。

其次，挖补时对补板形状提出了规则形状的要求。其所以这样要求，一是利于修理时焊接操作，二是以减小因补板形状而使焊后增加附加应力，最终是为了保证修理的焊接质量。删掉了若采用方形补板时，四个角应当为半径不小于100mm的圆角（若补板的一边与原焊缝的位置重合，此边的两个角可以除外）的内容，因为这属于施工工艺的内容，不应在规程中规定。

（4）锅炉受压元（部）件不应当采用贴补的方法修理，锅炉受压元（部）件因应力腐蚀、蠕变、疲劳而产生的局部损伤需要进行修理时，应当更换或者采用挖补方法。

- 条款说明：保留条款。
- 原《锅规》：（4）（略）
- 条款解释：本条款是对不得采用贴补的方法进行修理锅炉受压元件和因应力腐蚀、蠕变、疲劳三种不同损伤而应采用挖补方法修理锅炉受压元件的要求。

采用贴补的方法进行修理，一是贴补不能将原缺陷消除，这些缺陷还会继续发展扩大，以至发生事故；二是贴补不能将补板与受压元件形成一体，难以保证焊接质量，所以不得采用贴补的方法修理锅炉的受压元件。

应力腐蚀是指受压元件在腐蚀介质和应力共同作用下引起的损坏，其特征是裂纹与腐蚀同时存在。蠕变损伤是指受压元件的材料工作温度超过某一值，在不变的压力作用下，随着时间延长变形增加的现象。疲劳损伤是指周期交变应力作用下导致材料的损坏。上述三种损伤形式一般发生在较大范围内，是材料整体劣化问题，而不是具体某一个偶发缺陷，如果采用补焊方法进行修理，只能修补个别已经显现出来的缺陷，但无法修补材料的老化。因此本条款规定不应采用补焊方法而应采用更换或挖补的方法，彻底消除因应力腐蚀、蠕变、疲劳形成的微裂纹，以保证锅炉的修理质量。

7.4.3 受压元（部）件修理后的检验

（1）锅炉受压元（部）件修理后应当进行外观检验、无损检测（其中挖补焊缝应当进行100％射线或者超声检测），必要时还应当进行水（耐）压试验，其合格标准应当符合本规程第4章的有关规定；

- **条款说明**：保留条款。
- **原《锅规》**：5.4.3　受压元件修理后的检验（略）
- **条款解释**：本条款是对受压元（部）件修理后的检验要求。

修理后的检验内容包括外观检查、无损检测和水（耐）压试验，其合格标准在本规程第4章已做了规定，应符合相关规定的内容。其中，特别强调挖补焊缝应当进行100％无损检测，因为挖补焊缝是主焊缝，必须保证挖补焊缝的焊接质量全部合格，必要时应当进行水（耐）压试验。

（2）采用堆焊修理的，焊接后应当进行表面无损检测；对于电站锅炉，还应当符合相关标准的技术规定。

- **条款说明**：修改条款。
- **原《锅规》**：

（2）采用堆焊修理时，焊接后应当进行表面无损检测；对于电站锅炉，还应当符合DL/T 734《火力发电厂锅炉汽包焊接修复技术导则》的有关技术规定。

- **条款解释**：本条款是对锅筒（壳）进行堆焊修理后应进行表面无损检测的规定。

锅筒（壳）进行堆焊修理后应进行表面无损检测，其目的是为了检查在堆焊以后是否产生了焊接裂缝。表面无损检测的方法主要是磁粉和渗透。对于电站锅炉还应进行超声无损检测等检验，应符合DL/T 734《火力发电厂锅炉汽包焊接修复技术导则》的有关规定。电站锅炉锅筒的壁厚较厚，堆焊修复采用较大焊接参数和多采用多层多道焊的方式完成。为了防止在焊接过程中产生遗留缺陷，以免给锅炉的安全造成影响，因此在焊接完成后还应进行内部埋藏缺陷的检测。

7.4.4 焊后热处理

修理经过热处理的锅炉受压元（部）件，焊接后应当参照原热处理工艺进行焊后热处理。

- **条款说明**：保留条款。
- **原《锅规》**：5.4.4　焊后热处理（略）

• **条款解释**：本条款是对修理经过热处理的锅炉受压元件焊后应当进行热处理的规定。

对于碳素钢厚度超过30mm、T型接头厚度超过20mm以及有延迟裂纹的钢材，制造时焊后已进行热处理，消除焊接残余应力，防止产生延迟裂纹。经过热处理的锅炉受压元件经焊接修理后会影响原来的热处理的结果，所以修理经过热处理的锅炉受压元件时，应再进行焊后热处理。

7.5 竣工资料

锅炉安装、改造、修理竣工后，应当将图样、工艺文件、施工质量证明文件等技术资料交付使用单位存入锅炉安全技术档案。

• **条款说明**：保留条款。
• **原《锅规》**：5.5 竣工资料（略）
• **条款解释**：本条款是对锅炉安装、改造、修理单位竣工后向锅炉使用单位交付技术资料的规定。

锅炉安装单位应在总体验收合格后向使用单位转交完整的技术资料，包括：

① 锅炉安装质量证明书（含材质证明、焊接质量证明、水压试验证明）；
② 锅炉及其辅机、附件、管道、阀门等的安装记录；
③ 试运行记录或调试记录；
④ 安装设计变更联络单；
⑤ 锅炉、管道安装竣工图。

锅炉经过改造后结构可能发生较大变化，技术资料与以前大不相同。这些技术资料包括锅炉改造的计算资料、图样、改造工艺、施工质量证明（材质证明、焊接质量证明、水压试验证明等）文件等。

锅炉修理的技术资料包括图样、修理工艺、修理质量证明（材质证明、焊接质量证明、水压试验证明等）文件等。

转交技术资料是为了满足锅炉登记的需要，也便于以后锅炉使用的管理。对于锅炉运行后的管理很有益处，有利于锅炉安全运行，一旦发生事故，是分析原因的重要参考资料，所以必须存入锅炉技术档案。

第八章 使用管理

一、本章结构及主要变化

本章共有15节，由"8.1锅炉使用单位职责"、"8.2作业人员"、"8.3锅炉安全技术档案"、"8.4锅炉使用管理制度和规程"、"8.5锅炉使用管理记录"、"8.6安全运行要求"、"8.7蒸汽锅炉（电站锅炉除外）需要立即停止运行的情况"、"8.8锅炉检修的安全要求"、"8.9锅炉水（介）质处理"、"8.10锅炉排污"、"8.11锅炉化学清洗"、"8.12停（备）用锅炉及水处理设备停炉保养"、"8.13锅炉事故预防与应急救援"、"8.14锅炉事故报告和处理"、"8.15电站锅炉特别规定"组成。

本章的主要变化为：

➤ 增加了锅炉使用单位管理职责的要求；

➤ 锅炉安全技术档案的内容增加了《特种设备使用登记证》和《特种设备使用登记表》；

➤ 删除了锅炉使用管理记录的具体内容，改为锅炉使用单位应当根据本单位锅炉使用情况建立锅炉及燃烧设备运行、检查、汽水（介）品质检测、维修、保养、事故和交接班等记录；

➤ 在锅筒（锅壳）和潮湿的炉膛、烟道内工作而使用电灯照明时，删除了电压具体数值的要求，改为应当使用安全电压；

➤ 锅炉水（介）质处理要求中，删除了《锅炉水（介）质处理监督管理规则》和水质标准的内容，对锅炉水（介）质处理工作提出了原则规定；

➤ 电站锅炉安装单位在总体验收合格后移交给使用单位的技术资料中增加了锅炉的内容；

➤ 电站锅炉需要立即停炉的情况，修改为应当立即停止向炉膛送入燃料，对有关锅炉管道爆破的条款进行了改写。

二、条款说明与解释

> ### 8.1 锅炉使用单位职责
>
> 锅炉使用单位应当对其使用的锅炉安全负责，主要职责如下：
>
> （1）采购监督检验合格的锅炉产品；
>
> （2）按照锅炉使用说明书的要求运行；
>
> （3）每月对所使用的锅炉至少进行1次月度检查，并且记录检查情况；月度检查内容主要为锅炉承压部件及其安全附件和仪表、联锁保护装置是否完好；燃烧器运行是否正常；锅炉使用安全与节能管理制度是否有效执行，作业人员证书是否在有效期内，是否按规定进行定期检验，是否对水（介）质定期进行化验分析，水（介）质未达到标准要求时是否及时处理，水封管是否堵塞，以及其他异常情况等；
>
> （4）锅炉使用单位每年应当对燃烧器进行检查，检查内容至少包括燃烧器管路是否密封、安全与控制装置是否齐全和完好、安全与控制功能是否缺失或者失效、燃烧器运行是否正常。

- **条款说明**：修改条款。
- **原《锅规》**：8.1 基本要求

8.1.1 使用登记

锅炉的使用单位，在锅炉投入使用前或者投入使用后 30 日内，应当按照规定到质量技术监督部门逐台办理登记手续。

- **条款解释**：本条款是对锅炉使用单位职责的规定

《特设法》"第二章 生产、经营、使用""第 4 节 使用"和《条例》"第三章 特种设备的使用"中对锅炉使用单位具体职责做了明确规定。2017 年 1 月 16 日原国家质检总局颁布了《特种设备使用管理规则》（TSG 08—2017），其中"2.2 使用单位主要义务"中规定特种设备使用单位主要义务如下：

（1）建立并且有效实施特种设备安全管理制度和高耗能特种设备节能管理制度，以及操作规程；

（2）采购、使用取得许可生产（含设计、制造、安装、改造、修理，下同），并且经检验合格的特种设备，不得采购超过设计使用年限的特种设备，禁止使用国家明令淘汰和已经报废的特种设备；

（3）设置特种设备安全管理机构，配备相应的安全管理人员和作业人员，建立人员管理台账，开展安全与节能培训教育，保存人员培训记录；

（4）办理使用登记，领取《特种设备使用登记证》，设备注销时交回使用登记证；

（5）建立特种设备台账及技术档案；

（6）对特种设备作业人员作业情况进行检查，及时纠正违章作业行为；

（7）对在用特种设备进行经常性维护保养和定期自行检查，及时排查和消除事故隐患，对在用特种设备的安全附件、安全保护装置及其附属仪器仪表进行定期校验（检定、校准）、检修，及时提出定期检验和能效测试申请，接受定期检验和能效测试，并且做好相关配合工作；

（8）制定特种设备事故应急专项预案，定期进行应急演练；发生事故及时上报，配合事故调查处理等；

（9）保证特种设备安全、节能必要的投入；

（10）法律、法规规定的其他义务。

使用单位应当接受特种设备安全监管部门依法实施的监督检查。

根据上述规定精神结合锅炉特点制定了本条款，特别强调了锅炉使用单位每月对所使用的锅炉至少进行 1 次月度检查，并且应当记录检查情况，因为《特设法》第 39 条和《条例》第 27 条都有明确的规定。

月度检查内容主要为锅炉承压部件及其安全附件和仪表、联锁保护装置是否完好；燃烧器管路是否密封；安全与控制装置是否齐全和完好；燃烧器运行是否正常；锅炉使用安全与节能管理制度是否有效执行；作业人员证书是否在有效期内；是否按规定进行定期检验；是否对水（介）质定期进行化验分析，水（介）质未达到标准要求时是否及时处理；水封管是否堵塞，以及其他异常情况等。这是新增加的内容。

本条款规定的锅炉使用单位职责中，包含了对水（介）质处理和监测要求：对于蒸汽锅炉和热水锅炉，使用单位的作业人员应当包括水处理操作和化验人员的配备，并应当对水汽（介质）质量定期进行化验分析。

每次化验的时间、项目、结果以及采取的处理措施应当记录并且存档。当水汽质量或者有机热载体质量不合格或者出现异常时，应当及时查找原因，采取有效处理措施，并增加化验频次，使之尽快达到标准规定要求；高压以上的电站锅炉还应当设置在线检测仪表对水汽质量进行全面的连续监控。

常规定期化验的频次要求：

① 额定蒸发量大于或者等于 4t/h 的蒸汽锅炉，额定热功率大于或者等于 4.2MW 的热水锅炉，每 4h 至少进行 1 次分析；

② 额定蒸发量大于或者等于 1t/h，但是小于 4t/h 的蒸汽锅炉、额定热功率大于或者等于 0.7MW 但是小于 4.2MW 的热水锅炉，每 8h 至少进行 1 次分析；

③ 额定蒸发量小于 1t/h 的蒸汽锅炉，额定热功率小于 0.7MW 的热水锅炉由使用单位根据使用情况确定；

④ 新采购的有机热载体应当经检测合格才能注入锅炉系统中使用；在用有机热载体每年至少 1 次从循环系统中抽样检测。

根据国家对环保的要求，燃气锅炉在大量增加，燃烧器大量使用。为了保证燃烧器的安全和性能，规定了锅炉使用单位每年应当对燃烧器进行检查，并规定了具体的检查内容，包括燃烧器管路是否密封、安全与控制装置是否齐全和完好、安全与控制功能是否缺失或者失效、燃烧器运行是否正常，以确保燃烧器使用安全。

8.2 作业人员

锅炉作业人员应当严格执行操作规程和有关安全规章制度。B 级及以下全自动锅炉可以不设跟班锅炉作业人员，但是应当建立定期巡回检查制度。

- **条款说明**：修改条款。

- **原《锅规》**：

8.1.3 安全管理人员和操作人员

锅炉安全管理人员、锅炉运行操作人员和锅炉水处理作业人员应当按照国家质检总局颁发的《特种设备作业人员监督管理办法》的规定持证上岗，按章作业。

B 级及以下全自动锅炉可以不设跟班锅炉运行操作人员，但是应当建立定期巡回检查制度。

- **条款解释**：本条款是对在用锅炉作业人员的规定。

《条例》第 39 条规定"特种设备作业人员在作业中应当严格执行特种设备的操作规程和有关的安全规章制度"，第 40 条规定"特种设备作业人员在作业过程中发现事故隐患或者其他不安全因素，应当立即向现场安全管理人员和单位有关负责人报告。"《特种设备使用管理规则》（TSG 08—2017）"2.4.4.1 作业人员职责"中规定：特种设备作业人员应当取得相应的特种设备作业人员资格证书，严格执行特种设备有关安全管理制度，并且按照操作规程进行操作。根据上述规定制定了本条款。

所谓全自动锅炉是指锅炉的压力、水位、温度及燃烧（含燃料的供给和送风）等调节不用人工操作，锅炉设备依靠本身的控制装置自行调节。B 级及以下全自动锅炉因运行全部自动控制，所以不必每班设锅炉作业人员进行操作，但应设专人定期巡回检查锅炉运行情况，发现问题及时处理。

8.3 锅炉安全技术档案

使用单位应当逐台建立锅炉安全技术档案，安全技术档案至少包括以下内容：

（1）特种设备使用登记证和特种设备使用登记表；

（2）锅炉的出厂技术资料及监督检验证书；

（3）锅炉安装、改造、修理、化学清洗技术资料及监督检验证书或者报告；

（4）水处理设备的安装调试记录、水（介）质处理定期检验报告和定期自行检查记录；

（5）锅炉定期检验报告；

（6）锅炉日常使用状况记录和定期自行检查记录；

（7）锅炉及其安全附件、安全保护装置及测量调控装置校验报告、试验记录及日常维护保养记录；

（8）锅炉运行故障和事故记录及事故处理报告。

- **条款说明**：修改条款。
- **原《锅规》**：

8.1.2　锅炉安全技术档案

锅炉使用单位应当逐台建立安全技术档案，安全技术档案至少包括以下内容：

（1）锅炉的出厂技术文件及监检证明；

（2）锅炉安装、改造、修理技术资料及监检证明；

（3）水处理设备的安装调试技术资料；

（4）锅炉定期检验报告；

（5）锅炉日常使用状况记录；

（6）锅炉及其安全附件、安全保护装置及测量调控装置日常维护保养记录；

（7）锅炉运行故障和事故记录。

- **条款解释**：本条款是对在用锅炉安全技术档案的规定。

《特设法》第35条规定，特种设备使用单位应当建立特种设备安全技术档案。安全技术档案应当包括以下内容：

（1）特种设备的设计文件、产品质量合格证明、安装及使用维护保养说明、监督检验证明等相关技术资料和文件；

（2）特种设备的定期检验和定期自行检查记录；

（3）特种设备的日常使用状况记录；

（4）特种设备及其附属仪器仪表的维护保养记录；

（5）特种设备的运行故障和事故记录。

《条例》第26条规定，特种设备使用单位应当建立特种设备安全技术档案，安全技术档案应当包括以下内容。

（1）特种设备的设计文件、制造单位、产品质量合格证明、使用维护说明等文件以及安装技术文件和资料；

（2）特种设备的定期检验和定期自行检查的记录；

（3）特种设备的日常使用状况记录；

（4）特种设备及其安全附件、安全保护装置、测量调控装置及有关附属仪器仪表的日常维护保养记录；

（5）特种设备运行故障和事故记录；

（6）高耗能特种设备的能效测试报告、能耗状况记录以及节能改造技术资料。

《特种设备使用管理规则》（TSG 08—2017）"2.5　特种设备安全与节能技术档案"中规

定：使用单位应当逐台建立特种设备安全与节能技术档案。安全技术档案至少包括以下内容：

（1）使用登记证；

（2）《特种设备使用登记表》；

（3）特种设备设计、制造技术资料和文件，包括设计文件、产品质量合格证明（含合格证及其数据表、质量证明书）、安装及使用维护保养说明、监督检验证书、型式试验证书等；

（4）特种设备安装、改造和修理的方案、图样、材料质量证明书和施工质量证明文件、安装改造维修监督检验报告、验收报告等技术资料；

（5）特种设备定期自行检查记录和定期检验报告；

（6）特种设备日常使用状况记录；

（7）特种设备及其附属仪器仪表维护保养记录；

（8）特种设备安全附件和安全保护装置校验、检修、更换记录和有关报告；

（9）特种设备运行故障和事故记录及事故处理报告。

根据上述规定，结合锅炉的特点制定了本条款，本次修订增加了《特种设备使用登记证》和《特种设备使用登记表》，其他内容略有调整。

原《锅规》条款（2）改为（3），并增加"化学清洗"技术资料及监督检验证明的存档要求，使用单位在锅炉化学清洗后应当将清洗单位出具的清洗方案、清洗竣工验收报告等技术资料和检验机构出具的锅炉化学清洗监督检验报告存放于锅炉安全技术档案中。

原《锅规》条款（3）改为（4），并增加水（介）质处理定期检验报告和定期自行检查记录的存档要求，使用单位应当及时记录水（介）质处理和水汽质量化验等情况，并将水（介）质相关记录和检验机构的水（介）质检测报告存放于锅炉安全技术档案中。

8.4　锅炉使用管理制度和规程

锅炉使用管理应当有以下制度和规程：

（1）岗位责任制，包括安全管理人员、班组长、运行作业人员、维修人员、水处理作业人员等职责范围内的任务和要求；

（2）巡回检查制度，明确定时检查的内容、路线和记录的项目；

（3）交接班制度，明确交接班要求、检查内容和交接班手续；

（4）锅炉及辅助设备的操作规程，包括设备投运前的检查及准备工作、启动和正常运行的操作方法、正常停运和紧急停运的操作方法；

（5）设备维修保养制度，规定锅炉停（备）用防锈蚀内容和要求以及锅炉本体、安全附件、安全保护装置、自动仪表及燃烧和辅助设备的维护保养周期、内容和要求；

（6）水（介）质管理制度，明确水（介）质定时检测的项目和合格标准；

（7）安全管理制度，明确防火、防爆和防止非作业人员随意进入锅炉房的要求，保证通道畅通的措施以及事故应急预案和事故处理办法等；

（8）节能管理制度，符合锅炉节能管理有关安全技术规范的规定。

- **条款说明**：保留条款。
- **原《锅规》**：8.1.4　锅炉使用管理制度（略）
- **条款解释**：本条款是对锅炉使用管理制度的规定。

《特设法》第34条规定，特种设备使用单位应当建立岗位责任、隐患治理、应急救援等安全管理制度，制定操作规程，保证特种设备安全运行。

《特种设备使用管理规则》"2.6.1 安全节能管理制度"中规定：

管理制度至少包括以下内容：

（1）特种设备安全管理机构（需要设置时）和相关人员岗位职责；

（2）特种设备经常性维护保养、定期自行检查和有关记录制度；

（3）特种设备使用登记、定期检验、锅炉能效测试申请实施管理制度；

（4）特种设备隐患排查治理制度；

（5）特种设备安全管理人员与作业人员管理和培训制度；

（6）特种设备采购、安装、改造、修理、报废等管理制度；

（7）特种设备应急预案管理制度；

（8）特种设备事故报告和处理制度；

（9）高耗能特种设备节能管理制度。

1988年1月3日原劳动人事部颁发的劳人锅〔1988〕2号文件《锅炉房安全管理规则》第11条规定，锅炉房应有下列制度：

（1）岗位责任制：按锅炉房的人员配备，分别规定班组长、司炉工、维修工、水质化验人员等职责范围内的任务和要求。

（2）锅炉及其辅机的操作规程，其内容应包括：

① 设备投运前的检查与准备工作；

② 启动与正常运行的操作方法；

③ 正常停运和紧急停运的操作方法；

④ 设备的维护保养。

（3）巡回检查制度：明确定时检查的内容、路线及记录项目。

（4）设备维修保养制度：规定锅炉本体、安全保护装置、仪表及辅机的维护保养周期、内容和要求。

（5）交接班制度：应明确交接班的要求、检查内容和交接手续。

（6）水质管理制度：应明确水质定时化验的项目和合格标准。

（7）清洁卫生制度：应明确锅炉房设备及内外卫生区域的划分和清扫要求。

（8）安全保卫制度。

本条款是根据上述规定结合当前锅炉使用特点制定的。

其中要求在锅炉使用管理制度中，水处理作业人员的职责范围和工作任务包括水处理设备操作、加药和水汽质量取样化验等。本条款规定锅炉使用管理制度中应当包含水（介）质管理制度，确定锅炉水（介）质处理的要求、水汽质量测定项目和间隔时间、应当达到的质量标准，以及锅炉水汽或有机热载体质量不合格时的处理措施等。

8.5 锅炉使用管理记录

锅炉使用单位应当根据本单位锅炉使用情况建立锅炉及燃烧设备运行、检查、水汽测定、维修、保养、事故和交接班等记录。

● **条款说明**：修改条款。

● **原《锅规》**：8.1.5 锅炉使用管理记录

（1）锅炉及燃烧和辅助设备运行记录；

（2）水处理设备运行及汽水品质化验记录；

（3）交接班记录；

（4）锅炉及燃烧和辅助设备维修保养记录；

（5）锅炉及燃料和辅助设备检查记录；

（6）锅炉运行故障及事故记录；

（7）锅炉停炉保养记录。

● **条款解释**：本条款是对锅炉使用管理记录的规定。

1988 年 1 月 3 日原劳动人事部颁发的劳人锅〔1988〕2 号文件《锅炉房安全管理规则》第 12 条规定，锅炉房应有下列记录：

（1）锅炉及附属设备的运行记录。

（2）交接班记录。

（3）水处理设备运行及水质化验记录。

（4）设备检修保养记录。

（5）单位主管领导和锅炉房管理人员的检查记录。

（6）事故记录。

以上各项记录应保存一年以上。

原《锅规》要求建立以下锅炉使用管理记录：锅炉及燃料和辅助设备运行记录，水处理设备运行及汽水品质化验记录，交接班记录，锅炉及燃料和辅助设备维修保养记，锅炉及燃烧和辅助设备检查记录，锅炉运行故障及事故记录，锅炉停炉保养记录。

本规程对上述锅炉使用记录的内容进行了修改，不再列出记录的明细，表述为"锅炉使用单位应当根据本单位锅炉使用情况建立锅炉及燃烧设备运行、检查、水汽测定、维修、保养、事故和交接班等记录"。

8.6　安全运行要求

（1）锅炉作业人员在锅炉运行前应当做好各种检查，按照规定的程序启动和运行，不得任意提高运行参数，压火后应当保证锅水温度、压力不回升和锅炉不缺水；

● **条款说明**：保留条款。

● **原《锅规》**：8.1.6　安全运行要求（略）

● **条款解释**：本条款是对锅炉作业人员工作职责的规定。

《特种设备使用管理规则》2.4.4.1　作业人员职责中规定，"严格执行特种设备有关安全管理制度，并且按照操作规程进行操作"。

锅炉作业人员在锅炉运行前认真检查，按操作规程规定的程序启动，运行中做好调节和记录，不得任意提高运行参数，做好各种检查，防止各种事故的发生，尤其是缺水、超压、超温事故，锅炉压火后要压住，防止锅水温度、压力回升，保证锅炉不缺水。

（2）当锅炉运行中发生受压元件泄漏、炉膛严重结焦、液态排渣锅炉无法排渣、锅炉尾部烟道严重堵灰、炉墙烧红、受热面金属严重超温、汽水质量严重恶化等情况时，应当停止运行。

● **条款说明**：保留条款。

● **原《锅规》**：（2）（略）

● **条款解释**：本条款规定了对锅炉安全运行有严重影响，需要停止运行的几种情况。

本条款列举了需要停止锅炉运行几种异常情况，受压元件泄漏、炉膛严重结焦、液态排渣锅炉无法排渣、锅炉尾部烟道严重堵灰、炉墙烧红、受热面金属严重超温、汽水质量严重恶化等。如果再继续长时间坚持运行，情况会更趋恶化，不仅会延长锅炉停用检修时间，增加检修工作量，甚至可能造成严重后果。

其中汽水质量严重恶化，应当停止运行的。对于工业锅炉，主要是蒸汽锅炉的锅水浓度（含盐量、碱度或有机物等）严重过高，使蒸发面上产生大量泡沫或汽水共腾，锅炉水位计内水位剧烈波动，甚至造成假水位；蒸汽管内产生严重水击现象，严重时损坏管道支架；有过热器的锅炉，易使过热器因严重积盐而爆管，从而影响锅炉安全运行的，应当停止运行。对于电站锅炉，主要是根据 GB/T 12145《火力发电机组及蒸汽动力设备水汽质量》标准的规定，当水汽质量劣化程度达到三级异常处理，并且在 4h 内水汽质量不能好转时，应当停炉。

历史上曾发生过因缺陷发展而造成事故扩大的情况，教训是深刻的，应认真吸取。所以在发生此类异常情况还没有达到立即威胁设备和人员安全的程度时，经请示汇报领导同意后，应将锅炉停下来，分析找出原因后进行修理。

8.7　蒸汽锅炉（电站锅炉除外）需要立即停止运行的情况

蒸汽锅炉（电站锅炉除外）运行中遇有下列情况之一时，应当立即停炉：

（1）锅炉水位低于水位表最低可见边缘；

（2）不断加大给水并采取其他措施但是水位仍然继续下降；

（3）锅炉满水（贯流式锅炉启动状态除外）水位超过最高可见水位，经过放水仍然不能见到水位；

（4）给水泵失效或者给水系统故障，不能向锅炉给水；

（5）水位表、安全阀或者装设在汽空间的压力表全部失效；

（6）锅炉元（部）件受损坏，危及锅炉运行操作人员安全；

（7）燃烧设备损坏、炉墙倒塌或者锅炉构架被烧红等，严重威胁锅炉安全运行；

（8）其他危及锅炉安全运行的异常情况时。

- **条款说明**：修改条款。

- **原《锅规》：**

8.1.7　蒸汽锅炉（电站锅炉除外）需要立即停炉的情况

蒸汽锅炉（电站锅炉除外）运行中遇有下列情况之一时，应当立即停炉：

（1）锅炉水位低于水位表最低可见边缘；

（2）不断加大给水及采取其他措施，但水位仍继续下降；

（3）锅炉满水，水位超过最高可见水位，经过放水仍不能见到水位；

（4）给水泵失效或者给水系统故障，不能向锅炉给水；

（5）水位表、安全阀或者设置在汽空间的压力表全部失效；

（6）锅炉元（部）件受损坏，危及锅炉运行操作人员安全；

（7）燃烧设备损坏、炉墙倒塌或者锅炉构架被烧红等，严重威胁锅炉安全运行；

（8）其他危及锅炉安全运行的异常情况。

- **条款解释**：本条款是对蒸汽锅炉（电站锅炉除外）紧急停炉条件的规定。

与本章 8.6（2）不同的是紧急停炉不需要向领导请示，而由锅炉操作人员自己做出决定。因为出现下述情况之一时，锅炉随时有可能发生事故，如果向领导请示很可能来不及，可能在请示答复过程中事故就发生了。下面将紧急停炉有关问题说明如下：

（1）锅炉水位低于水位表下部可见边缘，就是水位表中已经看不到水位了。锅炉水位究竟在何处一时难以判断，如不立即停炉，很有可能水位低于最高火界，会使受热面烧坏。

（2）不断加大给水及采取其他措施，水位继续下降。说明给水系统或水循环系统存在严重泄漏现象，必须停炉进行检查。

（3）水位超过最高可见水位，经放水仍见不到水位。一是水位过高，虽经放水，一时难以放至可见水位，如不立即停炉，将使蒸汽品质恶化。二是水位表看不到水位，虽经放水仍看不到水位，是漏水超过了可见水位，还是缺水低于可见水位，有时判断困难，应立即停炉。贯流式锅炉启动状态满水是正常现象，所以不在此问题范围内。

（4）给水泵失效或给水系统故障。例如给水管泄漏，不能向锅炉给水，无法保证锅炉安全运行，当然应该停炉。

（5）水位表或安全阀全部失效。水位表全部失效，必须停炉更换水位表，否则锅炉在无法监视水位变化的情况下运行，易发生缺水事故。全部安全阀失效将使锅炉处于没有超压保护的情况下运行，一旦发现超压现象，可能导致锅炉爆炸事故。安全阀失效后，锅炉在运行状态下无法修理或更换，必须将锅炉停下来。设置在汽空间的压力表全部失效，无法监视锅炉压力，应该停炉。

（6）锅炉受压元件损坏，危及操作人员安全时，为了保证锅炉操作人员的人身生命安全，必须立即把锅炉停下来。

（7）燃烧设备损坏，炉墙倒塌或构架被烧红等，严重威胁锅炉安全运行时，此时如不停炉锅炉也无法运行，所以必须停炉。

（8）其他异常情况，例如锅炉发生二次燃烧，造成烟道损坏，锅炉无法安全运行，也必须紧急停炉。

8.8　锅炉检修的安全要求

锅炉检修时，进入锅炉内作业的人员工作时，应当符合以下要求：

（1）进入锅筒（壳）内部工作之前，必须用能指示出隔断位置的强度足够的金属堵板（电站锅炉可用阀门）将连接其他运行锅炉的蒸汽、热水、给水、排污等管道可靠地隔开；用油或者气体作燃料的锅炉，必须可靠地隔断油、气的来源；

（2）进入锅筒（壳）内部工作之前，必须将锅筒（壳）上的人孔和集箱上的手孔打开，使空气对流一段时间，工作时锅炉外面有人监护；

（3）进入烟道及燃烧室工作前，必须进行通风，并且与总烟道或者其他运行锅炉的烟道可靠隔断；

（4）在锅筒（壳）和潮湿的炉膛、烟道内工作而使用电灯照明时，照明应当使用安全电压，禁止明火照明。

- **条款说明**：修改条款。

- **原《锅规》**：8.1.8　锅炉检修的安全要求

锅炉检修时，进入锅炉内作业的人员工作时，应当符合以下要求：

（1）进入锅筒（锅壳）内部工作之前，必须用能指示出隔断位置的强度足够的金属堵板（电站锅炉可用阀门）将连接其他运行锅炉的蒸汽、热水、给水、排污等管道可靠地隔开；用油或者气体作燃料的锅炉，应当可靠地隔断油、气的来源；

（2）进入锅筒（锅壳）内部工作之前，必须将锅筒（锅壳）上的人孔和集箱上的手孔打开，使空气对流一段时间，工作时锅炉外面应当有人监护；

（3）进入烟道及燃烧室工作前，必须进行通风，并且与总烟道或者其他运行锅炉的烟道可靠隔断；

（4）在锅筒（锅壳）和潮湿的炉膛、烟道内工作而使用电灯照明时，照明电压应当不超过24V；在比较干燥的烟道内，应当有妥善的安全措施，可以采用不高于36V的照明电压，禁止使用明火照明。

● 条款解释：本条款是锅炉检修时，对进入锅炉内部的作业人员进行工作时应注意做好的安全防护工作的规定。

（1）要割断与其他运行锅炉相连的汽水管道和烟风道的联系，防止其他运行锅炉的汽水烟气窜进维修的锅炉内，将人伤害。

（2）要打开锅筒、集箱、炉膛和烟道上的各种门孔，置换内部空气，防止作业人员发生窒息事故。作业人员在锅炉内部工作时，锅炉外部应有人监护，一旦发生意外，及时采取措施，将锅炉内作业人员救出。

（3）对燃油、燃气锅炉，作业人员进入锅炉前，应割断油气来源，防止作业人员发生中毒或着火伤人。

（4）明确在锅炉内部作业时使用照明电压的要求，主要是为了防止作业人员发生触电事故。本条款删除了具体电压数值，表述为"应当使用安全电压。禁止明火照明"，是为了防止发生着火事故。

8.9 锅炉水（介）质处理

使用单位应当做好锅炉水（介）质处理工作，保证水汽或者有机热载体的质量符合标准要求。无可靠的水处理措施的锅炉不应当投入运行。水处理系统运行应当符合以下要求：

（1）保证水处理设备及加药装置正常运行；

（2）采用必要的检测手段监测水汽质量，每班至少化验1次水汽质量，当水汽质量不符合标准要求时，应当及时查找原因并处理至合格；

（3）严格控制疏水、蒸汽冷凝回水的水质，不合格时不得回收进入锅炉。

注8-1：工业锅炉的水质应当符合GB/T 1576《工业锅炉水质》的规定。电站锅炉的水汽质量应当符合GB/T 12145《火力发电机组及蒸汽动力设备水汽质量》的规定。

● 条款说明：修改条款。

● 原《锅规》：

8.1.9 锅炉水（介）质处理

8.1.9.1 基本要求

使用单位应当按照《锅炉水（介）质处理监督管理规则》（TSG G5001）的规定，做好水处理工作，保证水汽质量。无可靠的水处理措施，锅炉不应当投入运行。

水处理系统运行时应当符合以下要求：

（1）保证水处理设备及加药装置的正常运行，能够连续向锅炉提供合格的补给水；

（2）采用必要的检测手段监测水汽质量，能够及时发现和消除安全隐患；

（3）严格控制疏水、生产返回水的水质，不合格时不能回收进入锅炉。

8.1.9.2 锅炉的水汽质量标准

工业锅炉的水质应当符合GB/T 1576《工业锅炉水质》的规定。电站锅炉的水汽质量应当符合GB/T 12145《火力发电机组及蒸汽动力设备水汽质量》或者DL/T 912《超临界火力发电机组水汽质量标准》的规定。

● **条款解释**：本条款是对锅炉水（介）质处理工作的规定。

由于本规程整合了 TSG G5001《锅炉水（介）质处理监督管理规则》，因此本规程颁布后，TSG G5001 自动作废。修改了原《锅规》8.1.9.1，将 8.1.9.2 改为注 8-1。

锅炉水汽（介质）质量是保证锅炉安全、节能运行的重要因素。水（介）质处理不良容易造成锅炉结垢（结焦积炭）、腐蚀和蒸汽质量恶化，并且往往是引发锅炉发生鼓包、爆管、汽水共腾等事故及燃料能耗增大的主要原因。因此，无可靠的水处理措施的锅炉不应当投入运行。使用单位应当配备与锅炉参数和运行状况相适应的水处理设备和加药装置，并保证水处理设备的出力和出水质量能够满足锅炉给水要求。加药处理应当使药剂在给水或锅水中浓度均匀，避免浓度过高或过低。

目前工业锅炉水汽质量检测主要依靠人工取样分析化验；高参数电站锅炉主要依靠在线化学仪表监测。而自备电厂或者热电联产锅炉则是采取人工化验和在线化学仪表相结合进行监测，因此本条款原则性地规定"采用必要的检测手段监测水汽质量"。锅炉使用单位应当配备水处理作业人员，并按本规则 8.1 条款解释的频次要求进行水汽质量化验。当水汽质量化验结果不符合标准要求时，应当及时查找原因并采取有效措施，尽快处理至合格。

原则上，工业锅炉的水质应当符合 GB/T 1576《工业锅炉水质》的规定，电站锅炉的水汽质量应当符合 GB/T 12145《火力发电机组及蒸汽动力设备水汽质量》的规定。电站锅炉汽包炉采用磷酸盐处理时，也可执行 DL/T 805.2《火电厂汽水化学导则 第 2 部分：锅炉炉水磷酸盐处理》；采用氢氧化钠处理时，也可执行 DL/T 805.3《火电厂汽水化学导则 第 3 部分：汽包锅炉炉水氢氧化钠处理》；燃气锅炉也可执行 DL/T 1717《燃气-蒸汽联合循环发电厂化学监督技术导则》。有机热载体应当符合 GB/T 24747《有机热载体安全技术条件》的规定。疏水和生产返回的蒸汽冷凝回水用作锅炉给水的，其水质应当以不影响给水水质为原则，如果回用会造成给水不合格，则不得直接回用，需经处理合格后才能回用（注：原引用的 DL/T 912《超临界火力发电机组水汽质量标准》已经废止）。

由于锅炉类型、参数、水源水质、水处理方式等存在较大差别，因此对日常水汽质量测定指标和要求也有较大不同。对于锅炉使用单位来说，一般工业锅炉常规化验项目为：硬度、碱度、pH 值。有除氧要求时，还应当检测给水溶解氧含量；采用磷酸盐作防垢剂时，应当检测锅水磷酸根含量；对于蒸汽锅炉还应当检测给水和锅水氯离子含量并且估算排污率。电站锅炉常规化验和在线监测项目由使用单位根据锅炉参数和水汽质量标准要求确定，在线监测仪表配备齐全且运行记录正常的，不需每班人工化验，但应定期进行仪表准确性校验和计量合格。有机热载体锅炉使用单位通常不具备化验分析有机热载体的能力，应当由锅炉检验机构定期抽样检测，有机热载体供应商需作好售后服务。

本规程删除了《锅炉水（介）质处理监督管理规则》（TSG G5001）和具体的水质标准的名词，表述为"使用单位应当做好水（介）质处理工作，保证水汽或者有机热载体的质量符合标准要求"。

8.10　锅炉排污

锅炉使用单位应当根据锅水水质确定排污方式及排污量，并且按照水质变化进行调整。蒸汽锅炉定期排污时宜在低负荷时进行，同时严格监视水位。

● **条款说明**：保留条款。
● **原《锅规》**：8.1.10　锅炉排污（略）

● 条款解释：本条款是对锅炉排污方式和排污量及蒸汽锅炉定期排污时机的规定。

锅炉排污的主要目的是：降低锅水浓度，排除蒸发面上泡沫等杂质，保证蒸汽质量良好；排除水渣，防止锅炉结垢。由于锅炉排污时会造成热量损失，排污过大还会造成锅炉水位和压力降低，因此在保证锅水和蒸汽质量合格的前提下，应尽量降低锅炉的排污率。水汽质量化验对锅炉合理排污具有重要的指导意义，因此排污量和排污频次应当根据锅炉水质测定结果确定。有的地区原水含盐量和碱度较高，对于补给水采用软化处理或单纯加药处理的工业锅炉，排污率达到10％以上时，若锅水溶解固形物和碱度仍高于标准要求，不应单纯增大排污，而应当采用其他水处理方法（例如补给水增设反渗透处理）或回用蒸汽冷凝水，降低给水含盐量和碱度。

锅炉排污方式通常有：表面连续排污、表面定期排污和底部定期排污。设有表面连续排污和安装有自动排污装置（锅内设有电导率探头可连续监测锅水浓度）的锅炉，排污量通常与给水含盐量和碱度及蒸汽质量要求有关。一般以锅水浓缩程度不影响蒸汽质量为原则进行表面排污阀门开度的调整，并应能及时排除蒸发面泡沫水渣，保证蒸汽质量。底部定期排污一般每班至少一次，以便及时排除水渣防止结垢，排污量根据锅水浓度进行调整。锅炉排污时应严格监视水位，防止排污量过大而造成缺水；蒸汽锅炉定期排污宜在低负荷时进行，避免影响蒸汽供应。

8.11　锅炉化学清洗

当锅炉结垢（有机热载体锅炉循环管路中产生油泥、油垢）超过标准规定值时，锅炉使用单位应当约请具有相应能力的化学清洗单位，按照相关国家标准的要求及时进行化学清洗。化学清洗过程应当接受特种设备检验机构的监督检验。

● 条款说明：修改条款。

● 原《锅规》：8.1.11　锅炉化学清洗

锅炉使用单位应当按照有关规定，及时安排化学清洗。从事锅炉清洗的单位，应当按照安全技术规范的要求进行锅炉清洗，并且接受特种设备检验检测机构实施的锅炉清洗过程监督检验。

● 条款解释：本条款是对锅炉化学清洗的规定。

锅炉结垢（结焦积炭）将显著影响锅炉的安全、节能运行，因此达到一定程度时需及时进行清除，使受热面金属表面清洁，防止受热面因结垢和垢下腐蚀引起锅炉事故。同时锅炉清洗也是提高锅炉热效率，改善机组水汽品质的有效措施。以水为介质的工业锅炉和A级锅炉结垢（沉积物量）及锈蚀程度达到GB/T 34355《蒸汽和热水锅炉化学清洗规则》标准中规定的清洗条件、有机热载体锅炉及系统结焦积炭或者有机热载体的残炭和运动黏度劣化程度达到GB/T 34352《有机热载体锅炉及系统清洗导则》规定的清洗条件时，应当及时约请具有相应能力的清洗单位进行清洗。

由于锅炉化学清洗不当不仅达不到标准规定的清洗质量要求，而且容易造成锅炉金属腐蚀、堵塞炉管，严重的甚至发生爆管等事故。因此《特设法》第44条规定："从事锅炉清洗，应当按照安全技术规范的要求进行，并接受特种设备检验机构的监督检验"；第79条规定："…锅炉清洗过程，未经监督检验的，责令限期改正；逾期未改正的，处五万元以上二十万元以下罚款"。因此，清洗单位应当按照国家标准规范的要求进行锅炉清洗。化学清洗施工前，受检单位应当向锅炉检验机构申请监督检验（单纯的物理清洗不需要监督检验）。

锅炉化学清洗不作为行政许可，清洗单位是否具备相应清洗能力，可根据中国锅炉与锅炉水处理协会制定的 T/CBWA 0005《锅炉化学清洗单位资质评定》等标准进行相应级别评定。

8.12　停（备）用锅炉及水处理设备停炉保养

锅炉使用单位应当做好停（备）用锅炉及水处理设备的防腐蚀等停炉保养工作。

- 条款说明：保留条款。
- 原《锅规》：8.1.12（略）
- 条款解释：本条款是对备用和停用锅炉及水处理设备防腐保养的要求。

锅炉及水处理设备停（备）用期间最常见的问题主要是氧腐蚀，不仅会造成金属有效壁厚减薄，而且当设备投运时腐蚀产物还会进一步影响水汽质量，促使锅炉发生沉积物下的腐蚀，严重的甚至腐蚀穿孔。因此，锅炉及水处理设备停（备）用时必须做好防腐保养工作。锅炉停炉保养方法主要有：湿法保养（加缓蚀防腐剂）、干法保养（使金属表面保持干燥）、充气保养（阻止空气进入）等，应根据设备结构、停（备）用时间以及是否需检修、能否密封等具体条件合理选用。电站锅炉停（备）用保养应当按照 DL/T 956《火力发电厂停（备）用热力设备防锈蚀导则》的规定进行。

8.13　锅炉事故预防与应急救援

锅炉使用单位应当制定事故应急措施和救援预案，包括组织方案、责任制度、报警系统及紧急状态下抢险救援的实施方案。

- 条款说明：保留条款。
- 原《锅规》：8.1.13　锅炉事故预防与应急救援（略）
- 条款解释：本条款是关于制定事故应急措施和救援预案的规定。

《特设法》第69条中规定"特种设备使用单位应当制定特种设备事故应急专项预案，并定期进行应急演练"。《条例》第65条中规定"特种设备使用单位应当制定事故应急专项预案，并定期进行事故应急演练"。根据《特设法》和《条例》的规定，为了减少事故发生和降低事故后果的严重程度，特制定本条款。锅炉使用单位应当制定事故应急措施和救援预案，包括组织方案、责任制度、报警系统、事故处理专家系统及紧急状态下抢险救援的实施。锅炉使用单位除了应制定事故应急措施和救援预案外，还应该经常进行演练。

8.14　锅炉事故报告和处理

锅炉使用单位发生锅炉事故，应当按照相关要求及时报告和处理。

- 条款说明：保留条款。
- 原《锅规》：8.1.14　锅炉事故报告和处理（略）
- 条款解释：本条款是关于锅炉事故报告与处理的规定。

《特设法》第五章"事故应急救援与调查处理"和《条例》第六章"事故预防和调查处理"对特种设备事故报告与处理做了明确规定。2009年7月3日原国家质检总局以115号总局令颁发了《特种设备事故报告和调查处理规定》，对事故的定义分级和界定、事故报告、事故调查、事故处理、法律责任等做了规定。规定中按事故造成的人员伤亡、事故性质分为特别重大事故、重大事故、较大事故、一般事故四种。并规定发生特种设备事故后，事故现场有关人员应当立即向事故发生单位负责人报告；事故发生单位的负责人接到报告后，应当于1小时内向事故发生地的县以上质量技术监督部门和有关部门报告。情况紧急时，事故现场有关人员可以直接向事故发生地的县以上质量技术监督部门报告。对于特别重大事故、重大事故，由国家质检总局报告国务院并通报国务院安全生产监督管理等有关部门。对较大事故、一般事故，由接到事故报告的质量技术监督部门及时通报同级有关部门。另外对事故调查、事故处理和法律责任做了具体规定。根据《特设法》、《条例》和115号令的规定制定了本条款。

8.15　电站锅炉特别规定

8.15.1　电站锅炉安全技术档案

锅炉安装单位在总体验收合格后应当及时将锅炉和主蒸汽管道、主给水管道、再热蒸汽管道及其支吊架和焊缝位置等技术资料移交给使用单位存入锅炉安全技术档案。使用单位应当做好锅炉、管道和阀门的有关运行、检验、改造、修理以及事故等记录。

- **条款说明**：修改条款。
- **原《锅规》**：8.2　电站锅炉特别规定

8.2.1　电站锅炉安全技术档案

锅炉安装单位在总体验收合格后应当及时将主蒸汽管道、主给水管道、再热蒸汽管道及其支吊架和焊缝位置等技术资料移交给使用单位存入锅炉安全技术档案。使用单位应当做好管道和阀门的有关运行、检验、修理、改造以及事故等记录。

- **条款解释**：本条款是关于电站锅炉技术档案管理的规定。

电站锅炉四大管道（主蒸汽管道、主给水管道、再热蒸汽管道高温段、再热蒸汽管道低温段）的安装一般在锅炉整体水压试验后才能完成。因此水压试验前，锅炉安装单位无法提交相关资料给使用单位。随着锅炉进入分系统试运行和整体试运行，安装单位的安装工作已经结束，应当及时整理相关安装技术资料并提交给使用单位建立四大管道的技术档案。

DL/T5437《火力发电建设工程启动试运与验收规程》第3.1.8条规定，在机组移交生产后45天内要完成设计、制造、安装、调试等资料的移交。

现代化大容量、高参数锅炉的四大管道管径大、管壁厚、管内介质压力高、温度高，一旦发生事故容易造成重大设备、设施的损毁和人员伤亡，因此必须加强四大管道的安全技术监督。使用单位应当建立技术档案，完整记录四大管道（含阀门等管件）及其支吊架的设计、安装、运行、修理与改造等各个环节的资料，至少应包括管道材质及规范、焊缝及支吊架布置、载荷分布、冷热位移的监视、管道监视段的监督等等。尤其要加强四大管道支吊架和膨胀系统的管理，防止发生四大管道的损坏事故。

原《锅规》本条款对电站锅炉的技术档案只规定了四大管道（主蒸汽管道、主给水管道、再热蒸汽管道高温段、低温段）技术档案的管理，这次修订增加了锅炉的内容，包括锅炉出厂技术资料以及安装、修理、改造、检验、运行以及事故技术资料等。

8.15.2　电站锅炉燃料管理

电站锅炉使用单位应当加强燃料管理。燃料入炉前应当进行燃料分析，根据分析结果进行燃烧控制与调整。燃用与设计偏差较大煤质时，应当进行燃烧调整试验。

- **条款说明**：保留条款。
- **原《锅规》**：8.2.2　电站锅炉燃料管理（略）

● **条款解释**：本条款是关于电站锅炉使用单位加强燃料管理的规定。

燃料质量是影响锅炉经济运行与安全运行的重要因素，燃料质量偏离设计值过大会直接影响锅炉的运行经济性与安全性。随着我国电力工业的大发展，火力发电厂燃煤需求量大幅增加，煤炭进口量也大幅度增加。燃煤质量变化大，势必造成燃煤质量不稳定，因此要加强燃料精细化管理，加强混煤、配煤，使其符合锅炉设计的合理偏差水平。随着科学技术的进步，电站锅炉燃煤的在线化验正在逐步成为可能，燃料的及时分析有利于运行操作人员根据燃料情况、炉膛出口氧量和飞灰含炭量及时调整燃烧配风，保证配风满足燃料燃烧的要求，从而有效防止发生由于燃烧不稳定而引发的炉膛熄火、爆燃，甚至是炉膛爆炸事故。

燃料热值、燃煤的挥发分、水分、灰分和灰熔点是锅炉设计时选择燃烧方式、炉膛容积、受热面的布置（如半辐射受热面进出口烟温）等关键要素的基本依据。燃煤质量变化对锅炉运行工况的影响甚为复杂，涉及燃料着火的难易程度、燃料消耗量、燃烧所需空气量、烟气量、受热面的结渣、积灰磨损和腐蚀以及尾部除尘、脱硫和脱硝装置的运行方式等方面。按照某一煤种设计的锅炉运行中对煤质变化的适应性有一定的范围。燃料质量偏离设计值过大会直接影响锅炉的运行经济性与安全性。当前，随着电力工业的迅猛发展和电煤市场由计划经济向市场经济的转轨，电煤市场供应多样化、复杂化，现实中大量存在电站锅炉实际燃用煤种偏离设计煤种的情况。因此，规定当燃用煤质与设计偏差较大时应通过燃烧调整试验，确定安全、经济的运行方式。

> **8.15.3** 电站锅炉启动、停炉
>
> （1）电站锅炉使用单位应当根据制造单位提供的有关资料和设备结构特点或者通过试验确定锅炉启动、停炉方式，并且绘制锅炉控制（启、停）曲线；

● **条款说明**：保留条款。

● **原《锅规》**：8.2.3　电站锅炉启动、停炉（略）

● **条款解释**：本条款是关于电站锅炉使用单位应通过试验确定锅炉启动、停炉方式，并且编制锅炉启、停控制曲线的规定。

电站锅炉的安全和使用寿命与锅炉启动、停炉的方式有着密切关系。锅炉启动的升温、升压速度取决于锅炉的结构和设计，通常受到锅筒（汽包）允许温差和过热器、再热器等部件的壁温变化限制。直流锅炉大部分的过热器、再热器受热面在启动初期处于无介质流量工况下，受热面管的壁温升高受到最高允许壁温的限制；锅筒锅炉在启动和停炉过程中也不允许有很大的上、下壁温偏差。尤其是当前大容量、高参数的锅炉数量快速增加，随着锅炉参数的提高，锅炉集箱、相关管道、管件的壁厚也大幅增加，锅炉启动与停炉过程中也不允许出现较大的内外壁温度差。由于锅炉型式、部件结构和汽水系统布置存在差异，因此锅炉启动和停炉的方式应当通过试验来确定。为了便于运行人员掌握，专门要求启动、停炉曲线，曲线中至少要给出锅炉启动、停炉过程中的压力、温度升（降）曲线和各阶段的给水流量。

DL/T 612《电力行业锅炉压力容器安全监督规程》第13.3.1条也规定"锅炉启动、停炉方式，应根据设备结构特点和制造厂提供的有关资料或通过试验确定，并绘制锅炉压力、温度升（降）速度的控制曲线。"

> （2）电站锅炉启动初期应当控制锅炉燃料量、炉膛出口烟温，使升温、升压过程符合启动曲线，锅炉启停过程中应当监控锅炉各部位的膨胀情况，做好膨胀指示记录，各部位应当均匀膨胀，并且应当监控锅筒壁温差；

- **条款说明**：保留条款。
- **原《锅规》**：(2)(略)
- **条款解释**：本条款是关于电站锅炉启动初期，启动和停炉停过程中的要求。

电站锅炉启动初期，大部分的过热器、再热器处于无蒸汽流量状态，也即是此时无流动的蒸汽冷却受热面管，即使有少量的蒸汽流动，流量分布也很不均匀；炉膛内的烟气温度场和流量场分布也不均匀，因此必须控制启动和停炉过程中受热面的壁温不能超过材料的最高允许温度。此外，在锅炉启动和停炉过程中，各部件温度变化大，金属热胀冷缩幅度大，厚壁部件内外壁温差大，为了保证金属材料与锅炉结构的安全，锅炉启动和停止必须符合启动和停止曲线的要求。

对于锅筒(汽包)锅炉，还应当控制汽包上下壁温偏差不能过大。超高压和亚临界锅炉的汽包在启动和停炉过程中要注意控制其上下壁温差应当不超过40℃，高压和中压锅炉汽包的上下壁温差可以按50℃控制。

在电站锅炉的启动过程中还应特别注意锅炉各部膨胀的均匀性和合理性，不仅数值符合设计要求，方向也应符合要求。当发现膨胀异常时，应当先查明原因，再继续升温、升压。对于水冷壁及其集箱出现膨胀不均匀时，一般可以通过锅水循环泵、燃烧器的运行方式等措施来调节。

DL/T 612《电力行业锅炉压力容器安全监督规程》第13.3.2条也规定"启动过程中应特别注意锅炉各部的膨胀情况，认真做好膨胀指示记录。"

> (3)电站锅炉停炉的降温降压过程应当符合停炉曲线要求，熄火后的通风和放水，应当避免使受压元件快速冷却；锅炉停炉后压力未降低至大气压力以及排烟温度未降至60℃以下时，应当对锅炉进行严密监控。

- **条款说明**：修改条款。
- **原《锅规》**：

(3)电站锅炉停炉的降温降压过程应当符合停炉曲线要求，熄火后的通风和放水，应当避免使受压部件快速冷却；锅炉停炉后压力未降低至大气压力以及排烟温度未降至60℃以下时，应当对锅炉进行严密监视。

- **条款解释**：本条款是关于电站锅炉停炉操作过程的规定。

电站锅炉因为受热面结构复杂，金属材料多样，其冷却速度各异，尤其是合金钢材料对冷却速度比较敏感，随着电站锅炉进一步向着超临界和超超临界的发展，受压元件部件的壁厚更大，所以更要合理控制锅炉停运后各部元件的冷却速度。

DL/T612《电力行业锅炉压力容器安全监督规程》第13.3.4条也有规定"锅炉停炉的降温降压过程应符合停炉曲线要求，熄火后的通风和放水，应使受压部件避免快速冷却"。第13.3.5条规定"锅炉停炉后压力未降低至大气压力以及排烟温度未降至60℃以下时，仍需对锅炉严密监视。"

本规程把原《锅规》"受压部件"修改为"受压元件"使表述得更准确。

8.15.4　电站锅炉立即停止向炉膛输送燃料的情况

电站锅炉运行中遇到下列情况时，应当停止向炉膛输送燃料：

(1)锅炉严重缺水；

(2)锅炉严重满水；

（3）直流锅炉断水；

（4）锅水循环泵发生故障，不能保证锅炉安全运行；

（5）水位装置失效无法监视水位；

（6）主要汽水管道泄漏或锅炉范围内连接管道爆破；

（7）再热器蒸汽中断（制造单位有规定者除外）；

（8）炉膛熄火；

（9）燃油（气）锅炉油（气）压力严重下降；

（10）安全阀全部失效或者锅炉超压；

（11）热工仪表失效、控制电（气）源中断，无法监视、调整主要运行参数；

（12）严重危及人身和设备安全以及制造单位有特殊规定的其他情况。

- **条款说明**：修改条款。
- **原《锅规》**：

8.2.4 电站锅炉停止运行情况

电站锅炉运行中遇到下列情况，应当停止向炉膛送入燃料，立即停炉：

（1）锅炉严重缺水；

（2）锅炉严重满水；

（3）直流锅炉断水；

（4）锅水循环泵发生故障，不能保证锅炉安全运行；

（5）水位装置失效无法监视水位；

（6）主蒸汽管、再热蒸汽管、主给水管和锅炉范围内连接导管爆破；

（7）再热器蒸汽中断（制造厂有规定者除外）；

（8）炉膛熄火；

（9）燃油（气）锅炉油（气）压力严重下降；

（10）安全阀全部失效或者锅炉超压；

（11）热工仪表失效、控制电（气）源中断，无法监视、调整主要运行参数；

（12）严重危及人身和设备安全以及制造单位有特殊规定的其他情况。

- **条款解释**：本条款是关于电站锅炉运行中出现异常情况应立即停止向炉膛送入燃料的规定。

原《锅规》本条款规定出现12种情况时，应当停止向炉膛送入燃料。但是立即停炉，是错误的，电站锅炉不能随意停炉。

电站锅炉发生本条款所述的情况时，应首先采取停止向炉内送燃料的措施，查明原因后，再采取进一步的后处理措施。使用单位应根据本条原则规定及现场运行情况，列出具体的处理步骤。

（1）锅炉水位监视是对锅炉安全运行的重要监视手段，在水位监视失效（如水位监视装置失效，无法正常显示锅筒水位）时，应当立即停止向锅炉内送入燃料。

电站锅炉锅筒水位控制设计一般分为三挡：正常水位：运行中允许水位波动的范围；控制水位：发出水位高、低警报的水位；极限水位：保证下降管可靠供水、汽水分离正常工作的最高、最低水位。当锅炉严重缺水达到最低极限水位时，可能破坏下降管正常供水。锅炉严重满水时会破坏汽水分离，可能造成蒸汽带水，因此，水位达到或超过极限水位线所规定的范围时，应立即停止向锅炉输送燃料。由于炉型不同，水位表布置不同，每台锅炉缺水和满水的停炉极限水位应根据制造厂说明书确定，在现场锅炉运行规程中应该给出明确的数值，并阐明锅炉缺水和满水时的运行处理具体步骤。对于缺少制造厂资料的锅炉，停炉极限水位的数值，应通过计算和试验确定。

（2）关于直流锅炉断水的确定问题，目前判断直流锅炉是否断水所用信号有给水流量、给水压力和给水泵电流三种。由于系统的配置不同，判断的准确性和可靠性都存在一定差异，难以确切判定断水的准确时间，而且由于锅炉允许断水时间与燃烧器区域热负荷、锅炉结构型式、给水系统的配置密切相关，因此，如果需要设计直流断水延时保护，应当根据制造厂的规定来制定现场运行规程的具体处理措施。

（3）在采用锅水循环泵进行强制循环的电站锅炉运行中，由于每台锅炉配备有多台锅水循环泵，有的系统在循环泵的出口设计有汇集管，在单台锅水循环泵出现故障时，可以通过适当降低锅炉负荷等方式来保证锅炉的安全运行，因此本规程只强调在"锅水循环泵发生故障，不能保证锅炉安全运行"时应当立即停止向锅炉供应燃料。电站锅炉使用单位在现场运行规程中应当根据锅炉设计要求和系统配置的具体情况确定具体的处理措施。

（4）电站锅炉容量大，参数高，一旦发生四大管道和锅炉范围内汽水连接导管爆破，容易造成锅炉汽水循环无法维持，甚至是设备的重大损失和人员的伤亡，因此，一旦发生此类故障，应当立即停止向锅炉内送入燃料。

本规程把原"主蒸汽管、再热蒸汽管、主给水管和锅炉范围内连接导管爆破"的文字修改为"主要汽水管道泄漏或锅炉范围内连接管道爆破"，与 DL/T 612 的表述一致。

（5）电站锅炉的正常运行中，再热器受热面处于较高的烟温环境中，一旦因某种设备或者系统的原因发生再热器蒸汽断流，受热面将缺少必要的冷却，极易发生受热面烧损事故。因此，在再热器蒸汽断流时，应当立即停止向炉内送入燃料。

（6）炉膛熄火指锅炉运行中燃烧室内发生熄火，主要是全炉膛熄火（在 A 级高压以上锅炉中，一般配置有全炉膛火焰消失监控与判断的自动控制系统）。此时，应立即停止一切燃料进入炉膛（包括制粉系统乏气、点火用油及风粉混合管内剩余煤粉），并在进行充分的炉膛吹扫后才能重新点火。严禁在炉膛熄火时采用"爆燃法"恢复正常炉内工况。

（7）锅炉正常运行中，由于某些原因造成燃烧器前燃油（气）压力严重下降，会造成燃油进入炉膛时燃油雾化不好，在炉膛内不能充分燃烧，造成炉膛内燃烧不稳定，也可能在烟道、受热面管表面内凝结存积，发生爆燃甚至二次燃烧。燃气压力太低，与空气不能充分混合，燃烧不充分，造成炉膛内燃烧不稳定，也容易在烟道内积聚，发生爆燃甚至二次燃烧。因此，在燃料压力严重下降时，应当立即停止向炉内送入燃料。

（8）安全阀失效和超压两者性质不完全相同。安全阀失效是指安全阀不起跳或由于其他原因安全阀解列。在部分安全阀失效时可相应减小锅炉负荷，维持锅炉的安全运行。锅炉超压指锅炉压力超过计算允许压力（在现场运行规程中应根据锅炉制造单位提供的使用说明书给出明确数值）。可能发生超压的情况是安全阀全部拒动或安全阀动作后排流量不足、燃烧强度减弱不及时。编制现场运行规程时应分别给出相应的处理措施。对于在国内发生过的在安全阀热态校验过程中造成锅炉严重超压的事故，应当通过明确并落实安全阀热态校验的措施来加以预防。

（9）电站锅炉的热工自动化控制和联锁保护系统对锅炉安全运行进行起着特殊重大作用。一旦控制电源中断，显示仪表失去指示，控制系统失效，联锁保护失灵，又无其他可靠办法监视和调整汽压、汽温、水位等主要参数时，锅炉不应继续运行。

（10）严重危及人身和设备安全以及制造单位有特殊规定的其他情况的规定是一项原则

要求。在运行实际中发生的情况纷繁复杂，千差万别。比如炉膛和烟道内发生爆炸，受热面上燃料着火、炉墙塌落，汽温急剧下降等等，严重程度相差极大，需要运行人员根据实际情况，依靠丰富经验，果断地判断。使用单位在编制现场运行规程时可根据设备实际予以补充。对于制造厂有明确规定的项目，如强制循环锅炉、循环流化床锅炉的停炉条件等，应严格执行制造厂规定。

> **8.15.5　锅炉水汽质量异常处理**
>
> 锅炉水汽质量异常时，应当按照相关标准规定做好异常情况处理并且记录，尽快查明原因，消除缺陷，恢复正常。如果不能恢复并且威胁设备安全时，应当立即采取措施，直至停止运行。

- **条款说明：** 修改条款。
- **原《锅规》：**

8.2.5　锅炉水汽质量异常处理

锅炉水汽质量异常时，应当按照 GB/T 12145《火力发电机组及蒸汽动力设备水汽质量》或者 DL/T 912《超临界火力发电机组水汽质量标准》中规定的水汽异常三级处理原则处理，做好异常情况记录，并且尽快查明原因，消除缺陷，恢复正常。如果不能恢复并且威胁设备安全时，应当立即采取措施，直至停止运行。

- **条款解释：** 本条款是针对电站锅炉水汽质量出现异常的特别规定。

电站锅炉水汽质量出现异常，容易导致锅炉和汽轮机产生结垢、腐蚀、积盐，降低机组发电效率，显著影响锅炉安全、经济、节能运行。因此，当水汽质量出现异常时，应当立即查明原因并确认水汽质量异常的程度，按照 GB/T 12145《火力发电机组及蒸汽动力设备水汽质量》标准中规定的水汽异常三级处理原则和 DL/T 561《火力发电厂水汽化学监督导则》的规定，及时采取有效措施消除缺陷，并在标准规定的时间内恢复正常。如果水汽质量劣化严重，正在使锅炉发生快速腐蚀、结垢、积盐，并且 4h 内水质不好转的，应当停止锅炉运行。

> **8.15.6　锅炉检修的化学检查**
>
> 锅炉使用单位在锅炉检修时应当进行化学检查，按照相关标准规定对省煤器、锅筒、启动（汽水）分离器及储水箱、水冷壁、过热器、再热器等部件的腐蚀、结垢、积盐等情况进行检查、评价，并且对异常情况进行妥善处理。

- **条款说明：** 修改条款。
- **原《锅规》：**

8.2.6　锅炉检修的化学检查

锅炉使用单位在锅炉检修时的化学检查，应当按照 DL/T 1115《火力发电厂机组大修化学检查导则》对省煤器、锅筒、启动（汽水）分离器、水冷壁、过热器、再热器等部件的腐蚀、结垢、积盐等情况进行检查和评价。

- **条款解释：** 本条款是对电站锅炉检修时应当按照有关标准对省煤器、锅筒、水冷壁、过热器、再热器等部件的腐蚀、结垢、积盐等情况进行检查和评价的规定。将"DL/T 1115《火力发电厂机组大修化学检查导则》"修改为相关标准。

锅炉检修的化学检查是对锅炉及机组在运行期间水、汽、油等质量控制与化学监督以及停（备）用期间防腐效果的综合检查。电站锅炉停炉检修时，打开锅炉检查孔后，首先应当由水处理专业人员按照 DL/T 1115《火力发电厂机组大修化学检查导则》的要求，对省煤器、锅筒、启动（汽水）分离器及储水箱、水冷壁、过热器、再热器等部件的腐蚀、结垢、积盐等情况进行化学检查，其目的是查看锅炉腐蚀、结垢、积盐的程度，评估锅炉运行周期内水汽质量控制是否良好。如果存在腐蚀、结垢、积盐现象的，应当对腐蚀产物、水垢（沉积物）、积盐进行取样测定及割管检测沉积物量，分析产生原因，进一步查清水处理及水汽监测等各环节存在的问题，并立即加以整改。化学检查后应当将腐蚀产物、垢渣沉积物清理（清洗）干净，冲洗清除过热器和机组中的积盐，以便锅炉检验人员进一步检查是否有垢下腐蚀、裂缝等缺陷，评估结垢、腐蚀程度及是否对锅炉安全运行产生影响或危害，若有异常情况的应及时进行妥善处理，确保锅炉及机组安全可靠运行。

第九章　检　　验

一、本章结构及主要变化

本章共有 5 节，由"9.1 基本要求"、"9.2 设计文件鉴定"、"9.3 液（气）体燃料燃烧器型式试验"、"9.4 监督检验"和"9.5 定期检验"组成，本章的主要变化为：

> 增加了设计文件鉴定、型式试验、锅炉监督检验、定期检验的原则性定位；
> 增加了设计文件鉴定的相关要求；
> 增加了液（气）体燃料燃烧器型式试验的相关要求；
> 增加了化学清洗监督检验的相关要求；
> 增加了首次内部检验的相关原则要求；
> 细化了监督检验的内容；
> 细化了定期检验的内容；
> 细化了水（耐）压试验检验的内容。

二、条款说明与解释

9.1　基本要求

锅炉检验包括设计文件鉴定、型式试验、监督检验和定期检验。

- **条款说明**：新增条款。
- **条款解释**：本条款明确了锅炉检验的基本种类。

本条款对锅炉检验的基本类型进行了规定，即设计文件鉴定、型式试验、监督检验和定期检验，本章对这四类检验进行相关规定。

9.1.1　设计文件鉴定

设计文件鉴定是在锅炉制造单位设计完成的基础上，对锅炉设计文件是否满足本规程以及节能环保相关要求进行的符合性审查。

- **条款说明**：新增条款。
- **条款解释**：本条款是对设计文件鉴定工作的定位的原则性规定。

原《锅炉设计文件鉴定管理规则》第三条规定，设计文件鉴定是指对锅炉设计中的安全性能是否符合国家安全技术规范有关规定的审查。

锅炉设计涉及锅炉的本质安全，包含很多方面，其中，锅炉参数与制造单位许可范围的符合性，设计所依据的安全技术规范及相关标准，锅炉本体受压元件及锅炉范围内管道材料的选用、强度计算、结构形式、尺寸、主要受压元件的连接、管孔布置、焊缝布置等以及焊（胀）接、热处理、无损检测方法和比例、水（耐）压试验、水（介）质等主要技术要求，安全附件和仪表的数量、型式、设置等以及安全阀排放量计算书或者计算结果汇总表、安全保护装置的整定值，锅炉本体受压元件的支承、吊挂、承重结构和膨胀等结构以及锅炉平台、扶梯布置等都与锅炉的安全运行息息相关。

同时，锅炉设计也涉及锅炉的节能环保，其中燃烧设备、炉膛结构、受热面布置，锅炉设计热效率、排烟温度、排烟处过量空气系数、大气污染物初始排放浓度等是保证锅炉高效运行，污染物排放浓度达到国家相关环保标准要求的重要因素。本条款中的设计文件鉴定，即是在锅炉制造单位设计完成的基础上，对锅炉设计文件是否满足本规程以及节能环保相关要求进行的符合性审查。

9.1.2 型式试验

型式试验是验证产品是否满足本规程要求所进行的试验。液（气）体燃料燃烧器应当通过型式试验才能使用。

- **条款说明：** 新增条款。
- **条款解释：** 本条款是对液（气）体燃料燃烧器型式试验的定位的原则性规定。

液（气）体燃料燃烧器是燃油（气）锅炉的核心设备之一，其性能直接影响锅炉的安全运行、锅炉的能效以及污染物的排放。锅炉炉膛爆燃事故都是燃烧器的安全性能缺陷或违规操作造成的。锅炉的热效率低和污染物排放浓度高与燃烧器的燃烧效率低、空燃比不合理有较大的关系。因此，为保证锅炉安全高效运行，污染物排放浓度达到国家相关环保标准的要求，液（气）体燃料燃烧器应当通过型式试验才能使用。

原《锅规》11.1.1 对有机热载体产品型式试验有明确规定，即"有机热载体产品质量应当符合 GB 23971《有机热载体》的规定，并且通过产品型式试验，型式试验按照《锅炉水（介）质处理监督管理规则》（TSG G5001）的要求进行"。由于《特设法》、《条例》以及《特种设备目录》中未包括有机热载体产品的内容，故本次修订删除了有机热载体产品型式试验的相关要求。但有机热载体产品质量对于有机热载体锅炉的安全至关重要，且 GB 23971《有机热载体》对有机热载体产品型式试验有明确要求，故有机热载体产品的质量检验不能放松，有机热载体产品型式试验按照行业相关规范进行。

9.1.3 监督检验

监督检验（包括制造、安装、改造、重大修理和化学清洗监督检验）是监督检验机构（以下简称监检机构）在制造、安装、改造、重大修理和化学清洗单位（以下统称受检单位）自检合格的基础上，按照本规程要求，对制造、安装、改造、重大修理和化学清洗过程进行的符合性监督抽查。

- **条款说明：** 新增条款。
- **条款解释：** 本条款是对监督检验工作的定位的原则性规定。

原《锅炉监督检验规则》规定，锅炉监督检验，是在制造单位和安装、改造、修理等施工单位（以下统称受检单位）自检合格的基础上，对锅炉的制造、安装、改造和重大修理过程按照本规则进行的过程监督和满足《锅规》规定的基本安全要求的符合性验证活动。监督检验工作不能代替受检单位的自检。

1. 监督检验是在受检单位自检合格基础上的检验，不能代替受检单位的自检。

监督检验的内容主要包括两个方面：一是对锅炉制造、安装、改造、重大修理和化学清洗过程中涉及安全性能项目的监督抽查，以验证受检单位在制造、安装、改造、重大修理和化学清洗过程中涉及安全性能项目的质量与本规程的符合性；二是对受检单位质量管理体系运转情况的监督检查，以验证制造、安装、改造、重大修理和化学清洗过程中涉及安全性能的各环节的控制是否符合质量管理体系的要求。

锅炉制造、安装、改造、重大修理和化学清洗单位一般根据所制造、安装、改造、重大修理和化学清洗的特点，结合本单位的技术能力，人员操作水平，制造、安装、改造、重大修理和化学清洗工艺以及相关安全技术规范和标准，建立适合本单位的质量管理体系，其中对涉及锅炉制造、安装、改造、重大修理和化学清洗过程中涉及安全性能的各环节的质量均应有符合相关法规标准的控制措施。自检即是指锅炉制造、安装、改造、重大修理和化学清洗单位按照质量管理体系的要求，对涉及安全性能的各环节进行的质量控制与检验。当然，某些环节的质量检测（如无损检测等）在符合规定的前提下，也可委托其他有资质的检验机构进行。应该明确的是，锅炉制造、安装、改造、重大修理和化学清洗监督检验是在锅炉制造、安装、改造、重大修理和化学清洗单位自检合格的基础上进行的符合性监督抽查，不能替代锅炉制造、安装、改造、重大修理和化学清洗单位的自检。

另外，"监督检验应当是在受检单位自检合格的基础上进行"则是对具体的监督检验项目进行时机的要求。具体的监督检验项目应当在受检单位相应的自检项目合格并且填写了自检记录后再进行。如果存在返修等情况，则应当在返修合格后进行。

2.监督检验是对锅炉的制造、安装、改造、重大修理和化学清洗过程按照本规程进行的"过程监督"。

应当明确，监督检验的对象是制造、安装、改造、重大修理和化学清洗过程，而不仅仅是设备，这是监督检验的基本定位之一。

监督检验人员在监督检验的过程中，对于需要现场监督的项目应当及时到场，因此需要在制造、安装、改造、重大修理和化学清洗过程中及时跟进，既不能影响受检单位的施工进度，也不能错失监督检验的时间窗口，必要时应安排相关人员驻厂监督检验。

3.监督检验是对受检单位施工过程进行的符合性监督抽查。

应当明确，锅炉的制造、安装、改造、重大修理和化学清洗过程中环节很多，其质量是依靠过程中各环节的严格控制与落实来保证的，监督检验即是对制造、安装、改造、重大修理和化学清洗的各环节进行过程监督以及满足本规程基本安全要求的符合性监督抽查活动。

9.1.4 定期检验

定期检验是对在用锅炉当前安全状况是否满足本规程要求进行的符合性抽查，包括运行状态下进行的外部检验（注9-1）、停炉状态下进行的内部检验和水（耐）压试验。

注9-1：水（介）质处理定期检验结合锅炉外部检验进行。

• **条款说明**：修改条款。

• **原《锅规》**：9.4.1 基本要求

（1）锅炉的定期检验工作包括锅炉运行状态下进行的外部检验、锅炉在停炉状态下进行的内部检验和水（耐）压试验。

原《锅炉定期检验规则》1.3规定，锅炉定期检验，是指根据本规则的规定对在用锅炉的安全与节能状况所进行的符合性验证活动，包括运行状态下进行的外部检验、停炉状态下进行的内部检验和水（耐）压试验。

• **条款解释**：本条款是对锅炉定期检验工作的定位的原则性规定。

本条款明确锅炉定期检验的定位，是根据本规程的规定对在用锅炉的当前安全状况所进行的符合性抽查，即明确了检验中的主要依据是本规程，检验结果是在用锅炉的当前安全状况，同时强调定期检验是一种符合性抽查活动。

1.定期检验包括运行状态下进行的外部检验、停炉状态下进行的内部检验和水（耐）压试验。

（1）锅炉外部检验

锅炉外部检验，是指在锅炉运行状态下，对锅炉当前使用管理状况进行的检查。锅炉的使用管理包括三个主要方面，即锅炉技术管理、设备管理以及运行管理。外部检验主要内容包括，上次检验发现问题的整改情况、锅炉使用登记及其作业人员资格、锅炉使用管理制度及其执行见证资料、锅炉本体及附属设备运转情况、锅炉安全附件及联锁与保护投运情况、水（介）质处理情况、锅炉操作空间安全状况、锅炉事故应急专项预案等。很多影响锅炉安全运行的问题及管理隐患，如锅炉缺水、膨胀受阻、支吊架异常、异常振动、超温超压、安全附件及联锁与保护装置异常解列等均可通过外部检验发现，对于预防事故的发生意义很大。

（2）锅炉内部检验

锅炉内部检验是指锅炉在停炉状态下，对锅炉设备当前安全状况进行的检查，即锅炉内部检验的重点是锅炉设备本身当前的安全状况和性能。内部检验主要内容包括，上次检验发现问题的整改情况以及留存缺陷的状况；受压元件及其内部装置的外观质量、结垢、积盐、结焦、腐蚀、磨损、变形、超温、膨胀情况以及内部堵塞、有机热载体的积炭和结焦情况等；燃烧室、燃烧设备、吹灰器、烟道等附属设备外观质量、积灰情况、壁厚减薄情况、变形情况以及泄漏情况等；主要承载、支吊、固定件的外观质量、受力情况、变形情况以及锅炉的膨胀情况；炉墙、保温、密封结构以及内部耐火层的外观质量等。换句话说，内部检验即是在停炉状态下对锅炉各个部位、各个部件的当前状态是否符合本规程的要求进行的符合性抽查活动。

（3）锅炉水（耐）压试验

锅炉水（耐）压试验是指按照规定的压力、规定的保持时间，对锅炉的受压元件进行的一种压力试验，检查受压元件有无泄漏、变形等问题，以验证锅炉受压元件的强度、刚度和严密性。

2. 水（介）质处理定期检验结合锅炉外部检验进行

《特设法》第四十四条规定，锅炉使用单位应当按照安全技术规范的要求进行锅炉水（介）质处理，并接受特种设备检验机构的定期检验。

水（介）质处理定期检验一般每年进行一次，结合锅炉外部检验进行，检验内容包括检查水处理状况及记录、取样检验水（介）质质量。工业锅炉的水质应当按照 GB/T 1576《工业锅炉水质》的规定进行，电站锅炉的水汽质量应当按照 GB/T 12145《火力发电机组及蒸汽动力设备水汽质量》和 DL/T 561《火力发电厂水汽化学监督导则》的规定进行，有机热载体锅炉的有机热载体质量应当按照 GB/T 24747《有机热载体安全技术条件》的规定进行。对于不发电的 A 级锅炉或对水汽质量有特殊要求的锅炉，也可以按照锅炉设计的水汽质量要求进行。

9.2　设计文件鉴定

9.2.1　锅炉设计文件鉴定内容

（1）锅炉参数与制造单位许可范围的符合性；

（2）设计所依据的安全技术规范及相关标准；

（3）锅炉本体受压元件及锅炉范围内管道（注 9-2）材料的选用、强度计算、结构形式、尺寸、主要受压元件的连接、管孔布置、焊缝布置等以及焊（胀）接、热处理、无损检测方法和比例、水（耐）压试验、水（介）质等主要技术要求；

（4）燃烧设备、炉膛结构、受热面布置，锅炉设计热效率、排烟温度、排烟处过量空气系数、大气污染物初始排放浓度等；

（5）安全附件和仪表的数量、型式、设置等以及安全阀排放量计算书或者计算结果汇总表、安全保护装置的整定值；

（6）锅炉本体受压元件的支承、吊挂、承重结构和膨胀等结构以及锅炉平台、扶梯布置；

（7）有机热载体锅炉，应当包括最高允许液膜温度计算和最小限制流速计算；

（8）铸铁、铸铝锅炉，应当现场见证锅片或者锅炉的冷态爆破试验（已经进行过爆破试验并且在有效期的锅片除外）以及整体验证性水压试验。

注9-2：锅炉范围内管道由管道设计单位设计的除外。

- **条款说明**：新增条款。
- **条款解释**：本条款是关于锅炉设计文件鉴定内容的规定。

原《锅炉设计文件鉴定管理规则》第十三条对锅炉设计文件鉴定的主要内容进行了规定，包括如下内容：

① 申请设计文件鉴定的锅炉级别是否与申请单位的制造许可证级别相一致，申请鉴定的锅炉设计文件的范围是否符合本规则的规定，设计文件中有关设计、校核等人员签名是否齐全；

② 图样绘制是否符合相关制图标准的规定；

③ 锅炉设计文件所执行的安全技术规范、标准是否符合要求；

④ 锅炉的总体设计是否符合安全、可靠的原则，材料的选用、结构型式和结构尺寸、开孔和开孔结构、焊缝布置和焊接结构、管座高度等是否符合安全技术规范及相关标准的规定；

⑤ 安全附件、仪表和保护装置（如超温超压保护、熄火保护装置等）的数量、规格、类型、参数、型式、安装位置等是否符合安全技术规范及相关标准的规定；

⑥ 受压元件强度是否满足要求，强度计算是否符合 GB/T 16508《锅壳锅炉受压元件强度计算》、GB 9222《水管锅炉受压元件强度计算》等标准的规定，需要计算的受压元件是否进行计算；

⑦ 安全阀排放量的计算是否符合相关安全技术规范及标准的规定；

⑧ 锅炉炉膛及本体烟道是否符合相关安全技术规范及标准的规定；

⑨ 平台、步道、扶梯是否符合相关安全技术规范及标准的规定；

⑩ 是否按照相关规定进行必要的水循环计算和热力计算；

⑪ 锅炉本体承压部件的支承、吊挂、膨胀等结构是否符合相关安全技术规范及标准的规定，承载强度、刚度、稳定性、防腐性及热膨胀量是否符合要求；

⑫ 各循环回路的水循环是否正常，所有受热面是否都得到良好冷却，非受热面元件是否按照需要进行可靠的绝热；

⑬ 阀门、仪表的配置，采样点的设置是否符合安全技术规范及相关标准的规定。

1.锅炉参数与制造单位许可范围的符合性

锅炉制造单位取得制造许可后，才可进行相应级别锅炉的设计。故锅炉设计文件鉴定时首先应核查锅炉参数与制造单位许可范围的符合性。

2.设计所依据的安全技术规范及相关标准

本规程9.1.1规定，设计文件鉴定是在锅炉制造单位设计完成的基础上，对锅炉设计文件是否满足本规程以及节能环保相关要求进行的符合性审查。故锅炉设计文件应当核查设计依据是否是本规程。如果设计依据是境外标准，则应核查该境外标准是否是经国家市场监督管理总局公告允许的境外锅炉产品标准。

3. 锅炉本体受压元件及锅炉范围内管道材料的选用、强度计算、结构形式、尺寸、主要受压元件的连接、管孔布置、焊缝布置等以及焊（胀）接、热处理、无损检测方法和比例、水（耐）压试验、水（介）质等主要技术要求

锅炉本体受压元件及锅炉范围内管道材料的选用、结构形式、尺寸、主要受压元件的连接、管孔布置、焊缝布置等以及焊（胀）接、热处理、无损检测方法和比例、水（耐）压试验、水（介）质等主要技术要求，与锅炉的安全息息相关，核查时主要应针对锅炉图样，包括总图、本体图、组件图和零部件图以及焊接详图等进行，确定其是否能满足本规程的要求。

强度计算是锅炉安全的基础，通过强度计算（也可以采用试验或者其他计算方法确定锅炉受压元件强度）确定受压元件的规格（对于铸铁锅炉、铸铝锅炉，一般采用爆破试验验证法等方式确定锅片的最高允许工作压力）。核查强度计算书，首先应确认计算书内容是否齐全完整，所有承压部件均经过强度计算，其次应确认是否按照规定进行编制审核。此外，鉴定时一般应当核对计算书中的结果是否与强度计算书汇总表、图样上标注尺寸一致等，必要时，应按照其采用的标准或者 GB/T 16507《水管锅炉》、GB/T 16508《锅壳锅炉》抽查部件进行强度核算，查看其计算过程，参数的选取以及计算结果等是否满足要求。

4. 燃烧设备、炉膛结构、受热面布置，锅炉设计热效率、排烟温度、排烟处过量空气系数、大气污染物初始排放浓度等

燃烧设备、炉膛结构、受热面布置等涉及燃烧效率、部件传热效率、水循环可靠性、污染物的排放、结焦结渣积灰情况等；锅炉设计热效率、排烟温度、排烟处过量空气系数是锅炉节能性能的重要指标，大气污染物初始排放浓度是锅炉环保的重要指标，这些都是锅炉设计文件鉴定的内容之一。

5. 安全附件和仪表的数量、型式、设置等以及安全阀排放量计算书或者计算结果汇总表、安全保护装置的整定值

安全附件和仪表是保证锅炉运行安全的重要装置。安全附件和仪表的数量、型式、设置核查时主要针对锅炉总图、管道仪表流程图（PID 图）以及管道系统图等进行。

通过安全阀排放量计算，可以确定锅炉超压安全阀起跳时，蒸汽泄放量能够保证锅炉压力逐步降低至安全范围以内；安全保护装置的整定值应按照本规程和相关标准进行选取，安全阀排放量计算书或者计算结果汇总表、安全保护装置的整定值也是锅炉设计文件鉴定的重要内容之一。

6. 锅炉本体受压元件的支承、吊挂、承重结构和膨胀等结构以及锅炉平台、扶梯布置

锅炉本体受压元件的支承、吊挂、承重结构和膨胀等结构设计以及锅炉平台扶梯布置等也是保证锅炉安全的重要因素之一，其中支撑、吊挂、承重结构和膨胀等结构设计关系到能否承载锅炉重量和各种载荷，膨胀结构设计关系到受热面运行中能否按设计预定方向自由膨胀。锅炉平台扶梯是进行锅炉巡检、检修等工作的必要条件，也是设计鉴定的主要内容之一。

对于锅炉本体受压元件的支承、吊挂、承重结构和膨胀等结构设计以及锅炉平台扶梯布置等，可以核查锅炉设计图样以及相关计算书和膨胀系统图，一般应确认其资料齐全，并符合其质量管理要求即可。

7. 对于有机热载体锅炉，还应当包括最高允许液膜温度计算和最小限制流速计算

对于有机热载体锅炉，有机热载体介质的选用和使用条件关系到锅炉运行条件下其热稳定性，通过最高液膜温度计算和最小限制流速计算，可以确定有机热载体介质在运行条件下是否超温，从而保证有机热载体锅炉的安全稳定运行。

8.对于铸铁、铸铝锅炉，还应当现场见证锅片或者锅炉的冷态爆破试验（已经进行过爆破试验并且在有效期的锅片除外）以及整体验证性水压试验

铸铁、铸铝锅炉的强度确认一般采用爆破试验法验证锅片的最高允许工作压力，整体性水压试验是验证铸铁、铸铝锅炉组装后本体、结构紧固件、拉撑件等强度是否满足要求，以及锅片间密封是否严密的重要措施。对于铸铁、铸铝锅炉的爆破试验、整体水压试验均应由鉴定机构现场见证并出具报告。

9.2.2 设计文件鉴定特殊情况

锅炉主要受压元件和重要承载件的材料或结构经过设计修改后，可能影响安全性能时，锅炉制造单位应当重新申请设计文件鉴定。

- **条款说明：**新增条款。
- **条款解释：**本条款是关于锅炉设计文件应当重新进行鉴定的规定。

原《锅炉设计文件鉴定管理规则》第十八条规定，以下几种锅炉设计修改必须按照本章规定的程序对更改后的锅炉设计文件重新进行鉴定：

① 对锅炉受压元件、主要支承及吊挂结构的设计图样进行修改；

② 用强度低的材料代替强度高的材料；

③ 用厚度小的材料代替厚度大的材料（用于额定蒸汽压力低于或等于 1.6MPa 锅炉上的受热面管子除外）；

④ 代用的钢管公称外径不同于原来的钢管公称外径。

用强度低的材料代替强度高的材料、用厚度小的材料代替厚度大的材料以及代用的钢管公称外径不同于原来的钢管公称外径等几种情况，有些类似于材料代用。只要设计变更的材料是本规程允许使用的材料，且能够满足强度、结构和工艺的要求，并且经过技术部门（包括设计和工艺部门）的同意，就不会导致产生事故隐患，不必重新进行锅炉设计文件鉴定。但锅炉主要受压元件和重要承载件的材料或结构对于锅炉的安全运行影响较大，一旦发生变更，则应当重新进行锅炉设计文件鉴定。本规程规定，锅炉制造单位应当重新约请设计文件鉴定的条件，是锅炉主要受压元件和重要承载件的材料或结构进行了设计修改。

如前所述，锅炉主要受压元件一般包括锅筒（壳）、启动（汽水）分离器及储水箱、集箱、管道、集中下降管、炉胆、回燃室以及封头（管板）、炉胆顶和下脚圈等，重要承载件指的是锅炉主要的钢梁、立柱、大板梁及拉撑件等。

9.2.3 设计文件鉴定报告

经过锅炉设计文件鉴定，鉴定项目符合本规程要求的，鉴定机构应当在主要设计文件上加盖锅炉设计文件鉴定专用章，并且出具锅炉设计文件鉴定报告。

- **条款说明：**新增条款。
- **条款解释：**本条款是关于锅炉设计文件鉴定用章和报告的规定。

原《锅炉设计文件鉴定管理规则》第十五条规定，鉴定机构收到申请单位提交的锅炉设计文件及鉴定申请书后，应当在申请书上签署意见，并将其中一份返回申请单位。鉴定机构一般应在 15 个工作日（对于散装锅炉不超过 30 个工作日）内完成鉴定工作，并向申请单位出具《锅炉设计文件鉴定报告》，做出下述鉴定结论……

第十六条规定，锅炉设计文件鉴定通过后，鉴定机构应当在主要设计文件上加盖特种设

备设计文件鉴定专用章。

1. 主要设计文件

经过锅炉设计文件鉴定，鉴定项目符合本规程要求的，鉴定机构应当在主要设计文件上加盖锅炉设计文件鉴定专用章。

对于整装锅炉，需要盖章的锅炉设计文件包括锅炉本体图和受压元件强度计算汇总表。

对于散装锅炉，需要盖章的锅炉设计文件除了本体图或总图外，还包括主要承压部件〔即锅筒（壳）、启动（汽水）分离器及储水箱、集箱、受热面管、减温器、管道、集中下降管等〕设计图以及受压元件强度计算汇总表。

2. 锅炉设计文件鉴定报告

经过锅炉设计文件鉴定，鉴定项目符合本规程要求的，鉴定机构应当在主要设计文件上加盖锅炉设计文件鉴定专用章，并出具锅炉设计文件鉴定报告，做出鉴定结论。鉴定结论一般包含以下几种：

① 鉴定通过。锅炉设计符合本规程及标准的要求，可以按照该设计进行制造。

② 修改设计。锅炉设计中存在不符合本规程及标准要求的情况，需要修改设计，修改后应当重新进行鉴定。

③ 鉴定未通过。锅炉设计存在重大安全隐患，严重违反本规程及标准的要求，设计被否定。

9.3 液（气）体燃料燃烧器型式试验

9.3.1 型式试验要求

具有下列情况之一的燃烧器，应当按照型号进行型式试验：

(1) 新设计的燃烧器；

(2) 燃烧器使用燃料类别或者燃烧器结构及程序控制方式发生变化；

(3) 燃烧器型式试验超过 4 年。

- **条款说明**：新增条款。
- **条款解释**：本条款是对液（气）体燃料燃烧器应当进行型式试验的条件的规定。

凡是满足下列条件之一的液（气）体燃料燃烧器应当进行型式试验：

1. 新设计的燃烧器

新研发的燃烧器，其设计、制造和使用应符合 GB/T 36699《锅炉用液体和气体燃料燃烧器技术条件》的要求，样机制造好以后，为验证其安全性能、运行性能是否满足本规程的要求，需要对其进行型式试验。

2. 燃烧器使用燃料类别或者燃烧器结构及程序控制方式发生变化的

液体燃料和气体燃料的特性不同，燃烧方式也不同。燃烧器为了满足燃料的特性，其结构设计和零部件的配置都必须与燃烧方式相适应。当燃料类别发生变化时，燃烧器的结构和零部件也应发生变化，因此，为验证燃烧器的性能应当进行型式试验。

当燃烧器的程序控制方式发生变化时，燃烧器的前吹扫时间、点火和熄火安全时间都将发生变化，为保证燃烧器的安全，应当进行型式试验。

3. 燃烧器型式试验超过 4 年的

型式试验以 4 年为检测周期，4 年后对已取得型式试验合格的产品进行抽查测试，验证产品及配件性能和质量是否满足安全要求。

理由如下：

（1）在第 9 章"检验"中的 9.1.2 条对燃烧器应进行型式试验作出了规定，并在 9.3 节中对型式试验的要求和内容进行了详细的规定，TSG ZB001 和 TGS ZB002 已作废，被国家标准 GB/T 36699—2018《锅炉用液体和气体燃料燃烧器技术条件》替代。

（2）本节主要是对燃烧设备的技术要求，型式试验属于检验的范畴，故在本节删除该条款。

9.3.2 型式试验型号覆盖原则

燃烧器型式试验按照燃烧器的型号为基本单位进行，型号的编制应当满足 GB/T 36699《锅炉用液体和气体燃料燃烧器技术条件》的相关规定，同一系列中同一功率等级不同型号的燃烧器型式试验可以相互覆盖，具体的覆盖原则见本规程附件 D。

附件 D

液（气）体燃料燃烧器型式试验型号覆盖原则

同一系列中同一功率等级不同型号的液（气）体燃料燃烧器型式试验覆盖原则如下：

D1 同一系列

液（气）体燃料燃烧器同一系列，应当同时满足以下条件：

（1）燃料种类相同；

（2）燃烧器结构相似；

（3）液体燃烧器雾化方式相同，或者气体燃烧器燃气、空气混合方式相同；

（4）控制方式相同。

D2 功率等级划分

燃烧器功率等级按照燃烧器额定输出热功率（Q_e）共划分为 18 个等级，见表 D-1。

表 D-1 燃烧器功率等级划分表

功率等级	额定输出热功率(Q_e)范围	功率等级	额定输出热功率(Q_e)范围
1	$Q_e \leq 100kW$	10	$2500kW < Q_e \leq 3200kW$
2	$100kW < Q_e \leq 200kW$	11	$3200kW < Q_e \leq 4000kW$
3	$200kW < Q_e \leq 300kW$	12	$4000kW < Q_e \leq 4500kW$
4	$300kW < Q_e \leq 400kW$	13	$4500kW < Q_e \leq 6300kW$
5	$400kW < Q_e \leq 600kW$	14	$6300kW < Q_e \leq 7800kW$
6	$600kW < Q_e \leq 800kW$	15	$7800kW < Q_e \leq 12000kW$
7	$800kW < Q_e \leq 1200kW$	16	$12000kW < Q_e \leq 16000kW$
8	$1200kW < Q_e \leq 1600kW$	17	$16000kW < Q_e \leq 24000kW$
9	$1600kW < Q_e \leq 2500kW$	18	$Q_e > 24000kW$

D3 其他要求

对于被覆盖的燃烧器型号，燃烧器制造单位应当向型式试验机构提供该型号燃烧器书面的产品安全性能声明资料。型式试验机构对该声明资料及出厂技术文件等资料核查后，在已通过型式试验型号燃烧器的型式试验证书与报告中注明其可覆盖的燃烧器型号。

- **条款说明**：新增条款。
- **条款解释**：本条款是对液（气）体燃料燃烧器应当进行型式试验的条件规定。

燃烧器制造企业生产的燃烧器型号规格较多。如果每个型号规格的燃烧器都做型式试验，从技术上来说，必要性不大，且将极大增加检测机构的工作量，也增加燃烧器制造企业的成本，造成社会资源的浪费。按照"同一系列，同一功率等级划分"的原则，同一系列中同一功率等级的不同型号的燃烧器型式试验可以相互覆盖。申请单位在申请燃烧器型式试验时应按照上述原则，将被覆盖的燃烧器的型号和主要配件的基本情况提交给型式试验机构，型式试验机构对制造商提供的产品安全性声明资料及出厂技术文件等资料审查后，在已通过型式试验的燃烧器型式试验证书与报告中注明其可覆盖的燃烧器型号。

9.3.3 型式试验内容

燃烧器型式试验内容，应当包括基本安全要求检查、安全性能试验和运行性能试验，主要内容如下：

（1）基本安全要求检查，包括结构与设计检查、安全与控制装置检查、外壳防护等级检查和技术文件与铭牌检查；

（2）安全性能试验，包括泄漏试验、前吹扫时间与风量、安全时间、启动热功率、火焰稳定性、电压改变、耐热性能、部件表面温度和接地电阻等项目的试验与测量；

（3）运行性能试验，包括燃烧器输出热功率范围测试以及运行状态下的燃烧产物排放、自振动、噪声测试和工作曲线测试。

- **条款说明**：新增条款。
- **条款解释**：本条款对液（气）体燃料燃烧器型式试验的内容进行了规定。

燃烧器的型式试验包括基本要求检查、安全性能试验和运行性能试验三个部分。

（1）基本要求检查是检查燃烧器的结构、设计是否符合标准的要求，安全与控制装置是否齐全，外壳防护等级是否符合要求，技术文件和铭牌等随机文件是否完整等符合性检查。

（2）安全性能试验是指对影响燃烧器安全性能的各项参数进行试验或测量，判断测试结果是否符合要求。

（3）运行性能试验是指燃烧器在正常运行工况下，测试其热工性能和环保性能，判断测试结果是否符合要求。

9.3.4 型式试验报告和证书

型式试验结果符合本规程及 GB/T 36699《锅炉用液体和气体燃料燃烧器技术条件》相关规定的，型式试验机构应当及时出具型式试验合格报告和证书。

- **条款说明**：新增条款。
- **条款解释**：本条款是对发放燃烧器型式试验报告和证书的规定。

燃烧器型式试验的项目和方法按照本规程和 GB/T 36699《锅炉用液体和气体燃料燃烧器技术条件》进行，每个检验项目均符合标准的要求后才能判定燃烧器型式试验合格，如果检验结果存在不符合项，燃烧器制造单位应当进行整改，只有当整改结果符合要求后才能判定燃烧器型式试验合格。型式试验结束且试验结果合格后，型式试验机构应及时出具型式试验报告和证书，燃烧器生产商或供应商取得型式试验报告和证书后才能生产和销售合格的燃烧器。

9.4　监督检验

9.4.1　监督检验申请

锅炉产品制造、安装、改造、重大修理和化学清洗施工前，受检单位应当向监检机构申请监督检验，监检机构接受申请后，应当及时开展监督检验。对国家明令淘汰的锅炉、禁止新建的锅炉以及未提供建设项目环境影响评价批复文件的锅炉，监检机构不得实施安装监督检验。

- **条款说明**：新增条款。
- **条款解释**：本条款是关于监督检验约请的规定。

原《锅炉监督检验规则》1.3.1 制造监督检验申请和受理规定：

（1）锅炉产品（包括试制产品）制造前，制造单位应当向国家质量监督检验检疫总局（以下简称国家质检总局）核准的具有相应监督检验资质的检验机构（以下简称监检机构）申请监督检验；

（2）监检机构受理后，应当通知申请单位，及时安排监督检验；

（3）（略）

1.3.2　安装、改造和重大修理监督检验申请和受理规定：

（1）施工单位进行告知后，施工单位或者使用（建设）单位应当在开工前向监检机构提出监督检验申请；

（2）略

（3）监检机构受理后，应当按照施工进度及时安排监督检验并且通知申请单位。

我国目前对检验机构实行的是许可管理制度，监检机构的资质是由国家特种设备安全监督管理部门统一核准，经核准的监检机构在相应的许可范围内从事监检工作。因此，锅炉产品（包括试制产品）制造、安装、改造、重大修理和化学清洗施工前，应当申请具有相应监督检验资质的监检机构实施监督检验。

监检机构与施工单位都是监督检验工作的相关责任方，"监检机构接受申请后，及时开展监督检验"是对监检机构的责任要求之一。监检机构接受申请后，应当按照施工进度及时安排监督检验。

9.4.2　监督检验要求

监检机构应当根据受检锅炉的情况确定相应的检验方案。检验人员应当对锅炉逐台进行监督检验；发现一般问题时，应当及时向受检单位发出特种设备监督检验联络单；监检机构发现受检单位质量管理体系实施或者锅炉安全性能存在严重问题时，应当签发特种设备监督检验意见通知书，并且抄报当地特种设备安全监督管理部门（受检单位为境外企业时，抄报国家市场监督管理总局）。

- **条款说明**：新增条款。
- **条款解释**：本条款是关于监督检验方式、发现问题的处理方式的规定。

原《锅炉监督检验规则》1.3.6　监检机构和监检人员的职责规定：

（5）监检人员应当按照本规则的规定对锅炉逐台（对于D级锅炉，可以按生产批号）进行监督检验；发现一般问题时，应当及时向受检单位发出《特种设备监督检验联络单》（见附件B）；发现受检单位质量保证体系实施或者锅炉安全性能存在严重问题时（注1-1），监检机构应当签发《特种设备监督检验意见通知书》（见附件C），对境内受检单位抄报当地人民政府负责特种设备安全监督管理的部门（以下简称特种设备安全监管部门），对境外受检单位抄报国家质检总局；

注1-1：严重问题，是指监督检验项目不合格并且不能纠正；受检单位质量保证体系实施严重失控；对《特种设备监督检验联络单》提出的问题拒不整改；已不再具备制造或者施工的许可条件；严重违反特种设备许可制度（如发生涂改、伪造、转让或者出卖特种设备许可证，向无特种设备许可证的单位出卖或者非法提供产品质量证明书）；发生重大质量事故等问题。

（1）监检机构应当根据受检锅炉的情况确定相应的检验方案。不同型式的是锅炉，其结构、部件不同，制造、安装的工艺也存在差异，故监检机构应当根据受检锅炉的情况确定相应的检验方案。

（2）锅炉应当逐台进行监督检验。原《锅炉监督检验规则》中规定，对于D级锅炉制造，可以按生产批号进行制造监督检验。目前，D级锅炉的事故概率较高，故取消D级锅炉可以按生产批号进行制造监督检验的规定，以保障D级锅炉的生产质量。

（3）作为监检人员，发现不符合本规程或标准要求的问题，是其工作的基本职责之一。为明确责任，便于追溯和整改，发现一般问题时，监检人员应当及时向受检单位发出特种设备监督检验联络单；发现受检单位质量管理体系实施或者锅炉安全性能存在严重问题时，监检机构应当签发特种设备监督检验意见通知书，并且抄报当地特种设备安全监督管理部门（受检单位为境外企业时，抄报国家特种设备安全监督管理部门）。

（4）对于严重问题，一般是指以下几种情况：监督检验项目不合格并且不能纠正；受检单位质量管理体系实施严重失控；对特种设备监督检验联络单提出的问题拒不整改；已不再具备制造或者施工的许可条件；严重违反特种设备许可制度（如发生涂改、伪造、转让或者出卖特种设备许可证，向无特种设备许可证的单位出卖或者非法提供产品质量证明书）；发生重大质量事故等问题。

9.4.3 监督检验项目分类

锅炉产品制造、安装、改造、重大修理监督检验项目分为A类、B类和C类。

（1）A类，是对锅炉安全性能有重大影响的关键项目，检验人员确认符合要求后，受检单位方可继续施工；

（2）B类，是对锅炉安全性能有较大影响的重点项目，检验人员应当对该项施工的结果进行现场检查确认；

（3）C类，是对锅炉安全环保性能有影响的检验项目，检验人员应当对受检单位相关的自检报告、记录等资料核查确认，必要时进行现场监督、实物检查。

● **条款说明**：新增条款。

● **条款解释**：本条款是关于监督检验项目分类的规定。

原《锅炉监督检验规则》1.3.4 监督检验项目分类规定：

监督检验项目分为A类、B类和C类，要求如下：

① A类，是对锅炉安全性能有重大影响的关键项目，当锅炉制造、安装、改造和重大修理过程到达该项目点时，监检人员及时进行该项目的监督检验，经监检人员确认符合要求后，受检单位方可继续施工。

② B类，是对锅炉安全性能有较大影响的重点项目，监检人员一般在现场进行监督、实物检查，如不能及时到达现场，受检单位在自检合格后可以继续进行下一工序的施工，监

检人员随后对该项施工的结果进行现场检查，确认是否符合要求。

③ C类，是对锅炉安全性能有影响的监督检验项目，监检人员通过审查受检单位相关的自检报告、记录等见证资料，确认是否符合要求。

监检项目为C/B类时，监检人员可以选择C类，当选择B类时，除要审查相关的自检报告、记录等见证资料外，还应当按照该条款规定进行现场监督、实物检查。

1.A类监检项目是对锅炉安全性能有重大影响的关键项目

如果该项目未进行或监检后发现不符合要求而施工单位继续施工，有可能造成难以弥补的重大损失或重大事故隐患。监检人员应当及时进行该项目的监检，经监检确认施工符合要求后，施工单位才能继续施工。未经监检确认施工符合要求，施工单位不得继续施工。A类监检项目并非都必须在现场进行，既可以采用现场监督、检查抽查的方法，也可以采用资料审查的方法进行，如审查受检单位施工许可证等。

2.B类监检项目是对锅炉安全性能有较大影响的重点项目

一般包括监检人员对资源条件、产品或施工质量等，如检查锅炉外观，抽查焊缝质量。这类项目一般应当随着受检单位施工进度及时进行，如不能及时到达现场，受检单位在自检合格后可以继续进行下一工序的施工，监检人员随后对该项施工的结果进行现场检查，确认是否符合要求。比如，现场监督胀接试验，监检人员一般应在胀管试验时在一旁监督，但如果未能及时赶到，受检单位在自检合格后可以继续胀管施工，监检人员随后应当对胀管试验的结果及实际胀接质量进行现场检查，确认是否符合要求。

3.C类监检项目是对锅炉安全环保性能有影响的检验项目

C类项目主要针对的是文件资料类内容，监检人员通过审查受检单位相关的自检报告、记录（包括射线底片）等见证资料，确认是否符合要求，必要时进行现场监督、实物检查。

> **9.4.4**　制造监督检验内容
> 制造监督检验应当包括以下内容（检验项目见本规程附件E）：
> （1）制造单位基本情况检查；
> （2）设计文件、工艺文件核查；
> （3）锅炉产品制造过程监督抽查。

- **条款说明**：修改条款。
- **原《锅规》**：9.2.2　监督检验内容

制造监督检验内容包括对锅炉制造单位产品制造质量保证体系运转情况的监督检查和对锅炉制造过程中涉及安全性能的项目进行监督检验，监督检验至少包括以下项目：

（1）制造单位资源条件及质量保证体系运转情况的抽查；

（2）锅炉设计文件鉴定资料的核查；

（3）锅炉产品制造过程的监督见证及抽查；

（4）锅炉产品成型质量的抽查；

（5）锅炉出厂技术资料的审查。

- **条款解释**：本条款是对制造监督检验的主要工作内容做出基本要求。

本规程对制造监督检验工作提出三个方面的基本要求。

1.制造单位基本情况检查

制造单位基本情况检查应当包括资源条件和质量管理体系及其运转情况等内容。

（1）资源条件

本规程中锅炉制造单位的资源条件主要包括以下内容：人力资源（主要指质量管理人员、技术人员、焊接人员、质量检验人员、无损检测人员等）；锅炉制造所涉及的主要设备（主要指制造设备、检验设备、试验设备等）；制造场地（主要指材料存放场地、加工场地、检验及试验场地、产品存放场地等）。除此以外，还应包括相应的制造许可证、合格受委托方和供方名单以及与锅炉产品制造相关的其他资源条件。

①关于特种设备制造许可证。锅炉制造单位应当取得相应产品的特种设备制造许可证，方可从事批准范围内的锅炉产品制造。监检人员应当审查制造单位的锅炉制造许可证，是否在有效期内，并且与所制造锅炉的级别相符合。试制的产品需要监检的，应当在已经获得受理的范围内，且数量在 TSG 07—2019《特种设备生产和充装单位许可规则》相关规定范围内等方面的内容。

②关于人员。对于质量管理人员、技术人员，监检时应当审查是否符合制造单位质量管理体系的相关规定。

焊接人员和无损检测人员是影响锅炉制造质量的关键技术人员，对于受压元件焊接人员和无损检测人员，监检时应当审查现场作业的焊工和无损检测人员的持证情况是否符合相关规定，并审查制造单位的持证人员是否满足制造需要，必要时现场核对作业人员是否与持证项目相对应。

③关于合格受委托方和供方名单以及与锅炉产品制造相关的其他资源条件。TSG 07—2019《特种设备生产和充装单位许可规则》对材料、零部件控制明确规定，关于合格受委托方和供方名单，监检时应当审查是否符合制造单位质量管理体系的相关规定。

④与锅炉产品制造相关的其他资源条件，监检时应当检查是否能够满足锅炉产品制造的需要。

（2）质量管理体系及其运转情况

锅炉产品的制造质量涉及制造的各个环节，其质量是依靠制造过程中各工艺环节的严格控制与落实得到的，即制造单位质量管理体系的正常运转，是保证锅炉产品制造质量的根本。监检时应根据制造单位的质量管理体系，抽查各工艺环节的控制是否符合质量管理体系的相关要求。

对制造单位资源条件及质量管理体系运转情况进行抽查，是锅炉制造监督检验的工作内容之一。

除此以外，TSG 07—2019《特种设备生产和充装单位许可规则》也有规定。监检人员在日常产品监检过程中，应当对制造单位的质量管理体系实施情况和资源变化情况加强监督抽查，但通常限于监检项目、工作条件、人力资源等各种因素，难以全面达到证后监管的目的，而通过每年一次较为集中、系统的检查评价，可以有效弥补上述短板，加强对制造单位质量管理体系实施和资源条件变化情况的监督，有效实现证后监管的作用。

2.设计文件、工艺文件的审查

（1）设计文件

设计文件鉴定是在锅炉制造单位设计完成的基础上，对锅炉设计文件是否满足本规程以及节能环保相关要求进行的符合性审查。《特设法》、《条例》规定，锅炉的设计文件应当经国务院特种设备安全监督管理部门核准的检验检测机构鉴定，方可用于制造。即锅炉设计文件鉴定合格是锅炉制造的前置条件，对其进行核查是锅炉制造监督检验的工作内容之一。

需要审查的设计文件主要包括：

对于整装锅炉，需要盖章的锅炉设计文件包括锅炉本体图和受压元件强度计算汇总表。

对于散装锅炉，需要盖章的锅炉设计文件除了本体图或总图外，以及主要承压部件，包括锅筒（壳）、启动（汽水）分离器及储水箱、集箱、受热面管、减温器、管道、集中下降管等设计图以及受压元件强度计算汇总表。

监检时主要审查在上述设计文件上是否有设计文件鉴定机构出具的设计文件鉴定专用章以及《锅炉设计文件鉴定报告》。

（2）锅炉产品质量（检验）计划

锅炉产品质量（检验）计划是制造单位对锅炉制造过程进行质量控制的指导文件，对保证锅炉产品质量具有重要作用。TSG 07—2019《特种设备生产和充装单位许可规则》对作业（工艺）控制的评审要求也有规定。对产品质量计划，也就是本规程中的锅炉产品质量（检验）计划，监检时主要审查是否覆盖与产品各部件相关的设计、材料、焊接、制造、分包、检验检测以及出厂文件等各个控制环节，以及所采用的标准、质量控制节点、检验检测方法和数量比例等是否符合本规程和相关标准的要求。

（3）工艺文件

工艺文件主要包括下料、冷（热）加工、组装等机械加工工艺文件、焊接工艺评定资料、焊接工艺文件、热处理工艺文件、胀接工艺文件、检测工艺文件、试验工艺文件以及监检人员认为应当核查的其他工艺文件等。对工艺文件，应审查其是否符合本规程及相关技术标准的规定，并满足制造的需要，其编制、审核、批准及其受控情况是否符合质量管理体系要求等。

3.锅炉产品制造过程监督抽查

锅炉产品的制造过程由各工艺环节组成，制造监督检验即是通过审查、核查、见证、抽查等方式，对制造过程中涉及安全性能的各环节的控制进行监督见证和抽查，监督制造过程中涉及安全性能的各工艺环节及控制能否按照质量管理体系的要求进行，并且结合抽查项目，检查针对受检锅炉制造过程的受检单位质量管理体系运转情况，是制造监督检验的重要工作内容之一。主要包括以下几个方面的内容：

（1）主要受压元件及其焊接材料的质量证明、验收资料、材料代用资料、合金钢材料化学成分光谱分析记录以及材料管理情况

对于主要受压元件材料质量证明书，应当确认其是否符合设计选材，内容是否齐全、清晰，数据是否符合相关标准的规定，材料制造单位是否按规定盖章确认。如果制造单位提供材料质量证明书的复印件或者材料汇总表，监检时应当核对质量证明书原件。从非材料制造单位取得锅炉用材料时，应当核查材料制造单位提供的质量证明书原件或者加盖材料经营单位公章和经办负责人签字（章）的质量证明书复印件。

对于验收资料，应当抽样核查材料入厂验收报告，复验报告应当内容齐全、数据符合相关标准的规定；现场抽查材料标识，应当清晰、齐全，并且与质量证明书的炉批号一致。

对于材料代用，应当核查其相关手续是否符合规定，同时还应当注意，必须是本规程允许使用的材料才能代用，否则应当按照本规程1.6条规定，作为新材料处理；材料代用在满足强度和结构要求的同时还要满足工艺要求。

对于合金钢材料化学成分光谱分析，本规程4.5.3条规定，合金钢管、管件对接接头焊缝和母材应当进行化学成分光谱分析验证。这一规定的目的也是为了防止错用钢材，监检时应当抽样审查合金钢材料化学成分光谱分析记录（报告），是否符合相关工艺文件规定和材料标准的要求。

对于材料管理，应当检查是否建立材料保管和使用的管理制度，锅炉受压元件用的材料

是否有标记，切割下料前，是否作标记移植。这一要求的目的是防止用错钢材。监检时应当现场检查材料标识，是否清晰、齐全，并且审查制造单位的检验记录，是否具有可追溯性。

焊接材料使用单位应当建立焊接材料的存放、烘干、发放、回收和回用管理制度。

（2）受压元件及其附件相关制造工艺的执行情况、记录和质量

锅炉产品的制造过程由各工艺环节组成，工艺执行的好坏，从根本上决定的受压元件及其附件的制造质量。监检时应当通过审查工艺记录，并现场监督受压元件及其附件相关制造工艺的执行情况和质量是否符合本规程及相关标准和质量管理体系的相关规定，确认受检锅炉制造过程的受检单位质量管理体系运转情况及其制造质量。

本规程4.3.1条规定，锅炉受压元件的焊缝附近应当打焊工代号钢印，对不能打钢印的材料应当有焊工代号的详细记录。焊接后打焊工代号钢印、做焊工代号位置记录是为加强焊接工作质量控制，提高可追溯性，便于迅速查出焊接质量责任者及产生质量问题的原因，避免类似问题的再次发生。监检时应当现场检查焊工代号钢印是否清晰；对焊工代号位置记录，应当审查其是否详细记录各个焊缝的焊工代号，并且具有可追溯性。

本规程4.5.1条规定，受压元件焊接接头（包括非受压元件与受压元件焊接的接头）应当进行外观检验。焊接接头外观质量是最直观的质量指标，监检时应当通过现场检查进行监督。

（3）焊接试件的加工情况、试验记录或者报告

本规程第4章对焊接试件的取样加工、试验方法、试验结果评定等进行了相应的规定，监检人员应当现场检查焊接试件的制作方式和数量、监督试验过程和试验方法、审查试验记录或者报告，以确认焊接试件相关试验是否符合本规程的规定。

（4）受压元件热处理、无损检测以及成型质量的检测情况、记录和质量

本规程第4章对受压元件热处理的适应范围、热处理设备、热处理前的工序要求、热处理工艺、热处理记录、热处理后的工序要求等进行了规定，焊后热处理过程中，应当详细记录热处理规范的各项参数，热处理后有关责任人员应当详细核对各项记录指标是否符合工艺要求。监检时应当审查热处理记录或者报告，审查重点是热处理曲线是否完整、报告是否有效，是否符合工艺文件的规定。

本规程第4章对无损检测的人员资格、基本方法、检测标准、技术等级及焊接接头质量等级、无损检测时机、选用方法和比例、局部无损检测、组合无损检测方法合格判定、无损检测报告的管理等进行了规定，监检时应当审查无损检测报告的内容，包括无损检测人员资质、检测方法、检测时机、检测比例以及扩检比例、检测位置、检测标准、检测结果和质量分级情况等，与无损检测工艺卡、原始记录和检测部位图等进行核对，是否完整、正确、符合工艺要求，报告出具签发是否符合规定，并抽查射线底片，检查底片质量是否符合要求、评片结果是否正确。

质量管理体系对受压元件成型质量也应该有相应的规定。在监检时，应对受压元件成型质量的检测情况、记录和质量进行抽查，以确认受检锅炉制造过程的受检单位质量管理体系运转情况及其制造质量。

（5）受压部件专项要求

根据锅炉各受压部件的制造工艺及特点，对锅筒（壳）、启动（汽水）分离器及储水箱、炉胆、封头（管板）、回燃室、冲天管、下脚圈、拉撑件（管、板、杆）；集箱（含分汽缸）；受热面管；减温器、汽-汽热交换器；锅炉范围内管道、主要连接管道等分别提出专项检验要求，详见附件E。

（6）水（耐）压试验

本规程第4章对水（耐）压试验的基本要求、水压试验压力和保压时间、水压试验过程控制、水压试验合格要求等进行了规定。监检时，应按照本规程的要求检查、见证水压试验。

（7）安全附件和仪表

安全附件及仪表包括安全阀、压力测量装置、水（液）位测量与示控装置、温度测量装置、排污或者放水装置等安全附件，以及安全保护装置和相关的仪表等，其中主要安全保护装置包括高、低水位报警和低水位联锁保护装置、超压报警和联锁保护装置、超温联锁保护装置、故障时自动切断燃料保护、点火程序控制与熄火保护等。监检时，应核对安全附件、安全保护装置的配置清单，是否与设计文件相符，并抽查安全附件数量、规格、型号、产品合格证、质量证明文件、型式试验证书等，是否符合有关要求。

（8）锅炉出厂资料、液（气）体燃烧器型式试验证书以及产品铭牌

关于出厂资料，产品出厂时，锅炉制造单位应当提供与安全有关的技术资料，其内容至少包括：锅炉图样（包括总图、安装图和主要受压部件图）；受压元件的强度计算书或者计算结果汇总表；安全阀排放量的计算书或者计算结果汇总表；锅炉质量证明书（包括出厂合格证、金属材料证明、焊接质量证明和水（耐）压试验证明）；锅炉安装说明书和使用说明书；受压元件与设计文件不符的变更资料；热水锅炉的水流程图及水动力计算书或者计算结果汇总表（自然循环的锅壳式锅炉除外）；有机热载体锅炉的介质流程图和液膜温度计算书或者计算结果汇总表。

对于A级锅炉，除满足上述要求外，还应当提供以下技术资料：锅炉热力计算书或者热力计算结果汇总表；过热器、再热器壁温计算书或者计算结果汇总表；烟风阻力计算书或者计算结果汇总表；热膨胀系统图；高压及以上锅炉水循环（包括汽水阻力）计算书或者计算结果汇总表；高压及以上锅炉汽水系统图；高压及以上锅炉各项安全保护装置整定值。

监检人员应当审查上述出厂技术资料是否齐全、清晰，与产品是否相符，质量证明书内容是否符合相关标准要求。

关于液（气）体燃料燃烧器，监检人员应当审查是否具有型式试验合格证书。安装现场进行型式试验的液（气）体燃料燃烧器，其型式试验合格证书可以在现场型式试验后提供。

监检人员在产品监检项目检查完成后，应当检查铭牌，本规程第4章对铭牌上应载明的项目进行了相应的规定，监检人员应当检查铭牌的内容是否符合本规程的要求，并和设计文件、出厂文件一致。

4.关于锅炉产品成型质量和锅炉出厂技术资料的检查

原《锅规》中规定的锅炉产品成型质量和锅炉出厂技术资料的检查，已经包含在锅炉产品制造过程监督抽查中，故本次修订，不再对此进行重复规定。

9.4.5 安装监督检验内容

安装监督检验应当包括以下内容（检验项目见本规程附件F）：

（1）安装单位基本情况检查；

（2）设计文件、工艺文件核查；

（3）锅炉安装过程监督抽查。

- **条款说明：** 修改条款
- **原《锅规》：** 9.3.2 监督检验内容

锅炉安装、改造和重大修理监督检验工作内容，包括对锅炉安装、改造和重大修理过程中涉及安全性能的项目进行监督检验和对受检单位质量保证体系运转情况的监督检查。监督检验至少包括以下项目：

（1）安装、改造和重大修理单位在施工现场的资源配置的检查；

（2）安装、改造和重大修理施工工艺文件的审查；

（3）锅炉产品出厂资料与产品实物的抽查；

（4）锅炉安装、改造和重大修理过程中质量保证体系实施情况的抽查；

（5）锅炉安装、改造和重大修理质量的抽查；

（6）安全附件、保护装置及调试情况的核查；

（7）锅炉水处理系统及调试情况的核查。

● **条款解释：** 本条款是对安装监督检验的主要工作内容做出基本要求。

本规程对安装监督检验工作提出三个方面的基本要求。

1. 安装单位基本情况检查

安装单位基本情况检查应当包括资源条件和质量管理体系及其运转情况等内容。

（1）受检单位资源条件。与锅炉制造相类似，安装单位在施工现场的资源配置，广义上讲是指安装过程中涉及的所有元素。本规程中安装单位在施工现场的资源配置主要包括以下内容：人力资源（主要指质量管理人员、相关责任人员、技术人员、焊接人员、质量检验的人员、无损检测人员等）；锅炉安装所涉及的主要设备（主要指安装设备、检验设备、试验设备等）；安装场地（主要指材料存放场地、安装场地、检验及试验场地等）。

除此以外，还应包括相应的安装改造维修许可证、合格受委托方和供方名单以及与锅炉安装相关的其他资源条件。

① 关于锅炉安装许可证。锅炉安装单位应当取得特种设备安装改造维修许可证，方可从事许可证证允许范围内的锅炉安装工作；锅炉制造单位可以安装、改造和修理其制造许可范围内的锅炉。监检时应当审查安装单位的锅炉安装许可证，是否在有效期内，并且与所安装锅炉的级别相符合。

② 关于人员。对于质量管理人员、技术人员，监检时应当审查是否符合安装单位质量管理体系的相关规定。

焊接人员和无损检测人员是影响锅炉制造质量的关键技术人员之一。对于受压元件焊接人员和无损检测人员，监检时应当审查现场作业的焊工和无损检测人员的持证情况是否符合相关规定，并审查安装单位的持证人员是否满足工程需要，必要时现场核对作业人员是否与持证项目相对应。审查或者检查时，可以对照焊接记录核查，也可以通过对照焊口位置图及焊接记录，在施工现场进行抽查。

③ 关于合格受委托方和供方名单以及与锅炉产品制造相关的其他资源条件。TSG 07—2019《特种设备生产和充装单位许可规则》对材料、零部件控制有明确规定。关于合格受委托方和供方名单，监检时应当审查是否符合安装单位质量管理体系的相关规定。

④ 与锅炉安装相关的其他资源条件，监检时应当检查是否能够满足锅炉安装的需要。

（2）出厂资料和文件

① 锅炉出厂资料、制造监督检验证书，对于移装锅炉，还应当核查移装前内部检验报告和锅炉使用登记机关的过户变更证明文件。

进行安装监检的锅炉必须是按照本规程要求制造的锅炉，监检时应当审查其是否符合本规程4.6条"出厂资料"的要求，且与锅炉铭牌、实物相符。

对于移装锅炉，还应当审查移装前内部检验报告和锅炉使用登记机构的过户变更证明文件。移装前内部检验报告检验结论为不符合要求的，不应当进行安装监检；对内部检验报告已经过期的，应当重新进行内部检验；对未办理过户变更证明的，应当要求申请单位去原锅炉使用登记机构办理过户变更手续。

② 安全附件和仪表质量证明文件、液（气）体燃料燃烧器型式试验合格证书、有机热载体产品检验报告、相关安全技术规范要求的锅炉定型产品能效测试报告。

监检时，应当核查对锅炉安全附件和仪表的质量证明文件是否齐全、有效。

监检时，应当核查液（气）体燃料燃烧器型式试验合格证书（如果燃烧器型式试验在安装现场进行，可以在安装现场试验完毕后提供）。

监检时，应当核查有机热载体产品检验报告，有机热载体质量应当符合锅炉设计文件的要求且满足 GB 23971《有机热载体》的相关规定。另外，还应当核查选用的有机热载体最高允许使用温度是否高于有机热载体锅炉设定最高工作温度，并符合本规程 10.2.1.3 的规定和 GB/T 24747《有机热载体安全技术条件》的要求。

关于锅炉定型产品能效测试报告，监检人员应当审查其是否满足 TSG G0002《锅炉节能技术监督管理规程》的要求。

2. 设计文件、工艺文件的审查

① 设计文件。设计文件主要包括设计变更资料等。

对于设计变更资料，监检时审查这些文件是否符合本规程及相关标准和质量管理体系的要求。

② 安装施工组织设计（方案）。安装施工组织设计（方案）是锅炉安装施工最基本的作业指导文件，内容一般包括施工组织、施工准备、施工过程方案、质量控制计划、检验和验收方案等，监检时应当审查其采用标准是否符合《锅规》7.2.1 "安装标准"规定以及是否满足安装施工的需要。

一般来说，锅炉安装应当符合以下相应标准：

a. 锅炉的安装，对于 A 级锅炉应当符合 DL/T 5190.2《电力建设施工技术规范 第 2 部分：锅炉机组》的有关技术规定；对于 B 级及以下锅炉应当符合 GB 50273《锅炉安装工程施工及验收规范》及相关标准的规定，热水锅炉还应当符合 GB 50242《建筑给水排水及采暖工程施工质量验收规范》的有关规定；

b. 锅炉范围内管道的安装，对于 A 级锅炉应当符合 DL 5190.5《电力建设施工技术规范 第 5 部分：管道及系统》和 DL/T 869《火力发电厂焊接技术规程》的有关技术规定；对于 B 级及以下锅炉应当符合 GB 50235《工业金属管道工程施工规范》和 GB 50236《现场设备、工业管道焊接工程施工规范》的有关技术规定。

③ 工艺文件。焊接工艺评定资料、焊接工艺文件、热处理工艺文件、检测工艺文件、水（耐）压试验方案、调试和试运行工艺文件以及监检人员认为应当核查的其他工艺文件等，这些工艺文件是保证锅炉安装施工规范性的基础，监检人员主要审查这些文件是否符合本规程及相关标准和质量管理体系的要求，并且满足现场施工的需要等。对其进行审查是锅炉安装监督检验的工作内容之一。

3. 锅炉安装过程监督抽查

锅炉产品的安装过程由各工艺环节组成，安装监督检验即是通过审查、核查、见证、抽查等方式。对安装过程中涉及安全性能的各环节的控制进行监督见证和抽查，监督安装过程中涉及安全性能的各工艺环节及控制能否按照质量管理体系的要求进行，并且结合抽查项目，检查针对受检锅炉安装过程的受检单位质量管理体系运转情况，是安装监督检验的重要工作内容之一。主要包括以下几个方面的内容：

（1）锅炉基础验收资料。锅炉基础还是锅炉安装过程中其他部件安装和找正的依据，锅炉基础施工的检查和验收按照 GB 50204《混凝土结构工程施工质量验收标准》执行，监检时需要审查锅炉基础沉降定期观测记录，沉降观测点的设置应符合 GB 50026《工程测量规范》和 JGJ8《建筑变形测量规范》的规定。

（2）锅炉钢结构质量证明以及锅炉钢结构安装工艺的执行情况、记录和质量

锅炉钢结构一般由锅炉制造厂按照 GB/T 22395《锅炉钢结构设计规范》进行设计，外形尺寸应当符合设计文件和 GB 50205《钢结构工程施工质量验收标准》的规定。钢结构制造厂应当提供质量证明文件，包括检查测量报告及材质证明等内容，监检时应当审查锅炉钢结构质量证明文件，是否齐全、有效。

锅炉钢结构一般采用高强度螺栓或普通螺栓进行连接，主要承载件的连接一般全部采用高强度大六角螺栓连接副、扭剪型高强度螺栓连接副。高强螺栓应满足 GB/T 1228《钢结构用高强度大六角头螺栓》的要求，出厂时应具有质量证明书或出厂合格证，随箱带有扭矩系数和紧固轴力（预拉力）的检验报告，其品种、型号、规格及质量应符合设计要求和国家标准的规定。高强螺栓的安装、检验和验收除应符合 GB 50205《钢结构工程施工质量验收标准》外，还应符合 DL5190.2《电力建设施工技术规范 第 2 部分：锅炉机组》的规定。

锅炉钢结构安装应当符合 GB 50205《钢结构工程施工质量验收标准》的要求，对于 A 级锅炉，还应当符合 DL5190.2《电力建设施工技术规范 第 2 部分：锅炉机组》的要求，对于 B 级及以下锅炉还应当符合 GB 50273《锅炉安装工程施工及验收规范》的要求，热水锅炉还应当符合 GB 50242《建筑给水排水及采暖工程施工质量验收规范》的要求。监检时应审查锅炉大板梁挠度测量记录、钢结构安装记录、验收资料等是否齐全，验收项目及结果是否符合标准的规定，必要时进行现场抽查。

对于焊接钢结构，应当符合工艺文件和 JGJ 81《建筑钢结构焊接技术规程》的规定。监检时应当审查焊接记录是否齐全有效，无损检测报告是否符合相关标准的规定。

（3）主要受压元件材料及其焊接材料的质量证明以及材料管理情况。

主要受压元件材料及其焊接材料的全过程管理对于锅炉的质量影响重大。安装监检应当抽查质量证明、验收资料、材料代用资料以及材料管理等环节的证明文件、验收记录或报告等，必要时进行现场抽查，监督其是否符合本规程第 2 章的相关规定以及安装单位质量管理体系的相关要求。

（4）部件外观质量以及现场坡口加工质量、焊接施工过程中焊接工艺执行情况、施焊记录、热处理记录、安装焊接接头外观质量。

锅炉部件出厂后在运输到安装现场的过程中可能造成损坏、腐蚀等，包装、固定不好时更易出现问题，监检时应该对部件进行外观检查。

如果设计出现更改或现场返修等，还有可能需要在现场加工坡口。监检时，还应当检查坡口加工质量。例如，现场返修时有时会切除原有焊缝并重新加工坡口，切除后应通过机械加工或打磨的方法重新加工坡口，坡口加工应符合返修工艺文件及标准的要求。

施焊记录审查是监检的重要内容，监检时应特别注意审查焊工代号、焊接工艺、焊接材料等是否符合要求。通过与合格焊工一览表进行对照，可以发现该焊工持证项目是否能够进行该项焊接工作，通过审查焊接工艺参数可以发现焊工是否按照工艺文件进行焊接，通过审

查焊接材料可以追溯该焊材是否具有相应的质量证明文件、入厂验收及入库、保管、发放或回收记录等。

热处理记录应当包括热处理规范的各项参数、热处理曲线等。监检时应注意审查热处理记录是否完整、有效，热处理参数是否符合热处理工艺文件的规定。

焊接过程及热处理过程是保证安装质量的重要环节。监检人员除了要审查记录外，还要在焊接及热处理过程中进行现场抽查，抽查的重点是进行焊接作业的焊工是否具有相应的持证项目，焊接及热处理参数、操作方法是否符合工艺文件的相关规定等。

焊接接头外观质量是最直观的质量指标，监检时应当通过现场检查进行监督。

（5）对安装焊接接头质量检验项目的监检要求。

《锅规》及相应的标准对安装焊接接头无损检测、合金钢材质安装焊接接头化学成分光谱分析、高合金钢材质安装焊接接头金相检测有相应的规定，如本规程7.2.3规定，锅炉安装工程中的无损检测、合金钢材质安装焊接接头化学成分光谱分析、工作要求应当符合本规程第4章的有关规定；为保证高合金钢材质安装焊接接头的质量与性能，DL/T 869《火力发电厂焊接技术规程》对高合金钢材质也有金相检验的要求，故监检时，应审查安装焊接接头无损检测报告、合金钢材质安装焊接接头化学成分光谱分析记录、高合金钢材质安装焊接接头金相检测报告。

（6）受压部件专项要求。

根据锅炉各受压部件的安装工艺及特点，对锅筒、启动（汽水）分离器及储水箱、集箱类部件（含减温器、分汽缸）；受热面（包括水冷壁、对流管束、过热器、再热器、省煤器等）及其附件；锅炉范围内管道、主要连接管道等分别提出专项检验要求，详见附件F。

（7）蒸汽吹灰系统、炉膛门、孔、密封部件以及防爆门。

蒸汽吹灰系统的蒸汽来源一般是锅炉本体蒸汽管道或集箱，系统通常包括截止阀、减压阀、安全阀、止回阀、疏水阀、压力测量装置、温度测量装置、流量测量装置、管道固定装置、导向装置、支吊装置等，蒸汽在控制系统控制下经减压后通过吹灰器吹入炉膛。监检时，应检查蒸汽吹灰系统管道的安装、坡度设置，并审查安全阀的校验报告、合金钢部件化学成分光谱分析报告。

炉膛门、孔、密封部件以及防爆门的安装质量应当符合相关安装标准的规定，监检时应当抽查炉膛门、孔、密封部件以及防爆门的安装记录，应当现场进行检查。

（8）水（耐）压试验。

安装监检时，对于水（耐）压试验，应当检查以下内容：检查水（耐）压试验条件以及安全防护情况，审查试验用水水质分析报告（C级及以下锅炉除外）、有机热载体验证检验报告，现场监督水（耐）压试验，检查升（降）压速度、试验压力、保压时间，检查在工作压力下受压元件表面、焊缝、胀口、人孔、手孔等处的状况以及泄压后的状况。

（9）炉墙、保温及防腐。

锅炉水压试验以后，除了进行热工装置的安装调试，还要进行炉膛砌筑、锅炉本体和管道保温、防腐等工作，监检时应当审查低温烘炉记录、锅炉本体以及管道保温外护层表面热态测温记录、施工质量验收记录，必要时现场检查，是否符合安装标准的规定。

（10）安全附件和仪表。

安全附件和仪表是保证锅炉安全运行的重要组成部分。在锅炉安装监督检验工作中，对其进行相应的监督非常必要。一般应当包括以下内容：安全阀校验报告、压力测量装置和温度测量装置的检定、校准证书等；合金钢管子、管件和焊接接头化学成分光谱分析记录，安装焊接接头的热处理记录、无损检测记录或者报告；安全阀排汽管、疏水管的结构和走向；水位测量装置的安装位置和数量；高（低）水位报警装置、低水位联锁保护装置、超压报警及联锁保护装置、超温报警及联锁保护装置、点火程序控制和熄火保护等的功能试验记录。

（11）锅炉水处理。

锅炉水处理的好坏直接影响锅炉的安全运行。锅炉水处理设备的设置，主要包括补给水处理设备及系统的配置是否与水源水质、锅炉参数及运行特点等相适应。尤其对于工业锅炉，由于锅炉出厂配套的软水处理设备大多只是按锅炉出力配备，当原水硬度较高时，出水硬度往往难以达到合格要求。因此监检时应检查锅炉运行时水处理设备的出水质量和制水周期能否满足锅炉运行时的给水要求，并核查安装调试和加药记录、水汽（介质）质量检验记录。对于超高压及以下的锅炉还应当进行水汽（介质）质量抽样检测；对于超高压以上锅炉查看水汽质量在线检测记录，核查是否符合 DL/T 561《火力发电厂水汽化学监督导则》的要求。

（12）锅炉调试、试运行及验收。

调试、试运行过程中及结束后，相关单位都要按照安装标准及方案的要求填写记录、报告或签证。监检时，审查调试记录或报告时，一般包括锅炉整套启动调试报告、烘炉及煮炉（化学清洗）记录，管道的冲洗和吹洗记录，安全阀整定报告，整套启动试运行阶段锅炉相关验收签证等。

（13）锅炉安装竣工资料。

锅炉安装完成后要进行验收，验收时相关各方如建设单位、监理单位、施工单位、调试单位等要对施工记录、报告、底片、调试和试运行记录等各类技术资料进行验收，验收通过后签字确认。这些竣工资料，包括重要的质量证明文件，是锅炉安全运行及检验检测非常重要的原始资料，为了保障可追溯性，监检时应当对此进行审查，确定竣工资料的完整性和有效性。

9.4.6 改造和重大修理监督检验内容

（1）核查锅炉改造和重大修理技术方案是否满足本规程第 7 章的要求；

（2）监督检验内容参照本章安装监督检验的相关要求执行。

- **条款说明**：新增条款

- **条款解释**：本条款是对改造和重大修理监督检验的主要工作内容做出基本要求。

关于改造和重大修理监督检验内容，按照以下原则进行：锅炉改造和重大修理技术方案是否满足本规程第 7 章要求，改造和重大修理的方案由监督检验机构负责审查；由于改造和重大修理的情况很多，故监督检验参照本章安装监督检验相关要求进行。

9.4.7 化学清洗监督检验内容

化学清洗监督检验内容，应当包括对化学清洗单位质量管理体系运转情况和化学清洗过程中涉及安全性能的项目的监督抽查：

（1）化学清洗方案、缓蚀剂缓蚀性能测试记录、清洗药剂质量验收记录、垢样分析记录、溶垢试验记录、腐蚀指示片悬挂位置及测量数据、监视管的安装、清洗循环系统和节流装置等；

（2）化学清洗工艺参数控制记录、化验分析记录、加温方式和温度控制等；

（3）锅炉清洗除垢率、腐蚀速度及腐蚀总量、钝化效果、金属表面状况（是否有点蚀、镀铜、过洗）及脱落垢渣清除情况等；

（4）对于有机热载体锅炉，还应当包括残余的油泥、结焦物和垢渣等杂质的清除情况。

- 条款说明：新增条款
- 条款解释：本条款是对化学清洗监督检验的主要工作内容做出基本要求。

锅炉化学清洗监督检验应当依据 GB/T 34355《蒸汽和热水锅炉化学清洗规则》或者 GB/T 34352《有机热载体锅炉及系统清洗导则》以及《锅炉水（介）质处理检验导则》的要求进行。锅炉化学清洗监督检验的具体内容主要有以下几点。

（1）清洗前资料核查

包括清洗能力核查（注意假冒证书、清洗人员是否经培训考核并持相应作业证书、清洗设备是否满足清洗要求等）；核查清洗方案的内容（包括，锅炉状况检查、缓蚀剂缓蚀效率、垢样分析和清洗小型试验、清洗工艺及参数控制、清洗系统的设置、不参与清洗的设备和部件隔离保护措施、下降管节流措施、腐蚀指示片的材质和挂放位置及数量、清洗液温度控制及加热方法、清洗过程中化学监督项目和控制措施、清洗质量验收要求和残垢清理措施、废液处理措施、安全措施等）是否符合相应标准要求。

（2）清洗过程现场监督

检查实际清洗循环系统设置、节流装置和监视管等的安装、不参与清洗的部位和设备的隔离保护、清洗工艺步骤、加热方式及温度控制等是否按清洗方案实施；检查清洗前压力试验是否有泄漏情况，核查腐蚀指示片的编号和挂放位置及在酸洗液中浸泡时间，查看清洗过程中的清洗操作和化验记录，检查清洗过程是否有异常情况及处置措施，核查清洗液浓度、温度、流速、清洗时间、清洗液化验指标和间隔时间等是否符合相关标准要求；当 Fe^{3+} 浓度过高时，是否加入合适的还原剂，必要时对清洗液留样抽检。

（3）清洗质量检验

主要检验除垢质量（包括残垢清理）、腐蚀速度和腐蚀总量、钝化膜形成状况等。

工业锅炉除垢质量评定以查看受热面可见部位金属暴露面为主，必要时割管检查（蒸发量≥10t/h 的水管锅炉建议在水冷壁安装监视管），对于难以查看清洗效果的水冷壁管或盘管式锅炉，需通过内窥镜进行检查。电站锅炉主要通过设置在水冷壁的监视管或割管检查、判断除垢率。清洗结束后，清洗单位应打开所有的人孔、手孔等检查孔，对汽包（锅筒）、烟管、对流管、集箱、水冷壁管、省煤器等各部位进行全面检查和残垢清理，不得有残垢堆积；所有管子应畅流，不得堵塞（清洗前完全堵塞，清洗后仍不通的，需由具修理资质的单位更换）。工业锅炉应逐根冲洗所有的水冷壁管，检验人员应抽检管子疏通情况。

腐蚀速度和腐蚀总量的检验应注意：锅炉化学清洗监督检验报告中的腐蚀速度和腐蚀总量不应直接按清洗单位提供的数据填写，监检人员应当参与清洗前后腐蚀指示片的称量，核实悬挂在不同部位的腐蚀指示片实际接触酸洗液的时间，复核指示片表面积，并据此计算腐蚀速度和腐蚀总量。同时还应检查酸洗液流速较高部位是否有粗晶析出的过洗现象，仔细观察腐蚀指示片表面状态，检查是否有点蚀、镀铜等迹象。

钝化膜形成状况检查一般通过目测观察，钝化膜的颜色因采用的钝化剂不同而有所不同。被清洗的金属表面大部分形成均匀致密的钝化膜为良好；由于工业锅炉清洗后一般能很快投入运行，且运行时锅水碱度较高，有一定的钝化作用，因此对工业锅炉钝化膜要求相对低些，检验时金属表面无明显浮锈，可视为钝化膜合格，但如果锅炉清洗后不能很快投入运行，则应要求钝化膜良好，并采用适当的停炉保护措施。

9.4.8 监督检验证书及报告

监督检验合格后，监检机构应当在 10 个工作日（A 级高压以上电站锅炉为 30 个工作日）内出具监督检验证书（化学清洗出具监督检验报告），证书样式见本规程附件 G。A 级高压以上电站锅炉安装、改造、重大修理监督检验，除出具监督检验证书外，还应当出具监督检验报告。

锅炉产品制造监督检验合格后，应当在铭牌上打制造监督检验钢印。

- **条款说明**：修改条款
- **原《锅规》**：9.3.3 监督检验证书

经过监督检验，抽查项目符合相关法规标准要求的，出具监督检验证书。

- **条款解释**：本条款是对监督检验证书及报告做出基本要求。

经监督检验，抽查项目符合相关法规标准要求的，应当出具监督检验证书。对于 A 级高压以上锅炉，因为结构、用材、工艺复杂，除出具监检证书外，监检机构还应当出具锅炉监督检验报告。

对出具监督检验证书和监督检验报告的时限加以规定。

9.5 定期检验

9.5.1 定期检验安排

锅炉使用单位应当安排锅炉的定期检验工作，并且在锅炉下次检验日期前 1 个月向具有相应资质的检验机构提出定期检验要求。检验机构接受检验要求后，应当及时开展检验。

- **条款说明**：修改条款。
- **原《锅规》**：9.4.1 基本要求

（2）锅炉的使用单位应当安排锅炉的定期检验工作，并且在锅炉下次检验日期前 1 个月向检验检测机构提出定期检验申请，检验检测机构应当制订检验计划。

- **条款解释**：本条款明确了锅炉定期检验工作安排、申请及检验计划等环节以及锅炉使用单位和检验检测机构的职责。

1. 锅炉使用单位是落实定期检验工作的责任主体。根据《条例》第二十八条"特种设备使用单位应当按照安全技术规范的定期检验要求，在安全检验合格有效期届满前 1 个月向特种设备检验检测机构提出定期检验要求"的规定，锅炉使用单位应当安排锅炉的定期检验工作，并且在锅炉下次检验日期前 1 个月向具有相应资质的检验机构提出定期检验要求。

2. 检验机构受理锅炉使用单位的定期检验申请后，应履行检验机构的相应职责，及时进行定期检验前的技术准备，如审查锅炉的技术资料和运行记录、编制有针对性的检验方案等，根据锅炉使用单位提出的检验日期制订出检验计划，通知锅炉使用单位，并安排具备相应资质的检验检测人员及时开展检验。

> **9.5.2** 定期检验周期
>
> （1）外部检验，每年进行 1 次；
>
> （2）内部检验，一般每 2 年进行 1 次，成套装置中的锅炉结合成套装置的大修周期进行，A 级高压以上电站锅炉结合锅炉检修同期进行，一般每 3 年～6 年进行 1 次；首次内部检验在锅炉投入运行后 1 年进行，成套装置中的锅炉和 A 级高压以上电站锅炉可以结合第一次检修进行；
>
> （3）水（耐）压试验，检验人员或者使用单位对设备安全状况有怀疑时，应当进行水（耐）压试验；因结构原因无法进行内部检验时，应当每 3 年进行一次水（耐）压试验；
>
> （4）成套装置中的锅炉和 A 级高压以上电站锅炉由于检修周期等原因不能按期进行内部检验时，使用单位在确保锅炉安全运行（或者停用）的前提下，经过使用单位主要负责人审批后，可以适当延期安排内部检验（一般不超过 1 年并且不得连续延期），并且向锅炉使用登记机关备案，注明采取的措施以及下次内部检验的期限。

- **条款说明**：修改条款。
- **原《锅规》**：9.4.2 定期检验周期

锅炉的定期检验周期规定如下：

（1）外部检验，每年进行一次；

（2）内部检验，锅炉一般每 2 年进行一次；成套装置中的锅炉结合成套装置的大修周期进行，电站锅炉结合锅炉检修同期进行，一般每 3～6 年进行一次；首次内部检验在锅炉投入运行后一年进行，成套装置中的锅炉和电站锅炉可以结合第一次检修进行；

（3）水（耐）压试验，检验人员或者使用单位对设备安全状况有怀疑时，应当进行水（耐）压试验；因结构原因无法进行内部检验时，应当每 3 年进行一次水（耐）压试验。

成套装置中的锅炉和电站锅炉由于检修周期等原因不能按期进行锅炉定期检验时，锅炉使用单位在确保锅炉安全运行（或者停用）的前提下，经过使用单位技术负责人审批后，可以适当延长检验周期，同时向锅炉登记地质量技术监督部门备案。

- **条款解释**：本条款是对锅炉定期检验周期的规定。

1. 外部检验

按照劳锅字（1992）4 号《劳动部关于颁发〈锅炉运行状态检验规则〉（试行）的通知》，我国的锅炉外部检验工作从 1992 年 10 月开始试行。当时此项工作称为锅炉运行状态检验，检验周期一般在两次停炉内外部检验之间进行，即一般两年一次。考虑到锅炉外部检验的重要性及国外锅炉的检验情况，96 版《蒸规》调整为在用锅炉一般每年进行一次外部检验。本次修订，对于外部检验的周期，延续了以往的规定，未进行调整。

2. 内部检验

(1) 锅炉内部检验周期的原则规定，与原《锅规》保持一致，未进行调整。

(2) 对成套装置中的锅炉内部检验周期进行单独规定。成套装置中的锅炉检修周期受系统运行的限制，与其他锅炉存在较大差别，故对成套装置中的锅炉的内部检验周期进行单独规定，更符合实际情况。

(3) 对高压以上电站锅炉内部检验周期进行单独规定。电站锅炉检修周期受电网控制，与其他锅炉存在较大差别，故对电站锅炉的内部检验周期分别进行规定。本次修订，将"电站锅炉"调整为"A级高压以上电站锅炉",更符合实际情况。

目前国内火力发电厂,检修分为A、B、C、D四个等级。对于国内绝大部分火力发电机组而言,A级检修均控制在4~6年。故本次修订将A级高压以上电站锅炉的内部检验周期规定为"A级高压以上电站锅炉结合锅炉检修同期进行,一般每3~6年进行一次",符合实际情况。

(4)首次内部检验的原则要求。锅炉安装完毕投入运行后的首次内部检验,与以后的内部检验的检验重点是不同的。首次内部检验的重点为检查锅炉各部件各部位的应力释放情况、膨胀协调情况、安装过程中遗留缺陷的变化情况以及运行与设计存在差异时(如煤种变化)锅炉的实际运行状况,有别于常规的内部检验,使检验更加有针对性。

3.水(耐)压试验

本次修订维持原《锅规》关于水(耐)压试验周期的规定,未进行调整。

4.对无法进行内部检验的锅炉提出结构原因的概念,避免检验的随意性。

5.由于成套装置中的锅炉检修周期受系统运行的限制以及电站锅炉检修周期受电网控制等客观因素,这些锅炉的使用单位存在到期无法安排停炉检修和检验的情况,故增加"成套装置中的锅炉和A级高压以上电站锅炉由于检修周期等原因不能按期进行内部检验时,使用单位在确保锅炉安全运行(或者停用)的前提下,经过使用单位主要负责人审批后,可以适当延期安排内部检验(一般不超过1年并且不得连续延期),并且向锅炉使用登记机关备案,注明采取的措施以及下次内部检验的期限"的规定:

(1)明确锅炉使用单位的责任,避免随意调整检验周期。

(2)明确确实存在停机检修困难时,只允许延期安排内部检验,外部检验不允许延期安排。

(3)增加延期安排检验的期限一般不超过1年并且不得连续延期的规定,进一步规范延期安排内部检验的行为。

(4)为确实存在停炉困难不能按期检验的锅炉使用单位在保证安全的前提下提供解决途径。

9.5.3　定期检验特殊情况

除正常的定期检验以外,锅炉有下列情况之一时,也应当进行内部检验:

(1)移装锅炉投运前;

(2)锅炉停止运行1年以上需要恢复运行前。

- **条款说明**:保留条款。
- **原《锅规》**:9.4.3　定期检验特殊情况(略)
- **条款解释**:本条款是对特殊情况下应进行内部检验的规定。

1.移装锅炉投运前,应当进行内部检验。该内部检验的主要目的是为了检查锅炉在移装前是否存在有影响安全运行的缺陷以及移装过程中是否产生新的缺陷。

2.锅炉停止运行1年以上需要恢复运行前,应当进行内部检验。该内部检验的主要目的是为了检查锅炉在停运期间的停炉保养情况,应以是否产生腐蚀等缺陷为检验重点。

9.5.4　定期检验项目的顺序

外部检验、内部检验和水(耐)压试验在同一年进行时,一般首先进行内部检验,然后进行水(耐)压试验、外部检验。

- **条款说明**：保留条款。
- **原《锅规》**：9.4.4 定期检验项目的顺序（略）
- **条款解释**：本条款是对在同一年进行外部检验、内部检验和水（耐）压试验时次序安排的一般规定。

将外部检验安排在内部检验之后，即是考虑先通过内部检验，检查锅炉运行中无法检查到部位的缺陷与问题并进行相应的整改，然后在锅炉运行状态下检查安全附件、自控仪表等，以核验锅炉检修的效果。本条款为定期检验项目顺序的一般原则要求，并不完全排除以在停炉检修期间处理或者消除外部检验发现的缺陷和隐患为目的的前提下，先进行外部检验，后进行内部检验的情况。

9.5.5 定期检验前的准备工作

（1）应当核查锅炉的安全技术档案以及相关技术资料；

（2）检验机构应当编制检验方案，对于 A 级高压以上电站锅炉的内部检验，还应当根据受检锅炉的实际情况逐台编制专用检验方案；

（3）进入锅炉内进行检验工作前，检验人员应当通知锅炉使用单位做好检验前的准备工作；

（4）锅炉使用单位应当根据检验工作的需要进行相应的检验配合工作。

- **条款说明**：修改条款。
- **原《锅规》**：9.4.5 定期检验前的技术准备

（1）审查锅炉的技术资料和运行记录；

（2）检验机构根据被检锅炉的实际情况编制检验方案；

（3）进入锅炉内进行检验工作前，检验人员应当通知锅炉使用单位做好检验前的准备工作，设备准备工作应当满足本规程 8.1.8 及其相应规范、标准的要求；

（4）锅炉使用单位应当根据检验工作的要求进行相应的配合工作。

- **条款解释**：本条款是对定期检验前的技术准备以及锅炉使用单位的配合职责的行原则规定。

定期检验前审查锅炉的安全技术档案以及相关技术资料是十分有必要的，一般应当包括：

（1）锅炉使用管理制度；

（2）特种设备使用登记证及作业人员证书；

（3）锅炉出厂资料、锅炉安装竣工资料、锅炉改造和重大修理技术资料以及监督检验证书；

（4）锅炉历次检验、检查、修理资料；

（5）有机热载体产品检验报告、液（气）体燃料燃烧器型式试验证书以及年度检查记录和定期维护保养记录；

（6）锅炉日常使用记录、运行故障和事故记录；

（7）相关安全技术规范要求的锅炉产品定型能效测试报告、定期能效测试报告以及日常节能检查记录；

（8）电站锅炉还应当包括运行规程、检修工艺文件，A 级高压以上电站锅炉还应当包括金属技术监督制度、热工技术监督制度、水汽质量监督制度。

对于首次检验的锅炉，应对技术资料做全面审查，对于非首次检验的锅炉，应重点审核有变化的部分。通过审查锅炉安全技术档案以及相关技术资料，可以对锅炉制造、安装、调试、运行、维修、保养和上次检验情况有个总体的了解和把握，以便于有针对性地编制检验方案，确定重点检查部件和位置以及需采用的检验方法等，使检验更加有的放矢。

对于 A 级高压以上电站锅炉，其炉型、用材、结构、运行情况、产生损伤复杂多样，为保证检验的针对性，增加"对于 A 级高压以上电站锅炉，还应当根据受检锅炉的实际情况逐台编制专用检验方案"的规定。

9.5.6　锅炉外部检验内容

锅炉外部检验应当包括以下内容（检验项目见本规程附件 H）：

（1）上次检验发现问题的整改情况；

（2）锅炉使用登记及其作业人员资质；

（3）锅炉使用管理制度及其执行见证资料；

（4）锅炉本体及附属设备运转情况；

（5）锅炉安全附件及联锁与保护投运情况；

（6）水（介）质处理情况；

（7）锅炉操作空间安全状况；

（8）锅炉事故应急专项预案。

- **条款说明**：修改条款。
- **原《锅规》**：9.4.7　外部检验内容

（1）审查上次检验发现问题的整改情况；

（2）核查锅炉使用登记及其作业人员资格；

（3）抽查锅炉安全管理制度及其执行见证资料；

（4）抽查锅炉本体及附属设备运转情况；

（5）抽查锅炉安全附件及联锁与保护投运情况；

（6）抽查水（介）质处理情况；

（7）抽查锅炉操作空间安全状况；

（8）审查锅炉事故应急专项预案。

- **条款解释**：本条款是对外部检验的工作内容的原则规定。

1. 上次检验发现问题的整改情况

主要检查锅炉使用单位是否已经按照相关要求进行了整改、采取的何种措施进行的整改以及整改至今的情况。

2. 锅炉使用登记及其作业人员资格

主要抽查锅炉使用单位是否按照相关法规的要求进行了锅炉使用登记，同时锅炉作业人员是否按照相关要求取得了相应资格。

3. 锅炉使用管理制度及其执行见证资料

对于锅炉的安全运行，检验只是手段之一，更重要的是锅炉的使用管理到位。其中，重点是锅炉使用单位各项使用管理制度的建立健全与执行落实情况。只要锅炉使用单位的各项使用管理制度健全且能够执行到位，锅炉的安全运行即可在很大程度上得到保障。所以，抽查锅炉使用管理制度及其执行见证资料是锅炉外部检验工作的重点之一。

应当检查9.5.5规定的安全技术档案以及相关技术资料和执行见证资料。

4. 锅炉本体及附属设备运转情况

主要是指检查锅炉本体及附属设备可见部位是否有变形、泄漏、严重结焦、结渣、漏烟、异常振动等情况；支吊装置是否承力正常；运行是否正常，是否存在超温超压；锅炉膨胀是否正常等，对于预防事故的发生意义很大。

一般应当包括以下内容（详见附件）：

（1）锅炉铭牌和承重装置的情况。

主要检查锅炉铭牌；承重结构的过热、腐蚀、承力情况；防火、防雷、防风、防雨、防冻、防腐等设施情况。

（2）锅炉本体、管道、阀门和支吊架的情况。

主要检查受压部件可见部位的变形、结焦、泄漏情况；管道的标志以及泄漏情况；阀门的参数、开关方向标志、编号、重要阀门的开度指示和限位装置以及阀门的泄漏情况；支吊架的裂纹、脱落、变形、腐蚀、焊缝开裂、卡死情况，吊架失载、过载以及吊架螺帽松动情况。

（3）炉墙和保温的情况。

主要检查炉墙、炉顶的开裂、破损、脱落、漏烟、漏灰和变形情况以及炉墙的振动情况；保温的完好情况，设备和管道保温外表面温度情况；炉膛、烟道各门孔的密封、完好情况；耐火层的破损、脱落以及膨胀节的膨胀、变形、开裂情况。

（4）膨胀系统的情况。

主要检查悬吊式锅炉膨胀中心的固定情况；锅炉膨胀指示装置的卡阻、损坏、指示情况及膨胀量记录；锅炉各部件的膨胀情况。

（5）除渣设备和吹灰器的情况。

主要检查除渣设备的运行情况；吹灰器的损坏情况、提升阀门的泄漏情况、蒸汽及疏水管道的布置。

（6）燃烧设备、辅助设备以及系统的情况。

主要检查燃烧设备以及系统的运转情况；鼓风机、引风机的运转情况。

5.锅炉安全附件及联锁与保护投运情况

安全附件是否正常，联锁与保护是否按照要求投运，关系到锅炉燃烧是否安全以及运行一旦发生异常能否保证不发生恶性事故，故抽安全附件和仪表、安全保护装置的运行情况，并且进行功能试验，也是锅炉外部检验的工作重点之一。

一般应当包括以下内容（详见附件）：

（1）安全阀。

主要检查安全阀的安装、数量、型式、规格以及安全阀上的装置；安全阀定期排放试验记录、控制式安全阀和控制系统定期试验记录、安全阀定期校验记录或者报告；安全阀的解列、泄漏情况，排汽、疏水的布置，消音器排汽孔的堵塞、积水、结冰情况。对于电站锅炉以外的锅炉，还应在不低于75%的工作压力下，见证锅炉操作人员进行的手动排放试验，验证安全阀密封性以及阀芯的锈死情况。

（2）压力测量装置。

主要检查压力表的装设及其部位、精确度、量程、表盘直径；压力表检定或者校准记录、报告或者证书；压力表刻度盘的高限压力指示标志；压力表、压力取样管和阀门的损坏、泄漏情况；同一系统内相同位置的各压力表示值的误差情况；炉膛压力测量系统的报警和保护定值。对于电站锅炉以外的锅炉，还应见证锅炉操作人员进行的压力表连接管吹洗，验证压力表连接管的畅通情况。

（3）水位测量与示控装置。

主要检查直读式水位表的数量、装设、结构和远程水位测量装置的装设；水位表的水位显示情况以及最低、最高安全水位和正常水位的标志；就地水位表的连接、支撑、保温情况，以及疏水管的布置；平衡容器以及汽水侧阀门的保温、泄漏情况；电接点水位表接点的泄漏情况；远程水位测量装置与就地水位表校对记录；用远程水位测量装置监视锅炉水位时，其信号的独立取出情况；冲洗记录。对于电站锅炉以外的锅炉，还应见证锅炉操作人员进行的水位表吹洗，验证连接管的畅通情况。

（4）温度测量装置。

主要检查温度测量装置的装设位置、量程；温度测量装置校验或者校准记录、报告或者证书；温度测量装置的运行、示值误差情况；螺纹固定的测温元件的泄漏情况。

（5）安全保护装置。

主要检查安全保护装置的设置；联锁保护投退记录；安全保护装置保护定值和动作试验记录；动力源试验记录。对于电站锅炉以外的锅炉，还应见证高、低水位报警和低水位联锁保护装置、蒸汽超压报警和联锁保护装置、超温报警装置和联锁保护装置、熄火保护装置的功能模拟试验。

（6）防爆门的完好情况以及排放方向。

（7）排污阀与排污管的振动、渗漏情况。对于电站锅炉以外的锅炉，还应见证锅炉操作人员进行排污试验，验证排污管畅通情况以及排污时管道的振动情况。

6．水（介）质处理情况

水（介）质处理情况的好坏，关系到锅炉部件的腐蚀、结垢、积盐和蒸汽质量，对锅炉的安全运行影响重大。故应抽查水汽质量化验记录及水（介）质检测报告（超高压及以下锅炉还应当由检验单位抽样检测水汽质量或有机热载体质量）。

超高压及以下锅炉水（介）质处理管理相对比较薄弱，且对水汽质量化验测定普遍不够重视，不少锅炉水汽质量或有机热载体不合格，常导致锅炉产生结垢（结焦积炭）、腐蚀、蒸汽质量劣化造成积盐等影响锅炉安全运行的隐患。故在锅炉外部检验时，对于超高压及以下锅炉应当进行水处理及水汽质量（或有机热载体）抽样检测和评判。工业锅炉的水质应当符合GB/T 1576《工业锅炉水质》的规定，电站锅炉的水汽质量应当符合GB/T 12145《火力发电机组及蒸汽动力设备水汽质量》的规定，有机热载体锅炉的有机热载体质量应当符合GB/T 24747《有机热载体安全技术条件》的规定。

7．锅炉操作空间安全状况

锅炉操作空间是否安全涉及锅炉操作人员的安全与否，主要检查零米层、运转层和控制室的出口布置及开门方向，通道、地面、沟道的畅通情况，照明设施、事故控制电源和事故照明电源以及楼梯、平台、栏杆、护板的完好情况，孔洞周围的安全防护情况，平台和楼板的载荷限量以及标高标志。

> **9.5.7** 锅炉外部检验时机
>
> 锅炉外部检验可能影响锅炉正常运行，检验机构应当事先同使用单位协商检验时间，在使用单位的运行操作配合下进行，并且不应当危及锅炉安全运行。

- **条款说明**：保留条款。
- **原《锅规》**：9.4.8　锅炉外部检验时机（略）
- **条款解释**：本条款说明外部检验时应注意的问题。

（1）检验是为了保障锅炉安全，不能危及锅炉安全。例如，对锅炉超温联锁保护的功能验证，在外部检验时不应当采用提高温度等错误方式来进行。本条规定，外部检验时应注意不应当危及锅炉的安全运行。

（2）外部检验包括对安全附件和联锁与保护的投运情况抽查，这些项目会涉及一些设备操作。应当明确的是，检验应当由检验人员进行，但对设备的操作是锅炉使用单位的责任，故规定应当在使用单位的运行操作配合下进行。

（3）明确检验机构与锅炉使用单位间的职责，检验检测机构应当事先同使用单位协商检验时间，使用单位也有责任配合检验检测机构，从而使外部检验更加顺利。

> **9.5.8**　锅炉内部检验内容
>
> **9.5.8.1**　一般要求
>
> 锅炉内部检验应当根据锅炉主要部件所处的位置和工作状况及其可能产生的缺陷，采用相应的检查方法，如宏观检查、厚度测量、无损检测、金相检测、硬度检测、割管力学性能试验、内窥镜检测、强度校核、腐蚀产物及垢样分析等。应当包括以下内容（检验项目见本规程附件J）：
>
> （1）上次检验发现问题的整改情况以及遗留缺陷的情况；
>
> （2）受压元件及其内部装置的外观质量、结垢、积盐、结焦、腐蚀、磨损、变形、超温、膨胀情况以及内部堵塞、有机热载体的积碳和结焦情况等；
>
> （3）燃烧室、燃烧设备、吹灰器、烟道等附属设备外观质量、积灰情况、壁厚减薄情况、变形情况以及泄漏情况等；
>
> （4）主要承载、支吊、固定件的外观质量、受力情况、变形情况以及锅炉的膨胀情况；
>
> （5）炉墙、保温、密封结构以及内部耐火层的外观质量。

- **条款说明：** 修改条款。
- **原《锅规》：** 9.4.6　内部检验内容

（1）审查上次检验发现问题的整改情况；

（2）抽查受压元件及其内部装置；

（3）抽查燃烧室、燃烧设备、吹灰器、烟道等附属设备；

（4）抽查主要承载、支吊、固定件；

（5）抽查膨胀情况；

（6）抽查密封、绝热情况。

- **条款解释：** 本条款是对内部检验的工作内容的规定。

1. 上次检验发现问题的整改情况以及留存缺陷

上次检验时发现的缺陷一般分为两种情况，一种是未对锅炉安全运行构成直接威胁而未进行消缺处理的缺陷，采用缩短检验周期等手段监控，另一种情况是进行消缺处理，消除了的缺陷。针对前一种情况主要检查经过一定时间的运行后其缺陷是否发展，是否对安全运行构成了威胁；后一种情况主要检查消除了的缺陷是否重新产生。

2. 受压元件及其内部装置

受压元件及其内部装置包括的范围较广，应结合各受压元件所处的位置和工况及其可能产生的缺陷，重点是受压元件的母材、焊缝、热影响区、弯头、易冲刷部位、应力复杂部位、应力集中部位、易腐蚀部位等易产生损伤的部位，采用相应的检查方法，如宏观检查、厚度测量、无损检测、金相检测、硬度检测、割管力学性能试验、内窥镜检测、强度校核、腐蚀产物及垢样分析等，检测其外观质量、结垢、积盐、结焦、腐蚀、磨损、变形、超温、膨胀情况、部件内部缺陷情况、组织变化情况性能变化情况以及内部堵塞、有机热载体的积碳和结焦情况等。

（1）电站锅炉受压元件及其内部装置

① 锅筒

锅筒检查的重点是腐蚀、结垢、内部装置的完好情况、管孔的堵塞、裂纹情况、吊挂或支撑结构的受力以及膨胀情况以及焊缝的质量情况。

锅炉运行时，锅筒下部为的汽水混合物，上部为分离出的蒸汽，锅筒表面容易产生腐蚀、结垢、裂纹等缺陷，应注意检查。

锅筒内部装置较多，在汽水的冲击作用下，其内部装置容易发生及汽水分离装置、给水装置和蒸汽清洗装置的脱落、开焊、预埋件表面裂纹等缺陷，会影响锅筒的汽水分离效果和锅筒及相关部件的安全性，如汽水分离装置对蒸汽干度有直接影响，给水清洗装置对汽水品质有直接的影响，二者在运行中如果发生倒塌、脱落，不仅会影响蒸汽品质，严重时还可能造成局部分散下降管降水量减少，进而造成相应水冷壁回路因吸热量不足而发生管壁超温导致爆管。故应检查内部装置的完好情况以及汽水分离装置、给水装置和蒸汽清洗装置的脱落、开焊情况。

下降管孔、给水管套管以及管孔、加药管孔、再循环管孔、汽水引入引出管孔、安全阀管孔在其工况条件下，容易发生腐蚀、冲刷、裂纹等情况，应注意检查。

水位计的汽水连通管、压力表连通管、水汽取样管、加药管、连续排污管等在运行过程中易发生管孔的堵塞的情况，应注意检查。

人孔密封面在装配和检修过程中容易产生划痕和拉伤，严重时易造成密封不严，应注意检查。

锅筒一般通过吊挂装置悬吊起来，或者是安装在支座之上，其受力均匀情况、支座的变形情况、预留膨胀间隙以及膨胀方向会直接影响到锅筒的二次应力，从而影响其安全性，应注意检查。

焊缝是应力复杂区域，对其进行检查也是内部检验的内容之一。

② 水冷壁集箱和水冷壁管

水冷壁集箱检查的重点是腐蚀情况、内部的异物堆积情况、管孔的堵塞情况、节流圈的损伤情况、内部挡板的倒塌情况、人孔和人孔盖密封面的缺陷情况、支撑结构的受力、膨胀情况以及焊缝的缺陷情况。

部分机组在检查时发现，水冷壁进口集箱内存在大量异物堆积，尤其是大型电站锅炉的水冷壁管内径较小或设置节流孔，堆积的异物极容易造成水冷壁管堵塞，从而产生超温或爆管，应注意检查。

水冷壁进口节流圈容易发生脱落、堵塞、结垢和明显磨损等缺陷，节流圈尺寸越小，越容易结垢。不管是堵塞还是结垢，都会造成水冷壁管的超温，严重时爆管。节流圈脱落或明显磨损等情况，则容易造成水冷壁管壁温偏差，应注意检查。

检修或装配过程中有可能会对人孔和人孔盖密封面造成划痕，而径向划痕会导致密封效果下降，甚至泄漏，应注意检查。

支撑结构的受力、膨胀情况会直接影响到水冷壁集箱的二次应力，从而影响其安全性，应注意检查。

对于水冷壁管，不同部位的水冷壁管检查的重点是不同的。

燃烧器周围以及热负荷较高区域水冷壁管容易发生结焦、高温腐蚀、过热、变形、磨损、鼓包以及鳍片烧损、开裂情况，尤其燃烧器上方与燃尽风附近的区域，更易发生结焦、高温硫化腐蚀等缺陷。水冷壁管高温腐蚀的产生，主要与周围气氛、温度水平以及 H_2S 及 SO_3 的浓度等影响因素有关，应注意检查。

折焰角区域水冷壁管的工况特点是烟温高、管路长，容易产生过热、变形、胀粗、磨损情况，应注意检查。

对于包墙水冷壁与包墙过热器交接位置的鳍片，由于包墙水冷壁与包墙过热器介质温度的不同，两种受热面管的热应力也不同，其交接位置的鳍片容易开裂，应注意检查。

防渣管由于结渣使烟气截面改变，局部产生烟速提高，会发生过热、胀粗、变形、鼓包、磨损、裂纹情况，应注意检查。

锅炉运行过程中，会存在灰渣、结焦掉落的情况以及吹灰器套管存在脱落的情况，检修过程中还有可能存在杂物掉落等情况，这些都会对冷灰斗区域水冷壁管造成碰伤、砸扁，且容易造成灰渣磨损，应注意检查。

膜式水冷壁吹灰器孔、人孔、打焦孔以及观火孔周围水冷壁管由于形状改变，会导致局部的涡流以及局部应力升高，易产生磨损、鼓包、变形、拉裂情况以及鳍片的烧损、开裂情况，应注意检查。

膜式水冷壁的膨胀量较大，应检查其变形、开裂情况以及鳍片与水冷壁管的连接焊缝的开裂、超标咬边、漏焊情况。

由于炉膛四角、折焰角和燃烧器周围等区域膜式水冷壁管位置结构复杂，以及无中间联箱的膜式水冷壁的前后墙在螺旋与垂直段区域的膨胀变化大，故应检查膜式水冷壁管的膨胀，是否通畅，有无卡涩。检查炉膛四角、折焰角和燃烧器周围等区域膜式水冷壁的膨胀情况时，还应注意检查刚性梁是否变形，滑动螺丝是否卡涩、断裂等。

液态炉及有些锅炉的燃烧器附近设有卫燃带，它起到提高炉膛温度和稳定燃烧的作用，卫燃带的损坏将影响燃烧的稳定性。对有卫燃带的锅炉必须检查销钉的状况，注意有否脱落、烧坏及焊接处有无裂纹等缺陷。

对于循环流化床锅炉，根据其工况特点，应检查沸腾炉埋管的碰伤、砸扁、磨损和腐蚀情况，循环流化床锅炉进料口、返料口、出灰口、布风板水冷壁、翼形水冷壁、底灰冷却器水管的磨损、腐蚀情况，卫燃带上方水冷壁管及其对接焊缝、测温热电偶附近以及靠近水平烟道的水冷壁管的磨损情况。

③ 省煤器集箱和省煤器管

省煤器集箱检查的重点是内部的腐蚀及异物堆积情况、支撑结构的受力、膨胀情况以及焊缝的缺陷情况。对于烟道内集箱，还应检查防磨装置的完好情况以及集箱的磨损情况。

省煤器集箱应关注内部的氧腐蚀情况，另外内部堆积的异物极容易造成省煤器管堵塞，从而产生超温或爆管，应注意检查。

支撑结构的受力、膨胀情况会直接影响到省煤器集箱的二次应力，从而影响其安全性，应注意检查。

烟道内设置省煤器集箱的锅炉，烟道内省煤器集箱尤其是集箱两侧及集箱支撑部位易发生烟气侧磨损，应注意检查。

省煤器管检查的重点是管排平整度、烟气走廊、异物、管子出列以及灰焦堆积情况，管子和弯头以及吹灰器、阻流板、固定装置区域管子的磨损情况，省煤器悬吊管的磨损情况，焊缝表面的裂纹等缺陷情况，支吊架、管卡、阻流板、防磨瓦等的脱落、磨损情况，防磨瓦转向情况，与管子相连接的焊缝的开裂、脱焊情况，低温省煤器管的低温腐蚀情况以及膜式省煤器鳍片焊缝两端的裂纹情况。

省煤器是处于烟灰气流冲刷的恶劣工作环境中，主要的问题是磨损和低温腐蚀。磨损速度与烟气速度及灰粒浓度等因素有关，若省煤器管排不平整，间距发生变化形成烟气走廊，将使局部烟速大大高于计算值，管壁磨损将急剧增加，应注意检查。

阻流板、防磨瓦都是防止省煤器管和弯头磨损的装置，但经过长期气流冲刷，阻流板、防磨瓦也会出现脱焊变形、位移，因此必须重点检查。

由于结构原因，省煤器悬吊管与中间集箱的角焊缝受力情况较为恶劣，应对其角焊缝及对接焊缝的表面进行检查。

由于排烟温度较低，应检查低温省煤器管的低温腐蚀情况。

④ 过热器、再热器集箱、集汽集箱以及过热器和再热器管

过热器、再热器集箱、集汽集箱检查的重点是集箱表面的氧化、腐蚀和变形情况，支撑结构的受力、膨胀情况，孔桥部位的缺陷情况以及焊缝的缺陷情况，对于高合金钢材料的集箱，还应进行理化检测。

过热器、再热器集箱和集汽集箱等高温集箱，易产生氧化、腐蚀和变形缺陷，应注意检查。

对于集箱孔桥部位，属于集箱上的应力复杂区域，应当加强检查。

$9\%\sim12\%Cr$ 系列钢在大型电站锅炉上的应用很普遍，其属于高合金钢范畴，合金含量高，焊接难度相对较大，容易出现焊接缺陷及组织、硬度异常，应注意检查。

支撑结构的受力、膨胀情况会直接影响到集箱的二次应力，从而影响其安全性，应注意检查。

过热器、再热器管检查的重点是变形、移位、碰磨、积灰磨损、腐蚀、胀粗、鼓包、氧化、碰磨、机械损伤、结焦、膨胀、裂纹情况和烟气走廊情况，悬吊结构件、管卡、梳形板、阻流板、防磨瓦等的烧损、脱焊、脱落、移位、变形、磨损情况以及对管子的损伤情况等。

对高温过热器、再热器管进行金相和胀粗情况检查，以确定材料的性能劣化情况。

对于管排，尤其对于低温过热器、再热器管排，要重点检查管排两侧、管排固定位置的磨损；考虑过热器和再热器管的易发缺陷，应注意胀粗、碰磨、机械损伤、结焦、裂纹等缺陷的检查。

在锅炉运行过程中，过热器、再热器（尤其在炉膛上方）管子会发生晃动，会导致管子穿墙（顶棚）部位易造成磨损；穿顶棚管子与高冠密封结构焊接的密封焊缝表面，由于膨胀及晃动等原因，易造成密封焊缝开裂甚至是焊缝裂纹扩展至管子母材等，应注意检查。

吹灰器附近管子，应注意检查易被射流冲击的管子及吹灰器附近管子表面是否有裂纹和吹损的情况。

由于过热器、再热器管壁温度相对较高，因此热态膨胀量较大。检验中过热器、再热器的膨胀情况也是重点检查内容。比如对流过热器下部膨胀间隙是否满足要求，顶棚过热器与水冷壁的膨胀间隙是否满足要求等。

锅炉运行过程中，管子之间及管排间的管卡可能会由于卡碰等原因，对管子造成较大损伤，尤其末级再热器（因管壁薄，损伤相对较大）和过热器及再热器管屏间的管卡对管子的损伤，需重点检查。

对于超临界锅炉，过热器及再热器管的部分管段采用奥氏体不锈钢和T23、T91材料，在锅炉启停和运行过程中，氧化皮剥落情况较为严重。氧化皮剥落后会在下弯头部位堆积，减小管子的通流面积，造成管子短期或长期过热爆管，故应检查氧化皮剥落堆积检查记录或者报告。

水平烟道区域包墙过热器管在墙与墙之间的交接位置由于应力状态不同，易产生鳍片裂纹，加之该位置温度高、鳍片间距大，易造成鳍片烧损，应注意检查。

⑤ 减温器和汽-汽热交换器

减温器和汽-汽热交换器的检查重点是表面的氧化、腐蚀、裂纹等缺陷情况，混合式减温器内套筒的变形、移位、裂纹、开裂、破损情况，固定件的缺失、损坏情况，喷水孔或者喷嘴的磨损、堵塞、裂纹、开裂、脱落情况，筒体内壁的裂纹和腐蚀情况以及焊缝的缺陷情况。

内套筒为减温器的重要组成部件，定位螺栓对内套筒起到固定位置的作用，与减温器筒体焊接在一起。在锅炉运行过程中，内套筒会发生振动，内套筒定位螺栓的焊缝易产生裂纹，需加强其焊缝的检查。

在运行过程中，喷水孔或者喷嘴除磨损外还会发生堵塞、裂纹、开裂、脱落的情况，有时还存在喷管开口方向错误等问题，应重点检查。

⑥ 启动（汽水）分离器及储水箱

启动（汽水）分离器及储水箱的检查重点是筒体表面的腐蚀、裂纹情况，汽水切向引入区域筒体壁厚的减薄情况，支撑、吊挂结构的受力、膨胀情况以及焊缝的缺陷情况。

汽水（启动）分离器汽水切向引入区域的对侧筒体存在冲刷减薄可能，检验时应当加强该部位壁厚的检查；汽水（启动）分离器壁厚较大，启动阶段温度的变化所引起的热应力也较大，对其筒体表面、封头焊缝、引入和引出管座角焊缝进行检查十分必要。

对外置式分离器、汽水（启动）分离器和贮水罐（箱）的吊挂装置、支撑装置、膨胀间隙等进行检查，以保证其受力正常，膨胀正常，降低二次应力。

⑦ 锅炉范围内管道和主要连接管道

锅炉范围内管道和主要连接管道的检查重点是管道的氧化、腐蚀、皱褶、重皮、机械损伤、变形、裂纹情况，直管段和弯头（弯管）背弧面厚度测量，支吊装置的过载、失载情况，减振器的完好情况，液压阻尼器液位情况以及渗油情况，高温管道的材质劣化情况以及焊缝的缺陷情况。

锅炉范围内管道和主要连接管道运行参数较高，一旦发生爆管将严重威胁运行人员的人身安全，故明确了进行无损检测、理化检测等项目的比例和数量，以及重点检查部位。

对于管道支吊装置，除抽查是否完好牢固外，还应检查承力是否正常、过载、失载情况，减振器是否完好性及液压阻尼器是否有渗油现象。

对于部分安装了蠕变测点的主蒸汽管道、再热蒸汽管道，对其蠕变测量记录进行审查，以粗略评判其安全状态。

⑧ 阀门阀体

阀门阀体的检查重点是外表面的腐蚀、裂纹、泄漏和铸（锻）造缺陷情况。

实际检验过程中发现，大型阀门（如炉水循环泵、水位示控装置、安全阀、排污阀、水压试验堵阀、堵阀、旁路阀）存在较多的制造遗留缺陷，如裂纹、铸造或锻造缺陷等，故须加强对阀门的外表面检查，必要时，对内表面和密封面进行抽查。

（2）电站以外的锅炉受压元件及其内部装置

电站以外的锅炉结构不同，其受压部件的型式、数量也不同。锅壳锅炉受压元件一般有锅壳、封头、管板、炉胆、回燃室、烟管、下脚圈、冲天管等；水管锅炉一般有锅筒、封头、水冷壁、对流管束、集箱［分汽（水、油）缸］、下降管、导汽管、过热器、省煤器等。这些承压部件都是内部检验范围。

①同锅筒、锅壳、炉胆、炉胆顶、回燃室、下脚圈、冲天管和集箱［分汽（水、油）缸］

锅炉运行时，锅筒、锅壳、炉胆、炉胆顶、回燃室、下脚圈、冲天管和集箱承受压力和温度的同时，还可能受到腐蚀性介质的侵蚀。焊缝及其热影响区由于焊接应力的存在，受压部件表面特别是焊缝及其热影响区容易产生裂纹等缺陷。

拉撑件特别是角板拉撑焊缝处，由于焊接应力及运行中承受交变弯曲应力的作用，容易产生疲劳裂纹；锅炉的人孔圈、手孔圈、下降管等开孔处的角焊缝，由于存在孔边应力集中、焊接应力及运行中交变应力的联合作用，如果存在焊接缺陷，也容易导致焊接缺陷扩展出现裂纹等缺陷；立式锅炉的喉管、炉门圈等若伸进炉膛内过长，使端部温度过高，也会产生热疲劳裂纹；对没有套管的进水管，其与锅筒连接部位容易产生热疲劳裂纹。

封头、U形圈等部件的扳边区，在制造时往往存在较高的附加应力，而锅炉运行时扳边处又承受弯曲应力，使扳边处出现应力集中，容易因低周疲劳出现内表面裂纹，严重时会进一步出现起槽。

锅筒底部、管孔区、水位线附近、进水管与锅筒或者集箱连接处、排污管与锅筒或者集箱连接处、炉胆的内外表面、立式锅炉的下脚圈、集箱内外表面，这些部位的水侧主要的安全隐患是氧腐蚀和垢下碱腐蚀，如果酸洗操作不当，还会有酸腐蚀的存在；外侧的安全隐患主要有泄漏造成的局部腐蚀、高温氧化腐蚀、燃灰腐蚀、烟气露点腐蚀和大气腐蚀等，在与煤灰、炉渣接触的部位也会有磨损情况。检验时应当判明腐蚀和磨损的原因，对点状的小面积腐蚀一般测量腐蚀深度和范围，而对大面积腐蚀一般测量壁厚和面积，如果腐蚀较严重，应当进行强度校核，必要时，对局部腐蚀或者磨损严重部位可以堆焊修理。检验中还应当注意人孔圈、手孔圈的密封门是否平整，是否有划痕，否则容易发生泄漏。

水位表、压力表等连通管堵塞会导致安全附件失灵，甚至引发锅炉运行事故，因此在检验中应当予以重视。

受高温辐射和存在较大应力的部位，如炉胆、下脚圈火侧、直接受火的锅筒底部等区域，这些区域由于缺水、水垢堆积导致传热不良或者热膨胀等原因，容易发生变形、鼓包、裂纹等缺陷。

高温烟区管板发生泄漏和裂纹的情况较为普遍，原因较复杂，如点火运行时升压速度过快、缺水事故、管板表面结垢、胀接管孔自然松弛等都会造成泄漏，焊接管孔有间隙时也有可能会发生应力腐蚀开裂，管端伸出过长会产生热疲劳裂纹等。

受高温辐射热或者介质温度较高部位的集箱，如炉膛内的防焦箱，如果内部有堵塞，很容易发生过热、胀粗、变形等缺陷。

锅筒、锅壳、炉胆、炉胆顶、回燃室、集箱介质侧，容易出现结垢或积碳等问题。

承受锅炉载荷或者限制锅炉受压部件变形量的主要支撑件，对受热部位，应检查是否有明显过热、过烧、变形；对承受载荷的吊耳、支座与锅筒、锅壳或者集箱连接角焊缝，检查是否有裂纹或者其它超标缺陷。

②管子

管子发生腐蚀和磨损是最为常见的缺陷，如烟管表面容易发生氧腐蚀和垢下腐蚀、沸腾炉埋管及处于受烟气高速冲刷部位的管子容易受到燃灰腐蚀和磨损、水冷壁管和高温管束的外表面容易发生高温氧化腐蚀、位于尾部烟道管束易发生烟气结露腐蚀等。

受高温辐射热或介质温度较高部位的管子（如水冷壁管、过热器管等），如果水循环被破坏、管内结垢或者缺水等原因使得冷却条件恶化，会出现胀粗、鼓包、弯曲变形和壁厚减薄等超温典型缺陷，严重时会发生爆管事故。

管子材质不合格、焊接缺陷、超温、热应力等会造成管子表面裂纹。

管子介质侧会有结垢、积碳等问题。

③ 锅炉范围内管道

锅炉范围内管道因为保养不善、阀门泄漏、安装、焊接质量等原因，会出现腐蚀、变形、裂纹等缺陷。

对高参数锅炉的高温段管道，运行中有可能出现蠕变、胀粗、变形等材质劣化现象。

锅炉范围内管道支吊架如果维护保养不善，会出现松动、裂纹、脱落、变形、腐蚀，焊缝开裂、吊架失载、过载，吊架螺帽松动等缺陷。

④ 阀门

阀门质量不好，不仅会影响锅炉系统效率，甚至还会发生阀门爆炸事故，因此检验时应当给予足够的重视。检验时应当检查阀门的型式、规格是否满足锅炉运行要求，如排污阀应当采用直通、快开式结构，公称通径为 20～65mm；主汽阀、给水阀应当采用截止阀；阀门的压力应当符合锅炉系统压力要求；阀体外表面应当无明显腐蚀、裂纹、泄漏、铸造或者锻造缺陷，必要时抽查阀体内表面、密封面是否有损伤。另外还应当注意阀门安装的方向是否与介质流向一致。

3. 燃烧室、燃烧设备、吹灰器、烟道等附属设备

燃烧室、燃烧设备、吹灰器等附属设备是否正常，也是影响锅炉安全运行的因素。

燃烧室、燃烧设备、吹灰器等附属设备若存在异常，如燃烧室变形、结焦、耐火层脱落，燃烧设备烧损、变形、开裂、磨损，吹灰器喷嘴异常以及链条炉排拱起、卡死、跑偏，燃油（气）锅炉漏油、漏气现象等，可能造成附近承压部件吹损、磨损、高温蠕变、腐蚀等缺陷，燃油（气）锅炉，如有漏油漏气现象，容易导致炉膛爆炸事故。

烟道漏风过大可能影响炉内的温度场，严重积灰可能会影响炉内的烟气流动、温度场的变化以及传热，都会影响锅炉的安全运行。

另外，随着锅炉运行时间的延长，启停次数的增多，锅炉不同部位，不同部件的损耗也不同，对于锅炉安全运行的影响也不同，检验的重点也应随之发生变化，应针对不同的运行工况、失效模式，选择合适的检验方法，适当增加检验项目及检验内容，以保证检验的有效性。比如：随着运行时间的延长，启停次数的增多，高温部件应加大抽查金相硬度，厚壁部件应加大抽查焊缝比例。

4. 主要承载、支吊、固定件以及锅炉的膨胀情况

主要承重部件主要指锅炉的钢梁、立柱、大板梁、支吊架系统及固定、加持等装置，钢梁、立柱、大板梁以及附梁或桁梁存在异常，将对锅炉的安全稳定运行产生影响。沿海电厂钢构还易发生腐蚀情况，故应对承重立柱、梁以及连接件进行检查。

支吊架系统包括炉顶支吊和管系支吊两大系统。炉顶支吊系统存在异常，将对锅炉的正常膨胀造成影响，导致局部高应力的出现，对设备的安全造成危害；管系支吊系统异常，将可能导致管系振动、偏斜、下沉和应力转移，极大地降低管系的使用寿命，为此要对主要承载、支吊、固定件的外观质量以及是否存在失载、偏载、过载、失效等异常情况进行检查。

锅炉膨胀不畅，将可能会导致局部应力的升高，甚至撕裂炉膛，对锅炉的安全运行造成

危害，故应对锅炉的膨胀情况进行抽查。

5.炉墙、保温、密封结构以及内部耐火层

炉墙、密封是否存在破损、泄漏，保温是否良好会影响到锅炉的安全运行，炉墙、密封、保温存在异常如破损等，可能会诱发设备产生疲劳缺陷等，故对此进行规定。

应当注意的是，炉内集箱等保温耐火材料的检查也属于检验内容。

炉内耐火材料的脱落，易造成炉管的损坏，故应对炉内耐火层的进行检查，并应对耐火层与管子间的膨胀间隙及锚固材料是否完好进行检查。

燃烧器附近由于结构复杂，保温易出现破损情况，应加强该部位的保温外护板的检查，是否有过烧、风管保温是否良好等。

9.5.8.2 首次内部检验的特殊要求

首次内部检验时，还应当对以下情况进行检查：

（1）锅炉各部件、各部位的应力释放情况、膨胀协调情况；

（2）制造、安装过程中遗留缺陷的变化情况；

（3）当运行与设计存在差异时，锅炉的实际运行状况。

• **条款说明**：修改条款。

原《锅炉定期检验规则》2.4.15 首次内部检验的特殊要求

首次内部检验时，还应当考虑以下因素，增加相应的检验项目：

（1）锅炉各部件、各部位的应力释放情况、膨胀协调情况；

（2）制造、安装过程中遗留缺陷的变化情况；

（3）当运行与设计存在差异时，锅炉的适应情况。

• **条款解释**：本条款明确了首次内部检验的特殊要求。

首次检查，是对制造、安装、调试等阶段遗留问题的最佳检查时机，故增加如下原则要求：

1.锅炉各部件、各部位的应力释放情况和膨胀协调情况

应当检查是否符合设计要求，核对膨胀记录是否满足设计要求，观察实际膨胀痕迹和方向是否符合设计要求、检查吊杆受力状态是否正常。

2.制造、安装过程中遗留缺陷的变化情况

应当查阅锅炉制造、安装监检资料，了解遗留制造、安装缺陷，通过检查确认缺陷的变化情况，并对运行期间锅炉发生的异常情况进行了解，分析异常原因。

3.当运行与设计存在差异时，锅炉的实际运行状况

当运行与设计有差异（如煤种、风量、升降负荷的速率等）时，应当查阅锅炉调试报告以及运行参数，检查锅炉的实际运行状况等。

9.5.8.3 电站锅炉特殊情况

对于启停频繁以及参与调峰的电站锅炉，应当根据实际工况和主要损伤模式适当增加检验项目及检验内容。

• **条款说明**：新增条款。

• **条款解释**：本条款明确了启停频繁以及参与调峰的电站锅炉定期检验时须注意的基本原则。

对于启停频繁以及参与调峰的电站锅炉，锅炉不同部位，不同部件的损伤模式也有其

特殊性，检验的重点也应随之发生变化，应针对实际工况和主要损伤模式，选择合适的检验方法，适当增加检验项目及检验内容，以保证检验的有效性。

9.5.9　缺陷处理基本原则

对于检验过程中发现的缺陷，使用单位应当按照合于使用的原则进行处理：

（1）对缺陷进行分析，明确缺陷的性质、存在的位置以及对锅炉安全经济运行的危害程度，以确定是否需要对缺陷进行消除处理；

（2）对于重大缺陷的处理，使用单位应当采用安全评定或者论证等方式确定缺陷的处理方式；如果需要进行改造和重大修理，应当按照本规程第7章的有关规定进行。

- **条款说明**：修改条款。
- **原《锅规》**：9.4.10　缺陷处理

检验过程中发现的缺陷，按照合于使用的原则进行处理：

（1）对缺陷进行分析，明确缺陷的性质，存在的位置，以及对锅炉安全经济运行的危害程度，以确定是否需要现场对缺陷进行消除处理；

（2）对于重大缺陷的处理，使用单位应当组织进行安全评定或者专家论证，以确定缺陷的处理方式；如果需要进行改造和重大修理，应当按照本规程第5章有关规定进行。

- **条款解释**：本条款是对缺陷处理原则的规定。

由于现场情况比较复杂，缺陷的性质、存在的部位、返修处理的技术难度等均有较大差异，应该明确的是，不同的缺陷在保障锅炉安全运行的前提下应采用不同的处理方式，并不是所有缺陷均进行消除才是最安全、最经济、最合理的。是否一定要消除此缺陷，应综合考虑，不能一概而论，应当按照"合于使用"的原则，具体问题具体分析，对缺陷采用有针对性的处理方式。

9.5.10　外部、内部检验结论

现场检验工作完成后，检验机构应当根据检验情况，结合使用单位对发现问题的处理或者整改情况，做出以下检验结论，并在30个工作日内出具报告：

（1）符合要求，未发现影响锅炉安全运行的问题或者对发现的问题整改合格；

（2）基本符合要求，发现存在影响锅炉安全运行的问题，采取了降低参数运行、缩短检验周期或者对主要问题加强监控等有效措施；

（3）不符合要求，发现存在影响锅炉安全运行的问题，未对发现的问题整改合格或者未采取有效措施。

注9-3：对于超高压及以下锅炉，外部检验报告中应当包含水（介）质定期检验报告。水（介）质存在影响锅炉安全运行的问题，并且未得到有效整改，水（介）质定期检验报告结论应当为不符合要求。

- **条款说明**：修改条款。
- **原《锅规》**：9.4.11.1　内部、外部检验结论

（1）符合要求，未发现影响锅炉安全运行的问题或者对问题进行整改合格；

（2）基本符合要求，发现存在影响锅炉安全运行的问题，需要采取降低参数运行、缩短检验周期或者对主要问题加强监控等措施；

（3）不符合要求，发现存在影响锅炉安全运行的问题。

- **条款解释**：本条款是对外部、内部检验结论的规定。

本条款结合锅炉定期检验工作的原则定位，提出了外部检验、内部检验的结论及依据规定。

1.关于外部、内部检验结论

应当明确的是，定期检验是对在用锅炉当前安全状况是否满足本规程要求进行的符合性检查，因此出具的报告结论应当是设备当前的安全状况符合、基本符合或不符合本规程的规定。使用单位应当根据检验单位的检验结论，采取相应的措施，及时消除安全隐患，保证锅炉安全运行。

2.关于水（介）质定期检验结论

超高压及以下锅炉水（介）质处理管理相对薄弱。为加强锅炉水（介）质处理，提高水汽（介质）质量，增加"超高压及以下的锅炉外部检验报告中应当包含水（介）质定期检验报告"的规定。

水（介）质处理定期检验内容一般包括：水处理管理制度及其执行的见证资料和水处理作业人员持证情况；水处理设备运行记录、加药记录、日常水汽质量化验记录，水处理系统（设备）制水能力是否能满足锅炉给水要求；除氧、加药、取样、凝结水精处理等装置及其操作是否能满足锅炉水汽质量达到标准要求；锅炉排污是否根据锅炉水汽质量调节、水汽质量化验或在线监测指标、方法和测定结果是否符合标准要求、水汽质量不合格时的处理措施等的核查以及在现场抽取水（汽）样或者在用有机热载体进行检测分析。

水（介）质现场检验和抽样检测完成后，检验机构应当根据检验检测结果，按照《锅炉水（介）质处理检验导则》标准的规定，做出以下检验结论，并出具检验报告：

（1）符合要求。水汽质量或者有机热载体符合标准要求；管理制度得到执行，水处理及化验记录基本齐全，水处理系统及装置能够满足锅炉水汽达到合格要求或者对发现的问题已整改合格。

（2）基本符合要求。有水处理及化验记录，水处理系统基本能正常运行，虽然水汽质量有个别指标不符合标准要求，但对锅炉结垢、腐蚀和蒸汽质量有直接影响的关键指标符合要求，不会引起锅炉快速结垢、腐蚀、积盐的；有机热载体达到 GB/T 24747 标准中的警告指标，但尚未达到停止使用的。

（3）不符合要求。水处理系统及装置长期不能满足锅炉水处理要求，水汽质量关键指标不符合标准要求，易引起锅炉结垢、腐蚀、积盐，并且未得到有效整改的；有机热载体达到 GB/T 24747 标准中规定的停止使用指标。

9.5.11　水（耐）压试验检验

9.5.11.1　一般要求

水压试验应当符合本规程第 4 章和第 7 章的有关规定，有机热载体锅炉耐压试验应当符合本规程第 10 章的有关规定。

9.5.11.2　试验压力

当实际使用的最高工作压力低于锅炉额定工作压力时，可以按照锅炉使用单位提供的最高工作压力确定试验压力；当锅炉使用单位需要提高锅炉使用压力（但不应当超过额定工作压力）时，应当按照提高后的工作压力重新确定试验压力进行水（耐）压试验。

9.5.11.3　水（耐）压试验检验内容

水（耐）压试验检验应当包括以下内容：

（1）水（耐）压试验设备、压力测量装置的数量、量程、精度及校验情况；

（2）水（耐）压试验条件、安全防护情况，试验用水（介）质情况；

（3）现场监督水（耐）压试验，检查升（降）压速度、试验压力、保压时间，在工作压力下检查受压元件有无变形及泄漏情况。

● **条款说明**：新增条款。

● **条款解释**：本条款是对水（耐）压试验检验内容的规定。

1.水压试验的一般要求

本规程第4章对水压试验进行的时机、安全防护措施、环境温度、试验介质及温度等进行了原则界定，并对水压试验压力和保压时间、过程控制及合格要求进行了规定；本规程第7章对锅炉整体水压试验时试验压力允许压降进行了规定；本规程第10章对有机热载体锅炉的耐压试验和气密性试验进行了规定。

2.特殊情况下试验压力的确定

部分锅炉存在实际使用的最高工作压力低于锅炉额定工作压力的情况，尤其是锅炉处于一个工艺系统中时，锅炉的实际工作压力由工艺系统设计所决定，低于锅炉的额定工作压力。故增加特殊情况下锅炉水（耐）压试验压力的确定方法，即当实际使用的最高工作压力低于锅炉额定工作压力时，可以按照锅炉使用单位提供的最高工作压力确定试验压力；当锅炉使用单位需要提高锅炉使用压力（但不应当超过额定工作压力）时，应当按照提高后的工作压力重新确定试验压力进行水（耐）压试验，更符合实际情况。

3.水（耐）压试验检验要求

（1）检查水（耐）压试验设备、压力测量装置的数量、量程、精度及校验情况

① 压力表量程应根据试验压力来选择，量程刻度的极限值应为试验压力的1.5～3.0倍，最好是2倍。量程太大，压力表的指针转过的角度就很小，不能保证压力表的准确性和灵敏性。量程太小，压力表的指针转过的角度很大，压力表就很容易损坏。

② 选用压力表的精度应不低于1.6级，满足大部分试验压力需要。

③ 压力表的直径大小，应保证试验人员能清楚地看到压力指示值，表盘直径应不小于100mm。

④ 压力表应在校验合格期内。

（2）检查水（耐）压试验条件，安全防护情况，试验用水（介）质情况

水（耐）压试验前，使用单位、检验单位都要对锅炉的整个状况详细了解和把握，以便于有针对性地确定试验方案，明确检查的重点部位。资料的准备应包括最近一次的锅炉内部检验、外部检验或者修理、改造后的检验记录和报告等。

锅炉水压试验应当在受压元件无损检测和热处理后进行；水压试验场地应当有可靠的安全防护设施；水压试验应当在环境温度高于或者等于5℃时进行，低于5℃时应当有防冻措施；水压试验所用的水应当是洁净水，水温应当保持高于周围露点温度以防止表面结露，但也不宜温度过高以防止引起汽化和过大的温差应力；合金钢受压元件的水压试验水温应当高于所用钢种的脆性转变温度，一般为20～70℃。

水（耐）压试验存在一定的安全风险，国内出现过试验过程中发生的设备损坏和人身伤亡事故。为最大程度地减少风险，就要对安全方面的准备工作有明确的规定，明确锅炉使用单位的主体责任。

安全包括检验人员的人身安全与锅炉设备安全，这些需要使用单位做好相应的准备工

作。如对与其他正在运行锅炉系统相连的供汽（液）管道、排污管道、给水管道、燃料供应管道以及烟风管道采取可靠隔断措施；对安全阀、水位计等不参加水（耐）压试验的部件采取可靠的隔断措施，对有可能产生泄漏的阀门（特别是排污阀、排气阀等）要采用盲板等可靠形式加以隔断；参加水（耐）压试验的管道，其支吊架定位销应当安装牢固；搭设检查需要的脚手架、平台、护栏等，吊篮和悬吊平台应当有安全锁。

试验介质应当以适宜、方便为原则，所用介质能够防止对锅炉材料有腐蚀；对奥氏体材料的受压部件，水中的氯离子浓度不得超过 25mg/L，如不能满足要求，试验后应当立即将水渍去除干净；有机热载体锅炉试验介质一般采用有机热载体等。

（3）现场监督水（耐）压试验，检查升（降）压速度、试验压力、保压时间，在工作压力下检查受压元件有无变形及泄漏情况

现场监督水（耐）压试验，水（耐）压试验一般程序应为：

① 缓慢升压至工作压力，升压速率不超过每分钟 0.5MPa；

② 暂停升压，检查是否有泄漏或者异常现象；

③ 继续升压至试验压力，升压速率不超过每分钟 0.2MPa，并且注意防止超压；

④ 在试验压力下保持 20min；

⑤ 缓慢降压至工作压力，降压速率不超过每分钟 0.5MPa；

⑥ 在工作压力下，检查所有参加水（耐）压试验的受压部件表面、焊缝、胀口等处是否有渗漏、变形；检查管道、阀门、仪表等连接部位是否有渗漏；

⑦ 缓慢泄压；

⑧ 检查所有参加试验的受压部件是否有明显残余变形及泄漏情况。

第十章　专项要求

本章内容由10.1热水锅炉及系统、10.2有机热载体锅炉及系统、10.3铸铁锅炉和铸铝锅炉、10.4 D级锅炉组成。是将原《锅规》第十章、十一章、十二章、十三章合并，归为本章的专项要求。

10.1　热水锅炉及系统

一、本节结构及主要变化

本节共有5部分内容，由"10.1.1设计"、"10.1.2排放装置"、"10.1.3保护装置"、"10.1.4热水系统"、"10.1.5使用"组成，本节仅文字做了修改，而主要内容未发生变化。

二、条款说明与解释

> **10.1.1**　设计
>
> （1）锅炉的额定工作压力应当不低于额定出口水温加20℃相对应的饱和压力；
>
> （2）锅炉的结构应当保证各循环回路的水循环正常，所有受热面应当得到可靠冷却并且能够防止汽化；
>
> （3）锅壳式卧式外燃锅炉，设计、制造单位应当采取技术措施解决管板裂纹或者泄漏以及锅壳鼓包等问题。

- **条款说明**：保留条款。
- **原《锅规》**：10.1　设计（略）
- **条款解释**：本条款是对热水锅炉安全在设计的限定。

（1）10.1.1（1）是对锅炉中热水的欠焓加以限定的规定。

水的物理特性决定了饱和压力和饱和温度存在相互对应的关系。例如水，在压力为0.1MPa时的饱和温度是120℃、压力为1.5MPa时的饱和温度是200℃。考虑到运行中压力波动以及水流压降和局部压力变化可能导致的汽化，所以要求保持与相应压力对应的饱和水温度有一定的欠焓，保证热水锅炉不发生汽化。按照国际通用规定，给出了低于饱和水温度20℃的要求。

（2）10.1.1（2）是对热水锅炉水循环防止汽化的规定。

热水锅炉（尤其是水管锅炉）各循环回路水循环正常是保证受热面得到可靠冷却的重要条件，而受热面的冷却主要取决于介质的流速和介质分配的均匀性。由于锅炉各环路进水量的分配与各环路受热面的吸热量不相适应，致使各环路的出水温度有差异，当此温度偏差相距较大时，流速不够，较高水温的环路就会出现局部汽化，环路出现过冷沸腾。为减小这种温度偏差，尤其是大容量高温热水锅炉的并联多循环回路，就需要对各环路的进水量进行调节，使各环路之间的出水温度差一般不超过10℃。调节时，还受制于锅炉的额定工作压力不应低于额定出口水温加20℃相对应的饱和压力要求的限定。实践证明，对于热水锅炉水循环回路，在设计合理，有可靠的控制措施，各环路进水量可得到适当分配，各环路间的出水温差控制在10℃以内是可以做到的。

在热水锅炉规程的历史上，曾有过"炉膛内各受热面的外径应大于38mm"和"应合理地分配水流量、尽量减小各回路之间的出水温差。"的具体规定，本条款修订时不再考虑这些具体要求，这些设计规定改由相应技术规范来确定。

（3）10.1.1（3）是对锅壳式卧式外燃热水锅炉炉型出现管板裂纹、泄漏、锅壳鼓包等问题应当采取技术措施的规定。

本条款是针对锅壳式卧式外燃热水锅炉在历史上经常出现的管板裂纹或泄漏及锅壳鼓包等问题提出的要求；尤其是由锅壳式卧式外燃蒸汽锅炉改为热水锅炉时为甚。锅壳式卧式外燃蒸汽锅炉改为热水锅炉在强度和承压能力上，应该是没有问题的。但是，由于在改造时，热水锅炉介质流动改变了原蒸汽锅炉的流动场，随之发生温度场的变化。改造后的热水锅炉在高温的管板处易形成交变的温度场，易发生管板裂纹或泄漏。热水系统的水循环在锅炉的锅壳大容积处相对流速较低，易造成渣垢的沉积，在受热负荷较强的锅壳底部，渣垢传热不良，锅壳底部发生鼓包。针对以上问题，热水锅炉的设计、制造单位应该采取技术措施予以解决，防范再次发生。

10.1.2 排放装置

（1）锅炉的出水管一般设在锅炉最高处，在出水阀前出水管的最高处应当装设集气装置或者自动排气阀，每一个回路的最高处以及锅筒（壳）最高处或者出水管上都应当装设公称通径不小于 20mm 的排气阀，各回路最高处的排气管宜采用集中排列方式；

（2）锅筒（壳）最高处或者出水管上应当装设泄放管，其内径应当根据锅炉的额定热功率确定，并且不小于 25mm；泄放管上应当装设泄放阀，锅炉正常运行时，泄放阀处于关闭状态；装设泄放阀的锅炉，其锅筒（壳）或者出水管上可以不装设排气阀；

（3）锅筒（壳）及每个循环回路下集箱的最低处应当装设排污阀或者放水阀。

- **条款说明**：保留条款，个别文字做了修改：如"锅筒（锅壳）"改为"锅筒（壳）"。
- **原《锅规》**：10.2 排放装置（略）
- **条款解释**：本条款是对热水锅炉的出水管、集气装置和排气阀等排放装置的设置规定。

（1）10.1.2（1）是针对热水（汽）介质的特性对其排放所作的规定。规定热水锅炉的出水管一般应当设在锅炉最高处。集气装置或自动排气阀应装设在出水阀之前，其目的是便于气体汇集排放，以保持热水在锅炉及其热水系统中为单一介质，防止和减少空气进入热水系统而产生水击，影响取暖效果。气体的排放依靠排气阀，本规程规定热水锅炉"每一个回路的最高处以及锅筒（壳）最高处或出水管上都应装设公称通径不小于 20mm 的排气阀"；出水管上的排气阀可装设在集气装置上。

"各回路最高处的排气管宜采用集中排列式"的规定，主要是针对手动排气阀，排气阀集中排列，便于锅炉操作人员操作。

（2）10.1.2（2）是对热水锅炉装置泄放管和泄放阀的规定。

强制循环系统的锅炉在突然停泵（如突然停电）后，炉膛仍有热负荷时，锅水停止循环容易产生汽化，从而造成水击或超压，危及锅炉安全。为防止循环水泵突然停止给水造成锅炉的压力和水温急剧上升，其应急措施是在这种锅炉的锅筒（集箱）最高处或出水管上装设泄放管，以便于放汽、泄压；泄放阀应装在便于操作的位置，泄放管出口应通到安全地点，并可观察管口泄放情况，而不会被烫伤。

当有紧急补水管时，如发生突然停泵，应当防止系统失压，关闭锅炉进水阀和出水阀，使锅炉与供热系统暂时切断；打开泄放阀，开启紧急补水管上的阀门，排除蒸汽，直到出水为止。

若没有紧急补水管，突然发生停泵，也应当迅速关闭锅炉出水阀保持系统不失压。打开泄放阀，既可以防汽化，又可以泄压。至于泄放管的内径可以根据锅炉的额定热功率确定，最小不得小于25mm。

当集气装置符合要求时，泄放管可以装在集气装置上。此时，锅筒或出水管不需再装泄放管。若集气装置安装在出水阀外的最高处时，这时的集气装置的集气作用不仅是对热水锅炉的集气，同时也是对热水系统的相关部分进行集气，在此情况下，泄放管不应装在集气装置上，否则关闭出水阀，打开泄放阀时，放出的水是系统中的水而不是锅炉内汽化的水。

（3）10.1.2（3）是对热水锅炉设置排污阀或放水阀的规定。

目的是满足锅炉排污和放水的需要。条文未列入"排污阀或放水阀宜采用闸阀或直流式截止阀。阀的公称通径为 20～65mm。卧式锅壳锅炉锅筒上的排污阀公称通径不得小于40mm。"规定，主要考虑这些具体要求，可由相应技术规范来确定。

> **10.1.3** 保护装置
>
> （1）B级锅炉及额定热功率大于或者等于7MW的C级锅炉，应当装设超温报警装置和联锁保护装置；
>
> （2）锅炉的压力降低到会发生汽化或者水温超过了规定值以及循环水泵突然停止运转并且备用泵无法正常启动时，层燃锅炉应当能够自动切断鼓、引风；室燃锅炉应当能够自动切断燃料供应。

● **条款说明**：修改条款。增加了"室燃锅炉应当能够自动切断燃料供应"内容，是从原规程6.6.5条款移过来的，文字表达做了调整。

● **原《锅规》**：10.3 保护装置

（1）B级锅炉及额定热功率大于或者等于7MW的C级锅炉，应当装设超温报警装置和联锁保护装置；

（2）层燃锅炉应当装设当锅炉的压力降低到会发生汽化或者水温超过了规定值以及循环水泵突然停止运转时，能够自动切断鼓、引风的装置。

● **条款解释**：本条款是对热水锅炉设置超温报警装置和联锁保护装置的规定。

（1）10.1.3（1）条款内容的具体要求是规定B级锅炉应当装设超温报警装置和联锁保护装置；额定热功率大于或者等于7MW的C级锅炉，也应当装设超温报警装置和联锁保护装置。本条款规定的是最低原则要求，相应的标准或技术规定可以高于本条款的规定，但不能低于本条款的规定。与保护装置有关的更具体内容，可由相应技术规范来确定。

（2）10.1.3（2）是对热水锅炉汽化、超温、循环水泵突然停止运转的应急处理程序的规定。主要修改是将热水锅炉（包括层燃和室燃方式）共性问题合并在一起进行规定。热水锅炉由于突然故障（断电）、循环水泵停止工作，锅炉内水的流动速度降低，由于炉膛、炉内燃料层和炉拱等的蓄热量大，就会使高温受热面的工质超温或发生汽化，造成受热面金属过热损坏。对循环水泵放置在锅炉入口的强制循环高温水锅炉，由于停泵、锅炉出口压头突然降低，还会引发炉水沸腾。若引发这种事故，其危险性更大，具有破坏性。为避免事故扩大，采取的主要措施之一是使燃烧缺少氧气而停止，不会继续放热。层燃锅炉立即停止鼓、引风机；室燃锅炉应当能够自动切断燃料供应。

用煤粉、油或气体作燃料的锅炉，应装有下列功能的联锁装置：

① 引风机断电时，自动切断全部送风和燃料供应；

② 全部送风机断电时，自动切断全部燃料供应；

③ 燃油、燃气压力低于规定值时，自动切断燃油或燃气的供应；

④ 锅炉压力降低到会发生汽化或水温升高超过了规定值时，自动切断燃料供应；

⑤ 循环水泵突然停止运转时，自动切断燃料供应。

配置具有以上功能的联锁装置，使故障不至失控而处于可控状态。

10.1.4　热水系统

热水系统应当符合以下基本要求：

（1）在热水系统的最高处以及容易集气的位置应当装设集气装置或者自动排气阀，最低位置应当装设放水装置；

（2）热水系统应当有可靠的定压措施和循环水的膨胀装置；

（3）热水系统应当装设自动补给水装置，并且在锅炉作业人员便于操作的地点装设手动控制补给水装置；

（4）强制循环热水系统至少有2台循环水泵，在其中1台停止运行时，其余水泵总流量应当满足最大循环水量的需要；

（5）在循环水泵前后管路之间应当装设带有止回阀的旁通管，或者采取其他防止突然停泵发生水击的措施；

（6）热水系统的回水干管上应当装设除污器，除污器应当安装在便于操作的位置，并且应当定期清理。

● **条款说明**：修改条款。

（1）按照部门管理分工的要求，将"热水系统的设计应当符合GB 50041《锅炉房设计规范》的规定，并满足以下要求"修改为"热水系统应当满足以下基本要求"，删除了"设计应当符合GB 50041《锅炉房设计规范》的规定"。

（2）根据征求意见将"在热水系统的最高处以及容易集气的位置应当装设集气装置"修改为"在热水系统的最高处以及容易集气的位置应当装设集气装置或自动排气阀，最低位置应当装设放水装置；"，增加了"或自动排气阀，最低位置应当装设放水装置；"。

（3）根据征求意见将"并且有可靠的定压措施和循环水的膨胀装置。"修改为"热水系统应当有可靠的定压措施和循环水的膨胀装置；"独立成为一个分条款。

● **原《锅规》**：10.4　热水系统

热水系统的设计应当符合GB 50041《锅炉房设计规范》的规定，并满足以下要求：

（1）在热水系统的最高处以及容易集气的位置应当装设集气装置，并且有可靠的定压措施和循环水的膨胀装置；

（2）热水系统应当装设自动补给水装置，并且在锅炉操作人员便于操作的地点装设手动控制补给水装置；

（3）强制循环热水系统至少有2台循环水泵，在其中一台停止运行时，其余水泵总流量应当满足最大循环水量的需要；

（4）在循环水泵前后管路之间应当安装带有止回阀的旁通管，或者采取其他防止突然停泵发生水击的措施；

（5）热水系统的回水干管上应装设除污器，除污器应安装在便于操作的位置，并应定期清理。

● **条款解释**：本条款是根据对与热水锅炉安全密切相关的热水系统安全的原则要求，对热水系统的设计、集气装置、定压措施、热水膨胀装置、补水装置、系统循环水泵、系统除污等提出要求的规定。条款中的具体要求，可由相应技术规范来确定。管道安装的要求在本规程第7章"安装、改造、修理"里已有相应规定。

1.10.1.4（1）"在热水系统的最高处及容易集气的位置上应装设集气装置"，上水、汽化等易使空气留在进入系统中，不及时排出，热水系统形成两相介质，影响供热；甚至会发生水冲击现象，酿成事故。因此热水系统最高处和容易集气位置应装设集气装置。

条款中增加了"自动排气阀"和系统"最低位置应当装设放水装置"要求。

2.10.1.4（2）条款是对热水系统的定压措施和膨胀装置的要求。

"热水系统应当有可靠的定压措施"包括：定压点的位置和定压方式两方面：

（1）定压点的位置选择要求：安全可靠，经济运行。

安全可靠：就是保证热水系统不汽化、整个系统要满水、保证承压的散热器不破坏；

经济运行：定压点的选择耗能要少，就是电动机的功率相对较小。

一般来说，定压点在循环泵的入口处，不运行时，系统压力较低；运行时，系统压力较高；耗能较少。定压点在循环泵的出口处（或在锅炉出口处），不运行时，系统压力较高；耗能较高；如在锅炉出口处定压，则须采用热水循环泵。

（2）定压方式，有：膨胀水箱定压、自来水定压、泵定压、氮气定压（或空气定压）、蒸汽定压等。

"循环水的膨胀装置"是由介质特性所决定的要求，因为热水水温升高时，系统中的水将因受热而膨胀，其膨胀量如下：

$$\Delta V = \alpha V \Delta t$$

式中　ΔV——水的膨胀量，m^3；

　　　α——水的体积膨胀系数，$\alpha=0.0006$；

　　　Δt——水温升高值，℃；

　　　V——系统内的水容量，m^3。

针对循环热水受热膨胀问题，需要用膨胀装置来解决热水膨胀后的体积增加，否则会发生锅炉和热水系统超压事故。膨胀装置一般来讲，对低温热水采暖系统，常用开口膨胀水箱；对大型高温热水采暖系统，常用有压的闭式膨胀水箱或其他释放膨胀水的方式，以降低水箱安装高度。

采用高位水箱作定压装置时，应符合下列要求：

（1）高位水箱的最低水位应高于热水系统最高点1m以上，并满足使系统不汽化的要求；

（2）设置在露天的高位水箱及其管道应有防冻措施；

（3）高位膨胀水箱的膨胀管上不应装设阀门；

（4）高位补给水箱与系统连接的管道上应装设止回阀，系统中应有泄压装置。

采用气体加压罐作定压装置时：应符合下列要求：

（1）气体加压罐上应装设压力表；

（2）气体加压罐内的压力应保证系统不汽化；

（3）当采用不带隔膜的气体加压罐时，加压介质宜采用氮气或蒸汽，不应采用空气。

采用补给水泵作定压装置时，应符合下列要求：

（1）系统中应有膨胀水箱或泄压装置；

（2）间歇补水时，补给水泵停止运行期间，热水系统的压力降不得导致系统汽化。

3.10.1.4（3）是对与锅炉组成的热水系统应装自动补给水装置的规定。

自动补给水装置应针对如下三方面进行配置：补水量、补水泵的扬程、补水点位置。

（1）补给水量取决于热水系统的每小时泄水量和事故补水，正常为系统容水量的1%，补水泵流量一般取补水量的4~5倍；

（2）补水泵的扬程取决于定压的位置，其值仅和系统的地形高度、建筑物的高度、供水温度［即该温度下的汽化压力（应计入20℃的欠热）］有关，与系统的流动阻力无关；

（3）补水点的位置，一般在循环泵的入口处（此处压力最低，易以补水）。为了防止自动补水装置失灵，在锅炉操作人员操作的地点应装有手动控制的补给水装置。

4.10.1.4（4）是对热水锅炉系统配置循环水泵数量的规定。

选用热水系统的循环水泵应考虑循环水泵的流量、水泵扬程、水泵的特性曲线。

（1）循环水泵的流量与热水锅炉供热量、供回水温差有关；

（2）循环水泵的扬程只和系统的阻力（即：锅炉房内部阻力、管网阻力、用户内部系统阻力）有关；

（3）循环水泵选型，一般希望循环水泵的流量变动很大时，压力变化比较小（如压力变化很大，不安全，易造成最后用户的压头和流量的下降）。

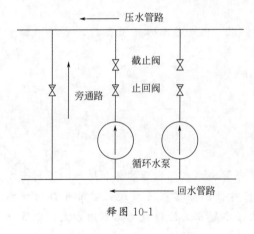

释图 10-1

因此，循环水泵选型时，应选用具有平坦的流量-压力（G-H）特性曲线的水泵。为确保强制循环热水系统的安全性，循环水泵至少有2台，即须有备用泵，在其中一台因各种原因停止运行时，其余水泵总流量应满足最大循环水量的需要。

5.10.1.4（5）是对热水系统的循环水泵应有防止突然停泵发生水击的安全措施的规定。

循环水泵因突然停电而停泵时，水循环突然受阻，使流体的动能转变为压力能，水泵吸水管路中水压急剧增高，产生了水击现象；如无预防措施，强烈的水击波通过回水管迅速传给热用户，就要发生散热器破裂事故。

水击力与系统的水容量、流速以及循环水泵停止转动的时间长短有关。水容量愈大、流速愈大，水泵停止转动的时间愈短，则水击力愈大。

防止水击的方法是在循环水泵的压水管路和吸水管路之间连接一根旁路管，并在管上装有逆止阀（如释图10-1所示）。旁通管的管径愈大，对减小水击力愈有利。旁通管的管径一般与回水总管的管径相同。逆止阀宜选用阻力较小的，有利于减小水击力。这种装置避免了流体的动能转变为压力能，防止事故的发生。当然这不是唯一方法，也可采用其他措施来防止水击的发生。

6.10.1.4（6）是对热水锅炉系统的回水干管上应装设除污器的规定。

本条款伴随着我国蒸汽锅炉改为热水锅炉、热水锅炉产品问世和发展的历史过程，是对《水规》83年版、91年版、97年版和12年版的修订，是保留的老条款。热水锅炉系统的回水干管上是热水系统压力最低处、流动截面积较大、利于热水系统循环水中杂质的沉淀和溶解气体的分离。除污器设置在此处，清除循环水中的杂质、铁锈，确保热水系统循环水的安全循环。

10.1.5 使用管理

10.1.5.1 锅炉启停

锅炉投入运行时，应当先开动循环水泵，待供热系统水循环正常后，才能逐渐提高炉温。锅炉停止运行时不应当立即停泵。如果锅炉发生汽化需要重新启动，启动前应当先放汽补水，然后启动循环水泵。

- **条款说明：**修改条款。

1. 将"使用"改为"使用管理"；将"锅炉运行顺序"改为"锅炉启停"；

2. 根据征求意见，删除了"待锅炉出口水温降到50℃以下时，才能停泵"的强行规定。

- **原《锅规》：** 10.5 使用

10.5.1 锅炉运行顺序

锅炉投入运行时，应当先开动循环泵，待供热系统水循环正常后，才能提高炉温。停炉时不应当立即停泵，待锅炉出口水温降到50℃以下时，才能停泵。如果锅炉发生汽化需要重新启动时，启动前应当先放汽补水，然后再启动循环水泵。

- **条款解释：**本条款是对热水锅炉安全运行操作的规定。

热水锅炉投运前，应先开动循环水泵，使系统水循环正常后才能提高炉温，使锅炉及其热水系统的水温逐渐提高，以降低温差应力对设备和系统的损坏。曾有司炉工先将热水锅炉烧到90℃，再开启循环水泵向热水系统输出热量的事故实例。就在水泵开启的一瞬间，大量的冷水进入锅炉，引发锅炉爆裂，大量热水从锅炉冲出，水汽弥漫锅炉房，熟悉的锅炉房工人尽然找不到出口，司炉工被活活地烫死在出口的台阶上。温差大于50℃，温差应力将导致设备变形，铸铁锅炉更易造成损害或爆裂。另外，长期先提高炉温再开泵，也使出口水温有高有低，容易产生热疲劳，造成散热器和管道泄漏。有这种血的教训，故要特别规定"锅炉投入运行时，应当先开动循环水泵，待供热系统水循环正常后，才能逐渐提高炉温。"

这次修订，删除了"待锅炉出口水温降到50℃以下时，才能停泵"的具体数值要求，主要是考虑到要求过于具体，不适宜放在锅规。但是为了防止炉膛蓄热造成局部锅水汽化，停炉之后继续循环，根据不同情况温度降到一定数值以下再停泵是安全的。

如果锅炉发生汽化需要重新启动，启动前须重新补水放汽，然后再开动循环水泵，否则会把蒸汽送入管道中产生水冲击现象。

10.1.5.2 停电保护

锅炉使用单位应当制定突然停电时防止锅水汽化的保护措施。

- **条款说明：**保留条款。
- **原《锅规》：**10.5.2 停电保护（略）
- **条款解释：**本条款是要求锅炉使用单位对热水锅炉应制定突然停电时防止锅水汽化的保护措施的规定。

制定突然停电时防止锅水汽化的保护措施就是应急预案的一部分。热水锅炉防止汽化的措施，包括：额定出口热水温渡高于或等于120℃的锅炉，为了防止突然停电时产生汽化，应有可靠的定压装置或可靠的电源（备用电源或双路电源等）。在锅炉出口与截止阀之间应装有泄放管和泄放阀、装置安全阀等。

使用锅炉的单位应制定突然停电时的操作方法和程序，并使司炉掌握。在操作上有：停炉（停鼓、引风机）、降温措施（如：通入自来水、使锅炉炉内产生循环、降炉温）、不能立即停泵（以防止停泵后的汽化）、不允许排污（防止排污时失压，产生汽化）等；应制定相应的应急操作方法和程序。

本条款是原则要求，具体措施，可由相应技术规范来确定。

10.1.5.3　锅炉排污

锅炉排污的时间间隔及排污量应当根据运行情况及水质化验报告确定。排污时应当监视锅炉压力以防止产生汽化。

- 条款说明：保留条款。
- 原《锅规》：10.5.3　锅炉排污（略）
- 条款解释：本条款是对热水锅炉排污操作的规定。有关"使用锅炉的单位应认真执行排污制度"的规定，已在本规程第八章使用管理中作了规定。

排污要求有针对性，避免盲目排污造成能源浪费，但有污垢不排易使锅炉损坏而发生事故。排污的时间间隔及排污量应根据运行情况及水质化验报告确定。排污时间不能过长，对于自然循环的热水锅炉，排污时间过长易造成水循环的破坏，水循环回路缺水，能酿成锅炉事故。热水锅炉排污时，应监视锅炉压力以防止产生汽化。当锅水温度低于100℃时，才能进行排污。当锅水温度高于100℃时，锅炉因排污而失压，排污时锅水与大气沟通易产生汽化，有可能发生汽、水撞击。

使用锅炉的单位应认真执行排污制度。排污的时间间隔及排污量应根据运行情况及水质化验报告确定。排污时应监视锅炉压力以防止产生汽化。当锅水温度低于100℃时，才能进行排污。

10.1.5.4　锅炉需要立即停炉的情况

锅炉运行中遇有下列情况之一时，应当立即停炉：

（1）水循环不良，或者锅炉出口水温上升到与出水压力相对应的饱和温度之差小于20℃；

（2）锅水温度急剧上升失去控制；

（3）循环水泵或者补水泵全部失效；

（4）补水泵不断给系统补水，锅炉压力仍继续下降；

（5）压力表或者安全阀全部失效；

（6）锅炉元（部）件损坏，危及锅炉运行作业人员安全；

（7）燃烧设备损坏、炉墙倒塌，或者锅炉构架被烧红等，严重威胁锅炉安全运行；

（8）其他危及锅炉安全运行的异常情况。

- 条款说明：保留条款。
- 原《锅规》：10.5.4　锅炉需要立即停炉情况（略）
- 条款解释：本条款是对热水锅炉发生以上列举的情况时，应立即停炉的规定。发生上述八种情况的任何一种，都易引发热水锅炉的重大事故，都会对锅炉运行安全造成严重伤害，故做了紧急停炉的规定。

10.2　有机热载体锅炉及系统

一、本节结构及主要变化

本节由原《锅规》第十一章"有机热载体锅炉及系统"的条款修改而成。本节共有五部分内容，由"10.2.1 有机热载体"、"10.2.2 设计制造"、"10.2.3 安全附件和仪表"、"10.2.4 辅助设备及系统"、"10.2.5 使用管理"组成。本节的主要变化为：

➢ 合并原《锅规》条款"11.1.1 最高允许使用温度和产品型式试验"、条款"11.1.2 选择和使用条件"及条款"11.1.3 不同有机热载体的混合使用"，由上述三个原条款内容组合为新条款"10.2.1.1 选择和使用"；

➢ 将原《锅规》条款"11.1.1 最高允许使用温度和产品型式试验"中有关最高允许使用温度的内容调整为独立的新条款"10.2.1.2 最高允许使用温度"；

➢ 增加新条款"10.2.1.5 出厂资料"；

➢ 删除原《锅规》条款"11.2.3 火焰加热锅炉的炉管布置"；

➢ 删除原《锅规》条款"11.2.4 电加热锅炉的最大热流密度"；

➢ 删除原《锅规》条款"11.3.6.2 炉膛灭火系统"；

➢ 删除原《锅规》条款"11.4.10 静电保护"。

二、条款说明与解释

> **10.2.1**　有机热载体
>
> **10.2.1.1**　选择和使用
>
> 有机热载体产品的选择和使用应当符合 GB 23971《有机热载体》和 GB/T 24747《有机热载体安全技术条件》的要求。不同化学组成的气相有机热载体不应当混合使用，气相有机热载体与液相有机热载体不应当混合使用。

● **条款说明**：合并修改条款，对原《锅规》条款 11.1.1 中有关产品特性及质量和型式试验的要求与条款 11.1.2 和 11.1.3 中选择及使用的规定进行合并，将其中涉及有机热载体产品特性和质量、选择原则及其安全使用条件的要求，简化为应当符合 GB 23971《有机热载体》和 GB/T 24747《有机热载体安全技术条件》的相关具体规定。

● **原《锅规》**：11.1　有机热载体

11.1.1　最高允许使用温度和产品型式试验

有机热载体产品的最高允许使用温度应当依据其热稳定性确定，其热稳定性应当按照 GB/T 23800《有机热载体热稳定性测定法》规定的方法测定。

有机热载体产品质量应当符合 GB 23971《有机热载体》的规定，并且通过产品型式试验，型式试验按照 TSG G5001《锅炉水（介）质处理监督管理规则》的要求进行。

11.1.2　选择和使用条件

有机热载体产品的选择和使用应当符合 GB 24747《有机热载体安全技术条件》的规定，未采取有效和可靠的防漏安全措施时，有机热载体不应当直接用于加热或冷却具有氧化作用的化学品，在用有机热载体每年至少取样检验一次。

11.1.3　不同有机热载体的混合使用

不同化学组成的气相有机热载体不应当混合使用，气相有机热载体不应当与液相有机热载体混合使用，合成型液相有机热载体不宜与矿物型有机热载体混合使用。

● **条款解释**：本条款规定了有机热载体产品的特性及质量要求、正确选择原则和安全使用条件。

本条款共包含了对有机热载体的三项基本要求，即有机热载体产品的特性及质量要求、正确选择原则和安全使用条件。

有机热载体和水作为传热介质，二者在化学及物理性质、工作特性、安全特性和操作条件方面存在差异。这些差异以及所选用有机热载体的特性参数和质量对于锅炉及系统的设计、制造、安装和安全使用至关重要，是工程设计的安全技术基础依据和系统安全运行的基本条件。根据有机热载体产品的特性和质量对锅炉安全运行的影响关系，需要对该类产品进行产品特性评价和品质监管。该类产品的主要特性检测项目是与使用安全直接相关的产品温度特性，即确定产品的最高允许使用温度，主要质量检测项目是与安全运行相关的产品物性参数，即确定产品的闪点、自燃点、黏度、倾点及腐蚀性等安全技术指标。

有机热载体产品的特性及质量应当符合 GB 23971《有机热载体》的具体规定。GB 23971《有机热载体》是关于有机热载体产品特性及质量和产品型式试验要求的强制性技术标准，其主要内容涉及对未使用过的有机热载体产品的特性要求、质量指标及其试验方法、有机热载体产品型式试验的规定及进行产品评价的具体指标。

有机热载体产品的选择及使用应当符合 GB/T 24747《有机热载体安全技术条件》的具体规定。不同化学性质的有机热载体具有不同的热稳定性和物理性质，不同的工艺和设备及系统具有不同的设计条件及操作要求。针对不同的情况和需求，正确地选择所使用的有机热载体即是实现工艺目的，并在安全、经济、节能及环保的基础上保证设备和系统长期稳定运行的前提条件。

有机热载体为碳氢化合物，属于可燃或易燃物质，当其作为传热介质被锅炉加热和用于加热或冷却工艺介质时，在换热设备发生泄漏的情况下，可能会导致燃烧或爆炸事故的发生。除非已经采取了有效和可靠的防泄漏安全措施，在一般情况下不宜采用有机热载体作为传热介质通过换热设备直接对具有氧化作用的化学品进行加热或冷却。闭口闪点低于 60℃ 的有机热载体只能在按照易燃危险品条件设计的系统内使用。在高温工作条件下，有机热载体在使用过程中因不同原因的影响会导致其品质发生变化。当系统内有机热载体的变质物累积到一定数量，或变质物对在用有机热载体整体质量的影响达到一定程度时，继续使用就会致使锅炉传热恶化，引发设备和系统的安全事故。为了防止油品变质导致锅炉发生安全事故，在用有机热载体应当定期取样检验，对于不符合质量指标及使用条件的在用有机热载体，应当采取适当的方法对其进行安全处置。

GB/T 24747《有机热载体安全技术条件》是关于有机热载体选择原则及安全使用要求的技术标准，主要涉及对未使用的有机热载体产品的选择原则及质量监督、不同化学性质的有机热载体混合使用的规定、在用有机热载体的安全使用要求、质量检测指标及其试验方法，和有机热载体质量安全问题的处置规定，包括对在用有机热载体变质油品的更换和回收处理要求及条件等。

本条款中特别说明的是不同化学性质的有机热载体混合使用的问题。根据有机热载体具有的不同化学组成，其可以被区分为不同种类及特性的传热介质。例如，以石油基矿物型基础油为原料生产的有机热载体被称为矿物型有机热载体，由化学合成工艺制得的物质或其衍生物生产的有机热载体被称为合成型有机热载体。其中，具有沸点或共沸点的合成型有机热载体，被称为气相有机热载体，具有一定馏程范围的合成型有机热载体，因其不具有沸点或共沸点，故只能够在液相条件下使用。此类不能作为气相有机热载体使用的合成型有机热载体和由复杂的石油组分构成的矿物型有机热载体被统称为液相有机热载体。

不同化学组成的气相有机热载体各自具有不同的沸点或共沸点，将不同化学组成的气相有机热载体混用会使混合后的有机热载体蒸发条件发生改变，可能会导致锅炉无法正常操作，或造成混合前后的有机热载体的蒸气饱和温度和饱和压力不一致，甚至会发生锅炉及系统操作安全问题。

气相有机热载体和液相有机热载体在化学和物理性质上有明显的差别，尤其是在可蒸发性、饱和温度和饱和压力等方面。为此，使用不同类别的有机热载体，其设备和系统设计条件是不同的，其操作条件也是不同的。气相有机热载体与液相有机热载体混用，对于气相有机热载体系统而言，可能会造成混合前后有机热载体蒸气的饱和温度和饱和压力的不一致，对于液相有机热载体系统而言，则会造成系统内蒸气压过高。这两种情况都会引发锅炉及系统的操作安全问题。

矿物型和合成型有机热载体属于两类不同化学性质的有机热载体，在二者混用的条件下存在技术和经济两个方面的问题。技术方面的问题首先需要明确被混用的有机热载体在高温条件下是否会发生化学反应或物性参数变化导致锅炉运行条件与设计条件不符。此外，由于矿物型有机热载体组分混杂，在使用混合后的在用有机热载体时，无法通过现有质量检验手段及评价标准，有效监测其化学组分或某一个特定物性参数的变化程度，难以正确评定其品质变化的状况。从经济方面说，矿物型有机热载体因其组分混杂而不适宜通过回收处理方法改善在用油品的品质，而合成型有机热载体具有明确的化学组分和相对一致的物理性质，故对大多数发生质量变化的合成型在用有机热载体，一般适合利用简单的处理方法进行回收处理，以达到有效改善其品质，提高其使用安全性和延长使用寿命的目的，同时也增加了合成型有机热载体的使用经济性。但二者混合后将会使合成型有机热载体完全失去回收处理的可能性，故而会造成经济损失和资源浪费。GB/T 24747《有机热载体安全技术条件》中包括了不同化学组成的液相有机热载体混合使用需要符合的安全原则和具体要求。

10.2.1.2 最高允许使用温度

有机热载体产品的最高允许使用温度应当依据其热稳定性确定，其热稳定性应当按照 GB/T 23800《有机热载体热稳定性测定法》规定的方法测定。

- **条款说明**：修改条款。将原《锅规》条款"11.1.1 最高允许使用温度和产品型式试验"中有关最高允许使用温度的内容调整为本条款。
- **原《锅规》**：11.1.1　最高允许使用温度和产品型式试验

有机热载体产品的最高允许使用温度应当依据其热稳定性确定，其热稳定性应当按照 GB/T 23800《有机热载体热稳定性测定法》规定的方法测定。

有机热载体产品质量应当符合 GB 23971《有机热载体》的规定，并且通过产品型式试验，型式试验按照 TSG G5001《锅炉水（介）质处理监督管理规则》的要求进行。

- **条款解释**：本条款明确了有机热载体的热稳定性与其最高允许使用温度的关系及其热稳定性的检测方法。

热稳定性是有机热载体在高温条件下抵抗化学分解的能力。有机热载体的热稳定性是由其化学组成的性质确定的。有机热载体在高温条件下长期工作运行，其性能和质量的变化速度和变质率与其热稳定性及最高工作温度直接相关。有机热载体的热稳定性测定结果是确定其最高允许使用温度的唯一科学依据，最高允许使用温度是确定其最高工作温度的基础条件，故有机热载体的最高工作温度受到其热稳定性的安全限制。有机热载体的热稳定性试验是将被测样品放置在某一实验温度条件下的恒温环境中，使该样品在720h或1000h的实验时段承受实验温度的作用，通过实验时段后将该样品冷却并采用气相色谱法进行变质结果分析，确定其在此实验温度条件下因该温度作用使其化学组成发生热裂解变化所产生的变质物性质及其变质率（见释图10-2），当该样品所测出的变质物总量不大于被测样品量的10%，即在其总变质率小于10%的条件下，该有机热载体样品的热稳定性试验结果被评价为合格，同时确定此次热稳定性试验的实验温度为该有机热载体产品的最高允许使用温度。

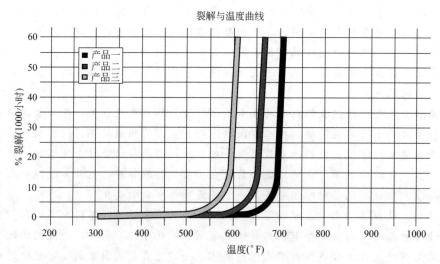

释图10-2　有机热载体使用温度与其变质率的关系

GB/T 23800《有机热载体热稳定性测定法》是关于有机热载体产品热稳定性测定方法的技术标准。该标准的内容主要涉及未使用过的有机热载体产品热稳定性测定的试验方法及要求。

10.2.1.3　最高工作温度

有机热载体的最高工作温度应当不高于其自燃点，并且至少低于其最高允许使用温度10℃。电加热锅炉、燃煤锅炉或者炉膛辐射受热面平均热流密度大于0.05MW/m^{2}的锅炉，有机热载体的最高工作温度应当低于其最高允许使用温度20℃。

- **条款说明**：修改条款。将电加热锅炉所使用有机热载体的温度安全裕量由10℃提高至20℃。

- **原《锅规》**：11.1.4　最高工作温度

有机热载体的最高工作温度不应当高于其自燃点温度，并且至少低于其最高允许使用温度10℃。燃煤锅炉或者炉膛辐射受热面平均热流密度大于0.05MW/m^{2}的锅炉，有机热载体的最高工作温度应当低于其最高允许使用温度20℃。

- **条款解释**：本条款明确了有机热载体最高工作温度与其自燃点之间的关系，以及有机热载体的最高允许使用温度与最高工作温度之间的温度安全裕量确定原则。

有机热载体属于有机物质，其物性参数闪点、燃点和自燃点是与有机物燃烧现象相关的重要安全指标。有机物的闪点和燃点是其发生闪燃和着火时的最低温度，可采用点火引燃的方法测定。通常是用于判定该物质是否属于易燃危险化学品，同时也是对该物质的使用安全及环境条件加以特别限制的重要依据，有机物的自燃点是在无外部火源引燃的试验条件下，采用对该物质加热同时使其与氧气接触发生氧化反应的方法，测定其产生自行燃烧时的最低介质温度，通常是用于判定该物质在储存、运输和使用中可能发生自发性燃烧的温度条件。

有机热载体是在高温条件下长期运行的有机传热介质，如果有机热载体的工作温度高于其自燃点，在系统运行中发生有机热载体泄漏的时候，尤其是在狭小或封闭空间内发生泄漏的情况，泄漏出来的高温有机热载体就会与空气接触并产生氧化。当该空间内任意一处存在有机热载体与空气的混合比例适宜且混合物的温度高于其自燃点的情况，此时即达到有机热载体自燃的条件，该处则可能发生泄漏物自燃并会由此引发火灾或爆炸。反之，若限制系统的最高工作温度等于或低于所使用有机热载体的自燃点，则能在有机热载体发生泄漏时降低其自燃的可能性。为了提高有机热载体系统的操作安全性，故本条款规定有机热载体的最高工作温度应当不高于其自燃点的要求。

根据锅炉的最高工作温度正确地选择有机热载体，是保证锅炉及系统设计可靠性和运行安全性的基础，也是延长有机热载体使用寿命的关键条件。测定有机热载体的热稳定性是为了确定其最高允许使用温度。而有机热载体的最高工作温度则是其在使用中真实存在的最高操作温度，在系统实际生产运行中，由于工艺和操作条件的变化，或者系统及设备在设计、制造及安装方面存在缺陷，都能够使有机热载体的工作温度发生意外改变，甚至造成其过热超温，故选择有机热载体时应当对其工作温度预留适当的温度安全裕量。有机热载体的最高工作温度应当低于其最高允许使用温度，二者之间的温差即为所选用有机热载体的工作温度安全裕量。

有机热载体的热稳定性试验数据证明，其工作温度每上升 10℃，由于热裂解原因造成的有机热载体变质率会在其原有变质率的基础上增加 1 倍。为此，对于已确定热稳定性的有机热载体，当其在不同热流密度的传热条件下工作时，应当根据所承受最大热流密度的情况，对有机热载体的最高工作温度预留不等量的温度安全裕量，以确保其在长期高温工作条件下的安全性。根据良好的工程经验，在辐射受热面平均热流密度低于 $0.05MW/m^2$ 的情况下，将有机热载体的温度安全裕量确定在 10℃ 以上是相对安全的，而且是合理和经济的；对于燃煤锅炉及炉膛辐射受热面平均热流密度大于 $0.05MW/m^2$ 的情况，由于燃料的燃烧特点及炉膛结构布置的限制，炉膛内不同辐射受热面上的热偏差较大，会造成锅炉内各部分有机热载体的受热强度分布不均匀，因而此类锅炉所使用的有机热载体温度安全裕量应当增加至 20℃ 以上。与此同时，还应当校核该类锅炉的计算最高液膜温度能否满足不高于所选用有机热载体最高允许液膜温度的限制条件。对于电加热锅炉，虽然其并不存在具有高热流密度辐射受热面的问题，但因锅炉内电加热组件的设置形式和有机热载体在加热管外绕流换热的方式，会在锅炉电加热组件的中心部位对有机热载体流速及其温度分布产生严重的不利影响，所造成有机热载体过热超温问题的性质与燃煤锅炉是完全相同的。

10.2.1.4 最高允许液膜温度

有机热载体的最高允许使用温度小于或者等于 320℃ 时，其最高允许液膜温度应当不高于最高允许使用温度加 20℃。有机热载体的最高允许使用温度高于 320℃ 时，其最高允许液膜温度应当不高于最高允许使用温度加 30℃。

- **条款说明**：保留条款。
- **原《锅规》**：11.1.5 最高允许液膜温度（略）
- **条款解释**：本条款明确了有机热载体最高允许液膜温度和最高允许使用温度之间的关系，规定了不同类别有机热载体最高允许液膜温度的确定准则。

依据传热学和流体力学理论，在对流换热过程中，流体与受热面的表面之间存在传热流体的一个边界层，边界层内流体处于层流状态，且紧贴受热面的流体接近滞留状态。同时边界层内流体存在一个温度梯度，紧贴受热面的流体温度最高，该温度被称为传热流体的液膜温度（见释图10-3）。故在系统正常运行条件下传热流体的最高液膜温度会高于其主流体温度20～30℃。在此液膜温度条件下，边界层内有机热载体的热裂解变质率甚至高达主流体温度条件下其变质率的8倍左右。所以，如果其液膜温度过高，对于有机热载体而言，边界层内有机热载体的热裂解率就会过高；对于锅炉而言，因有机热载体裂解后在炉管受热面上结焦就会导致传热效率降低且金属过热。由此可见，有机热载体最高允许液膜温度仅指依据该有机热载体的最高允许使用温度确定的一种安全极限条件下的限制性温度，并非是该有机热载体在实际使用条件下可以使用的最高液膜温度。

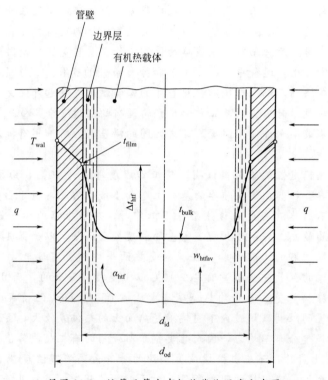

释图10-3 炉管及管内有机热载体温度分布图

此外，传热流体的边界层厚度主要由该处的雷诺数确定，雷诺数与其流动通道几何尺寸、传热介质的流速及其物性等有关。边界层内的流体传热以热传导方式为主，边界层内的最高液膜温度取决于受热面上的热流密度及传热流体的工作温度。因此，锅炉中最高液膜温度通常会存在于受热面上热流密度最大处或炉管内传热介质在流动状态下雷诺数（Re）最小处，故在锅炉设计中应当根据上述条件确定该类锅炉内产生最高液膜温度的位置并计算出其数值。为了在锅炉运行中将受热面边界层内的有机热载体最高温度控制在相对安全并且使其变质率处于可以被接受的程度，需要对有机热载体的最高允许液膜温度进行确定和严格限制。

有机热载体的最高允许液膜温度高于其最高允许使用温度。在此温度条件下，有机热载体会承受最大的热应力作用并同时存在一个极高的变质率，这只是边界层内极少量有机热载体在极短时间内可能承受的最高温度，是一个与有机热载体选择合理性和锅炉设计安全性相关的重要限制温度，锅炉内任何一处有机热载体都不允许超过此安全极限温度，故锅炉设计所得的计算最高液膜温度和锅炉操作运行中存在的实际最高液膜温度应当低于所选用有机热载体的最高允许液膜温度。

为了避免锅炉运行中出现超出所选用有机热载体最高允许液膜温度的情况，在锅炉设计中应当采用所选用有机热载体的热物性参数进行热力计算，并保证在设计条件下，该类锅炉内的最大热流密度处以及 Re 数最小处的计算液膜温度应当不高于该有机热载体的最高允许液膜温度。

有机热载体的最高允许使用温度是通过其热稳定性试验确定的，但其最高允许液膜温度目前尚不能直接通过试验的方法确定，通常是根据有机热载体的化学性质和热稳定性条件确定的。依据 GB23971《有机热载体》和 GB/T23800《有机热载体热稳定性测定法》中对不同类型有机热载体热稳定性测定的有关规定，对于最高允许使用温度为 330℃ 及以上的有机热载体（L-QD 类型），其热稳定性测定试验要求的样品受热试验时间为 1000h；对于最高允许使用温度为 320℃ 及以下的有机热载体（L-QB 和 L-QC 类型），其热稳定性测定试验要求的样品受热试验时间为 720h，即不同类别的有机热载体在热稳定性试验中被要求的受热时间相差 280h。尽管二者受热试验的时间不同，但根据该标准的规定，对于上述不同类别有机热载体的热稳定性评定条件是完全相同的，即按照其变质率不大于 10% 的指标进行评定。从试验条件和结果分析，在热稳定性试验中有机热载体受热的温度越高和受热的时间越长，被测试样品的变质率会越大，而在其变质率相同的条件下，能够承受更高温度或更长加热时间的有机热载体会具有更高的热稳定性。在二者的试验温度相差 10℃ 以上的情况下，L-QD 类有机热载体的受热试验时间还要比 L-QB 和 L-QC 增加了 280h。在此条件下对二者进行比较，可以看出 L-QD 类的热稳定性明显高于 L-QB 和 L-QC 类，故其最高允许使用温度和最高允许液膜温度应该是高于后者的。仅有特殊高热稳定性的合成型有机热载体才能达到。

此外，通过对主要有机热载体品牌中上百个产品的最高允许液膜温度数据统计，经分类整理所得数据具有一定的规律性，即约 80% 的矿物型和烷基苯类合成型有机热载体产品具有高于其最高允许使用温度 20℃ 的最高允许液膜温度。这些产品的最高允许使用温度一般不超过 310℃。只有具有特殊高热稳定性合成型有机热载体产品才具有高于其最高允许使用温度 30℃ 的最高允许液膜温度，其最高允许使用温度超过 320℃。依据中国特检院国家实验室有机热载体检测中心多年来大量型式试验的热稳定性试验结果，对市场上有机热载体产品状况进行分析，可以确定市场上销售的最高允许使用温度在 310℃ 及以下的产品主要为矿物型有机热载体，和普通合成型产品；最高允许使用温度为 320℃ 的产品较少，而且多数为合成型产品。最高允许使用温度超过 320℃ 的产品全部为特殊高热稳定性合成型有机热载体，并且由生产商给定其最高允许液膜温度，数据符合高于其最高允许使用温度 30℃ 的规定。

基于对上述两种情况的统计分析结果，做出本条款之规定。针对某一种有机热载体产品的最高允许液膜温度，应该由有机热载体生产商根据其产品的化学组成及其热稳定性条件具体确定，但所确定的最高液膜温度应当符合本条款的规定。

10.2.1.5 出厂资料

有机热载体供应单位应当提供其产品与锅炉运行安全相关的物理特性和化学性质的详细数据，并且提供有机热载体产品的化学品安全使用说明书。

• **条款说明**：新增条款。

• **条款解释**：本条款规定了有机热载体供应商提供该产品与安全相关的数据及技术说明和质量证明文件的责任。

有机热载体产品质量检验报告是供应单位为其销售的有机热载体产品必须提供的质量证明文件，有机热载体产品的化学品安全使用说明书是有机热载体产品安全性及其使用安全性指导说明文件，是化学产品供应单位为用户和仓储及货运部门提供的产品安全须知和注意事项的警示文件。有机热载体供应单位应当向用户及锅炉监督检验单位提供其产品的化学品安全使用说明书和质量证明文件，并提供该产品与锅炉设计和运行相关的安全信息及随温度变化的物性数据资料。

10.2.2 设计制造

10.2.2.1 锅炉及其附属容器的设计压力

（1）锅炉的设计计算压力取锅炉的进口工作压力加 0.3MPa，并且对于火焰加热的锅炉，其设计计算压力应当不低于 1.0MPa；对于电加热及余（废）热锅炉，其设计计算压力应当不低于 0.6MPa；

（2）有机热载体系统中的非承压容器的设计计算压力应当大于或者等于 0.2MPa，选用的承压容器的设计计算压力至少为其额定工作压力加 0.2MPa。

• **条款说明**：修改条款。本条款将锅炉的设计计算压力的取值基础由原条款的锅炉工作压力改为锅炉进口工作压力，并在原条款中新增加了对废热锅炉的设计压力规定。

• **原《锅规》**：11.2　锅炉

11.2.1　锅炉及其附属容器的设计压力

（1）锅炉的设计计算压力取锅炉的工作压力加 0.3MPa，并且对于火焰加热的锅炉，其设计计算压力应当不低于 1.0MPa；对于电加热及余（废）热锅炉，其设计计算压力应当不低于 0.6MPa。

（2）有机热载体系统中的非承压容器的最小设计计算压力应当为 0.2MPa，承压容器的设计计算压力至少应当为其工作压力加 0.2MPa。

• **条款解释**：本条款规定了锅炉及系统内其他受压容器和非承压容器设计计算压力的确定条件。

德国工业标准 DIN4754 的设计建造条款及该标准的特别说明部分中规定，"火焰加热的有机热载体锅炉最小设计压力应为 1.0MPa；所有其他有机热载体锅炉和容器（包括直接与大气相通的容器）最小设计压力应当为 0.2MPa，除非系统设计要求更高的工作压力"。按照锅炉的受热条件，将有机热载体锅炉分成两种情况，即火焰加热的锅炉和非火焰加热的锅炉，针对有机热载体具有的泄漏燃烧和过热裂解特性，参考 DIN4754 中有关有机热载体锅炉设计计算压力的规定，将直接受火加热有机热载体锅炉的最小设计计算压力规定为不低于 1.0MPa，将非火焰加热锅炉的最小设计计算压力规定为不低于 0.6MPa，该设计压力应当由锅炉制造商在有机热载体锅炉铭牌上标注。

对于系统内的承压容器，虽然其在正常情况下的工作压力比较低，但系统运行过程中当有机热载体的工作温度或其低沸物的组分及比例发生变化时，会引发系统工作压力的波动，为此，承压容器的设计应当考虑系统压力波动时产生的影响，规定其设计计算压力应当不低于其工作压力加 0.2MPa。此外，有机热载体系统中与大气连通的容器，如膨胀罐和储罐，虽不属于压力容器规程适用范围内的压力容器，然而，为确保这些组件的设计合理性和运行时具有足够的安全性，DIN4754 标准中的特别说明对这些组件的最低设计压力做出了明确规定，即有机热载体系统中那些用于容纳有机热载体并不承压的开式容器应当按照承压容器进行设计和制造，其最小设计计算压力应当为 0.2MPa，该设备铭牌上注明的允许工作压力应当为 0MPa 或大气压，且其仍应当在非承压条件下使用。

原条款 11.2.1（1）中规定有机热载体锅炉的设计计算压力取锅炉的工作压力加

0.3MPa，按照本规程第一章总则中注1-5的相关规定，有机热载体锅炉的额定工作压力为该锅炉的出口压力，由于有机热载体锅炉主要为强制循环的运行条件，其炉管结构通常采用圆盘管或U形管的型式，在实际工作条件下该锅炉的有机热载体入口处压力会高于其出口处压力。为了避免锅炉设计计算压力取值出现误解，本条款将有机热载体锅炉的设计计算压力取值基准由原条款规定的锅炉工作压力修改为锅炉进口工作压力。

> **10.2.2.2** 使用气相有机热载体的强制循环液相锅炉工作压力
>
> 强制循环液相锅炉使用气相有机热载体时，其工作压力应当高于其最高工作温度加20℃条件下对应的有机热载体饱和压力。

- **条款说明：** 保留条款。
- **原《锅规》：** 11.2.2 使用气相有机热载体的强制循环液相锅炉工作压力（略）
- **条款解释：** 本条款规定了使用气相有机热载体的强制循环液相锅炉的工作压力确定条件。液相强制循环节流蒸发气相系统示意图见释10-4。

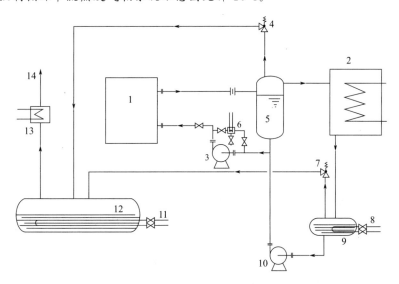

释图 10-4 液相强制循环节流蒸发气相系统示意图
1—有机热载体锅炉；2—工艺用热设备；3—循环泵；4,7—闭式容器安全阀；
5—闪蒸罐；6—取样冷却器；8,11—储罐加热器；9—冷凝液罐；10—冷凝液供给泵；
12—储存罐；13—面式冷凝器；14—排气管

为了防止气相有机热载体在强制循环液相锅炉内气化，应当使锅炉额定工作压力高于所使用有机热载体在其最高工作温度下的饱和压力。此条件与热水锅炉的运行条件基本相同，参考热水锅炉的相关规定，明确使用气相有机热载体的强制循环液相锅炉出口处的额定工作压力，应当不低于其最高工作温度加20℃条件下对应的有机热载体饱和压力。

举例，化学组分为联苯/联苯醚混合物的气相有机热载体，其常压下的沸点为257℃。当锅炉的最高工作温度为320℃时，该有机热载体在此温度条件下的对应饱和压力为340kPa。按照本条款的要求，此时锅炉出口处工作压力至少应当高于该有机热载体温度为340℃条件下对应的饱和压力470kPa。由于不同化学组分的气相有机热载体具有不同的饱和曲线，使用不同气相有机热载体的锅炉，其额定工作压力是有所不同的。例如，化学组分为二乙基苯的气相有机热载体，其常压下的沸点为181℃。当锅炉的最高工作温度为260℃时，该有机热载体在此温度条件下的对应饱和压力为601kPa。按照本条款的要求，此时锅炉出口处额定工作压力至少应当高于该有机热载体温度为280℃条件下对应的饱和压力870kPa。

10.2.2.3　锅炉的计算最高液膜温度

锅炉的计算最高液膜温度应当不超过所选用有机热载体的最高允许液膜温度。锅炉制造单位应当在锅炉出厂资料中提供锅炉最高液膜温度和最小限制流速的计算书。

- **条款说明**：修改条款，规定锅炉制造单位提供的锅炉出厂资料中应当包括锅炉最高液膜温度和最小限制流速的计算书

- **原《锅规》**：11.2.5　锅炉的计算最高液膜温度

锅炉的计算最高液膜温度不应当超过所选用的有机热载体的最高允许液膜温度。锅炉制造单位应当在锅炉出厂资料中提供锅炉最高液膜温度和最小限制流速的计算结果。

- **条款解释**：本条款明确了有机热载体最高允许液膜温度和锅炉计算最高液膜温度的关系，并要求锅炉出厂资料中应当包括锅炉最高液膜温度和最小限制流速的计算书。

最高允许液膜温度是根据有机热载体的化学性质和热稳定性确定的有机热载体在锅炉内允许存在的安全极限温度。锅炉计算最高液膜温度是依据锅炉设计条件在传热计算中所得炉管内的有机热载体最高液膜温度。二者之间的区别在于前者是有机热载体使用安全性的一个重要限制温度，而后者则为用于校核该类锅炉设计安全性的一个重要温度。锅炉设计中应当将这两个温度进行比较，在后者不大于前者时，锅炉设计是合理的，后者低于前者越多，在锅炉运行中有机热载体发生过热裂解的比例越小，锅炉运行的安全性越高。

此外，有机热载体锅炉存在设计缺陷和受热面布置不合理是炉内有机热载体发生局部过热超温问题的主要原因之一。火焰加热的有机热载体锅炉设计中通常会出现两种设计缺陷和辐射受热面的布置不合理的问题，一种是并联各炉管内有机热载体流量分配存在较大偏差，致使个别炉管有机热载体流速偏低；另一种是炉膛内热流密度分布均匀性差及布置在炉膛内的部分受热面长期受到火焰的直接冲刷，致使局部辐射受热面上的热流密度过大。这两种问题都会导致有机热载体在通过具有最低有机热载体流速的炉管、最大热流密度的炉管段或被火焰直接冲刷的受热面时发生局部超温，造成锅炉实际液膜温度过高或超出有机热载体的最高允许液膜温度。锅炉受热面布置不合理会使有机热载体长期处于局部过热超温的状态，最终会导致炉管局部结焦或缩短有机热载体的使用寿命。

本条款规定了有机热载体锅炉最高液膜温度和允许最小限制流速的计算要求。有机热载体的最高允许液膜温度是锅炉内任何一处有机热载体都不得超出的安全限制温度；炉管内的有机热载体最小体积流速是依据锅炉设计最大热流密度和所选用有机热载体的最高允许液膜温度计算出的最低安全流速，该流速是保证通过锅炉的有机热载体在所限制的工况下不会超过其最高允许液膜温度的安全保护条件。这是锅炉设计计算中的两个重要安全参数。为此，锅炉的设计应当依据已确定选用的有机热载体的相关物性数据进行计算，以保证锅炉计算最高液膜温度结果的可靠性和准确性。此外，锅炉设计应保证锅炉并联炉管的有机热载体流量分配均匀，在锅炉操作条件下使每一根炉管内的有机热载体流速都高于所计算出的锅炉最低安全流速，并使通过锅炉的有机热载体总流量不低于受控制的最低安全流量。

10.2.2.4　自然循环气相锅炉的有机热载体容量

自然循环气相系统中使用的锅炉，设计时应当保证锅筒最低液位以上可供蒸发的有机热载体容量能够满足该系统的气相空间充满蒸气。

- **条款说明**：保留条款。
- **原《锅规》**：11.2.6 自然循环气相锅炉的有机热载体容量（略）
- **条款解释**：本条款规定了自然循环气相系统所用锅炉的设计蒸发液体容量应当考虑气相系统的实际条件，以满足锅炉的最低安全液位要求。

自然循环气相系统（见释图10-5）是无泵的蒸发/冷凝自然循环系统，系统内蒸汽是靠锅炉内储存的气相有机热载体蒸发产生的。在锅炉的冷态启动条件下，锅炉内可供蒸发的液体量应当在保证锅炉最低安全液位的前提下满足系统的气相空间充满蒸气之需求，并且能够在最大热负荷的操作条件下维持该气相系统的稳定自然循环。如果锅炉设计时提供的最低液位上方液体的储存量不够其蒸气充满该系统气相空间的需要，当锅炉正常启动后，由于锅炉内的储存液体被蒸发导致锅筒液位降低，而此时自然循环系统外部的补充设备并不能及时对锅炉补充气相有机热载体，就会造成运行中锅炉的液位无法保持在最低安全液位上方，且该气相系统的正常气液自然循环也会被破坏，从而危及锅炉安全运行。

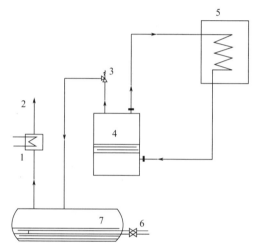

系统具有以下特点：
a.使用气相有机热载体
b.直接加热蒸发
c.自然循环
d.设有排气冷凝器

释图10-5 自然循环气相系统
1—面式冷凝器；2—排气管；3—闭式容器安全阀；4—有机热载体锅炉；
5—工艺用热设备；6—储罐加热器；7—储存罐

10.2.2.5 耐压试验和气密性试验

（1）整装出厂的锅炉、锅炉部件和现场组（安）装完成后的锅炉，应当按照1.5倍的工作压力进行液压试验，或者按照设计图样的规定进行气压试验；气相锅炉在液压试验合格后，还应当按照工作压力进行气密性试验；

（2）液压试验应当采用有机热载体或者水为试验介质，气压（密）试验所用气体应当为干燥、洁净的空气、氮气或者惰性气体；采用有机热载体为试验介质时，液压试验前应当先进行气密性试验；采用水为试验介质时，水压试验完成后应当将设备中的水排净，并且使用压缩空气将内部吹干；

（3）锅炉的气压试验和气密性试验应当符合《固定式压力容器安全技术监察规程》的有关技术要求。

- **条款说明**：修改条款。本条款为文字性修改。
- **原《锅规》**：11.2.7 耐压试验和气密性试验

（1）整装出厂的锅炉、锅炉部件和现场组（安）装完成后的锅炉应当按照1.5倍的工作压力进行液压（或者按照设计规定进行气压）试验。采用液压试验的气相锅炉还应当按照工作压力进行气密性试验；

（2）锅炉的气压试验和气密性试验应当符合《固定式压力容器安全技术监察规程》的相关技术要求；

（3）液压试验应当采用有机热载体或水为试验介质，气压（密）试验所用气体应当为干燥、洁净的空气、氮气或者其他惰性气体。采用有机热载体为试验介质时，液压试验前应当先进行一次气密性试验；采用水为试验介质时，水压试验完成后应当将设备中的水排净，并且使用压缩空气将内部吹干。

● **条款解释**：本条款规定了不同类别有机热载体锅炉的耐压试验和气密性试验及试验介质的要求。

为了避免有机热载体在锅炉排放管线内结焦，按照常规条件设计的有机热载体锅炉在炉体部分通常并不设置低点排放管线及阀门。因为不具有低点排放功能，如锅炉采用水压试验则会导致炉管内的存水无法排空，而残存的水与有机热载体混合后，在锅炉加热过程中会发生汽化，造成设备和系统压力波动，甚至引发安全事故。为此，本条款规定有机热载体锅炉的液压试验应当采用有机热载体或水为试验介质。采用水为试验介质时，水压试验后应当将设备中的水排净。为了避免系统内有机热载体发生泄漏，液压试验前应当先对锅炉及系统进行一次气密性试验。基于相同原因，在不适合进行液压试验的条件下，可以按照锅炉设计文件规定，对锅炉进行气压试验。

由于本规程中未包含气压试验和气密性试验的具体技术要求，因而直接引用了《固定式压力容器安全技术监察规程》中压力容器气压试验的相关技术要求。

10.2.3 安全附件和仪表

10.2.3.1 安全阀设置

10.2.3.1.1 气相锅炉及系统

（1）自然循环气相系统至少装设2个不带手柄的全启式弹簧式安全阀，一个安装在锅炉的气相空间上方，另一个安装在系统上部的用热设备上或者供气母管上；

（2）液相强制循环节流减压蒸发气相系统的闪蒸罐和冷凝液罐上应当装设安全阀，额定热功率大于1.4MW的闪蒸罐上应当装设2个安全阀；

（3）气相系统的安全阀与锅炉或者管线连接的短管上应当串连1个爆破片，安全阀和爆破片的排放能力应当不小于锅炉的额定蒸发量，爆破片与锅炉或者管线连接的短管上应当装设1个截止阀，在锅炉运行时截止阀应当处于锁开位置。

10.2.3.1.2 液相锅炉及系统

（1）液相锅炉应当在锅炉进口和出口切断阀之间装设安全阀；

（2）当液相锅炉与膨胀罐相通，并且二者之间的联通管线上没有阀门时，锅炉本体上可以不装设安全阀；

（3）闭式膨胀罐上应当装设安全阀；闭式膨胀罐与闭式储罐之间装设有溢流管时，安全阀可以装设在闭式储罐上。

10.2.3.1.3 流道直径

安全阀的流道直径由锅炉制造单位或者有机热载体系统设计单位确定。

● **条款说明**：10.2.3.1.1为保留条款，10.2.3.1.2为修改条款，10.2.3.1.3为新增

条款。10.2.3.1.2中新增闭式膨胀罐与闭式储罐之间装设有溢流管时安全阀可以装设在闭式储罐上的许可条件，10.2.3.1.3新增了确定安全阀流道直径的责任方。

- **原《锅规》**：11.3 安全附件和仪表

11.3.1 安全阀设置

11.3.1.1 气相锅炉及系统

（1）自然循环气相系统至少应当装设两只不带手柄的全启式弹簧式安全阀，一只安装在锅炉的气相空间上方，另一只安装在系统上部的用热设备上或者供气母管上；

（2）液相强制循环节流减压蒸发气相系统的闪蒸罐和冷凝液罐上应当装设安全阀。额定热功率大于1.4MW的闪蒸罐上应当装设两只安全阀；

（3）气相系统的安全阀与锅炉或者管线连接的短管上应当串联一只爆破片，安全阀和爆破片爆破时的排放能力应当不小于锅炉的额定蒸发量。爆破片与锅炉或者管线连接的短管上应当装设一只截止阀，在锅炉运行时截止阀应当处于锁开位置。

11.3.1.2 液相锅炉及系统

液相锅炉应当在锅炉进口和出口切断阀之间装设安全阀。当液相锅炉与膨胀罐相通，且二者之间的联通管线上没有阀门时，锅炉本体上可以不装设安全阀。闭式膨胀罐上应当装设安全阀。

- **条款解释**：本条款规定了有机热载体锅炉及系统内安全阀设置和安装的要求。

对于自然循环气相有机热载体系统，除特殊情况外，锅炉与用热设备之间的管线上不得设置切断阀门，故两只安全阀可以布置在锅炉上或其中一只可布置在与锅炉直接相连的用热设备上及供气母管上。关于在气相条件下工作的安全阀应在爆破片前安装一只截止阀的要求。各种规范及标准中对此要求的说法并不一致，主要的分歧在于如果该截止阀被误操作关闭，将会导致安全阀失效。为此，本条款中明确该截止阀应该是一只带有锁开功能的阀门，即当系统正常运行时，该阀门应处于全开状态，且阀门上的锁开装置应当被固定，使阀门无法通过手柄操作关闭，除非使用专用工具开锁后，方可利用手柄关闭该阀门。

液相锅炉上安装安全阀的要求，主要考虑到如果锅炉进出口都装有切断阀门，由于锅炉本身就是系统的热源，当锅炉与系统的连接被切断后，就可能存在被加热条件导致锅炉压力升高的危险，因此该液相锅炉就必须设置安全阀。如果锅炉和膨胀罐之间未设置任何阀门，且膨胀罐上已设置安全阀或其直接与大气相通，则在锅炉上可不装安全阀。当闭式膨胀罐与闭式排放之间设置有溢流管的情况，因为溢流管上不允许设置关断阀门，两个容器在气相空间内直接相通，此时两个容器是等压联通的容器，二者的工作压力完全相等，故可设置一个安全阀，而且安全阀可设置在二者中任意一个容器上。

新增10.2.3.1.3条款中规定有机热载体锅炉及系统中所设置安全阀的流径计算和选择应该由锅炉制造单位或有机热载体系统设计单位负责。有机热载体气相锅炉及系统所安装的安全阀的排放量计算，与蒸汽锅炉及系统的安全阀的排放量计算方法基本相似，只是二者的物性参数及操作参数有所不同，由于在锅炉额定热负荷相同的情况下，有机热载体锅炉比蒸汽锅炉的蒸发能力更大，所需要的安全阀排放能力也会增大，其计算中所采用的修正系数应当有所不同。但目前对于该公式中涉及不同有机热载体的相关修正系数的研究需要根据所选用的气相有机热载体的物性及操作参数具体确定，故针对气相锅炉及系统的安全阀流径计算，暂无法给出统一的计算方法。

液相有机热载体锅炉及系统所安装的安全阀的排放量计算是另外一个相对复杂的问题。与热水锅炉的排放量计算不同，有机热载体液相系统的排放量不仅涉及锅炉的额定功率、工作温度和压力，而且涉及所使用有机热载体的物性、最高工作温度、低沸物的比例及性质、事故条件下排放介质的温度、换热设备内被加热工质的性质和最大可能的泄漏量等因素。也就是说，对于有机热载体液相系统所用的安全阀，计算中不仅需要考虑其排放量，而且需要考虑通过安全阀排出的是什么性质的物质，以及此时这些排放物质的形态及其状态参数等条件。正是因为此类原因，现有的相关规程及设计规范和技术标准中均未明确有机热载体系统安全阀排放量及流道直径的计算公式。

考虑到安全阀对于锅炉安全操作的重要性，我们建议在进行有机热载体锅炉和系统的安全阀排放量计算及流道直径确定时，应当满足以下原则：

（1）当安全阀开启后，锅炉内压力不得超过其设计计算压力的 1.1 倍。

（2）对于液相有机热载体锅炉及系统，计算排放条件应考虑以下三种情况中排放量最大的一种情况：

① 由于受热原因导致锅炉内液相有机热载体膨胀需要排放的情况（即排放液体）；

② 由于受热原因导致锅炉内液相有机热载体膨胀且其中部分低沸物发生气化时需要排放的情况（即少量气体和大量液体的两相介质排放）；

③ 换热设备的被加热工质侧工作压力高于有机热载体系统，发生被加热工质向有机热载体系统泄漏后会导致有机热载体系统压力升高，及泄漏的被加热工质在有机热载体系统的工作温度和操作压力下可能发生汽化时需要排放的情况（即少量液体和大量气体的两相介质排放）。

锅炉及系统中安全阀排放条件确定及流道直径计算应当由锅炉供应商或设计院负责。

10.2.3.2 安全泄压装置

闭式低位储罐上应当装设安全泄压装置。

- **条款说明**：保留条款。
- **原《锅规》**：11.3.2 安全泄压装置（略）
- **条款解释**：本条款规定了闭式低位储罐压力泄放装置的设置要求。

有机热载体系统的闭式低位排放罐应当设置安全泄压装置。由于只有在闭式有机热载体系统中才会采用闭式低位储罐，系统内的压力变化会导致储罐内压力的变化。通常与系统相连的闭式低位储罐具有为系统储存补充用有机热载体和接收系统中排放出的有机热载体两项功能，故无论该闭式低位储罐是否与系统中的膨胀罐或循环回路管线直接相通，该储罐都会储存一定数量用于系统补充的有机热载体和接纳由系统排放出来的高温有机热载体。而且在紧急状况下排放出的有机热载体的温度、数量及其成分均不可预测，该罐内的压力则会随着所接纳有机热载体的温度、数量及其成分的变化而变化。为了防止系统内大量高温有机热载体被紧急排入罐内时该罐内的压力超出其安全控制压力，需要在该闭式低位排放罐上装设安全泄压装置。此外，储罐内储存的冷态有机热载体可能会含有水分或低沸物，当循环系统内的高温有机热载体被排放至储罐时，罐内的冷介质会膨胀或发生汽化，造成罐内压力升高。故本条款规定闭式低位储罐应当安装安全泄压装置。

10.2.3.3 压力测量装置

气相锅炉的锅筒和出口集箱、液相锅炉进出口管道、循环泵及过滤器进出口、受压元件以及调节控制阀前后应当装设压力表。压力表存液弯管的上方应当安装截止阀或者针形阀。

- **条款说明**：保留条款。
- **原《锅规》**：11.3.3　压力测量装置（略）
- **条款解释**：本条款规定了有机热载体锅炉及系统内压力表的设置和安装要求。

10.2.3.4　液位测量装置

（1）锅筒、闪蒸罐、冷凝液罐和膨胀罐等有液面的部件上应当各自装设独立的1套直读式液位计和1套自动液位检测仪；

（2）有机热载体储罐需要装设1套直读式液位计；

（3）直读式液位计应当采用板式液位计，不应当采用玻璃管式液位计。

- **条款说明**：保留条款。
- **原《锅规》**：11.3.4　液位测量装置（略）
- **条款解释**：本条款规定了对有机热载体锅炉及系统中的容器装设液位计的要求。

由于有机热载体系统多为无人值守的自动控制操作系统，而且因为需要液面监控的容器或设备通常被安装在较高的位置并处于高温条件之下，不便于巡检人员调节操作或观察其液位。考虑到系统的自动控制需求以及操作安全性和运行可靠性问题，要求这些容器上安装两套各自独立的液位计，一套为直读式液位计，另一套为自动液位检测仪。自动液位检测仪的信号将被接入工厂的DCS控制系统或就地控制盘内用于系统自动调节及操作人员监控。

为了防止有机热载体的泄漏，直读式液位计可以是磁力翻板式液位计，也可以是平板式高温玻璃液位计，但不应当使用玻璃管式液位计。

10.2.3.5　温度测量装置

锅炉进出口以及系统的闪蒸罐、冷凝液罐、膨胀罐和储罐上应当装设有机热载体温度测量装置。

- **条款说明**：保留条款。
- **原《锅规》**：11.3.5　温度测量装置（略）
- **条款解释**：本条款规定了锅炉及系统内有机热载体温度测量装置的设置和安装要求。

本条款中所涉及的有机热载体工作温度测量装置包括现场安装的直读式温度计和调节控制温度所用的测量仪表。温度记录属于温度测量控制仪表的一个功能并在自控系统的设计中予以考虑。

10.2.3.6　安全保护装置

10.2.3.6.1　基本要求

锅炉和系统的安全保护装置应当根据其供热能力、所使用有机热载体种类及其特性、燃料种类和操作条件的不同，按照保证安全运行的原则进行设置。锅炉及系统内气相有机热载体总注入量大于$1m^3$及液相有机热载体总注入量大于$5m^3$时，应当按照本规程10.2.3.6.2~10.2.3.6.5的要求装设安全保护装置。

10.2.3.6.2　系统报警装置

（1）自然循环气相锅炉应当装设高液位和低液位报警装置，其蒸气出口处应当装设超压报警装置；

（2）液相强制循环锅炉的出口处应当装设有机热载体的低流量、超温和超压报警装置，使用气相有机热载体时还应当装设低压报警装置；

（3）火焰加热锅炉应当装设出口烟气超温报警装置；

（4）闪蒸罐、冷凝液罐和膨胀罐应当装设高液位和低液位报警装置，闪蒸罐、冷凝液罐和闭式膨胀罐还应当装设超压报警装置；

（5）膨胀罐的压力泄放装置、快速排放阀和膨胀管的快速切断阀应当装设动作报警装置。

10.2.3.6.3　加热装置联锁保护

系统内的联锁保护装置，应当在以下情况时能够切断加热装置，并且发出报警：

（1）气相系统内的蒸发容器、冷凝液罐和液相系统内膨胀罐的液位下降到设定限制位置；

（2）气相锅炉出口压力超过设定限制值；

（3）液相锅炉出口有机热载体温度超过设定限制值；

（4）并联炉管数大于或者等于5根的液相锅炉，任一根炉管出口有机热载体温度超过设定限制值；

（5）液相强制循环锅炉有机热载体流量低于设定限制值；

（6）火焰加热锅炉出口烟温超过设定限制值；

（7）膨胀罐的压力泄放装置、快速排放阀或者膨胀管的快速切断阀动作；

（8）运行系统主装置联锁停运。

10.2.3.6.4　系统联锁保护

有机热载体系统的联锁保护装置，应当在以下情况时能够切断加热装置和循环泵，并且发出报警：

（1）锅炉出口有机热载体温度超过设定限制值和烟温超过设定限制值二者同时发生；

（2）膨胀罐的低液位报警和快速排放阀或者膨胀管的快速切断阀动作报警二者同时发生；

（3）全系统紧急停运。

● **条款说明**：修改条款。本条款删除了原条款11.3.6.2中火焰加热锅炉炉膛配置惰性气体灭火装置的要求，以及原条款11.3.6.4中电加热元件金属表面温度超温时和系统内出现导致安全阀动作的超压时切断加热装置联锁保护要求。

● 原《锅规》：11.3.6　安全保护装置

11.3.6.1　基本要求

锅炉和系统的安全保护装置应当根据其供热能力、有机热载体种类、燃料种类和操作条件的不同，按照保证安全运行的原则进行设置。锅炉及系统内气相有机热载体总注入量大于$1m^3$及液相有机热载体总注入量大于$5m^3$时，应当按照本规程11.3.6.2～11.3.6.6要求配置安全保护装置。

11.3.6.2　炉膛灭火系统

火焰加热锅炉的炉膛应当配备惰性气体灭火系统。

11.3.6.3　系统报警装置：

（1）自然循环气相锅炉出口处应当装设超压报警装置；

（2）液相强制循环锅炉的出口处应当装设有机热载体的超温报警和低流量报警装置；

（3）火焰加热锅炉应当装设出口烟气超温报警装置；

（4）闪蒸罐、冷凝液罐和膨胀罐应当装设高液位和低液位报警装置；闪蒸罐、冷凝液罐和闭式膨胀罐还应当装设超压报警装置；

（5）膨胀罐的快速排放阀和膨胀管的快速切断阀应当设置动作报警装置。

11.3.6.4　加热装置联锁保护

系统内的联锁保护装置，应当在以下情况时切断加热装置，并且发出报警：

（1）气相系统内的蒸发容器、冷凝液罐和液相系统内膨胀罐的液位下降到设定限制位置时；

（2）气相锅炉出口压力超过设定限制值时；

（3）液相锅炉出口有机热载体温度超过设定限制值时；

（4）并联炉管数大于或者等于5根的液相锅炉，任一根炉管出口有机热载体温度超过设定限制值时；

（5）液相强制循环锅炉有机热载体流量低于设定限制值时；

（6）火焰加热锅炉出口烟温超过设定限制值时；

（7）电加热元件金属表面温度超过设定限制值时；

（8）膨胀罐的快速排放阀或膨胀管的快速切断阀动作时；

（9）系统内出现导致安全阀动作的超压报警时；

（10）生产系统主装置联锁停运时。

11.3.6.5　系统联锁保护

有机热载体系统的联锁保护装置，应当在以下情况时切断加热装置和循环泵，并且发出报警：

（1）锅炉出口有机热载体温度超过设定限制值和烟温超过设定限制值二者同时发生时；

（2）膨胀罐的低液位报警和快速排放阀或者膨胀管的快速切断阀动作报警二者同时发生时；

（3）全系统紧急停运时。

● 条款解释：本条款规定了有机热载体锅炉和系统安全保护装置及其设置的要求。

实施锅炉燃烧调节及系统运行自动控制是保证有机热载体锅炉及系统安全操作的基本要求。由于其本身属于可燃或易燃物质并受到热稳定性限制的原因，有机热载体对过热超温非常敏感，一旦发生裂解变质会导致油品结焦炉管超温，造成传热恶化甚至炉管爆裂产生泄漏，引发火灾或爆炸事故（见释图10-6），故在锅炉及系统运行过程中，必须对锅炉的燃烧强度进行有效控制，并对有机热载体的工作温度、压力、液位及流速（流量）等重要运行参数进行严格的监控。

有机热载体锅炉及系统本身的安全保护通常分为三级，第一级为声或光报警，提示操作人员检查和处置在设备或系统某一点上出现的异常现象；第二级为声或光报警并同时切断加热（燃烧）装置，以防止潜在的危险继续扩大，并警示操作人员及时排除系统或设备存在的故障，否则系统将无法正常运行；第三级为声或光报警，并在此种条件下同时切断加热（燃烧）装置和循环泵，采用强制性停止系统运行的方式，避免发生系统性安全事故或减小事故的危害程度。本条款是按照上述三级安全保护程序和依据有机热载体系统安全控制因果关系提出的。

有机热载体锅炉及系统的安全保护装置应当根据其供热能力、有机热载体种类及注入量、燃料种类和操作条件的不同，按照保证其安全运行的原则进行设置。对于锅炉及系统内气相有机热载体总注入量小于$1m^3$及液相有机热载体总注入量小于$5m^3$的系统，应该对每个系统的具体情况进行具体分析。考虑到其具有比较小的加热能力和有机热载体容量，以及发生事故所造成的危害性质和其后果的严重程度，在保证锅炉及系统安全操作的基础上，允许对其安全保护装置的设置适当简化，即根据锅炉及系统的具体设计条件和安全要求，只需在三级安全保护程序中选择基本的报警及联锁控制功能，例如，主要选择对锅炉出口有机热载体温度、流速（流量）、液位、压力等参数的报警和联锁控制。

释图 10-6　锅炉内有机热载体泄漏引发火灾事故的危害

炉管内有机热载体的流速受到通过锅炉的传热介质总量和各炉管之间传热介质分配均匀性的影响。在通过锅炉的传热介质总量减少或炉管流量分配不均匀的情况下，所有炉管或部分炉管内的传热介质流速会降低，甚至低至其安全流速之下。当锅炉的所有炉管内传热介质流速降低时，锅炉出口的有机热载体流量及温度都会变化，此时其流量及温度监控装置会进行调节和控制，以保证有机热载体和锅炉的安全；当锅炉的部分炉管内传热介质流速降低时，由于锅炉出口处测得的有机热载体流量及温度是所有炉管中传热介质的流量总和及其温度的平均值，故此时所测得到的流量及温度数值并不一定会发生明显异常变化，但由于部分炉管内存在传热介质流速偏低的问题，通过这些炉管流动的传热介质已经发生过热超温，如果其超温问题严重或者流量低问题长时间未能得到解决，则会发生有机热载体在炉管内局部结焦，甚至阻塞管内传热介质流动，从而造成炉管爆裂（见释 10-7）。

通常并联炉管较多及炉管布置不合理的液相锅炉容易存在炉管传热介质分配不均匀的问题，解决此类问题的关键是锅炉内部炉管的合理布置和分配联箱结构的优化设计，但完全消除锅炉的传热介质分配不均匀问题是非常困难的。为此，在锅炉的每根并联炉管上设置有机热载体温度超高报警测点及联锁保护装置，则能够对锅炉存在的分配不均匀性缺陷及炉管内传热介质温度偏差及时监测和控制，可以有效地避免有机热载体的过热超温并保护锅炉安全。对于多根并联炉管出口处设置的有机热载体超温控制，需要特别说明的是，此处设置超温报警及联锁保护的目的是针对单一炉管其管内流动的有机热载体超出其最高允许使用温度

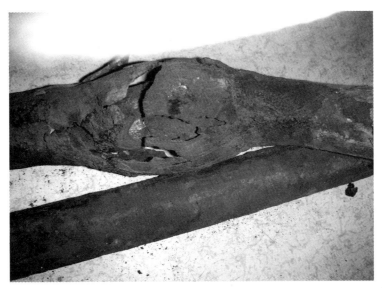

释图 10-7　并联炉管的有机热载体分配不均导致炉管爆管的情况

时的安全保护，并不是对锅炉出口处有机热载体工作温度超出锅炉最高工作温度时的保护，故此处高温的设定值应当为所使用有机热载体的最高允许使用温度，而不是该锅炉的最高工作温度。通常锅炉出口处有机热载体工作温度是通过一个独立的温度控制器对锅炉的燃料调节阀进行控制。有机热载体的超温安全保护和其最高工作温度的控制二者之间的区别在于，二者的超温问题性质有所不同，当锅炉出口处某炉管内的有机热载体超出其最高允许使用温度时应当采用超温报警和联锁安全保护措施，当锅炉出口处各炉管有机热载体混合后的平均温度超出其最高工作温度时应当采用调节控制措施。

在第二级系统安全保护启动的条件下，有机热载体锅炉的加热装置将被切断，此时系统内的有机热载体仍会保持流动循环，但由于失去了加热源因而不会继续升温，故由系统内的有机热载体温度、压力、液位及流速异常引发的安全警报事件会由此得到有效的控制和缓解。在第三级系统安全保护启动的条件下，有机热载体锅炉的加热装置和系统循环泵将同时被切断，系统内的有机热载体会停止流动循环，此时虽然已经切断了加热源，但由于锅炉内部仍处于高温状态，锅炉结构材料的蓄热释放会使炉管内滞留的有机热载体继续快速升温以致其在短时间内发生严重的过热超温。故通常由系统内的工作温度、压力、液位及流速异常引发的安全警报事件不应当采用停止循环泵运行的方法进行控制和处理，除非确认在系统内有机热载体发生大量泄漏及燃烧，或使用有机热载体系统的工艺装置因更高级别的安全指令要求全系统紧急停运的情况下，例如厂区内火灾或爆炸及其他重大灾害，有机热载体系统的联锁保护装置应当及时切断锅炉的加热装置和循环泵。

直接受火加热锅炉的炉膛中发生有机热载体泄漏，此种情况的发生可用成语"火上浇油"准确表述，其后果肯定会引发炉膛火灾，甚至导致炉膛发生爆炸。为此，较多的有机热载体锅炉操作经验和事故证实，在不可能确保炉膛内有机热载体不会发生泄漏的条件下，建议在炉膛内设置一个气体（或低压蒸汽）灭火装置并为其配置适当的气体或蒸汽供应管路，它可以在炉膛内发生有机热载体泄漏的情况下有效地阻止火灾的扩大和炉膛爆炸的发生，起到灭火防爆以及降低事故危害程度的作用，故其对于操作人员及有机热载体锅炉具有重要的安全保护功能。

10.2.3.6.5 液相系统的流量控制阀

液相有机热载体系统的供应母管和回流母管之间，应当装设一个自动流量控制阀或者压差释放阀。

- **条款说明**：保留条款。
- **原《锅规》**：11.3.6.6 液相系统的流量控制阀（略）
- **条款解释**：本条款规定了液相有机热载体循环系统应当设置一个流量自动调节装置，以满足在不同工况下当用热设备的热负荷发生变化时，通过锅炉的有机热载体循环流量保持基本稳定的要求。

液相锅炉中有机热载体流量的降低改变了炉管内的传热条件，有可能会导致锅炉内有机热载体的超温过热。在系统运行中，用热设备会因其工艺条件变化而随时调节通过该设备的有机热载体流量以控制其需要的热负荷，因而有可能引起通过锅炉的有机热载体流量减小，故系统设计应当满足运行过程中通过液相锅炉炉管的有机热载体流速不低于锅炉最小体积流速（流量）的要求。锅炉最小体积流速是根据锅炉设计计算最高液膜温度确定的。在有机热载体供给温度维持不变的情况下，系统中各个用热设备的热负荷变化必然会影响到通过锅炉的有机热载体流量发生改变，如果炉管内流速长期处于锅炉最小体积流速或短时间低于此流速，则会造成锅炉受热面上有机热载体液膜温度的严重超温。

考虑到系统运行过程中各种因素变化会对通过锅炉的有机热载体流量产生实际影响，为了在液相系统热负荷变化的条件下，保证通过锅炉的有机热载体在炉管中任何一处都不发生过热超温，必须将通过锅炉的有机热载体实际流速控制在不低于锅炉允许最小流速的范围内。为此，在系统的供应母管和回流母管之间安装一个自动流量控制阀（通过锅炉的有机热载体实际流量控制该阀门的开度）或压差释放阀（由供应母管和回流母管之间的压差调节该阀门的开度）是非常必要的，当系统热负荷出现变化或其他原因导致系统流量降低时，可根据系统内流量的实际变化状况，及时自动调节该阀门的开度，增加该循环旁路管线的有机热载体回流量，使通过锅炉的有机热载体循环流量保持相对稳定。

10.2.4 辅助设备及系统

10.2.4.1 基本要求

辅助设备及系统的设计、制造、安装和操作，应当避免和防止系统中有机热载体发生超温、氧化、污染和泄漏。

- **条款说明**：保留条款。
- **原《锅规》**：11.4 辅助设备及系统

11.4.1 基本要求（略）

- **条款解释**：本条款明确了容易导致有机热载体、系统及系统中的设备发生安全事故的四个主要原因，并提出系统性的预防要求。

（1）超温：即系统运行中，所使用有机热载体的工作温度或液膜温度超出其最高允许使用（液膜）温度的情况。超温会导致有机热载体发生严重的热裂解，使其快速变质劣化，形成裂解产物，甚至在炉管内结焦，并恶化传热和引发安全事故。

（2）氧化：即系统运行中，所使用有机热载体与空气或具有氧化作用的物质接触并发生氧化反应的情况。氧化会导致有机热载体的化学性质发生变化，使其变质劣化，并形成氧化产物，由于氧化产物具有更低的热稳定性，其黏度、中和值、闪点、自燃点、导热系数等物性参数均不相同，故会导致传热恶化和引发安全事故。有机热载体温度越高，与空气接触的机会越多，接触时间越长，其被氧化的速度会越快，氧化所导致得危害性也就越大。

（3）污染：即有机热载体被其他化学物质污染的情况。由于污染物并非有机热载体，它们并不具有与有机热载体相同的热稳定性及化学物理性质，在高温条件下这些物质自身会出现化学性质不稳定的情况，致使其首先发生变质，且其变质物的存在会对有机热载体的整体质量造成影响，甚至还可能与有机热载体发生化学反应，并恶化传热和引发安全事故。

（4）泄漏：即因各种原因导致的系统内有机热载体向外部泄漏的情况。由于其具有可燃性或易燃性，系统运行中，高温有机热载体的泄漏有可能引发火灾（或爆炸）和造成人员伤亡。统计数据证明，有机热载体锅炉及系统发生的重大安全事故中，80%以上是由于有机热载体泄漏引发的，而且这些事故危害性及严重程度直接与有机热载体的性质和泄漏量及其发生泄漏的环境相关。

系统运行中，有机热载体泄漏的危害性是最为严重的。由于每一次事故的原因及结果各有不同，所以应当对所有可能导致有机热载体泄漏的原因进行具体分析并作出有针对性的防范措施。成功的经验和血的教训证明，有机热载体的不当选择，设备及系统的设计、制造、安装和操作等环节存在的缺陷和问题，都会成为有机热载体泄漏的隐患。除此外，有机热载体在系统运行条件下发生过热超温、氧化及污染等问题导致其品质劣化，则是引发锅炉及系统泄漏或其他安全事故的直接原因。

10.2.4.2　系统的设计

系统的设计型式应当根据所选用的有机热载体的特性和最高工作温度及系统运行方式确定。符合下列条件之一的系统应当设计为闭式循环系统：

（1）使用气相有机热载体的系统；

（2）使用属于危险化学品的有机热载体的系统；

（3）最高工作温度高于所选用有机热载体的常压下初馏点，或者在最高工作温度下有机热载体的蒸气压高于0.01MPa的系统；

（4）有机热载体系统总容积大于$10m^3$的系统；

（5）供热负荷及工作温度频繁变化的系统。

- **条款说明**：保留条款。
- **原《锅规》**：11.4.2　系统的设计（略）
- **条款解释**：本条款规定了有机热载体循环系统设计型式的选择原则。

本条款根据DIN4754和VDI3033的相关条款，以及工程设计规范、安全环保标准、操作经验和实际事故案例而制定。

有机热载体系统可分为开式循环系统和闭式循环系统。开式循环系统是指与大气相通的有机热载体循环系统，该系统中至少应该有一处与大气直接相通。闭式循环系统是指与大气隔绝的密闭式有机热载体循环系统，该系统或是采用氮气及惰性气体覆盖，或是采用液封装置与大气隔离。与开式循环系统相比，闭式循环系统减小了直接向外部环境泄放有机热载体及其变质物的概率，提高了系统安全性，并有效地降低了系统内有机热载体发生氧化的可能性。

根据所选用有机热载体的性质、膨胀罐发生有机热载体溢出导致环境污染及人员安全问题、避免油品的氧化、延长油品使用寿命及节约资源等要求，应当对两种循环系统的设计选择加以规定和限制。

首先，对于具有挥发性，或有毒、易燃和有危害环境安全的有机热载体，应当在闭式循环系统中使用，以减少有机热载体排放和泄漏所导致的人身安全和环境危害事故。

此外，选择开式系统或闭式系统，还应当考虑所选用有机热载体的特性及其工作温度，因为有机热载体的氧化安定性和系统工作温度决定其在操作条件下发生氧化变质的可能性及氧化反应速度。实际上，无论何种有机热载体，在系统操作条件下仅利用自身具有的氧化安定性抵抗氧化反应，其实际作用都是非常有限的，尤其在有机热载体温度较高且与空气直接接触的开式膨胀罐内。GB 23971《有机热载体》和 GB/T 24747《有机热载体安全使用条件》中规定，最高允许使用温度为 300℃ 以上的有机热载体，由于其工作温度较高易于在操作条件下导致膨胀罐内的有机热载体发生氧化，故不应当在开式循环系统中使用。

有机热载体的氧化后果非常严重，被氧化后有机热载体的黏度和中和值会明显增高。其黏度的改变会影响有机热载体的流动及传热条件，其中和值的改变会影响系统内金属材料的安全性。根据连续数年对数百个有机热载体系统及其在用有机热载体使用情况的跟踪调查，该调查统计数据表明，正在使用的绝大多数开式系统中在用有机热载体由于存在不同程度的氧化问题而大大缩短了其使用寿命，与那些闭式循环系统中在用有机热载体的使用情况相比，前者使用寿命仅为后者的 1/2 或 1/3。

将间歇操作方式及操作条件频繁变化的系统和使用有机热载体数量较大的系统设计成闭式循环系统，除了考虑系统本身操作安全方面的因素外，因其系统操作方式及操作条件更易于导致有机热载体氧化，使得在用有机热载体的质量在短期内快速劣化，同时会造成油品的资源浪费及较大的经济损失，这是要求此类系统应当设计为闭式循环系统的另外一个重要原因。

所以，对于有机热载体及其系统而言，无论从安全生产、降低操作成本或是节约资源的角度考虑，采用闭式循环系统都是一种最佳的选择和有效的预防措施。

10.2.4.3 材料

系统内的受压元件、管道及其附件所用材料应当满足其最高工作温度的要求，并且不应当采用铸铁或者有色金属制造。

- **条款说明：** 保留条款。
- **原《锅规》：** 11.4.3 材料（略）
- **条款解释：** 本条款规定了有机热载体系统内受压元件、管道和管件所用材料的选择及使用条件。

有机热载体系统所用材料应当满足该系统最高工作温度适用条件的要求。除此外，所使用的材料还应当满足防止有机热载体发生泄漏和变质的条件，铸铁材料和有色金属不适用于高温条件下作为受压元件使用且有可能发生渗漏问题。部分有色金属由于其化学性质比较活泼，在高温条件下能够对有机物质起到催化剂作用，从而在特定条件下促使部分有机热载体加快变质。因此，需要对铸铁及有色金属的使用加以禁止。

10.2.4.4 管件和阀门

（1）液相系统内管件和阀门的公称压力应当不小于 1.6MPa，气相系统内管件和阀门的公称压力不小于 2.5MPa，系统内宜使用波纹管密封的截止阀和控制阀；

（2）系统内的管道、阀门和管件连接一般采用焊接方式，管道的焊接应当使用气体保护焊打底；采用法兰连接方式的，应当选用突面、凹凸面法兰或者榫槽面法兰，其垫片应当采用金属网加强的石墨垫片或者金属缠绕的石墨复合垫片；除仪器仪表用螺纹连接以外，系统内不应当采用螺纹连接。

- **条款说明**：保留条款。
- **原《锅规》**：11.4.4　管件和阀门（略）
- **条款解释**：本条款规定了有机热载体系统内管件和阀门的压力等级及适用的阀门密封型式，以及系统内管道和管件及阀门连接方式的相关要求。

高温条件下的有机热载体具有较强的渗透性，阀门是系统中常见的泄漏点。通常阀门发生泄漏有两种情况，一种是阀门关闭不严导致的泄漏，这种泄漏与所用阀门的阀芯型式及结构有关系；另一种是在阀门的阀杆处及阀门与管道的连接处发生的泄漏，这种泄漏与阀杆的密封型式和与管道的连接方式及所用的材料有关。考虑有机热载体系统在高温条件下的严密性要求，及所用阀门需要具备较好的流量调节性能和更低泄漏率的切断功能。同时，还要考虑到操作的安全可靠性和满足不同通径阀门的可选择性等条件。根据已有的良好工程经验，截止阀应该是有机热载体系统的首选阀门型式。常用填料函密封型式的阀门因为填料函内的密封材料在高温条件下容易变硬失去其密封性，需要频繁更换密封材料，故系统内所使用阀门的密封方式以波纹管型式的密封最为有效。

系统及设备渗漏出的有机热载体会在设备或管道的保温层内发生氧化，其氧化产物具有较低自燃温度，当保温层内温度达到其自燃温度时，氧化产物会在保温层内发生自燃，进而引发泄漏的有机热载体燃烧。为了避免有机热载体的渗漏，系统内的管件和阀门以及管线的连接应当尽可能采用焊接方式。有检修需求的设备与管件、阀门及管道的连接需要采用法兰连接方式，但法兰的密封面型式和垫片应当满足防止泄漏的要求。

10.2.4.5　循环泵

10.2.4.5.1　循环泵的选用

（1）液相传热系统以及液相强制循环节流减压蒸发气相系统至少应当安装 2 台电动循环泵及冷凝液供给泵，在其中 1 台停止运行时，其余循环泵或者供给泵的总流量应当能够满足该系统最大负荷运行的要求；热功率小于 0.3MW 的电加热液相有机热载体锅炉配备有可靠的温度联锁保护装置时，该液相传热系统可以只安装 1 台电动循环泵；

（2）循环泵的流量与扬程的选取应当保证通过锅炉的有机热载体最低流量不低于锅炉允许的最小体积流量；

（3）有机热载体的最高工作温度低于其常压下初馏点的系统可以采用带有延伸冷却段的泵；

（4）最高工作温度高于其常压下初馏点的系统，泵的轴承或者轴封应当具有独立的冷却装置，并且设置一个报警装置，当循环泵的冷却系统故障时，该报警装置能够动作；

（5）使用气相有机热载体的系统应当使用屏蔽泵、电磁耦合泵等没有轴封的泵。

- **条款说明**：修改条款。新增热功率小于 0.3MW 的电加热液相有机热载体锅炉循环泵的配置条件。
- **原《锅规》**：11.4.5　循环泵

11.4.5.1　循环泵的选用

（1）液相传热系统以及液相强制循环节流减压蒸发气相系统至少应当安装两台电动循环泵及冷凝液供给泵，在其中一台停止运行时，其余循环泵或者供给泵的总流量应当能够满足该系统最大负荷运行的要求；

（2）循环泵的流量与扬程的选取应当保证通过锅炉的有机热载体最低流量不低于锅炉允许的最小体积流量；

（3）有机热载体的最高工作温度低于其常压下初馏点的系统可以采用带有延伸冷却段的泵；

（4）最高工作温度高于其常压下初馏点的系统，泵的轴承或者轴封应当具有独立的冷却装置，并且设置一个报警装置，当循环泵的冷却系统故障时，该报警装置能够动作；

（5）使用气相有机热载体的系统应当使用屏蔽泵、电磁耦合泵等没有轴封的泵。

● **条款解释**：本条款规定了有机热载体系统中循环泵的配置和选择原则，并规定了循环泵的轴承及轴封的润滑冷却要求。

配置有多台锅炉的有机热载体系统，通常对锅炉会有两种不同的有机热载体分配方式，一是采用每台锅炉配置一台或一组循环泵的方式，除此外还配置有系统共用的备用循环泵；二是采用共用母管制，即系统中设置一组共用循环泵，包括所需要的备用泵，循环泵的进口和出口连接在公用的母管上，每台锅炉的进口和出口分别与系统的母管相接，并根据锅炉的运行情况和需要，每台锅炉各自分别调节通过锅炉的流量。无论循环系统采用了上述哪一种分配方式，是一台或多台锅炉同时运行，所使用循环泵（组）的流量和扬程都应当保证通过每台锅炉的有机热载体流量不低于该锅炉允许的最小体积流量。

由于有机热载体系统的循环泵是在高温条件下工作的高转速离心泵，其轴承和轴封的润滑及冷却可靠性是保证循环泵正常运行的基本条件。为了避免在系统内部发生化学污染，大多数液相系统的循环泵是采用系统所使用液相有机热载体作为其润滑油的。由于气相有机热载体在常压沸点以上的温度条件下可能会发生气化，其物性和蒸发特性对循环泵的润滑效果具有制约作用，故其不适合作为循环泵的润滑油使用。此外，在高温条件下工作的转动设备的润滑安全性会受到润滑液的冷却条件影响，所以循环泵的运转可靠性与其系统内有机热载体的工作温度密切相关，有机热载体的工作温度越高对循环泵润滑安全性的影响越大。为了保证锅炉及系统的安全运行，应该根据系统中使用的有机热载体的性质和工作温度，对循环泵的润滑条件和冷却方式进行慎重选择。

初馏点是指在规定的常压条件下对液相有机热载体试样加热时，产生出试样的第一滴蒸发冷凝物时的气体温度。对于液相有机热载体而言，如其工作温度高于其初馏点，则会因为用于润滑的有机热载体部分气化，所产生的气体可能破坏金属表面上油膜的形成，故而影响循环泵轴承和轴封的润滑，为此应当对用于润滑的有机热载体进行冷却。

对于使用气相有机热载体的液相强制循环系统，不仅气相有机热载体不能被作为循环泵的润滑油使用，而且因为使用气相有机热载体的系统工作压力相对于其循环泵的润滑油工作压力更高，可导致系统中的气相有机热载体直接进入循环泵轴承端，与轴承端的润滑油混合并发生气化，影响循环泵的润滑安全性。因此该系统所需要使用的泵是一种无动轴封的泵，如屏蔽泵或电磁耦合泵。屏蔽泵的结构如释图 10-8 所示，它为泵的驱动装置内部的转子和定子部件的润滑油设计了独立的冷却系统，将驱动装置中的润滑油与泵体中的有机热载体有效隔离。

电磁耦合泵如释图 10-9 所示，此泵的设计是把驱动装置与泵体完全隔离，将泵体及叶轮转动部分构成一个封闭体，通过磁力联轴器或利用磁力驱动装置在该封闭体的外部驱动泵的转动部件，泵体内的转动部件由循环系统内的有机热载体进行润滑，泵的驱动装置采用其他润滑方式。

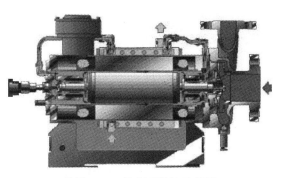

释图 10-8 屏蔽泵结构示意图

释图 10-9 电磁耦合泵结构示意图

10.2.4.5.2 循环泵的供电

为防止突然停电导致的循环泵停止运转后锅炉内有机热载体过度温升，炉体蓄热量较大的锅炉宜采取双回路供电、配备备用电源或者采用其他措施。

- **条款说明：** 保留条款。
- **原《锅规》：** 11.4.5.2 循环泵的供电（略）
- **条款解释：** 本条款规定了有机热载体锅炉的安全供电及采取有效停电保护措施的要求。

由于受到自身热稳定性的限制，有机热载体对过热超温非常敏感。实验数据证明，在有机热载体的正常工作温度范围内，其工作温度每提高 10℃，该有机热载体因受到更高的热应力作用而造成热裂解变质率的变化，会在原有温度条件下其裂解变质率的基础上增加 1 倍。此外，由于有机热载体的比热容要比水的比热容小 50％ 以上，在相同的传热条件下，有机热载体的温升速度要比水的温升快得多。另外，因为我国存在缺气少油多煤的能源结构问题，我国在用的有机热载体锅炉中仍有部分燃煤锅炉。燃煤锅炉的炉体结构中使用了大量的耐火材料和钢材，这些材料被加热后可积蓄大量的热量，一旦系统运行中发生突然停电，在循环泵停止运转的情况下，将会因炉体材料释放出高温蓄热，造成锅炉内滞留的有机热载体发生过热超温。

有一些使用单位误认为在突然停电的条件下，可以将系统中高位布置膨胀罐内的有机热载体排放出来，使其通过锅炉排放至低位储罐内，即可以起到冷却炉管和防止有机热载体过热超温的作用，可以采用此方法解决停电对于有机热载体及锅炉产生的安全影响。其实，在停电发生后 2～3 分钟内，即在膨胀罐的排放尚未来得及操作时，在燃煤锅炉炉膛 600℃ 以上的炉墙温度作用下，炉管内停止流动的有机热载体已经发生严重的过热超温。由于炉墙材料的温度要比有机热载体最高允许使用温度高很多，其蓄热量也要比这部分有机热载体通过锅炉时能够带走的热量大很多，即使在膨胀罐内的有机热载体完全流经锅炉排出后，炉膛内部材料也不能被冷却至有机热载体的最高允许使用温度以下，此时无法排出炉管的残留有机热载体仍然会受到炉膛内材料释放的蓄热作用而发生过热超温。同时，在系统紧急排放过程中，高温有机热载体还会与空气接触而被快速氧化，氧化和裂解产物的自燃点较低，而锅炉内温度较高且排空的炉管内存在空气，有可能会导致其中的氧化和裂解产物发生自燃。此外，被排出系统的有机热载体含有气态低沸物，其与空气混合后，还有可能在排放口周围形成爆炸性环境。所以，在停电情况下利用排放膨胀罐内介质冷却锅炉的操作方法，只会给有机热载体和锅炉带来更大的危害，或给系统留下安全隐患。

为此，本条款规定对于炉体蓄热量较大的锅炉，如该地区有供电不稳定的问题，则应当采取适当的供电保障措施，如实施双回路供电、将一台循环泵的供电接入应急供电系统或设置一台由发电机驱动的循环泵等。

10.2.4.5.3 过滤器
循环泵的进口处应当装设可拆换滤网的过滤器。在液相传热系统内宜装设一个旁路精细过滤器。

- **条款说明**：保留条款。
- **原《锅规》**：11.4.5.3 过滤器（略）
- **条款解释**：本条款规定了有机热载体系统内设置过滤器的要求。

通常有机热载体系统中有两种用途不同的过滤器，二者在系统运行中的作用不同，过滤器的有机热载体流通量、滤芯结构和安装位置也有所不同。安装在循环泵吸入口处的可拆换滤网的过滤器，其主要作用是保护泵叶轮和在新系统调试期间对其内部的机械杂质进行过滤清除。在循环泵进出口之间安装的旁路精细过滤器主要用于对循环系统内在用有机热载体中的固体微粒进行清除，以改善在用有机热载体的质量，达到延长其使用寿命的目的。

10.2.4.6 介质排放与收集
锅炉及系统的安全装置排放出的介质，应当能够合理收集与回收，不得直接对外排放，所收集的介质未经过处理不应当再次使用。

- **条款说明**：修改条款。将对气相系统排气的收集要求修改为对气相及液相系统所有安全装置排放介质的收集要求。
- **原《锅规》**：11.4.6 气相系统的排气

气相系统的安全阀开启时的排气及真空装置的排气应当通过减温液化后排入单独的有机热载体收集罐。所收集的有机热载体未经过处理不应当再次使用。

- **条款解释**：本条款规定了对系统中排放出的有机热载体及其变质物收集并处理的要求。

通过安全阀或真空装置排气阀排出的气态有机热载体经冷凝液化，其冷凝液中可能会存在水或低沸点变质物等。此外，通过系统内排放阀排出的液态有机热载体中会存在一定的机械杂质或高沸点变质物等。这些已经排出系统的介质如未经处理便再次加入系统使用，将会使在用有机热载体中水分及变质物累积增多，影响在用有机热载体的品质下降和系统正常操作，甚至造成安全事故。

有机热载体及其变质物均为有机化学物质，根据环保和安全法规及其化学品安全使用说明书的相关规定，使用后的油品不得随意排放。

10.2.4.7 液相系统膨胀罐
液相系统应当设置膨胀罐。膨胀罐的设计应当符合以下要求：
（1）膨胀罐设置在锅炉正上方时，膨胀罐与锅炉之间需要采取有效隔离措施；
（2）采用惰性气体保护的闭式膨胀罐需要设置定压装置，如果闭式膨胀罐中气体的最高压力不超过0.04MPa，可以采用液封的方式限制其超压；开式膨胀罐需要设置放空管，放空管的尺寸符合表10-1的规定；

（3）膨胀罐的调节容积不小于系统中有机热载体从环境温度升至最高工作温度时因受热膨胀而增加容积的 1.3 倍；

（4）采用高位膨胀罐和低位容器共同容纳整个系统有机热载体的膨胀量时，高位膨胀罐上设置液位自动控制装置和溢流管，溢流管上不装设阀门，其尺寸不小于表 10-1 的规定；

（5）与膨胀罐连接的膨胀管中，至少有 1 根膨胀管上不装设阀门，其管径不小于表 10-1 中规定的尺寸；

（6）容积大于或者等于 20m³ 的膨胀罐，应当设置一个独立的快速排放阀，或者在其内部气相和液相的空间分别设置膨胀管线，其中液相膨胀管线上设置一个快速切断阀。

表 10-1　膨胀罐的膨胀管、溢流管、排放管和放空管尺寸

系统内锅炉装机总功率（MW），≤	0.1	0.6	0.9	1.2	2.4	6.0	12	24	35	50	65	80	100
膨胀及溢流管公称尺寸 DN（mm）	20	25	32	40	50	65	80	100	150	200	250	300	350
排放及放空管公称尺寸 DN（mm）	25	32	40	50	65	80	100	150	200	250	300	350	400

● **条款说明**：修改条款，本条款（2）中将闭式膨胀罐可以采用液封方式的限制压力由原来的 0.01MPa 修改为 0.04MPa，表 10-1 中删除对锅炉装机总功率为 0.035MW 及以下小型系统适用的管线尺寸，新增了锅炉装机总功率为 50～100MW 的大型系统适用的管线尺寸数据。

● **原《锅规》**：11.4.7　液相系统膨胀罐

液相系统应当设置膨胀罐。膨胀罐的设计应当符合下列要求：

（1）当膨胀罐与锅炉之间没有有效隔离措施时，不设置在锅炉的正上方；

（2）采用惰性气体保护的闭式膨胀罐需要设置定压装置，如果闭式膨胀罐中气体的最高压力不超过 0.01MPa，可以采用液封的方式限制其超压；开式膨胀罐需要设置放空管，放空管的尺寸符合表 11-1 的规定；

（3）膨胀罐的调节容积不小于系统中有机热载体从环境温度升至最高工作温度时因受热膨胀而增加容积的 1.3 倍；

（4）采用高位膨胀罐和低位容器共同容纳整个系统有机热载体的膨胀量时，高位膨胀罐上设置液位自动控制装置和溢流管，溢流管上不装设阀门，其尺寸符合表 11-1 的规定；

表 11-1　膨胀罐的膨胀管、溢流管、排放管和放空管尺寸

系统内锅炉装机总功率（MW），≤	0.025	0.1	0.6	0.9	1.2	2.4	6.0	12	24	35
膨胀及溢流管线公称尺寸 DN（mm）	15	20	25	32	40	50	65	80	100	150
排放及放空管线公称尺寸 DN（mm）	20	25	32	40	50	65	80	100	150	200

(5) 与膨胀罐连接的膨胀管中，至少有1根膨胀管上不装设阀门，其管径不小于表11-1中规定的尺寸；

(6) 对于容积大于或者等于20m³的膨胀罐，设置一个独立的快速排放阀，或者在其内部气相和液相的空间分别设置膨胀管线，其中液相膨胀管线上设置一个快速切断阀。

• **条款解释**：本条款规定了膨胀罐的设计条件及安装要求。

膨胀罐的基本功能是容纳系统中有机热载体从环境温度升高到工作温度时的膨胀量，同时膨胀罐还应具有脱水排气、在系统运行中给循环系统补充有机热载体、给循环泵施加适当的静压力、平衡系统内各部分之间的压力变化，以及为系统泄漏事故发出报警信号等功能。

膨胀罐的安装位置可以在系统的最高点、中间高度或地面。但膨胀罐安装在低于系统最高点的位置时，根据其安装位置与系统最高点之间的位差，应当采用氮气或惰性气体定压方法，以保证液位计能够指示出罐内介质的真实液位和系统的正常工作压力。对于在高位设置的膨胀罐，当其与锅炉之间未采取有效隔离措施的情况，为了防止事故条件下膨胀罐内有机热载体溢出或喷出后引发火灾，应当避免将膨胀罐安置在锅炉的正上方。

闭式系统的膨胀罐应当设置定压装置以保持罐内工作压力的稳定。定压装置的型式可根据罐内的工作压力确定，可以采用液封方式定压，或根据膨胀罐内压力变化情况通过自力式调节阀控制进入和排出膨胀罐的气体量进行定压。考虑到膨胀罐内介质工作温度和介质密度对液封效果和排放安全的影响，液封定压形式仅适用于膨胀罐内最高工作压力接近大气压且系统的容积较小，并排除系统产生大量气体的可能性及罐内液位频繁发生较大波动的情况。

对于高位布置的闭式膨胀罐，设置有机热载体安全泄放装置及其排放管线是必需的。对于一个容积不足以容纳系统中有机热载体热膨胀产生的最大体积增加量的高位膨胀罐，可以采用一个较小的高位容器与一个较大的低位容器共同容纳整个系统的有机热载体膨胀量，此种条件下在高位膨胀罐和低位储罐之间需要设置一根溢流管和一台低液位补充泵以保持高位膨胀罐的正常液位。除此情况外，闭式系统中设置溢流管并不是必需的，因为对于膨胀罐而言，溢流管和安全泄放装置的排放管具有基本相同的泄放释压功能。

由于膨胀罐的设置是按系统需要设置的，而不是按照系统内锅炉的数量设置的，所以膨胀管、溢流管及排放管等安装在膨胀罐上的管线尺寸应按照系统内锅炉的装机总功率在表10-1中选用。

在有机热载体系统运行条件下，膨胀罐内储存着该系统有机热载体总容量的20%以上。系统内有机热载体充装量越多，有机热载体的工作温度越高，膨胀罐内的有机热载体存储量越大。从系统运行安全角度考虑，对在高位膨胀罐内存储的有机热载体容量是必须加以重视的。当系统内发生泄漏时，如果不能有效和迅速地阻止膨胀罐内储存的有机热载体流入系统内更低位置的其他部分，则该系统的有机热载体泄漏量将会增加20%以上，增大了泄漏事故的危险程度和处理难度。所以在液相膨胀管线上设置一个快速切断阀或设置一个膨胀罐快速排放阀，在系统发生泄漏事故时，通过操作阀门将膨胀罐与系统循环回路之间的液相连接管快速切断，或将膨胀罐内的有机热载体及时泄放至低位储罐内存放，这种措施对于系统泄漏条件下的安全风险控制和减少漏失损失是非常必要的。

此外，本条款已规定膨胀管线和其他管线的直径尺寸应当满足本规程表10-1的规定，如果需要在膨胀管线上安装缩径管件，但该管线缩径后的最小流通截面尺寸能够满足表10-1的要求，此种情况是可以允许的。

10.2.4.8 有机热载体储罐

有机热载体容积超过 $1m^3$ 的系统应当设置储罐，用于系统内有机热载体的排放。储罐的容积应当能够容纳系统中最大被隔离部分的有机热载体量和系统所需要的适当补充储备量。

- **条款说明**：保留条款。
- **原《锅规》**：11.4.8 有机热载体储罐（略）
- **条款解释**：本条款规定了有机热载体储罐的设置和设计要求。

有机热载体系统内设置的储罐具有两个基本功能，其一是储备系统操作中所需最小数量的补充用有机热载体，其二是更重要的功能，即在系统发生有机热载体泄漏时，应当将系统中可能泄漏的有机热载体尽可能地收纳在储罐里。

对于一个容积较大的有机热载体循环系统，能够有效缩小储罐的数量并减小系统泄漏量的方法是将该循环系统的管线和设备通过阀门合理地分隔成几个小的排放区域。在系统发生泄漏的情况下，可以通过关闭相关阀门将泄漏区域与系统的其余部分隔离开来，同时将被隔离区域内的有机热载体快速排放至储罐内。由此，该储罐的最小容积应该是系统中最大被隔离部分的有机热载体体积量和系统所必需的适当补充储备量二者之和。

10.2.4.9 取样冷却器

系统至少应当设置一个非水冷却的有机热载体取样冷却器。液相系统取样冷却器宜装设在循环泵进出口之间或者有机热载体供应母管和回流母管之间。气相系统取样冷却器宜装设在锅炉循环泵的进出口之间。

- **条款说明**：修改条款。增加了有机热载体取样冷却器不得采用水冷却方式的要求。
- **原《锅规》**：11.4.9 取样冷却器

系统至少应当设置一个有机热载体的取样冷却器。液相系统取样冷却器宜装设在循环泵进出口之间或者有机热载体供应母管和回流母管之间。气相系统取样冷却器宜装设在锅炉循环泵的进出口之间。

- **条款解释**：本条款规定了有机热载体系统应当设置取样冷却器的要求，以及取样冷却器的安装位置。

在用有机热载体的品质监测需要取得具有代表性的被测样品，有代表性的样品应该从参与系统循环的管线或设备中取得。在高温条件下取样应当保证取样人员在操作过程中的安全，还应当保证取样操作时所取样品中易于挥发的成分不会被逸出，同时其化学成分不会在与空气接触时发生剧烈氧化反应。在用有机热载体中的水分是其质量检测指标之一，通过水冷式取样器取出的样品有可能使该样品的水分数据不具有代表性，为此，本条款规定采用非水冷取样冷却器。

10.2.5 使用管理

10.2.5.1 有机热载体脱气和脱水

（1）锅炉冷态启动时，当系统循环升温至合适温度，应当对有机热载体进行脱气和脱水操作；

（2）在实际运行温度情况下，系统内在用有机热载体中低沸点物质达到5%以上时，应当采取适当措施进行脱气操作，并且将其冷凝物安全收集。

- **条款说明**：修改条款。将原条款中在膨胀罐内的介质温度达到110～120℃的条件下进行脱气和脱水操作的要求，修改为当系统循环升温至合适温度，应当进行脱气和脱水操作。

- **原《锅规》**：11.5　使用管理

11.5.1　有机热载体脱气和脱水

（1）锅炉冷态启动时，在系统循环升温过程中膨胀罐内的介质温度达到110～120℃的条件下，应当对有机热载体进行脱气和脱水操作。

（2）当系统内在用有机热载体中低沸点物质聚积到5％以上时，应当采取适当措施进行脱气操作，并且将其冷凝物安全收集。

- **条款解释**：本条款规定了锅炉冷态启动时系统内有机热载体排气和脱水的操作要求，并要求在系统运行中采用脱气操作，对在用有机热载体内低沸物的比例进行控制。

由于系统中存在的水及部分低沸点物质在升温过程中会发生汽化，它们将以气泡的形式存在于循环流动的有机热载体中，易于导致循环泵气蚀和使管线产生液击，引发炉管气泡阻塞和系统内工作压力升高，甚至发生有机热载体喷出，造成安全事故。故在系统冷态启动过程中要避免过快升温，当膨胀罐内的水开始产生蒸发时，应控制系统温度上升，开始执行脱水和排汽（气）操作程序，以排汽（气）的方式将系统中的水和低沸物排出系统。

有机热载体中的水蒸气及其他低沸点物质的蒸气，需要在高于其饱和温度的环境中才能以汽（气）态的形式排出系统。膨胀罐是系统中唯一能够对有机热载体进行气液分离并可以向外排汽（气）的出口，故当常压条件下膨胀罐内的温度保持在110～120℃时，罐内的水蒸气处于微过热状态，在其通过膨胀罐和排放管线排放的过程中蒸汽才会向外流动，而不是被冷凝成水滴，再一次流回到膨胀罐内。当罐内温度保持不变，排放管线出口处的温度降低到接近环境温度时，可以认定系统的脱水和排气操作完成。只有系统在完成脱气和脱水操作后，才允许对有机热载体继续升温至操作温度。

自然循环气相系统内有机热载体的脱水脱气是通过在系统高点排气的操作方式完成的。强制循环液相加热节流蒸发气相系统内有机热载体的脱水脱气操作是通过系统内设置的真空冷凝装置完成的。

当在用有机热载体在使用过程中受到过热超温、氧化变质及化学污染等因素的作用时，其品质会发生变化，且变质产物因其变质原因和程度不同而不同。变质产物可按其沸点区分为低沸物、高沸物及固态不溶物，其中低沸点物质是沸点低于其未使用有机热载体初馏点的物质，其为有机热载体变质产物的主要部分。部分低沸点物质在系统的工作温度下会发生相变，以气泡形式存在于系统中，会引发循环泵的气蚀并导致传热过程恶化，故而在系统循环过程中继续形成有机热载体过热超温及氧化的条件，导致在用有机热载体快速变质并产生更多的低沸物，同时由于低沸物的存在还致使在用有机热载体的闪点明显降低。所以当其在系统中积聚达到对有机热载体性能和系统运行安全产生影响的比例时，应通过脱气操作，将其中可能会发生相变的部分低沸点物质分离并排出系统，以提高系统运行的安全性并适当地改善在用有机热载体品质状况。

根据数十年对数千个有机热载体系统实际使用状况的跟踪统计，证明当在用有机热载体中的低沸点物质达到5％以上，且其馏出温度低于锅炉进口温度时，易于引起循环泵气蚀，造成系统循环恶化和有机热载体品质变化速度明显加快。为了有效地控制在用有机热载体的变质速率和延长其使用寿命，除了需要避免发生过热超温、氧化和污染等直接造成有机热载体变质的事故外，将在用有机热载体中低沸物的比例控制在一个合理且安全的范围之内也是非常重要的措施。

10.2.5.2 系统的有机热载体补充

锅炉正常运行过程中系统需要补充有机热载体时，应当将该冷态有机热载体首先注入膨胀罐，然后通过膨胀罐将有机热载体间接注入系统主循环回路。

- 条款说明：保留条款。
- 原《锅规》：11.5.2 系统的有机热载体补充（略）
- 条款解释：本条款规定了系统运行过程中补充冷态有机热载体进入高温循环系统的途径和操作方式。

系统运行条件下，由于有机热载体的泄漏或排放低沸物等原因，会导致系统内有机热载体的数量减少，故需要在系统正常运行条件下向系统内补充一定数量的有机热载体。因系统内的有机热载体处于高温操作条件下，当环境温度条件下的被补充有机热载体直接加入系统时，被补充的介质会在注入点处与高温有机热载体混合，并将在短时间内发生升温从而导致其体积膨胀。此外，冷态有机热载体中有可能存在少量的水或低沸点物质，将其直接加入高温的循环系统，则会导致其中的水或低沸物骤然蒸发或气化。在此条件下，无论是发生有机热载体的体积膨胀还是水蒸发或低沸物气化，都会造成系统内压力波动甚至引发有机热载体的外溢或设备的破坏，导致有机热载体的泄漏。所以，正在运行的系统需要补充冷态有机热载体时，应当首先将其注入膨胀罐，使其在罐内经过混合、加热、膨胀、蒸发和脱气后，再通过膨胀管线进入系统的主循环系统，以避免补充冷态介质时引发主循环系统压力波动和造成设备安全问题。

向自然循环气相系统内补充有机热载体情况比较特殊，由于操作条件下该系统内有机热载体的工作温度和压力处于饱和状态，向热态的气相系统内直接补充处于过冷状态的有机热载体会破坏自然循环的稳定性，导致该系统内蒸汽压和锅筒液位的剧烈波动，故从安全操作要求考虑，应当避免将低于系统工作温度的冷态介质直接补入自然循环气相系统。

10.2.5.3 锅炉和系统的维护及修理

（1）系统检修时，焊接应当在循环系统的被焊接组件内的易燃气体和空气的混合物被惰性气体完全吹扫后进行；在整个焊接过程中，吹扫操作应当连续进行；

（2）系统中被有机热载体浸润过的保温材料不应当继续使用；已经发生燃烧的保温层不应当立即打开，必须在保温层被充分冷却后再将其拆除更换。

- 条款说明：修改条款。文字性修改。
- 原《锅规》：11.5.3 锅炉和系统的维护和修理

（1）系统检修时，循环系统内组件的焊接应当在易燃气体和空气的混合物被惰性气体完全吹扫后进行；在整个焊接过程中，吹扫操作应当连续进行；

（2）系统中被有机热载体浸润过的保温材料不应当继续使用，已经发生燃烧的保温层不应当立即打开，必须在保温层被充分冷却后再将其拆除更换。

- 条款解释：本条款规定了有机热载体系统及锅炉检修中焊接操作安全要求，以及有机热载体泄漏到保温层内情况的安全处理程序。

有机热载体属于可燃或易燃化学物质。由其化学性质决定，在有机热载体系统检修过程中对其中的组件进行现场焊接操作是一种危险操作。为此，在焊接操作之前必须采用惰性气体对系统中存在的可燃气体及空气完全吹扫置换，并应该将操作部件的焊接热影响区内残存有机热载体清理干净，在操作现场的条件符合安全操作规程要求后方可实施操作。在焊接操作过程中，由于系统内其他部分残存的有机热载体仍然可能释放出少量可燃气体，故需要在整个焊接过程中，继续用惰性气体对操作部件的焊接热影响区，包括其与系统其他部分相连接的所有部位连续进行吹扫，直至焊接操作完成，且操作部件的表面温度降至环境温度。

通常，当系统内的设备或管道发生泄漏时，在用有机热载体的泄漏物会首先存留在保温层中，同时因设备或管道内高温有机热载体的加热作用，使得保温层内具有较高的温度。保温材料是一类导热系数较小而其中孔隙度较大的材料，其材料之间的空隙中会存储一定量的空气，有机热载体泄漏并浸润保温层后，处于高温条件下的有机热载体会迅速发生氧化。通常其氧化产物具有更低的自燃点，绝大多数已发生的保温层着火事故被确定为泄漏有机热载体的氧化产物在高温条件下发生自燃所引发。在此条件下，保温层内有机热载体的燃烧属于缺氧燃烧，主要燃烧现象表现为从保温层里面向外冒黑烟，此时一般并不会突然发生剧烈燃烧的情况。但如果操作人员对此问题处理不当，采取了立即打开保温层检查或处理的错误方式，保温层内缺氧阴燃的有机热载体则因获得足够的空气供应而突然发生明火燃烧，会导致更大火灾危险或人员伤害事故。对于这种事故的正确处置方法，应当是在保温层被充分冷却后再将其拆除，然后处理泄漏点并更换新的保温材料。

10.3　铸铁锅炉和铸铝锅炉

一、本节结构及主要变化

本节是在 12 版《锅规》第十二章铸铁锅炉基础上，新增加了铸铝锅炉的安全技术要求，因而是变化较大的一个章节。大家知道，铸铁锅炉由于具有安装方便（组合式）、对使用要求不高、经久耐用等特点，在过去相当一段时期，在小型锅炉领域，特别是燃煤锅炉上具有特殊的应用价值。近些年由于其他锅炉的问世，尤其是冷凝式铸铝锅炉的发展，铸铁锅炉在我国的应用越来越少了。冷凝式铸铝锅炉，由于其具有铸造工艺性好、可设计十分精细结构、传热效率高、水容量小、重量轻、安装方便等特点，因而在小型热水锅炉领域应用越来越广泛。为了适应社会经济发展的需要，同时为这种锅炉的应用提供必要的安全保障，这次修改规程及时增加了铸铝锅炉的相关内容。

二、条款说明及解释

10.3.1　允许使用范围

（1）铸铁热水锅炉额定出水温度应当低于 120℃，并且额定工作压力不超过 0.7MPa。

（2）铸铝热水锅炉额定出水温度应当不高于 95℃，并且额定工作压力不超过 0.7MPa。

- 条款说明：修改条款。
- 原《锅规》：12.1　允许使用范围

（1）额定工作压力小于 0.1MPa 的蒸汽锅炉；

（2）额定出水温度低于 120℃并且额定工作压力不超过 0.7MPa 的热水锅炉。

- 条款解释：本条款是对铸造锅炉参数范围的规定。

在原《锅规》基础上删除了额定工作压力小于 0.1MPa 的蒸汽锅炉也允许采用铸铁锅炉

的规定，这个条款是 12 版《锅规》参考美国 ASME 相关条款增加的，但考虑到现在我国没有铸铁蒸汽锅炉生产和使用，且这个参数范围不属于《特种设备目录》监管范围，因而予以删除。

考虑到铸铝热水锅炉这几年在我国应用越来越广泛，且功率也在向上不断增加，为了及时加强管理，同时促进行业发展，因此本次修改增加了铸铝热水锅炉相关内容和技术要求。这里规定了铸铝锅炉的允许使用范围，即"铸铝热水锅炉额定出水温度应当不高于 95℃，并且额定工作压力不超过 0.7MPa"。这个范围的规定主要是参照国外规定，同时满足我国现有铸铝热水锅炉现状，且为下一步的发展留有一定的空间。

10.3.2 材料

（1）铸铁锅炉应当采用牌号不低于 GB 9439《灰铸铁件》规定的 HT 150 的灰铸铁制造；

（2）铸铝锅炉应当采用 GB/T1173《铸造铝合金》中的 ZL104 铝硅合金铸铝材料制造；

（3）锅炉中钢制受压元件、紧固拉杆应当符合本规程的有关规定。

- **条款说明**：（1）为保留条款，（2）为新增条款，（3）为修改条款

- **原《锅规》**：12.2 材料

（1）铸铁锅炉应当采用牌号不低于 GB 9439《灰铸铁件》规定的 HT 150 的灰铸铁制造；

（2）受压铸件不应当有裂纹、穿透性气孔、缩孔、缩松、未浇足、冷隔等铸造缺陷；

（3）铸铁锅炉中钢制受压元件、紧固拉杆应当符合本规程其他章节的有关规定。

- **条款解释**：本条款对铸铁锅炉和铸铝锅炉中用到的材料、钢制受压元件、紧固拉杆材料进行了规定。

条款（1）规定了铸铁锅炉用材料的选取标准原则，即采用牌号不低于 GB 9439《灰铸铁件》规定的 HT 150 的灰铸铁。

条款（2）规定了铸铝锅炉用材料的选取标准原则，即应当采用 GB/T1173 中的 ZL104 铝硅合金铸铝材料制造。这是首次将国产铝材料纳入规程。由于我国铝制锅炉发展起步阶段是先从欧洲工厂加工，慢慢消化吸收形成的，原来的材料主要是欧洲牌号，其本体采用的是硅镁铝合金，代号：EN AC-43000，化学式：AlSi10Mg，执行标准：EN 1706-2010《铝和铝合金铸件、化学成分和机械性能》，这个牌号和我国 GB/T1173 中的 ZL104 铝硅合金铸铝材料基本相同，且我国一些工厂已经有应用。因此，这次规程把我国的材料正式写入应用，需要说明，采用欧洲前面所述牌号生产铝制锅炉肯定也是没有问题的。

原《锅规》所述及的材料的铸造缺陷形成，考虑是生产控制问题，因此移到后面条款了。

条款（3）规定了铸造锅炉中钢制受压元件、紧固拉杆应当符合本规程有关规定。其实就是钢制元件材料选用和焊接等要满足一般钢制锅炉规定。

10.3.3 设计

10.3.3.1 基本要求

（1）热水锅炉的额定工作压力应当不低于额定出水温度加 40℃ 对应的饱和压力；

（2）铸铝锅炉的结构可以是整体式或者组合式，铸铁锅炉的结构应当是组合式，锅片之间连接处应当可靠地密封；铸铁锅片的最小壁厚一般不小于 5mm，铸铝锅片的最小壁厚一般不小于 3.5mm；锅片之间的紧固拉杆直径一般不小于 8mm；

（3）锅炉下部容易积垢的部位应当设置内径不小于 25mm 的清洗孔；回流管入口可以作为清洗孔，但其布置应当满足便于清洗的要求；

（4）额定热功率小于或者等于 1.4MW 且设置换热设备的铸铝锅炉，其定压、自动排气以及压力、温度等安全显示和保护装置可以设置在一次系统上；自动排气装置最小公称通径不小于 10mm。

- **条款说明：** 修改条款。
- **原《锅规》：** 12.3 设计

12.3.1 基本要求

（1）铸铁热水锅炉的额定工作压力应当不低于额定出水温度加 40℃ 对应的饱和压力；

（2）锅炉的结构应当是组合式的，锅片之间连接处应当可靠地密封。锅片的最小壁厚一般不小于 5mm，锅片之间的紧固拉杆直径一般不小于 10mm；

（3）锅炉下部容易积垢的部位应当设置内径不小于 25mm 的清洗孔。

- **条款解释：** 本条款是对铸铁锅炉和铸铝锅炉设计参数范围和基本尺寸的规定。

条款（1）铸铁铸铝热水锅炉的额定工作压力应当不低于额定出水温度加 40℃ 对应的饱和压力。热水锅炉设计的工作温度应当低于对于热水锅炉工作压力对应的饱和温度，保证一定的温差（欠焓），以防止热水汽化，保证热水锅炉运行安全。本规程保留了原规程 40℃ 的规定，这也是同国外基本一致的数值，值得一提的是，该 40℃ 的温差在运行过程中也必须予以保证。本条除增加了铸铝锅炉外，属于保留条款。

条款（2）铸造锅炉采用组合式结构有利于铸造成型质量和后续加工质量控制，因而一般都是组合式结构，但考虑到铸铝铸造成型较好，且国外较大铝制锅炉已经出现整体浇铸的实际情况，因此这次修订规定了铸铝锅炉的结构可以是整体式或者组合式，但铸铁锅炉的结构应当是组合式。

锅片的最小壁厚除安全的基本要求外，同国家的铸造工艺水平有关，生产误差越大，最小壁厚规定值越大。我国原来的传统落后铸铁锅炉生产已经淘汰，现有的生产工厂同国际水平基本一致，因此最小壁厚也不同于 96 版规程的要求，基本采用了国际通用标准。铸铁锅炉锅片的最小壁厚 5mm 是在参考 TRD 701 和 702 基础上，是保留条款。铸铝锅炉锅片最小厚度是参考欧洲 EN 15502：燃气采暖锅炉制定的，EN 15502 规定中根据功率大小不同，锅片最小厚度在 3.5～5.5mm 之间，ASME 规定为 3mm，作为最小安全要求，我们采用了 3.5mm 的规定。

对紧固拉杆直径的规定原来是 10mm，其数值参考来源于 TRD701 第 4.3 节相关要求。实际调研中发现我国一些工厂生产的小型铝制锅炉已采用了 8mm 的紧固拉杆，且没有发生安全和密封问题，因此本次我们也将紧固拉杆直径的规定下限调整为 8mm。

条款（3）是对锅炉下部清洗孔的要求，25mm 是参照 ASME 规定而来，ASME 规定根据锅炉功率不同最小清洗孔尺寸为 20～40mm 不等，而 25mm 的规定范围基本涵盖了我们常用锅炉功率范围。回流管入口可以作为清洗孔，但其布置应当满足便于清洗的要求，将清洗塞装置在三通上，使其直接对着锅炉开孔，并尽可能紧靠此开孔位置。

此外需要说明，由于因为铸铝锅炉都是冷凝锅炉，冷凝水外加空气和燃气中的固体颗粒物会在锅炉底部大量聚集，这是铸铝锅炉容易出现问题的地方，所以锅炉底部的维护保养应当开足够尺寸的清理口，满足每一个铸片都能够得到清理。由于我们目前还没有足够的数据支撑，因此本次修订没有正式写入尺寸要求。

条款（4）是针对铸铝锅炉的新规定，主要是额定热功率小于等于 1.4MW 水容积大概在 120L。这样锅炉本体很小，如果按照规程通用要求其定压、自动排气以及压力、温度等安全显示和保护装置都放置在锅炉顶部，锅炉会出现严重的外观问题，失去商业价值。考虑到铝制锅炉一般都设置有换热设备，因此系统水容积很小，即便出现极端情况，爆炸能量很小，因此，我们参照欧洲通用做法，这些安全附件可以设置在一次系统上，且自动排气装置最小公称通径放宽到不小于 10mm。

10.3.3.2 冷态爆破验证试验

10.3.3.2.1 实施验证试验的要求

有下列情况之一的，应当进行锅片或者锅炉的冷态爆破验证试验，由设计文件鉴定机构现场进行见证并出具报告：

（1）采用新锅片结构；

（2）改变锅片材料牌号；

（3）上次冷态爆破验证试验合格后，超过 5 年。

- **条款说明**：保留条款。
- **原《锅规》**：12.3.2 冷态爆破验证试验

12.3.2.1 实施验证试验的条件（略）

- **条款解释**：本条款是对铸造锅炉冷态爆破验证试验的规定。

此条参考 ASME 第Ⅳ卷 HC401 和国外的相关规定。此外，还对进行验证试验的见证单位进行了规定。由于爆破验证试验是对铸铁锅炉设计的一种验证方式，类似于型式试验，故要求该爆破验证试验必须由设计文件鉴定单位到场见证，这同国外通用做法基本一致。新设计的锅片结构或锅片结构虽然没有发生变化，但是锅片材料发生变化时，生产出的锅片的安全性和密封性都需要进行重新的考验，因而应重新进行爆破试验。

10.3.3.2.2 冷态爆破试验数量

整体式锅炉应当取同一型号 3 台锅炉进行整体爆破试验。组合式结构的锅炉，每种型号锅片的冷态爆破试验应当取同规格的 3 片锅片进行试验。锅炉的冷态爆破试验应当取锅炉前部、中部、后部以及其他承压铸件各 3 片（件）进行试验。

10.3.3.2.3 爆破试验压力

（1）额定出水压力小于或者等于 0.4MPa 时，爆破压力应当大于 $4p+0.2$MPa；

（2）额定出水压力大于 0.4MPa 时，爆破压力应当大于 $5.25p$。

- **条款说明**：修改条款。
- **原《锅规》**：12.3.2.2 锅片爆破试验数量

锅片的爆破试验应当取同种的 3 片锅片进行试验。锅炉的爆破试验应当取锅炉前部、中部、后部各 3 片锅片进行试验。

12.3.2.3 爆破试验压力

（1）蒸汽锅炉应当大于或者等于 1.4MPa；

（2）热水锅炉，额定出水压力小于或者等于 0.4MPa 时，爆破压力应当大于 $4p+0.2$MPa；当额定出水压力大于 0.4MPa 时，爆破压力应当大于 $5.25p$。

- **条款解释**：本条款是对冷态爆破试验数量和压力的规定。

考虑到铸造锅炉适用范围已经删除了蒸汽锅炉一项，因而删除了 12 版对蒸汽锅炉进行爆破验证试验压力的规定，此条参考的是 TRD 701 中对锅炉进行爆破验证试验的规定。美国 ASME 规范也有相应规定，爆破压力须大于 $5p$。

锅片的爆破试验，考虑到锅片前部、中部、后部三种不同形式，因而应取不同种类的 3 片锅片进行试验，锅片的爆破试验实际并不是要求打爆，而是试验压力高于规定值就满足要求了。

> **10.3.3.3　整体验证性水压试验**
>
> 新设计的铸铁锅炉、铸铝锅炉应当进行整体验证性水压试验，并且由设计文件鉴定机构现场进行见证并出具报告。保压时间和合格标准应当符合本规程第 4 章的有关规定。
>
> 整体验证性水压试验压力为 $2p$，并且不小于 0.6MPa。

- **条款说明**：修改条款。
- **原《锅规》**：12.3.3　整体验证性水压试验

新设计的铸铁锅炉应当进行整体验证性水压试验，并且由具有资格的设计鉴定机构现场进行见证。保压时间和合格标准应当符合本规程第 4 章的有关规定。

整体验证性水压试验压力应当符合以下要求：

(1) 蒸汽锅炉试验压力，为 1.2MPa；

(2) 热水锅炉试验压力，为 $2p$，并且不小于 0.6MPa。

- **条款解释**：此条款是对铸铁锅炉、铸铝锅炉定型后进行整体水压验证试验的规定，并规定了由设计文件鉴定机构现场进行见证并出具报告。对铸造锅炉定型后进行整体水压试验的规定源于 TRD 的相关规定。本次删除了对铸铁蒸汽锅炉的整体水压压力的要求，因为已无此项。对铸造热水锅炉则参考了 TRD 702 第 5.2.2 节中对热水锅炉进行水压试验的规定。整体进行验证试验主要是对设计整体承压和整体密封设计的综合考量。

设计完成的铸造锅炉，应当对其各个零部件组装后的整体耐压性和密封性进行试验验证，相当于整体设计验证，因此要求进行整体水压验证。

> **10.3.4　制造**
>
> **10.3.4.1　铸造工艺**
>
> 铸件制造单位应当制订并且实施经过验证的受压铸件的铸造工艺规程。受压铸件不应当有裂纹、穿透性气孔、缩孔、缩松、未浇足、冷隔等铸造缺陷。

- **条款说明**：修改条款。
- **原《锅规》**：12.4　制造

12.4.1　铸造工艺

制造单位应当制定经过验证的受压铸件的铸造工艺规程，并且按照铸造工艺规程实施。

- **条款解释**：这是对铸铁锅炉、铸铝锅炉生产单位生产过程的原则要求，生产锅片的过程包含了冶炼和浇铸，生产工艺好坏以及工艺执行情况都直接影响锅片的产品质量。因此提出了原则要求，同时将 12 版材料一条里面关于铸件不允许缺陷调整到这里。受压铸件不应当有裂纹、穿透性气孔、缩孔、缩松、未浇足、冷隔等铸造缺陷。

> **10.3.4.2　化学成分分析**
>
> 每一个熔炼炉次都应当取样 1 次，进行化学成分分析。在原材料和工艺稳定的情况下，允许按班次或者批量进行检验。

- **条款说明**：新增条款。
- **条款解释**：这是对锅片熔炼进行化学成分分析的基本要求，欧洲和美国都有同样要求，这也是控制铸造材料质量很重要一个环节。原则要求每一炉都要化验，但在大批量生产和质量稳定的情况下，可以以生产班次为单位进行化验。

10.3.4.3 受压铸件力学性能检验

（1）每一熔炼炉次至少浇铸1组试样，每组3根，其中1根做试验，2根做复验；连续熔炼时，熔炼前期、中期、后期至少各取1组试样。在原材料和工艺稳定的情况下，允许按班次或者批量进行检验；

（2）拉伸试验按照相关标准的规定进行，试样的抗拉强度不低于标准规定值下限为合格；如果第1根试样不合格，则取另2根试样复验，如果该2根试样的试验均合格，则该受压铸件拉伸试验为合格，否则为不合格，该试样代表的锅片也为不合格。

- **条款说明**：修改条款。
- **原《锅规》**：12.4.2 受压铸件力学性能检验

（1）受压铸件应当按照每个铁水罐或者每片锅片制取拉伸试样，试样浇注按照GB 9439《灰铸铁件》的规定进行，每罐或者每片锅片应当带有3根试样，其中1根做试样，2根做复验试样；

（2）拉伸试验按照JB/T 7945《灰铸铁机械性能试验方法》的规定进行，试样的抗拉强度不低于所用铸铁牌号抗拉强度规定值下限为合格；如果第一根试样不合格，则取另两根试样复验，如果该两根试样的试验均合格，则该受压铸件拉伸试验为合格，否则为不合格，则该试样代表的锅片为不合格；

（3）对于同一炉连续浇注的受压铸件，如果最先和最后浇注的各一罐或者各一片锅片其拉伸试验均合格，则该炉其余受压铸件的拉伸试验可以免做，否则其余各罐或者各片锅片均需要做拉伸试验。

- **条款解释**：这是对受压铸件力学性能检验的要求。由于铸铁和铸铝锅炉生产的特殊性，锅片的生产包含了从冶炼到铸造以及后加工多个环节，根据我国铸造工艺水平的提高并参考国外检验要求，不再按照每个铁水罐或者每片锅片制取拉伸试样，而是按照每一熔炼炉次进行。在原材料和工艺稳定的情况下，允许按班次或者批量进行检验。修改时删除了同炉批量连续浇注时，控制头尾质量的方法，删除了拉伸试验标准的具体要求。

10.3.4.4 锅片壁厚控制

制造单位应当采取有效方法控制最小壁厚，锅片应当有测点图，测点部位应当具有代表性；对同批制造的铸造锅炉锅片（同牌号、同结构型式、同铸造工艺）应当进行不少于5％的壁厚测量，并且不少于2片；对同批制造同型号的铸铝锅炉锅片，每200片至少取1片锅片进行解剖测量。

- **条款说明**：修改条款。
- **原《锅规》**：12.4.3 锅片壁厚控制

制造单位应当采取有效方法控制最小壁厚，对同批制造的锅片（同牌号、同结构型式、同铸造工艺）应当进行不少于20％的壁厚测量，并且不少于1片，每种锅片应当有测点图，每面至少应当对5个位置进行测厚。

- **条款解释**：本条是对铸造锅炉锅片壁厚测量的要求。

铸造完工的锅片壁厚是质量控制的重要指标，而不同牌号、不同结构型式、不同铸造工艺都是直接影响成型质量的重要因素，因此对锅片测厚进行了具体规定，生产单位应当因不同情况，充分考虑到铸造锅片可能产生的壁厚下限误差来控制生产工艺，并根据具体锅片的情况设定壁厚测量测点图，12版规程规定的具体数值主要来源于TRD。考虑工厂生产实际和多年成熟的经验，这次对批量测厚比例由20％调整到5％，但由不少于1片提高到2片，同时考虑到已经要求企业制定壁厚测点图了，因此删除了每面至少应当对5个位置进行测厚的规定。

对于铸铝锅炉，由于设计精度高，受热面回路复杂，因此参照欧洲标准要求对同批制造同型号的铸铝锅炉锅片，每200片至少取1片锅片进行解剖测量，以准确判定壁厚和铸造内部成型质量。

10.3.4.5 耐压试验

锅片毛坯件、机械加工后的锅片、修理后的锅片及其他受压铸件应当逐件进行水压试验，也可以采用气压试验。锅炉组装后应当整体进行耐压试验，试验压力及保压时间应当符合表10-2的规定，耐压试验的方法和合格标准应当符合本规程第4章的有关规定。气压试验应当符合《固定式压力容器安全技术监察规程》的有关技术要求。气压试验压力为额定工作压力。

表 10-2 试验压力与保压时间

名称	水压试验压力（MPa）	在试验压力下保压时间（min）
受压铸件	$2p$，并且不小于0.4	2
锅炉整体	$1.5p$，并且不小于0.4	20

- **条款说明**：修改条款。
- **原《锅规》**：12.4.4 水压试验

锅片毛坯件、机械加工后的锅片、修理后的锅片及其他受压铸件应当逐件进行水压试验。锅炉组装后应当整体进行水压试验，试验压力及保压时间应当符合表12-1的规定，水压试验的方法和合格标准应当符合本规程第4章的有关规定。

表 12-1 试验压力与保压时间

名 称		水压试验压力（MPa）	在试验压力下保压时间（min）
受压铸件	蒸汽锅炉	不小于1.0	2
	热水锅炉	$2p$ 且不小于0.4	2
锅炉整体	蒸汽锅炉	不小于0.4	20
	热水锅炉	$1.5p$ 且不小于0.4	20

- **条款解释**：本条是对铸造锅炉定型后的制造过程中，对每个锅片及其锅炉整体组装后水压试验压力和保压时间的要求。

此条在12版规定基础上，删除了对蒸汽锅炉进行水压试验的规定。试验压力时间规定值主要是参考了TRD 701中的相应规定。

10.3.4.6 受压铸件修补

受压铸铁件不应当采用焊补的方法进行修理。

● **条款说明**：修改条款。

● **原《锅规》**：12.4.5 受压铸件修补

受压铸件的辐射受热面上及应力集中区域内的缺陷不应当采用焊补的方法进行修理，受压铸件如果有裂纹、缩松或者分散性夹砂（渣）缺陷，不应当采用焊补的方法进行修理。

● **条款解释**：铸铁件上焊接质量难以保证，因此受压铸铁件特别是高温区和应力集中区域产生缺陷后不应当进行焊接补焊。受压铸件如果有裂纹、缩松或者分散性夹砂（渣）缺陷，就不是某一点的问题，而是局部一片的问题，补焊是不能消除此类缺陷的，因此也不能进行焊接补焊，这和国外相关规定基本一致。实际制造过程中，出现此类问题回炉是简单可行方法，而对于使用中出现泄漏的修补，ASME 提出了旋塞修补方法。

10.3.5 使用管理

（1）铸铁锅炉水质应当符合锅炉相关标准的要求；铸铝锅炉宜采用中性或者接近中性水质；

（2）定期检验时的水压试验，按照制造过程中水压试验的要求执行。

● **条款说明**：修改条款。

● **原《锅规》**：12.5 使用

定期检验时的水压试验，按照制造过程中水压试验要求执行。

● **条款解释**：增加了对使用过程中铸铁锅炉水质以及铸铝锅炉水质的要求。

条款（1）提出铸铁锅炉水质应当符合锅炉相关标准要求；铸铝锅炉宜采用中性或者接近中性水质。这一条实际主要是针对铸铝锅炉而言的。铸铁锅炉水质按锅炉相关标准要求，没有特殊性，而铝制锅炉，由于材料特性，其使用水质应当在中性范围内最合适，pH 值控制在 6.5～8.5 范围内。

条款（2）考虑到本次章节设置了特殊规定章节，对于铸造锅炉定期检验时的水压试验要求，特别是试验压力，其他章节不适用，因而单独进行了说明。而其他内容，如合格标准等，别的章节已经有了且适用。

10.4 D 级锅炉

一、本节结构及主要变化

本节由原《锅规》第十三章 D 级锅炉修改而成。本节共有 5 部分内容，由"10.4.1 基本要求"、"10.4.2 制造"、"10.4.3 安全附件及仪表"、"10.4.4 安装"、"10.4.5 使用"组成。考虑到 D 级锅炉量大分散且流动性强，完全按照 D 级以上锅炉的要求对其设计、制造、安装、使用、修理、改造、检验等 7 个环节实行全过程的管理，既没有必要，也难以实现。为此，本规程根据原《锅规》的贯彻实施情况，结合浙江、广东等地多年来农村小锅炉分类监管的探索实践，决定在删除《特种设备目录》范围以外锅炉相关内容的基础上，对 D 级锅炉在材料选用、设计制造质量控制、无损检测、安装监督检验、使用登记、定期检验等方面，进一步深化差别化管理、分类监管措施，并根据《特设法》第七条的规定，重点强化产品本质安全和落实生产者、使用者安全责任及确保安全报警、联锁保护装置灵敏、可靠内容，推动企业落实锅炉安全主体责任，确保锅炉安全运行。本节的主要变化为：

➢ 删除了 D 级汽水两用锅炉和额定热功率小于 0.01MW 有机热载体锅炉的相关内容；

➢ 明确了蒸汽锅炉的水容积应当经过计算，并且在设计图样上标明锅炉设计正常水位时的水容积；

➤ 调整了可以不进行无损检测的蒸汽锅炉工作压力，即：10.4.2（3）热水锅炉和额定工作压力小于 0.2MPa 的蒸汽锅炉，在锅炉制造单位保证焊缝质量的前提下，可以不进行无损检测；

➤ 明确了锅炉制造单位、使用单位的安全保障职责，即：10.4.2（5）锅炉制造单位应当告知使用单位使用安全注意事项与应急处置办法，并且对锅炉安全使用情况进行定期回访、检查，指导使用单位确保锅炉安全运行。10.4.5（2）锅炉使用单位应当严格按照锅炉使用说明操作锅炉，定期检查锅炉安全状况，及时发现并消除安全隐患，确保锅炉安全运行；

➤ 调整了蒸汽锅炉本体上安全阀数量的规定，即：10.4.3.1（1）锅炉本体上至少装设 2 个安全阀；

➤ 增加了确保超压、低水位报警或者联锁保护装置"灵敏、可靠"的规定。即：10.4.3.1（3）锅炉应当装设超压、低水位报警或者联锁保护装置，并且定期维护，确保灵敏、可靠；

➤ 增加了制造监检"以批代台"的规定。即 10.4.2（2）制造监督检验，可以采取以批代台方式（注 10-1）进行。

二、条款说明与解释

根据目录范围以下三种锅炉不再纳入安全监察范围。一是原《锅规》规定的"汽水两用锅炉"。因为这种锅炉的设计压力为 0.04MPa 及以下，其主要功能是烧开水、蒸饭等。二是额定蒸汽压力小于 0.1MPa 的承压蒸汽锅炉。这种锅炉主要用于豆腐作坊、鱼虾养殖和香菇灭菌等。三是 0.1MW 以下的气相或者液相有机热载体锅炉。主要考虑到一些小型有机热载体锅炉安全风险较小，而且山东等地多年探索实践证明，0.1MW 以下的气相或者液相有机热载体锅炉可以而且不应当纳入安全监察范围。

基于上述情况，本规程涉及的 D 级锅炉只有两种。一是额定蒸汽压力大于等于 0.1MPa 但小于等于 0.8MPa，且 30L≤V≤50L 的蒸汽锅炉。从生产、使用的情况看，目前，D 级蒸汽锅炉主要有两种结构型式，一种是锅壳（锅筒）式，主要有电加热锅炉、燃油（气、成型燃料）锅炉，其中，燃烧成型燃料的锅炉主要是生物质锅炉；另一种是直流、贯流式锅炉。总体上，这类锅炉的安全性相对较好，一般不会发生锅炉爆炸事故。二是 $p≤0.4MPa$，且 $t≤95℃$ 的热水锅炉。其中，"$p≤0.4MPa$"的规定是从原来"仅承受自来水压力"修改而来的。主要考虑"仅承受自来水压力"在实际执行中难以掌握，为此，编写组对照国家自来水相关标准，调研我国自来水压力状况的基础上，明确了"$p≤0.4MPa$"的规定。

10.4　D 级锅炉

10.4.1　基本要求

（1）热水锅炉的受压元（部）件可以采用铝、铜合金以及不锈钢材料，管子可以采用焊接管，材料选用应当符合相关标准的规定；其他锅炉用材料应当满足本规程第 2 章的规定；

- 条款说明：修改条款。
- 原《锅规》条款：13.1　基本要求

（1）汽水两用锅炉和热水锅炉受压元（部）件可以采用铝、铜合金以及不锈钢材料，管子可以采用焊接管，材料选用应当符合相关标准的规定；其他锅炉用材料应当满足本规程第

2 章的规定；

　　● **条款解释**：一是本条考虑到"汽水两用锅炉"不属于现行《特种设备目录》的管辖范围，所以，删除了"汽水两用锅炉"。二是在本规程征求意见过程中，有的单位提出，要求将本款中的"铝"改为"铝合金"。事实上，本款中的"铝、铜合金"的本意是指"铝合金、铜合金"。

　　（2）热水锅炉的锅筒（锅壳）、炉胆与相连接的封头（管板）可以采用插入式全焊透的 T 型连接结构；

　　● **条款说明**：修改条款。

　　● **原《锅规》条款**：13.1（2）汽水两用锅炉和热水锅炉的锅筒（锅壳）、炉胆与相连接的封头、管板可以采用插入式全焊透的 T 形连接结构；

　　● **条款解释**：一是本条考虑到"汽水两用锅炉"不属于现行《特种设备目录》的管辖范围，所以，删除了"汽水两用锅炉"。二是插入式全焊透的 T 形连接结构的本意是要求在结构设计上应当采用插入式、开坡口的全焊透的结构形式。

　　（3）蒸汽锅炉的水容积应当经过计算，并且在设计图样上标明锅炉设计正常水位时的水容积；

　　● **条款说明**：修改条款。

　　● **原《锅规》条款**：13.1（3）蒸汽锅炉的设计图样上应当标明锅炉设计正常水位时的水容积；

　　● **条款解释**：一是原《锅规》对水容积规定不够明确到位，各地常常发生理解上的偏差，因此本次修订不仅明确了 D 级蒸汽锅炉的水容积为锅炉设计正常水位时的水容积，而且明确应当经过计算。二是根据本规程 1.3 的规定，对于直流锅炉和贯流式锅炉等无固定汽水分界线的锅炉，水容积按汽水系统进出口内几何总容积计算。

　　（4）锅筒（壳）、炉胆（顶）、封头（管板）、下脚圈的取用壁厚应当不小于 3mm；铝制锅炉锅筒（壳）或者炉胆的取用壁厚应当不小于 3.5mm；锅炉焊缝减弱系数取 $\varphi=0.8$；

　　● **条款说明**：修改条款。

　　原《规程》条款：13.1（4）在满足强度计算的情况下，锅筒（锅壳）、炉胆（顶）、管板（封头、下脚圈）的取用壁厚应当不小于 3mm；铝制锅炉锅筒（锅壳）或者炉胆的取用壁厚应当不小于 4mm；蒸汽锅炉焊缝减弱系数取 $\phi=0.8$；

　　● **条款解释**：一是基于本规程第 3 章已经明确了强度计算的相关要求和承压锅炉进行强度计算属于基本常识等情况，所以，本次修改中删除"在满足强度计算的情况下"的文字内容；二是基于下脚圈属于锅壳锅炉重要的受压元件，为此，本次修改中明确增加了"下脚圈"，并明确下脚圈的取用壁厚应当不小于 3mm；三是基于铝制锅炉也应当进行强度计算等情况，本次修改中对铝制锅炉锅筒（锅壳）或者炉胆的取用壁厚从 4mm 调整为 3.5mm。

　　（5）不允许对 D 级锅炉进行改造；

　　● **条款说明**：保留条款。

　　● **原《锅规》**：13.1（5）（略）

● **条款解释**：D级锅炉制造成本较低，运行一段时间之后再进行改造，经济上不划算，且往往由于改造施工水平低，容易造成安全隐患。

考虑到"额定热功率小于0.01MW的有机热载体锅炉"不属于现行《特种设备目录》的管辖范围，所以，删除了原《锅规》"13.1（6）额定热功率小于0.01MW的有机热载体锅炉只需满足制造许可的要求，其技术要求应当满足相应标准的要求"的内容。

10.4.2　制造

（1）锅炉制造过程中可以不做产品焊接试件；

● **条款说明**：保留条款。

● **原《锅规》**：13.2（1）（略）

● **条款解释**：主要考虑到这类锅炉用材简单，焊接工艺要求不高，容易保证焊接质量，没有必要制作焊接试件，增加产品成本。原《锅规》在执行中没有发现问题，所以，予以保留。

（2）制造监督检验，可以采取以批代台方式（注10-1）进行；

注10-1：以批代台参照《固定式压力容器安全技术监察规程》中简单压力容器的监检方法执行。

● **条款说明**：新增条款

● **条款解释**：主要考虑D级锅炉一般采用批量制造的实际情况，本规程在10.4.2的注10-1中明确："以批代台参照《固定式压力容器安全技术监察规程》中简单压力容器的监检方法执行"。

（3）热水锅炉和额定工作压力小于0.2MPa的蒸汽锅炉，在锅炉制造单位保证焊缝质量的前提下，可以不进行无损检测；

● **条款说明**：修改条款。

● **原《锅规》**：13.2（2）热水锅炉和额定工作压力小于或者等于0.1MPa的蒸汽锅炉，在锅炉制造单位保证焊缝质量的前提下，可以不进行无损检测；

● **条款解释**：鉴于热水锅炉和额定工作压力小于0.2MPa的蒸汽锅炉的工作温度、压力都较低，安全风险较小，为此，本条在修改过程中，考虑到原《锅规》在执行过程中没有出现安全问题和现行《特种设备目录》对锅炉安全监察范围调整等情况，明确了热水锅炉和额定工作压力大于等于0.1MPa、小于0.2MPa的蒸汽锅炉，在锅炉制造单位保证焊缝质量的前提下，可免做无损检测，以降低生产成本。

（4）锅炉制造单位应当在锅炉显著位置标注"禁止超压、缺水运行"的安全警示；蒸汽锅炉铭牌上标明"锅炉使用年限不超过8年"；

● **条款说明**：修改条款

● **原《锅规》**：13.2（3）锅炉制造单位应当在锅炉显著位置标注安全警示，其中汽水两用锅炉的警示内容至少包括禁止超压运行、缺水和禁止水封装置装设阀门等；

（4）蒸汽锅炉名牌上应当标明使用年限，使用年限不超过8年。

● **条款解释**：一是本条考虑到"汽水两用锅炉"不属于现行《特种设备目录》的管辖范围，所以，删除了"汽水两用锅炉"。同时"水封装置"主要用在"汽水两用锅炉"上，所以，删除了"水封装置"的相关文字描述。二是本条鉴于当前D级锅炉事故主要由于锅炉超压使用、缺水进水导致的，所以，突出强调了"禁止超压、缺水运行"的规定。三是本条的内容都属于锅炉制造单位应当特别明示的内容，所以，将原《锅规》13.2（4）"蒸汽锅炉铭牌上应当标明使用年限，使用年限不超过8年"的内容，调整到本条，并作了文字上的修改。超过使用有效期的锅炉容易发生由于锅炉结水垢、材料劣化、安全附件失效等爆炸事故。

（5）锅炉制造单位应当告知使用单位使用安全注意事项与应急处置办法，并且对锅炉安全使用情况进行定期回访、检查，指导使用单位确保锅炉安全运行。

- **条款说明：** 新增条款。
- **条款解释：** 在总结浙江衢州等地农村小锅炉推行"制造单位与使用单位"自我管理法的成功经验的基础上，结合原《锅规》实施以来的客观状况，本规程明确了锅炉制造企业应当履行安全告知、定期回访等职责，指导使用单位做好日常锅炉安全工作，确保锅炉安全运行。

10.4.3 安全附件和仪表

10.4.3.1 蒸汽锅炉安全附件和仪表要求

（1）锅炉本体上至少装设2个安全阀，安全阀的排放量按照本规程第5章的要求进行计算，流道直径应当大于或者等于10mm；

- **条款说明：** 修改条款。
- **原《锅规》：** 13.3 安全附件及仪表

13.3.1 蒸汽锅炉安全附件及仪表要求

（1）锅炉本体上至少装设一只弹簧式安全阀，其排放量按照本规程第6章要求进行计算，并且流道直径应当大于或者等于10mm；

- **条款解释：** 一是本条考虑到D级蒸汽锅炉的使用单位安全常识比较缺乏，日常使用中一般不进行安全阀的排气试验，以致容易发生因安全阀锈死而导致的锅炉超压爆炸事故。为此，本条修改中听取了相关单位的意见，将安全阀的数量调整为"2个"。至于什么形式的安全阀，由锅炉制造单位在保证质量安全的前提下配置。二是由于本规程将"安全附件"从原《锅规》的第6章调整为第5章，所以，本条款明确"安全阀的排放量按照本规程第5章要求进行计算"。

（2）锅炉至少装设1个压力表和水位计；

- **条款说明：** 保留条款。
- **原《锅规》：** 13.3.1（2）
- **条款解释：** 压力表、水位计、安全阀属于锅炉上最基本的三大安全附件，是锅炉安全的重要组成部分。压力表、水位计的失灵、失效容易发生锅炉爆炸事故。为此，本规程规定每台锅炉至少装设一个压力表和水位计。

（3）锅炉应当装设超压、低水位报警或者联锁保护装置，并且定期维护，确保灵敏、可靠。

- **条款说明：** 修改条款。
- **原《锅规》：** 13.3.1（3）锅炉应当装设可靠的超压、低水位报警或者联锁保护装置，并且定期维护。

● **条款解释**：本条考虑到这类锅炉的爆炸事故主要是由于超压或者缺水导致的，所以，这类锅炉不仅要装设超压、低水位报警或者联锁保护装置，而且要定期维护，更重要的是要确保"灵敏、可靠"。

另外，考虑到"汽水两用锅炉"不属于现行《特种设备目录》的管辖范围，所以，删除了原《锅规》13.3.2"汽水两用锅炉安全附件及仪表要求"和13.3.3"汽水两用锅炉水封式安全装置要求"的相关内容。

10.4.3.2 排污管与排污阀连接

锅炉排污管与排污阀可以采用螺纹连接。

● **条款说明**：修改条款。

● **原《锅规》**：13.3.4　排污管与排污阀连接

除有机热载体锅炉外，其他锅炉排污管与排污阀可以采用螺纹连接。

● **条款解释**：本条对排污管和排污阀的连接方式进行了规定。考虑到"0.1MW以下的气相或者液相有机热载体锅炉"不属于现行《特种设备目录》的管辖范围，所以，删除了"除有机热载体锅炉外"的文字内容。

10.4.4 安装

本次规程修改过程中，一是考虑到"锅炉房"不属于特种设备安全监察的工作职责，为此，本规程删除了原《锅规》"（1）蒸汽锅炉、热水锅炉和有机热载体锅炉可以不设独立的锅炉房，蒸汽锅炉安装位置应当与人员有效隔离"这条第（1）款的内容。但是，在实际工作中，若发现此类问题的，建议发出书面建议，提请使用单位按照国家有关法律法规报送相关部门办理。

二是本规程对该条第（2）款的文字进行了适当修改，并按照"安装告知、安装验收、操作培训"的习惯思维对该条第（2）、（3）的次序进行了调整。

三是考虑到D级锅炉结构简单、几何尺寸小，且使用量大面广，安装工作量小等特点，继续保留原《锅规》对这类锅炉作出的不需要安装告知、不实行安装监督检验等规定。考虑到操作人员安全知识培训的必要性，继续保留原《锅规》的相关规定，确保操作人员掌握必要的安全操作技能，但必须有书面证明，以便进行责任追究。

（1）锅炉不需要安装告知，并且不实施安装监督检验；

● **条款说明**：修改条款。

● **原《锅规》**：13.4（2）蒸汽锅炉、热水锅炉和有机热载体锅炉不需要安装告知，并且不实施安装监督检验；

● **条款解释**：本条考虑到"汽水两用锅炉"不属于现行《特种设备目录》的管辖范围，所以，删除了原《锅规》中的"蒸汽锅炉、热水锅炉和有机热载体锅炉"等文字，以明确所有D级锅炉均不需要安装告知、不实施安装监督检验。

（2）锅炉安装工作由制造单位或者其授权的单位负责，制造或者其授权的安装单位和使用单位双方代表书面验收认可后，方可运行；

● **条款说明**：修改条款。

● **原《锅规》**：13.4（4）锅炉经过制造单位或者其授权的安装单位和使用单位双方代

表书面验收认可后，方可运行。

- **条款解释**：本条在修改过程中，明确了锅炉安装工作由制造单位或者其授权的安装单位负责，以落实锅炉安装质量的责任主体。同时，本条款明确了锅炉安装工作要经过双方验收，并书面认可。

> （3）锅炉制造单位或者其授权的安装单位应当对作业人员进行操作、安全管理和应急处置培训，培训合格并出具书面证明；

条款说明：修改条款。

- **原《锅规》**：13.4（3）锅炉安装完毕后，制造单位或者其授权的安装单位应当对操作人员进行操作、安全管理和应急处置培训，培训合格并出具书面证明；
- **条款解释**：在修改过程中，考虑到本条款主要是明确培训工作的责任主体和培训内容，没有必要明确何时进行培训，所以，删除了原《锅规》中"锅炉安装完毕后"的文字内容。

10.4.5 使用管理

考虑到"汽水两用锅炉"不属于现行《特种设备目录》的管辖范围，所以，删除了原《锅规》13.5"汽水两用锅炉"定期检验等内容。

鉴于当前 D 级锅炉事故绝大部分属于使用单位日常使用管理不善、无证操作、违章作业造成的客观状况，为此，本规程在最大限度地降低使用单位守法成本的基础上，明确使用单位日常安全管理、隐患自查自纠等主体责任，确保锅炉安全运行。

> （1）锅炉不需要办理使用登记、不实行定期检验；锅炉的作业人员不需要取得《特种设备作业人员证》，但是应当根据本规程10.4.4的规定经过培训；

- **条款说明**：修改条款。
- **原《锅规》**：13.6（1）汽水两用锅炉应当按照规定办理使用登记，其他锅炉不需要办理使用登记；
- **条款解释**：一是考虑到"汽水两用锅炉"不属于现行《特种设备目录》的管辖范围，所以，删除了原《锅规》中"汽水两用锅炉应当按照规定办理使用登记"的内容；二是明确 D 级锅炉不实行定期检验，但使用单位应当按照本条第（2）款的规定进行定期检查；三是本款在"着力降低守法成本"包括明确操作人员不需要取得《特种设备作业人员证》的同时，明确操作人员应当按本规程10.4.4的规定经过基本安全知识、常识的培训。

> （2）锅炉使用单位应当定期检查锅炉安全状况，及时发现并消除安全隐患，确保锅炉安全运行。

- **条款说明**：修改条款。本规程将原规程（2）、（3）两款合并。
- **原《锅规》**：13.6（2）锅炉使用单位应当严格按照锅炉使用说明操作锅炉，并做好锅炉的定期保养和检查，确保安全附件和仪表灵敏可靠；
- **条款解释**：（3）锅炉出现故障或者发生异常情况时，使用单位应当对其进行全面检查，消除事故隐患后，方可重新投入使用。

一是考虑到原《锅规》（2）、（3）两款的规定均属于使用单位应当履行，而且与锅炉安全运行密切相关的安全责任。为此，本规程将这两款合并，并要求使用单位确保安全。二是实践证明，D级锅炉的安全使用既需要制造单位按照10.4.2（5）的规定履职到位，更需要使用单位强化日常安全管理，加强日常安全检查，及时发现并消除隐患。

在日常工作中，使用单位或使用者应该对锅炉的安全使用承担以下责任：一要严格按照锅炉使用说明进行操作，不得对锅炉进行私自改装，不得损坏锅炉所配置的安全附件和仪表。二要定期对锅炉进行检查和维护保养，发现故障或隐患时应立即停止使用并及时请专业人员进行全面检查，正常后方可继续使用。在日常维护时应重点检查锅炉安全附件是否灵敏可靠，安全阀是否能正常起跳、报警装置是否能正常工作，水位计、压力表、温度计是否能正常工作，排污阀是否泄漏等。

第十一章 附　　则

11.1　本规程由国家市场监督管理总局负责解释。

11.2　本规程自 2021 年 6 月 1 日起施行。《锅炉安全技术监察规程》（TSG G0001—2012）、《锅炉设计文件鉴定管理规则》（TSG G1001—2004）、《燃油（气）燃烧器安全技术规则》（TSG ZB001—2008）、《燃油（气）燃烧器型式试验规则》（TSG ZB002—2008）、《锅炉化学清洗规则》（TSG G5003—2008）、《锅炉水（介）质处理监督管理规则》（TSG G5001—2010）、《锅炉水（介）质处理检验规则》（TSG G5002—2010）、《锅炉监督检验规则》（TSG G7001—2015）、《锅炉定期检验规则》（TSG G7002—2015）同时废止。

本规程实施之前发布的其他相关文件和规定，其要求与本规程不一致的，以本规程为准。

附录

锅炉安全技术规程
（TSG 11—2020）

Regulation on Safety Technology for Boiler

前　言

　　2015 年 1 月，原国家质量监督检验检疫总局（以下简称原国家质检总局）特种设备安全监察局（以下简称特种设备局）下达制订《锅炉安全技术规程》（以下简称《锅规》）的立项任务书。2015 年 5 月，中国特种设备检测研究院组织有关专家成立起草工作组，召开起草工作组第一次全体会议，制订《锅规》的起草工作方案，确定制订原则、重点内容及结构框架，并且制订起草工作时间表。起草工作组和各专业小组分别开展调研起草工作，多次召开研讨会，形成《锅规》草案。

　　2016 年 5 月，起草工作组召开第二次全体会议，形成《锅规》征求意见稿。2016 年 8 月，特种设备局以质检特函〔2016〕42 号文征求基层部门、有关单位和专家及公民的意见。

　　2017 年 8 月，起草工作组召开第三次全体会议，对相关意见进行讨论，形成送审稿。2017 年 12 月，原国家质检总局特种设备安全与节能技术委员会对送审稿进行审议。2018 年 3 月召开起草工作组工作会议，根据审议意见形成报批稿。

　　2019 年 5 月，《锅规》报批稿由国家市场监督管理总局向 WTO/TBT 进行通报。

　　2020 年 10 月 29 日，《锅规》由国家市场监督管理总局批准颁布。

　　本规程将《锅炉安全技术监察规程》（TSG G0001—2012）、《锅炉设计文件鉴定管理规则》（TSG G1001—2004）、《燃油（气）燃烧器安全技术规则》（TSG ZB001—2008）、《燃油（气）燃烧器型式试验规则》（TSG ZB002—2008）、《锅炉化学清洗规则》（TSG G5003—2008）、《锅炉水（介）质处理监督管理规则》（TSG G5001—2010）、《锅炉水（介）质处理检验规则》（TSG G5002—2010）、《锅炉监督检验规则》（TSG G7001—2015）、《锅炉定期检验规则》（TSG G7002—2015）等九个锅炉相关安全技术规范进行整合，形成锅炉的综合技术规范。《锅规》基本保留了原来技术规范中行之有效的主体内容；纳入了近年来相关文件中提出的基本安全要求；对实施过程中发现的问题进行梳理，调整了部分内容；进一步明确了锅炉范围内管道的界定和技术要求；结合近年来锅炉技术的发展，优化了电站锅炉的相关要求，补充了铸铝锅炉、生物质锅炉的基本安全要求；按照《中华人民共和国大气污染防治法》要求增加了锅炉环保的基本要求。

目　　录

锅炉安全技术规程

1 总则

1.1 目的

为了保障锅炉安全运行，预防和减少事故，保护人民生命和财产安全，促进经济社会发展，根据《中华人民共和国特种设备安全法》和《特种设备安全监察条例》，制定本规程。

1.2 适用范围

本规程适用于《特种设备目录》范围内的蒸汽锅炉、热水锅炉、有机热载体锅炉。

注1-1：按照锅炉设计制造的余（废）热锅炉应当符合本规程的要求。

1.2.1 锅炉本体

锅炉本体是由锅筒（壳）、启动（汽水）分离器及储水箱、受热面、集箱及其连接管道、炉膛、燃烧设备、空气预热器、炉墙、烟（风）道、构架（包括平台和扶梯）等所组成的整体。

1.2.2 锅炉范围内管道

（1）电站锅炉，包括主给水管道、主蒸汽管道、再热蒸汽管道等（注1-2）以及第一个阀门以内（不含阀门，下同）的支路管道；

（2）电站锅炉以外的锅炉，设置分汽（水、油）缸（以下统称分汽缸，注1-3）的，包括给水（油）泵出口至分汽缸出口与外部管道连接的第一道环向焊缝以内的承压管道；不设置分汽缸的，包括给水（油）泵出口至主蒸汽（水、油）出口阀以内的承压管道。

注1-2：主给水管道指给水泵出口止回阀至省煤器进口集箱以内的管道；主蒸汽管道指末级过热器出口集箱至汽轮机高压主汽阀（对于母管制运行的锅炉，至母管前第一个阀门）以内的管道；再热蒸汽冷段管道指汽轮机排汽止回阀至再热器进口集箱以内的管道；再热蒸汽热段管道指末级再热器出口集箱至汽轮机中压主汽阀以内的管道。

注1-3：分汽缸应当按照锅炉集箱或者压力容器的相关规定进行设计、制造。

注1-4：锅炉管辖范围之外的与锅炉相连的动力管道，可以参照锅炉范围内管道要求与锅炉一并进行安装监督检验及定期检验。

1.2.3 锅炉安全附件和仪表

包括安全阀、爆破片，压力测量、水（液）位测量、温度测量等装置（仪表），安全保护装置，排污和放水装置等。

1.2.4 锅炉辅助设备及系统

包括燃料制备、水处理设备及系统等。

1.3　不适用范围

（1）设计正常水位水容积（直流锅炉等无固定汽水分界线的锅炉，水容积按照汽水系统进出口内几何总容积计算，下同）小于 30 L，或者额定蒸汽压力小于 0.1 MPa 的蒸汽锅炉；

（2）额定出水压力小于 0.1 MPa 或者额定热功率小于 0.1 MW 的热水锅炉；

（3）额定热功率小于 0.1 MW 的有机热载体锅炉。

1.4　锅炉设备级别

锅炉设备级别按照参数分为 A 级、B 级、C 级、D 级。

1.4.1　A 级锅炉

A 级锅炉是指 p（表压，下同，注 1-5）≥3.8 MPa 的锅炉，包括：

（1）超临界锅炉，p≥22.1 MPa；

（2）亚临界锅炉，16.7 MPa≤p<22.1 MPa；

（3）超高压锅炉，13.7 MPa≤p<16.7 MPa；

（4）高压锅炉，9.8 MPa≤p<13.7 MPa；

（5）次高压锅炉，5.3 MPa≤p<9.8 MPa；

（6）中压锅炉，3.8 MPa≤p<5.3 MPa。

1.4.2　B 级锅炉

（1）蒸汽锅炉，0.8 MPa<p<3.8 MPa；

（2）热水锅炉，p<3.8 MPa，且 t≥120 ℃（t 为额定出水温度，下同）；

（3）气相有机热载体锅炉，Q>0.7 MW（Q 为额定热功率，下同）；液相有机热载体锅炉，Q>4.2 MW。

1.4.3　C 级锅炉

（1）蒸汽锅炉，p≤0.8 MPa，且 V>50 L（V 为设计正常水位水容积，下同）；

（2）热水锅炉，0.4 MPa<p<3.8 MPa，且 t<120 ℃；p≤0.4 MPa，且 95 ℃<t<120 ℃；

（3）气相有机热载体锅炉，Q≤0.7 MW；液相有机热载体锅炉，Q≤4.2 MW。

1.4.4　D 级锅炉

（1）蒸汽锅炉，p≤0.8 MPa，且 V≤50 L；

（2）热水锅炉，p≤0.4 MPa，且 t≤95 ℃。

注 1-5：p 是指锅炉额定工作压力，对蒸汽锅炉代表额定蒸汽压力，对热水锅炉代表额定出水压力，对有机热载体锅炉代表额定出口压力。

1.5　采用境外标准的锅炉

对于采用境外标准的锅炉，其材料、设计、制造和产品检验、安全附件和仪表、出厂资料、铭牌等不得低于本规程要求，否则应当按照本规程 1.6 的要求进行技术评审和批准。

1.6 特殊情况的处理

有关单位采用新材料、新技术、新工艺，与本规程不一致，或者本规程未作要求，可能对安全性能有重大影响的，应当向国家市场监督管理总局申报，由国家市场监督管理总局委托特种设备安全与节能技术委员会进行技术评审，评审结果经国家市场监督管理总局批准后投入生产、使用。

1.7 与技术标准、管理制度的关系

本规程规定了锅炉的基本安全要求，锅炉生产、使用、检验、检测采用的技术标准、管理制度等不得低于本规程的要求。

1.8 专项要求

有关热水锅炉、有机热载体锅炉、铸铁锅炉、铸铝锅炉和 D 级锅炉的专项要求，按照本规程第 10 章的要求执行，并且优先采用。

1.9 其他要求

（1）锅炉的节能环保应当满足法律、法规、安全技术规范及相关标准的要求；

（2）锅炉销售单位应当建立并执行锅炉检查验收和销售记录制度，销售的锅炉应当符合安全技术规范及相关标准的要求，其设计文件、产品质量合格证明等相关技术资料和文件应当齐全；

（3）锅炉的制造、安装、改造、修理、使用单位和检验机构应当按照特种设备信息化要求及时填报信息。

2 材料

2.1 基本要求

锅炉受压元件金属材料、承载构件材料及其焊接材料在使用条件下应当具有足够的强度、塑性、韧性以及良好的抗疲劳性能和抗腐蚀性能。

2.2 性能要求

（1）锅炉受压元件和与受压元件焊接的承载构件钢材应当是镇静钢；

（2）锅炉受压元件用钢材（铸钢件除外）室温夏比冲击吸收能量（KV_2）应当不低于 27 J；

（3）锅炉受压元件用钢材（铸钢件除外）的纵向室温断后伸长率（A）应当不小于 18%。

2.3 材料选用

锅炉受压元件用钢板、钢管、锻件、铸钢件、铸铁件、紧固件以及拉撑件和焊接材料应当按照本规程附件 A 的要求选用。

2.4　材料采用及加工特殊要求

（1）各类管件（三通、弯头、变径接头等）以及集箱封头等元件可以采用相应的锅炉用钢管材料热加工制作；

（2）除各种形式的法兰外，碳素钢空心圆筒形管件外径不大于 160 mm，合金钢空心圆筒形管件或者管帽类管件外径不大于 114 mm，如果加工后的管件同时满足无损检测合格、管件纵轴线与圆钢的轴线平行的相应规定，可以采用轧制或者锻制圆钢加工；

（3）灰铸铁不应当用于制造排污阀和排污弯管；

（4）额定工作压力小于或者等于 1.6 MPa 的锅炉以及蒸汽温度小于或者等于 300 ℃ 的过热器，其放水阀和排污阀的阀体可以采用本规程附件 A 中的可锻铸铁或者球墨铸铁制造；

（5）额定工作压力小于或者等于 2.5 MPa 的锅炉的方形铸铁省煤器和弯头，可以采用牌号不低于 HT200 的灰铸铁制造；额定工作压力小于或者等于 1.6 MPa 的锅炉的方形铸铁省煤器和弯头，可以采用牌号不低于 HT150 的灰铸铁制造。

2.5　材料代用

锅炉的代用材料应当符合本规程对材料的规定，材料代用应当满足强度、结构和工艺的要求，并且经过材料代用单位技术部门（包括设计和工艺部门）的同意。

2.6　新材料的研制

研制锅炉用新材料时，研制单位应当进行系统的试验研究工作，并且按照本规程 1.6 的规定通过技术评审和批准。评审应当包括材料的化学成分、物理性能、力学性能、组织稳定性、高温性能、抗腐蚀性能、工艺性能等内容。

2.7　锅炉受压元件采用境外牌号材料

（1）应当是经国家市场监督管理总局公告的境外锅炉产品标准中允许使用的材料；

（2）按照订货合同规定的技术标准和技术条件进行验收；

（3）材料使用单位首次使用前，应当进行焊接工艺评定和成型工艺试验；

（4）应当采用该材料的技术标准或者技术条件所规定的性能指标进行强度计算；

（5）首次在国内锅炉上使用的材料，应当按照本规程 1.6 的要求通过技术评审和批准。

2.8　材料质量证明

（1）材料制造单位应当向材料使用单位提供质量证明书，质量证明书的内容应当齐全，并且印制可以追溯的信息化标识，加盖材料制造单位质量检验章，同时在材料的明显部位做出清晰、牢固的钢印标志或者其他标志；

（2）锅炉材料采购单位从非材料制造单位取得锅炉用材料时，应当取得材料制造单位提供的质量证明书原件或者加盖了材料经营单位公章和经办负责人签字（章）的复印件；

（3）材料使用单位应当对所取得的锅炉用材料及材料质量证明书的真实性和一致性负责。

2.9　材料验收

锅炉材料使用单位应当建立材料验收制度。锅炉制造单位应当按照 JB/T 3375《锅炉用材料入厂验收规则》对锅炉用材料进行入厂验收（其他锅炉材料使用单位可参照执行），合格后才能使用。

符合下列情况之一的材料可以不进行理化和相应的无损检测复验：

（1）材料使用单位验收人员按照采购技术要求在材料制造单位进行验收，并且在检验报告或者相关质量证明文件上进行见证签字确认的；

（2）B级及以下锅炉用碳素钢和碳锰钢材料，实物标识清晰、齐全，具有满足本规程2.8要求的质量证明书，质量证明书与实物相符的。

2.10 材料管理

（1）锅炉材料使用单位应当建立材料保管和使用的管理制度，锅炉受压元件用的材料应当有标记，切割下料前，应当作标记移植，并且便于识别；

（2）焊接材料使用单位应当建立焊接材料的存放、烘干、发放、回收和回用管理制度。

3 设计

3.1 基本要求

锅炉的设计应当符合安全、节能和环保的要求。锅炉制造单位对其制造的锅炉产品设计质量负责。锅炉及其系统设计时，应当综合能效和大气污染物排放要求进行系统优化，并向锅炉使用单位提供大气污染物初始排放浓度（注3-1）等相关技术参数。

注3-1：电加热锅炉、余热锅炉、垃圾焚烧锅炉不要求提供大气污染物初始排放浓度数据。

3.2 设计文件鉴定

锅炉的设计文件应当按照本规程第9章的要求经过鉴定。

3.3 强度计算

3.3.1 安全系数选取

强度计算时，确定锅炉承压件材料许用应力的最小安全系数，见表3-1。其他设计方法和部件材料安全系数的确定应当符合相关产品标准的规定。

表3-1 强度计算的安全系数

材 料 （板、锻件、管）	安全系数			
	室温下的抗拉强度 R_m	设计温度下的 屈服强度 R_{eL}^t（$R_{p0.2}^t$）	设计温度下经 10^5 h 断裂的持久强度 平均值 R_D^t	设计温度下 10^5 h 蠕变率为 1% 蠕 变极限平均值 R_D^t
碳素钢和合金钢	$n_b \geq 2.7$	$n_s \geq 1.5$	$n_d \geq 1.5$	$n_n \geq 1.0$

3.3.2 许用应力

许用应力取室温下的抗拉强度 R_m、设计温度下的屈服强度 R_{eL}^t（$R_{p0.2}^t$）、设计温度下持久强度极限平均值 R_D^t、设计温度下蠕变极限平均值 R_D^t 除以相应安全系数后的最小值。

对奥氏体高合金钢，当设计温度低于蠕变温度范围并且允许有微量的永久变形时，可以适当提高许用应力至 $0.9R_{p0.2}^t$，但不得超过 $\dfrac{R_{p0.2}}{1.5}$（此规定不适用于法兰或者其他有微量永久变形就产生泄漏或者故障的场合）。

3.3.3 强度计算标准

锅炉本体受压元件的强度可以按照 GB/T 16507《水管锅炉》或者 GB/T 16508《锅壳锅炉》进行计算和校核，也可以采用试验或者其他计算方法确定锅炉受压元件强度。

锅炉范围内管道强度可以按照国家或者行业相关标准进行计算和校核。

3.4 锅炉结构的基本要求

（1）各受压元件应当有足够的强度；

（2）受压元件结构的形式、开孔和焊缝的布置应当尽量避免或者减少复合应力和应力集中；

（3）锅炉水（介）质循环系统应当能够保证锅炉在设计负荷变化范围内水（介）质循环的可靠性，保证所有受热面得到可靠的冷却；受热面布置时，应当合理地分配介质流量，尽量减少热偏差；

（4）锅炉制造单位应当选用满足安全、节能和环保要求的燃烧器；炉膛和燃烧设备的结构以及布置、燃烧方式应当与所设计的燃料相适应，防止火焰直接冲刷受热面，并且防止炉膛结渣或者结焦；

（5）非受热面的元件，壁温可能超过该元件所用材料的许用温度时，应当采取冷却或者绝热措施；

（6）各部件在运行时应当能够按照设计预定方向自由膨胀；

（7）承重结构在承受设计载荷时应当具有足够的强度、刚度、稳定性及防腐蚀性；

（8）炉膛、包墙及烟道的结构应当有足够的承载能力；

（9）炉墙应当具有良好的绝热和密封性；

（10）便于安装、运行操作、检修和清洗内外部。

3.5 锅筒（壳）、炉胆等壁厚及长度

3.5.1 水管锅炉锅筒壁厚

锅筒的取用壁厚应当不小于 6 mm。

3.5.2 锅壳锅炉壁厚及炉胆长度

（1）锅壳内径大于 1000 mm 时，锅壳筒体的取用壁厚应当不小于 6 mm；锅壳内径不大于 1000 mm 时，锅壳筒体的取用壁厚应当不小于 4 mm；

（2）锅壳锅炉的炉胆内径应当不大于 1800 mm，其取用壁厚应当不小于 8 mm，并且不大于 22 mm；炉胆内径不大于 400 mm 时，其取用壁厚应当不小于 6 mm；

（3）卧式内燃锅炉的回燃室筒体的取用壁厚应当不小于 10 mm，并且不大于 35 mm；

（4）卧式锅壳锅炉平直炉胆的计算长度应当不大于 2000 mm，如果炉胆两端与管板扳边对接连接，平直炉胆的计算长度可以放大至 3000 mm。

3.5.3 胀接连接

（1）胀接连接的锅筒（壳）的筒体、管板的取用壁厚应当不小于 12 mm；

（2）胀接连接的管子外径应当不大于 89 mm。

3.6 安全水位

（1）水管锅炉锅筒的最低安全水位，应当保证下降管可靠供水；

（2）锅壳锅炉的最低安全水位，应当高于最高火界 100 mm；锅壳内径不大于 1500 mm 的卧式锅壳锅炉，最低安全水位应当高于最高火界 75 mm；

（3）锅壳锅炉的安全降水时间（指锅炉停止给水情况下，在锅炉额定负荷下继续运行，锅炉水位从最低安全水位下降到最高火界的时间）一般应当不低于 7 min，对于燃气（液）锅炉一般应当不低于 5 min；

（4）锅炉的最低及最高安全水位应当在图样上标明；

（5）直读式水位计和水位示控装置上下开孔位置，应当包括该锅炉最高、最低安全水位的示控范围。

3.7 主要受压元件的连接

3.7.1 基本要求

（1）锅炉主要受压元件包括锅筒（壳）、启动（汽水）分离器及储水箱、集箱、管道、集中下降管、炉胆、回燃室以及封头（管板）、炉胆顶和下脚圈等；

（2）锅炉主要受压元件的主焊缝〔包括锅筒（壳）、启动（汽水）分离器及储水箱、集箱、管道、集中下降管、炉胆、回燃室的纵向和环向焊缝，封头（管板）、炉胆顶和下脚圈等的拼接焊缝〕应当采用全焊透的对接焊接；

（3）锅壳锅炉的拉撑件不应当拼接。

3.7.2 T 型接头的连接

对于额定工作压力不大于 2.5 MPa 的卧式内燃锅壳锅炉、锅壳式余热锅炉以及贯流式锅炉，除受烟气直接冲刷的部位（见图 3-1）的连接处以外，在符合以下要求的情况下，其管板与炉胆、锅壳可采用 T 型接头的对接连接，但是不得采用搭接连接：

（1）采用全焊透的接头型式，并且坡口经过机械加工；

（2）管板与筒体的连接采用插入式结构（贯流式锅炉除外）；

（3）T 型接头连接部位的焊缝计算厚度不小于管板（盖板）的壁厚，并且其焊缝背部能够封焊的部位均应当封焊，不能够封焊的部位应当采用氩弧焊或者其他气体保护焊打底，并且保证焊透；

（4）T 型接头连接部位的焊缝应当进行超声检测。

3.7.3 管接头与锅筒（壳）、集箱、管道的连接

锅炉管接头与锅筒（壳）、集箱、管道的连接，在以下情况下应当采用全焊透的接头

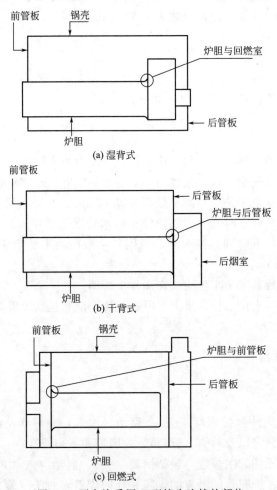

图 3-1 不允许采用 T 型接头连接的部位

型式：

（1）强度计算要求全焊透的加强结构型式；

（2）A 级高压以上（含高压，下同）锅炉管接头外径大于 76 mm 时；

（3）A 级锅炉集中下降管管接头；

（4）下降管或者其管接头与集箱连接时（外径小于或者等于 108 mm，并且采用插入式结构的下降管除外）。

3.7.4 小管径管接头

A 级锅炉外径小于 32 mm 的排气、疏水、排污和取样管等管接头与锅筒、集箱、管道相连接时，应当采用厚壁管接头。

3.8 管孔布置

3.8.1 胀接管孔

（1）胀接管孔间的净距离应当不小于 19 mm；

（2）胀接管孔中心与焊缝边缘以及管板扳边起点的距离应当不小于 0.8 d（d 为管孔直径），并且不小于 0.5 d＋12 mm；

（3）胀接管孔不应当开在锅筒筒体的纵向焊缝上，并且避免开在环向焊缝上；对于环向焊缝，如果结构设计不能够避免，在管孔周围 60 mm（如果管孔直径大于 60 mm，则取孔径值）范围内的焊缝经过射线或者超声检测合格，并且焊缝在管孔边缘上不存在夹渣缺陷，对开孔部位的焊缝内外表面进行磨平且将受压元件整体热处理后，可以在环向焊缝上开胀接管孔。

3.8.2 焊接管孔

集中下降管的管孔不应当开在焊缝及其热影响区上，其他焊接管孔也应当避免开在焊缝及其热影响区上。如果结构设计不能够避免，在管孔周围 60 mm（如果管孔直径大于 60 mm，则取孔径值）范围内的焊缝经过射线或者超声检测合格，并且焊缝在管孔边缘上不存在夹渣缺陷，管接头焊后经过热处理（额定出水温度小于 120 ℃的热水锅炉除外）消除应力的情况下，可以在焊缝及其热影响区上开焊接管孔。

3.9 焊缝布置

3.9.1 锅筒（壳）、炉胆等对接焊缝

锅筒（筒体壁厚不相等的除外）、锅壳和炉胆上相邻两筒节的纵向焊缝，以及封头（管板）、炉胆顶或者下脚圈的拼接焊缝与相邻筒节的纵向焊缝，都不应当彼此相连，其焊缝中心线间距离（外圆弧长）至少为较厚钢板厚度的 3 倍，并且不小于 100 mm。

3.9.2 受热面管子及管道对接焊缝

3.9.2.1 对接焊缝中心线间的距离

锅炉受热面管子（异种钢接头除外）以及管道直段上，对接焊缝中心线间的距离（L）应当符合以下要求：

（1）外径小于 159 mm 时，$L \geqslant 2$ 倍外径；

（2）外径大于或者等于 159 mm 时，$L \geqslant 300$ mm。

当锅炉结构无法满足（1）、（2）的要求时，对接焊缝的热影响区不应当重合，并且 $L \geqslant 50$ mm。

3.9.2.2 对接焊缝

（1）受热面管子及管道（盘管及成型管件除外）对接焊缝应当位于管子直段上；

（2）受热面管子的对接焊缝中心线至锅筒（壳）及集箱外壁、管子弯曲起点、管子支吊架边缘的距离至少为 50 mm，对于 A 级锅炉此距离至少为 70 mm（异种钢接头除外）；管道此距离应当不小于 100 mm。

3.9.3 其他要求

受压元件主焊缝及其邻近区域应当避免焊接附件。如果不能够避免，则附件的焊缝可以穿过对接焊缝，而且不应当在对接焊缝及其邻近区域终止。

3.10 扳边元件直段长度

除了球形封头以外，扳边的元件（例如封头、管板、炉胆顶等）与圆筒形元件对接焊接时，扳边弯曲起点至焊缝中心线均应当有一定的直段距离。扳边元件直段长度应当符合表3-2的要求。

表 3-2　扳边元件直段长度

扳边元件内径（mm）	直段长度（mm）
≤600	≥25
>600	≥38

3.11 套管

B级以上（含B级）蒸汽锅炉，凡能够引起锅筒（壳）壁或者集箱壁局部热疲劳的连接管（如给水管、减温水管等），在穿过锅筒（壳）壁或者集箱壁处应当加装套管。

3.12 定期排污管

（1）锅炉定期排污管口不应当高出锅筒（壳）或者集箱内壁的最低表面；

（2）小孔式排污管用作定期排污时，小孔应当开在排污管下部，并且贴近筒体底部。

3.13 紧急放水装置

电站锅炉锅筒应当设置紧急放水装置，放水管口应当高于最低安全水位。

3.14 水（介）质要求、取样装置和反冲洗系统的设置

应当根据锅炉结构、运行参数、蒸汽质量要求等因素，明确水（介）质标准及质量指标要求。取样点的设置应当保证所取样品具有代表性。取样器和反冲洗系统设置要求如下：

（1）A级锅炉的省煤器进口（或者给水泵出口）、锅筒、饱和蒸汽引出管、过热器、再热器、凝结水泵出口等应当设置水汽取样装置；

（2）A级锅炉的过热器一般需要设置反冲洗用接口，反冲洗的介质也可以通过主汽阀前疏水管路引入；

（3）B、C级蒸汽锅炉给水泵出口和蒸汽冷凝回水系统应当设置取样装置，锅水（直流锅炉除外）和热力除氧器出水应当设置具有冷却功能的取样装置，对蒸汽质量有要求时，应当设置蒸汽取样装置；热水锅炉应当在循环泵出口设置锅水取样装置。

3.15 膨胀指示器

A级锅炉的锅筒和集箱应当设置膨胀指示器。悬吊式锅炉本体设计确定的膨胀中心应当予以固定。

3.16 与管子焊接的扁钢

膜式壁等结构中与管子焊接的扁钢，其膨胀系数应当和管子相近，扁钢宽度的确定应当保证在锅炉运行中不超过其金属材料许用温度，焊缝结构应当保证扁钢有效冷却。

3.17　喷水减温器

（1）喷水减温器的集箱与内衬套之间以及喷水管与集箱之间的固定方式，应当能够保证其相对膨胀，并且能够避免产生共振；

（2）喷水减温器的结构和布置应当便于检修；在减温器或者减温器进（出）口管道上应当设置一个内径不小于 80 mm 的检查孔，检查孔的位置应当便于对减温器内衬套以及喷水管进行内窥镜检查。

3.18　锅炉启动时省煤器的保护

设置有省煤器的蒸汽锅炉，应当设置旁通水路、再循环管或者采取其他省煤器启动保护措施。

3.19　再热器的保护

电站锅炉应当装设蒸汽旁路或者炉膛出口烟温监测等装置，确保再热器在启动及甩负荷时的冷却。

3.20　吹灰及灭火装置

装设油燃烧器的 A 级锅炉，尾部应当装设可靠的吹灰及空气预热器灭火装置。燃煤粉或者水煤浆锅炉、生物质燃料锅炉以及循环流化床锅炉在炉膛和布置有过热器、再热器和省煤器的对流烟道，应当装设吹灰装置。

3.21　尾部烟道疏水装置

B 级及以下燃气锅炉和冷凝式锅炉的尾部烟道应当设置可靠的疏水装置。

3.22　防爆门

额定蒸发量小于或者等于 75 t/h 的燃用煤粉、油、气体及其他可能产生爆燃的燃料的水管锅炉，未设置炉膛安全自动保护系统的，炉膛和烟道应当设置防爆门，防爆门的设置不应当危及人身安全。

3.23　门孔

3.23.1　门孔的设置和结构

（1）锅炉上开设的人孔、头孔、手孔、清洗孔、检查孔、观察孔的数量和位置应当满足安装、检修、运行监视和清洗的需要；

（2）集箱手孔孔盖与孔圈采用非焊接连接时，应当避免直接与火焰接触；

（3）微正压燃烧的锅炉，炉墙、烟道和各部位门孔应当有可靠的密封，看火孔应当装设防止火焰喷出的联锁装置；

（4）锅炉受压元件人孔圈、头孔圈与筒体、封头（管板）的连接应当采用全焊透结构，人孔盖、头孔盖、手孔盖、清洗孔盖、检查孔盖应当采用内闭式结构；对于 B 级及以下锅炉，其受压元件的孔盖可以采用法兰连接结构，但是不得采用螺纹连接；炉墙上人孔门应当装设坚固的门闩，保证炉墙上监视孔的孔盖不会被烟气冲开；

（5）锅筒内径大于或者等于 800 mm 的水管锅炉和锅壳内径大于 1000 mm 的锅壳锅炉，均应当在筒体或者封头（管板）上开设人孔，由于结构限制导致人员无法进入锅炉时，可以只开设头孔；对锅壳内布置有烟管的锅炉，人孔和头孔的布置应当兼顾锅壳上部和下部的检修需求；锅筒内径小于 800 mm 的水管锅炉和锅壳内径为 800 mm～1000 mm 的锅壳锅炉，应当至少在筒体或者封头（管板）上开设一个头孔；

（6）立式锅壳锅炉（电加热锅炉除外）下部开设的手孔数量，应当满足清理和检验的需要，其数量不少于 3 个。

3.23.2 门孔的尺寸（注 3-2）

（1）锅炉受压元件上，椭圆人孔应当不小于 280 mm×380 mm，圆形人孔直径应当不小于 380 mm，人孔圈的密封平面宽度应当不小于 19 mm，人孔盖凸肩与人孔圈之间总间隙应当不超过 3 mm（沿圆周各点上不超过 1.5 mm），并且凹槽的深度应当能够完整地容纳密封垫片；

（2）锅炉受压元件上，椭圆头孔应当不小于 220 mm×320 mm，颈部或者孔圈高度不应当超过 100 mm，头孔圈的密封平面宽度应当不小于 15 mm；

（3）锅炉受压元件上，手孔短轴应当不小于 80 mm，颈部或者孔圈高度不应当超过 65 mm，手孔圈的密封平面宽度应当不小于 6 mm；

（4）锅炉受压元件上，清洗孔内径应当不小于 50 mm，颈部高度不应当超过 50 mm；

（5）炉墙上椭圆人孔一般不小于 400 mm×450 mm，圆形人孔直径一般不小于 450 mm，矩形门孔一般不小于 300 mm×400 mm。

注 3-2：如果因结构原因，颈部或者孔圈高度超过本条规定，门孔的尺寸应当适当放大。

3.24 锅炉钢结构

3.24.1 基本要求

支承式和悬吊式锅炉钢结构的设计，应当符合相关标准的要求。

3.24.2 平台、扶梯

作业人员立足地点距离地面（或者运转层）高度超过 2000 mm 的锅炉，应当装设平台、扶梯和防护栏杆等设施。锅炉的平台、扶梯应当符合以下规定：

（1）扶梯和平台的布置能够保证作业人员顺利通向需要经常操作和检查的地方；

（2）扶梯、平台和需要操作及检查的炉顶周围设置的栏杆、扶手以及挡脚板的高度满足相关规定；

（3）扶梯的倾斜角度一般为 45°～50°，个别位置布置有困难时，倾斜角度可以适当增大；

（4）水位表前的平台到水位表中间的铅直高度宜为 1000 mm～1500 mm。

3.25 直流电站锅炉特殊规定

（1）直流电站锅炉应当设置启动系统，其容量应当与锅炉最低直流负荷相适应；

（2）直流电站锅炉采用外置式启动（汽水）分离器启动系统的，隔离阀的工作压力应当按照最大连续负荷下的设计压力考虑，启动（汽水）分离器的强度按照锅炉最低直流负荷的设计参数设计计算；采用内置式启动（汽水）分离器启动系统时，各部件的强度应当按照锅炉最大连续负荷的设计参数计算；

（3）直流电站锅炉启动系统的疏水排放能力应当满足锅炉各种启动方式下发生汽水膨胀时的最大疏水流量；

（4）直流电站锅炉水冷壁管内工质的质量流速在任何运行工况下都应当大于该运行工况下的最低临界质量流速。

4 制造

4.1 基本要求

（1）锅炉制造单位对出厂的锅炉产品的安全节能环保性能和制造质量负责，不得制造国家明令淘汰的锅炉产品；

（2）锅炉用材料下料或者坡口加工、受压元件加工成形后不应当产生有害缺陷，冷成形应当避免产生冷作硬化引起脆断或者开裂，热成形应当避免因成形温度过高或者过低而造成有害缺陷；

（3）用于承压部位的铸铁件不准补焊；

（4）对于电站锅炉范围内管道、减温减压装置、流量计（壳体）、工厂化预制管段等元件组合装置，应当按照锅炉部件或者压力管道元件组合装置的要求进行制造监督检验；管件应当按照锅炉部件的相关要求实施制造监督检验或者按压力管道元件的相关要求实施型式试验；钢管、阀门、补偿器等压力管道元件，应当按照压力管道元件的相关要求实施型式试验。

4.2 胀接

4.2.1 胀接工艺

胀接施工单位应当根据锅炉设计图样和试胀结果制定胀接工艺规程。胀接前应当进行试胀。在试胀中，确定合理的胀管率。需要在安装现场进行胀接的锅炉出厂时，锅炉制造单位应当提供适量同牌号的胀接试件。

4.2.2 胀接管子材料

胀接管子材料宜选用低于管板（锅筒）硬度的材料。如果管端硬度大于管板（锅筒）硬度，应当进行退火处理。管端退火不应当用煤炭作燃料直接加热，管端退火长度应当不小于 100 mm。

4.2.3 胀管率计算方法

4.2.3.1 内径控制法

当采用内径控制法时，胀管率一般控制在 1.0%～2.1% 范围内。胀管率按照公式（4-1）计算：

$$H_{\mathrm{n}} = \left(\frac{d_1 + 2\delta}{d} - 1 \right) \times 100\%$$

（4-1）

式中：

H_n——内径控制法胀管率；

d_1——胀完后的管子实测内径，mm；

δ——未胀时的管子实测壁厚，mm；

d——未胀时的管孔实测直径，mm。

4.2.3.2　外径控制法

对于水管锅炉，当采用外径控制法时，胀管率一般控制在 1.0％～1.8％范围内。胀管率可以按照公式（4-2）计算：

$$H_W = \frac{D-d}{d} \times 100\%\qquad(4\text{-}2)$$

式中：

H_W——外径控制法胀管率；

D——胀管后紧靠锅筒外壁处管子的实测外径，mm；

d——未胀时的管孔实测直径，mm。

4.2.3.3　管子壁厚减薄率控制法

（1）在胀管前的试胀工作中，应当对每一种规格的管子和壁厚的组合都进行扭矩设定；

（2）扭矩设定是通过试管胀进试板的管孔来实现的，试管胀接完毕后，打开试板，取出试管测量管壁减薄量，然后计算其管壁减薄率，管子壁厚减薄率一般控制在 10％～12％范围内；扭矩设定完毕后，应当将扭矩记录下来，并且将其应用于施工；胀接管子壁厚减薄率应当按照公式（4-3）计算：

$$壁厚减薄率 = \frac{胀接前管壁厚－胀接后管壁厚}{胀接前管壁厚} \times 100\%\qquad(4\text{-}3)$$

（3）为保证胀管设备的正常运行，在施工中每班工作之前，操作人员都应当进行一次试胀，同时检验部门应当核实用于施工的扭矩是否与原设定的扭矩完全相同。

4.2.4　胀接质量

（1）胀接管端伸出量以 6 mm～12 mm 为宜，管端喇叭口的扳边应当与管子中心线成 12°～15°角，扳边起点与管板（筒体）表面以平齐为宜；

（2）对于锅壳锅炉，直接与火焰（烟温 800 ℃以上）接触的烟管管端应当进行 90°扳边，扳边后的管端与管板应当紧密接触，其最大间隙应当不大于 0.4 mm，并且间隙大于 0.05 mm 的长度应当不超过管子周长的 20％；

（3）胀接后，管端不应当有起皮、皱纹、裂纹、切口和偏斜等缺陷；在胀接过程中，应当随时检查胀口的胀接质量，及时发现和消除缺陷。

4.2.5　胀接记录

胀接施工单位应当根据实际检查和测量结果，做好胀接记录，以便于计算胀管率和核查胀管质量。

4.2.6 胀接水压试验

胀接全部完毕后，应当进行水压试验，检查胀口的严密性。

4.3 焊接

4.3.1 焊接作业人员

（1）焊工应当按照焊接工艺规程施焊，并且做好施焊记录；

（2）锅炉受压元件的焊缝附近应当打焊工代号钢印，对不能打钢印的材料应当有焊工代号的详细记录；

（3）施焊单位应当建立焊工技术档案，并且对施焊的实际工艺参数和焊缝质量以及焊工遵守工艺纪律情况进行检查评价。

4.3.2 焊接工艺评定

焊接工艺评定应当符合 NB/T 47014《承压设备焊接工艺评定》和本条的要求。

4.3.2.1 焊接工艺评定范围

锅炉产品焊接前，施焊单位应当对以下焊接接头进行焊接工艺评定：

（1）受压元件之间对接焊接接头；

（2）受压元件之间或者受压元件与承载的非受压元件之间连接的要求全焊透的 T 型接头或者角接接头。

4.3.2.2 试件（试样）附加要求

（1）A 级锅炉锅筒以及集箱类部件的纵向焊缝，当板厚大于 20 mm 且小于或者等于 70 mm 时，应当从焊接工艺评定试件（试板）上沿焊缝纵向切取全焊缝金属拉伸试样 1 个；当板厚大于 70 mm 时，应当取全焊缝金属拉伸试样 2 个；试验方法和取样位置可以按照 GB/T 2652《焊缝及熔敷金属拉伸试验方法》执行；

（2）A 级锅炉锅筒、合金钢材料集箱类部件和管道的对接焊缝，如果双面焊壁厚大于或者等于 12 mm（单面焊壁厚大于或者等于 16 mm）应当做焊缝金属及热影响区夏比 V 型缺口室温冲击试验；

（3）焊接试件的材料为合金钢（碳锰钢除外）时，A 级锅炉锅筒的对接焊缝，工作压力大于或者等于 9.8 MPa 或者壁温大于 450 ℃ 的集箱类部件、管道的对接焊缝，A 级锅炉锅筒、集箱类部件上管接头的角焊缝，在焊接工艺评定时应当进行金相检验。

4.3.2.3 试验结果评定附加要求

（1）全焊缝金属拉伸试样的试验结果应当满足母材规定的抗拉强度（R_m）、下屈服强度（R_{eL}）或者规定塑性延伸强度（$R_{p0.2}$）；

（2）金相检验发现有裂纹、疏松、过烧和超标的异常组织之一者，即为不合格。

4.3.2.4 焊接工艺评定文件

（1）施焊单位应当按照产品焊接要求和焊接工艺评定标准编制用于评定的预焊接工艺规

程（pWPS），经过焊接工艺评定试验合格，形成焊接工艺评定报告（PQR），制订焊接工艺规程（WPS）后，方能进行焊接；

（2）焊接工艺评定完成后，焊接工艺评定报告和焊接工艺规程应当经过制造单位焊接责任工程师审核，技术负责人批准后存入技术档案，保存至该工艺评定失效为止，焊接工艺评定试样至少保存5年。

4.3.3 焊接作业

4.3.3.1 基本要求

（1）受压元件焊接作业应当在不受风、雨、雪等影响的场所进行，采用气体保护焊施焊时应当避免外界气流干扰，当环境温度低于0℃时应当有预热措施；

（2）焊件装配时不应当强力对正，焊件装配和定位焊的质量符合工艺文件的要求后，方能进行焊接。

4.3.3.2 氩弧焊打底

以下部位应当采用氩弧焊打底：
（1）立式锅壳锅炉下脚圈与锅壳的连接焊缝；
（2）有机热载体锅炉管子、管道的对接焊缝；
（3）油田注汽（水）锅炉管子的对接焊缝。

A级高压以上锅炉，锅筒和集箱、管道上管接头的组合焊缝，受热面管子的对接焊缝、管子和管件的对接焊缝，结构允许时应当采用氩弧焊打底。

4.3.3.3 受压元件对接

（1）锅筒（壳）纵（环）缝两边的钢板中心线一般应当对齐，锅筒（壳）环缝两侧的钢板不等厚时，也允许一侧的边缘对齐；

（2）名义壁厚不同的两元件或者钢板对接时，两侧中任何一侧的名义边缘厚度差值如果超过本规程4.3.3.4规定的边缘偏差值，则厚板的边缘应当削至与薄板边缘平齐，削出的斜面应当平滑，并且斜率不大于1:3，必要时，焊缝的宽度可以计算在斜面内，见图4-1。

4.3.3.4 焊缝边缘偏差

锅筒（壳）纵（环）向焊缝以及封头（管板）拼接焊缝或者两元件的组装焊缝的装配应当符合以下规定：

（1）纵缝或者封头（管板）拼接焊缝两边钢板的实际边缘偏差值不大于名义板厚（注4-1）的10%，并且不超过3 mm；当板厚大于100 mm时，不超过6 mm；

（2）环缝两边钢板的实际边缘偏差值（包括板厚差在内）不大于名义板厚的15%加1 mm，并且不超过6 mm；当板厚大于100 mm时，不超过10 mm。

注4-1：不同厚度的两元件或者钢板对接并且边缘已削薄的，按照钢板厚度相同对待，名义板厚指薄板厚度；不削薄的，名义板厚指厚板厚度。

4.3.3.5 圆度和棱角度

锅筒（壳）的任意同一横截面上最大内径与最小内径之差应当不大于名义内径的1%。

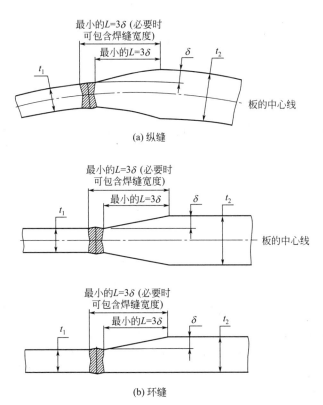

δ—名义边缘偏差；t_1—薄板厚度；t_2—厚板厚度；L—削薄的长度

图 4-1　不同厚度钢板（元件的对接）

锅筒（壳）纵向焊缝的棱角度应当不大于 4 mm。

4.3.3.6　焊缝返修

（1）如果受压元件的焊接接头经过检测发现存在超标缺陷，施焊单位应当找出原因，制订可行的返修方案，才能进行返修；

（2）补焊前，缺陷应当彻底清除；补焊后，补焊区应当做外观和无损检测检查；要求焊后热处理的焊缝，补焊后应当做焊后热处理；

（3）同一位置上的返修不宜超过 2 次，如果超过 2 次，应当经过单位技术负责人批准，返修的部位、次数、返修情况应当存入锅炉产品技术档案。

4.4　热处理

4.4.1　需要进行热处理的范围

（1）碳素钢受压元件，其名义壁厚大于 30 mm 的对接接头或者内燃锅炉的简体、管板的名义壁厚大于 20 mm 的 T 型接头，应当进行焊后热处理；

（2）合金钢受压元件焊后需要进行热处理的厚度界限按照相应标准规定执行；

（3）除焊后热处理以外，还应当考虑冷、热成形对变形区材料性能的影响以及该元件使用条件等因素进行热处理。

4.4.2　热处理设备

热处理设备应当配有自动记录热处理的时间与温度曲线的装置，测温装置应当能够准确反映工件的实际温度。

4.4.3　热处理前的工序要求

受压元件应当在焊接（包括非受压元件与其连接的焊接）工作全部结束并且经过检验合格后，方可进行焊后热处理。

4.4.4　热处理工艺

热处理前应当根据有关标准及图样要求编制热处理工艺。需要进行现场热处理的，应当提出具体现场热处理的工艺要求。

焊后热处理工艺至少符合以下要求：

（1）异种钢接头焊后需要进行消除应力热处理时，其温度应当不超过焊接接头两侧任一钢种的下临界点（A_{c1}）；

（2）焊后热处理宜采用整体热处理，如果采用分段热处理，则加热的各段至少有1500 mm的重叠部分，并且伸出炉外部分有绝热措施；

（3）局部热处理时，焊缝和焊缝两侧的加热带宽度应当各不小于焊接接头两侧母材厚度（取较大值）的3倍或者不小于200 mm。

4.4.5　热处理记录

焊后热处理过程中，应当详细记录热处理规范的各项参数。热处理后有关责任人员应当详细核对各项记录指标是否符合工艺要求。

4.4.6　热处理后的工序要求

本规程4.4.1要求进行热处理的受压元件，热处理后应当避免直接在其上面焊接元件。如果不能避免，在同时满足以下条件时，焊后可以不再进行热处理，否则应当再进行热处理：

（1）受压元件为碳素钢或者碳锰钢材料；

（2）角焊缝的计算厚度不大于10 mm；

（3）按照评定合格的焊接工艺施焊；

（4）角焊缝进行100％表面无损检测。

4.5　焊接检验及相关检验

锅炉受压元件及其焊接接头质量检验，包括外观检验、通球试验、化学成分分析、无损检测、力学性能检验、水压试验等。

4.5.1　受压元件焊接接头外观检验

受压元件焊接接头（包括非受压元件与受压元件焊接的接头）应当进行外观检验，并且至少满足以下要求：

（1）焊缝外形尺寸符合设计图样和工艺文件的规定；

（2）对接焊缝高度不低于母材表面，焊缝与母材平滑过渡，焊缝和热影响区表面无裂纹、夹渣、弧坑和气孔；

（3）锅筒（壳）、炉胆、集箱的纵（环）缝及封头（管板）的拼接焊缝无咬边，其余焊缝咬边深度不超过 0.5 mm，管子焊缝两侧咬边总长度不超过管子周长的 20%，并且不超过 40 mm。

4.5.2　受热面管子通球试验

对接焊接的受热面管子，应当按照相关标准进行通球试验。

4.5.3　化学成分分析

合金钢管、管件对接接头焊缝和母材应当进行化学成分光谱分析验证。

4.5.4　无损检测

4.5.4.1　无损检测基本方法

无损检测方法主要包括射线、超声、磁粉、渗透、涡流等检测方法。制造单位应当根据设计、工艺及其相关技术条件选择检测方法，并且制订相应的检测工艺。

当选用超声衍射时差法（TOFD）时，应当与脉冲回波法（PE）组合进行检测，检测结论以 TOFD 与 PE 方法的结果进行综合判定。

4.5.4.2　无损检测标准

锅炉受压元件无损检测方法应当符合 NB/T 47013《承压设备无损检测》的要求。

4.5.4.3　无损检测技术等级及焊接接头质量等级

（1）锅炉受压元件焊接接头的射线检测技术等级不低于 AB 级，焊接接头质量等级不低于 II 级；

（2）锅炉受压元件焊接接头的超声检测技术等级不低于 B 级，焊接接头质量等级不低于 I 级；

（3）锅炉受压元件焊接接头的衍射时差法超声检测技术等级不低于 B 级，焊接接头质量等级不低于 II 级；

（4）表面检测的焊接接头质量等级不低于 I 级。

4.5.4.4　无损检测时机

焊接接头的无损检测应当在形状尺寸和外观质量检查合格后进行，并且遵循以下原则：

（1）有延迟裂纹倾向材料的焊接接头应当在焊接完成 24h 后进行无损检测；

（2）有再热裂纹倾向材料的焊接接头，应当在最终热处理后进行表面无损检测复验；

（3）封头（管板）、波形炉胆、下脚圈的拼接接头的无损检测应当在成型后进行；如果成型前进行无损检测，则应当于成型后在小圆弧过渡区域再次进行无损检测。

4.5.4.5　无损检测选用方法和比例

（1）蒸汽、热水锅炉受压元件焊接接头的无损检测方法及比例应当符合表 4-1 的要求；

表 4-1 蒸汽、热水锅炉无损检测方法及比例

检测部位	锅炉设备分类					
	A 级	B 级	C 级		D 级	
	汽、水		汽	水	汽	水
锅筒(壳)、启动(汽水)分离器及储水箱的纵向和环向对接接头,封头(管板)、下脚圈的拼接接头以及集箱的纵向对接接头	100%射线或者超声检测 (注 4-2)		20% 射线检测	10% 射线检测	10% 射线检测	—
炉胆的纵向和环向对接接头(包括波形炉胆)、回燃室的对接接头及炉胆顶的拼接接头	—	20% 射线检测	10% 射线检测		—	
锅壳锅炉,其管板与锅壳的 T 型接头,贯流式锅炉集箱筒体 T 型接头	—	100% 超声检测	10% 超声检测			
内燃锅壳锅炉,其管板与炉胆、回燃室的 T 型接头	—	50% 超声检测	10% 超声检测			
集中下降管角接接头	100%超声检测	—				
外径大于 159 mm 或者壁厚大于或者等于 20 mm 的集箱、管道和其他管件的环向对接接头	100%射线或者超声检测 (注 4-2)					
其他集箱、管道、管子环向对接接头(受热面管子接触焊除外)	(1) $p \geqslant 9.8$ MPa,100%射线或者超声检测(安装工地:接头数的 50%); (2) $p < 9.8$ MPa,50%射线或者超声检测(安装工地,接头数的 25%)		10%射线检测 (热水锅炉管道除外) (注 4-3)	—		
锅筒、集箱上管接头的角接接头	外径大于 108 mm 的全焊透结构的角接接头,100%超声检测;其他管接头的角接接头应当按照不少于接头数的 20%进行表面无损检测	—				

注 4-2:壁厚小于 20 mm 的焊接接头应当采用射线检测方法;壁厚大于或者等于 20 mm 时,可以采用超声检测方法。超声检测宜采用可记录的超声检测仪,否则应当附加 20%局部射线检测。

注 4-3:水温低于 100 ℃的省煤器受热面管可以不进行无损检测。

注 4-4:水温低于 100 ℃的给水管道可以不进行无损检测。

（2）有机热载体锅炉承压本体及承压部件无损检测比例及方法应当符合表 4-2 的要求；

表 4-2 有机热载体锅炉无损检测方法及比例

接头部位	无损检测方法及比例	
	气相	液相
锅筒、闪蒸罐的纵（环）缝和封头的拼接对接接头	100％射线检测	50％射线检测
锅壳锅炉，其管板、炉胆、回燃室与锅壳的 T 型接头	100％超声检测	50％超声检测
承压集箱、冷凝液罐、膨胀罐和储罐的对接接头	20％射线检测	
外径大于或者等于 159 mm 管子、管道的对接接头	接头数的 20％射线检测	
外径小于 159 mm 管子、管道的对接接头	接头数的 10％射线检测	

（3）蒸汽锅炉、B 级以上（含 B 级）热水锅炉和承压有机热载体锅炉的管子或者管道与无直段弯头的焊接接头，应当进行 100％射线或者超声检测。

4.5.4.6 局部无损检测

锅炉受压元件局部无损检测部位由制造单位确定，但是应当包括纵缝与环缝的相交对接接头部位。

经局部无损检测的焊接接头，如果在检测部位任意一端发现缺陷有延伸可能，应当在缺陷的延长方向进行补充检测。当发现超标缺陷时，应当在该缺陷两端的延伸部位各进行不少于 200 mm 的补充检测，如仍然不合格，则应当对该条焊接接头进行全部检测。对不合格的管子对接接头，应当对该焊工当日焊接的管子对接接头进行抽查数量双倍数目的补充检测，如果仍然不合格，应当对该焊工当日全部接管焊接接头进行检测。

进行局部无损检测的锅炉受压元件，制造单位也应当对未检测部分的质量负责。

4.5.4.7 组合无损检测方法合格判定

锅炉受压元件如果采用多种无损检测方法进行检测，则应当按照各自验收标准进行评定，均合格后，方可认为无损检测合格。

4.5.4.8 无损检测报告的管理

制造单位应当妥善保管无损检测的工艺卡、原始记录、报告、检测部位图、射线底片、光盘或者电子文档等资料（含缺陷返修记录），其保存期限不少于 7 年。

4.5.5 力学性能检验

4.5.5.1 焊制产品焊接试件的基本要求

为检验产品焊接接头的力学性能，应当焊制产品焊接试件。焊接质量稳定的制造单位，经过技术负责人批准，可以免做焊接试件。但是属于下列情况之一的，应当制作纵缝焊接试件：
（1）制造单位按照新焊接工艺规程制造的前 5 台锅炉；
（2）用合金钢（碳锰钢除外）制作并且工艺要求进行热处理的锅筒或者集箱类部件；
（3）设计要求制作焊接试件。

4.5.5.2 焊接试件制作

（1）每个锅筒（壳）、集箱类部件纵缝应当制作一块焊接试件，纵缝焊接试件应当作为产品纵缝的延长部分焊接；

（2）产品焊接试件应当由焊接该产品的焊工焊接，试件材料、焊接材料和工艺条件等应当与所代表的产品相同，试件焊成后应当打上焊工和检验员代号钢印；

（3）需要热处理的，试件应当与所代表的产品同炉热处理；

（4）焊接试件的数量、尺寸应当满足检验和复验所需要试样的制备。

4.5.5.3 试样制取和性能检验

（1）焊接试件经过外观和无损检测检查后，在合格部位制取试样；

（2）焊接试件上制取试样的力学性能检验类别、试样数量、取样和加工要求、试验方法、合格指标及复验应当符合 NB/T 47016《承压设备产品焊接试件的力学性能检验》，同时锅筒、集箱类部件纵缝还应当按照本规程 4.3.2.2、4.3.2.3 的有关规定进行全焊缝拉伸试验和冲击试验。

4.5.6 水压试验

4.5.6.1 基本要求

（1）锅炉受压元件应当在无损检测和热处理后进行水压试验；

（2）水压试验场地应当有可靠的安全防护设施；

（3）水压试验应当在环境温度高于或者等于 5 ℃ 时进行，低于 5 ℃ 时应当有防冻措施；

（4）水压试验所用的水应当是洁净水，水温应当保持高于周围露点温度以防止表面结露，但也不宜温度过高以防止引起汽化和过大的温差应力；

（5）合金钢受压元件的水压试验水温应当高于所用钢种的脆性转变温度，一般为 20 ℃～70 ℃；

（6）奥氏体受压元件水压试验时，应当控制水中的氯离子含量不超过 25 mg/L，如不能满足要求，水压试验后应当立即将水渍去除干净。

4.5.6.2 水压试验压力和保压时间

水压试验时，受压元件的薄膜应力应当不超过元件材料在试验温度下屈服点的 90%。水压试验压力及保压时间应当符合本条要求。

4.5.6.2.1 整体水压试验

整体水压试验保压时间为 20 min，试验压力按照表 4-3 的规定执行。

表 4-3 水压试验压力

名　称	锅筒（壳）工作压力（MPa）	试验压力（MPa）
锅炉本体	<0.8	1.5 倍锅筒（壳）工作压力，但不小于 0.2
锅炉本体	0.8～1.6	锅筒（壳）工作压力加 0.4
锅炉本体	>1.6	1.25 倍锅筒（壳）工作压力
直流锅炉本体	任何压力	介质出口工作压力的 1.25 倍，并且不小于省煤器进口工作压力的 1.1 倍
再热器	任何压力	1.5 倍再热器的工作压力
铸铁省煤器	任何压力	1.5 倍省煤器的工作压力

注 4-5：表 4-3 中的锅炉本体的水压试验，不包括本表中的再热器和铸铁省煤器。

4.5.6.2.2 零部件水压试验

（1）以部件型式出厂的锅筒、启动（汽水）分离器及储水箱，为其工作压力的 1.25 倍，并且不低于其所对应的锅炉本体水压试验压力，保压时间至少为 20 min；

（2）散件出厂锅炉的集箱类部件，为其工作压力的 1.5 倍，保压时间至少为 5 min；

（3）对接焊接的受热面管子及其他受压管件，为其工作压力的 1.5 倍，保压时间至少为 10s～20s；

（4）受热面管与集箱焊接的部件为其工作压力的 1.5 倍，保压时间至少为 5 min。

注 4-6：敞口集箱（含带有三通的集箱）、无成排受热面管接头以及内孔焊封底的成排管接头的集箱、启动（汽水）分离器及储水箱、管道、减温器、分配集箱等部件，其所有焊缝经过 100% 无损检测合格，以及对接焊接的受热面管及其他受压管件经过氩弧焊打底并且 100% 无损检测合格，能够确保焊接质量，在制造单位内可以不单独进行水压试验。

4.5.6.3 水压试验过程控制

进行水压试验时，水压应当缓慢地升降。当水压上升到工作压力时，应当暂停升压，检查有无漏水或者异常现象，然后再升压到试验压力，达到保压时间后，降到工作压力进行检查。检查期间压力应当保持不变。

4.5.6.4 水压试验合格要求

（1）在受压元件金属壁和焊缝上没有水珠和水雾；

（2）当降到工作压力后胀口处不滴水珠；

（3）铸铁锅炉、铸铝锅炉锅片的密封处在降到额定工作压力后不滴水珠；

（4）水压试验后，没有发现明显残余变形。

4.6 出厂资料、金属铭牌和标记

4.6.1 出厂资料

产品出厂时，锅炉制造单位应当提供与安全有关的技术资料。资料至少包括以下内容：

（1）锅炉图样（包括总图、安装图和主要受压元件图）；

（2）受压元件的强度计算书或者计算结果汇总表；

（3）安全阀排放量的计算书或者计算结果汇总表；

（4）热力计算书或者热力计算结果汇总表；

（5）烟风阻力计算书或者计算结果汇总表；

（6）锅炉质量证明书，包括产品合格证（含锅炉产品数据表，见附件 B 及附表 b）、金属材料质量证明、焊接质量证明和水（耐）压试验证明等；

（7）锅炉安装说明书和使用说明书；

（8）受压元件与设计文件不符的变更资料；

（9）热水锅炉的水流程图及水动力计算书或者计算结果汇总表（自然循环的锅壳式锅炉除外）；

（10）有机热载体锅炉的介质流程图和液膜温度计算书或者计算结果汇总表。

产品合格证上应当有检验责任工程师、质量保证工程师签章和产品质量检验专用章（或

单位公章）。

4.6.2 A级锅炉出厂资料

对于A级锅炉，除满足本规程4.6.1有关要求外，还应当提供以下技术资料：

（1）过热器、再热器壁温计算书或者计算结果汇总表；

（2）热膨胀系统图；

（3）高压以上锅炉水循环（含汽水阻力）计算书或者计算结果汇总表；

（4）高压以上锅炉汽水系统图；

（5）高压以上锅炉各项安全保护装置整定值。

电站锅炉机组整套启动验收前，锅炉制造单位应当提供完整的锅炉出厂技术资料。

4.6.3 产品铭牌

锅炉产品应当在明显的位置装设金属铭牌，铭牌上至少载明以下项目：

（1）制造单位名称；

（2）锅炉型号；

（3）设备代码（见附件C）；

（4）产品编号；

（5）额定蒸发量（t/h）或者额定热功率（MW）；

（6）额定工作压力（MPa）；

（7）额定蒸汽温度（℃）或者额定出口、进口水（油）温度（℃）；

（8）再热蒸汽进口、出口温度（℃）及进口、出口压力（MPa）；

（9）锅炉制造许可证级别和编号；

（10）制造日期（年、月）。

铭牌上应当留有打制造监督检验标志的位置。

4.6.4 受压元件出厂标记

散件出厂的锅炉，应当在主要受压元件的封头、端盖或者筒体适当位置上标注产品标记。

5 安全附件和仪表

5.1 安全阀

5.1.1 基本要求

安全阀的产品型式试验等要求应当符合《安全阀安全技术监察规程》的规定。

5.1.2 设置

5.1.2.1 一般要求

每台锅炉至少应当装设两个安全阀（包括锅筒和过热器安全阀）。符合下列规定之一的，可以只装设一个安全阀：

（1）额定蒸发量小于或者等于 0.5 t/h 的蒸汽锅炉；

（2）额定蒸发量小于 4 t/h 并且装设有可靠的超压联锁保护装置的蒸汽锅炉；

（3）额定热功率小于或者等于 2.8 MW 的热水锅炉。

5.1.2.2 其他要求

除满足本规程 5.1.2.1 的要求外，以下位置也应当装设安全阀：

（1）再热器出口处，以及直流锅炉的外置式启动（汽水）分离器；

（2）直流蒸汽锅炉过热蒸汽系统中两级间的连接管道截止阀前；

（3）多压力等级余热锅炉，每一压力等级的锅筒和过热器。

5.1.3 安全阀选用

（1）蒸汽锅炉的安全阀应当采用全启式弹簧安全阀、杠杆式安全阀或者控制式安全阀（脉冲式、气动式、液动式和电磁式等），选用的安全阀应当符合《安全阀安全技术监察规程》及相关技术标准的规定；

（2）额定工作压力为 0.1 MPa 的蒸汽锅炉，可以采用静重式安全阀或者水封式安全装置，热水锅炉上装设有水封安全装置的，可以不装设安全阀；水封式安全装置的水封管内径应当根据锅炉的额定蒸发量（额定热功率）和额定工作压力确定，并且不小于 25 mm；水封管应当有防冻措施，并且不得装设阀门。

5.1.4 蒸汽锅炉安全阀的总排放量

蒸汽锅炉锅筒（壳）上的安全阀和过热器上的安全阀的总排放量，应当大于额定蒸发量，对于电站锅炉应当大于锅炉最大连续蒸发量，并且在锅筒（壳）和过热器上所有的安全阀开启后，锅筒（壳）内的蒸汽压力应当不超过设计时计算压力的 1.1 倍。再热器安全阀的排放总量应当大于锅炉再热器最大设计蒸汽流量。

5.1.5 锅筒以外安全阀的排放量

过热器和再热器出口处安全阀的排放量应当保证过热器和再热器有足够的冷却。直流蒸汽锅炉外置式启动（汽水）分离器的安全阀排放量应当大于直流蒸汽锅炉启动时的产汽量。

5.1.6 蒸汽锅炉安全阀排放量的确定

蒸汽锅炉安全阀流道直径应当大于或者等于 20 mm。排放量应当按照下列方法之一进行计算：

（1）按照安全阀制造单位提供的额定排放量；

（2）按照公式(5-1)进行计算：

$$E = 0.235 A (10.2p + 1) K \tag{5-1}$$

式中：

E——安全阀的理论排放量，kg/h；

p——安全阀进口处的蒸汽压力（表压），MPa；

A——安全阀的流道面积，可用 $\dfrac{\pi d^2}{4}$ 计算，mm²；

d——安全阀的流道直径，mm。

K——安全阀进口处蒸汽比容修正系数，按照公式（5-2）计算。

$$K = K_p \cdot K_g \tag{5-2}$$

式中：

K_p——压力修正系数；

K_g——过热修正系数。

K、K_p、K_g 按照表 5-1 选用和计算。

表 5-1　安全阀进口处各修正系数

p（MPa）		K_p	K_g	$K = K_p \cdot K_g$
$p \leqslant 12$	饱和	1	1	1
	过热	1	$\sqrt{\dfrac{V_b}{V_g}}$	$\sqrt{\dfrac{V_b}{V_g}}$
$p > 12$	饱和	$\sqrt{\dfrac{2.1}{(10.2p+1)V_b}}$	1	$\sqrt{\dfrac{2.1}{(10.2p+1)V_b}}$
	过热		$\sqrt{\dfrac{V_b}{V_g}}$	$\sqrt{\dfrac{2.1}{(10.2p+1)V_g}}$

注 5-1：$\sqrt{\dfrac{V_b}{V_g}}$ 也可以用 $\sqrt{\dfrac{1000}{(1000+2.7\,T_g)}}$ 代替。

式中：

V_g——过热蒸汽比容，$\mathrm{m^3/kg}$；

V_b——饱和蒸汽比容，$\mathrm{m^3/kg}$；

T_g——过热度，℃。

（3）按照 GB/T 12241《安全阀一般要求》或者 NB/T 47063《电站安全阀》中的公式进行计算。

5.1.7　热水锅炉安全阀的泄放能力

热水锅炉安全阀的泄放能力应当满足所有安全阀开启后锅炉内的压力不超过设计压力的 1.1 倍。安全阀流道直径按照以下原则选取：

（1）额定出口水温小于 100 ℃ 的锅炉，可以按照表 5-2 选取；

表 5-2　小于 100 ℃ 的锅炉安全阀流道直径选取表

锅炉额定热功率（MW）	$Q \leqslant 1.4$	$1.4 < Q \leqslant 7.0$	$Q > 7.0$
安全阀流道直径（mm）	$\geqslant 20$	$\geqslant 32$	$\geqslant 50$

（2）额定出口水温大于或者等于 100 ℃ 的锅炉，其安全阀的数量和流道直径应当按照公式（5-3）计算。

$$ndh = \frac{35.3\,Q}{C(p+0.1)(i-i_j)} \times 10^6 \tag{5-3}$$

式中：

n——安全阀数量，个；

d——安全阀流道直径，mm；

h——安全阀阀芯开启高度，mm；

Q——锅炉额定热功率，MW；

C——排放系数，按照安全阀制造单位提供的数据，或者按照以下数值选取：当 $h \leqslant \dfrac{d}{20}$ 时，$C=135$；当 $h \geqslant \dfrac{d}{4}$ 时，$C=70$；

p——安全阀的开启压力，MPa；

i——锅炉额定出水压力下饱和蒸汽焓，kJ/kg；

i_{j}——锅炉进水的焓，kJ/kg。

5.1.8　安全阀整定压力

安全阀整定压力确定原则如下：

（1）蒸汽锅炉安全阀整定压力按照表 5-3 的规定进行调整和校验，锅炉上有一个安全阀按照表中较低的整定压力进行调整；对有过热器的锅炉，过热器上的安全阀按照较低的整定压力调整，以保证过热器上的安全阀先开启；

表 5-3　蒸汽锅炉安全阀整定压力

额定工作压力（MPa）	安全阀整定压力	
	最低值	最高值
$p \leqslant 0.8$	工作压力加 0.03 MPa	工作压力加 0.05 MPa
$0.8 < p \leqslant 5.3$	1.04 倍工作压力	1.06 倍工作压力
$p > 5.3$	1.05 倍工作压力	1.08 倍工作压力

注 5-2：表中的工作压力，是指安全阀装设地点的工作压力，对于控制式安全阀是指控制源接出地点的工作压力。

（2）再热器安全阀最高整定压力应当不高于其计算压力；

（3）直流蒸汽锅炉各部位安全阀最高整定压力，由锅炉制造单位在设计计算的安全裕量范围内确定；

（4）热水锅炉上的安全阀按照表 5-4 规定的压力进行整定或者校验。

表 5-4　热水锅炉安全阀的整定压力

最低值	最高值
1.10 倍工作压力但是不小于工作压力 加 0.07 MPa	1.12 倍工作压力但是不小于工作压力 加 0.10 MPa

5.1.9　安全阀启闭压差

一般为整定压力的 4%～7%，最大不超过 10%。当整定压力小于 0.3 MPa 时，最大启闭压差为 0.03 MPa。

5.1.10 安全阀安装

（1）安全阀应当铅直安装，并且安装在锅筒（壳）、集箱的最高位置，在安全阀和锅筒（壳）之间或者安全阀和集箱之间，不应当装设阀门和取用介质的管路；

（2）几个安全阀如果共同装在一个与锅筒（壳）直接相连的短管上，短管的流通截面积应当不小于所有安全阀的流通截面积之和；

（3）采用螺纹连接的弹簧安全阀时，应当符合 GB/T 12241《安全阀一般要求》的要求；安全阀应当与带有螺纹的短管相连接，而短管与锅筒（壳）或者集箱筒体的连接应当采用焊接结构。

5.1.11 安全阀上的装置

5.1.11.1 基本要求

（1）静重式安全阀应当有防止重片飞脱的装置；

（2）弹簧式安全阀应当有提升手把和防止随便拧动调整螺钉的装置；

（3）杠杆式安全阀应当有防止重锤自行移动的装置和限制杠杆越出的导架。

5.1.11.2 控制式安全阀

控制式安全阀应当有可靠的动力源和电源，并且符合以下要求：

（1）脉冲式安全阀的冲量接入导管上的阀门保持全开并且加铅封；

（2）用压缩空气控制的安全阀有可靠的气源和电源；

（3）液压控制式安全阀有可靠的液压传送系统和电源；

（4）电磁控制式安全阀有可靠的电源。

5.1.12 蒸汽锅炉安全阀排汽管

（1）排汽管应当直通安全地点，并且有足够的流通截面积，保证排汽畅通，同时排汽管应当固定，不应当有任何来自排汽管的外力施加到安全阀上；

（2）安全阀排汽管底部应当装有接到安全地点的疏水管，在疏水管上不应当装设阀门；

（3）两个独立的安全阀的排汽管不应当相连；

（4）安全阀排汽管上如果装有消音器，其结构应当有足够的流通截面积和可靠的疏水装置；

（5）露天布置的排汽管如果加装防护罩，防护罩的安装不应当妨碍安全阀的正常动作和维修。

5.1.13 热水锅炉安全阀排水管

热水锅炉的安全阀应当装设排水管，排水管应当直通安全地点，并且有足够的排放流通面积，保证排放畅通。在排水管上不应当装设阀门，并且应当有防冻措施。

5.1.14 安全阀校验

（1）在用锅炉的安全阀每年至少校验 1 次，校验一般在锅炉运行状态下进行；

（2）如果现场校验有困难或者对安全阀进行修理后，可以在安全阀校验台上进行，校验后的安全阀在搬运或者安装过程中，不能摔、砸、碰撞；

（3）新安装的锅炉或者安全阀检修、更换后，应当校验其整定压力和密封性；

（4）安全阀经过校验后，应当加锁或者铅封；

（5）控制式安全阀应当分别进行控制回路可靠性试验和开启性能检验；

（6）安全阀整定压力、密封性等检验结果应当记入锅炉安全技术档案。

5.1.15 锅炉运行中安全阀使用

（1）锅炉运行中安全阀应当定期进行排放试验，电站锅炉安全阀每年进行一次，对控制式安全阀，使用单位应当定期对控制系统进行试验；

（2）锅炉运行中安全阀不允许解列，不允许提高安全阀的整定压力或者使安全阀失效。

5.2 压力测量装置

5.2.1 设置

锅炉的以下部位应当装设压力表：

（1）蒸汽锅炉锅筒（壳）的蒸汽空间；

（2）给水调节阀前；

（3）省煤器出口；

（4）过热器出口和主汽阀之间；

（5）再热器出口、进口；

（6）直流蒸汽锅炉的启动（汽水）分离器或其出口管道上；

（7）直流蒸汽锅炉省煤器进口、储水箱和循环泵出口；

（8）直流蒸汽锅炉蒸发受热面出口截止阀前（如果装有截止阀）；

（9）热水锅炉的锅筒（壳）上；

（10）热水锅炉的进水阀出口和出水阀进口；

（11）热水锅炉循环水泵的出口、进口；

（12）燃油锅炉、燃煤锅炉的点火油系统的油泵进口（回油）及出口；

（13）燃气锅炉、燃煤锅炉的点火气系统的气源进口及燃气阀组稳压阀（调压阀）后。

5.2.2 压力表选用

（1）压力表应当符合相关技术标准的要求；

（2）A级锅炉压力表精确度应当不低于1.6级，其他锅炉压力表精确度应当不低于2.5级；

（3）压力表的量程应当根据工作压力选用，一般为工作压力的1.5倍～3.0倍，最好选用2倍；

（4）压力表表盘大小应当保证锅炉作业人员能够清楚地看到压力指示值。

5.2.3 压力表校验

压力表应当定期进行校验，刻度盘上应当划出指示工作压力的红线，并且注明下次校验日期。压力表校验后应当加铅封。

5.2.4　压力表安装

压力表安装应当符合以下要求：

（1）装设在便于观察和吹洗的位置，并且防止受到高温、冰冻和震动的影响；

（2）锅炉蒸汽空间设置的压力表应当有存水弯管或者其他冷却蒸汽的措施，热水锅炉用的压力表也应当有缓冲弯管，弯管内径不小于 10 mm；

（3）压力表与弯管之间装设三通阀门，以便吹洗管路、卸换、校验压力表。

5.2.5　压力表停止使用情况

压力表有下列情况之一时，应当停止使用：

（1）有限止钉的压力表在无压力时，指针转动后不能回到限止钉处；没有限止钉的压力表在无压力时，指针离零位的数值超过压力表规定的允许误差；

（2）表面玻璃破碎或者表盘刻度模糊不清；

（3）封印损坏或者超过校验期；

（4）表内泄漏或者指针跳动；

（5）其他影响压力表准确指示的缺陷。

5.3　水位测量与示控装置

5.3.1　设置

5.3.1.1　基本要求

每台蒸汽锅炉锅筒（壳）应当装设至少 2 个彼此独立的直读式水位表，符合下列条件之一的锅炉可以只装设 1 个直读式水位表：

（1）额定蒸发量小于或者等于 0.5 t/h 的锅炉；

（2）额定蒸发量小于或者等于 2 t/h，并且装有一套可靠的水位示控装置的锅炉；

（3）装设两套各自独立的远程水位测量装置的锅炉；

（4）电加热锅炉；

（5）有可靠壁温联锁保护装置的贯流式工业锅炉。

5.3.1.2　特殊要求

（1）多压力等级余热锅炉每个压力等级的锅筒应当装设两个彼此独立的直读式水位表；

（2）直流蒸汽锅炉启动系统中储水箱和启动（汽水）分离器应当装设远程水位测量装置。

5.3.2　水位表的结构、装置

（1）水位表应当有指示最高、最低安全水位和正常水位的明显标志，水位表的下部可见边缘应当比最高火界至少高 50 mm，并且比最低安全水位至少低 25 mm，水位表的上部可见边缘应当比最高安全水位至少高 25 mm；

（2）玻璃管式水位表应当有防护装置，并且不妨碍观察真实水位，玻璃管的内径应当不小于 8 mm；

（3）锅炉运行中能够吹洗和更换玻璃板（管）、云母片；

（4）用2个以上（含2个）玻璃板或者云母片组成的一组水位表，能够连续指示水位；

（5）水位表或者水表柱和锅筒（壳）之间阀门的流道直径应当不小于8mm，汽水连接管内径应当不小于18mm，连接管长度大于500mm或者有弯曲时，内径应当适当放大，以保证水位表灵敏准确；

（6）连接管应当尽可能短，如果连接管不是水平布置时，汽连管中的凝结水能够流向水位表，水连管中的水能够自行流向锅筒（壳）；

（7）水位表应当有放水阀门和接到安全地点的放水管；

（8）水位表或者水表柱和锅筒（壳）之间的汽水连接管上应当装设阀门，锅炉运行时，阀门应当处于全开位置；对于额定蒸发量小于0.5t/h的锅炉，水位表与锅筒（壳）之间的汽水连管上可以不装设阀门。

5.3.3　安装

（1）水位表应当安装在便于观察的地方，水位表距离操作地面高于6000mm时，应当加装远程水位测量装置或者水位视频监视系统；

（2）用远程水位测量装置监视锅炉水位时，信号应当各自独立取出；在锅炉控制室内至少两个可靠的远程水位测量装置，同时运行中应当保证有一个直读式水位表正常工作；

（3）亚临界锅炉水位表安装调试时，应当对由于水位表与锅筒内液体密度差引起的测量误差进行修正。

5.4　温度测量装置

5.4.1　设置

在锅炉相应部位应当装设温度测点，测量以下温度：

（1）蒸汽锅炉的给水温度（常温给水除外）；

（2）铸铁省煤器和电站锅炉省煤器出口水温；

（3）热水锅炉进口、出口水温；

（4）再热器进口、出口汽温；

（5）过热器出口和多级过热器的每级出口的汽温；

（6）减温器前、后汽温；

（7）空气预热器进口、出口空气温度；

（8）空气预热器进口烟温；

（9）排烟温度；

（10）有再热器的锅炉炉膛的出口烟温；

（11）A级高压以上的蒸汽锅炉的锅筒上、下壁温（控制循环锅炉除外），过热器、再热器的蛇形管的金属壁温；

（12）直流蒸汽锅炉上下炉膛水冷壁出口金属壁温，启动系统储水箱壁温。

在蒸汽锅炉过热器出口、再热器出口和额定热功率大于或者等于7MW的热水锅炉出口，应当装设可记录式温度测量仪表。

5.4.2　温度测量仪表量程

表盘式温度测量仪表的温度测量量程应当根据工作温度选用，一般为工作温度的

1.5 倍～2 倍。

5.5 排污和放水装置

排污和放水装置的装设应当符合以下要求：

（1）蒸汽锅炉锅筒（壳）、立式锅炉的下脚圈和水循环系统的最低处都需要装设排污阀；B 级及以下锅炉采用快开式排污阀门；排污阀的公称通径为 20 mm～65 mm；卧式锅壳锅炉锅壳上的排污阀的公称通径不小于 40 mm；

（2）额定蒸发量大于 1 t/h 的蒸汽锅炉和 B 级热水锅炉（工业用直流和贯流式锅炉除外），排污管上装设两个串联的阀门，其中至少有一个是排污阀，并且安装在靠近排污管线出口一侧；

（3）过热器系统、再热器系统、省煤器系统的最低集箱（或者管道）处装设放水阀；

（4）有过热器的蒸汽锅炉锅筒装设连续排污装置；

（5）每台锅炉装设独立的排污管，排污管尽量减少弯头，保证排污畅通并且接到安全地点或者排污膨胀箱（扩容器）；

（6）多台锅炉合用 1 根排放总管时，需要避免 2 台以上的锅炉同时排污；

（7）锅炉的排污阀、排污管不宜采用螺纹连接。

5.6 安全保护装置

5.6.1 基本要求

（1）蒸汽锅炉应当装设高、低水位报警和低水位联锁保护装置，保护装置最迟应当在最低安全水位时动作，无锅筒（壳）并且有可靠壁温联锁保护装置的工业锅炉除外；

（2）额定蒸发量大于或者等于 2 t/h 的锅炉，应当装设蒸汽超压报警和联锁保护装置，超压联锁保护装置动作整定值应当低于安全阀较低整定压力值；

（3）锅炉的过热器和再热器，应当根据机组运行方式、自控条件和过热器、再热器设计结构，采取相应的保护措施，防止金属壁超温；再热蒸汽系统应当设置事故喷水装置，并且能自动投入使用；

（4）安置在多层或者高层建筑物内的锅炉，蒸汽锅炉应当配备超压联锁保护装置，热水锅炉应当配备超温联锁保护装置。

5.6.2 控制循环蒸汽锅炉

控制循环蒸汽锅炉应当装设以下保护和联锁装置：

（1）锅水循环泵进出口差压保护；

（2）循环泵电动机内部水温超温保护；

（3）锅水循环泵出口阀与泵的联锁装置。

5.6.3 A 级直流锅炉

A 级直流锅炉应当装设以下保护装置：

（1）在任何情况下，当给水流量低于启动流量时的报警装置；

（2）锅炉进入纯直流状态运行后，工质流程中间点温度超过规定值时的报警装置；

（3）给水的断水时间超过规定时间时，自动切断锅炉燃料供应的装置；

（4）亚临界及以上直流锅炉上下炉膛水冷壁金属温度超过规定值的报警装置；

（5）设置有启动循环的直流锅炉，循环泵电动机内部水温超温的保护装置。

5.6.4 循环流化床锅炉

循环流化床锅炉应当装设风量与燃料联锁保护装置，当流化风量低于最小流化风量时，能够切断燃料供给。

5.6.5 室燃锅炉

室燃锅炉应当装设具有以下功能的联锁装置：

（1）全部引风机跳闸时，自动切断全部送风和燃料供应；

（2）全部送风机跳闸时，自动切断全部燃料供应；

（3）直吹式制粉系统一次风机全部跳闸时，自动切断全部燃料供应；

（4）燃油及其雾化工质的压力、燃气压力低于规定值时，自动切断燃油或者燃气供应。

A级高压以上锅炉，除符合（1）～（4）要求外，还应当有炉膛高低压力联锁保护装置。

5.6.6 点火程序控制与熄火保护

室燃锅炉应当装设点火程序控制装置和熄火保护装置，并且符合以下要求：

（1）在点火程序控制中，点火前的总通风量应当不小于3倍的从炉膛到烟囱进口烟道总容积；0.5 t/h（350 kW）以下的液体燃料锅炉通风时间至少持续10 s，锅壳锅炉、贯流锅炉和非发电用直流锅炉的通风时间至少持续20 s，水管锅炉的通风时间至少持续60 s，电站锅炉的通风时间一般应当持续3 min以上；由于结构原因不易做到充分吹扫时，应当适当延长通风时间；

（2）单位时间通风量一般保持额定负荷下的燃烧空气量，对额定功率较大的燃烧器，可以适当降低但不能低于额定负荷下燃烧空气量的50％；电站锅炉一般保持额定负荷下25％～40％的燃烧空气量；

（3）熄火保护装置动作时，应当保证自动切断燃料供给，并进行充分后吹扫。

5.6.7 其他要求

（1）由于事故引起主燃料系统跳闸，灭火后未能及时进行炉膛吹扫的应当尽快实施补充吹扫，不应当向已经熄火停炉的锅炉炉膛内供应燃料；

（2）锅炉运行中联锁保护装置不应当随意退出运行，联锁保护装置的备用电源或者气源应当可靠，不应当随意退出备用，并且定期进行备用电源或者气源自投试验。

5.7 电加热锅炉的其他要求

按照压力容器相应标准设计制造的电加热锅炉的安全附件应当符合本规程的设置规定及其要求。

电加热锅炉的电气元件应当有足够的耐压强度。

6 燃烧设备、辅助设备及系统

6.1 基本要求

锅炉的燃烧设备、辅助设备及系统的配置应当和锅炉的型号规格相匹配，满足锅炉安全可靠、经济运行、方便检修的要求，并且具有良好的环保特性。新建锅炉大气污染物初始排放浓度不能满足环境保护标准和要求的，应当配套环保设施。

6.2 燃烧设备及系统

（1）锅炉的燃烧系统应当根据锅炉设计燃料选择适当的锅炉燃烧方式、炉膛型式、燃烧设备和燃料制备系统；

（2）应当在燃料母管上靠近燃烧器部位安装一个手动快速切断阀；

（3）燃气锅炉炉前燃气主管路上，应当设置放散阀，其排空管出口必须直接通向室外；

（4）醇基燃料燃烧器的管道上应当安装排空阀，确保管路运行过程中无空气；

（5）煤粉锅炉应当采用性能可靠、节能高效的点火装置，点火装置应当具有与煤种相适应的点火能量；点火装置应当设有火焰监测装置，能够验证火焰是否存在，并且点火火焰不能影响主火焰的检测；

（6）具有多个燃烧器的锅炉，炉膛火焰监测装置的设置，应当能够准确监控炉膛燃烧状况；

（7）循环流化床锅炉的炉前进料口处应当有严格密封措施，循环流化床锅炉启动时宜选用适当的床料；

（8）以生物质为燃料的锅炉，应当防止排渣口处灰渣堆积和受热面高温腐蚀；燃料仓与燃烧室之间的给料装置应当与锅炉风机联锁；额定蒸发量大于 4 t/h 或者额定热功率大于2.8 MW 的锅炉应当设置炉膛负压报警装置，燃烧室上部应当设置具有联锁功能的放散装置。

6.3 制粉系统

（1）煤粉管道中风粉混合物的实际流速，在锅炉任何负荷下均不低于煤粉在管道中沉积的最小流速；必要时在燃烧器区域和磨煤机出口处增加温度测点，加强监控，避免因风速和煤种变化造成煤粉管道内的着火；

（2）制粉系统同一台磨煤机出口各煤粉管道间应当具有良好的风粉分配特性，各燃烧器（或者送粉管）之间的燃料量偏差不宜过大；

（3）发电煤粉锅炉制粉系统应当执行相关标准中防止制粉系统爆炸的有关规定，工业煤粉锅炉制粉系统参照发电锅炉相关要求执行；

（4）锅炉煤粉管道的弯头处应当采取合适的防磨措施。

6.4 汽水管道装置

（1）锅炉的给水系统应当保证对锅炉可靠供水，给水系统的布置、给水设备的容量和台数按照设计规范确定。配备壁温联锁保护装置的贯流式和非发电直流锅炉可以不设置备用给水系统；

（2）额定蒸发量大于 4 t/h 的蒸汽锅炉应当装设自动给水调节装置，并且在锅炉作业人员便于操作的地点装设手动控制给水的装置；

（3）工作压力不同的锅炉应当分别有独立的蒸汽管道和给水管道；如果采用同一根蒸汽母管时，较高压力的蒸汽管道上应当有自动减压装置，较低压力的蒸汽管道应当有防止超压的止回阀；

（4）外置换热器的循环流化床锅炉应当设置紧急补给水系统；

（5）给水泵出口应当设置止回阀和切断阀，应当在给水泵和给水切断阀之间装设给水止回阀，并与给水切断阀紧接相连；单元机组省煤器进口可不装切断阀和止回阀，母管制给水系统，每台锅炉省煤器进口都应当装设切断阀和止回阀；铸铁省煤器的出口也应当装设切断阀和止回阀；

（6）主汽阀应当装在靠近锅筒（壳）或者过热器集箱的出口处；单元机组锅炉的主汽阀可以装设在汽机进口处；立式锅壳锅炉的主汽阀可以装在锅炉房内便于操作的地方；多台锅炉并联运行时，锅炉与蒸汽母管连接的每根蒸汽管道上，应当装设两个切断阀，切断阀门之间应当装有通向大气的疏水管和阀门，其内径不得小于 18 mm，锅炉出口与第一个切断阀（主汽阀）间应当装设放汽管及相应的阀门；

（7）A 级高压以上电站锅炉，未设置可回收蒸汽的旁路系统的，应当装设远程控制向空排汽阀（或者动力驱动泄放阀）；

（8）在锅筒（壳）、过热器、再热器和省煤器等可能聚集空气的地方都应当装设排气阀。

6.5　锅炉水处理系统

（1）锅炉水处理系统应当根据锅炉类型、参数、水源水质和水汽质量要求进行设计，满足锅炉供水和水质调节的需要，锅炉水处理设计应当符合相关标准的规定；

（2）A 级高压以上的电站锅炉应当根据锅炉类型、参数和化学监督的要求设置在线化学仪表，连续监控水汽质量；

（3）水处理设备制造质量应当符合国家和行业标准中的相关规定，水处理设备应当按照相关标准的技术要求进行调试，出水质量及设备出力应当符合设计要求。

6.6　管道阀门和烟风挡板

（1）2 台以上（含 2 台）锅炉共用 1 个总烟道的，在每台锅炉的支烟道内应当装设有可靠限位装置的烟道挡板；

（2）锅炉管道上的阀门和烟风系统挡板均应当有明显标志，标明阀门和挡板的名称、编号、开关方向和介质流动方向，主要调节阀门还应当有开度指示；

（3）阀门、挡板的操作机构均应当装设在便于操作的地点。

6.7　液体和气体燃料燃烧器

6.7.1　基本要求

锅炉用液体和气体燃料燃烧器应当由锅炉制造单位选配。燃烧器的制造或者供应单位应当提供有效的燃烧器型式试验证书。

6.7.2　燃烧器安全与控制装置

燃烧器应当设有自动控制器、安全切断阀、火焰监测装置、空气压力监测装置、燃料压力监测装置和气体燃料燃烧器的阀门检漏装置。

6.7.2.1 液体燃料燃烧器安全切断阀布置

（1）额定输出热功率小于或者等于 400 kW 的压力雾化燃烧器，每一个喷嘴前都应当设置 1 个安全切断阀；采用回流喷嘴的，在回流管路上也应当设置 1 个安全切断阀，可用喷嘴切断阀代替安全切断阀；

（2）额定输出热功率大于 400 kW 的压力雾化燃烧器，每一个喷嘴前应当设置 2 个串联布置的安全切断阀；采用回流喷嘴的，在回流管路上也应当设置 2 个串联布置的安全切断阀，可用喷嘴切断阀代替安全切断阀，还应当在回流管路上的输出调节器和安全切断阀之间设置 1 个压力监测装置。

6.7.2.2 气体燃料燃烧器安全切断阀布置

（1）主燃气控制阀系统应当设置 2 只串联布置的自动安全切断阀或者组合阀；

（2）额定输出热功率大于 1200 kW 的燃烧器，主燃气控制阀系统应当设置阀门检漏装置；

（3）安全切断阀上游应当至少设置 1 只压力控制装置。

6.7.2.3 联锁保护

燃烧器在启动和运行过程中，出现以下情况，应当在安全时间内实现系统联锁保护：

（1）火焰故障信号；

（2）燃气高压保护信号；

（3）空气流量故障信号；

（4）设有位置验证的燃烧器，位置验证异常；

（5）燃气阀门检漏报警信号；

（6）液体燃料温度超限信号；

（7）本规程规定的与锅炉有关的控制，如压力、水位、温度等参数超限。

6.7.3 液体、气体和煤粉锅炉燃烧器安全时间与启动热功率

6.7.3.1 燃烧器点火、熄火安全时间（注 6-1）

用液体、气体和煤粉作燃料的锅炉，其燃烧器必须保证点火、熄火安全时间符合表 6-1、表 6-2 和表 6-3 的要求。

表 6-1 液体燃料燃烧器安全时间（s）要求

主燃烧器额定输出热功率 Q_F(kW)	主燃烧器在额定功率下直接点火安全时间	主燃烧器在降低功率下直接点火安全时间	主燃烧器通过点火燃烧器点火		熄火安全时间
			点火燃烧器的点火安全时间	主燃烧器的主火安全时间	
≤400	≤10		≤10	≤10	≤1
400<Q_F≤1200	≤5		≤5	≤5	≤1
1200<Q_F≤6000	不允许	≤5	≤5	≤5	≤1
>6000	不允许	≤5	≤5	≤5	≤1

注 6-1：燃烧器启动时，从燃料进入炉膛点火失败到燃料快速切断装置开始动作的时间称为点火安全时间；燃烧器运行时，从火焰熄灭到快速切断装置开始动作的时间称为熄火安全时间。

表 6-2 气体燃料燃烧器安全时间（s）要求

主燃烧器额定输出热功率 Q_F(kW)	主燃烧器在额定功率下直接点火安全时间	主燃烧器在降低功率下直接点火安全时间	带有旁路启动燃气的主燃烧器降低功率直接点火安全时间	主燃烧器通过点火燃烧器点火		熄火安全时间
				点火燃烧器的点火安全时间	主燃烧器的主火安全时间	
$Q_F \leqslant 70$	$\leqslant 5$			$\leqslant 5$	$\leqslant 5$	$\leqslant 1$
$70 < Q_F \leqslant 120$	$\leqslant 3$			$\leqslant 5$	$\leqslant 3$	$\leqslant 1$
$Q_F > 120$	不允许	$\leqslant 3$		$\leqslant 3$	$\leqslant 3$	$\leqslant 1$

表 6-3 燃煤粉燃烧器安全时间（s）要求

点火安全时间	熄火安全时间
—	$\leqslant 5$

6.7.3.2 燃烧器启动热功率

用液体或者气体作燃料的锅炉，应当严格限制燃烧器点火时的启动热功率。

6.7.4 燃烧器改造

燃烧器燃料种类、内部结构、燃烧方式发生重大变化时，应当由燃烧器的制造单位或者其授权的单位进行，改造后按照国家相关标准进行燃烧器性能测试。

7 安装、改造、修理

7.1 基本要求

（1）锅炉安装、改造和修理单位应当对其安装、改造和修理的施工质量负责；

（2）集成锅炉（注 7-1）安装就位时不需要安装资质，安装过程不需要进行安装监督检验；

（3）安装、改造和修理后的锅炉应当符合大气污染物排放要求，锅炉大气污染物初始排放浓度不能满足环境保护标准和要求的，应当配套环保设施。

注 7-1：集成锅炉是指锅炉本体和辅助设备及系统由锅炉制造单位集成在一个底盘或者框架上的锅炉。

7.2 安装

7.2.1 一般要求

锅炉及锅炉范围内管道的安装除了符合本规程的规定外，还应当符合相应国家、行业标准的有关规定。

7.2.2 焊接

锅炉安装工程中焊接工作除符合本规程第 4 章的相关规定外，还应当符合以下要求：

（1）锅炉安装环境温度低于 0 ℃或者其他恶劣天气时，有相应保护措施；

（2）除设计规定的冷拉焊接接头以外，焊件装配时不得强力对正，安装冷拉焊接接头使用的冷拉工具在整个焊接接头焊接及热处理完毕后方可拆除。

7.2.3 胀接、热处理和无损检测

锅炉安装工程中的胀接、热处理和无损检测工作要求应当符合本规程第 4 章的有关规定。

7.2.4 水压试验

（1）锅炉安装工程的水压试验应当符合本规程第 4 章的有关规定，电站锅炉水压试验用水质应当满足相关行业标准的要求；

（2）亚临界及以上电站锅炉主蒸汽管道和再热蒸汽管道的水压试验按照相关标准执行；

（3）锅炉整体水压试验时试验压力允许压降应当符合表 7-1 的规定。

表 7-1 锅炉整体水压试验时试验压力允许压降

锅炉类别	允许压降 Δp（MPa）
高压及以上 A 级锅炉	$\Delta p \leqslant 0.60$
次高压及以下 A 级锅炉	$\Delta p \leqslant 0.40$
＞20 t/h（14 MW）B 级锅炉	$\Delta p \leqslant 0.15$
≤20 t/h（14 MW）B 级锅炉	$\Delta p \leqslant 0.10$
C、D 级锅炉	$\Delta p \leqslant 0.05$

7.2.5 电站锅炉安装特殊要求

7.2.5.1 锅炉及系统的清洗、冲洗和吹洗

电站锅炉在启动点火前，应当进行化学清洗；锅炉热力系统应当进行冷态水冲洗和热态水冲洗；锅炉范围内的管道应当进行吹洗。锅炉及系统的清洗、冲洗和吹洗应当符合国家和相关行业标准的规定。

7.2.5.2 锅炉调试

电站锅炉调试过程中的操作，应当在调试人员的监视、指导下，由经过培训并且按照规定取得相应特种设备作业人员证书的人员进行。首次启动过程中应当缓慢升温升压，同时要监视各部分的膨胀值在设计范围内。

7.2.5.3 锅炉机组启动

电站锅炉整套启动时，以下热工设备和保护装置应当经过调试，并且投入运行：

（1）数据采集系统；

（2）炉膛安全监控系统；

（3）有关辅机的子功能组和联锁；

（4）全部远程操作系统。

7.2.5.4 验收

锅炉安装完成后，由锅炉使用单位负责组织验收，并且符合以下要求：

（1）300 MW 及以上机组电站锅炉经过 168h 整套连续满负荷试运行，各项安全指标均达到相关标准；

（2）300 MW 以下机组电站锅炉经过 72h 整套连续满负荷试运行后，对各项设备做一次全面检查，缺陷处理合格后再次启动，经过 24h 整套连续满负荷试运行无缺陷，并且水汽质量符合相关标准。

7.3 锅炉改造

7.3.1 锅炉改造的含义

锅炉改造是指改变锅炉本体承压结构或者燃烧方式的行为。

7.3.2 锅炉改造设计

（1）锅炉改造的设计应当由有相应资质的锅炉制造单位进行；

（2）锅炉改造后不应当提高额定工作压力；

（3）不应当将热水锅炉改造为蒸汽锅炉；

（4）锅炉改造方案应当包括必要的计算资料、设计图样和施工技术方案；蒸汽锅炉改为热水锅炉或者热水锅炉受压元件的改造还应当有水流程图、水动力计算书；安全附件、辅助装置和水处理措施应当进行技术校核。

7.3.3 锅炉改造技术要求

锅炉改造技术要求参照相关标准和有关技术规定。

7.4 锅炉修理

7.4.1 锅炉重大修理含义

7.4.1.1 A 级锅炉重大修理

（1）锅筒、启动（汽水）分离器及储水箱、减温器和集中下降管的更换及其纵向、环向对接焊缝的补焊；

（2）整组受热面管子根（屏、片）数 50% 以上的更换；

（3）外径大于 273 mm 的集箱、管道和管件的更换；

（4）大板梁主焊缝的补焊；

（5）液（气）体燃料燃烧器的更换。

7.4.1.2 B 级及以下锅炉重大修理

（1）筒体、封头（管板）、炉胆、炉胆顶、回燃室、下脚圈和集箱的更换、挖补；

（2）受热面管子的更换，数量大于该类受热面管（分为水冷壁、对流管束、过热器、省煤器、烟管等）的 10%，并且不少于 10 根；直流、贯流锅炉本体整组受热面更换；

（3）液（气）体燃料燃烧器的更换。

7.4.2 锅炉修理技术要求

（1）锅炉修理技术要求参照相关标准和有关技术规定，重大修理应当制定技术方案，锅炉受压元（部）件更换应当不低于原设计要求；

（2）不应当在有压力或者锅水温度较高的情况下修理受压元（部）件；

（3）在锅筒（壳）挖补和补焊之前，修理单位应当进行焊接工艺评定，工艺试件应当由修理单位焊制；锅炉受压元（部）件采用挖补修理时，补板应当是规则的形状；

（4）锅炉受压元（部）件不应当采用贴补的方法修理，锅炉受压元（部）件因应力腐蚀、蠕变、疲劳而产生的局部损伤需要进行修理时，应当更换或者采用挖补方法。

7.4.3 受压元（部）件修理后的检验

（1）锅炉受压元（部）件修理后应当进行外观检验、无损检测（其中挖补焊缝应当进行100％射线或者超声检测），必要时还应当进行水（耐）压试验，其合格标准应当符合本规程第4章的有关规定；

（2）采用堆焊修理的，焊接后应当进行表面无损检测；对于电站锅炉，还应当符合相关标准的技术规定。

7.4.4 焊后热处理

修理经过热处理的锅炉受压元（部）件，焊接后应当参照原热处理工艺进行焊后热处理。

7.5 竣工资料

锅炉安装、改造、修理竣工后，应当将图样、工艺文件、施工质量证明文件等技术资料交付使用单位存入锅炉安全技术档案。

8 使用管理

8.1 锅炉使用单位职责

锅炉使用单位应当对其使用的锅炉安全负责，主要职责如下：

（1）采购监督检验合格的锅炉产品；

（2）按照锅炉使用说明书的要求运行；

（3）每月对所使用的锅炉至少进行1次月度检查，并且记录检查情况；月度检查内容主要为锅炉承压部件及其安全附件和仪表、联锁保护装置是否完好；燃烧器运行是否正常；锅炉使用安全与节能管理制度是否有效执行，作业人员证书是否在有效期内，是否按规定进行定期检验，是否对水（介）质定期进行化验分析，水（介）质未达到标准要求时是否及时处理，水封管是否堵塞，以及其他异常情况等；

（4）锅炉使用单位每年应当对燃烧器进行检查，检查内容至少包括燃烧器管路是否密封、安全与控制装置是否齐全和完好、安全与控制功能是否缺失或者失效、燃烧器运行是否正常。

8.2 作业人员

锅炉作业人员应当严格执行操作规程和有关安全规章制度。B级及以下全自动锅炉可以不设跟班锅炉作业人员，但是应当建立定期巡回检查制度。

8.3 锅炉安全技术档案

使用单位应当逐台建立锅炉安全技术档案，安全技术档案至少包括以下内容：

（1）特种设备使用登记证和特种设备使用登记表；

（2）锅炉的出厂技术资料及监督检验证书；

（3）锅炉安装、改造、修理、化学清洗技术资料及监督检验证书或者报告；

（4）水处理设备的安装调试记录、水（介）质处理定期检验报告和定期自行检查记录；

（5）锅炉定期检验报告；

（6）锅炉日常使用状况记录和定期自行检查记录；

（7）锅炉及其安全附件、安全保护装置及测量调控装置校验报告、试验记录及日常维护保养记录；

（8）锅炉运行故障和事故记录及事故处理报告。

8.4 锅炉使用管理制度和规程

锅炉使用管理应当有以下制度和规程：

（1）岗位责任制，包括安全管理人员、班组长、运行作业人员、维修人员、水处理作业人员等职责范围内的任务和要求；

（2）巡回检查制度，明确定时检查的内容、路线和记录的项目；

（3）交接班制度，明确交接班要求、检查内容和交接班手续；

（4）锅炉及辅助设备的操作规程，包括设备投运前的检查及准备工作、启动和正常运行的操作方法、正常停运和紧急停运的操作方法；

（5）设备维修保养制度，规定锅炉停（备）用防锈蚀内容和要求以及锅炉本体、安全附件、安全保护装置、自动仪表及燃烧和辅助设备的维护保养周期、内容和要求；

（6）水（介）质管理制度，明确水（介）质定时检测的项目和合格标准；

（7）安全管理制度，明确防火、防爆和防止非作业人员随意进入锅炉房要求，保证通道畅通的措施以及事故应急预案和事故处理办法等；

（8）节能管理制度，符合锅炉节能管理有关安全技术规范的规定。

8.5 锅炉使用管理记录

锅炉使用单位应当根据本单位锅炉使用情况建立锅炉及燃烧设备运行、检查、水汽质量测定、维修、保养、事故和交接班等记录。

8.6 安全运行要求

（1）锅炉作业人员在锅炉运行前应当做好各种检查，按照规定的程序启动和运行，不得任意提高运行参数，压火后应当保证锅水温度、压力不回升和锅炉不缺水；

（2）当锅炉运行中发生受压元件泄漏、炉膛严重结焦、液态排渣锅炉无法排渣、锅炉尾部烟道严重堵灰、炉墙烧红、受热面金属严重超温、汽水质量严重恶化等情况时，应当停止运行。

8.7 蒸汽锅炉（电站锅炉除外）需要立即停止运行的情况

蒸汽锅炉（电站锅炉除外）运行中遇有下列情况之一时，应当立即停炉：

（1）锅炉水位低于水位表最低可见边缘；

（2）不断加大给水并且采取其他措施但是水位仍然继续下降；

（3）锅炉满水（贯流式锅炉启动状态除外），水位超过最高可见水位，经过放水仍然不能见到水位；

（4）给水泵失效或者给水系统故障，不能向锅炉给水；

（5）水位表、安全阀或者装设在汽空间的压力表全部失效；

（6）锅炉元（部）件受损坏，危及锅炉运行作业人员安全；

（7）燃烧设备损坏、炉墙倒塌或者锅炉构架被烧红等，严重威胁锅炉安全运行；

（8）其他危及锅炉安全运行的异常情况。

8.8 锅炉检修的安全要求

锅炉检修时，进入锅炉内作业的人员工作时，应当符合以下要求：

（1）进入锅筒（壳）内部工作之前，必须用能指示出隔断位置的强度足够的金属堵板（电站锅炉可用阀门）将连接其他运行锅炉的蒸汽、热水、给水、排污等管道可靠地隔开；用油或者气体作燃料的锅炉，必须可靠地隔断油、气的来源；

（2）进入锅筒（壳）内部工作之前，必须将锅筒（壳）上的人孔和集箱上的手孔打开，使空气对流一段时间，工作时锅炉外面有人监护；

（3）进入烟道及燃烧室工作前，必须进行通风，并且与总烟道或者其他运行锅炉的烟道可靠隔断；

（4）在锅筒（壳）和潮湿的炉膛、烟道内工作而使用电灯照明时，照明应当使用安全电压，禁止明火照明。

8.9 锅炉水（介）质处理

使用单位应当做好锅炉水（介）质处理工作，保证水汽或者有机热载体的质量符合标准要求。无可靠的水处理措施的锅炉不应当投入运行。水处理系统运行应当符合以下要求：

（1）保证水处理设备及加药装置正常运行；

（2）采用必要的检测手段监测水汽质量，每班至少化验 1 次水汽质量，当水汽质量不符合标准要求时，应当及时查找原因并处理至合格；

（3）严格控制疏水、蒸汽冷凝回水的水质，不合格时不得回收进入锅炉。

注 8-1：工业锅炉的水质应当符合 GB/T 1576《工业锅炉水质》的规定。电站锅炉的水汽质量应当符合 GB/T 12145《火力发电机组及蒸汽动力设备水汽质量》的规定。

8.10 锅炉排污

锅炉使用单位应当根据锅水水质确定排污方式及排污量，并且按照水质变化进行调整。蒸汽锅炉定期排污时宜在低负荷时进行，同时严格监视水位。

8.11 锅炉化学清洗

当锅炉结垢（有机热载体锅炉循环管路中产生油泥、油垢）超过标准规定值时，锅炉使用单位应当约请具有相应能力的化学清洗单位，按照相关国家标准的要求及时进行化学清洗。化学清洗过程应当接受特种设备检验机构的监督检验。

8.12 停（备）用锅炉及水处理设备停炉保养

锅炉使用单位应当做好停（备）用锅炉及水处理设备的防腐蚀等停炉保养工作。

8.13 锅炉事故预防与应急救援

锅炉使用单位应当制定事故应急措施和救援预案，包括组织方案、责任制度、报警系统及紧急状态下抢险救援的实施方案。

8.14 锅炉事故报告和处理

锅炉使用单位发生锅炉事故，应当按照相关要求及时报告和处理。

8.15 电站锅炉特别规定

8.15.1 电站锅炉安全技术档案

锅炉安装单位在总体验收合格后应当及时将锅炉和主蒸汽管道、主给水管道、再热蒸汽管道及其支吊架和焊缝位置等技术资料移交给使用单位存入锅炉安全技术档案。使用单位应当做好锅炉、管道和阀门的有关运行、检验、改造、修理以及事故等记录。

8.15.2 电站锅炉燃料管理

电站锅炉使用单位应当加强燃料管理，燃料入炉前应当进行燃料分析，根据分析结果进行燃烧控制与调整。燃用与设计偏差较大煤质时，应当进行燃烧调整试验。

8.15.3 电站锅炉启动、停炉

（1）电站锅炉使用单位应当根据制造单位提供的有关资料和设备结构特点或者通过试验确定锅炉启动、停炉方式，并且绘制锅炉控制（启、停）曲线；

（2）电站锅炉启动初期应当控制锅炉燃料量、炉膛出口烟温，使升温、升压过程符合启动曲线，锅炉启停过程中应当监控锅炉各部位的膨胀情况，做好膨胀指示记录，各部位应当均匀膨胀，并且应当监控锅筒壁温差；

（3）电站锅炉停炉的降温降压过程应当符合停炉曲线要求，熄火后的通风和放水，应当避免使受压元件快速冷却；锅炉停炉后压力未降低至大气压力以及排烟温度未降至 60 ℃ 以下时，应当对锅炉进行严密监控。

8.15.4 电站锅炉立即停止向炉膛输送燃料的情况

电站锅炉运行中遇到下列情况时，应当停止向炉膛输送燃料：
（1）锅炉严重缺水；
（2）锅炉严重满水；
（3）直流锅炉断水；
（4）锅水循环泵发生故障，不能保证锅炉安全运行；
（5）水位装置失效无法监视水位；
（6）主要汽水管道泄漏或锅炉范围内连接管道爆破；

（7）再热器蒸汽中断（制造单位有规定者除外）；

（8）炉膛熄火；

（9）燃油（气）锅炉油（气）压力严重下降；

（10）安全阀全部失效或者锅炉超压；

（11）热工仪表失效、控制电（气）源中断，无法监视、调整主要运行参数；

（12）严重危及人身和设备安全以及制造单位有特殊规定的其他情况。

8.15.5　锅炉水汽质量异常处理

锅炉水汽质量异常时，应当按照相关标准规定做好异常情况处理并且记录，尽快查明原因，消除缺陷，恢复正常。如果不能恢复并且威胁设备安全时，应当立即采取措施，直至停止运行。

8.15.6　锅炉检修的化学检查

锅炉使用单位在锅炉检修时应当进行化学检查，按照相关标准规定对省煤器、锅筒、启动（汽水）分离器及储水箱、水冷壁、过热器、再热器等部件的腐蚀、结垢、积盐等情况进行检查、评价，并且对异常情况进行妥善处理。

9　检　　验

9.1　基本要求

锅炉检验包括设计文件鉴定、型式试验、监督检验和定期检验。

9.1.1　设计文件鉴定

设计文件鉴定是在锅炉制造单位设计完成的基础上，对锅炉设计文件是否满足本规程以及节能环保相关要求进行的符合性审查。

9.1.2　型式试验

型式试验是验证产品是否满足本规程要求所进行的试验。液（气）体燃料燃烧器应当通过型式试验才能使用。

9.1.3　监督检验

监督检验（包括制造、安装、改造、重大修理和化学清洗监督检验）是监督检验机构（以下简称监检机构）在制造、安装、改造、重大修理和化学清洗单位（以下统称受检单位）自检合格的基础上，按照本规程要求，对制造、安装、改造、重大修理和化学清洗过程进行的符合性监督抽查。

9.1.4　定期检验

定期检验是对在用锅炉当前安全状况是否满足本规程要求进行的符合性抽查，包括运行状态下进行的外部检验（注 9-1）、停炉状态下进行的内部检验和水（耐）压试验。

注 9-1：水（介）质处理定期检验结合锅炉外部检验进行。

9.2 设计文件鉴定

9.2.1 锅炉设计文件鉴定内容

（1）锅炉参数与制造单位许可范围的符合性；

（2）设计所依据的安全技术规范及相关标准；

（3）锅炉本体受压元件及锅炉范围内管道（注9-2）材料的选用、强度计算、结构形式、尺寸、主要受压元件的连接、管孔布置、焊缝布置等以及焊（胀）接、热处理、无损检测方法和比例、水（耐）压试验、水（介）质等主要技术要求；

（4）燃烧设备、炉膛结构、受热面布置，锅炉设计热效率、排烟温度、排烟处过量空气系数、大气污染物初始排放浓度等；

（5）安全附件和仪表的数量、型式、设置等以及安全阀排放量计算书或者计算结果汇总表、安全保护装置的整定值；

（6）锅炉本体受压元件的支承、吊挂、承重结构和膨胀等结构以及锅炉平台、扶梯布置；

（7）有机热载体锅炉，应当包括最高允许液膜温度计算和最小限制流速计算；

（8）铸铁、铸铝锅炉，应当现场见证锅片或者锅炉的冷态爆破试验（已经进行过爆破试验并且在有效期的锅片除外）以及整体验证性水压试验。

注9-2：锅炉范围内管道由管道设计单位设计的除外。

9.2.2 设计文件鉴定特殊情况

锅炉主要受压元件和重要承载件的材料或者结构经过设计修改后，可能影响安全性能时，锅炉制造单位应当重新申请设计文件鉴定。

9.2.3 设计文件鉴定报告

经过锅炉设计文件鉴定，鉴定项目符合本规程要求的，鉴定机构应当在主要设计文件上加盖锅炉设计文件鉴定专用章，并且出具锅炉设计文件鉴定报告。

9.3 液（气）体燃料燃烧器型式试验

9.3.1 型式试验要求

具有下列情况之一的燃烧器，应当按照型号进行型式试验：

（1）新设计的燃烧器；

（2）燃烧器使用燃料类别或者燃烧器结构及程序控制方式发生变化；

（3）燃烧器型式试验超过4年。

9.3.2 型式试验型号覆盖原则

燃烧器型式试验按照燃烧器的型号为基本单位进行，型号的编制应当满足GB/T 36699《锅炉用液体和气体燃料燃烧器技术条件》的相关规定，同一系列中同一功率等级不同型号的燃烧器型式试验可以相互覆盖，具体的覆盖原则见本规程附件D。

9.3.3 型式试验内容

燃烧器型式试验内容，应当包括基本安全要求检查、安全性能试验和运行性能试验，主要内容如下：

（1）基本安全要求检查，包括结构与设计检查、安全与控制装置检查、外壳防护等级检查和技术文件与铭牌检查；

（2）安全性能试验，包括泄漏试验、前吹扫时间与风量、安全时间、启动热功率、火焰稳定性、电压改变、耐热性能、部件表面温度和接地电阻等项目的试验与测量；

（3）运行性能试验，包括燃烧器输出热功率范围测试以及运行状态下的燃烧产物排放、自振动、噪声测试和工作曲线测试。

9.3.4　型式试验报告和证书

型式试验结果符合本规程及 GB/T 36699《锅炉用液体和气体燃料燃烧器技术条件》相关规定的，型式试验机构应当及时出具型式试验合格报告和证书。

9.4　监督检验

9.4.1　监督检验申请

锅炉产品制造、安装、改造、重大修理和化学清洗施工前，受检单位应当向监检机构申请监督检验，监检机构接受申请后，应当及时开展监督检验。对国家明令淘汰的锅炉、禁止新建的锅炉以及未提供建设项目环境影响评价批复文件的锅炉，监检机构不得实施安装监督检验。

9.4.2　监督检验要求

监检机构应当根据受检锅炉的情况确定相应的检验方案。检验人员应当对锅炉逐台进行监督检验；发现一般问题时，应当及时向受检单位发出特种设备监督检验联络单；监检机构发现受检单位质量管理体系实施或者锅炉安全性能存在严重问题时，应当签发特种设备监督检验意见通知书，并且抄报当地特种设备安全监督管理部门（受检单位为境外企业时，抄报国家市场监督管理总局）。

9.4.3　监督检验项目分类

锅炉产品制造、安装、改造、重大修理监督检验项目分为 A 类、B 类和 C 类。

（1）A 类，是对锅炉安全性能有重大影响的关键项目，检验人员确认符合要求后，受检单位方可继续施工；

（2）B 类，是对锅炉安全性能有较大影响的重点项目，检验人员应当对该项施工的结果进行现场检查确认；

（3）C 类，是对锅炉安全环保性能有影响的检验项目，检验人员应当对受检单位相关的自检报告、记录等资料核查确认，必要时进行现场监督、实物检查。

9.4.4　制造监督检验内容

制造监督检验应当包括以下内容（检验项目见本规程附件 E）：

（1）制造单位基本情况检查；

（2）设计文件、工艺文件核查；

（3）锅炉产品制造过程监督抽查。

9.4.5 安装监督检验内容

安装监督检验应当包括以下内容（检验项目见本规程附件 F）：

（1）安装单位基本情况检查；

（2）设计文件、工艺文件核查；

（3）锅炉安装过程监督抽查。

9.4.6 改造和重大修理监督检验内容

（1）核查锅炉改造和重大修理技术方案是否满足本规程第 7 章的要求；

（2）监督检验内容参照本章安装监督检验的相关要求执行。

9.4.7 化学清洗监督检验内容

化学清洗监督检验内容，应当包括对化学清洗单位质量管理体系运转情况和化学清洗过程中涉及安全性能的项目的监督抽查：

（1）化学清洗方案、缓蚀剂缓蚀性能测试记录、清洗药剂质量验收记录、垢样分析记录、溶垢试验记录、腐蚀指示片悬挂位置及测量数据、监视管的安装、清洗循环系统和节流装置等；

（2）化学清洗工艺参数控制记录、化验分析记录、加温方式和温度控制等；

（3）锅炉清洗除垢率、腐蚀速度及腐蚀总量、钝化效果、金属表面状况（是否有点蚀、镀铜、过洗）及脱落垢渣清除情况等；

（4）对于有机热载体锅炉，还应当包括残余的油泥、结焦物和垢渣等杂质的清除情况。

9.4.8 监督检验证书及报告

监督检验合格后，监检机构应当在 10 个工作日（A 级高压以上电站锅炉为 30 个工作日）内出具监督检验证书（化学清洗出具监督检验报告），证书样式见本规程附件 G。A 级高压以上电站锅炉安装、改造、重大修理监督检验，除出具监督检验证书外，还应当出具监督检验报告。

锅炉产品制造监督检验合格后，应当在铭牌上打制造监督检验钢印。

9.5 定期检验

9.5.1 定期检验安排

锅炉使用单位应当安排锅炉的定期检验工作，并且在锅炉下次检验日期前 1 个月向具有相应资质的检验机构提出定期检验要求。检验机构接受检验要求后，应当及时开展检验。

9.5.2 定期检验周期

（1）外部检验，每年进行 1 次；

（2）内部检验，一般每 2 年进行 1 次，成套装置中的锅炉结合成套装置的大修周期进行，A 级高压以上电站锅炉结合锅炉检修同期进行，一般每 3 年～6 年进行 1 次；首次内部检验在锅炉投入运行后 1 年进行，成套装置中的锅炉和 A 级高压以上电站锅炉可以结合第一次检修进行；

（3）水（耐）压试验，检验人员或者使用单位对设备安全状况有怀疑时，应当进行水

（耐）压试验；因结构原因无法进行内部检验时，应当每 3 年进行 1 次水（耐）压试验；

（4）成套装置中的锅炉和 A 级高压以上电站锅炉由于检修周期等原因不能按期进行内部检验时，使用单位在确保锅炉安全运行（或者停用）的前提下，经过使用单位主要负责人审批后，可以适当延期安排内部检验（一般不超过 1 年并且不得连续延期），并且向锅炉使用登记机关备案，注明采取的措施以及下次内部检验的期限。

9.5.3　定期检验特殊情况

除正常的定期检验以外，锅炉有下列情况之一时，也应当进行内部检验：
（1）移装锅炉投运前；
（2）锅炉停止运行 1 年以上需要恢复运行前。

9.5.4　定期检验项目的顺序

外部检验、内部检验和水（耐）压试验在同一年进行时，一般首先进行内部检验，然后进行水（耐）压试验、外部检验。

9.5.5　定期检验前的准备工作

（1）应当核查锅炉的安全技术档案以及相关技术资料；
（2）检验机构应当编制检验方案，对于 A 级高压以上电站锅炉的内部检验，还应当根据受检锅炉的实际情况逐台编制专用检验方案；
（3）进入锅炉内进行检验工作前，检验人员应当通知锅炉使用单位做好检验前的准备工作；
（4）锅炉使用单位应当根据检验工作的需要进行相应的检验配合工作。

9.5.6　锅炉外部检验内容

锅炉外部检验应当包括以下内容（检验项目见本规程附件 H）：
（1）上次检验发现问题的整改情况；
（2）锅炉使用登记及其作业人员资质；
（3）锅炉使用管理制度及其执行见证资料；
（4）锅炉本体及附属设备运转情况；
（5）锅炉安全附件及联锁与保护投运情况；
（6）水（介）质处理情况；
（7）锅炉操作空间安全状况；
（8）锅炉事故应急专项预案。

9.5.7　锅炉外部检验时机

锅炉外部检验可能影响锅炉正常运行，检验机构应当事先同使用单位协商检验时间，在使用单位的运行操作配合下进行，并且不应当危及锅炉安全运行。

9.5.8　锅炉内部检验内容

9.5.8.1　一般要求

锅炉内部检验应当根据锅炉主要部件所处的位置和工作状况及其可能产生的缺陷，采用相应的检查方法，如宏观检查、厚度测量、无损检测、金相检测、硬度检测、割管力学性能试验、内窥镜检测、强度校核、腐蚀产物及垢样分析等。应当包括以下内容（检验项目见本规程附件J）：

（1）上次检验发现问题的整改情况以及遗留缺陷的情况；

（2）受压元件及其内部装置的外观质量、结垢、积盐、结焦、腐蚀、磨损、变形、超温、膨胀情况以及内部堵塞、有机热载体的积碳和结焦情况等；

（3）燃烧室、燃烧设备、吹灰器、烟道等附属设备外观质量、积灰情况、壁厚减薄情况、变形情况以及泄漏情况等；

（4）主要承载、支吊、固定件的外观质量、受力情况、变形情况以及锅炉的膨胀情况；

（5）炉墙、保温、密封结构以及内部耐火层的外观质量。

9.5.8.2 首次内部检验的特殊要求

首次内部检验时，还应当对以下情况进行检查：

（1）锅炉各部件、各部位的应力释放情况、膨胀协调情况；

（2）制造、安装过程中遗留缺陷的变化情况；

（3）当运行与设计存在差异时，锅炉的实际运行状况。

9.5.8.3 电站锅炉特殊情况

对于启停频繁以及参与调峰的电站锅炉，应当根据实际工况和主要损伤模式适当增加检验项目及检验内容。

9.5.9 缺陷处理基本原则

对于检验过程中发现的缺陷，使用单位应当按照合于使用的原则进行处理：

（1）对缺陷进行分析，明确缺陷的性质、存在的位置以及对锅炉安全经济运行的危害程度，以确定是否需要对缺陷进行消除处理；

（2）对于重大缺陷的处理，使用单位应当采用安全评定或者论证等方式确定缺陷的处理方式；如果需要进行改造或者重大修理，应当按照本规程第7章的有关规定进行。

9.5.10 外部、内部检验结论

现场检验工作完成后，检验机构应当根据检验情况，结合使用单位对发现问题的处理或者整改情况，做出以下检验结论，并在30个工作日内出具报告：

（1）符合要求，未发现影响锅炉安全运行的问题或者对发现的问题整改合格；

（2）基本符合要求，发现存在影响锅炉安全运行的问题，采取了降低参数运行、缩短检验周期或者对主要问题加强监控等有效措施；

（3）不符合要求，发现存在影响锅炉安全运行的问题，未对发现的问题整改合格或者未采取有效措施。

注9-3：对于超高压及以下锅炉，外部检验报告中应当包含水（介）质定期检验报告。水（介）质存在影响锅炉安全运行的问题，并且未得到有效整改，水（介）质定期检验报告结论应当为不符合要求。

9.5.11 水（耐）压试验检验

9.5.11.1 一般要求

水压试验应当符合本规程第 4 章和第 7 章的有关规定，有机热载体锅炉耐压试验应当符合本规程第 10 章的有关规定。

9.5.11.2 试验压力

当实际使用的最高工作压力低于锅炉额定工作压力时，可以按照锅炉使用单位提供的最高工作压力确定试验压力；当锅炉使用单位需要提高锅炉使用压力（但不应当超过额定工作压力）时，应当按照提高后的工作压力重新确定试验压力进行水（耐）压试验。

9.5.11.3 水（耐）压试验检验内容

水（耐）压试验检验应当包括以下内容：
（1）水（耐）压试验设备、压力测量装置的数量、量程、精度及校验情况；
（2）水（耐）压试验条件、安全防护情况，试验用水（介）质情况；
（3）现场监督水（耐）压试验，检查升（降）压速度、试验压力、保压时间，在工作压力下检查受压元件有无变形及泄漏情况。

10 专项要求

10.1 热水锅炉及系统

10.1.1 设计

（1）锅炉的额定工作压力应当不低于额定出口水温加 20 ℃相对应的饱和压力；
（2）锅炉的结构应当保证各循环回路的水循环正常，所有受热面应当得到可靠冷却并且能够防止汽化；
（3）锅壳式卧式外燃锅炉，设计、制造单位应当采取技术措施解决管板裂纹或者泄漏以及锅壳鼓包等问题。

10.1.2 排放装置

（1）锅炉的出水管一般设在锅炉最高处，在出水阀前出水管的最高处应当装设集气装置或者自动排气阀，每一个回路的最高处以及锅筒（壳）最高处或者出水管上都应当装设公称通径不小于 20 mm 的排气阀，各回路最高处的排气管宜采用集中排列方式；
（2）锅筒（壳）最高处或者出水管上应当装设泄放管，其内径应当根据锅炉的额定热功率确定，并且不小于 25 mm；泄放管上应当装设泄放阀，锅炉正常运行时，泄放阀处于关闭状态；装设泄放阀的锅炉，其锅筒（壳）或者出水管上可以不装设排气阀；
（3）锅筒（壳）及每个循环回路下集箱的最低处应当装设排污阀或者放水阀。

10.1.3 保护装置

（1）B 级锅炉及额定热功率大于或者等于 7 MW 的 C 级锅炉，应当装设超温报警装置和联锁保护装置；

（2）锅炉的压力降低到会发生汽化或者水温超过了规定值以及循环水泵突然停止运转并且备用泵无法正常启动时，层燃锅炉应当能够自动切断鼓、引风；室燃锅炉应当能够自动切断燃料供应。

10.1.4　热水系统

热水系统应当符合以下基本要求：

（1）在热水系统的最高处以及容易集气的位置应当装设集气装置或者自动排气阀，最低位置应当装设放水装置；

（2）热水系统应当有可靠的定压措施和循环水的膨胀装置；

（3）热水系统应当装设自动补给水装置，并且在锅炉作业人员便于操作的地点装设手动控制补给水装置；

（4）强制循环热水系统至少有 2 台循环水泵，在其中 1 台停止运行时，其余水泵总流量应当满足最大循环水量的需要；

（5）在循环水泵前后管路之间应当装设带有止回阀的旁通管，或者采取其他防止突然停泵发生水击的措施；

（6）热水系统的回水干管上应当装设除污器，除污器应当安装在便于操作的位置，并且应当定期清理。

10.1.5　使用管理

10.1.5.1　锅炉启停

锅炉投入运行时，应当先开动循环水泵，待供热系统水循环正常后，才能逐渐提高炉温。锅炉停止运行时不应当立即停泵。如果锅炉发生汽化需要重新启动，启动前应当先放汽补水，然后启动循环水泵。

10.1.5.2　停电保护

锅炉使用单位应当制定突然停电时防止锅水汽化的保护措施。

10.1.5.3　锅炉排污

锅炉排污的时间间隔及排污量应当根据运行情况及水质化验报告确定。排污时应当监视锅炉压力以防止产生汽化。

10.1.5.4　锅炉需要立即停炉的情况

锅炉运行中遇有下列情况之一时，应当立即停炉：

（1）水循环不良，或者锅炉出口水温上升到与出水压力相对应的饱和温度之差小于 20 ℃；

（2）锅水温度急剧上升失去控制；

（3）循环水泵或者补水泵全部失效；

（4）补水泵不断给系统补水，锅炉压力仍继续下降；

（5）压力表或者安全阀全部失效；

（6）锅炉元（部）件损坏，危及锅炉运行作业人员安全；

（7）燃烧设备损坏、炉墙倒塌，或者锅炉构架被烧红等，严重威胁锅炉安全运行；

（8）其他危及锅炉安全运行的异常情况。

10.2 有机热载体锅炉及系统

10.2.1 有机热载体

10.2.1.1 选择和使用

有机热载体产品的选择和使用应当符合 GB 23971《有机热载体》和 GB/T 24747《有机热载体安全技术条件》的要求。不同化学组成的气相有机热载体不应当混合使用，气相有机热载体与液相有机热载体不应当混合使用。

10.2.1.2 最高允许使用温度

有机热载体产品的最高允许使用温度应当依据其热稳定性确定，其热稳定性应当按照 GB/T 23800《有机热载体热稳定性测定法》规定的方法测定。

10.2.1.3 最高工作温度

有机热载体的最高工作温度应当不高于其自燃点，并且至少低于其最高允许使用温度 10 ℃，电加热锅炉、燃煤锅炉或者炉膛辐射受热面平均热流密度大于 0.05 MW/m² 的锅炉，有机热载体的最高工作温度应当低于其最高允许使用温度 20 ℃。

10.2.1.4 最高允许液膜温度

有机热载体的最高允许使用温度小于或者等于 320 ℃时，其最高允许液膜温度应当不高于最高允许使用温度加 20 ℃。有机热载体的最高允许使用温度高于 320 ℃时，其最高允许液膜温度应当不高于最高允许使用温度加 30 ℃。

10.2.1.5 出厂资料

有机热载体供应单位应当提供其产品与锅炉运行安全相关的物理特性和化学性质的详细数据，并且提供有机热载体产品的化学品安全使用说明书。

10.2.2 设计制造

10.2.2.1 锅炉及其附属容器的设计压力

（1）锅炉的设计计算压力取锅炉进口工作压力加 0.3 MPa，并且对于火焰加热的锅炉，其设计计算压力应当不低于 1.0 MPa；对于电加热及余（废）热锅炉，其设计计算压力应当不低于 0.6 MPa；

（2）有机热载体系统中的非承压容器的设计计算压力应当大于或者等于 0.2 MPa，选用的承压容器的设计计算压力至少为其额定工作压力加 0.2 MPa。

10.2.2.2 使用气相有机热载体的强制循环液相锅炉工作压力

强制循环液相锅炉使用气相有机热载体时，其工作压力应当高于其最高工作温度加 20 ℃条件下对应的有机热载体饱和压力。

10.2.2.3 锅炉的计算最高液膜温度

锅炉的计算最高液膜温度应当不超过所选用有机热载体的最高允许液膜温度。锅炉制造单位应当在锅炉出厂资料中提供锅炉最高液膜温度和最小限制流速的计算书。

10.2.2.4 自然循环气相锅炉的有机热载体容量

自然循环气相系统中使用的锅炉，设计时应当保证锅筒最低液位以上可供蒸发的有机热载体容量能够满足该系统的气相空间充满蒸气。

10.2.2.5 耐压试验和气密性试验

（1）整装出厂的锅炉、锅炉部件和现场组（安）装完成后的锅炉，应当按照 1.5 倍的工作压力进行液压试验，或者按照设计图样的规定进行气压试验；气相锅炉在液压试验合格后，还应当按照工作压力进行气密性试验；

（2）液压试验应当采用有机热载体或者水为试验介质，气压（密）试验所用气体应当为干燥、洁净的空气、氮气或者惰性气体；采用有机热载体为试验介质时，液压试验前应当先进行气密性试验；采用水为试验介质时，水压试验完成后应当将设备中的水排净，并且使用压缩空气将内部吹干；

（3）锅炉的气压试验和气密性试验应当符合《固定式压力容器安全技术监察规程》的有关技术要求。

10.2.3 安全附件和仪表

10.2.3.1 安全阀设置

10.2.3.1.1 气相锅炉及系统

（1）自然循环气相系统至少装设 2 个不带手柄的全启式弹簧式安全阀，一个安装在锅炉的气相空间上方，另一个安装在系统上部的用热设备上或者供气母管上；

（2）液相强制循环节流减压蒸发气相系统的闪蒸罐和冷凝液罐上应当装设安全阀，额定热功率大于 1.4 MW 的闪蒸罐上应当装设 2 个安全阀；

（3）气相系统的安全阀与锅炉或者管线连接的短管上应当串连 1 个爆破片，安全阀和爆破片的排放能力应当不小于锅炉的额定蒸发量，爆破片与锅炉或者管线连接的短管上应当装设 1 个截止阀，在锅炉运行时截止阀应当处于锁开位置。

10.2.3.1.2 液相锅炉及系统

（1）液相锅炉应当在锅炉进口和出口切断阀之间装设安全阀；

（2）当液相锅炉与膨胀罐相通，并且二者之间的联通管线上没有阀门时，锅炉本体上可以不装设安全阀；

（3）闭式膨胀罐上应当装设安全阀；闭式膨胀罐与闭式储罐之间装设有溢流管时，安全阀可以装设在闭式储罐上。

10.2.3.1.3 流道直径

安全阀的流道直径由锅炉制造单位或者有机热载体系统设计单位确定。

10.2.3.2　安全泄压装置

闭式低位储罐上应当装设安全泄压装置。

10.2.3.3　压力测量装置

气相锅炉的锅筒和出口集箱、液相锅炉进出口管道、循环泵及过滤器进出口、受压元件以及调节控制阀前后应当装设压力表。压力表存液弯管的上方应当安装截止阀或者针形阀。

10.2.3.4　液位测量装置

（1）锅筒、闪蒸罐、冷凝液罐和膨胀罐等有液面的部件上应当各自装设独立的1套直读式液位计和1套自动液位检测仪；

（2）有机热载体储罐应当装设1套直读式液位计；

（3）直读式液位计应当采用板式液位计，不应当采用玻璃管式液位计。

10.2.3.5　温度测量装置

锅炉进出口以及系统的闪蒸罐、冷凝液罐、膨胀罐和储罐上应当装设有机热载体温度测量装置。

10.2.3.6　安全保护装置

10.2.3.6.1　基本要求

锅炉和系统的安全保护装置应当根据其供热能力、所使用有机热载体种类及其特性、燃料种类和操作条件的不同，按照保证安全运行的原则进行设置。锅炉及系统内气相有机热载体总注入量大于 $1 \ m^3$ 及液相有机热载体总注入量大于 $5 \ m^3$ 时，应当按照本规程10.2.3.6.2～10.2.3.6.5的要求装设安全保护装置。

10.2.3.6.2　系统报警装置

（1）自然循环气相锅炉应当装设高液位和低液位报警装置，其蒸气出口处应当装设超压报警装置；

（2）液相强制循环锅炉的出口处应当装设有机热载体的低流量、超温和超压报警装置，使用气相有机热载体时还应当装设低压报警装置；

（3）火焰加热锅炉应当装设出口烟气超温报警装置；

（4）闪蒸罐、冷凝液罐和膨胀罐应当装设高液位和低液位报警装置，闪蒸罐、冷凝液罐和闭式膨胀罐还应当装设超压报警装置；

（5）膨胀罐的压力泄放装置、快速排放阀和膨胀管的快速切断阀应当装设动作报警装置。

10.2.3.6.3　加热装置联锁保护

系统内的联锁保护装置，应当在以下情况时能够切断加热装置，并且发出报警：

（1）气相系统内的蒸发容器、冷凝液罐和液相系统内膨胀罐的液位下降到设定限制位置；

（2）气相锅炉出口压力超过设定限制值；

（3）液相锅炉出口有机热载体温度超过设定限制值；

（4）并联炉管数大于或者等于 5 根的液相锅炉，任一根炉管出口有机热载体温度超过设定限制值；

（5）液相强制循环锅炉有机热载体流量低于设定限制值；

（6）火焰加热锅炉出口烟温超过设定限制值；

（7）膨胀罐的压力泄放装置、快速排放阀或者膨胀管的快速切断阀动作；

（8）运行系统主装置联锁停运。

10.2.3.6.4 系统联锁保护

有机热载体系统的联锁保护装置，应当在以下情况时能够切断加热装置和循环泵，并且发出报警：

（1）锅炉出口有机热载体温度超过设定限制值和烟温超过设定限制值二者同时发生；

（2）膨胀罐的低液位报警和快速排放阀或者膨胀管的快速切断阀动作报警二者同时发生；

（3）全系统紧急停运。

10.2.3.6.5 液相系统的流量控制阀

液相有机热载体系统的供应母管和回流母管之间，应当装设一个自动流量控制阀或者压差释放阀。

10.2.4 辅助设备及系统

10.2.4.1 基本要求

辅助设备及系统的设计、制造、安装和操作，应当避免和防止系统中有机热载体发生超温、氧化、污染和泄漏。

10.2.4.2 系统的设计

系统的设计型式应当根据所选用的有机热载体的特性和最高工作温度及系统运行方式确定。符合下列条件之一的系统应当设计为闭式循环系统：

（1）使用气相有机热载体的系统；

（2）使用属于危险化学品的有机热载体的系统；

（3）最高工作温度高于所选用有机热载体的常压下初馏点，或者在最高工作温度下有机热载体的蒸气压高于 0.01 MPa 的系统；

（4）有机热载体系统总容积大于 10 m^3 的系统；

（5）供热负荷及工作温度频繁变化的系统。

10.2.4.3 材料

系统内的受压元件、管道及其附件所用材料应当满足其最高工作温度的要求，并且不应当采用铸铁或者有色金属制造。

10.2.4.4　管件和阀门

（1）液相系统内管件和阀门的公称压力应当不小于 1.6 MPa，气相系统内管件和阀门的公称压力不小于 2.5 MPa，系统内宜使用波纹管密封的截止阀和控制阀；

（2）系统内的管道、阀门和管件连接一般采用焊接方式，管道的焊接应当使用气体保护焊打底；采用法兰连接方式的，应当选用突面、凹凸面法兰或者榫槽面法兰，其垫片应当采用金属网加强的石墨垫片或者金属缠绕的石墨复合垫片；除仪器仪表用螺纹连接以外，系统内不应当采用螺纹连接。

10.2.4.5　循环泵

10.2.4.5.1　循环泵的选用

（1）液相传热系统以及液相强制循环节流减压蒸发气相系统至少应当安装 2 台电动循环泵及冷凝液供给泵，在其中 1 台停止运行时，其余循环泵或者供给泵的总流量应当能够满足该系统最大负荷运行的要求；热功率小于 0.3 MW 的电加热液相有机热载体锅炉配备有可靠的温度联锁保护装置时，该液相传热系统可以只安装 1 台电动循环泵；

（2）循环泵的流量与扬程的选取应当保证通过锅炉的有机热载体最低流量不低于锅炉允许的最小体积流量；

（3）有机热载体的最高工作温度低于其常压下初馏点的系统可以采用带有延伸冷却段的泵；

（4）最高工作温度高于其常压下初馏点的系统，泵的轴承或者轴封应当具有独立的冷却装置，并且设置一个报警装置，当循环泵的冷却系统故障时，该报警装置能够动作；

（5）使用气相有机热载体的系统应当使用屏蔽泵、电磁耦合泵等没有轴封的泵。

10.2.4.5.2　循环泵的供电

为防止突然停电导致循环泵停止运转后锅炉内有机热载体过度温升，炉体蓄热量较大的锅炉宜采取双回路供电、配备备用电源或者采用其他措施。

10.2.4.5.3　过滤器

循环泵的进口处应当装设可拆换滤网的过滤器。在液相传热系统内宜装设一个旁路精细过滤器。

10.2.4.6　介质排放与收集

锅炉及系统的安全装置排放出的介质，应当能够合理收集与回收，不得直接对外排放。所收集的介质未经过处理不应当再次使用。

10.2.4.7　液相系统膨胀罐

液相系统应当设置膨胀罐。膨胀罐的设计应当符合以下要求：
（1）膨胀罐设置在锅炉正上方时，膨胀罐与锅炉之间需要采取有效隔离措施；
（2）采用惰性气体保护的闭式膨胀罐需要设置定压装置，如果闭式膨胀罐中气体的最高压力不超过 0.04 MPa，可以采用液封的方式限制其超压；开式膨胀罐需要设置放空管，放空管的尺寸符合表 10-1 的规定；

（3）膨胀罐的调节容积不小于系统中有机热载体从环境温度升至最高工作温度时因受热膨胀而增加容积的 1.3 倍；

（4）采用高位膨胀罐和低位容器共同容纳整个系统有机热载体的膨胀量时，高位膨胀罐上设置液位自动控制装置和溢流管，溢流管上不装设阀门，其尺寸不小于表 10-1 的规定；

（5）与膨胀罐连接的膨胀管中，至少有 1 根膨胀管上不装设阀门，其管径不小于表 10-1 中规定的尺寸；

（6）容积大于或者等于 20 m³ 的膨胀罐，应当设置一个独立的快速排放阀，或者在其内部气相和液相的空间分别设置膨胀管线，其中液相膨胀管线上设置一个快速切断阀。

表 10-1 膨胀罐的膨胀管、溢流管、排放管和放空管尺寸

系统内锅炉装机总功率（MW），≤	0.1	0.6	0.9	1.2	2.4	6.0	12	24	35	50	65	80	100
膨胀及溢流管公称尺寸 DN（mm）	20	25	32	40	50	65	80	100	150	200	250	300	350
排放及放空管公称尺寸 DN（mm）	25	32	40	50	65	80	100	150	200	250	300	350	400

10.2.4.8 有机热载体储罐

有机热载体容积超过 1 m³ 的系统应当设置储罐，用于系统内有机热载体的排放。储罐的容积应当能够容纳系统中最大被隔离部分的有机热载体量和系统所需要的适当补充储备量。

10.2.4.9 取样冷却器

系统至少应当设置一个非水冷却的有机热载体取样冷却器。液相系统取样冷却器宜装设在循环泵进出口之间或者有机热载体供应母管和回流母管之间。气相系统取样冷却器宜装设在锅炉循环泵的进出口之间。

10.2.5 使用管理

10.2.5.1 有机热载体脱气和脱水

（1）锅炉冷态启动时，当系统循环升温至合适温度，应当对有机热载体进行脱气和脱水操作；

（2）在实际运行温度情况下，系统内在用有机热载体中低沸点物质达到 5％ 以上时，应当采取适当措施进行脱气操作，并且将其冷凝物安全收集。

10.2.5.2 系统的有机热载体补充

锅炉正常运行过程中系统需要补充有机热载体时，应当将该冷态有机热载体首先注入膨胀罐，然后通过膨胀罐将有机热载体间接注入系统主循环回路。

10.2.5.3 锅炉和系统的维护及修理

（1）系统检修时，焊接应当在循环系统的被焊接组件内的易燃气体和空气的混合物被惰性气体完全吹扫后进行；在整个焊接过程中，吹扫操作应当连续进行；

（2）系统中被有机热载体浸润过的保温材料不应当继续使用；已经发生燃烧的保温层不应当立即打开，必须在保温层被充分冷却后再将其拆除更换。

10.3 铸铁锅炉和铸铝锅炉

10.3.1 允许使用范围

（1）铸铁热水锅炉额定出水温度应当低于 120 ℃，并且额定工作压力不超过 0.7 MPa。

（2）铸铝热水锅炉额定出水温度应当不高于 95 ℃，并且额定工作压力不超过 0.7 MPa。

10.3.2 材料

（1）铸铁锅炉应当采用牌号不低于 GB 9439《灰铸铁件》规定的 HT 150 的灰铸铁制造；

（2）铸铝锅炉应当采用 GB/T1173《铸造铝合金》中的 ZL104 铝硅合金铸铝材料制造；

（3）锅炉中钢制受压元件、紧固拉杆应当符合本规程的有关规定。

10.3.3 设计

10.3.3.1 基本要求

（1）热水锅炉的额定工作压力应当不低于额定出水温度加 40 ℃ 对应的饱和压力；

（2）铸铝锅炉的结构可以是整体式或者组合式，铸铁锅炉的结构应当是组合式，锅片之间连接处应当可靠地密封；铸铁锅片的最小壁厚一般不小于 5 mm，铸铝锅片的最小壁厚一般不小于 3.5 mm；锅片之间的紧固拉杆直径一般不小于 8 mm；

（3）锅炉下部容易积垢的部位应当设置内径不小于 25 mm 的清洗孔；回流管入口可以作为清洗孔，但其布置应当满足便于清洗的要求；

（4）额定热功率小于或者等于 1.4 MW 且设置换热设备的铸铝锅炉，其定压、自动排气以及压力、温度等安全显示和保护装置可以设置在一次系统上；自动排气装置最小公称通径不小于 10 mm。

10.3.3.2 冷态爆破验证试验

10.3.3.2.1 实施验证试验的要求

有下列情况之一的，应当进行锅片或者锅炉的冷态爆破验证试验，由设计文件鉴定机构现场进行见证并出具报告：

（1）采用新锅片结构；

（2）改变锅片材料牌号；

（3）上次冷态爆破验证试验合格后，超过 5 年。

10.3.3.2.2 冷态爆破试验数量

整体式锅炉应当取同一型号 3 台锅炉进行整体爆破试验。组合式结构的锅炉，每种型号锅片的冷态爆破试验应当取同规格的 3 片锅片进行试验。锅炉的冷态爆破试验应当取锅炉前部、中部、后部以及其他承压铸件各 3 片（件）进行试验。

10.3.3.2.3 爆破试验压力

（1）额定出水压力小于或者等于 0.4 MPa 时，爆破压力应当大于 $4p + 0.2$ MPa；

（2）额定出水压力大于 0.4 MPa 时，爆破压力应当大于 $5.25p$。

10.3.3.3 整体验证性水压试验

新设计的铸铁锅炉、铸铝锅炉应当进行整体验证性水压试验，并且由设计文件鉴定机构现场进行见证并出具报告。保压时间和合格标准应当符合本规程第 4 章的有关规定。

整体验证性水压试验压力为 $2p$，并且不小于 0.6 MPa。

10.3.4 制造

10.3.4.1 铸造工艺

铸件制造单位应当制订并且实施经过验证的受压铸件的铸造工艺规程。受压铸件不应当有裂纹、穿透性气孔、缩孔、缩松、未浇足、冷隔等铸造缺陷。

10.3.4.2 化学成分分析

每一个熔炼炉次都应当取样 1 次，进行化学成分分析。在原材料和工艺稳定的情况下，允许按班次或者批量进行检验。

10.3.4.3 受压铸件力学性能检验

（1）每一熔炼炉次至少浇铸 1 组试样，每组 3 根，其中 1 根做试验，2 根做复验；连续熔炼时，熔炼前期、中期、后期至少各取 1 组试样。在原材料和工艺稳定的情况下，允许按班次或者批量进行检验；

（2）拉伸试验按照相关标准的规定进行，试样的抗拉强度不低于标准规定值下限为合格；如果第 1 根试样不合格，则取另 2 根试样复验，如果该 2 根试样的试验均合格，则该受压铸件拉伸试验为合格，否则为不合格，该试样代表的锅片也为不合格。

10.3.4.4 锅片壁厚控制

制造单位应当采取有效方法控制最小壁厚，锅片应当有测点图，测点部位应当具有代表性；对同批制造的铸造锅炉锅片（同牌号、同结构型式、同铸造工艺）应当进行不少于 5% 的壁厚测量，并且不少于 2 片；对同批制造同型号的铸铝锅炉锅片，每 200 片至少取 1 片锅片进行解剖测量。

10.3.4.5 耐压试验

锅片毛坯件、机械加工后的锅片、修理后的锅片及其他受压铸件应当逐件进行水压试验，也可以采用气压试验。锅炉组装后应当整体进行耐压试验，试验压力及保压时间应当符合表 10-2 的规定，耐压试验的方法和合格标准应当符合本规程第 4 章的有关规定。气压试验应当符合《固定式压力容器安全技术监察规程》的有关技术要求，气压试验压力为额定工作压力。

表 10-2　试验压力与保压时间

名　称	水压试验压力（MPa）	在试验压力下保压时间（min）
受压铸件	$2p$，并且不小于 0.4	2
锅炉整体	$1.5p$，并且不小于 0.4	20

10.3.4.6　受压铸件修补

受压铸铁件不应当采用焊补的方法进行修理。

10.3.5　使用管理

（1）铸铁锅炉水质应当符合锅炉相关标准的要求；铸铝锅炉宜采用中性或者接近中性水质；

（2）定期检验时的水压试验，按照制造过程中水压试验的要求执行。

10.4　D 级锅炉

10.4.1　基本要求

（1）热水锅炉的受压元（部）件可以采用铝、铜合金以及不锈钢材料，管子可以采用焊接管；材料选用应当符合相关标准的规定；其他锅炉用材料应当满足本规程第 2 章的规定；

（2）热水锅炉的锅筒（壳）、炉胆与相连接的封头（管板）可以采用插入式全焊透的 T 型连接结构；

（3）蒸汽锅炉的水容积应当经过计算，并且在设计图样上标明锅炉设计正常水位时的水容积；

（4）锅筒（壳）、炉胆（顶）、封头（管板）、下脚圈的取用壁厚应当不小于 3 mm；铝制锅炉锅筒（壳）或者炉胆的取用壁厚应当不小于 3.5 mm；锅炉焊缝减弱系数取 $\varphi=0.8$；

（5）不允许对 D 级锅炉进行改造。

10.4.2　制造

（1）锅炉制造过程中可以不做产品焊接试件；

（2）制造监督检验，可以采取以批代台方式（注 10-1）进行；

（3）热水锅炉和额定工作压力小于 0.2 MPa 的蒸汽锅炉，在锅炉制造单位保证焊缝质量的前提下，可以不进行无损检测；

（4）锅炉制造单位应当在锅炉显著位置标注"禁止超压、缺水运行"的安全警示；蒸汽锅炉铭牌上标明"使用年限不超过 8 年"；

（5）锅炉制造单位应当告知使用单位使用安全注意事项与应急处置办法，并且对锅炉安全使用情况进行定期回访、检查，指导使用单位确保锅炉安全运行。

注 10-1：以批代台参照《固定式压力容器安全技术监察规程》中简单压力容器的监检

方法执行。

10.4.3 安全附件和仪表

10.4.3.1 蒸汽锅炉安全附件和仪表要求

（1）锅炉本体上至少装设 2 个安全阀，安全阀的排放量按照本规程第 5 章的要求进行计算，流道直径应当大于或者等于 10 mm；

（2）锅炉至少装设 1 个压力表和水位计；

（3）锅炉应当装设超压、低水位报警或者联锁保护装置，并且定期维护，确保灵敏、可靠。

10.4.3.2 排污管与排污阀连接

锅炉排污管与排污阀可以采用螺纹连接。

10.4.4 安装

（1）锅炉不需要进行安装告知，并且不实施安装监督检验；

（2）锅炉安装工作由制造单位或者其授权的单位负责，制造单位或者其授权的安装单位和使用单位双方代表书面验收认可后，方可运行；

（3）锅炉制造单位或者其授权的安装单位应当对作业人员进行操作、安全管理和应急处置培训，培训合格后出具书面证明。

10.4.5 使用管理

（1）锅炉不需要办理使用登记；不实行定期检验；锅炉的作业人员不需取得《特种设备作业人员证》，但是应当根据本规程 10.4.4 的规定经过培训；

（2）锅炉使用单位应当定期检查锅炉安全状况，及时发现并消除安全隐患，确保锅炉安全运行。

11 附 则

11.1 本规程由国家市场监督管理总局负责解释。

11.2 本规程自 2021 年 6 月 1 日起施行。《锅炉安全技术监察规程》（TSG G0001—2012）、《锅炉设计文件鉴定管理规则》（TSG G1001—2004）、《燃油（气）燃烧器安全技术规则》（TSG ZB001—2008）、《燃油（气）燃烧器型式试验规则》（TSG ZB002—2008）、《锅炉化学清洗规则》（TSG G5003—2008）、《锅炉水（介）质处理监督管理规则》（TSG G5001—2010）、《锅炉水（介）质处理检验规则》（TSG G5002—2010）、《锅炉监督检验规则》（TSG G7001—2015）、《锅炉定期检验规则》（TSG G7002—2015）同时废止。

本规程实施之前发布的其他相关文件和规定，其要求与本规程不一致的，以本规程为准。

附　件　A

锅炉用材料的选用

A1　锅炉用钢板材料

锅炉用钢板材料见表 A-1。

表 A-1　锅炉用钢板材料

牌号	标准编号	适用范围	
		工作压力（MPa）	壁温（℃）
Q235B Q235C Q235D	GB/T 3274	≤1.6	≤300
15，20	GB/T 711		≤350
Q245R	GB/T 713	≤5.3（注 A-2）	≤430
Q345R	GB/T 713		≤430
15CrMoR	GB/T 713	不限	≤520
12Cr2Mo1R	GB/T 713	不限	≤575
12Cr1MoVR	GB/T 713	不限	≤565
13MnNiMoR	GB/T 713	不限	≤400

　　注 A-1：表 A-1 所列材料对应的标准名称为 GB/T 3274《碳素结构钢和低合金结构钢　热轧钢板和钢带》、GB/T 711《优质碳素结构钢热轧钢板和钢带》、GB/T 713《锅炉和压力容器用钢板》。

　　注 A-2：制造不受辐射热的锅筒（壳）时，工作压力不受限制。

　　注 A-3：GB/T 713 中所列的其他材料用作锅炉钢板时，其选用可以参照 GB/T 150《压力容器》的相关规定执行。

A2　锅炉用钢管材料

锅炉用钢管材料见表 A-2。

表 A-2　锅炉用钢管材料

牌号	标准编号	适用范围		
		用途	工作压力（MPa）	壁温（℃）（注 A-5）
Q235B	GB/T 3091	热水管道	≤1.6	≤100
L210	GB/T 9711	热水管道	≤2.5	—
10，20	GB/T 8163	受热面管子	≤1.6	≤350
		集箱、管道		≤350
	GB/T 3087	受热面管子	≤5.3	≤460
		集箱、管道		≤430
09CrCuSb	NB/T 47019	受热面管子	不限	≤300

续表

牌号	标准编号	适用范围		
		用途	工作压力（MPa）	壁温（℃）（注 A-5）
20G	GB/T 5310	受热面管子	不限	≤460
		集箱、管道		≤430
20MnG,25MnG	GB/T 5310	受热面管子	不限	≤460
		集箱、管道		≤430
15Ni1MnMoNbCu	GB/T 5310	集箱、管道	不限	≤450
15MoG,20MoG	GB/T 5310	受热面管子	不限	≤480
12CrMoG,15CrMoG	GB/T 5310	受热面管子	不限	≤560
		集箱、管道	不限	≤550
12Cr1MoVG	GB/T 5310	受热面管子	不限	≤580
		集箱、管道	不限	≤565
12Cr2MoG	GB/T 5310	受热面管子	不限	≤600*
	GB/T 5310	集箱、管道	不限	≤575
12Cr2MoWVTiB	GB/T 5310	受热面管子	不限	≤600*
12Cr3MoVSiTiB	GB/T 5310	受热面管子	不限	≤600*
07Cr2MoW2VNbB	GB/T 5310	受热面管子	不限	≤600*
10Cr9Mo1VNbN	GB/T 5310	受热面管子	不限	≤650*
	GB/T 5310	集箱、管道	不限	≤620
10Cr9MoW2VNbBN	GB/T 5310	受热面管子	不限	≤650*
	GB/T 5310	集箱、管道	不限	≤630
07Cr19Ni10	GB/T 5310	受热面管子	不限	≤670*
10Cr18Ni9NbCu3BN	GB/T 5310	受热面管子	不限	≤705*
07Cr25Ni21NbN	GB/T 5310	受热面管子	不限	≤730*
07Cr19Ni11Ti	GB/T 5310	受热面管子	不限	≤670*
07Cr18Ni11Nb	GB/T 5310	受热面管子	不限	≤670*
08Cr18Ni11NbFG	GB/T 5310	受热面管子	不限	≤700*

注 A-4：表 A-2 所列材料对应的标准名称为 GB/T 3091《低压流体输送用焊接钢管》、GB/T 9711《石油天然气工业管线输送系统用钢管》、GB/T 8163《输送流体用无缝钢管》、GB/T 3087《低中压锅炉用无缝钢管》、NB/T 47019《锅炉、热交换器用管订货技术条件》、GB/T 5310《高压锅炉用无缝钢管》。

注 A-5：（1）"*"处壁温指烟气侧管子外壁温度，其他壁温指锅炉的计算壁温；

（2）超临界及以上锅炉受热面管子设计选材时，应当充分考虑内壁蒸汽氧化腐蚀。

A3 锅炉用锻件材料

锅炉用锻件材料见表 A-3。

表 A-3　锅炉用锻件材料

牌号	标准编号	适用范围	
		工作压力（MPa）	壁温（℃）
20	NB/T 47008	≤5.3（注 A-7）	≤430
25	GB/T 699		≤430
16Mn	NB/T 47008	不限	≤430
12CrMo			≤550
15CrMo			≤550
14Cr1Mo			≤550
12Cr2Mo1			≤575
12Cr1MoV			≤565
10Cr9Mo1VNbN			≤620
06Cr19Ni10	NB/T 47010		≤670
07Cr19Ni11Ti			≤670

注 A-6：表 A-3 所列材料对应的标准名称为 GB/T 699《优质碳素结构钢》、NB/T 47008《承压设备用碳素钢和合金钢锻件》、NB/T 47010《承压设备用不锈钢和耐热钢锻件》。

注 A-7：不与火焰接触锻件，工作压力不限。

注 A-8：对于工作压力小于或者等于 2.5 MPa、壁温低于或者等于 350 ℃的锅炉锻件，可以采用 Q235 进行制作。

注 A-9：表 A-3 未列入的 NB/T 47008《承压设备用碳素钢和合金钢锻件》材料用作锅炉锻件时，其适用范围的选用可以参照 GB/T 150 的相关规定执行。

A4　锅炉用铸钢件材料

锅炉用铸钢件材料见表 A-4。

表 A-4　锅炉用铸钢件材料

牌号	标准编号	适用范围	
		工作压力（MPa）	壁温（℃）
ZG200-400	JB/T 9625	≤5.3	≤430
ZG230-450			≤430
ZG20CrMo		不限	≤510
ZG20CrMoV			≤540
ZG15Cr1Mo1V			≤570

注 A-10：表 A-4 所列材料对应的标准名称为 JB/T 9625《锅炉管道附件承压铸钢件 技术条件》。

A5　锅炉用铸铁件材料

锅炉用铸铁件材料见表 A-5。

表 A-5 锅炉用铸铁件材料

牌号	标准编号	适用范围		
		附件公称通径 DN（mm）	工作压力（MPa）	壁温（℃）
不低于 HT150 灰铸铁	GB/T 9439 JB/T 2639	≤300	≤0.8	＜230
		≤200	≤1.6	
KTH300-06	GB/T 9440	≤100	≤1.6	＜300
KTH330-08				
KTH350-10				
KTH370-12				
QT400-18	GB/T 1348 JB/T 2637	≤150	≤1.6	＜300
QT450-10		≤100	≤2.4	

注 A-11：表 A-5 所列材料对应的标准名称为 GB/T 9439《灰铸铁件》、JB/T 2639《锅炉承压灰铸铁件　技术条件》、GB/T 9440《可锻铸铁件》、GB/T 1348《球墨铸铁件》、JB/T 2637《锅炉承压球墨铸铁件　技术条件》。

A6　锅炉用紧固件材料

锅炉用紧固件材料见表 A-6。

表 A-6 紧固件材料

牌号	标准编号	适用范围	
		工作压力（MPa）	使用温度（℃）
Q235B、Q235C、Q235D	GB/T 700	≤1.6	≤350
20、25	GB/T 699		≤350
35			≤420
40Cr	GB/T 3077		≤450
30CrMo			≤500
35CrMoA	DL/T 439	不限	≤500
25Cr2MoVA			≤510
25Cr2Mo1VA			≤550
20Cr1Mo1VNbTiB			≤570
20Cr1Mo1VTiB			≤570
20Cr13、30Cr13	GB/T 1220		≤450
12Cr18Ni9			≤610
06Cr19Ni10	GB/T 1221		≤610

注 A-12：表 A-6 所列材料对应的标准名称为 GB/T 700《碳素结构钢》、GB/T 699《优质碳素结构钢》、GB/T 3077《合金结构钢》、DL/T 439《火力发电厂高温紧固件技术导则》、GB/T 1220《不锈钢棒》、GB/T 1221《耐热钢棒》。

注 A-13：表 A-6 未列入的 GB/T 150 中所列碳素钢和合金钢螺柱、螺母等材料用作锅炉紧固件时，其适用范围的选用可以参照 GB/T 150 的相关规定执行。

A7　锅炉拉撑件材料

锅炉拉撑板应当选用锅炉用钢板材料。锅炉拉撑杆材料的选用应当符合 YB/T 4155《标准件用碳素钢热轧圆钢及盘条》和 GB/T 699《优质碳素结构钢》的要求。

A8　焊接材料

焊接材料的选用应当符合 NB/T 47018《承压设备用焊接材料订货技术条件》的要求。

附 件 B
锅炉产品合格证

编号：

制造单位名称			
产品制造地址			
统一社会信用 （组织机构)代码		制造许可证编号	
制造许可级别		产品名称	
产品型号		产品编号	
设备代码		设备级别	
制造日期： 年 月			

本产品在制造过程中经过质量检验,符合《锅炉安全技术规程》及其设计图样、相应技术标准和订货合同的要求。

检验责任工程师(签章)： 日期：

质量保证工程师(签章)： 日期：

产品质量检验专用章

年 月 日

注：本合格证包括所附的锅炉产品数据表，制造单位应当按照特种设备信息化的要求，将其信息输入特种设备的设备数据库。

附 表 b
锅炉产品数据表

编号：

设备类别			产品名称		
产品型号			产品编号		
设备代码			设备级别		

设计文件鉴定	设计文件鉴定日期			鉴定报告编号	
	鉴定机构名称				

主要参数	额定蒸发量(热功率)		t/h(MW)	额定工作压力		MPa
	额定工作温度		℃	设计热效率		%
	给水温度		℃	额定出水(油)/回水(油)温度		/ ℃
	整装锅炉本体液压试验介质/压力		/ MPa	有机热载体锅炉气密试验介质/压力		/ MPa
	再热器进/出口温度		/ ℃	再热器进/出口压力		/ MPa
	燃烧方式			燃料(或者热源)种类		

主要受压元件	材料	壁厚(mm)	无损检测		热处理		水(耐)压试验	
			方法	比例(%)	温度(℃)	时间(h)	介质	压力(MPa)

安全阀数据			
型号	规格	数量	制造单位名称

制造监检情况	监检机构		
	机构组织代码	机构核准证编号	

注：本表的具体项目可以根据锅炉类别（承压蒸汽锅炉、承压热水锅炉、有机热载体锅炉、锅炉部件）编制；主要受压元件，填写锅筒（锅壳）、过热器出口集箱、启动（汽水）分离器及储水箱，其他有关数据应当在产品出厂资料其他要求的内容中提供；燃烧方式填写层燃、室燃、流化床、其他；燃料（或者热源）种类填写油、气、煤、水煤浆、生物质、电、余热、其他。

附　件　C

特种设备代码编号方法

C1　编号基本方法

设备代码为设备的代号，必须具有其唯一性，由设备基本代码、制造单位代号、制造年份、制造顺序号组成，中间不空格。

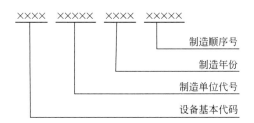

C2　编号含义

C2.1　设备基本代码

按照特种设备目录中品种的设备代码（4 位阿拉伯数字）编写。如承压蒸汽锅炉为"1100"、承压热水锅炉为"1200"、有机热载体锅炉为"1300"等。

C2.2　制造单位代号

由制造许可审批机关所在地的行政区域代码（2 位阿拉伯数字）和制造单位制造许可证编号中的单位顺序号（3 位阿拉伯数字）组成。如黑龙江某一锅炉制造单位，由国家市场监督管理总局负责审批，其制造许可证编号为"TS2110890—2012"，其中国家市场监督管理总局行政区域代码用 10 表示，单位顺序号为 890，则制造单位代号为"10890"；如由黑龙江省特种设备安全监督管理部门负责审批，其制造许可证编号为"TS2123010—2012"，其中黑龙江行政区域代码用 23 表示，单位顺序号为 10，则制造单位代号为"23010"。

C2.3　制造年份

制造产品制造的年份（4 位阿拉伯数字），如 2019 年制造的则为"2019"。

C2.4　制造顺序号

制造单位自行编排的产品顺序号（5 位阿拉伯数字）。如 2019 年制造的某一品种的锅炉的产品制造顺序号为 89，则编为"00089"。

如果制造顺序号超过 99999，可用拼音字母代替。如制造产品的某一品种的锅炉的产品制造顺序号为 100000 或者 110000，则制造顺序号为 A0000 或者 B0000，依此类推。

附　件　D

液（气）体燃料燃烧器型式试验型号覆盖原则

同一系列中同一功率等级不同型号的液（气）体燃料燃烧器型式试验覆盖原则如下：

D1　同一系列

液（气）体燃料燃烧器同一系列，应当同时满足以下条件：
（1）燃料种类相同；
（2）燃烧器结构相似；
（3）液体燃烧器雾化方式相同，或者气体燃烧器燃气、空气混合方式相同；
（4）控制方式相同。

D2　功率等级划分

燃烧器功率等级按照燃烧器额定输出热功率（Q_e）共划分为 18 个等级，见表 D-1。

表 D-1　燃烧器功率等级划分表

功率等级	额定输出热功率（Q_e）范围	功率等级	额定输出热功率（Q_e）范围
1	$Q_e \leqslant 100\ kW$	10	$2500\ kW < Q_e \leqslant 3200\ kW$
2	$100\ kW < Q_e \leqslant 200\ kW$	11	$3200\ kW < Q_e \leqslant 4000\ kW$
3	$200\ kW < Q_e \leqslant 300\ kW$	12	$4000\ kW < Q_e \leqslant 4500\ kW$
4	$300\ kW < Q_e \leqslant 400\ kW$	13	$4500\ kW < Q_e \leqslant 6300\ kW$
5	$400\ kW < Q_e \leqslant 600\ kW$	14	$6300\ kW < Q_e \leqslant 7800\ kW$
6	$600\ kW < Q_e \leqslant 800\ kW$	15	$7800\ kW < Q_e \leqslant 12000\ kW$
7	$800\ kW < Q_e \leqslant 1200\ kW$	16	$12000\ kW < Q_e \leqslant 16000\ kW$
8	$1200\ kW < Q_e \leqslant 1600\ kW$	17	$16000\ kW < Q_e \leqslant 24000\ kW$
9	$1600\ kW < Q_e \leqslant 2500\ kW$	18	$Q_e > 24000\ kW$

D3　其他要求

对于被覆盖的燃烧器型号，燃烧器制造单位应当向型式试验机构提供该型号燃烧器书面的产品安全性能声明资料。型式试验机构对该声明资料及出厂技术文件等资料核查后，在已通过型式试验型号燃烧器的型式试验证书与报告中注明其可覆盖的燃烧器型号。

附　件　E

锅炉制造监督检验项目

E1　制造单位基本情况检查

（1）制造许可证（A类）；

（2）相关责任人员配置以及受压元件焊接人员和无损检测人员的持证情况（C类）；

（3）合格受委托方和供方名单以及与锅炉产品制造相关的其他资源条件（C类）；

（4）每年至少对受检单位的质量管理体系运转情况和资源条件变化情况进行一次检查（B类）。

E2　设计文件、工艺文件核查

（1）设计文件鉴定资料以及相关设计变更资料（A类）；

（2）锅炉产品质量（检验）计划（C类）；

（3）焊接工艺评定资料、焊接工艺文件、热处理工艺文件、胀接工艺文件、检测工艺文件、水（耐）压试验方案以及监检人员认为应当核查的其他工艺文件等（C类）。

E3　锅炉产品制造过程监督抽查

E3.1　锅炉部件通用要求

（1）主要受压元件材料及其焊接材料质量证明（A类）；

（2）材料验收资料、主要受压元件材料代用资料、合金钢材料化学成分光谱分析记录（C类）；

（3）材料标记移植的可追溯性（B类）；

（4）工艺执行情况（B类）；

（5）焊工施焊记录（C类）；

（6）焊工代号钢印、焊接接头外观质量（B类）；

（7）焊接材料的管理情况（B类）；

（8）热处理记录或者报告、焊接接头的无损检测报告（C类）。

E3.2　锅炉部件专项要求

E3.2.1　锅筒（壳）、启动（汽水）分离器及储水箱、炉胆、封头（管板）、回燃室、冲天管、下脚圈、拉撑件（管、板、杆）

（1）焊缝的布置、坡口加工情况（B类）；

（2）焊接试件数量、制作方法（B类）；

（3）焊接试样试验报告（A类）；

（4）几何尺寸〔锅筒（壳）筒体最大内径与最小内径差、棱角度、直线度、对接偏差、开孔位置等〕、管孔开孔尺寸以及表面质量（B类）；

（5）内部装置安装记录（C类）；

（6）射线底片的质量、缺陷评定或者数字式可记录超声检测记录、缺陷评定，至少抽查无损检测数量的30%（包括每种无损检测方法），应当包括焊缝交叉部位、可疑部位以及返修部位（C类）；

（7）需要进行水压试验的，现场监督水压试验（A类）。

E3.2.2 集箱（含分汽缸）

（1）焊接试件数量、制作方法（B类）；

（2）焊接试样试验报告（A类）；

（3）管孔开孔尺寸以及表面质量（B类）；

（4）射线底片的质量、缺陷评定或者数字式可记录超声检测记录、缺陷评定，A级锅炉至少抽查无损检测数量的20%（包括每种无损检测方法），B级及以下锅炉至少抽查无损检测数量的30%（包括每种无损检测方法），应当包括焊缝交叉部位、可疑部位以及返修部位（C类）；

（5）现场监督水压试验，数量不少于30%（A类）；

（6）集箱水压试验记录（C类）。

E3.2.3 受热面管

（1）几何尺寸以及外观质量（B类）；

（2）射线底片的质量、缺陷评定（采用工业射线数字成像检测时，核查检测记录）或数字式可记录超声检测记录、缺陷评定，至少抽查无损检测数量的20%（包括每种无损检测方法），应当包括可疑部位以及返修部位（C类）；

（3）受热面管子通球记录（C类）；

（4）需要进行水压试验的，核查水压试验记录（C类）。

E3.2.4 减温器、汽-汽热交换器

（1）内部装置的装配（B类）；

（2）减温器和汽-汽热交换器筒体的监督检验项目参照E3.2.1的要求进行；

（3）面式减温器和汽-汽热交换器内部管子的监督检验项目参照E3.2.3的要求进行。

E3.2.5 锅炉范围内管道、主要连接管道

（1）几何尺寸以及表面质量（B类）；

（2）射线底片的质量、缺陷评定或数字式可记录超声检测记录、缺陷评定，至少抽查无损检测数量的20%（包括每种无损检测方法），应当包括可疑部位以及返修部位（C类）。

E3.2.6 铸铁锅炉、铸铝锅炉特殊要求

铸铁锅炉、铸铝锅炉除以上项目外，还应包括以下特殊项目：

（1）冷态爆破验证试验报告、整体验证性水压试验报告以及设计文件鉴定机构出具的现场见证文件（C类）；

（2）铸造过程记录（分包时除外）、受压铸件检查记录、受压铸件力学性能检验报告（C类）；

（3）锅片外观质量以及壁厚（B类）；

（4）锅片以及其他受压铸件的水压试验（B类）；

（5）锅片以及其他受压铸件的水压试验记录（C类）。

E3.3　整体水（耐）压试验

现场监督整装出厂锅炉的整体水（耐）压试验（A类）。

E3.4　安全附件和仪表

核查安全附件和仪表装箱清单（C类）。

E3.5　出厂资料

（1）锅炉出厂资料、液（气）体燃料燃烧器产品型式试验合格证书（安装现场进行型式试验的，可以在安装现场型式试验后提供)(C类)；

（2）相关安全技术规范要求的锅炉定型产品能效测试报告（A类）。

E3.6　锅炉铭牌

核查锅炉铭牌内容的完整性（A类）。

E4　进口锅炉产品特殊要求

对于进口锅炉产品，如果未进行制造监督检验，在产品到岸后应当进行以下项目检验：

E4.1　锅炉制造单位资质

核查锅炉制造许可证。

E4.2　设计文件

核查设计文件鉴定资料以及相关设计变更资料、设计采用的安全技术规范及其相关标准。

E4.3　出厂资料

按 E3.5 的要求，核查出厂资料。

E4.4　现场确认或者检查的项目

参照 E3.1、E3.2 的要求核查相关技术资料，并且根据核查情况确定需要补充现场确认或者现场检查的项目。以下项目应当进行现场确认或检查：

（1）主要受压元件的厚度测量；

（2）结构、外观及几何尺寸检查；

（3）主要受压元件标志移植情况确认（条件允许时）；

（4）无损检测检查（条件允许时）；

（5）安全附件及仪表检查（条件允许时）；

（6）相关技术资料核查有怀疑的检验项目；

（7）铭牌的内容以及是否采用中文和国际单位制。

附 件 F

锅炉安装监督检验项目

F1 安装单位基本情况检查

F1.1 安装单位资源条件

（1）锅炉安装许可证（A类）；

（2）相关责任人员配置以及受压元件焊接人员和无损检测人员的持证情况（C类）；

（3）合格受委托方和供方名单以及与锅炉安装相关的其他资源条件（C类）。

F1.2 出厂资料和文件

（1）锅炉出厂资料、制造监督检验证书，对于移装锅炉，还应当核查移装前内部检验报告和锅炉使用登记机关的过户变更证明文件（A类）；

（2）安全附件和仪表质量证明文件（C类）；

（3）液（气）体燃料燃烧器型式试验合格证书（C类）；

（4）有机热载体产品检验报告（C类）；

（5）相关安全技术规范要求的锅炉定型产品能效测试报告（A类）。

F2 设计文件、工艺文件核查（C类）

（1）核查相关设计变更资料；

（2）安装施工组织设计（方案）；

（3）焊接工艺评定资料、焊接工艺文件、热处理工艺文件、检测工艺文件、水（耐）压试验方案、调试和试运行工艺文件以及监检人员认为应当核查的其他工艺文件等。

F3 整装锅炉安装过程监督抽查

F3.1 锅炉基础

锅炉基础验收资料、锅炉就位后本体水平度检查记录、可分式省煤器安装记录（C类）。

F3.2 主蒸汽管道、主出水管道和给水管道

（1）质量证明文件（C类）；

（2）无损检测报告、全部安装焊接接头射线底片的质量、缺陷评定或者数字式可记录超声检测记录、缺陷评定（C类）；

（3）管道支吊架、膨胀节、阀门、法兰等的安装质量（B类）。

F3.3 热水锅炉及系统

热水锅炉的集（排）气装置、补给水装置、循环水泵、除污器、定压装置、循环水的膨

胀装置的装设和防水击措施等（B类）。

F3.4 有机热载体锅炉及系统

有机热载体锅炉的循环泵、膨胀罐、储存罐、排气阀、取样冷却装置等的装设（B类）。

F3.5 水（耐）压试验

水（耐）压试验，包括检查水（耐）压试验条件以及安全防护情况，核查试验用水水质分析报告（C级及以下锅炉除外），现场监督水（耐）压试验，检查升（降）压速度、试验压力、保压时间，检查在工作压力下受压元件表面、焊缝、胀口、人孔、手孔、密封等处的状况以及泄压后的状况（A类）。

F3.6 锅炉水处理

锅炉水处理设备设置、安装调试和加药记录、水汽（介质）质量检验记录（B类）。

F3.7 锅炉调试、试运行及验收

烘炉及煮炉记录，锅炉及安全附件和仪表调试、试运行记录或者报告（C类）。

F3.8 试运行后的检查

锅炉试运行正常后参照锅炉外部检验的要求对锅炉进行检查（B类）。

F3.9 锅炉环保

相关安全技术规范要求的锅炉大气污染物排放测试报告（锅炉大气污染物初始排放已经达到有关锅炉大气污染物排放控制要求，且制造单位保证后续生产的锅炉与测试产品完全一致的，可以只提供锅炉产品测试报告）或者与生态环境主管部门联网的自动监测数据（C类）。锅炉大气污染物排放不符合要求的，监检机构不得出具结论为合格的锅炉安装监督检验报告及证书。

F3.10 竣工资料

核查锅炉安装竣工资料的完整性和有效性（C类）。

F3.11 发现问题的处理（C类）

（1）受检单位在发现不符合项时的处理情况；
（2）监检人员提出问题的处理及反馈情况。

F4 散装锅炉安装过程监督抽查

F4.1 锅炉基础

锅炉基础沉降定期观测记录（C类）。

F4.2 锅炉钢结构（C类）

（1）锅炉钢结构质量证明文件、高强螺栓复验资料以及安装记录；

（2）锅炉钢结构现场施焊记录、无损检测报告；

（3）锅炉大板梁挠度测量记录、钢结构安装验收资料。

F4.3 受压部件通用要求

（1）受压元件及焊接材料质量证明文件（C类）；

（2）受压元件及焊接材料的管理（B类）；

（3）部件外观质量以及现场坡口加工质量（B类）；

（4）焊接施工过程中焊接工艺执行情况（B类）；

（5）施焊记录、热处理记录（C类）；

（6）安装焊接接头外观质量（B类）；

（7）安装焊接接头无损检测报告、合金钢材质安装焊接接头化学成分光谱分析记录、高合金钢材质安装焊接接头金相检测报告（C类）。

F4.4 受压部件专项要求

F4.4.1 锅筒、启动（汽水）分离器及储水箱、集箱类部件（含减温器、分汽缸）

（1）内部装置现场安装记录（锅筒）、内部清理记录、安装就位记录、支撑以及悬吊装置安装记录、支座预留膨胀间隙测量记录、膨胀指示器安装记录（C类）；

（2）合金钢材质安装焊接接头化学成分光谱分析，每种材质至少抽查安装焊接接头数量的5%（B类）；

（3）安装焊接接头射线底片的质量、缺陷评定或者数字式可记录超声检测记录、缺陷评定，至少抽查无损检测数量的20%（包括每种无损检测方法)(C类）；

（4）安装焊接接头热处理后的硬度检测记录（C类）；

（5）高合金钢材质安装焊接接头的硬度检测，每种材质至少抽查安装焊接接头数量的10%（B类）。

F4.4.2 受热面（包括水冷壁、对流管束、过热器、再热器、省煤器等）及其附件

（1）膜式壁拼缝用材料检查记录、受热面管的组合记录、安装记录以及管子通球记录（C类）；

（2）受热面管排平整度、管子间距（B类）；

（3）现场监督胀接试验，检查胀接质量（B类）；

（4）胀管记录（C类）；

（5）安装焊接接头射线底片的质量、缺陷评定或数字式可记录超声检测记录、缺陷评定，每种部件至少抽查无损检测数量的20%（包括每种无损检测方法)(C类）；

（6）射线检测，每种合金钢材质安装焊接接头抽查比例至少为1%（B类）；

（7）合金钢材质安装焊接接头化学成分光谱分析，每种材质至少抽查安装焊接接头数量的1%（B类）；

（8）受热面防磨装置、定位管卡等安装位置和安装质量（B类）。

F4.4.3 锅炉范围内管道、主要连接管道

（1）管道安装记录、支吊装置安装记录、膨胀指示器安装记录及其原始数据记录（C类）；

（2）射线底片的质量、缺陷评定或数字式可记录超声检测记录、缺陷评定；每种部件至少抽查无损检测数量的 20%（包括每种无损检测方法)(C 类)；

（3）A 级锅炉安装焊接接头进行无损检测，每种管道至少抽查安装焊接接头数量的 1%（B 类)；

（4）合金钢材质安装焊接接头化学成分光谱分析，每种材质至少抽查安装焊接接头数量的 1%（B 类)；

（5）安装焊接接头热处理后的硬度检测记录（C 类)；

（6）高合金钢材质安装焊接接头硬度检测，每种材质至少抽查安装焊接接头数量的 10%（B 类)；

（7）取样、疏（放）水和排气管道的安装布置（B 类)。

F4.5　蒸汽吹灰系统

（1）管道的安装、坡度设置（B 类)；
（2）安全阀的校验报告、合金钢部件化学成分光谱分析报告（C 类)。

F4.6　锅炉本体其他装置

炉膛门、孔、密封部件以及防爆门的安装记录（C 类)。

F4.7　水（耐）压试验

水（耐）压试验，包括检查水（耐）压试验条件以及安全防护情况，核查试验用水水质分析报告（C 级及以下锅炉除外），现场监督水（耐）压试验，抽查升（降）压速度、试验压力、保压时间，检查在工作压力下受压元件表面、焊缝、胀口、人孔、手孔、密封等处的状况以及泄压后的状况（A 类)。

F4.8　炉墙、保温及防腐

低温烘炉记录、锅炉本体以及管道保温外护层表面热态测温记录、施工质量验收记录（C 类)。

F4.9　安全附件和仪表

（1）安全阀校验报告、压力测量装置和温度测量装置的检定、校准证书等（C 类)；

（2）合金钢管子、管件和焊接接头化学成分光谱分析记录，安装焊接接头的热处理记录、无损检测记录或者报告（C 类)；

（3）安全阀排汽管、疏水管的结构和走向（B 类)；

（4）水位测量装置的安装位置和数量（B 类)；

（5）高（低）水位报警装置、低水位联锁保护装置、超压报警及联锁保护装置、超温报警及联锁保护装置、点火程序控制和熄火保护等的功能试验记录（C 类)。

F4.10　锅炉水处理

锅炉水处理设备设置、安装调试和加药记录、水汽（介质）质量检验记录（B 类)。

F4.11　锅炉调试、试运行及验收

锅炉整套启动调试报告、烘炉及煮炉（化学清洗）记录，管道的冲洗和吹洗记录，安全阀整定报告，整套启动试运行阶段锅炉相关验收签证（C类）。

F4.12　锅炉环保

相关安全技术规范要求的锅炉大气污染物排放测试报告（锅炉大气污染物初始排放已经达到有关锅炉大气污染物排放控制要求，且制造单位保证后续生产的锅炉与测试产品完全一致的，可以只提供锅炉产品测试报告）或者与生态环境主管部门联网的自动监测数据（C类）。锅炉大气污染物排放不符合要求的，监检机构不得出具结论为合格的锅炉安装监督检验报告及证书。

F4.13　竣工资料

核查锅炉安装竣工资料的完整性和有效性（C类）。

F4.14　设计变更以及发现问题的处理（C类）

（1）施工过程中发生设计变更时的审批手续；
（2）受检单位在发现不符合项时的处理情况；
（3）监检人员提出问题的处理及反馈情况。

F5　组装锅炉安装过程监督抽查

组装锅炉安装过程监督抽查参照散装锅炉的有关要求进行。

附 件 G
锅炉监督检验证书

锅炉制造监督检验证书

证书编号：

制造单位名称			
制造许可级别		制造许可证编号	
设备类别		设备品种（名称）	
产品型号		产品编号/批号	/
设备代码		产品总图图号	
制造日期		年 月 日	

监督检验范围说明：

　　根据《中华人民共和国特种设备安全法》《特种设备安全监察条例》的规定,该产品的制造经我机构监督检验,符合《锅炉安全技术规程》规定的基本安全要求,特发此证,并且在产品铭牌上打有如下监督检验钢印：

监督检验人员：　　　　　　日期：

审核：　　　　　　　　　　日期：

批准：　　　　　　　　　　日期：

（监督检验机构检验专用章）

年 月 日

监督检验机构核准证号：

注 G-1：锅炉部件制造监督检验证书、进口锅炉产品监督检验证书参照编制。（本注不印制）

锅炉安装、改造和重大修理监督检验证书

证书编号：

施工单位名称				
许可级别		许可证编号		
使用单位名称				
制造单位名称				
设备类别		设备品种(名称)		
产品型号		产品编号		
设备代码		制造日期		
使用地点				
使用单位内编号		使用登记证编号		
额定蒸发量(功率)	t/h(MW)	额定出口压力		MPa
额定出口温度	℃	允许工作压力		MPa
允许工作温度	℃	水(耐)压试验压力		MPa

说明:(可附页)

　　根据《中华人民共和国特种设备安全法》《特种设备安全监察条例》的规定,该锅炉的(安装、改造、重大修理)经我机构监督检验,符合《锅炉安全技术规程》规定的基本安全要求,特发此证书。

　　　　　　　　　　监督检验人员：　　　　日期：

　　　　　　　　　　　　审核：　　　　　　日期：

　　　　　　　　　　　　批准：　　　　　　日期：

　　　　　　　　　　　　　　　　　　　　　(监督检验机构检验专用章)

　　　　　　　　　　　　　　　　　　　　　　　　年　月　日

　　　　监督检验机构核准证号：

附 件 H
锅炉外部检验项目

H1 资料核查

首次检验的锅炉，核查以下资料；非首次检验的锅炉，重点核查新增加和有变更的部分：

（1）锅炉使用管理制度；

（2）特种设备使用登记证及作业人员证书；

（3）锅炉出厂资料、锅炉安装竣工资料、锅炉改造和重大修理技术资料以及监督检验证书；

（4）锅炉历次检验、检查、修理资料；

（5）有机热载体产品检验报告、液（气）体燃料燃烧器型式试验证书以及年度检查记录和定期维护保养记录；

（6）锅炉日常使用记录、运行故障和事故记录；

（7）相关安全技术规范要求的锅炉产品定型能效测试报告、定期能效测试报告以及日常节能检查记录；

（8）电站锅炉还应当包括运行规程、检修工艺文件，A级高压以上电站锅炉还应当包括金属技术监督制度、热工技术监督制度、水汽质量监督制度。

H2 上次检验发现问题的整改情况

核查上次检验发现问题的整改情况。

H3 电站锅炉

H3.1 锅炉铭牌、操作空间和承重装置

（1）锅炉铭牌；

（2）零米层、运转层和控制室的出口布置及开门方向，通道、地面、沟道的畅通情况，照明设施、事故控制电源和事故照明电源以及楼梯、平台、栏杆、护板的完好情况，孔洞周围的安全防护情况，平台和楼板的载荷限量以及标高标志；

（3）承重结构的过热、腐蚀、承力情况；

（4）防火、防雷、防风、防雨、防冻、防腐等设施情况。

H3.2 管道、阀门和支吊架

（1）管道的标志以及泄漏情况；

（2）阀门的参数、开关方向标志、编号、重要阀门的开度指示和限位装置以及阀门的泄漏情况；

（3）支吊架的裂纹、脱落、变形、腐蚀、焊缝开裂、卡死情况，吊架失载、过载以及吊

架螺帽松动情况。

H3.3　炉墙和保温

（1）炉墙、炉顶的开裂、破损、脱落、漏烟、漏灰和变形情况以及炉墙的振动情况；

（2）保温的完好情况，设备和管道保温外表面温度情况；

（3）炉膛、烟道各门孔的密封、完好情况；

（4）耐火层的破损、脱落以及膨胀节的膨胀、变形、开裂情况。

H3.4　膨胀系统

（1）悬吊式锅炉膨胀中心的固定情况；

（2）锅炉膨胀指示装置的卡阻、损坏、指示情况及膨胀量记录；

（3）锅炉各部件的膨胀情况。

H3.5　安全附件和仪表

H3.5.1　安全阀

（1）安全阀的安装、数量、型式、规格以及安全阀上的装置；

（2）安全阀定期排放试验记录、控制式安全阀和控制系统定期试验记录、安全阀定期校验记录或者报告；

（3）安全阀的解列、泄漏情况，排汽、疏水的布置，消音器排汽孔的堵塞、积水、结冰情况。

H3.5.2　压力测量装置

（1）压力表的装设及其部位、精确度、量程、表盘直径；

（2）压力表检定或者校准记录、报告或者证书；

（3）压力表刻度盘的高限压力指示标志；

（4）压力表、压力取样管和阀门的损坏、泄漏情况；

（5）同一系统内相同位置的各压力表示值的误差情况；

（6）炉膛压力测量系统的报警和保护定值。

H3.5.3　水位测量与示控装置

（1）直读式水位表的数量、装设、结构和远程水位测量装置的装设；

（2）水位表的水位显示情况以及最低、最高安全水位和正常水位的标志；

（3）就地水位表的连接、支撑、保温情况，以及疏水管的布置；

（4）平衡容器以及汽水侧阀门的保温、泄漏情况；

（5）电接点水位表接点的泄漏情况；

（6）远程水位测量装置与就地水位表校对记录；

（7）用远程水位测量装置监视锅炉水位时，其信号的独立取出情况；

（8）冲洗记录。

H3.5.4　温度测量装置

（1）温度测量装置的装设位置、量程；

（2）温度测量装置校验或者校准记录、报告或者证书；

（3）温度测量装置的运行、示值误差情况；

（4）螺纹固定的测温元件的泄漏情况。

H3.5.5　安全保护装置

（1）安全保护装置的设置；

（2）联锁保护投退记录；

（3）安全保护装置保护定值和动作试验记录；

（4）动力源试验记录。

H3.5.6　防爆门

防爆门的完好情况以及排放方向。

H3.5.7　排污和放水装置

排污阀与排污管的振动、渗漏情况。

H3.6　除渣设备和吹灰器

（1）除渣设备的运行情况；

（2）吹灰器的损坏情况、提升阀门的泄漏情况、蒸汽及疏水管道的布置。

H3.7　燃烧设备、辅助设备以及系统

（1）燃烧设备以及系统的运转情况；

（2）鼓风机、引风机的运转情况。

H3.8　水质处理

水处理状况及记录，超高压及以下锅炉应当取样检验水汽质量。

H4　电站锅炉以外的锅炉（注 H-1）

H4.1　锅炉铭牌、操作空间和承重装置

（1）锅炉铭牌；

（2）锅炉周围的安全通道的畅通情况，照明设施的完好情况；

（3）承重结构以及支吊架的裂纹、脱落、变形、腐蚀、焊缝开裂、卡死情况，吊架的失载、过载以及吊架螺帽的松动情况；

（4）防火、防雷、防风、防雨、防冻、防腐等设施情况。

H4.2　锅炉本体和锅炉范围内管道

（1）受压部件可见部位的变形、结焦、泄漏情况以及耐火砌筑的破损、脱落情况；

（2）除渣设备的运转情况；

（3）管接头可见部位、法兰、人孔、头孔、手孔、清洗孔、检查孔、观察孔、水汽取样孔的腐蚀、渗漏情况；

（4）阀门的参数、开关方向标志、编号、重要阀门的开度指示和限位装置以及阀门的泄漏情况；

（5）分汽缸的变形、泄漏以及保温脱落情况；

（6）膨胀指示器的完好情况以及其示值误差情况；

（7）锅炉燃烧的稳定情况；

（8）炉墙、炉顶的开裂、破损、脱落、漏烟、漏灰和变形情况以及炉墙的振动情况；

（9）炉墙和管道保温的变形、破损、脱落情况。

H4.3 安全附件、仪表和安全保护装置

H4.3.1 安全阀

（1）安全阀的安装数量、型式、规格以及安全阀上的装置；

（2）控制式安全阀控制系统定期试验记录、安全阀定期校验记录或者报告；

（3）安全阀的泄漏情况，排汽、疏水的布置情况，消音器排汽孔的堵塞、积水、结冰情况；

（4）在不低于75％的工作压力下，见证锅炉操作人员进行的手动排放试验，验证安全阀密封性以及阀芯的锈死情况。

H4.3.2 压力测量装置

（1）压力表的装设及其部位、精确度、量程、表盘直径；

（2）压力表检定或者校准记录、报告或者证书；

（3）压力表刻度盘的高限压力指示标志；

（4）压力表、压力取样管和阀门的损坏、泄漏情况；

（5）同一系统内相同位置的各压力表示值的误差情况；

（6）见证锅炉操作人员进行的压力表连接管吹洗，验证压力表连接管的畅通情况。

H4.3.3 水位测量与示控装置

（1）直读式水位表的数量、装设、结构和远程水位测量装置的装设；

（2）水位表的水位显示情况以及最低、最高安全水位和正常水位的标志；

（3）就地水位表的连接、支撑、保温情况，以及疏水管的布置；

（4）电接点水位表接点的泄漏情况；

（5）远程水位测量装置与就地水位表校对记录；

（6）见证锅炉操作人员进行的水位表吹洗，验证连接管的畅通情况。

H4.3.4 温度测量装置

（1）温度测量装置的装设位置、量程；

（2）温度测量装置校验或者校准记录、报告或者证书；

（3）温度测量装置的运行、示值误差情况；

（4）螺纹固定的测温元件的泄漏情况。

H4.3.5 安全保护装置

（1）高、低水位报警和低水位联锁保护装置的设置，见证功能模拟试验；

（2）蒸汽超压报警和联锁保护装置的设置，核查有关超压报警记录和超压联锁保护装置动作整定值，见证功能试验；

（3）超温报警装置和联锁保护装置的设置，见证功能试验或者核查有关超温报警记录；

（4）燃油、燃气、燃煤粉锅炉点火程序控制以及熄火保护装置的设置，见证熄火保护功能试验。

H4.3.6　防爆门

防爆门的完好情况以及排放方向。

H4.3.7　排污和放水装置

（1）排污阀与排污管的振动、渗漏情况；

（2）见证锅炉操作人员进行排污试验，验证排污管畅通情况以及排污时管道的振动情况。

H4.4　燃烧设备、辅助设备及系统

（1）燃烧设备以及系统的运转情况；

（2）鼓风机、引风机的运转情况。

H4.5　水（介）质处理

水处理情况及记录，超高压及以下锅炉应当取样检验水（介）质质量。

H4.6　热水锅炉特殊要求

热水锅炉的集气装置、排气阀、泄放管、排污阀（放水阀）、除污器、定压和循环水的膨胀装置、自动补给水装置、循环泵停泵联锁装置等的装设。

H4.7　有机热载体锅炉特殊要求

（1）有机热载体的酸值、运动黏度、闭口闪点、残炭、水分和低沸物馏出温度等的检验记录或者报告；

（2）有机热载体锅炉的闪蒸罐、冷凝液罐和膨胀罐等的装设；

（3）安全保护装置的装设。

注 H-1：有过热器的 A 级蒸汽锅炉，外部检验内容按照电站锅炉的要求执行。

附 件 J

锅炉内部检验项目

J1 资料查阅

对于首次检验的锅炉，核查附件 H1 规定的资料；对于非首次检验的锅炉，重点核查新增加和有变更的部分。

J2 上次检验发现问题的整改情况以及遗留缺陷的情况

核查上次检验发现问题的整改情况以及遗留缺陷的变化情况。

J3 电站锅炉

J3.1 锅筒

（1）表面可见部位的腐蚀、结垢、裂纹情况；

（2）内部装置的完好情况以及汽水分离装置、给水装置和蒸汽清洗装置的脱落、开焊情况；

（3）下降管孔，给水管套管以及管孔，加药管孔，再循环管孔，汽水引入、引出管孔，安全阀管孔的腐蚀、冲刷、裂纹情况；

（4）水位计的汽水连通管、压力表连通管、水汽取样管、加药管、连续排污管管孔的堵塞情况；

（5）内部预埋件焊缝表面的裂纹情况；

（6）人孔密封面、人孔铰链座连接焊缝的缺陷情况；

（7）安全阀管座、加强型管接头以及角焊缝的缺陷情况；

（8）锅筒与吊挂装置的接触情况，吊杆装置的受力均匀情况，支座的变形情况，预留膨胀间隙以及膨胀方向。

J3.2 水冷壁集箱

（1）集箱外表面的腐蚀情况、管座角焊缝表面的缺陷情况；

（2）水冷壁进口集箱内部的腐蚀及异物堆积情况、排污（放水）管孔的堵塞情况、水冷壁进口节流圈的脱落、堵塞、磨损情况，内部挡板的开裂、倒塌情况；

（3）环形集箱人孔和人孔盖密封面的缺陷情况；

（4）集箱与支座的接触情况，支座的变形情况，预留膨胀间隙以及膨胀方向，吊耳与集箱连接焊缝的缺陷情况。

J3.3 水冷壁管

（1）燃烧器周围以及热负荷较高区域水冷壁管的结焦、高温腐蚀、过热、变形、磨损、鼓包情况，鳍片的烧损、开裂情况，鳍片与水冷壁管的连接焊缝的开裂、超标咬边、漏焊情况，对水冷壁管壁厚进行定点测量，割管检查内壁结垢、腐蚀情况，测量向火侧、背火侧垢量并分析垢样成分；

（2）折焰角区域水冷壁管的过热、变形、胀粗、磨损情况，水平烟道的积灰情况；

（3）顶棚水冷壁管、包墙水冷壁管的过热、胀粗、变形情况，包墙水冷壁与包墙过热器交接位置鳍片的开裂情况；

（4）凝渣管的过热、胀粗、变形、鼓包、磨损、裂纹情况；

（5）冷灰头区域水冷壁管的碰伤、砸扁、磨损情况，水封槽上方水冷壁管的腐蚀、裂纹情况以及鳍片开裂情况；

（6）膜式水冷壁吹灰器孔、人孔、打焦孔以及观火孔周围水冷壁管的磨损、鼓包、变形、拉裂情况以及鳍片的烧损、开裂情况；

（7）膜式水冷壁的变形、开裂情况，鳍片与水冷壁管的连接焊缝的开裂、超标咬边、漏焊情况；

（8）起定位、夹持作用水冷壁管的磨损情况，与膜式水冷壁连接处鳍片的裂纹情况；

（9）水冷壁固定件的变形、损坏脱落情况，水冷壁管与固定件连接焊缝的裂纹、超标咬边情况；

（10）炉膛四角、折焰角和燃烧器周围等区域膜式水冷壁的膨胀情况；

（11）液态排渣炉或者其他有卫燃带锅炉的卫燃带以及销钉的损坏情况，出渣口的析铁情况，出渣口耐火层和炉底耐火层的损坏情况；

（12）沸腾炉埋管的碰伤、砸扁、磨损和腐蚀情况，循环流化床锅炉进料口、返料口、出灰口、布风板水冷壁、翼形水冷壁、底灰冷却器水管的磨损、腐蚀情况，卫燃带上方水冷壁管及其对接焊缝、测温热电偶附近以及靠近水平烟道的水冷壁管的磨损情况。

J3.4　省煤器集箱

（1）进口集箱内部的腐蚀及异物堆积情况；

（2）集箱短管接头角焊缝表面的裂纹等缺陷情况；

（3）集箱支座与集箱的接触情况，预留膨胀间隙以及膨胀方向，吊耳与集箱连接焊缝的缺陷情况；

（4）烟道内集箱的防磨装置的完好情况以及集箱的磨损情况。

J3.5　省煤器管

（1）管排平整度、烟气走廊、异物、管子出列以及灰焦堆积情况；

（2）管子和弯头以及吹灰器、阻流板、固定装置区域管子的磨损情况；

（3）省煤器悬吊管的磨损情况，焊缝表面的裂纹等缺陷情况；

（4）支吊架、管卡、阻流板、防磨瓦等的脱落、磨损情况，防磨瓦转向情况，与管子相连接的焊缝的开裂、脱焊情况；

（5）低温省煤器管的低温腐蚀情况；

（6）膜式省煤器鳍片焊缝两端的裂纹情况。

J3.6　过热器、再热器集箱和集汽集箱

（1）集箱表面的氧化、腐蚀和变形情况；

（2）集箱环焊缝、封头与集箱筒体对接焊缝表面的缺陷情况；

（3）条件具备时，对出口集箱引入管孔桥部位进行超声检测；

（4）吊耳、支座与集箱连接焊缝和管座角焊缝表面的缺陷情况；

（5）集箱与支吊装置的接触情况，吊杆装置的牢固情况，支座的变形情况，预留膨胀间隙以及膨胀方向；

（6）安全阀管座角焊缝以及排气、疏水、取样、充氮等管座角焊缝表面的缺陷情况；

（7）对 9％～12％Cr 系列钢材料制造的集箱环焊缝进行表面无损检测以及超声检测抽查，抽查比例一般为 10％并且不少于 1 条焊缝；环焊缝、热影响区和母材还应当进行硬度和金相检测抽查；同级过热器和再热器进口、出口集箱的环焊缝、热影响区和母材分别抽查不少于 1 处。

J3.7　过热器和再热器管

（1）高温出口段管子的金相组织和胀粗情况；

（2）管子变形、移位、碰磨、积灰和烟气走廊情况，烟气走廊区域管子的磨损情况；

（3）过热器和再热器管的磨损、腐蚀、胀粗、鼓包、氧化、变形、碰磨、机械损伤、结焦、裂纹情况；

（4）穿墙（顶棚）处管子的碰磨情况；

（5）穿顶棚管子与高冠密封结构焊接的密封焊缝表面的裂纹等缺陷情况；

（6）吹灰器附近管子的裂纹和吹损情况；

（7）管子的膨胀情况；

（8）管子以及管排的悬吊结构件、管卡、梳形板、阻流板、防磨瓦等的烧损、脱焊、脱落、移位、变形、磨损情况以及对管子的损伤等情况；

（9）氧化皮剥落堆积检查记录或者报告；

（10）水平烟道区域包墙过热器管鳍片的烧损、开裂情况。

J3.8　减温器和汽-汽热交换器

（1）减温器筒体表面的氧化、腐蚀、裂纹等缺陷情况；

（2）减温器筒体环焊缝、封头焊缝、内套筒定位螺栓焊缝表面的裂纹等缺陷情况；

（3）吊耳、支座与集箱连接焊缝和管座角焊缝表面的缺陷情况；

（4）混合式减温器内套筒的变形、移位、裂纹、开裂、破损情况，固定件的缺失、损坏情况，喷水孔或者喷嘴的磨损、堵塞、裂纹、开裂、脱落情况，筒体内壁的裂纹和腐蚀情况；

（5）抽芯检查面式减温器内壁和管板的裂纹和腐蚀情况；

（6）减温器筒体的膨胀情况；

（7）汽-汽热交换器套管或者套筒外壁的裂纹、腐蚀、氧化情况，进口、出口管管座角焊缝表面的缺陷情况，条件具备时，抽查套筒式汽-汽热交换器套筒内壁以及芯管外壁的裂纹情况。

J3.9　启动（汽水）分离器及储水箱

（1）筒体表面的腐蚀、裂纹情况；

（2）汽水切向引入区域筒体壁厚的减薄情况；

（3）封头焊缝、引入和引出管座角焊缝表面的缺陷情况；

（4）筒体与吊挂装置的接触情况，吊杆装置的牢固情况，吊杆的受力情况，支座的完好情况，预留膨胀间隙以及膨胀方向。

J3.10　锅炉范围内管道和主要连接管道

（1）主给水管道、主蒸汽管道、再热蒸汽管道和主要连接管道的氧化、腐蚀、皱褶、重皮、机械损伤、变形、裂纹情况，直管段和弯头（弯管）背弧面厚度测量；

（2）主给水管道、主蒸汽管道、再热蒸汽管道和主要连接管道焊缝表面的缺陷情况；

（3）安全阀管座角焊缝以及排气、疏水、取样等管座角焊缝表面的缺陷情况；

（4）对蒸汽主要连接管道对接焊缝进行表面无损检测以及超声检测，抽查比例一般为1％，并且不少于1条焊缝；对蒸汽主要连接管道弯头（弯管）背弧面进行表面无损检测，抽查比例一般为弯头（弯管）数量的1％，并且不少于1个弯头（弯管）；

（5）对主蒸汽管道和再热蒸汽热段管道对接焊缝进行表面无损检测以及超声检测，抽查比例一般各为10％，并且各不少于1条焊缝；对主蒸汽管道和再热蒸汽热段管道弯头（弯管）背弧面进行表面无损检测，抽查比例一般各为弯头（弯管）数量的10％，并且各不少于1个弯头（弯管）；

（6）对主蒸汽管道和再热蒸汽热段管道对接焊接接头和弯头（弯管）进行硬度和金相检测，抽查比例一般各为对接焊接接头数量和弯头（弯管）数量的5％，并且各不少于1点；对于9％～12％Cr钢材料制造的主蒸汽管道、再热蒸汽热段管道和蒸汽主要连接管道对接焊接接头和弯头（弯管）进行硬度和金相检测，抽查比例一般各为对接焊接接头数量和弯头（弯管）数量的10％，并且各不少于1点；

（7）对主给水管道和再热蒸汽冷段管道对接焊缝进行表面无损检测以及超声检测，一般各不少于1条焊缝；对主给水管道和再热蒸汽冷段管道弯头（弯管）背弧面进行表面无损检测，一般各不少于1个弯头（弯管）；

（8）主给水管道、主蒸汽管道、再热蒸汽管道和主要连接管道支吊装置的过载、失载情况，减振器的完好情况，液压阻尼器液位情况以及渗油情况；

（9）已安装蠕变测点的主蒸汽管道、再热蒸汽管道的蠕变测量记录。

J3.11　阀门阀体

外表面的腐蚀、裂纹、泄漏和铸（锻）造缺陷情况。

J3.12　炉墙和保温

炉顶密封结构、炉墙、保温、耐火层的完好情况。

J3.13　膨胀指示装置和主要承重部件

（1）膨胀指示装置的指示情况；

（2）大板梁的变形情况；

（3）大板梁焊缝表面的缺陷情况；

（4）承重立柱、梁以及连接件的变形、损伤、腐蚀情况；

（5）锅炉承重混凝土梁、柱的开裂以及露筋情况；

（6）炉顶吊杆的松动、过热、氧化、腐蚀、裂纹情况。

J3.14　燃烧设备、吹灰器等附属设备

（1）燃烧室的变形、结焦和耐火层脱落情况；

（2）燃烧设备的烧损、变形、磨损、泄漏、卡死情况，燃烧器吊挂装置连接部位的裂纹、松脱情况；

（3）吹灰器以及套管的减薄情况，喷头的烧损、开裂情况，吹灰器疏水管斜度布置。

J3.15　运行时间超过 5 万小时的锅炉在 J3.1～J3.14 的基础上增加的检验项目

J3.15.1　锅筒

（1）对内表面纵、环焊缝以及热影响区进行表面无损检测，抽查比例一般为 20％，抽查部位应当尽量包括纵、环焊缝交叉部位；

（2）对纵、环焊缝进行超声检测，纵焊缝抽查比例一般为 20％，环焊缝抽查比例一般为 10％，抽查部位应当尽量包括纵、环焊缝交叉部位；

（3）对集中下降管、给水管管座角焊缝进行 100％表面无损检测以及 100％超声检测；对分散下降管管座角焊缝进行表面无损检测，抽查比例一般为 20％；

（4）对安全阀、再循环管管座角焊缝进行 100％表面无损检测；

（5）对汽水引入管、引出管等管座角焊缝进行表面无损检测，抽查比例一般为 10％。

J3.15.2　省煤器管

割管或者内窥镜检查省煤器进口端管子内壁的结垢和氧腐蚀情况。

J3.15.3　过热器、再热器集箱和集汽集箱

（1）对高温过热器、高温再热器集箱和集汽集箱环焊缝、管座角焊缝进行表面无损检测，一般每个集箱抽查不少于 1 条环焊缝，管座角焊缝抽查比例一般为 5％；

（2）对过热器、再热器集箱以及集汽集箱吊耳和支座角焊缝进行表面无损检测，一般同级过热器、再热器集箱抽查各不少于 1 个。

J3.15.4　过热器和再热器管

对不锈钢连接的异种钢焊接接头和采用 12Cr2MoWVTiB、12Cr3MoVSiTiB、07Cr2MoW2VNbB 等材质易产生再热裂纹的焊接接头进行无损检测，抽查比例一般为 1％。

J3.15.5　减温器

对筒体的环焊缝和管座角焊缝进行表面无损检测，抽查比例一般各为 20％并且各不少于 1 条焊缝；面式减温器还应当对不少于 50％的芯管进行不低于 1.25 倍工作压力的水压试验。

J3.15.6　启动（汽水）分离器

（1）对纵、环焊缝以及热影响区进行表面无损检测，抽查比例一般为 20％，抽查部位应当包括所有纵、环焊缝交叉部位；

（2）对纵、环焊缝进行超声检测，纵焊缝抽查比例一般为 20％，环焊缝抽查比例一般

为 10%，抽查部位应当包括所有纵、环焊缝交叉部位；

（3）对引入管、引出管等管座角焊缝进行表面无损检测，抽查比例一般为 10%；

（4）内部装置的脱落、缺失情况。

J3.15.7　锅炉范围内管道和主要连接管道

（1）对主蒸汽管道、再热蒸汽热段管道对接焊缝进行表面无损检测以及超声检测，抽查比例一般各为 20%，并且各不少于 1 条焊缝；对主蒸汽管道、再热蒸汽热段管道弯头（弯管）背弧面进行表面无损检测，抽查比例一般各为弯头（弯管）数量的 20%，并且各不少于 1 个弯头（弯管）；

（2）对蒸汽主要连接管道对接焊缝进行表面无损检测以及超声检测，抽查比例一般为 10%，并且不少于 1 条焊缝；对蒸汽主要连接管道弯头（弯管）背弧面进行表面无损检测，抽查比例一般为弯头（弯管）数量的 10%，并且不少于 1 个弯头（弯管）；

（3）对工作温度大于或者等于 450 ℃ 的主蒸汽管道、再热蒸汽管道、蒸汽主要连接管道的对接焊接接头和弯头（弯管）进行硬度和金相检测，抽查比例一般各为对接焊接接头数量和弯头（弯管）数量的 5%，并且各不少于 1 点；

（4）对安全阀管座角焊缝进行表面无损检测，抽查比例一般为 10%，并且不少于 1 个安全阀管座角焊缝。

J3.15.8　阀门

对工作温度大于或者等于 450 ℃ 的阀门阀体进行硬度和金相检测，抽查数量各不少于 1 点。

J3.16　运行时间超过 10 万小时的锅炉在 J3.15 的基础上增加的检验项目

J3.16.1　水冷壁集箱

（1）对集箱封头焊缝、环形集箱对接焊缝进行表面无损检测，抽查比例一般为 20%；

（2）对环形集箱人孔角焊缝、管座角焊缝进行表面无损检测，抽查比例一般为 5%；

（3）条件具备时，对集箱孔桥部位进行无损检测。

J3.16.2　省煤器集箱

对集箱封头焊缝进行表面无损检测，抽查比例一般为 20% 并且不少于 1 条焊缝。

J3.16.3　过热器、再热器集箱和集汽集箱

（1）对高温过热器、高温再热器集箱和集汽集箱环焊缝、热影响区以及母材进行硬度和金相检测，一般每个集箱抽查不少于 1 处；

（2）条件具备时，对高温过热器、高温再热器出口集箱以及集汽集箱引入管孔桥部位进行硬度和金相检测。

J3.16.4　锅炉范围内管道和主要连接管道

（1）对工作温度大于或者等于 450 ℃ 的碳钢、钼钢管道进行石墨化和珠光体球化检测；

（2）采用中频加热工艺制造并且工作温度大于或者等于 450 ℃ 弯管的圆度测量记录。

J4　电站锅炉以外的锅炉（注 J-1）

J4.1　锅筒（壳）、炉胆、炉胆顶、回燃室、下脚圈、冲天管、外置式汽水分离器和集箱（分汽缸）

（1）内外表面和对接焊缝以及热影响区的裂纹情况；

（2）拉撑件、人孔圈、手孔圈、下降管、立式锅炉的炉门圈、冲天管、喉管、进水管等处角焊缝表面的裂纹情况；

（3）部件扳边区的裂纹、起槽情况；

（4）锅筒底部、管孔区、水位线附近、进水管与锅筒或者集箱连接处、排污管与锅筒或者集箱连接处、炉胆的内外表面、立式锅炉的下脚圈、集箱内外表面的结垢、腐蚀、磨损减薄情况；

（5）从锅筒内部检查水位表、压力表等的连通管的堵塞情况；

（6）受高温辐射和存在较大应力的部位的变形、裂纹情况；

（7）高温烟气区管板的泄漏、裂纹情况，胀接口严密情况，胀接管口和孔桥的裂纹或者苛性脆化情况；

（8）受高温辐射热或者介质温度较高部位集箱的过热、胀粗、变形情况；

（9）锅筒（壳）、炉胆、炉胆顶、回燃室、集箱介质侧的结垢或者积炭情况。

J4.2　管子

（1）烟管、对流管束、沸腾炉埋管、循环流化床锅炉水冷壁管、光管省煤器、吹灰口附近等受烟气高速冲刷部位和易受低温腐蚀的尾部烟道管束的腐蚀、磨损情况；

（2）受高温辐射热或者介质温度较高部位的管子的过热、胀粗、变形情况；

（3）管子表面的裂纹情况；

（4）管子介质侧的结垢、积炭情况。

J4.3　锅炉范围内管道和主要连接管道

（1）管道的腐蚀、裂纹情况；

（2）介质温度较高部位管道的胀粗、变形情况；

（3）管道支吊架的松动、裂纹、脱落、变形、腐蚀情况，焊缝的开裂情况，吊架的失载、过载情况以及吊架螺帽的松动情况。

J4.4　阀门阀体

阀门型式、规格，阀体外表面的腐蚀、裂纹、泄漏、铸（锻）造缺陷情况。

J4.5　非受压部件

（1）承受锅炉载荷或者限制锅炉受压部件变形量的主要支撑件的过热、过烧、变形情况，吊耳、支座与锅筒（壳）或者集箱连接角焊缝的裂纹或者其他超标缺陷情况；

（2）燃烧设备（如燃烧器、炉排等）的烧损和变形情况，炉拱、耐火层的脱落情况，燃油、燃气锅炉的漏油、漏气情况；

（3）炉顶、炉墙的开裂、变形情况，保温层的破损情况。

注 J-1：有过热器的 A 级蒸汽锅炉，内部检验内容按照电站锅炉的要求执行。

相关规章和规范历次制（修）订情况

1.蒸汽锅炉安全规程〔劳动部（60）中劳护毛字第 102 号，1960 年 10 月 22 日颁发，自颁发之日起生效〕；

2.蒸汽锅炉安全监察规程〔劳动部（65）中劳锅字第 98 号，1965 年 10 月 12 日颁发，自颁发之日起生效〕；

3.蒸汽锅炉安全监察规程〔国家劳动总局（80）劳总锅字 23 号，1980 年 7 月 11 日颁发，1981 年 1 月 1 日起执行，1987 年 10 月 1 日废止〕；

4.热水锅炉安全技术监察规程（劳动人事部劳人锅〔1983〕4 号，1983 年 6 月 3 日颁布，1984 年 7 月 1 日生效）；

5.蒸汽锅炉安全技术监察规程（劳动人事部劳人锅〔1987〕4 号，1987 年 2 月 17 日颁发，1987 年 10 月 1 日起执行，1997 年 1 月 1 日废止）；

6.热水锅炉安全技术监察规程（劳动部劳锅字〔1991〕8 号，1991 年 5 月 22 日颁布，1992 年 1 月 1 日执行）；

7.有机热载体炉安全技术监察规程（劳动部劳部发〔1993〕356 号，1993 年 11 月 28 日印发，1994 年 5 月 1 日实施）；

8.蒸汽锅炉安全技术监察规程（劳动部劳部发〔1996〕276 号，1996 年 8 月 19 日颁发，1997 年 1 月 1 日起执行）；

9.热水锅炉安全技术监察规程（劳动部劳部发〔1997〕74 号，1997 年 2 月 14 日印发，对 1992 年版有关章节的修订）；

10.小型和常压热水锅炉安全监察规定（国家质量技术监督局令 2000 年第 11 号）；

11.《锅炉安全技术监察规程》（TSG G0001—2012，原国家质检总局，国家质检总局公告 2012 年第 162 号，2012 年 10 月 23 日颁布，2013 年 6 月 1 日实施）；

"《锅炉安全技术监察规程》（TSG G0001—2012）第 1 号修改单"（原国家质检总局，国家质检总局公告 2017 年第 4 号，2017 年 1 月 16 日颁布，2017 年 6 月 1 日实施）；

12.《锅炉监督检验规则》（TSG G7001—2015，原国家质检总局，国家质检总局公告 2015 年第 82 号，2015 年 7 月 7 日颁布，2015 年 10 月 1 日实施）；

13.《锅炉定期检验规则》（TSG G7002—2015，原国家质检总局，国家质检总局公告 2015 年第 82 号，2015 年 7 月 7 日颁布，2015 年 10 月 1 日实施）；

14.《锅炉设计文件鉴定管理规则》（TSG G1001—2004，原国家质检总局，国家质检总局公告 2004 年第 79 号，2004 年 6 月 28 日颁布，2005 年 1 月 1 日实施）；

15.《燃油（气）燃烧器安全技术规则》（TSG ZB001—2008，原国家质检总局，国家质检总局公告 2008 年第 4 号，2008 年 1 月 8 日颁布，2008 年 4 月 30 日实施）；

"《燃油（气）燃烧器安全技术规则》（TSG ZB001—2008）第 1 号修改单"（原国家质检总局，国家质检总局公告 2011 年第 140 号附件 1，2011 年 9 月 23 日颁布，2012 年 2 月 1 日实施）；

16.《燃油（气）燃烧器型式试验规则》（TSG ZB002—2008，原国家质检总局，国家质检总局公告 2008 年第 4 号，2008 年 1 月 8 日国家质检总局颁布，2008 年 4 月 30 日实施）；

"《燃油（气）燃烧器型式试验规则》（TSG ZB002—2008）第 1 号修改单"（原国家质检

总局，国家质检总局公告 2011 年第 140 号附件 2，2011 年 9 月 23 日颁布，2012 年 2 月 1 日实施）；

17.《锅炉化学清洗规则》（TSG G5003—2008，原国家质检总局，国家质检总局公告 2008 年第 90 号，2008 年 8 月 7 日颁布，2008 年 12 月 1 日实施）；

"《锅炉化学清洗规则》（TSG G5003—2008）第 1 号修改单"（原国家质检总局，国家质检总局公告 2010 年第 127 号附件 2，2010 年 11 月 5 日公告，2011 年 2 月 1 日实施）；

18.《锅炉水（介）质处理监督管理规则》（TSG G5001—2010，原国家质检总局，国家质检总局公告 2010 年第 126 号，2010 年 11 月 4 日颁布，2011 年 2 月 1 日实施）；

19.《锅炉水（介）质处理检验规则》（TSG G5002—2010，原国家质检总局，国家质检总局公告 2010 年第 126 号，2010 年 11 月 4 日颁布，2011 年 2 月 1 日实施）。